Leopold Kronecker

Vorlesungen über Zahlentheorie

Erster Band

Springer Fachmedien Wiesbaden GmbH 1978

ISBN 978-3-662-22798-5   ISBN 978-3-662-24731-0 (eBook)
DOI 10.1007/978-3-662-24731-0
Softcover reprint of the hardcover 1st edition 1978

Reprinted in India by Rekha Printers Private Limited, New Delhi

NY/3014-54321

VORLESUNGEN ÜBER
MATHEMATIK

VON

LEOPOLD KRONECKER.

HERAUSGEGEBEN
UNTER MITWIRKUNG EINER VON DER KÖNIGLICH PREUSSISCHEN
AKADEMIE DER WISSENSCHAFTEN EINGESETZTEN KOMMISSION.

IN ZWEI TEILEN.

ZWEITER TEIL.

VORLESUNGEN ÜBER
ALLGEMEINE ARITHMETIK.

ERSTER ABSCHNITT: VORLESUNGEN ÜBER ZAHLENTHEORIE.

Springer Fachmedien Wiesbaden GmbH

1901.

VORLESUNGEN ÜBER
ZAHLENTHEORIE

VON

LEOPOLD KRONECKER.

ERSTER BAND.

ERSTE BIS DREIUNDDREISSIGSTE VORLESUNG.

BEARBEITET UND HERAUSGEGEBEN VON

Dr. KURT HENSEL,

PROFESSOR DER MATHEMATIK AN DER UNIVERSITÄT ZU BERLIN.

MIT 7 FIGUREN IM TEXT.

Springer Fachmedien Wiesbaden GmbH

1901.

Vorwort.

Die drei Vorlesungen über **Zahlentheorie**, Determinantentheorie und **Algebra** bildeten den Hauptbestandteil der akademischen Vorträge Leopold Kroneckers an der Berliner Universität, und ebenso hat sich seine wissenschaftliche Lebensarbeit zum grofsen Theile in diesen drei Gebieten bewegt.

Schon in seiner Antrittsrede in der Berliner Akademie der Wissenschaften sprach er aus, wie sehr ihn gerade diejenigen Probleme fesselten, welche der Arithmetik und der Algebra gemeinsam sind, und je weiter er selbst schaffend in seiner Wissenschaft vordrang, desto deutlicher wurde ihm der enge Zusammenhang zwischen diesen beiden grofsen Disziplinen und die Notwendigkeit, sie aus den gleichen Gesichtspunkten zu behandeln. So wurde auch bei jeder Wiederholung die Verbindung zwischen jenen drei Vorlesungen eine engere, und zuletzt empfand er es als innere Notwendigkeit, sie in einen Cyklus zu vereinigen, dem er den zusammenfassenden Namen „Über allgemeine Arithmetik" gab.

In seinen Vorlesungen wollte Kronecker eine Darstellung jener Disziplinen geben, welche alle wesentlichen gesicherten Ergebnisse der Forschung bis zur Gegenwart zu einem einheitlichen organisch gegliederten Ganzen zusammenfafst. So ergab sich mit Notwendigkeit eine Anordnung des Stoffes, welche in vielen Fällen von der durch die historische Entwickelung bedingten wesentlich verschieden war. Besonders mufsten die Prinzipien, welche im neunzehnten Jahrhundert erst später für die Wissenschaft bestimmend hinzutraten, schon im Anfange entwickelt werden, wohin sie ihrer Natur und Bedeutung nach gehörten, während sie sonst vielfach erst dann hinzugezogen wurden, wenn die aus ihnen abzuleitenden Folgerungen dargestellt werden sollten. Endlich mufs ich noch auf eine Forderung aufmerksam machen, welche Kronecker bewufst an die Definitionen und Beweise der allgemeinen Arithmetik stellte, und durch deren strenge Beachtung sich seine Darstellung der Zahlentheorie und der Algebra wesentlich von fast allen übrigen unterscheidet. Er meinte, man könne und man müsse in diesem Gebiete eine jede Definition so fassen, dafs durch eine endliche Anzahl von Versuchen geprüft werden kann, ob sie auf eine vorgelegte Gröfse anwendbar ist oder nicht. Ebenso wäre ein Existenzbeweis für eine Gröfse erst dann als völlig streng anzusehen, wenn er zugleich eine Methode enthalte, durch welche die Gröfse, deren Existenz bewiesen werde, auch wirklich gefunden werden kann. Kronecker war weit davon entfernt, eine Definition oder einen Beweis vollständig zu verwerfen, der jenen höchsten Anforderungen nicht entsprach, aber er glaubte, dafs dann eben noch etwas fehle, und er hielt eine Ergänzung nach dieser Richtung hin für eine wichtige Aufgabe, durch die unsere Erkenntnis in einem wesentlichen Punkte erweitert würde. Aufserdem glaubte er, dafs eine in diesem Sinne strenge Formulierung sich im allgemeinen einfacher gestaltet als eine andere, bei welcher jene Forderungen noch nicht erfüllt sind, und durch seine Vorlesungen hat er hierfür wohl in vielen Fällen den Beweis erbracht.

Diese Gründe haben bewirkt, dafs sich die Vorlesungen über Zahlentheorie, deren ersten Band ich hiermit der Öffentlichkeit übergebe, in einigen wesentlichen Punkten von den früheren Lehrbüchern über diesen Gegenstand unterscheiden.

Gauss bestimmt in der Einleitung zu seinen „Disquisitiones arithmeticae" das Gebiet der natürlichen ganzen Zahlen als das Feld der Arithmetik, aber er selbst war gezwungen, dieses Gebiet dadurch zu erweitern, dafs er in der fünften Sektion desselben Werkes das Reich der quadratischen Formen von zwei Variablen, in der siebenten die Funktionen von x hinzunahm, welche gleich Null gesetzt die Kreisteilungsgleichungen ergeben.

Kronecker bezeichnet nun von vorn herein die Untersuchung der rationalen Zahlen und der rationalen Funktionen von einer und von mehreren Variablen als die Aufgabe der allgemeinen Arithmetik. Durch diese Erweiterung des Bereiches seiner Wissenschaft hat er den Grund gelegt, nicht nur für die erwähnten höheren Anwendungen der reinen Zahlentheorie, sondern auch für die Determinantentheorie oder die Lehre von den linearen Gleichungen und für die Algebra oder die Theorie der höheren Gleichungen. Nachdem in dem ersten Teile des vorliegenden Bandes die Zerlegbarkeit der Zahlen in ihre Primfaktoren und die Gesetze der Teilbarkeit, d. h. die Theorie der Kongruenzen nach einem Modul auseinandergesetzt ist, wird in seinem zweiten Teile dargelegt, dafs man mit diesen Definitionen und Methoden von Gauss auch das weitere Reich der rationalen Funktionen beliebig vieler Variablen vollständig beherrscht, und auch hier genau dieselben Resultate erhält, wenn man den Begriff der Teilbarkeit durch einen Divisor in naturgemäfser Weise zum Begriffe der Teilbarkeit durch ein Divisorensystem erweitert.

Wie weit die Anwendbarkeit dieser Gaussischen Prinzipien reicht, lehren schon hier die geometrischen Anwendungen, sowie die wesentlichen Vereinfachungen, welche die Theorie der Kreisteilungsgleichungen, die Beweise für das quadratische, das kubische und das biquadratische Reciprocitätsgesetz und die Theorie der quadratischen Formen durch sie erfährt. Ganz besonders wird dies aber auch in den späteren Vorlesungen dieses Cyklus hervortreten, denn auf dieser Grundlage läfst sich die ganze Determinantentheorie und ein sehr grofser Teil der Algebra einheitlich und in wunderbarer Einfachheit aufbauen.

Gauss hat die Arithmetik zum Range einer Wissenschaft erhoben, aber erst Dirichlet gab ihr, wie schon Kronecker mit Recht hervorhob, wirklich eigentliche Methoden, indem er zeigte, dafs und wie man ganze Klassen arithmetischer Probleme entweder lösen, oder wenigstens die arithmetische Schwierigkeit auf eine analytische reduzieren kann. Die Methoden Dirichlets beruhen wesentlich auf der Einführung des Grenzbegriffes in die Arithmetik, und diese Erweiterung der arithmetischen Prinzipien stellte sich bereits für die elementare Theorie der quadratischen Formen als unumgänglich notwendig heraus, da die Hauptfrage nach der Darstellung der Klassenzahl dieser Formen auf andere Weise nicht gelöst werden konnte. Trotzdem wurde aber dieser Begriff fast in allen Lehrbüchern entweder gewissermafsen notgedrungen erst ganz spät hinzugenommen, oder es wurden überhaupt alle mit ihm zusammenhängenden Fragen als der reinen Arithmetik fernliegend zunächst unterdrückt, und später in einer selbständigen Darstellung zusammengefafst.

Auch Kronecker hat in der Zeit von 1871 bis 1882 unter dem Titel „Über die Anwendung der Analysis auf Probleme der Zahlentheorie" allein jene Dirichletschen Methoden in grofsen sechsstündigen Vorlesungen behandelt, während sein Lehrer und Freund E. E. Kummer die sog. „reine" Zahlentheorie vortrug. Aber er erkannte selbst, dafs bei dieser mehr aus äufseren Gründen erfolgten Scheidung beide Disziplinen nicht zu ihrem Rechte kamen, denn der logische Aufbau der Arithmetik wurde durch die Unterdrückung oder verspätete Hinzuziehung des Grenzbegriffes verkümmert, während sich die Anwendungen der Analysis auf die Arithmetik niemals einheitlich gestalten liefsen, sondern immer den Charakter einer äufserlichen Zusammenfassung begrifflich fern liegender Fragen behielten.

Als daher nach dem Rücktritt Kummers im Jahre 1883 die Auf-

gabe an seinen Nachfolger herantrat, das ganze Gebiet der Arithmetik
systematisch und in voller Ausführlichkeit zu behandeln, da zweifelte
Kronecker gerade auf Grund der bisher gemachten Erfahrungen keinen
Augenblick, daſs die Methoden der Analysis da auseinanderzusetzen
seien, wohin sie *begrifflich* gehören, nämlich schon am Anfange der
Darstellung, und so erhalten wir im dritten Abschnitte des vorliegen-
den Bandes eine ausführliche Theorie der Mittelwerte arithmetischer
Funktionen, aus der klar hervorgeht, daſs es wirklich eben nur der
Begriff der Grenze ist, welcher zu den vorher behandelten arithme-
tischen Definitionen und Methoden als neu hinzutritt.

Der erste Band der Zahlentheorie schlieſst mit dem Beweise des
berühmten Satzes, daſs jede arithmetische Reihe, deren Anfangsglied
und Differenz teilerfremd sind, unendlich viele Primzahlen enthält; aber
Kronecker vervollständigt den Dirichletschen Beweis dieses Satzes in
einem wesentlichen Punkte, indem er nachweist, daſs man für jede beliebig groſs anzunehmende Zahl μ eine gröſsere Zahl μ' so bestimmen
kann, daſs in dem Intervalle $(\mu \cdots \mu')$ sich sicher eine Primzahl der
verlangten Form befindet. Diese schöne Ergänzung jenes berühmten
Beweises ist eine Frucht der oben erwähnten höheren Forderungen,
welche Kronecker an arithmetische Beweise stellte, und hier scheint
es in der That, daſs durch diese Verbesserung der Dirichletsche Beweis nichts an Einfachheit und Durchsichtigkeit verloren hat.

Für die Herausgabe dieses Werkes lag mir ein überreiches Material
in den sorgfältig gesammelten Notizen Kroneckers für alle seine Vorlesungen von 1863 bis 1891 vor; ferner standen mir sechs zum Teil
sehr eingehende Ausarbeitungen der in den Wintersemestern 1883/84,
1885/86, 1887/88, 1889/90 gehaltenen vier- bezw. sechsstündigen Vorlesungen zur Verfügung, endlich eine Ausarbeitung der Vorlesung,
welche im Winter 1891 durch den Tod Kroneckers unterbrochen
wurde. Dann habe ich noch eine sehr gute von Professor G. Hettner
herrührende Bearbeitung des im Wintersemester 1875/76 gehaltenen
sechsstündigen Kollegs über die Anwendung der Analysis auf Probleme
der Zahlentheorie vielfach für die Herausgabe benutzen können. Ich
möchte noch kurz angeben, wie ich diese reichen Hülfsmittel für den
vorliegenden Band benutzt habe, und für die Fortsetzung dieses groſsen
Werkes zu verwerten gedenke.

Kronecker selbst hat über den Plan, seine Vorlesungen heraus-
zugeben, oft und eingehend mit mir gesprochen; aber er betonte dabei
stets, daſs sie für diesen Zweck noch ganz wesentlich umgearbeitet
und systematisiert werden müſsten. Liegt doch der Wert und der Reiz

akademischer Vorlesungen in ganz anderen Vorzügen, als der eines
Lehrbuches über denselben Gegenstand. Hier sollen nicht alle Hülfsmittel zur Durchforschung des ganzen Gebietes gegeben werden, wohl
aber soll der Lehrer die Begeisterung für jene Disziplin wecken, er
soll die Hörer gewissermaßen in das Innere der Werkstatt der Männer
einführen, welche die Wissenschaft wirklich gefördert haben. Hier
kann man auf eine völlig strenge Disposition, auf eine erschöpfende
Darstellung des ganzen Gebietes verzichten, denn dies findet der
Lernende später in den Lehrbüchern und Abhandlungen; hier darf der
Lehrer auf anregende und aussichtsvolle Probleme eingehen, auch wenn die
Untersuchung noch nicht zu einem vollen Abschluß geführt werden
kann, denn gerade solche Fragen werden empfängliche Geister viel
tiefer zu eigenen Problemstellungen anregen, als vollständig durchgeführte Untersuchungen. Außerdem waren die Zuhörer der Kroneckerschen Vorlesungen großenteils bereits so gut vorgebildet, daß er viele
Voruntersuchungen als bekannt voraussetzen konnte, auf die bei einer
systematischen Darstellung notwendig ausführlich eingegangen werden
mußte.

Alle die so sich ergebenden wichtigen Änderungen gedachte
Kronecker bei der Herausgabe selbst zu machen, aber nach seinem
Tode fanden sich in seinem Nachlasse gar keine Vorarbeiten für die
Ausführung dieses Planes. So erwuchs mir denn die schwere Auf
gabe, die Bearbeitung des reichen Materiales nach den mir wohl bekannten Intentionen des Meisters, aber ohne seine Hülfe auszuführen,
und der Wunsch, dieser Pflicht nach meinen besten Kräften gerecht
zu werden, hat die Herausgabe dieses ersten Bandes trotz angestrengter
Arbeit etwas verzögert. Jetzt sind aber die Vorarbeiten so weit ge-
diehen, daß die erste Hälfte des zweiten Bandes der Zahlentheorie
und die erste Hälfte der Determinantentheorie bald diesem Bande
folgen können.

Aus den Aufzeichnungen und Nachschriften geht hervor, daß
Kronecker seine Vorlesungen jedesmal in allen wesentlichen Punkten
neu durchgearbeitet hat; daher die sorgfältige Formulierung und Behandlung der prinzipiell wichtigen Fragen. Aber außerdem wurden
in den verschiedenen Jahren die einzelnen Teile der Zahlentheorie
das eine Mal sehr eingehend behandelt, das andere Mal nur kürzer
skizziert, und so ergab sich die dankbare Aufgabe, aus allen jenen
Vorlesungen eine gleichmäßige Darstellung des ganzen Gebietes herauszuarbeiten, wie sie der Verewigte in einer länger ausgedehnten Vorlesung vielleicht gegeben hätte. In der hier gegebenen Bearbeitung
habe ich keine wesentliche Untersuchung fortgelassen, welche Kronecker

in einer dieser Vorlesungen durchgeführt hat, und ebenso wenig habe
ich es gewagt, irgend ein Problem aufzunehmen, welches Kronecker
nicht wenigstens irgend einmal gestreift hätte. Einige Untersuchungen,
deren Resultate oder Methoden mir wertvoll erschienen, habe ich in
den Anmerkungen am Ende dieses Bandes kurz dargestellt, während
einige gröfsere Zusätze am Ende des ganzen Werkes hinzutreten
sollen.

Während so der Ideenkreis dieses Buches im wesentlichen der
geblieben ist, innerhalb dessen sich die Vorlesungen bewegten, habe
ich mich besonders zu erreichen bemüht, dafs dieses Werk auch ein
vollständiges systematisches Lehrbuch der Zahlentheorie würde, ohne
dafs der persönliche Reiz der Kroneckerschen Darstellung verloren
ginge. Ich habe daher die Anordnung des Stoffes vollständig nach
eigenem Ermessen gemacht, und ich habe an vielen Stellen die Hülfs-
untersuchungen und vorbereitenden Sätze, auf welche sich Kronecker
einfach bezog, dargestellt und eingehend begründet, in dem Wunsche,
dafs diese Vorlesungen auch dem nicht vorgebildeten Leser zugänglich
sein möchten. Aus demselben Grunde hielt ich es auch für nötig, die
Darstellung an vielen Stellen ausführlicher zu gestalten. Endlich
habe ich besonders in der achtzehnten Vorlesung die Untersuchungen
Kroneckers selbständig weitergeführt, damit das interessante Problem
der Dekomposition der Modulsysteme in diesem Lehrbuche auch zu
einem befriedigenden Abschlusse geführt werde. Die von mir gemachten wesentlichen und unwesentlichen Zusätze habe ich im Anhange so genau angegeben, dafs der Leser den ursprünglichen Inhalt
der Kroneckerschen Vorlesungen leicht wieder herstellen kann.

Vor der definitiven Drucklegung hat Herr Professor J. L. Heiberg
in Kopenhagen die historische Einleitung und Herr Professor G. Frobenius
sowie Herr Dr. E. Landau einen grofsen Teil des ganzen Werkes sehr
sorgfältig durchgesehen; einige Verbesserungsvorschläge dieser Gelehrten
habe ich mit herzlichem Danke benutzt. Ferner hat mich Herr
Weymann bei der Redaktion der ersten und Herr Dr. Fuchs bei der
Korrektur der zweiten Hälfte dieses Bandes in dankenswertester Weise
unterstützt.

Sollte es mir gelungen sein, den Lesern dieses Werkes auch nur
einen Teil der hellen Freude zu gewähren, mit der die Schüler
Kroneckers den Vorträgen des Meisters folgten, so würde ich mich
für die grofse auf die Herausgabe verwandte Arbeit reich belohnt und
zur Fortarbeit an diesem schönen Werke ermutigt fühlen.

Berlin, den 5. März 1901.

Inhaltsverzeichnis des ersten Bandes.

Erste Vorlesung.

Einleitung. Alter, Begründung und Abgrenzung der Arithmetik. — Geschichte der Arithmetik. Die orientalischen Völker. Die Arithmetik bei den Griechen. — Euklid. Die Elemente. Vollkommene Zahlen. Anzahl aller Primzahlen. Jede arithmetische Reihe enthält unendlich viele Primzahlen. — Diophant. Theon. Hypatia. — Die Araber. Die arabischen Ziffern.

§ 1.

Die Zahlentheorie, mit der wir uns in diesen Vorträgen beschäftigen wollen, ist als fest begründete Disciplin von allen Zweigen der Mathematik der jüngste, dagegen kann sie mit vollem Rechte den Anspruch erheben, das älteste Forschungsgebiet des menschlichen Geistes gebildet zu haben. Sind doch die Zahlen, speziell die ganzen Zahlen, gewifs die früheste mathematische Errungenschaft der Menschen, und ganze Kulturperioden mögen zwischen der Zeit ihrer Einführung und z. B. der Entstehung der geometrischen Grundbegriffe verflossen sein. So machten auch die ersten Menschen, die sich, soviel wir wissen, wirklichen mathematischen Untersuchungen zuwendeten, die Babylonier, die Arithmetik zum Gegenstande derselben.

Trotzdem ist die Geometrie viel eher zu einer einheitlichen Wissenschaft geworden und verdiente schon zur Zeit der Griechen diesen Namen vollständig, während die Arithmetik erst in unserm Jahrhundert ihrer Vollendung entgegengeführt wurde. Allerdings findet sich ein wahrscheinlich auf pythagoräischer Grundlage fufsender Versuch, die Zahlentheorie wissenschaftlich zu begründen, bei *Euklid*, einem Schüler *Platos*, der um 300 v. Chr. unter *Ptolemaeus Soter* in Alexandrien lebte und dort sein Hauptwerk, die „Elemente" ($\sigma\tau o\iota\chi\varepsilon\tilde{\iota}\alpha$) verfafste. Das siebente, achte und neunte seiner uns erhaltenen dreizehn Bücher geben eine systematische Lehre von den Zahlen. Auf Grund verhältnismäfsig weitgehender Forschungen bietet er uns hierin mit ihren Beweisen eine gröfsere Anzahl interessanter arithmetischer Resultate, die ungeachtet seiner auch in dieser Darstellung unverkennbaren geometrischen Tendenz in ihrer wahren Bedeutung von ihm voll erkannt und gewürdigt worden sind.

Es ist bemerkenswert, daſs dieses Unternehmen *Euklids*, die Zahlenkunde zum Range einer Wissenschaft zu erheben, mehr als zwei Jahrtausende hindurch keine Nachahmung gefunden hat; denn so bedeutend auch die Leistungen der auf *Euklid* im Laufe der Entwicklung folgenden Zahlentheoriker sind, der einheitliche Aufbau und die systematische wissenschaftliche Darstellung dieser Disciplin sind erst ganz neuen Datums. Wir verdanken sie dem groſsen *Gauſs*, und zwar als sein höchstes, unsterbliches Verdienst, und selten ist wohl ein epochemachendes Buch unter einem so bescheidenen Titel in die Welt hinausgetreten, wie seine im Jahre 1801 erschienenen „disquisitiones arithmeticae", die noch für lange Zeit den Kanon der „Zahlentheorie" bilden werden. Diese jetzt geläufig gewordene Bezeichnung für unsere Wissenschaft ist eine Übersetzung des französischen „théorie des nombres". *Gauſs* hat ihr stets den Namen „höhere Arithmetik" (arithmetica sublimior) beigelegt.

§ 2.

In der Vorrede zu seinem grundlegenden Werke versucht *Gauſs*, seine Arithmetik von den übrigen mathematischen Disciplinen durch die folgende Definition abzugrenzen:

> „disquisitiones in hoc opere contentae ad eam matheseos partem pertinent, quae circa numeros integros versatur, fractis plerumque, surdis semper exclusis."

Indem er so als das Objekt der Zahlentheorie wesentlich nur die ganzen Zahlen ansieht und insbesondere die irrationalen (numeri surdi) streng ausgeschlossen wissen will, trennt er den Gegenstand seiner Betrachtungen vielleicht etwas zu scharf von den Teilen der Mathematik, die sich auf die Eigenschaften anderer mathematischer Grössen (quantitates) beziehen. Eine derartige Abgrenzung des Bereiches einer Wissenschaft kann überhaupt nicht gut gegeben werden, solange diese sich weiter und weiter entwickelt, und dabei ihr Gebiet organisch ausdehnt. Auſserdem aber ist es naturgemäſs beinahe unmöglich, die Aufgabe einer Wissenschaft im Anfange einer Darstellung derselben einem Leser deutlich zu machen, dem ja zunächst noch alle Vorkenntnisse fehlen; man muſs sich vielmehr vom theoretischen Standpunkte aus damit begnügen, gewisse Beispiele und Aufgaben bedeutsamer Natur herauszugreifen und dadurch die Eigenart des betreffenden Erkenntnisgebietes zu charakterisieren. Für unsern Fall würde man z. B. hervorheben können, „daſs es sich in der Zahlentheorie um die Untersuchung der Zahlen bezüglich ihrer Teilbarkeit, ihres Charakters als Quadrate oder Kuben u. s. f. handelt". Dagegen ist es nicht wohl möglich, ihr von vornherein bestimmte Zahlgebilde vorzuschreiben, mit denen sie sich befassen soll.

Der Gaußische Ausspruch, der die Zahlentheorie in Gegensatz zur Analysis und Algebra zu setzen bestimmt ist, hat nur dann eine Berechtigung, wenn die Quantitäten, welche er ausgeschlossen wissen will, der Geometrie oder der Mechanik entnommen sind, falls man nicht etwa auch sie in Zahlen übersetzen und als solche definieren will.

Die engere Abgrenzung unserer Wissenschaft der reinen Algebra und Analysis gegenüber ist in der That gar nicht durchzuführen. Daß dem so ist und daß die Beschränkung auf die rationalen, sowie der Ausschluß der irrationalen Zahlen nicht aufrecht erhalten werden können, beweisen die „disquisitiones" selbst am deutlichsten; denn die ganze siebente Section dieses Werkes, die die Theorie der Kreisteilung behandelt, ist ja der Betrachtung trigonometrischer Größen, also irrationaler Zahlen gewidmet.

Auch die Meinung, es müsse die Verwendung von Buchstaben in der Algebra als ein wesentliches Unterscheidungsmoment derselben gegenüber der Zahlentheorie gelten, läßt sich unter Berufung auf *Gauß* selbst widerlegen. Er hat nämlich zuerst den folgenreichen Schritt gethan, unbestimmte Grössen systematisch in die Arithmetik einzuführen; ein fruchtbarer Gedanke, dessen ersten Spuren wir bei *Diophant* und seinem großen Ausleger *Fermat* begegnen. Freilich haben sich später noch *Euler* und *Lagrange* ausführlich mit der Theorie der sogenannten quadratischen Formen $ax^2 + bxy + cy^2$ beschäftigt; sie thaten dies jedoch immer nur im Hinblick auf die Frage, welche Zahlen durch sie dargestellt werden können, wenn man den Größen x und y ganzzahlige Werte beilegt, sie stellten sich also z. B. die Aufgabe, x und y als ganze Zahlen so zu bestimmen, daß $x^2 + y^2$ gleich 5, 13, 17 oder allgemein gleich irgend einer vorgelegten Primzahl von der Form $4n + 1$ wird. Erst *Gauß* ließ dann diese speziellen Fragen fallen und ging direkt zu der Untersuchung der Formen selbst über, sodaß bei ihm die unbestimmten Variablen x und y wirklich, wie in der Algebra, die Bedeutung von Rechnungsobjekten und nicht mehr die von geeignet zu wählenden ganzen Zahlen besitzen. Die Darstellung irgend einer ganzen Zahl m in der Form $ax^2 + bxy + cy^2$ fällt dann als reife Frucht bei den bezüglichen Untersuchungen von *Gauß* ab. Rein äußerlich kennzeichnete er diesen Fortschritt durch die Wahl der neuen, einfacheren Bezeichnung (a, b, c) für den Ausdruck $ax^2 + bxy + cy^2$, indem er hierdurch die alleinige Abhängigkeit der Form von den Koëfficienten andeutete. Zugleich wurde durch seine allgemeinere Auffassung des Gegenstandes der wichtige Begriff eines Systems ganzer

1*

Zahlen und damit im Zusammenhange der der Äquivalenz solcher Systeme methodisch für die Wissenschaft gewonnen.

Andrerseits würde die durch die Gaußsche Definition geforderte Abgrenzung der Arithmetik gegen die Analysis die kontinuirlichen Größen und die Anwendung der auf sie gegründeten Methoden in der Hauptsache dem Bereiche der Zahlentheorie entziehen. Eine derartige Beschränkung erschien allerdings geboten zu einer Zeit, als man solche Quantitäten noch mehr geometrisch faßte; sie ist aber hinfällig geworden, seitdem man neuerdings sich bemüht, viele der Geometrie oder Mechanik entstammende Größen ohne Rücksicht auf diese Entstehung zu definieren, womit dann sofort ihr rein arithmetisches Wesen in den Vordergrund tritt. Definiert man z. B. die aus der Geometrie herrührende Transcendente π etwa durch die Leibniz'sche Reihe

$$\frac{\pi}{4} = 1 - \frac{1}{3} + \frac{1}{5} - \frac{1}{7} + \cdots$$

$$= \sum_{n=0}^{\infty} \frac{(-1)^n}{2n+1},$$

so ergiebt sich aus dieser grade eine der schönsten arithmetischen Eigenschaften der ungeraden Zahlen, nämlich eben die, jene geometrische Irrationalzahl zu bestimmen; in diesem Sinne ist wohl jenes bekannte Wort: „numero impari deus gaudet" zu verstehen. Die Glieder dieser Reihe sind nämlich, um das etwas näher auszuführen, arithmetisch wohl unterschieden: sie haben das positive oder negative Vorzeichen, je nachdem ihre Nenner durch 4 geteilt den Rest 1 oder 3 lassen. Wir haben hier also eine Definition der Transcendenten π von durchaus zahlentheoretischem Charakter. Nicht anders steht es mit der folgenden, impliciten Darstellung der Ludolf'schen Zahl, die wir erhalten, wenn wir in dem die ungeraden Zahlen wiederum bevorzugenden Kettenbruche

$$z \cdot \tan g\, z = \cfrac{z^2}{1 - \cfrac{z^2}{3 - \cfrac{z^2}{5 - \cdots}}}$$

$z = \dfrac{\pi}{4}$ einsetzen.

Was uns diese Beispiele lehren, ist nun maßgebend für alle Definitionen der Analysis überhaupt. Dieselben führen stets auf die ganzen Zahlen und ihre Eigenschaften zurück; und es ist von dem ganzen

Gebiete des letztgenannten Zweiges der Mathematik der einzige Begriff des limes oder der Grenze der Zahlentheorie bisher fremd geblieben. Gegen die Analysis also, die sich von ihrer ursprünglichen Quelle, der Geometrie, befreit und auf freiem Boden selbständig entwickelt hat, kann die Arithmetik nicht abgegrenzt werden, um so weniger, als es *Dirichlet* gelungen ist, grade die schönsten und tiefstliegenden arithmetischen Resultate durch die Verbindung der Methoden beider Disciplinen zu erzielen.

So hat *Gauſs* in seinem Werke selbst die Scheide durchbrochen, die er zwischen der Arithmetik und den Schwesterdisciplinen aufrichten wollte, hat ihr aber dadurch zugleich die Bahn zu einer Ausbildung gewiesen, in welcher sie, nicht mehr der Analysis untergeordnet, vielmehr berufen erscheint, alle Teile der Mathematik mit Ausnahme der Geometrie und Mechanik zu umspannen.

Wenn wir nun schlieſslich doch aus praktischen Gründen die Arithmetik oder wenigstens den Inhalt dieser Vorlesungen abgrenzen, so wird das nur so geschehen können, daſs sich die Grenzlinien mehr oder minder verwischen, so daſs an manchen Stellen gewissermaſsen nur noch ihre Spuren hervorschimmern.

In jedem einzelnen Falle muſs eben das mathematische Taktgefühl entscheiden, ob man die betreffende Materie der Arithmetik, der Algebra oder der Analysis zurechnen will; denn auch die Abgrenzung der beiden letzteren gegen einander ist nicht mehr scharf durchführbar.

Die Erkenntnis der engen Verwandtschaft der Arithmetik mit Analysis und Algebra und der daraus entspringende Zwang, gewisse Methoden dieser beiden für jene zu entnehmen, führten nun seit *Gauſs* zu einer so gewaltigen Umgestaltung der Disciplin, daſs es jetzt auch nicht mehr angemessen erscheint, den Namen „Zahlentheorie" oder den Gauſsischen „arithmetica sublimior" an die Spitze der ganzen Lehre zu setzen, man muſs vielmehr eine neue Benennung suchen, welche die oben erläuterten Beziehungen andeutet. Eine solche glaubte ich in dem Gesamttitel „allgemeine Arithmetik" (arithmetica generalis) zu finden, den diese Vorlesungen zum ersten Male tragen und der eben den vollen Bereich der Arithmetik und der mit ihr zusammenhängenden Disciplinen umfassen soll.

Aber auch eine allgemeine Arithmetik werden wir doch stets mit der gewöhnlichen Zahlentheorie beginnen müssen, d. h. mit einer systematischen Behandlung der ganzen Zahlen. Nur werden wir hierbei keineswegs, wie *Gauſs* es wollte, das Hereinziehen der Brüche vermeiden, da sie ja nichts anderes sind, als Systeme zweier ganzen Zahlen, und ebenso werden wir in gewisser Weise auch irrationale Zahlen in den Kreis unserer Erörterungen aufnehmen. Endlich wird man angesichts der konsequenten und allgemeinen Entwicklung der Begriffe der Teilbarkeit und des Enthaltenseins noch die arithmetische Behandlung der rationalen Funktionen einer oder mehrerer Variablen, sowie die Herleitung der einfachsten, hierher gehörigen Resultate nicht entbehren können, wir wollen daher auch sie schon in diesen Vorlesungen benutzen. Der Erfolg einer solchen Erweiterung unseres Gebietes wird sich in dem ferneren Verlaufe bei der Untersuchung der Reciprocitätsgesetze und der Behandlung der Theorie der quadratischen Formen deutlich zeigen.

Eine Fortführung dieser allgemeinen Untersuchungen ist dann nach zwei Seiten hin möglich: Entweder kann sich die genaue Betrachtung der linearen Funktionen mehrerer Veränderlichen oder die Spezialbehandlung der Funktionen einer Variablen von höherem, als dem ersten Grade anschließen. Der erste Weg führt uns zur Determinantentheorie, der letztere zur Theorie der algebraischen Gleichungen, die ja nichts anderes ist, als die Untersuchung von Funktionen einer Veränderlichen, die den Wert Null haben sollen. Den letzten Teil des Stoffes, der in der allgemeinen Arithmetik zu erledigen ist, würden dann die Funktionen mehrerer Veränderlichen bilden, deren Grad den ersten übersteigt.

Das ist der Plan, nach dem ich die Reihe meiner Vorlesungen über allgemeine Arithmetik einzurichten gedenke. Nunmehr trete ich in die „Zahlentheorie", die erste derselben, ein.

§ 3.

Nach diesen einleitenden Bemerkungen über das Alter, die Begründung und die Abgrenzung der Arithmetik will ich ihre geschichtliche Entwicklung in gedrängter Kürze darlegen. Es wird uns ein solcher Überblick zugleich Gelegenheit geben, auf die Hauptprobleme, die unsere Wissenschaft in den zwei Jahrtausenden ihres Werdens und Wachsens beschäftigt haben, kurz hinzuweisen.

Wie schon erwähnt, fällt die Entstehung der Zahlen und ihres Gebrauches in Zeiten, aus denen uns keine Kunde mehr geworden ist. Doch auch aus den ersten historischen Perioden ist uns nur sehr wenig über die Anfänge der Zahlenlehre aufbewahrt. Die wirkliche Ausbildung derselben beginnt, wie überhaupt unsere Kultur, im Orient. Nur aus Steinresten, namentlich durch die schätzenswerten Entdeckungen von *J. Brandis* in den letzten Jahrzehnten, wissen wir, daß die alten Babylonier die Behandlung der Zahlen, besonders in bezug auf ihre

Teilbarkeit bereits zu einer hohen Stufe gebracht haben müssen; dies war hauptsächlich ein Verdienst der bevorzugten Priesterkaste, welche die Pflege aller Wissenschaft in Händen hatte, und der damit auch die Ausgestaltung der Zahlenwissenschaft zufiel. Das strenge Kastenwesen erwies sich eben auch hier als vorzüglich geeignet, die Kenntnisse einer Generation der nächsten unverkürzt zu übermitteln und ein sicheres, stetiges und doch auch kräftiges Fortschreiten wissenschaftlicher Arbeit zu ermöglichen. Mehr noch trug vielleicht das merkwürdige Zahlensystem der Babylonier zu ihren Erfolgen bei, ein System, dessen Grundzahl die Sechzig ist; denn so unbequem diese grofse Zahl auch für das praktische Rechnen ist, so anregend und förderlich mufste sie für Zahlensinn und Zahlenlehre sein. Sie ist eine derjenigen Zahlen, die im Verhältnis zu ihrer Gröfse die meisten Teiler besitzen, und daher ganz besonders geeignet, die Grundzahl eines Systems zu bilden, viel geeigneter jedenfalls, als die Zahl Zehn, die nur die beiden Teiler 2 und 5 hat und die ihre Erhebung zur Grundzahl unseres Zahlensystems dem rein zufälligen Umstande verdankt, dafs wir mit zehn Fingern ausgestattet sind. — Ähnliche Vorbedingungen, wie bei den Babyloniern fanden sich auch in China und Ägypten.

Die Griechen haben die Arithmetik zusammen mit ihrer ganzen Kultur von den orientalischen Völkern übernommen, haben sie aber nach ihrer Eigentümlichkeit selbständig ausgearbeitet und vervollkommnet. Auch bei ihnen waren es nur verhältnismäfsig wenige, die sich mit der Arithmetik befafsten, aber diesen wenigen wurde es durch das Institut der Sklaverei, die alle Sorge und Plage des täglichen Lebens von dem Gebildeten fast völlig fernhielt, ermöglicht, sich den abstrakten Wissenschaften in Mufse und mit ganzer Seele hinzugeben.

So haben denn auch die Griechen Arithmetik und Geometrie so gefördert, dafs *Euklid* bereits alles, was bis dahin besonders durch *Pythagoras* und die Pythagoräer gefunden und geleistet worden war, sammeln und in seinem bereits erwähnten Hauptwerke „die Elemente" systematisieren konnte, für die erstere Disciplin freilich in einer Weise, die uns doch mitunter eigentümlich berührt, wenn sie auch für spätere Jahrhunderte vorbildlich geworden ist.

Schon sein Verfahren, zur Begründung der Zahlenlehre von dem auszugehen, was wir als kontinuierliche Quantitäten bezeichnen würden, also von Gröfsenvorstellungen, die arithmetisch wesentlich unbestimmt sind, kann uns nicht als der natürliche Weg erscheinen. Von hier aus gelangt er durch den an die Spitze der Entwicklung gestellten Begriff des Verhältnisses zur Zahl als dem Ausdruck eines solchen und zur

Einheit ($\mu o \nu \acute{\alpha} \varsigma$), um nun erst mit deren Hilfe die ganzen Zahlen einfach als Mengen ($\pi \lambda \tilde{\eta} \vartheta o \varsigma$) von Einheiten zu definieren. Sicherlich sind
die Menschen zu dem Zahlbegriffe auf eine ganz andere, naturgemäfsere
Art gekommen; denn zu einem Vergleiche, wie ihn doch der Begriff
des Verhältnisses bedingt, bedarf es schon einer beträchtlichen Abstraktion.

Von dem letztgenannten Begriffe versucht *Euklid* a priori eine
Erklärung zu geben, und zwar definiert er das Verhältnis schlechthin
als ein Verhalten ($\lambda \acute{o} \gamma o \varsigma$, $\sigma \chi \acute{\epsilon} \sigma \iota \varsigma$). Die Nichtigkeit und Unbrauchbar-
keit dieser Bestimmung springt aber derart in die Augen, dafs man
vermutet hat, die betreffende Stelle rühre gar nicht von ihm her,
zumal er gleich darauf den nächsten Begriff, den der Proportion ($\dot{\alpha} \nu \alpha$-
$\lambda o \gamma \acute{\iota} \alpha$), in trefflicher Weise erklärt.

Von dem Begriffe der ganzen Zahl aus weiterschreitend gewinnt
Euklid dann die Definitionen der geraden und ungeraden Zahlen, des
Teilers ($\mu \acute{\epsilon} \rho o \varsigma$), der unzerlegbaren oder Primzahlen ($\dot{\alpha} \rho \iota \vartheta \mu \grave{o} \varsigma \pi \rho \tilde{\omega} \tau o \varsigma$)
und der zusammengesetzten Zahlen, der Quadrat- und Kubikzahlen
($\tau \epsilon \tau \rho \acute{\alpha} \gamma \omega \nu o \iota$, $\varkappa \acute{v} \beta o \iota$) u. a. m. Die geometrische Anschauungsweise der
Griechen tritt bei den hier angewandten Bezeichnungen wieder auf-
fällig hervor; so nennt *Euklid* eine aus nur zwei Primzahlen multiplikativ zusammengesetzte Zahl eine Flächenzahl, eine solche, die nur
drei Primzahlen enthält, eine Körperzahl.

Ganz besonders scharf hebt sich dagegen von dem geometrischen
Hintergrunde die Betrachtung der sogenannten vollkommenen Zahlen
(numeri perfecti, $\dot{\alpha} \rho \iota \vartheta \mu o \grave{\iota} \tau \acute{\epsilon} \lambda \epsilon \iota o \iota$) ab, deren Eigenschaften doch lediglich rein arithmetischer Natur sind und deren charakteristisches Merk-
mal darin besteht, dafs sie gleich der Summe ihrer eigentlichen Teiler
sind. Von ihnen beweist Euklid folgenden merkwürdigen Satz:

> „Wenn man eine Reihe von Zahlen mit der Eins beginnend
> durch fortgesetzte Multiplikation mit zwei bildet und addiert,
> so erhält man eine vollkommene Zahl, wenn man jene Summe,
> sobald dieselbe eine Primzahl ist, mit der letzten Zahl der Reihe
> multipliziert."

In der Redeweise der heutigen Mathematik würde der Satz folgendermafsen lauten: Ist

$$1 + 2 + 2^2 + \cdots + 2^{n-1} = 2^n - 1 = p$$

eine Primzahl, so ist $2^{n-1}p$ eine vollkommene Zahl.

Bei der Unzulänglichkeit der griechischen Zahlzeichen ist diese
Leistung der griechischen Mathematik wahrhaft zu bewundern, so leicht

auch der Beweis mit unseren jetzigen Hilfsmitteln zu führen ist. Die sämmtlichen eigentlichen Teiler von $2^{n-1}p$ sind nämlich

$$1,\ 2,\ 2^2 \cdots 2^{n-1};\ p,\ 2p,\ 2^2 p \cdots 2^{n-2}p,$$

und ihre Summe ist in der That

$$= 1 + 2 + 2^2 + \cdots + 2^{n-1} + p + 2p + \cdots + 2^{n-2}p$$
$$= p + p(2^{n-1} - 1) = p \cdot 2^{n-1}.$$

Nimmt man für n die Werte 2, 3, so wird p bezw. $= 3, 7$, und da diese wirklich Primzahlen sind, so gehören hierzu die vollkommenen Zahlen $3 \cdot 2 = 6$ und $7 \cdot 4 = 28$. Der Fall $n = 4$, für den

$$1 + 2 + 2^2 + 2^3 = 15$$

keine Primzahl ist, liefert keine vollkommene Zahl; eine solche ergiebt sich aber wieder für $n = 5$, nämlich $(2^5 - 1) 2^4 = 496$.

Das Gepräge, welches die Zahlentheorie bei *Euklid* trägt, ist ihr bis auf den heutigen Tag geblieben. Für ihre Eigentümlichkeit, ganz Triviales und ungemein Tiefsinniges dicht neben einander mit sich zu führen, die in dem Maße keine andere mathematische Disciplin mit ihr teilt, kann es eine deutlichere Illustration kaum geben, als sie die „Elemente", die erste sie behandelnde Schrift, darbieten. Mit ermüdender Breite wird da auf der einen Seite bewiesen, daß das Produkt zweier Quadratzahlen wieder eine solche ist, und dann steht im 20. Kapitel des neunten Buches der durch Inhalt und Beweis gleich ausgezeichnete Satz, daß die Anzahl der Primzahlen unendlich groß ist. Schon die Fassung, die *Euklid* demselben giebt, ist vortrefflich:

„Der Primzahlen sind mehr, als jede vorgelegte Anzahl von Primzahlen."

Auch den Gang des Beweises wollen wir in der von Euklid herrührenden Form geben. Da die Methode der allgemeinen Untersuchung von beliebig vielen Zahlen noch nicht bekannt war, so beschränkte er sich darauf, drei Primzahlen als gegeben anzunehmen und zu zeigen, daß dann notwendig noch eine vierte existieren muß; dabei richtete er aber seinen Beweis so ein, daß sich seine Anwendbarkeit auf beliebig viele Primzahlen von selbst ergab:

Es seien, sagt er, A, B, Γ drei vorgelegte Primzahlen; aus denen bilden wir die Zahl E so, daß sie die kleinste ist, die A, B, Γ zu Teilern hat. Dann muß $E + 1$ entweder selbst eine Primzahl sein, oder sich doch in Primfaktoren zerlegen lassen. Es sei Δ die kleinste Primzahl, die in $E + 1$ enthalten ist; dann kann Δ durch A, B, Γ nicht teilbar sein, denn wäre das der Fall, so müßte es auch $E + 1$

sein, und das ist ja ausgeschlossen, weil E selbst durch diese Zahlen teilbar ist.

Der Nachweis dieses Satzes würde sich heute etwa so gestaltet haben: p_1, p_2, ... p_n seien vorgelegte Primzahlen; bilden wir dann die Zahl $(p_1 \cdot p_2 \cdot p_3 \cdots p_n + 1)$, so ist sie durch keine jener n Primzahlen teilbar. Sie ist deshalb entweder selbst eine Primzahl oder enthält doch wenigstens eine von p_1, p_2, p_3, ... p_n verschiedene Primzahl als Teiler.

Diese Euklidischen Ergebnisse greifen aber noch viel weiter; sind nämlich in der Reihe der natürlichen Zahlen die n ersten Primzahlen gegeben, so folgt aus ihnen nicht nur die Existenz einer $(n + 1)^{\text{ten}}$, sondern auch ein bestimmtes Intervall, in dem mindestens eine fernere Primzahl mit Sicherheit liegen muſs. Freilich ist dieses Intervall sehr groſs, und es entsteht daher notwendig die Frage nach dem kleinsten Zwischenraume, in dem jene $(n + 1)^{\text{te}}$ Primzahl liegen muſs, oder, was dasselbe ist, nach dem Gesetze, nach welchem die Primzahlen auf einander folgen, eine Frage, die auch heute noch ihrer Beantwortung harrt; die Intervalle, die allemal zwischen je zwei benachbarten Primzahlen liegen, sind ganz unregelmäſsig, bald groſs, bald klein. Es scheint fast, als ob, so weit man auch in der Reihe der Zahlen fortschreiten mag, immer neue Primzahlen vorkommen müssen, die sich um so wenig wie überhaupt möglich, d. h. nur um zwei Einheiten unterscheiden; doch fehlt auch hierfür noch der Beweis.

Nachdem man so erkannt hatte, daſs in der Reihe der natürlichen Zahlen die der Primzahlen nie abbricht, lag es eigentlich nahe, die allgemeinere Untersuchung anzustellen, ob in einer Zahlenreihe, die aus der natürlichen durch Überspringen einer bestimmten Anzahl von Zwischengliedern entsteht, also z. B. in der Reihe

$$1, \; 5, \quad 9, \; 13, \cdots$$

oder

$$3, \; 7, \; 11, \; 15, \cdots$$

oder überhaupt in einer beliebigen arithmetischen Reihe

$$b, \; a + b, \; 2a + b, \ldots na + b, \cdots \qquad (n = 1, 2, 3 \ldots),$$

wo a und b selbstredend keinen gemeinsamen Teiler haben dürfen, immer unendlich viele Primzahlen vorhanden sind.

Jedoch erst der französische Mathematiker *Legendre* war es, der diese Frage überhaupt einmal aufwarf, und zwar glaubte er anfangs, dem Satze, daſs jede arithmetische Reihe unendlich viele Primzahlen enthält, selbstverständliche Richtigkeit zuschreiben zu dürfen; später gab er jedoch ausdrücklich einen Beweis, der sich indessen auf unbewiesene Annahmen stützt. Es war dem grofsen Zahlentheoretiker *Gustav Lejeune-Dirichlet* vorbehalten, einen völlig strengen Beweis jener Legendre'schen Behauptung zu führen. Aber er wiederum bediente sich eines von dem Euklidischen ganz abweichenden Verfahrens und vermochte daher nicht, dessen klassisches Vorbild zu erreichen und seinen Beweis so auszubilden, dafs er ein Intervall erkennen läfst, in dem notwendig immer eine neue Primzahl der arithmetischen Reihe liegen mufs. Im Jahre 1885 ist es mir dann gelungen, dem Beweise *Dirichlets* jene Vollendung zu geben, und in diesen Vorlesungen werde ich ihn zum ersten Male in seiner exakteren Fassung auseinandersetzen.

Das Gesetz anzugeben, nach dem die Primzahlen einer beliebigen arithmetischen Reihe auf einander folgen, sind wir natürlich noch viel weniger imstande, als wir es für den Spezialfall der natürlichen Zahlenreihe waren.

Man ersieht hieraus, und das ist recht bezeichnend für die Natur der zahlentheoretischen Aufgaben, dafs Fragen, die mit den von Euklid behandelten innig zusammenhängen, erst zwei Jahrtausende nach ihm in der Wissenschaft auftauchten und zum gröfsten Teile noch heute ungelöste Rätsel geblieben sind.

Von den Forschern, die vor *Euklid* oder gleichzeitig mit ihm auf unserm Gebiete gewirkt haben, ist nur wenig oder nichts erhalten geblieben, und so läfst es sich nur schwer entscheiden, wie grofs der Anteil ist, der ihm selbst an den in seinen Schriften niedergelegten Resultaten zukommt. Jedenfalls verrät sein Werk, welches noch jetzt in England als Elementarbuch gebraucht wird, und auf das sich auch die meisten unserer Lehrbücher stützen, einen so hohen Grad wissenschaftlicher Reife, dafs man zu der schon erwähnten Hypothese genötigt wird, *Euklid* sei mehr ein Bearbeiter der mathematischen Errungenschaften mehrerer Jahrhunderte, als der Schöpfer einer eigenen Lehre gewesen. Die „Elemente" haben in den letzten Jahren durch *Menge* und *Heiberg* eine ausgezeichnete Übersetzung ins Lateinische gefunden.

§ 4.

Von den späteren griechischen Zahlentheoretikern, die zwar, wie gesagt, ihre Wissenschaft nie in ein System gebracht, sie aber doch bedeutsam gefördert haben, ist uns ebenfalls verhältnismäfsig sehr weniges überliefert. Für unsere knappe historische Übersicht schliefst sich an *Euklid* erst wieder der Alexandriner *Diophant* an, ein ganz aufserordentliches mathematisches Talent, durch den die Zahlentheorie

sehr erheblich in ihrer Entwicklung weiter geführt wurde. Bis vor
kurzem schwankten selbst die Angaben über seine Lebenszeit um
600 Jahre, nämlich zwischen 200 v. Chr. und 400 n. Chr., nur schiofs
man aus dem Umstande, dafs seine Schriften ein so sehr viel reicheres
Material aufweisen, als die *Euklids*, dafs sein Leben wohl in das Ende
jener Periode fallen müfste, und, wie sich zeigte, mit vollem Recht;
denn neuerdings ist den Bemühungen der französischen Historiker
unserer Wissenschaft der Nachweis geglückt, dafs *Diophant* um das
Jahr 350 n. Chr. unter Kaiser *Julian* gelebt hat. Er soll 84 Jahre alt
geworden sein und hat, wie wir mit Sicherheit wissen, 13 Bücher über
arithmetische Probleme geschrieben, von denen nur sechs, aber wohl die
wichtigsten, auf uns gekommen sind, sowie eine auch noch vorhandene
Abhandlung über die Polygonalzahlen verfafst.

Diophant ist für uns der erste Darsteller der Algebra und der
allgemeinen Arithmetik; er behandelte als erster die Auflösung von
numerischen Gleichungen, die allerdings bei ihm noch alle in die
Form praktischer Aufgaben eingekleidet sind, und kam im Anschlusse
daran auf den Gedanken, für die Unbekannte ($\dot{\alpha}\varrho\iota\vartheta\mu\dot{\varrho}\varsigma$ $\ddot{\alpha}\lambda o\gamma o\varsigma$) einen
neuen Buchstaben einzuführen. Das war eine äufserst glückliche Kon-
zeption, von der eins der wichtigsten Hilfsmittel der ganzen Mathematik, die Buchstabenrechnung, ihren Ausgang nahm und die grade
für einen Griechen um so schwieriger war, als die Buchstaben seines Alpha-
bets bereits sämtlich bestimmte Zahlen ausdrückten. Er wählte zur Be-
zeichnung der Unbekannten den Buchstaben ς das Compendium für $\dot{\alpha}\varrho\iota\vartheta\mu\dot{\varrho}\varsigma$.

Ferner gab *Diophant* eine allgemeine Methode an, um lineare
Gleichungen mit einer Unbekannten aufzulösen, während vor ihm die
Griechen allein auf den Weg des Probierens angewiesen waren. Dabei
ist es nun ein interessanter Beleg für die Langsamkeit des Fortschrittes
in der Mathematik, dafs er die Systeme zweier linearen Gleichungen
mit zwei Unbekannten zwar in den Kreis seiner Betrachtungen zog, es
aber doch nicht dahin brachte, für sie dasselbe zu leisten, wie für eine
Gleichung mit einer Unbekannten, dafs es ihm nicht in den Sinn kam, auch
für die zweite Unbekannte gleichfalls ein besonderes Zeichen zu suchen.
Nachdem er nämlich die eine Unbekannte mit Hülfe seiner neuen Methode
bestimmt hat, findet er die zweite in der früheren Weise, durch Probieren.

Von hier aus wandte er sich schliefslich den Gleichungen zu, die
wir noch jetzt Diophantische nennen, deren Lösungen nicht vollständig
definiert sind, aber ihrer Natur nach notwendig ganze Zahlen sein
müssen, und beschäftigte sich z. B. mit der Aufgabe, eine ganzzahlige
Gleichung mit mehreren Unbekannten durch ganze Zahlen zu befriedigen. Untersuchungen dieser Art bilden dann später in ihrem weiteren

Umfange einen so wesentlichen Teil der Zahlentheorie, dafs man dieselbe auch Diophantik oder diophantische Analytik genannt hat*).

Ziemlich gleichzeitig mit *Diophant* lebten noch zu Alexandrien der wenig bedeutende Mathematiker *Theon* und seine Tochter *Hypatia*, ein echtes Kind der untergehenden heidnisch-griechischen Zeit, der von *Suidas* ebenfalls mathematische Arbeiten, u. a. ein Kommentar zu *Diophants* Werken, zugeschrieben werden und die im Jahre 415 von den fanatischen Christen ihrer Vaterstadt getötet wurde.

Hiermit schliefst in der Hauptsache die Geschichte der Zahlenlehre der Griechen ab, und von ihnen geht die Pflege unserer Wissenschaft an die Araber über, von denen wir freilich wenig mehr als eine Übersetzung des *Diophant*, und auch die nicht einmal vollständig, besitzen.

So haben die Araber zwar die Zahlentheorie nur in geringem Mafse inhaltlich durch eigene Entdeckungen bereichert; dagegen verdanken wir ihrem hervorragenden Formensinne die Ausarbeitung von Hilfsmitteln, deren sich die heutige Mathematik bedient, und speziell die Begründung der von ihnen mit dem Namen „Algebra" (etwa Buchstabenrechnung) belegten Wissenschaft. Aufserdem aber machten sie dem Abendlande das herrliche Geschenk unseres jetzigen Ziffernsystems, das sie ihrerseits von den Persern und Indern überkommen hatten, ein Geschenk, welches den zahlentheoretischen Forschungen geradezu die Schwingen verlieh, die ihnen bis dahin fehlten. Wenn man nämlich auch annehmen darf, dafs die Weiterbildung der Zahlen und ihrer Theorie jedenfalls ohne die Einführung dieses Ziffernsystems, wenn auch sehr viel langsamer, vor sich gegangen wäre, so kann man doch ihre Wichtigkeit für die Entwicklung der gesamten abendländischen Kultur überhaupt kaum hoch genug anschlagen.

Auf verschiedenen Wegen gelangten die arabischen Ziffern nach Italien, und das neue System breitete sich dann in dem übrigen Europa langsam aus, so dafs es erst am Ausgange des Mittelalters ein Gemeingut des ganzen Occidents geworden ist.

---

*) Der Einwurf *Libris*, (Mémoire sur la théorie des nombres, *Crelle's* Journal Bd. 9) *Diophants* unbestimmte lineare Gleichungen seien nicht sowohl unbestimmt, als vielmehr überbestimmt, da einer solchen Gleichung

$$ax + by + c = 0$$

noch die beiden andern

$$\sin x\pi = 0, \quad \sin y\pi = 0$$

hinzugefügt werden müfsten, um x und y als ganze Zahlen zu charakterisieren, ist nichtig, weil die letzteren unendlich viele Lösungen besitzen, also keine wirklichen Gleichungen sind. Bei seinem ersten Auftreten wurde dieser Einwand selbst von *Dirichlet* nur als Kuriosität behandelt.

Zweite Vorlesung.

Niedergang der Wissenschaften im Mittelalter. — Die Arithmetik im siebzehnten und achtzehnten Jahrhundert. — Fermat und einige von seinen Sätzen. — Beweis des s. g. kleinen Fermatschen Satzes. — Die Polygonalzahlen. — Der s. g. grofse Fermat'sche Satz: Die Gleichung $x^n + y^n = z^n$ ist nur für $n = 2$ in ganzen Zahlen lösbar. — Euler; sein Leben und einige seiner arithmetischen Arbeiten. — Die vollkommenen und die befreundeten Zahlen. — Diophantische Probleme. — Eulers Lösung des Fermatschen Problemes in den Fällen $n = 2$ und $n = 4$. — Die Pellsche Gleichung. — Das Reciprocitätsgesetz. — Legendre und sein Essai sur la théorie des nombres.

§ 1.

Das Mittelalter ist eine Zeit des Niederganges der Mathematik, wie aller Wissenschaften. Die Geschichte der Algebra beginnt erst wieder im 16., die der Arithmetik sogar erst im 17. Jahrhundert, das wohl für alle Zweige der Mathematik eins der fruchtbarsten gewesen ist. In dieser Periode ersteht ganz unvermittelt ein Mann, der auf seinem Gebiete wahrhaft Wunder vollbracht hat und vielleicht nächst *Gaufs* als der gröfste Zahlentheoretiker aller Zeiten anzusehen ist. Es war dies *Fermat*, der von 1601—1665 lebte. Er war nicht einmal Mathematiker von Fach, sondern Jurist und bekleidete die Stelle eines Parlamentsrates in Toulouse. Dafs er trotzdem nicht nur ein arithmetisches Talent ersten Ranges, sondern auch in vollem Mafse ein Gelehrter gewesen ist, geht aus einigen uns erhaltenen Briefen und Aufzeichnungen hervor, denen zufolge er sowohl die gesamte Arithmetik seiner Zeit beherrschte, wie eine eindringende Kenntnis der Newtonschen Analysis besafs*).

Fermat hat eine Übersetzung des *Diophant* angefertigt und dieselbe mit Randbemerkungen versehen, in denen er seine zahlentheoretischen Entdeckungen leider meistenteils ohne Beweis aufbewahrt und dadurch uns Nachlebenden eine grofse Zahl unenthüllter Geheimnisse hinterlassen hat. Man ist von der Richtigkeit der Fermatschen Theoreme überzeugt und glaubt auch, dafs er sie thatsächlich bewiesen habe,

---

*) Eine vollständige Ausgabe seiner Werke und der von ihm hinterlassenen Briefe wird seit dem Jahre 1891 durch *Paul Tannery* und *Charles Henry* besorgt. H.

aber auffällig bleibt es, daſs bei den Sätzen, denen er seinen Beweis zugefügt hat, derselbe nicht allzu schwer erscheint, und grade da, wo sich dem Beweise für uns ungewöhnliche und zum Teil heute noch nicht überwundene Schwierigkeiten entgegenstellen, ein solcher auch bei *Fermat* fehlt. Andrerseits darf wieder nicht verschwiegen werden, daſs *Fermat*, wie *Jacobi* hervorgehoben hat, bei einigen seiner Behauptungen, die sich nachher als nicht korrekt herausgestellt haben, ausdrücklich bemerkt, er halte dieselben zwar für richtig, habe sich aber vergebens um einen Beweis bemüht, während bei den wahrscheinlich richtigen Sätzen ein derartiger Zusatz jedesmal fehlt.

Um die geschichtliche Darlegung unserer Absicht gemäſs mit einer sachlichen Einführung in die Aufgaben der Zahlentheorie zu verschmelzen und hier speziell einen Einblick in die Fragen zu geben, mit denen sich *Fermat* beschäftigt hat, wollen wir im folgenden einige der von ihm herrührenden Sätze besprechen und zugleich damit Andeutungen verknüpfen, in welcher Weise sie auf die fernere Entwicklung der Zahlentheorie eingewirkt haben.

Zunächst wenden wir uns einem Theoreme zu, das heute im Gegensatze zu dem viel tiefer liegenden „groſsen Fermatschen Satze" unter dem Namen „kleiner Fermatscher Satz" bekannt ist und folgendermaſsen ausgesprochen werden kann:

Ist p eine beliebige Primzahl, n eine beliebige ganze Zahl, so ist der Ausdruck

$$n^p - n$$

stets durch p teilbar.

Am einfachsten kann der Beweis hierfür durch Induktion geführt werden: Aus dem binomischen Lehrsatze ergiebt sich nämlich die für einen beliebigen Wert von n geltende Identität

$$(n + 1)^p - (n + 1) = n^p - n + \sum_{h=1}^{p-1} p_h n^{p-h},$$

wo die ganzen Zahlen

$$p_h = \frac{p(p - 1) \cdots (p - h + 1)}{1 \cdot 2 \cdots h} \qquad (h = 1, 2, \cdots p-1)$$

die zum Exponenten p gehörigen Binomialkoëfficienten sind. Da nun $p_1, \cdots p_{p-1}$ ihrer Natur nach ganze Zahlen sind und ihre Nenner aus lauter Faktoren bestehen, die kleiner sind, als die Primzahl p, während allemal ihre Zähler p enthalten, so muſs jede einzelne von ihnen und damit auch die Summe $\sum_{h=1}^{p-1} p_h n^{p-h}$ durch p teilbar, d. h. von der

Form $p \cdot k$ sein. Es ist also

$$(n + 1)^p - (n + 1) = n^p - n + p \cdot k$$

Ist daher $n^p - n$ durch p teilbar, so gilt dasselbe auch von $(n + 1)^p - (n + 1)$, und da der obige Satz für $n = 1$ offenbar erfüllt ist, so ist er hiernach für jeden Wert von n bewiesen.

Diese Herleitung stützt sich darauf, daſs die Binomialkoëfficienten ihrem Wesen nach notwendig ganze Zahlen sein müssen, denn der Binomialkoëfficient p_h ist der Koëfficient von x^h in der Entwickelung von $(1 + x)^p$, giebt also an, wie oft die Potenz x^h in dem Produkte $(1 + x) \cdots (1 + x) = (1 + x)^p$ vorkommt, und diese Anzahl muſs daher ihrer Natur nach notwendig ganz sein; es ist dies ein Beweismoment, welches in unserer Wissenschaft häufig wiederkehrt und auf das wir in einem andern Zusammenhange noch zurückkommen werden.

Von den vielen Erweiterungen des kleinen Fermatschen Satzes, der in der elementaren Zahlentheorie eine sehr bedeutende Rolle spielt, wollen wir eine hier vorführen, weil sie uns in der Folge interessieren wird:

Nach dem polynomischen Lehrsatze besteht die Identität

$$(x_1 + x_2 + \cdots + x_n)^p = \sum_{k_1} \cdots \sum_{k_n} \frac{p!}{k_1! \cdots k_n!} x_1^{k_1} \cdots x_n^{k_n},$$

wo sich die Summationen über alle diejenigen Wertsysteme $k_1, \cdots k_n$ zwischen $0, 1, \cdots p$ erstrecken, deren Summe genau gleich p ist, und wo wieder die Polynomialkoëfficienten $\frac{p!}{k_1! \cdots k_n!}$ ihrer Entstehungsweise nach natürlich ganze Zahlen sind. Ist nun für einen solchen eines der k, etwa k_1 gleich p selbst, so sind alle übrigen $k_2, k_3, \cdots k_n$ gleich 0, der betreffende Koëfficient ist demnach gleich 1; die Gesamtheit aller derartigen Glieder auf der rechten Seite ist offenbar:

$$x_1^p + x_2^p + \cdots + x_n^p.$$

In allen andern Gliedern unserer vielfachen Summe sind die Zahlen k durchweg kleiner als p; ist daher, was nunmehr angenommen werden soll, p eine Primzahl, so sind alle jene Koëfficienten Vielfache von p, weil ihre Zähler p enthalten, die Faktoren ihrer Nenner aber sämtlich kleiner als p sind. Wir haben damit den Satz gewonnen:

Ist p irgend eine Primzahl, so ist die Differenz

(1) $$(x_1 + x_2 + \cdots + x_n)^p - (x_1^p + x_2^p + \cdots + x_n^p)$$

stets durch p teilbar.

Z. B. ist für $p = 3$

$$(x_1 + x_2 + x_3)^3 - (x_1^3 + x_2^3 + x_3^3)$$
$$= 3(x_1^2 x_2 + x_1^2 x_3 + x_1 x_2^2 + x_1 x_3^2 + x_2^2 x_3 + x_2 x_3^2 + 2 x_1 x_2 x_3).$$

Setzt man in dem obigen Ausdruck (1) speziell:

$$x_1 = x_2 = \cdots = x_n = 1,$$

so ergiebt sich direkt, daſs $n^p - n$ durch p teilbar ist, und der Fermatsche Satz ist so von einem allgemeineren Gesichtspunkte aus noch einmal abgeleitet.

§ 2.

Ehe wir zu dem groſsen Fermatschen Satze übergehen, behandeln wir noch eine Gruppe von Sätzen, die *Fermat* selbst als „pulcherrima theoremata" bezeichnet, und denen er, einer Andeutung in den Randbemerkungen zufolge, eine eigene Abhandlung widmen wollte. Sie betreffen die Lehre von den sogenannten Polygonalzahlen, einen Lieblingsgegenstand für seine Arbeiten, und es erfüllte ihn mit besonderem Stolze, daſs er der Entdecker gerade dieser Theoreme gewesen ist. Dennoch haben *Fermats* Ergebnisse auf diesem Gebiete weit weniger in die fernere Entwicklung der Zahlentheorie eingegriffen, als manche andere seiner Entdeckungen, vielleicht, weil sie überhaupt nicht so sehr den Stempel wissenschaftlicher Resultate, als den einer geistvollen Unterhaltung tragen, vielleicht aber auch, weil unsere arithmetischen Methoden auf Probleme dieser Art noch nicht erfolgreich angewendet werden können; denn gerade bei jenen Sätzen, die im wesentlichen noch unsern Bemühungen, sie zu beweisen, spotten, wird man auf die Vermutung geführt, daſs *Fermat* die Zahlentheorie nach einer ganz andern Richtung ausgebildet habe, als wir, daſs er nämlich über die additive Zusammensetzung der Zahlen sich Aufschlüsse verschafft habe, die uns auch heute noch fehlen.

Der Begriff der Polygonalzahlen knüpft an die Art an, wie man spielerisch die Reihe der natürlichen Zahlen in der Form eines Dreiecks, eines Vierecks u. s. f. folgendermaſsen anordnen kann:

Anordnung der Zahlen im Dreieck:

$$
\begin{array}{cccc}
1 & 3 & 6 & 10 \,\cdot \\
2 & 5 & 9 \,\cdot & \\
4 & 8 \,\cdot & & \\
7 \,\cdot & & &
\end{array}
$$

Anordnung der Zahlen im Viereck:

$$
\begin{array}{cccc}
1 & 4 & 9 & 16 \\
2 & 3 & 8 & 15 \\
5 & 6 & 7 & 14 \\
10 & 11 & 12 & 13
\end{array}
$$

Anordnung der Zahlen im Fünfeck:

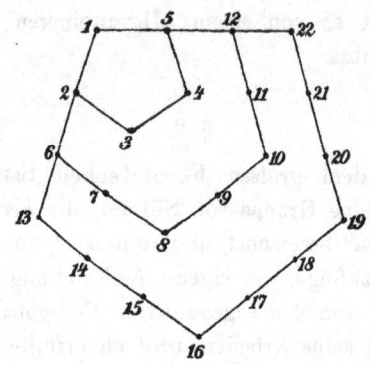

u. s. f.

Man bezeichnet dann allgemein die Anzahl derjenigen Zahlen, aus denen bei dieser Darstellung das erste, zweite, dritte, $\cdots$ k-Eck besteht, als die erste, zweite, dritte, $\cdots$ k-Eckszahl, so dafs also in den oben bezeichneten drei Anordnungen die in der obersten Horizontalreihe neben einander stehenden Zahlen die Reihe der Dreiecks-, Vierecks- und Fünfeckszahlen darstellen. Es sind demnach:

$$
1, \quad 3, \quad 6, \quad 10, \quad 15, \quad 21, \cdots \frac{1}{2}\left(n^2 + n\right)
$$

die Dreiecks- oder Trigonalzahlen,

$$
1, \quad 4, \quad 9, \quad 16, \quad 25, \quad 36, \cdots n^2
$$

die Vierecks- oder Tetragonalzahlen,

$$
1, \quad 5, \quad 12, \quad 22, \quad 35, \quad 51, \cdots \frac{1}{2}\left(3n^2 - n\right)
$$

die Fünfecks- oder Pentagonalzahlen, und man erkennt leicht, dafs die allgemeine Reihe der k-Eckszahlen

$$
1, \quad k, \quad 3k - 3, \quad 6k - 8, \quad 10k - 15, \cdots n + \frac{n^2 - n}{2}(k - 2)
$$

lauten mufs.

Sie alle bilden arithmetische Reihen zweiter Ordnung, die mit der Eins beginnend $k - 1$ zur ersten, $k - 2$ zur zweiten Differenz haben. Überträgt man die eben beschriebene Art der Anordnung auf den

Raum, so bekommt man die polyedrischen Zahlen, die arithmetische Reihen dritter Ordnung bilden. Setzt man in dem allgemeinen Ausdruck $n + \dfrac{n^2 - n}{2}\,(k-2)$ für die n^{te} k-Eckszahl $n = 0$, so erhält man für jedes k als nullte k-Eckszahl die Zahl Null, und in manchen Fällen, insbesondere bei dem unten erwähnten Hauptsatze, ist diese den k-Eckszahlen zuzurechnen.

Zunächst seien noch einige Bemerkungen über die Geschichte dieser figurierten Zahlen hier angefügt: Allem Anscheine nach hat man sie bereits in der Schule *Platos* untersucht; jedenfalls thaten dies der ca. 200 v. Chr. lebende Mathematiker *Hypsikles*, sowie der Alexandriner *Eratosthenes*. Endlich hat, wie schon erwähnt, *Diophant* eine kleine zehn Lehrsätze umfassende Abhandlung über sie geschrieben. Doch soviel sich auch die Griechen mit diesen eigentümlichen Zahlen beschäftigt haben, sie waren weit davon entfernt, den folgenden Satz *Fermats* aufzufinden:

„Jede Zahl läfst sich als Summe von k k-Eckszahlen darstellen."

Derselbe ist in seiner Allgemeinheit bis auf den heutigen Tag noch nicht einwandsfrei bewiesen worden, und für die speziellen Fälle, in denen das gelungen ist, mit so tiefliegenden Hilfsmitteln, dafs man es wohl mit Sicherheit aussprechen kann, *Fermats* Beweise, falls er sie wirklich besessen hat, seien auf ganz andern Fundamenten basiert gewesen.

So hat zuerst *Gaufs* für den Satz:

„Jede Zahl kann als Summe von drei Dreieckszahlen dargestellt werden" $(k = 3)$

einen Beweis aus den verstecktesten Eigenschaften der ternären quadratischen Formen geschöpft, deren Theorie erst von ihm begründet worden ist. Dieser Spezialfall besagt nämlich, dafs jede ganze Zahl h in der Form:

$$h = \frac{x(x+1)}{2} + \frac{y(y+1)}{2} + \frac{z(z+1)}{2}$$

geschrieben werden kann, wo x, y, z geeignet gewählte ganze Zahlen bedeuten. Vervollständigen wir hier die Summanden der rechten Seite zu Quadraten, so erhalten wir die Gleichung:

$$8h + 3 = (2x+1)^2 + (2y+1)^2 + (2z+1)^2$$

und damit die Fassung, in der *Gaufs* unsern speziellen Fall des Fermatschen Satzes erledigt hat:

2*

„Jede Zahl, die durch 8 geteilt den Rest 3 läfst, ist als Summe von drei ungeraden Quadratzahlen darstellbar",

worin man statt „ungeraden Quadratzahlen" auch „Quadratzahlen" schlechthin setzen kann, da die Summe von drei Quadraten durch 8 geteilt den Rest 3 nur dann läfst, wenn sie alle ungerade sind.

Der weitere Satz:

„Jede ganze Zahl kann als Summe von vier Quadratzahlen dargestellt werden"

ist wohl nicht minder bemerkenswert und leistet ebenfalls in seiner Art Vollkommenes, denn er giebt uns zugleich die geringste Anzahl von Quadraten an, die zu jener Darstellung notwendig und hinreichend sind, denn z. B. schon die Zahl $15 = 1^2 + 1^2 + 2^2 + 3^2$ kann nicht durch weniger als vier Quadrate dargestellt werden. Die Richtigkeit dieser Behauptung fällt am Schlusse von *C. G. J. Jacobis* „fundamenta nova theoriae functionum ellipticarum" als Nebenresultat der Betrachtungen über elliptische Funktionen ab und liefert dadurch ein denkwürdiges Beispiel für die Nützlichkeit einer Verbindung von Analysis und Zahlentheorie.

Es läfst sich auch leicht zeigen, wie das ursprünglich zahlentheoretische Problem in ein analytisches umgewandelt werden kann Multiplizieren wir die vier unendlichen Reihen:

$$1 + 2z + 2z^4 + 2z^9 + \cdots = \sum_{h=-\infty}^{h=+\infty} z^{h^2}$$

$$1 + 2u + 2u^4 + 2u^9 + \cdots = \sum_{k=-\infty}^{k=+\infty} u^{k^2}$$

$$1 + 2v + 2v^4 + 2v^9 + \cdots = \sum_{l=-\infty}^{l=+\infty} v^{l^2}$$

$$1 + 2w + 2w^4 + 2w^9 + \cdots = \sum_{m=-\infty}^{m=+\infty} w^{m^2}$$

mit einander, so ergiebt sich die Gleichung

$$\left(\sum_h z^{h^2}\right)\left(\sum_k u^{k^2}\right)\left(\sum_l v^{l^2}\right)\left(\sum_m w^{m^2}\right) = \sum_{h,\,k,\,l,\,m} z^{h^2} \cdot u^{k^2} \cdot v^{l^2} \cdot w^{m^2},$$

aus der für $z = u = v = w$ die Identität

$$\left(\sum z^{h^2}\right)^4 = \sum_{h,\,k,\,l,\,m}' z^{h^2+k^2+l^2+m^2}$$

hervorgeht. Auf der rechten Seite dieser Gleichung kommt die Potenz z^s offenbar genau so oft vor, wie die Zahl s als Summe der Quadrate von vier positiven oder negativen ganzen Zahlen ausdrückbar ist; schreiben wir daher die linke Seite in Form einer Potenzreihe

$$c_0 + c_1 z + c_2 z^2 + \cdots + c_s z^s + \cdots,$$

so giebt der Koëfficient c_s an, wie oft die obige Darstellung von s möglich ist. Soll also der Fermatsche Satz für den Fall $k = 4$ richtig sein, so darf kein einziger der Koëfficienten c gleich Null sein. Den Wert der letzteren, d. i. die Anzahl der Darstellungen einer beliebigen Zahl s, hat nun *Jacobi* mit Hilfe der Theorie der elliptischen Funktionen allgemein berechnet und sie im wesentlichen gleich der Summe der Divisoren von s gefunden; und da diese stets eine positive Zahl ist, so ergiebt sich die Richtigkeit des Fermatschen Satzes für diesen speziellen Fall als eine selbstverständliche Folgerung. Später hat er diese analytische Herleitung des Satzes von den Viereckszahlen auf die geschickteste Weise in eine rein arithmetische übertragen, und nach ihm hat dann auch *Dirichlet* einen sehr elementaren und einfachen zahlentheoretischen Beweis gegeben. In gleicher Weise hatte auch *Gauſs* die Anzahl aller Darstellungen einer Zahl durch drei Dreieckszahlen bestimmt.

Für $k = 5$ findet man weiter, daſs jede Zahl h in der Form

$$h = \frac{1}{2}(3n_1^2 - n_1) + \frac{1}{2}(3n_2^2 - n_2) + \cdots + \frac{1}{2}(3n_5^2 - n_5)$$

darstellbar sein muſs; aus dieser Gleichung folgt durch geeignete Umgestaltung die neue:

$$24h + 5 = (6n_1 - 1)^2 + (6n_2 - 1)^2 + \cdots + (6n_5 - 1)^2,$$

d. h. es besteht der Satz:

Jede Zahl, die durch 24 geteilt den Rest fünf läſst, ist ausdrückbar als Summe der Quadrate von 5 Zahlen, die alle durch 6 geteilt den Rest — 1 lassen.

Daſs jede solche Zahl überhaupt als Summe von fünf Quadraten geschrieben werden kann, ist aus dem vorhergehenden klar; denn eine solche Darstellung ist bereits durch vier Quadrate möglich. Es kommt aber hier noch die weitere Bedingung hinzu, daſs die Zahlen, deren Quadrate auf der rechten Seite vorkommen, durch 6 geteilt den Rest — 1 lassen sollen.

Im Anschlusse an diese besonderen Beispiele wenden wir uns nun zur Betrachtung des allgemeinen Fermatschen Satzes: Jede Zahl h läſst sich als Summe von k k-Eckszahlen darstellen:

$$h = \sum_{\alpha=1}^{k} \left[\tfrac{1}{2}(k-2)(n_\alpha^2 - n_\alpha) + n_\alpha \right].$$

Vervollständigen wir wieder die einzelnen Glieder der rechten Seite zu Quadraten, so ergiebt sich

$$8(k-2)h = \sum_{\alpha=1}^{k} \left[4(k-2)^2 n_\alpha^2 - 4(k-2)^2 n_\alpha + 8(k-2)n_\alpha \right]$$

$$= \sum_{\alpha=1}^{k} \left\{ [2(k-2)n_\alpha - k + 4]^2 - (k-4)^2 \right\}$$

und hieraus

$$8(k-2)h + k(k-4)^2 = \sum_{\alpha=1}^{k} [2(k-2)n_\alpha - k + 4]^2.$$

Ersetzt man endlich in dieser Gleichung jedes n_α durch $n_\alpha + 1$, so geht sie über in

$$8(k-2)h + k(k-4)^2 = \sum_{\alpha=1}^{k} [2(k-2)n_\alpha + k]^2,$$

d. h.:

> Jede Zahl, die durch $8(k-2)$ geteilt den Rest $k(k-4)^2$ läfst, kann als die Summe der Quadrate von k Zahlen dargestellt werden, die alle durch $2(k-2)$ geteilt den Rest k lassen.

Obwohl nun hierfür noch kein Beweis bekannt ist, drängt sich gleich die weitere Frage nach der Anzahl der verschiedenen Darstellungen einer Zahl h in der angegebenen Form auf, eben die Frage, welche Gaufs für $k = 3$ und Jacobi für $k = 4$ vollständig erledigt haben. Es ist auch hier nicht schwer, das arithmetische Problem nach dem Vorbilde Jacobis auf ein analytisches zu reduzieren; jedoch hat man, natürlich aufser in jenen beiden einfachsten Fällen, noch keine Lösung dieser allgemeineren Frage gefunden*).

§ 3.

Der grofse Fermatsche Satz, das berühmteste unter allen Theoremen des französischen Mathematikers, schliefst sich an die Aufgabe an, der Pythagoräischen Gleichung

$$x^2 + y^2 = z^2$$

durch drei ganze Zahlen zu genügen. *Fermat* erweiterte dieselbe in naheliegender Weise, indem er nach den ganzzahligen Lösungen von

---

*) Vergleiche hierzu die weiteren Ausführungen in Nr. 1 des Anhanges.

$x^n + y^n = z^n$ forschte, wo n eine beliebige ganze Zahl bedeutet, und stellte als Ergebnis seiner Untersuchungen den allgemeinen Satz auf:

Die Gleichung $x^n + y^n = z^n$ kann für $n > 2$ durch kein System ganzer Zahlen a, b, c befriedigt werden.

Schreibt man die Gleichung in der Form

$$\left(\frac{x}{y}\right)^n - \left(\frac{z}{y}\right)^n = 1,$$

so lautet die Behauptung:

Wenn $n > 2$ ist, können die n^{ten} Potenzen zweier rationalen Brüche nie um eine Einheit auseinanderliegen.

Mit diesem Satze, dem *Fermat* in seiner Ausgabe des *Diophant* nur die Worte hinzufügt:

„Ich habe für diese Behauptung einen wunderbaren Beweis gefunden, aber der Rand des Buches ist zu schmal, ihn darauf niederzuschreiben . . .“

haben sich die Mathematiker nach ihm vielleicht mehr beschäftigt, als mit irgend einem andern, und wohl keiner hat, abgesehen etwa von der Quadratur des Kreises, zu so vielen falschen und irrtümlichen Deductionen Veranlassung gegeben. Wenn man aber auch zu dem erstrebten Ziele, dem erschöpfenden Beweise des Satzes für jeden Wert von n, noch immer nicht gelangt ist, so sind doch die vielen dahin gehenden Arbeiten für die Wissenschaft äufserst folgenreich und fruchtbar gewesen. Es ist deshalb nicht uninteressant, kurz auf die Geschichte des Theorems einzugehen. Nachdem für dritte und vierte Potenzen Euler dasselbe bereits um die Mitte des vorigen Jahrhunderts bewiesen hatte, glückte erst 1825 *Lejeune-Dirichlet* ein noch nicht ganz vollständiger Beweis für fünfte Potenzen, der zuerst von *Legendre* und 1827 auch von *Dirichlet* selbst nach seiner Methode zu Ende geführt wurde. Im Jahre 1837 lieferte dann *Lamé* den Nachweis für den Fall $n = 7$. In neuester Zeit endlich, vor noch nicht 50 Jahren, hat *Kummer* die Unmöglichkeit der Fermatschen Gleichung für unendlich viele Zahlen dargethan; dabei fufste er jedoch auf einer ganz neuen Theorie, deren Begründung wohl als seine gröfste wissenschaftliche That anzusehen ist. Aber auch seine Darlegung umfafst nicht alle Zahlen n; ja, wenn er anfangs glaubte, er habe durch seinen Beweis den Fermatschen Satz für fast alle Zahlen erledigt, mufste er sich doch später vom Gegenteile überzeugen, weil die Zwischenräume zwischen solchen Zahlen, für welche die Kummersche Analyse gilt, immer gröfser werden, je weiter man in der Zahlenreihe fortschreitet.

Trotzdem ist es wahrscheinlich, daſs der Fermatsche Satz auch für diese Ausnahmszahlen seine Richtigkeit behält*).

§ 4.

Nach *Fermat* hat die Arithmetik zuerst wieder in *Euler* einen ausgezeichneten Förderer gefunden. Er wurde 1707 in Basel geboren und lebte von 1741—1766 in Berlin, wo er gänzlich erblindete, ohne deshalb aufzuhören, mit voller geistiger Frische und gröſstem Erfolge an seiner Wissenschaft weiter zu arbeiten. Von Berlin ging er nach Petersburg und starb dort 1783. Seine wissenschaftliche Begabung war ungemein vielseitig, und es giebt kaum ein Feld der Mathematik, auf dem er nicht grundlegend thätig gewesen wäre. So sind auch seine Arbeiten sowohl ihrem Umfang als auch ihrem Inhalte nach mit denen keines andern Mathematikers zu vergleichen. Bei seinen Lebzeiten erschienen 493, nach seinem Tode noch etwa 100 Abhandlungen, welche sich zum groſsen Teile auf arithmetische Probleme beziehen. Die zahlentheoretischen Arbeiten *Eulers*, die vorher noch völlig zerstreut waren, wurden im Jahre 1849 auf Veranlassung der Petersburger Akademie von den Brüdern *Fuſs* gesammelt und in zwei Bänden herausgegeben, wodurch sie erst allgemeiner zugänglich gemacht wurden. Sie tragen noch ganz den Charakter der delektabeln Mathematik, welcher der Arithmetik vor *Gauſs* inne wohnte, und bilden eine ganz auſserordentlich anregende Lektüre.

In seinen Abhandlungen hat *Euler* teils der Zahlentheorie neue Bahnen eröffnet, teils auch bekannte und altberühmte Sätze auf eigene Art bewiesen und weiter ausgebildet. So hat er zum Beispiel für die schon berührte Theorie der vollkommenen Zahlen gezeigt, daſs auf dem von *Euklid* angegebenen Wege alle geraden vollkommenen Zahlen erhalten werden, und daſs die ungeraden, falls solche existieren, not wendig von der Form

$$(4m + 1)^{4n+1} x^2$$

sein müssen, wo $4m + 1 = p$ eine Primzahl und x eine durch p nicht teilbare ungerade Zahl bedeutet. Auch unter diesen ist bisher keine vollkommene Zahl gefunden worden; doch ist es andrerseits noch nicht gelungen, den Nachweis zu führen, daſs es ungerade vollkommene Zahlen überhaupt nicht giebt.

An dieses Problem schlieſst sich das der sogenannten befreundeten oder Freundschaftszahlen (*numeri amicabiles*). So heiſsen zwei Zahlen m

---

*) Vergleiche hierzu die weiteren Ausführungen in Nr. 2 des Anhangs.

und n, wenn die Divisorensumme der einen gleich der andern ist und umgekehrt. So sind z. B. 220 und 284 befreundete Zahlen, denn die Teiler von 220 und 284 sind bzw.

$$1, 2, 4, 5, 10, 11, 20, 22, 44, 55, 110$$

und:

$$1, 2, 4, 71, 142,$$

und die Summe der ersteren ist 284, die der letzteren 220. Die Frage nach ihnen ist zuerst im Mittelalter von *Michael Stifel* aufgeworfen worden, und *Euler* hat dann eine Methode aufgestellt, um beliebig viele Zahlen dieser Art zu bestimmen.

Den zweiten Teil seines ganz elementaren Werkes „Anleitung zur Algebra", das gar nicht genug gelobt und empfohlen werden kann, hat *Euler* ausschliefslich der Diophantik oder unbestimmten Analytik gewidmet.

Die arithmetischen, wie die algebraischen Aufgaben sind, so mufs man annehmen, aus Bedürfnissen des täglichen Lebens entstanden, aus Anforderungen, die spezielle Vorkommnisse desselben an die Arithmetik stellten. Die linearen, quadratischen und kubischen Gleichungen boten sich gewifs zunächst in der Gestalt von praktischen Fragen dar, wofür die sonderbare Bezeichnung der falschen Wurzeln einer Gleichung für solche, die in der Praxis keine Verwendung fanden, ein deutliches Zeugnis ablegt. So ist wohl auch die unbestimmte Analytik, deren ersten Spuren wir bei *Diophant* begegneten, aus rein praktischem Interesse hervorgegangen, obwohl wir ihre Entwicklung im einzelnen nicht mehr genau verfolgen können. *Diophant* selbst scheint die von ihm behandelten Aufgaben weniger selbst erdacht, als bereits vorhandene der Erfahrung entnommen und wissenschaftlich verwertet zu haben. Das wird unter anderem durch den Umstand wahrscheinlich gemacht, dafs sich in der griechischen Anthologie nach damaliger Einkleidung in Märchenform ein zuerst von *Lessing* bemerktes Problem vorfindet, das auf die noch zu erwähnende Pellsche Gleichung führt. Da die hier auftretenden Zahlen sehr grofs sind, mufs die Durchführung der Rechnung bei der Unbequemlichkeit der griechischen Zahlzeichen recht schwer gewesen sein und bietet ein rühmliches Zeichen der geistigen Kraft jenes Volkes. Im Mittelalter ist dann jeder Traktat der Algebra mit ähnlichen Aufgaben der unbestimmten Analytik angefüllt. Dafs dieses ganze Gebiet damals noch zur Algebra gerechnet wurde, und dafs selbst *Euler* die betreffenden Untersuchungen jener Disciplin einverleibt hat, bezeugt wiederum, wie schwierig es ist, Arithmetik und Algebra von einander zu scheiden.

Wenn in der Algebra eine Anzahl Gleichungen mit eben so viel Unbekannten, etwa zwei lineare Gleichungen mit zwei Unbekannten gegeben
sind, so bestimmen sich diese für gewöhnlich vollständig, und zwar
sind die Lösungen rationale Brüche, wenn die Koëfficienten ganze
Zahlen sind. Es war nun natürlich, daſs man von hier aus zu der
ferneren Frage fortschritt: Wie steht es mit den Lösungen, wenn
weniger Gleichungen, als Unbekannte vorhanden sind? In dem Falle
ist allerdings die Auflösung schlechthin leichter, die vollständige
Bestimmung aller Lösungen aber viel schwieriger, als zuvor.

Euler geht im Anfange seiner Algebra von ganz einfachen, ja fast
kindlichen Beispielen zumeist in praktischer Einkleidung aus, die aber
doch für das ganze Gebiet so charakteristisch sind, daſs wir uns einige
von ihnen etwas näher ansehen wollen.

Das erste derselben kann folgendermaſsen ausgesprochen werden:

Man soll 25 als Summe zweier Zahlen darstellen, von denen
die eine durch 2, die andere durch 3 teilbar ist.

Dazu macht *Euler* den Ansatz

$$(1) \qquad 2x + 3y = 25,$$

wo x und y ganze und, wie er von vorn herein (Kap. I, 3) festgesetzt
hat, auch positive Zahlen bedeuten. Zur Auflösung dieser Gleichung
kann man ohne weiteres durch Probieren gelangen, da die Zerlegung
von 25 in zwei positive Zahlen überhaupt nur auf 12 verschiedene Arten
möglich ist, und das Probieren ist für alle derartigen Aufgaben in der
That eine theoretische Lösungsmethode, wenn man sie wirklich anwenden kann, d. h. wenn die Anzahl der anzustellenden Versuche eine
endliche ist.

Um dasselbe aber bei groſsen Zahlen zu vermeiden, war es trotzdem nötig, eine andere, speziellere Theorie zu ersinnen. *Euler* verfährt
für unser Beispiel, wie folgt:

Wegen der Gleichung

$$3y = 25 - 2x$$

muſs $3y$ und damit auch y ungerade sein, man kann also setzen:

$$(2) \qquad y = 2z + 1.$$

Durch Einsetzen geht die ursprüngliche in die Gleichung

$$(3) \qquad x + 3z = 11$$

über, und so erhalten wir für x und y folgende Darstellung:

$$x = 11 - 3z, \quad y = 1 + 2z,$$

worin z eine ganze Zahl bedeutet, welche nur der Bedingung unterworfen ist, dafs x und y positiv sein müssen. z kann hiernach nur die Werte 0, 1, 2, 3 annehmen, und hieraus ergeben sich für x und y beziehlich die Zahlen 11, 8, 5, 2 und 1, 3, 5, 7, d. h. die Zahl 25 kann auf folgende vier Arten den Bedingungen der Aufgabe gemäfs dargestellt werden:

$$25 = 22 + 3 = 16 + 9 = 10 + 15 = 4 + 21.$$

Bei dem folgenden Beispiele *Eulers* wollen wir uns, um das Problem wissenschaftlich interessanter zu machen, nicht auf die positiven Lösungen beschränken:

Es soll eine Zahl N gefunden werden, die durch 5 teilbar ist und durch 7 dividiert den Rest 3 läfst.

Man hat also die Gleichung

$$(4) \qquad 5x = 7y + 3 \ [= N]$$

durch ganze Zahlen zu befriedigen. Hier kann man nun, indem man z. B. y allein als Unbekannte auffafst, ebenso verfahren, wie man bei einer gewöhnlichen Gleichung mit einer Unbekannten diese mit dem Koëfficienten 1 zu isolieren sucht. Soll $7y + 3$ durch 5 teilbar sein, so mufs dasselbe auch von dem Produkte $3(1 - y)$ gelten, da es sich nur um $10y$, also um ein Vielfaches von 5, von dem vorigen Ausdrucke unterscheidet. Also mufs auch $(1 - y)$ selbst die Primzahl 5 enthalten; ich kann daher

$$1 - y = 5z \quad \text{also} \quad y = -5z + 1$$

setzen und, da z eine beliebige, positive oder negative Zahl bedeuten soll, dafür bequemer schreiben

$$(5) \qquad y = 5z + 1.$$

Jede Zahl, die sich auf diese Form bringen läfst, genügt also der Ausgangsgleichung (4), und durch Einsetzen wird dann auch der zugehörige Wert von x, nämlich

$$x = 7z + 2$$

erhalten. Die vollständige Lösung der ursprünglichen Gleichung haben wir somit in der Form

$$(6) \qquad x = 7z + 2, \quad y = 5z + 1, \quad N = 35z + 10,$$

wobei z eine durchaus willkürliche ganze Zahl sein kann und keine andern Zahlen aufser den durch (6) dargestellten die Gleichung (4) befriedigen.

§ 5.

Die beiden im vorigen Abschnitte behandelten Beispiele sind spezielle Fälle der nachstehenden allgemeinen Frage:

Es sollen alle ganzzahligen Lösungen der ganzzahligen Gleichung

(1) $$ax + by + c = 0$$

gefunden werden.

Diese Aufgabe können wir uns unter Benutzung der Methoden
der analytischen Geometrie leicht graphisch veranschaulichen. Jene
Gleichung stellt nämlich, bezogen auf irgend ein rechtwinkliges Koordinatensystem, diejenige gerade Linie dar, die auf der x- und y-Achse
beziehlich die Stücke $-\frac{c}{a}$ und $-\frac{c}{b}$ abschneidet, d. h. den geometrischen Ort aller und nur der Punkte, deren Koordinaten x und y der
Gleichung (1) genügen. Von ihnen befriedigen aber unsere spezielle
Aufgabe nur die Punkte P, deren Koordinaten ganzzahlige Werte
haben. Um diese nunmehr aus der gesammten Ebene herauszuheben,
ziehen wir zur x- und y-Achse je eine Schar von äquidistanten
Parallelen im Abstande 1 und bekommen auf diese Weise, wie die unten-
stehende Figur für den ersten Quadranten zeigt, ein Gittersystem, dessen

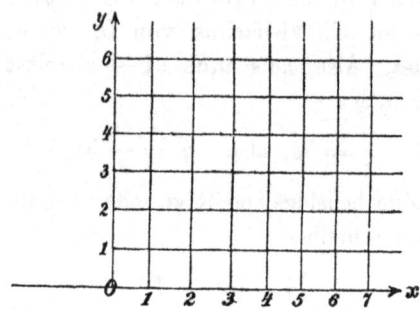

Gitterpunkte die einzigen Punkte jener Ebene sind, welche ganzzahlige
Koordinaten haben. Es ist demnach die Lösung der obigen Gleichung
identisch mit der Forderung, die auf einer gegebenen Geraden liegenden Gitterpunkte zu finden.

Auch bei drei Unbekannten ist eine graphische Versinnlichung noch
möglich, z. B. werden die ganzzahligen Lösungen der Gleichung

(2) $$ax + by + cz + d = 0$$

durch die Gitterpunkte im Raume dargestellt, die der durch die
Gleichung (2) charakterisierten Ebene angehören; zwei lineare Gleichungen
mit drei Unbekannten:

$$(3) \quad \begin{aligned} ax + by + cz + d &= 0 \\ a'x + b'y + c'z + d' &= 0 \end{aligned}$$

bestimmen eine gerade Linie im Raume als Schnittfigur zweier Ebenen, und die ganzen Zahlen, durch die beide gleichzeitig erfüllt werden, werden durch die auf jener Geraden liegenden Gitterpunkte repräsentiert. In ähnlicher Weise kann offenbar jede Aufgabe der unbestimmten Analytik, bei der nicht mehr als drei Unbekannte in Betracht kommen, geometrisch interpretiert werden, und diese anschauliche Auffassungsweise hat in vielen Fragen erfolgreich die abstrakte Betrachtung ersetzt.

Bei einem solchen Systeme von Gleichungen wird, wie wir noch hervorheben wollen, die Mannigfaltigkeit der Lösungen durch die Forderung, daß die Unbekannten ganze Zahlen sein sollen, nicht beschränkt, sondern es tritt nur an die Stelle einer kontinuierlichen, eine diskrete Mannigfaltigkeit.

Im Anschlusse an diese Eulerschen Beispiele wollen wir gleich ein anderes, sehr bekanntes und prinzipiell besonders bemerkenswertes Problem behandeln, das bei ihm nicht vorkommt.

Es soll die Diophantische Gleichung mit vier Unbekannten:

$$(4) \qquad xy' - yx' = 1$$

oder in Determinantenform geschrieben

$$\begin{vmatrix} x & y \\ x' & y' \end{vmatrix} = 1$$

vollständig in ganzen Zahlen gelöst werden.

Vor allem ist klar, daß irgend zwei der vier Zahlen, welche nicht mit einander multipliziert sind, die also in der Determinante entweder unter oder neben einander stehen, keinen gemeinsamen Teiler haben dürfen, da dieser sonst auch in 1 enthalten sein müßte. Es seien jetzt x und y zwei beliebige, aber fest gewählte ganze Zahlen ohne gemeinsamen Teiler; dann wollen wir zunächst fragen, welche Werte man nunmehr x' und y' beizulegen hat, damit die Gleichung erfüllt werde. Es ist nun leicht, alle diese Zahlensysteme aufzustellen, sobald man nur eines von ihnen etwa durch Probieren gefunden hat. Ist nämlich $x' = x_0$, $y' = y_0$ ein Zahlenpaar, für das die Gleichung

$$xy_0 - yx_0 = 1$$

giltig ist, so folgt aus dieser und der Ausgangsgleichung die weitere

$$x(y' - y_0) = y(x' - x_0),$$

und da x und y relativ prim sind, muß

$$x' - x_0 = nx, \quad y' - y_0 = ny$$

sein, wo n eine ganz beliebige positive oder negative ganze Zahl sein kann. Es sind also die sämtlichen verlangten Lösungen von

$$xy' - yx' = 1$$

in der Form enthalten:

(5) $x' = x_0 + nx, \quad y' = y_0 + ny,$

wo n die eben genannte Bedeutung hat, x und y irgend welche ganzen Zahlen ohne gemeinsamen Divisor und x_0, y_0 zwei ganze Zahlen sind, die der Gleichung

$$xy_0 - yx_0 = 1$$

genügen.

Nimmt man z. B. $x = 7$, $y = 11$ an, so kann $x_0 = 5$, $y_0 = 8$ gesetzt werden, weil

$$7 \cdot 8 - 11 \cdot 5 = 1$$

ist, und das ergiebt

$$x' = 5 + 7n, \quad y' = 8 + 11n \qquad {\scriptstyle (n=0,\ \pm 1, \pm 2, \cdots)},$$

Jetzt können wir weiter y als ganz beliebig ansehen und dann für x jede andere Zahl setzen, die mit y keinen Teiler gemeinsam hat, so daß sich für die Systeme (x, y) eine zweifache Mannigfaltigkeit ganzer Zahlen herausstellt. Für jedes (x, y) haben wir außerdem eine einfache Mannigfaltigkeit von Zahlenpaaren (x', y'), weil das in (5) auftretende n alle ganzzahligen Werte annehmen kann und durch seine Wahl x' und y' beide vollständig bestimmt sind. So erhalten wir also im ganzen eine dreifache Mannigfaltigkeit ganzzahliger Lösungen unserer Determinantengleichung. Diese Eigenschaft bleibt der Sache nach bestehen, wenn wir ohne Beschränkung sämtliche Zahlen in Betracht ziehen; denn auch dann sind drei Zahlen vollkommen beliebig, und erst die vierte ist durch sie bestimmt. Nur bilden die ganzzahligen Lösungen analog, wie vorher, keine kontinuierliche, sondern eine diskrete dreifache Mannigfaltigkeit.

§ 6.

Wir gehen nun zu den Diophantischen Aufgaben von höherem als dem ersten Grade über und kehren wieder zu der Fermatschen Gleichung

$$x^n + y^n = z^n$$

zurück, die *Euler* für die Fälle $n = 2, 3, 4$ erschöpfend untersucht, und dadurch, wie oben erwähnt, den Grund zu einer langen Reihe von Arbeiten gelegt hat, die dieses berühmte Theorem zum Gegenstande haben. Für $n = 2$ wird man auf das bereits im Altertume betrachtete Problem geführt, die Gleichung

$$(1) \qquad x^2 + y^2 = z^2$$

vollständig in ganzen Zahlen aufzulösen oder, geometrisch gesprochen, alle rechtwinkligen Dreiecke zu finden, deren Seiten ganzzahlig sind.

Euler behandelt diesen Fall etwa in folgender Art: Führt man in der Gleichung (1) an Stelle von z die neue Unbekannte u durch den Ansatz

$$(2) \qquad z = y + u$$

ein, so verwandelt sie sich in

$$(3) \qquad x^2 = 2uy + u^2.$$

Setzen wir jetzt

$$u = q^2 \cdot r,$$

wo q^2 die gröfste in u enthaltene Quadratzahl ist und demnach r lauter von einander verschiedene Primfaktoren enthält, so folgt aus Gleichung (3), dafs x^2 durch q^2, also auch x durch q teilbar sein mufs. Setzen wir daher

$$(4) \qquad x = q \cdot m$$

in (3) ein, so ist nach Beseitigung des gemeinsamen Faktors q^2

$$(5) \qquad m^2 = 2ry + q^2r^2.$$

Hieraus ergiebt sich weiter, dafs m^2 und, da r aus lauter von einander verschiedenen Primfaktoren besteht, dafs m selbst durch r teilbar ist, dafs also:

$$(6) \qquad m = p \cdot r$$

gesetzt werden kann. So erhalten wir schliefslich

$$y = \frac{1}{2} r (p^2 - q^2)$$

und aus (4), (6) und (2)

$$x = p \cdot q \cdot r, \quad z = y + u = \frac{1}{2} r (p^2 + q^2).$$

Die Gleichungen

$$(7) \qquad x = p \cdot q \cdot r, \quad y = \frac{1}{2} r (p^2 - q^2), \quad z = \frac{1}{2} r (p^2 + q^2)$$

bilden alsdann, wenn man p, q, r solche ganzzahligen Werte erteilt, dafs auch x, y, z ganze Zahlen sind, die Gesamtheit der gesuchten Lösungen der ursprünglichen Gleichung (1).

Offenbar sind von ihnen aber nur diejenigen wesentlich, welche keinen gemeinsamen Teiler haben; denn hat man diese gefunden, so braucht man x, y, z immer nur mit einer und derselben beliebig gewählten ganzen Zahl t zu multiplizieren, um das vollständige Lösungssystem zu bekommen. Wir lassen jetzt also die Beschränkung eintreten, dafs x und y und damit selbstverständlich auch x, y, z relativ prim sein sollen. Dann können x und y nicht beide gerade sein; ebensowenig jedoch können beide zugleich ungerade sein, denn ist etwa:

$$x = p \cdot q \cdot r$$

ungerade, so sind es auch p und q, und folglich ist

$$y = \frac{1}{2} r \left(p + q \right) \left(p - q \right)$$

notwendig gerade, weil sowohl $p + q$, wie $p - q$ durch 2 teilbar sind*). Da die Gröfsen x und y in der Pythagoräischen Gleichung symmetrisch vorkommen und wir bisher keine besondern Voraussetzungen über sie getroffen haben, so wollen wir nunmehr festsetzen, dafs x gerade und y ungerade sein soll.

Alsdann kann r nur eine der beiden Zahlen 1 und 2 sein; denn enthielte es irgend einen ungeraden Primfaktor oder eine höhere Potenz von 2, als die erste, so wären x, y, z sämtlich durch jenen Primfaktor oder durch 2 teilbar. Wäre aber r gleich 1, so müfsten, damit y eine ganze Zahl bleibt, p und q entweder beide gerade oder beide ungerade sein, und das ist ausgeschlossen, weil wir y als ungerade vorausgesetzt haben. r mufs daher notwendig gleich 2 sein, und wir erhalten anstatt der Gleichungen (7) die spezielleren

$$(8) \qquad x = 2pq, \quad y = p^2 - q^2, \quad z = p^2 + q^2,$$

in denen p und q relativ prim sind und nicht zugleich gerade oder ungerade sein dürfen. Damit y positiv wird, wollen wir endlich noch p gröfser als q annehmen. Sind diese Bedingungen erfüllt, so haben wir in (8) alle und nur die Systeme teilerfremder Zahlen, die die Pythagoräische Gleichung befriedigen. Die vollständige Lösung von

$$x^2 + y^2 = z^2$$

wird dann durch die Gleichungen:

---

*) Dafs x und y nicht beide ungerade sein können, ist auch direkt aus der Natur der Gleichung

$$x^2 + y^2 = z^2$$

zu erschliefsen. Ist nämlich $x = 2m + 1$, $y = 2n + 1$, so geht unsere Gleichung über in

$$4(m^2 + m + n^2 + n) + 2 = z^2;$$

z müfste demnach gerade, also von der Form $2r$ sein, und dies würde zu der unmöglichen Gleichung führen

$$4(m^2 + m + n^2 + n - r^2) + 2 = 0.$$

$$x = 2pqt, \quad y = (p^2 - q^2)t, \quad z = (p^2 + q^2)t$$
$$(p > q > 0, \ t > 0)$$

(p, q relativ prim und nicht beide ungerade)

geliefert, und zwar jede der wirklich verschiedenen Lösungen einmal und nur einmal, weil die Zahlen p, q, t durch x, y, z durchaus eindeutig bestimmt sind.

Diese Eulersche Deduktion bietet gewissermaßen das Ideal einer arithmetischen Lösung, das bei den Aufgaben der Diophantik freilich nur sehr selten erreicht wird.

Die einfachsten teilerfremden Pythagoräischen Zahlen sind in nachstehender Tabelle enthalten:

p	q	x	y	z
2	1	4	3	5
3	2	12	5	13
4	1	8	15	17
4	3	24	7	25
5	2	20	21	29
5	4	40	9	41.

In der That ist z. B.

$$41^2 = 40^2 + 9^2.$$

§ 7.

Der Grund, warum bei der soeben behandelten Aufgabe die vollständige Lösung in der Art gelingt, daß jede einzelne einmal und nur einmal erhalten wird, ist analytischer Natur. Schreiben wir unsere Gleichung in der Form

$$\left(\frac{x}{z}\right)^2 + \left(\frac{y}{z}\right)^2 = 1$$

und setzen $\frac{x}{z} = \xi$, $\frac{y}{z} = \eta$, so geht das Problem in das äquivalente über, es soll die Gleichung

$$\xi^2 + \eta^2 = 1$$

in der allgemeinsten Weise durch rationale Zahlen befriedigt werden. Jene zweite Gleichung stellt aber, bezogen auf ein beliebiges rechtwinkliges Koordinatensystem, einen Kreis dar, und analytische Betrachtungen lehren, daß hier ξ und η so als rationale Funktionen eines Parameters τ ausgedrückt werden können, daß der kontinuierlichen Reihe aller reellen Werte von τ alle Punkte P des Kreises einmal und nur einmal entsprechen. Es ist nämlich, wenn der zu dem Punkte $P = (\xi, \eta)$ gehörige Winkel mit ω bezeichnet wird,

$$\xi = \cos \omega = \frac{\cos^2 \frac{\omega}{2} - \sin^2 \frac{\omega}{2}}{\cos^2 \frac{\omega}{2} + \sin^2 \frac{\omega}{2}} = \frac{1 - \tau^2}{1 + \tau^2}$$

$$\eta = \sin \omega = \frac{2 \sin \frac{\omega}{2} \cdot \cos \frac{\omega}{2}}{\cos^2 \frac{\omega}{2} + \sin^2 \frac{\omega}{2}} = \frac{2\tau}{1 + \tau^2},$$

wo

$$\tau = \operatorname{tang} \frac{\omega}{2}$$

ist; und in der That durchläuft, wenn τ alle Werte von $-\infty$ bis $+\infty$ annimmt, der Punkt (ξ, η) einmal und nur einmal die ganze Kreisperipherie.

Ist überhaupt

$$f(\xi, \eta) = 0$$

die Gleichung einer algebraischen Kurve, so ist es im allgemeinen nicht möglich, ξ und η als rationale Funktionen

$$\xi = \varphi(\tau), \quad \eta = \psi(\tau)$$

einer neuen Variablen τ so darzustellen, dafs jedem Werte von τ ein und nur ein Punkt der Kurve entspricht; ist dies aber für eine Kurve, wie z. B. vorher für den Kreis der Fall, so sagt man, sie sei vom Geschlechte Null.

Der Vorteil, den die Arithmetik aus dieser analytischen Definition zieht, besteht nun darin, dafs unter jener Voraussetzung und der weiteren, dafs $\varphi(\tau)$ und $\psi(\tau)$ auch rationale Zahlenkoëfficienten besitzen, rationalen Werten von τ ebensolche Werte der Koordinaten ξ und η entsprechen müssen. Aus dem Parameterausdrucke lassen sich daher im allgemeinen die rationalen Lösungen der Gleichung

$$f(\xi, \eta) = 0$$

berechnen; macht man dieselbe noch durch die Substitution $\xi = \frac{x}{z}$, $\eta = \frac{y}{z}$ homogen, so gelangt man auf demselben Wege zu den ganzzahligen Lösungen der homogenen Gleichung mit drei Unbekannten:

$$f(x, y, z) = 0.$$

In unserem Beispiele ergiebt sich so aus

$$\frac{x}{z} = \frac{1 - \tau^2}{1 + \tau^2}, \quad \frac{y}{z} = \frac{2\tau}{1 + \tau^2},$$

wenn wir $\tau = \dfrac{q}{p}$ setzen und p und q jetzt ganze Zahlen ohne gemeinsamen Teiler bedeuten lassen,

$$\frac{x}{z} = \frac{p^2 - q^2}{p^2 + q^2}, \quad \frac{y}{z} = \frac{2pq}{p^2 + q^2},$$

und hieraus gehen für x, y, z die Gleichungen hervor

$$x = (p^2 - q^2)\, t, \quad y = 2pqt, \quad z = (p^2 + q^2)\, t,$$

wo t eine beliebige ganze Zahl ist, d. h. nach Vertauschung von x und y genau die vorher gefundenen Lösungen.

Ganz analoge Bemerkungen gelten für alle nicht homogenen, algebraischen Gleichungen mit drei Unbekannten,

$$f(x, y, z) = 0.$$

Dieselben repräsentieren geometrisch eine Oberfläche im Raume. Kann man nun wieder die rationalen Funktionen

$$x = \varphi(u, v), \quad y = \psi(u, v), \quad z = \chi(u, v)$$

so bestimmen, dafs jedem Wertsystem (u, v) ein und nur ein Punkt jener Oberfläche entspricht, so wird auch hier die Fläche als vom Geschlechte Null bezeichnet, und wieder entsprechen dann, falls nur die Koëfficienten ebenfalls rationale Zahlen sind, rationalen Werten von u und v ebensolche von x, y, z. Durch Ausführung der Substitution $x = \dfrac{\xi}{\vartheta}$, $y = \dfrac{\eta}{\vartheta}$, $z = \dfrac{\zeta}{\vartheta}$ können daraus weiter die ganzzahligen Lösungen der homogenen Gleichung

$$f(\xi, \eta, \zeta, \vartheta) = 0$$

hergeleitet werden.

Die Erledigung dieser Frage gestaltet sich erst schwieriger, wenn das entsprechende geometrische Gebilde nicht mehr vom Geschlechte Null ist, wenn also seine Koordinaten nicht mehr in der oben angegebenen Weise als rationale Funktionen von einem bezw. von zwei Parametern mit rationalen Koefficienten dargestellt werden können.

§ 8.

Wir wollen jetzt die vorher gefundene vollständige Lösung der Pythagoräischen Gleichung dazu benutzen, nach dem Vorgange *Eulers* den grofsen Fermatschen Satz für den Fall $n = 4$ zu beweisen, d. h. darzuthun, dafs die Gleichung

$$x^4 + y^4 = z^4$$

durch ganze Zahlen nicht befriedigt werden kann.

Euler zeigt zu dem Ende, dafs schon die allgemeinere Gleichung

(1) $$\alpha^4 + \beta^4 = c^2$$

durch drei ganze Zahlen, die sämtlich von Null verschieden sind, nicht gelöst werden kann. Bei diesem Nachweise kann man abermals voraussetzen, dafs je zwei von den Zahlen α, β und c relativ prim zu einander sind; denn ist

$$\alpha = \alpha_1 t, \quad \beta = \beta_1 t,$$

so mufs c^2 durch t^4 teilbar und

$$c = c_1 t^2$$

sein, und man erhält aus der vorigen die neue Gleichung von derselben Form

$$\alpha_1^4 + \beta_1^4 = c_1^2,$$

in der jetzt α_1, β_1 und c_1 teilerfremd sind. Wir können uns also darauf beschränken, die Unmöglichkeit von (1) für positive Zahlen zu beweisen, von denen keine mit einer andern einen gemeinsamen Teiler hat.

Schreiben wir unsere Gleichung in der Gestalt

$$(\alpha^2)^2 + (\beta^2)^2 = c^2,$$

so stimmt sie mit der früher behandelten Pythagoräischen überein, schliefst aber noch die fernere Bedingung in sich, dafs die beiden Katheten des gesuchten rechtwinkligen Dreiecks selbst Quadratzahlen sein sollen. Eine von den Gröfsen α und β mufs daher gerade, die andere ungerade sein, und da beide durchaus symmetrisch vorkommen, so können wir von vornherein α als gerade voraussetzen. Dann mufs aber die Lösung der Gleichung (1), wenn eine solche existiert, notwendig in der vorher aufgestellten allgemeinen enthalten sein; es mufs also nach Gleichung (8) des § 6:

$$\alpha^2 = 2pq, \quad \beta^2 = p^2 - q^2, \quad c = p^2 + q^2$$

sein; hier bedeuten p und q wiederum zwei relativ prime ganze Zahlen, von denen die eine gerade, die andere ungerade ist.

Aus der zweiten von diesen drei Gleichungen ergiebt sich nun eine neue Pythagoräische Gleichung

$$q^2 + \beta^2 = p^2$$

und ihre Auflösung führt uns, da p und q relativ prim sind, und β ungerade sein soll, für β, p und q zu den drei Ausdrücken

$$q = 2tu, \quad \beta = t^2 - u^2, \quad p = t^2 + u^2,$$

in denen t und u relativ prim sein müssen, weil jeder gemeinsame

Teiler von ihnen in β, p und q und damit auch in α, β und c enthälten wäre.

Setzt man endlich diese Werte von p und q in $\alpha^2 = 2pq$ ein, so folgt

$$\left(\frac{\alpha}{2}\right)^2 = tu\,(t^2 + u^2).$$

Soll aber das Produkt der teilerfremden Zahlen t, u und $t^2 + u^2$ gleich der Quadratzahl $\left(\frac{\alpha}{2}\right)^2$ sein, so muss notwendig jede derselben für sich ein Quadrat sein, man kann also setzen:

(2) $t = \alpha_1^2,\quad u = \beta_1^2,\quad t^2 + u^2 = c_1^2,$

wobei offenbar α_1, β_1 und c_1 sämtlich von Null verschieden anzunehmen sind, weil sonst $\alpha^2 = 4tu\,(t^2 + u^2)$ verschwinden würde.

Sind demnach α, β und c drei teilerfremde Zahlen, die der Gleichung (1) genügen, so kann man aus ihnen stets drei andere α_1, β_1 und c_1 von derselben Eigenschaft herleiten, zwischen denen nach (2) dieselbe Relation

$$\alpha_1^4 + \beta_1^4 = c_1^2$$

besteht.

Dieses anscheinend nichtssagende Resultat gewinnt die Bedeutung einer vollständigen Lösung unserer Aufgabe, wenn wir das Größenverhältnis von c und c_1 beachten. Es ist nämlich

$$c = p^2 + q^2 = (t^2 + u^2)^2 + 4t^2u^2 = c_1^4 + 4t^2u^2,$$

d. h. es ist

$$c > c_1^4 \quad \text{oder} \quad c_1 < c^{\frac{1}{4}}.$$

Besitzt somit für einen beliebig gegebenen Wert von c die Gleichung:

$$\alpha^4 + \beta^4 = c^2$$

überhaupt eine Lösung in dem verlangten Sinne, so kann man aus dieser stets eine andere

$$\alpha_1^4 + \beta_1^4 = c_1^2$$

gewinnen, für die $c_1 < c$ ist, und welche ebenfalls eine Lösung hat, bei der α_1 und β_1 beide von Null verschieden sind; man kann also das Verfahren so lange fortsetzen, als das betreffende c grösser als 1 ist. Schliesslich kommen wir dadurch zu der Folgerung, dafs auch die Gleichung

$$\alpha_\varkappa^4 + \beta_\varkappa^4 = 1$$

durch zwei von Null verschiedene Zahlen $\alpha_\varkappa$ und $\beta_\varkappa$ befriedigt werden

kann. Da dies letztere aber offenbar unmöglich ist, so kann eben die
Ausgangsgleichung

$$\alpha^4 + \beta^4 = c^2$$

überhaupt keine ganzzahlige Lösung zulassen, und dasselbe ist damit
a fortiori auch für die Fermatsche Gleichung

$$x^4 + y^4 = z^4$$

dargethan.

In ähnlicher, nur etwas komplizierterer Weise hat *Euler* den
Fermatschen Satz für $n = 3$ erledigt; aus beiden Beweisen folgt ohne
weiteres auch die Unmöglichkeit, die Gleichungen

$$x^3 - y^3 = z^3 \quad \text{und} \quad x^4 - y^4 = z^4$$

in ganzen Zahlen aufzulösen.

§ 9.

Aufser dem Theoreme *Fermats* haben noch mehrere andere arithmetische Probleme schon *Euler* beschäftigt, die später eine grofse Bedeutung in der Wissenschaft erlangten. Vorzüglich gilt das auch von
der nachstehenden Aufgabe der unbestimmten Analytik, die sich im
siebenten Kapitel seiner Algebra vorfindet:

Für eine gegebene Zahl n sollen zwei andere ganze Zahlen
x und y so bestimmt werden, dafs die Gleichung

$$x^2 - ny^2 = 1$$

erfüllt ist.

Auch hier ersann *Euler* eine Methode, um zwei derartige Zahlen
x und y zu finden; jedoch gelang ihm weder der Nachweis, dafs eine
solche Gleichung stets eine ganzzahlige Lösung aufser der selbstverständlichen

$$x = \pm 1, \quad y = 0$$

besitzt, falls n keine positive Quadratzahl ist, noch vermochte er
andrerseits zu zeigen, dafs der von ihm angegebene Weg immer zu der
gesuchten Lösung führen mufs.

Eine erschöpfende Behandlung dieser nach dem Engländer *Pell*
benannten Gleichung, an der sich auch *Fermat* bereits versuchte, hat
zuerst *Lagrange* geliefert, indem er gleichzeitig die dazu erforderliche
Theorie der periodischen Kettenbrüche schuf. Dieser grofse Mathematiker hat sich namentlich in der Zeit seines Berliner Aufenthaltes
sehr tief mit arithmetischen Fragen beschäftigt und einen grofsen Teil
seiner Ergebnisse, speziell das soeben erwähnte Resultat, in den höchst
wertvollen „Additions" zu seiner 1774 erschienenen französischen Übersetzung der Algebra *Eulers* niedergelegt.

Ferner betrachtete *Euler*, auch darin ein direkter Nachfolger *Fermats*, die Zahlen mit grofser Beharrlichkeit etwa in gleicher Weise, wie es die induktiven Wissenschaften, z. B. die Physik, den Vorgängen in der Natur gegenüber zu thun pflegen. Das zeigen vor allem seine schliefslich mit Erfolg gekrönten Bemühungen hinsichtlich des Reciprocitätsgesetzes der quadratischen Reste.

Bei diesen Untersuchungen ging er von der Aufgabe aus, zu entscheiden, ob eine vorgelegte Primzahl p_1 quadratischer Rest einer andern Primzahl p ist, d. h. ob es eine ganze Zahl x von der Beschaffenheit giebt, dafs die Differenz

$$x^2 - p_1$$

durch p teilbar ist.

Euler schrieb nun für sehr viele Primzahlen p sämtliche quadratischen Reste p_1 auf und suchte die so auf induktivem Wege gefundenen Resultate durch ein Gesetz zusammenzufassen, um dieses dann direkt zu beweisen. Lange blieben seine Forschungen erfolglos; er vermochte nicht, in dem aufgehäuften Material irgend eine gesetzmäfsige Anordnung zu erkennen und bemühte sich vergebens, die aufgefundenen Zahlen, die arithmetische Reihen zweiter Ordnung bildeten, in solche erster Ordnung zu bringen. Erst am Ende seines Lebens gelangte er zu dem jetzt unter dem Namen des Reciprocitätsgesetzes geläufigen Fundamentalsatze, den er zuerst, freilich noch ohne Beweis, in den 1783 veröffentlichten „opuscula analytica" aussprach.

Die Bezeichnung „Reciprocitätsgesetz" (loi de réciprocité) stammt von *Legendre*, der im Jahre 1785 auch die Richtigkeit desselben darzuthun versuchte. Sein Beweis ist aber nur ein scheinbarer; denn er nimmt bei den erforderlichen Ausführungen Primzahlen von gewissen Eigenschaften zu Hilfe, ohne zeigen zu können, dafs derartige Zahlen existieren müssen. In Wahrheit würde dazu nämlich die Herleitung des Satzes notwendig sein, dafs in jeder arithmetischen Reihe Primzahlen enthalten sind, eines Satzes, der selber wieder nur mit Benutzung des Reciprocitätsgesetzes bewiesen werden konnte.

Weiterhin, im Jahre 1798, gab *Legendre* ein Buch über Zahlentheorie heraus, das zum ersten male jenen Titel trägt, seinen „essai sur la théorie des nombres". Derselbe kann allerdings als ein geregeltes Werk über unsere Disciplin kaum angesehen werden, er ist wenig mehr, als eine Reihe zusammengebundener Abhandlungen. Doch hat sich sein Verfasser das Verdienst erworben, in ihm die Summe des damaligen Wissens im wesentlichen zusammengebracht zu haben.

Dritte Vorlesung.

Die beiden Hauptrichtungen der Arithmetik im neunzehnten Jahrhundert. — Gaufs und der systematische Aufbau der Arithmetik in den Disquisitiones arithmeticae. — Inhaltsübersicht. — Das Problem der Kreisteilung. — Dirichlet, Jacobi, Kummer. — Theorie der algebraischen Zahlen, arithmetische Behandlung dieses Problemes. — Dirichlet und die Anwendung der Analysis auf Probleme der Zahlentheorie. — Beispiele: Die Binomial- und Polynomialkoëfficienten sind ganze Zahlen. — Einige Untersuchungen Eulers aus diesem Gebiete.

§ 1.

Zwischen die erste und die 1808 erschienene zweite Auflage der Zahlentheorie von *Legendre* fällt im Jahre 1801 die Veröffentlichung der epochemachenden „disquisitiones arithmeticae" von *Gaufs*, die jene Auflage nach dem Ausspruche *Legendre*s selbst nahezu überflüssig machten.

Karl Friedrich Gaufs wurde 1777 als das Kind einfacher Leute in Braunschweig geboren. Er verdankte seine wissenschaftliche Ausbildung der Güte des Herzogs *Karl Wilhelm Ferdinand* von Braunschweig, dem er dafür sein Erstlingswerk, die „disquisitiones" widmete. Sein späteres, reich gesegnetes Leben brachte er in Göttingen zu und starb dort am 23. Februar 1855. Neuerdings ist dem grofsen Manne in seiner Vaterstadt ein Standbild errichtet worden.

Der von Gaufs gewählte Titel „disquisitiones" ist ein überaus bescheidener, wenn man bedenkt, dafs er hier zum ersten male eine vollkommen systematische Behandlung der Zahlentheorie liefert, das somit in der That das erste eigentlich wissenschaftliche Werk über die Arithmetik ist. Zugleich aber ist diese früheste exakte Darstellung so grundlegend gewesen, dafs man annehmen darf, das Buch werde für Jahrhunderte noch die wichtigste Quelle aller arithmetischen Forschung bleiben. Es ist wirklich staunenswert, wie ein einzelner Mann, noch dazu in so jungen Jahren, eine solche Fülle von Ergebnissen zu Tage fördern konnte und vor allen Dingen eine so tiefgreifende, geordnete Bearbeitung einer ganz neuen Disciplin zu geben vermochte.

Das Werk ist in sieben Sektionen eingeteilt, deren Inhalt der folgende ist:

Erste Sektion: Allgemeine Sätze über die Kongruenz der Zahlen.
Zweite „ Über die Kongruenzen des ersten Grades.
Dritte „ Reine Kongruenzen oder Theorie der Potenzreste.
Vierte „ Über die Kongruenzen zweiten Grades.
Fünfte „ Auflösung der unbestimmten oder Diophantischen Gleichungen zweiten Grades auf Grund der Theorie der quadratischen Formen.
Sechste „ Anwendung der gewonnenen Resultate.
Siebente „ Theorie der Kreisteilungsgleichungen.

Mit dem Hauptergebnisse dieser siebenten Sektion hat *Gaufs* namentlich seinen wissenschaftlichen Ruhm für alle Zeiten begründet, indem er ein Problem weiter führte und vollständig löste, das seit *Euklid* geruht hatte, obwohl sich so viele bedeutende Mathematiker vor *Gaufs* mit ihm beschäftigt hatten. Er hat nämlich, und zwar durch rein arithmetische Schlüsse, nachgewiesen, dafs sich die Peripherie eines Kreises dann in p gleiche Teile im Sinne der Geometrie der Alten, d. h. durch geometrische Konstruktion mit Lineal und Zirkel zerlegen läfst, wenn p eine Primzahl von der Form $2^{2^n} + 1$ ist, dafs für alle andern ungeraden Primzahlen aber eine derartige Teilung unmöglich ist. Nur die beiden ersten Kreisteilungen dieser Art, nämlich die Teilung in

$$2^{2^0} + 1 = 3 \quad \text{und} \quad 2^{2^1} + 1 = 5$$

gleiche Teile, oder, was dasselbe ist, die Konstruktion des regelmäfsigen Dreiecks und Fünfecks waren schon den griechischen Mathematikern bekannt, und aufserdem die Thatsache, dafs man mit Zirkel und Lineal jeden Winkel halbieren, dafs man also den Kreis successive in 2, 4, 8, ... allgemein in 2^ν gleiche Teile teilen kann. Aus diesen beiden Thatsachen zusammengenommen konnte man dann ohne weiteres schliefsen, dafs auch die Teilung des Kreises in

$$2^\nu \cdot 3, \quad 2^\nu \cdot 5, \quad 2^\nu \cdot 3 \cdot 5 \qquad (\nu = 0, 1, 2, \ldots)$$

gleiche Teile möglich, dafs also z. B. die Konstruktion der regulären 6, 10, 15, · · · Ecke mit Zirkel und Lineal ausgeführt werden kann. Hiermit waren aber die Resultate der Geometer vor *Gaufs* erschöpft: Es war ihnen der Beweis nicht gelungen, dafs die Konstruktion der regulären 7, 11, 13 Ecke mit Zirkel und Lineal nicht möglich ist, und noch viel weniger waren sie im Stande gewesen zu zeigen, dafs die erste Primzahl nach 3 und 5, für welche jene Konstruktion möglich wird, die Zahl $17 = 2^{2^2} + 1$ ist. Die nächsten Primzahlen, für welche jene Teilung des Kreises mit Zirkel und Lineal ausgeführt werden kann, sind dann erst

$$2^{2^3} + 1 = 257, \quad 2^{2^4} + 1 = 65537.\text{*})$$

Aufserdem hat *Gaufs* eine Reihe von zahlentheoretischen Abhandlungen verfafst, die jetzt im zweiten Bande seiner von *Schering* gesammelten Werke sämtlich vereinigt und daher leicht zugänglich sind. Von dem Studium derselben im Original kann sich wohl niemand dispensieren, der weiter in das Innere unseres Gebietes einzudringen beabsichtigt.

Ist auch in dieser Hauptschrift des gröfsten deutschen Mathematikers eine strenge Systematik nicht durchgängig festgehalten, so gilt das doch noch durchaus für die Entwicklungen über die Theorie der Kongruenzen und die der quadratischen Formen. Die Art der Darstellung ist in den disquisitiones, wie überhaupt in den Gaufsischen Arbeiten, die Euklidische. Er stellt die Sätze auf und beweist sie, wobei er gradezu mit Fleifs jede Spur der Gedankengänge verwischt, die ihn zu seinen Resultaten geführt haben. In dieser dogmatischen Form ist gewifs auch der Grund dafür zu suchen, dafs sein Werk so lange unverstanden blieb und dafs es erst der Bemühungen und Forschungen *Lejeune-Dirichlets* bedurfte, um es bei den Nachlebenden zu der vollen Wirkung und Würdigung gelangen zu lassen. Der letztgenannte Mathematiker ist insofern wohl als der unmittelbare Erbe und Nachfolger von *Gaufs* in unserer Disciplin anzusehen.

Peter Gustav Lejeune-Dirichlet wurde 1805 in Düren als Sohn des dortigen Postmeisters geboren. Seine mathematische Ausbildung erhielt er in Paris, wo er später als Hauslehrer in der Familie des Generals *Foy* lebte. 1825 übergab er, wie bereits erwähnt, seine Abhandlung über den grofsen Fermatschen Satz der Pariser Akademie und bekam aus Anlafs dessen und speziell durch Vermittlung *Alexander von Humboldts*

---

*) Diese fünf ersten Zahlen von der Form $2^{2^n} + 1$ sind sämtlich Primzahlen, und *Fermat* hatte den Satz ausgesprochen, aber mit dem ausdrücklichen Zusatze, dafs er keinen Beweis desselben besitze, dafs jede in dieser Form enthaltene Zahl eine Primzahl sei. Aber *Euler* zeigte bereits, dafs schon die nächste Zahl dieser Art

$$2^{2^5} + 1 = 2^{32} + 1$$

den Teiler 641 hat, und später wurde weiter nachgewiesen, dafs auch die Zahlen $2^{2^6} + 1$, $2^{2^{12}} + 1$, $2^{2^{23}} + 1$ und $2^{2^{36}} + 1$ keine Primzahlen sind. Jener Beweis hätte auf direktem Wege gar nicht gegeben werden können, da z. B. die letzte jener Zahlen ausgeschrieben über 20 Milliarden Ziffern besitzen würde. Mit Hülfe der Theorie der Kongruenzen gestaltet er sich verhältnismäfsig einfach.   H.

eine Professur an der Breslauer Universität. Von da nach Berlin
berufen kündigte er hier zum ersten male eine Vorlesung über Zahlentheorie unter dem Titel „Unbestimmte Analytik" an, die jedoch nicht
zu stande kam; im Sommer 1833 machte er dann den zweiten Versuch,
über seine Wissenschaft zu lesen, mit dem Publikum „Anfangsgründe
der höheren Arithmetik". Unter dem Titel „Zahlentheorie" hielt er
zuerst im Sommer 1841 ein Privatkolleg ab, welches ich selbst noch
gehört habe, und diese Vorlesungen haben sich seitdem in Berlin und
weiterhin in ganz Deutschland auf den Universitäten eingebürgert.
Dirichlets Vorlesungen über Zahlentheorie sind nach seinem Tode von
Dedekind herausgegeben worden; dies Buch enthält in faßlicher Aus-
einandersetzung wohl eine erschöpfende Darstellung von dem, was jener
in seinen Vorträgen aus den 50er Jahren zu geben pflegte. Im Jahre
1855 ging *Dirichlet* als Nachfolger von *Gauß* nach Göttingen und starb
daselbst 1859.

Ziemlich gleichzeitig mit ihm las *Jacobi* (1805—1851) in Königs-
berg über arithmetische Gegenstände; er wendete sich aber gleich nach
der Darlegung des Begriffes der Kongruenzen und ihrer Eigenschaften
der Untersuchung der Kreisteilungsgleichungen zu, welche ihn besonders interessierten und deren Theorie ihm wertvolle Bereicherungen
verdankt.

Dirichlets vornehmste Arbeiten beziehen sich alle auf die Zahlentheorie, die er selbst noch n a c h *Gauß* dadurch wesentlich ausgestaltete,
daß er durch Anwendung der Methoden und Resultate der Analysis
sehr tiefliegende arithmetische Probleme ergründete und so der Zahlenlehre eine ganz neue Disciplin erschloß; neben der systematischen
Arithmetik von *Gauß* kann diese als die zweite Hauptrichtung unserer
Wissenschaft im neunzehnten Jahrhundert angesehen werden.

§ 2.

Die weitere Fortbildung und Entwicklung der systematischen Arithmetik knüpft, wie fast alles, was die Mathematik unseres Jahrhunderts
an eigenen wissenschaftlichen Ideen gezeitigt hat, an *Gauß* an. Dieser
stieß nämlich bei der Herleitung des biquadratischen Reciprocitätsgesetzes auf die Aufgabe, diejenigen Primzahlen p zu finden, für die
der Ausdruck

$$x^4 - 2$$

durch p teilbar wird, sobald man für x eine geeignet gewählte ganze
Zahl setzt. Hierbei wurde er darauf geführt, p in der bekannten Weise
als Summe zweier Quadratzahlen $a^2 + b^2$ zu schreiben, was für eine

Primzahl von der Form $4n + 1$ stets möglich ist; und nun fand er, daſs die in Frage stehende Eigenschaft von p hauptsächlich durch den Charakter der Zahlen a und b bedingt ist. Bezeichnet man aber $\sqrt{-1}$ mit i, so ergiebt sich aus jener Darstellung, die Zerlegung von p in zwei ganzzahlige, komplexe Faktoren:

$$p = a^2 + b^2 = (a + bi)(a - bi).$$

Führt man also die Wurzel der ganzzahligen quadratischen Gleichung

$$i^2 + 1 = 0,$$

durch die i definiert ist, in die Betrachtung ein, so hört p auf, eine unzerlegbare Primzahl zu sein, sie zerfällt vielmehr in das Produkt der beiden Faktoren $a + bi$ und $a - bi$. *Gauſs* hat nun eben den folgenreichen Schritt gethan, diese sogenannten komplexen Zahlen in die Arithmetik einzuführen und ihnen hier das gleiche Bürgerrecht mit den reellen Zahlen zu verleihen. Als erste, schöne Frucht dieser allgemeineren Anschauungsweise zeigte sich, daſs die Ausgangsfrage nach dem Reciprocitätsgesetze für vierte Potenzen der Sache nach keine gröſseren Schwierigkeiten darbot, als es bei dem entsprechenden Gesetze für die quadratischen Reste der Fall gewesen war.

Somit war es denn gegeben, daſs man auf der von *Gauſs* eröffneten Bahn weiter fortschritt und an Stelle der einfachen quadratischen Gleichung

$$i^2 + 1 = 0$$

die Wurzeln beliebiger anderer ganzzahliger Gleichungen für die zahlentheoretische Forschung heranzog. So hat dann *E. E. Kummer* die Wurzeln der von *Gauſs* behandelten Kreisteilungsgleichungen, also die allgemeinen n^{ten} Einheitswurzeln, in derselben Art arithmetisch untersucht, wie es dieser selbst bei den Zahlen von der Form $a + bi$ gethan hat, d. h. bei denjenigen, die aus den vierten Wurzeln der Einheit zusammengesetzt sind.

Als man dann aber dazu überging, für die Wurzeln beliebiger ganzzahliger Gleichungen dasselbe zu leisten, stellte sich heraus, daſs diese Aufgabe vollkommen gelöst wäre, wenn man nur die Theorie der gewöhnlichen rationalen Funktionen mehrerer Variablen mit ganzen Zahlenkoëfficienten erschöpfend klargelegt hätte; es erwies sich also die Einführung der Wurzeln algebraischer Gleichungen als überflüssig, wenn man statt ihrer die Funktionen beliebig vieler Variablen auf arithmetischem Wege erforschte.

Gerade diese Untersuchungen habe ich deshalb oben als den Hauptgegenstand der allgemeinen Arithmetik bezeichnet; denn mit ihrer Hilfe müssen sich alle zahlentheoretischen Probleme in dem neueren, erweiterten Sinne erledigen lassen.

§ 3.

Am Ende des § 1 ist bereits darauf hingewiesen worden, wie vor allem durch *Dirichlet* unter methodischer Benutzung des mächtigen Instrumentes der Analysis sehr versteckte und schöne Resultate gewonnen worden waren, deren rein arithmetische Herleitung auch später teils nur mit grofsen Schwierigkeiten, teils überhaupt noch gar nicht gelungen ist. Auch schon vor *Dirichlet* war man bisweilen mit Hilfe der Analysis zu interessanten zahlentheoretischen Ergebnissen gelangt, indem man dieselben aus fertigen analytischen Formeln direkt herauslas. Es waren das Gelegenheitsresultate, die sich ebenso unvermutet und überraschend darboten, wie sie oft dem geregelten Gange der Wissenschaft weit vorauseilten. Es trat bei ihnen allemal der merkwürdige Umstand auf, dafs man in der analytischen Gleichung gewissermafsen schon eine Antwort besafs, zu der man die Frage erst zu suchen hatte.

Ehe wir an den systematischen Aufbau der Zahlenlehre herantreten, wollen wir den Charakter dieser früheren Entdeckungen und damit die Anwendung der Analysis auf arithmetische Probleme in ihrer einfachsten Gestalt an einigen Beispielen erläutern, die grofsenteils der Eulerschen „introductio in analysin infinitorum" entnommen sind. Eine solche Betrachtung wird um so lohnender für uns sein, als wir durch sie meistens Aufschlüsse über die additive Zusammensetzung der Zahlen bekommen werden, während die Gaufsische Zahlentheorie, wie bekannt, wesentlich auf der multiplikativen Zusammensetzung derselben beruht.

Zunächst wollen wir auf analytischem Wege beweisen, dafs die Binomialkoëfficienten

$$\frac{n\,(n-1)\cdots(n-k+1)}{1\cdot 2\cdots k}$$

ganze Zahlen sind, ein Satz, der arithmetisch so ausgesprochen werden kann:

Das Produkt von irgend welchen k auf einander folgenden Zahlen ist stets durch dasjenige der k ersten Zahlen teilbar.

Die Richtigkeit dieser Behauptung ist eigentlich schon daraus klar, dafs der obige Ausdruck die Zahl der Kombinationen von n Elementen zu je k Gliedern ohne Wiederholung, also eine Anzahl, angiebt und deshalb notwendig ganzzahlig sein mufs. Aber abgesehen davon, kann man das Theorem sehr leicht vermittels der Entwicklung von $(1 + x)^n$ beweisen.

Setzt man nämlich das Bestehen der Gleichung

$$(1) \qquad (1+x)^n = 1 + \sum_{k=1}^{n} \frac{n(n-1)\cdots(n-k+1)}{k!} x^k$$

voraus, so ist offenbar, das die Koëfficienten der Potenzen von x auf der rechten Seite ganze Zahlen sind; denn eine ganze, ganzzahlige Funktion von x kann zu einer ganzen positiven Potenz erhoben wieder nur eine ganze Funktion mit ganzzahligen Koëfficienten ergeben. Es kommt demnach lediglich darauf an, die Giltigkeit der vorstehenden Entwicklung (1) darzuthun, und das geschieht wohl am einfachsten durch den Schluſs von $n-1$ auf n. Nehmen wir nämlich an, es sei schon gezeigt, daſs

$$(1+x)^{n-1} = 1 + \sum_{k=1}^{n-1} \frac{(n-1)\cdots(n-k)}{k!} x^k$$

ist, so folgt hieraus durch Multiplikation mit $1+x$

$$(1+x)^n = 1 + x + \sum_{k=1}^{n-1} \frac{(n-1)\cdots(n-k)}{k!} x^k$$
$$+ \sum_{k=1}^{n-1} \frac{(n-1)\cdots(n-k)}{k!} x^{k+1}$$
$$= 1 + x + \sum_{k=1}^{n-1} \frac{(n-1)\cdots(n-k)}{k!} x^k$$
$$+ \sum_{k=2}^{n} \frac{(n-1)\cdots(n-k+1)}{(k-1)!} x^k$$
$$= 1 + x + (n-1)x + \sum_{k=2}^{n-1} \left\{ \frac{(n-1)\cdots(n-k)}{k!} + \frac{(n-1)\cdots(n-k+1)}{(k-1)!} \right\} x^k$$
$$+ \frac{(n-1)\cdots 2 \cdot 1}{(n-1)!} x^n$$
$$= 1 + nx + \sum_{k=2}^{n-1} \frac{(n-1)\cdots(n-k+1)}{k!} \{n-k+k\} x^k + x^n$$
$$= 1 + \sum_{k=1}^{n} \frac{n(n-1)\cdots(n-k+1)}{k!} x^k;$$

q. e. d.

So ist uns hier durch eine analytische Betrachtung ein Satz über die Teilbarkeit der Zahlen in den Schoſs gefallen, dessen Herleitung mit rein arithmetischen Hilfsmitteln nicht unbeträchtliche Schwierigkeiten verursacht. Auf letzterem Wege hat zuerst *Gauſs* jenen Satz in seinen disquisitiones bewiesen.

In ganz analoger Weise kann mit Hülfe des polynomischen Lehrsatzes gezeigt werden, dafs der Ausdruck

$$\frac{n!}{k_1! \cdots k_\nu!}$$

eine ganze Zahl ist, wenn k_1, k_2, $\cdots k_\nu$ irgendwelche nicht negative Zahlen bedeuten, deren Summe gleich n ist. Die Richtigkeit dieses Satzes ist aber, genau ebenso wie vorher, völlig evident, wenn man den polynomischen Lehrsatz, d. h. das Bestehen der Gleichung:

$$(x_1 + x_2 + \cdots + x_\nu)^n = \sum_{k_1, k_2 \cdots k_\nu} \frac{n!}{k_1! \cdots k_\nu!} x_1^{k_1} \cdots x_\nu^{k_\nu}$$
$$\binom{0 \leq k_1, k_2, \ldots k_\nu \leq n}{k_1 + k_2 + \cdots + k_\nu = n}$$

als bewiesen annimmt; denn wiederum mufs ja die Potenz $(x_1 + x_2 + \cdots + x_n)^n$ eine ganze, *ganzzahlige* Funktion von x_1, $x_2, \ldots x_n$ sein. Wir haben also nur nötig, die Richtigkeit der polynomischen Entwicklung nachzuweisen und thun dieses auch hier durch den Schlufs von $n - 1$ auf n.

Es gelte für den Exponenten $n - 1$ die Gleichung

$$(x_1 + x_2 + \cdots + x_\nu)^{n-1} = \sum_{k_1, \cdots k_\nu} \frac{(n-1)!}{k_1! \cdots k_\nu!} x_1^{k_1} \cdots x_\nu^{k_\nu}$$
$$\binom{0 \leq k_1, k_2, \ldots k_\nu \leq n-1}{k_1 + k_2 + \cdots + k_\nu = n-1},$$

wobei 0! gleich 1 gesetzt ist. Dann erhalten wir durch Multiplikation mit $x_1 + x_2 + \cdots + x_\nu$

$$(x_1 + x_2 + \cdots + x_\nu)^n = \sum_{k_1, \cdots k_\nu} \frac{(n-1)!}{k_1! \cdots k_\nu!} \left\{ x_1^{k_1+1} x_2^{k_2} \cdots x_\nu^{k_\nu} + \cdots \right.$$
$$\left. + x_1^{k_1} x_2^{k_2} \cdots x_{i-1}^{k_{i-1}} x_i^{k_i+1} x_{i+1}^{k_{i+1}} \cdots x_\nu^{k_\nu} + \cdots + x_1^{k_1} \cdots x_\nu^{k_\nu+1} \right\}.$$

Ersetzen wir nun in irgend einer der ν Partialsummen, aus denen die rechte Seite dieser Gleichung besteht,

$$\sum_{k_1, \cdots k_\nu} \frac{(n-1)!}{k_1! \cdots k_\nu!} x_1^{k_1} \cdots x_i^{k_i+1} \cdots x_\nu^{k_\nu}$$

$k_i + 1$ durch k_i, so geht sie über in

$$\sum_{k_1, \cdots k_\nu} \frac{(n-1)!}{k_1! \cdots (k_i-1)! \cdots k_\nu!} x_1^{k_1} \cdots x_i^{k_i} \cdots x_\nu^{k_\nu},$$
$$\binom{0 \leq k_1, \cdots k_i-1, \ldots k_\nu \leq n-1}{k_1 + k_2 + \cdots + k_\nu = n}$$

oder, anders geschrieben, in

$$(2) \qquad \sum_{k_1, \cdots k_\nu} \frac{(n-1)! \, k_i}{k_1! \cdots k_i! \cdots k_\nu!} \, x_1^{k_1} x_2^{k_2} \cdots x_\nu^{k_\nu}$$

$$\begin{pmatrix} 0 \leq k_1,\, k_2,\, \cdots k_i \cdots k_\nu \leq n \\ k_1 + k_2 + \cdots\cdots\cdots + k_\nu = n \end{pmatrix}.$$

Hier können jetzt die Zahlen $k_1 \cdots k_\nu$ nicht nur, wie vorher, innerhalb der Grenzen 0 und $n-1$, sondern auch zwischen 0 und n angenommen werden; denn, falls ein von k_i verschiedenes k etwa k_1 gleich n ist, so müssen wegen der zweiten Bedingung alle übrigen k, also auch k_i, verschwinden und damit kommt das zugehörige Glied der Summe von selbst in Wegfall.

Addiert man nun jene ν Partialsummen in der obigen Form (2), so ergiebt sich

$$(x_1 + x_2 + \cdots + x_\nu)^n = \sum_{k_1, \cdots k_\nu} \frac{(n-1)! \sum\limits_{i=1}^{\nu} k_i}{k_1! \cdots k_\nu!} \, x_1^{k_1} x_2^{k_2} \cdots x_\nu^{k_\nu}$$

$$\begin{pmatrix} 0 \leq k_1,\, k_2,\, \cdots k_\nu \leq n \\ k_1 + k_2 + \cdots + k_\nu = n \end{pmatrix}$$

und schließlich

$$(x_1 + x_2 + \cdots + x_\nu)^n = \sum_{k_1 \cdots k_\nu} \frac{n!}{k_1! \cdots k_\nu!} \, x_1^{k_1} \cdots x_\nu^{k_\nu}.$$

Hierdurch ist die Richtigkeit des polynomischen Satzes und damit zugleich die des oben ausgesprochenen arithmetischen Theoremes bewiesen.

§ 4.

Wir gehen weiter aus von dem unendlichen Produkte

$$(1) \qquad (1 + x)\,(1 + x^2)\,(1 + x^4) \cdots (1 + x^{2^n}) \cdots,$$

oder genauer von dem Grenzwerte desselben, genommen bis zum n^{ten} Gliede für unendlich wachsendes n; damit absolute, d. h. von der Anordnung der Faktoren unabhängige Konvergenz besteht, ist noch die Bedingung $|x| < 1$ hinzuzufügen. Dann können wir die absolut konvergierende Potenzreihe von x, die diesem Produkte gleich ist, auf folgende sehr elementare Art ausrechnen. Multiplizieren wir nämlich (1) mit dem Faktor $1 - x$, so ist

$$(1 - x)\,(1 + x) = 1 - x^2$$

und ferner

$$(1 - x^2)\,(1 + x^2) = 1 - x^4$$

$$(1 - x^4)\,(1 + x^4) = 1 - x^8$$

u. s. f.; die Grenze, der sich das neugebildete Produkt mit wachsendem n nähert, ist demnach 1, da $|x| < 1$ sein soll, und der ursprünglich betrachtete Ausdruck wird gleich $\frac{1}{1-x}$ oder gleich $1 + x + x^2 + \cdots$.

Die so gefundene Gleichung:

$$(2) \qquad (1 + x)(1 + x^2) \cdots (1 + x^{2^n}) \cdots = 1 + x + x^2 + \cdots$$

enthält nun wieder eine höchst interessante arithmetische Relation. Die Koëfficienten auf beiden Seiten müssen beziehlich mit einander übereinstimmen. Daraus folgt zunächst, dafs bei der Entwicklung des unendlichen Produktes auf der linken Seite alle ganzen, positiven Exponenten auftreten müssen, weil sie auf der rechten Seite sämtlich vorhanden sind. Dieselben entstehen aber links als Summen aller Potenzen von 2, 1, 2, 4, 8, 16, $\cdots 2^n, \cdots$, und zwar tritt jeder Exponent

$$2^{\nu_1} + 2^{\nu_2} + \cdots + 2^{\nu_\varrho} \qquad (\nu_i \gtrless \nu_k)$$

links einmal und nur einmal auf. Da aufserdem die Koëfficienten der unendlichen Reihe rechts alle gleich 1 sind, so ist die Darstellung jeder ganzen Zahl als Summe von lauter verschiedenen Potenzen von 2 auch nur einmal möglich. Wir erhalten also den Satz:

Jede positive ganze Zahl läfst sich auf eine und nur eine Weise als Summe von verschiedenen Potenzen von 2 darstellen,

oder, was dasselbe ist:

Jede ganze Zahl läfst sich auf eine und nur eine Weise im dyadischen Zahlensysteme darstellen.

So aufgefafst wird das hier analytisch gefundene Resultat fast selbstverständlich, denn die gleiche Eigenschaft kommt jedem Zahlensysteme mit einer ganz beliebig gewählten Grundzahl g zu. In der That erkennt man ohne Schwierigkeit, dafs eine Zahl s immer auf eine und nur eine Art im g-adischen Zahlensysteme oder in der Form

$$s = a_0 + a_1 g + a_2 g^2 + \cdots + a_n g^n$$

darstellbar ist, wenn $a_0, a_1, \cdots$ auf die Werte $0, 1, \cdots g - 1$ beschränkt werden. Man kann dann s kürzer in der Form

$$s = (a_n, a_{n-1}, \cdots a_1, a_0),$$

schreiben, wo die Koëfficienten a_i die Ziffern von s in jenem Zahlensysteme bedeuten.

Euler behandelt dieses Beispiel im 16. Kapitel seiner „introductio in analysin infinitorum" und macht von dem gewonnenen Ergebnisse eine ergötzliche Nutzanwendung auf die Frage nach der Anzahl der

verschiedenen Gewichte, die ein Kaufmann braucht, um jede Last
wägen zu können. Dazu sind nämlich nach dem Vorhergehenden nur
je ein Stück von 1, 2, 4, 8, 16, 32 etc. Pfund nötig, vorausgesetzt,
dafs keine Bruchteile von Pfunden vorkommen sollen.

§ 5.

Im Anschlusse an diese Untersuchungen wollen wir noch ein ähnliches Problem behandeln, dessen Resultat nicht so auf der Hand
liegt, und an das sich eine grössere Anzahl arithmetischer Folgerungen
knüpfen läfst. In dem soeben erwähnten Werke betrachtet *Euler* die
Funktion

$$(1) \quad P(x) = (1+x)(1+x^2)(1+x^3)\cdots(1-x)(1-x^3)(1-x^5)\cdots$$

$$= \prod_s (1+x^s) \prod_\nu (1-x^\nu)$$

$$\left(\begin{matrix} s=1,\ 2,\ 3,\ 4,\ \cdots \\ \nu=1,\ 3,\ 5,\ 7,\ \cdots \end{matrix} \right).$$

Damit das Produkt absolut konvergiere, müssen wir wiederum $|x|<1$
voraussetzen. Fassen wir dann die Glieder $1+x$ und $1-x$, $1+x^3$
und $1-x^3$, $1+x^5$ und $1-x^5$ u. s. f. zusammen und verändern demgemäfs die Reihenfolge der Faktoren, so folgt leicht

$$(1^a) \quad P(x) = (1+x^2)(1+x^4)(1+x^6)\cdots(1-x^2)(1-x^6)(1-x^{10})\cdots.$$

Dieses Verfahren kann man beliebig weit fortsetzen und erhält so der
Reihe nach weiter:

$$(1^b) \quad P(x) = (1+x^4)(1+x^8)(1+x^{12})\cdots(1-x^4)(1-x^{12})(1-x^{20})\cdots$$

$$(1^c) \quad P(x) = (1+x^8)(1+x^{16})(1+x^{24})\cdots(1-x^8)(1-x^{24})(1-x^{40})\cdots$$

u. s. f. .

Die niedrigste Potenz von x, welche in der Entwickelung von $P(x)$
auf das Anfangsglied 1 folgt, kann wegen (1^a) nicht kleiner als die
zweite sein; aus (1^b) folgt aber, dafs sie nicht niedriger als die vierte,
aus (1^c), dafs sie nicht niedriger als die achte sein kann, und so erkennt man, wenn man in derselben Weise fortfährt, dafs die auf das
konstante Glied möglicher Weise folgende niedrigste Potenz von x
höher und höher steigt, dafs sich demnach die Potenzreihe für $P(x)$
notwendig auf jene Konstante, d. i. auf 1 reduzieren mufs.

Dafs $P(x)$ thatsächlich den Wert 1 hat, läfst sich aber auch direkt
beweisen. Vergleicht man nämlich die erste und zweite Darstellung
des Produktes $P(x)$ in (1) und (1^a), so ergiebt sich die Funktionalgleichung

$$P(x) = P(x^2).$$

Wenn nun eine absolut konvergierende Potenzreihe eine solche Relation erfüllt, so muſs sie bis auf ihr konstantes Glied verschwinden. Wäre nämlich

$$P(x) = a_0 + a_\nu x^\nu + \cdots,$$

wo a_ν der erste nicht verschwindende Koëfficient sein soll, so folgte in der That aus der obigen Gleichung die Identität

$$a_0 + a_\nu x^\nu + \cdots = a_0 + a_\nu x^{2\nu} + \cdots,$$

oder man erhielte für eine endliche Umgebung der Nullstelle eine Gleichung

$$a_\nu x^\nu + \cdots - a_\nu x^{2\nu} - \cdots = 0,$$

und das ist eine Unmöglichkeit, wenn nicht eben $a_\nu = 0$ ist.

Jetzt wollen wir die Gleichung

$$\prod_s (1 + x^s) \prod_\nu (1 - x^\nu) = 1$$

arithmetisch verwerten und setzen sie zu dem Ende in die merkwürdige Form, in welcher *Euler* sie zuerst behandelt und *Jacobi* in seiner Theorie der elliptischen Funktionen verwendet hat:

$$(1 + x)(1 + x^2)(1 + x^3) \cdots = \frac{1}{(1 - x)(1 - x^3) \cdots}.$$

Entwickeln wir hier die rechte Seite mit Hilfe der Identität

$$\frac{1}{1 - x} = 1 + x + x^2 + \cdots = \sum_0^\infty x^\mu$$

in ein Produkt unendlicher Summen, so ist

$$(1 + x)(1 + x^3)(1 + x^5) \cdots = \sum x^\mu \sum x^{3\mu} \sum x^{5\mu} \cdots,$$

und dieses Summenprodukt läſst sich sofort durch Einführung neuer Summationsbuchstaben als eine mehrfache Summe schreiben,

$$(1 + x)(1 + x^3)(1 + x^5) \cdots = \sum x^{\mu_1 + 3\mu_2 + 5\mu_3 + \cdots}$$

$$(\mu_1, \mu_2, \cdots = 0, 1, 2, \cdots).$$

Multipliziert man jetzt auch die linke Seite aus und ordnet sie nach steigenden Potenzen von x, so müssen beide Entwicklungen Glied für Glied übereinstimmen, d. h. jedes x^s muſs ebenso oft links wie rechts vorkommen. Links tritt nun x^s so oft auf, als s in die Form

$$s = h_1 + h_2 + h_3 + \cdots$$

gesetzt werden kann, wo $h_1, h_2, \cdots$ beliebige positive, von einander verschiedene Zahlen bedeuten, oder also so oft, wie s als Summe von einander verschiedener, positiver Zahlen darstellbar ist. Rechts dagegen erhält man x^s so oft, als der Exponent die Form

$$s = 1 \cdot \mu_1 + 3 \cdot \mu_2 + 5 \cdot \mu_3 + \cdots$$

annimmt oder so oft wie sich s als Summe ungerader Zahlen, jede beliebig oft genommen, ergiebt. Wir haben damit den Satz gefunden:

> Jede positive ganze Zahl kann ebenso oft aus verschiedenen Summanden zusammengesetzt werden, als sie sich aus gleichen oder verschiedenen aber ungeraden Summanden zusammensetzen läfst.

Als Beispiel betrachten wir diese beiden Arten der Zerlegung für die Zahl 11. Es ist hier

$$
\begin{aligned}
11 &= 1 + 2 + 3 + 5 & 11 &= 11 \cdot 1 \\
&= 1 + 2 + 8 & &= 8 \cdot 1 + 1 \cdot 3 \\
&= 1 + 3 + 7 & &= 6 \cdot 1 \qquad\;\; + 1 \cdot 5 \\
&= 1 + 4 + 6 & &= 5 \cdot 1 + 2 \cdot 3 \\
&= 2 + 3 + 6 & &= 4 \cdot 1 \qquad\qquad\qquad + 1 \cdot 7 \\
&= 2 + 4 + 5 & &= 3 \cdot 1 + 1 \cdot 3 + 1 \cdot 5 \\
&= 1 + 10 & &= 2 \cdot 1 \qquad\qquad\qquad\qquad + 1 \cdot 9 \\
&= 2 + 9 & &= 2 \cdot 1 + 3 \cdot 3 \\
&= 3 + 8 & &= 1 \cdot 1 \qquad\;\; + 2 \cdot 5 \\
&= 4 + 7 & &= 1 \cdot 1 + 1 \cdot 3 \qquad + 1 \cdot 7 \\
&= 5 + 6 & &= \qquad\quad 2 \cdot 3 + 1 . 5 \\
&= 11 & &= \qquad\qquad\qquad\qquad\qquad 1 \cdot 11,
\end{aligned}
$$

und wir haben in der That beide male 12 Zerlegungen.

Unser Satz kann übrigens auch so ausgesprochen werden:

> Stellt man erstens aus der Reihe der natürlichen Zahlen alle Kombinationen ohne Versetzungen und Wiederholungen, zweitens aus der Reihe der ungeraden Zahlen alle Kombinationen ohne Versetzungen und mit Wiederholungen zusammen und bildet immer die zugehörigen Summen, dann kommt in beiden so entstehenden Reihen jede Zahl s gleich oft vor.

Ferner können wir in der Gleichung

$$(1 + x)(1 + x^2)(1 + x^3) \cdots (1 - x)(1 - x^3)(1 - x^5) \cdots = 1$$

für die linke Seite direkt die entsprechende Potenzreihe ansetzen; wir bekommen auf diese Weise

$$\sum_{k_1, k_2, \cdots} C_s x^s = \sum_{\nu_1, \nu_2, \cdots} (-1)^\sigma x^{k_1 + k_2 + \cdots + k_\varrho + \nu_1 + \nu_2 + \cdots + \nu_\sigma} = 1$$

$$\binom{k_1, k_2, \cdots = 0, 1, 2, \cdots; \; k_\alpha \gtrless k_\beta}{\nu_1, \nu_2, \cdots = 1, 3, 5, \cdots; \; \nu_\alpha \gtrless \nu_\beta}.$$

Die Exponenten s werden also gebildet, indem man beliebig viele, aber von einander verschiedene Zahlen der Reihe 0, 1, 2, $\cdots$ zu beliebig vielen ebenfalls von einander verschiedenen Zahlen der Reihe 1, 3, 5, $\cdots$ addiert.

Denkt man sich jetzt die positive ganze Zahl s auf alle möglichen Arten in der Form

$$s = k_1 + k_2 + \cdots + k_\varrho + \nu_1 + \nu_2 + \cdots + \nu_\sigma$$

ausgedrückt und rechnet eine jede solche Darstellung als positiv oder negativ, je nachdem die Anzahl σ der zuletzt stehenden Zahlen ν gerade oder ungerade ist, so ist der Überschuß der Anzahl der positiven über die der negativen Darstellungen von s genau gleich dem Koëfficienten C_s auf der linken Seite, also gleich Null. Eine Zahl s läßt sich also in dem angegebenen Sinne ebenso oft positiv, wie negativ darstellen.

Zur Erläuterung dieses Satzes mögen uns die Zerlegungen von 3 und von 6 dienen. Die vorkommenden ungeraden Zahlen $\nu_1, \cdots \nu_\sigma$ schließen wir dabei zur Unterscheidung in eine Klammer ein.

$$3 = 1 + 2 = 2 + (1) = (3) = 3$$
$$6 = 1 + 2 + 3 = 2 + 3 + (1) = 1 + 2 + (3) = 2 + (1 + 3) = 2 + 4$$
$$= 3 + (3) = 1 + 5 = 1 + (5) = 5 + (1) = (1 + 5) = 1 + 4 + (1) = 6$$

3 hat also beide male 2, 6 beide male 6 Darstellungen.

§ 6.

Zum Schlusse nehmen wir noch, was ja nahe liegt, auf beiden Seiten der Gleichung

$$\prod_k (1 + x^k) \prod_\nu (1 - x^\nu) = 1$$

die Logarithmen und suchen die Gleichung

$$(1) \qquad \sum_k \log(1 + x^k) + \sum_\nu \log(1 - x^\nu) = 0$$

für die Zahlentheorie zu verwerten. Diese letzte Relation kann man ohne Mühe auch unmittelbar verifizieren und so einen neuen Beweis für die Eulersche Produktformel herleiten. Differentiiert man nämlich, um das beiläufig auszuführen, den Ausdruck rechts und multipliziert ihn dann mit x, so ergiebt sich eine Funktion

$$(2) \qquad \varphi(x) = \sum_k \frac{k \cdot x^k}{1 + x^k} - \sum_\nu \frac{\nu \cdot x^\nu}{1 - x^\nu}.$$

Diese kann auch in der Form geschrieben werden:

$$\varphi(x) = \sum_k \frac{2k\,x^{2k}}{1+x^{2k}} + \sum_\nu \left\{ \frac{\nu x^\nu}{1+x^\nu} - \frac{\nu x^\nu}{1-x^\nu} \right\}$$

$$= 2\left\{ \sum \frac{k x^{2k}}{1+x^{2k}} - \sum \frac{\nu x^{2\nu}}{1-x^{2\nu}} \right\},$$

d. h. $\varphi(x)$ genügt der Funktionalgleichung

(3) $\varphi(x) = 2\varphi(x^2)$.

Eine solche Funktion muſs aber identisch verschwinden, denn entwickelt
man sie in eine Potenzreihe, so kann man genau wie oben zeigen, daſs
sie auſser dem konstanten Gliede keine einzige Potenz von x enthält
und folglich von x unabhängig ist. Das konstante Glied ist aber wegen
der aus (3) folgenden Gleichung $\varphi(0) = 2\varphi(0)$ gleich Null. Hiermit
ist der Beweis für die Richtigkeit der Gleichung (2) und zugleich auch
für (1) erbracht, wenn man hinzunimmt, daſs sich ihre linke Seite für
$x = 0$ offenbar auf Null reduziert.

Aus (1) gewinnen wir nun einen interessanten arithmetischen Satz,
wenn wir statt der Logarithmen ihre Reihenausdrücke setzen und die
Gleichung betrachten

$$\sum_{n=1}^\infty \sum_k (-1)^{n-1} \frac{x^{k \cdot n}}{n} = \sum_{m=1}^\infty \sum_\nu \frac{x^{\nu \cdot m}}{m} \qquad \left({k=1,\,2,\,3,\,\cdots \atop \nu=1,\,3,\,5,\,\cdots} \right).$$

Da nämlich die Koëfficienten gleich hoher Potenzen von x auf beiden
Seiten übereinstimmen müssen, so ist für ein beliebiges N:

$$\sum_{k \cdot n = N} \frac{(-1)^{n-1}}{n} = \sum_{\nu \cdot m = N} \frac{1}{m}$$

oder, wenn mit $k \cdot n = \nu \cdot m = N$ heraufmultipliziert wird,

$$-\sum_{k \cdot n = N} (-1)^n k = \sum_{\nu \cdot m = N} \nu,$$

eine Gleichung, die sich schlieſslich folgendermaſsen schreiben läſst:

$$-\sum_{k/N} (-1)^{\frac{N}{k}} k = \sum_{\nu/N} \nu,$$

wo links über alle, rechts nur über alle ungeraden Teiler von N zu
summieren ist. Hierin liegt der Satz:

> Die Summe aller ungeraden Teiler einer Zahl N ist gleich der
> algebraischen Summe aller ihrer Teiler, wenn jeder von diesen

positiv oder negativ genommen wird, je nachdem der komplementäre Divisor ungerade oder gerade ist.

Es sei z. B. $N = 360 = 2^3 \cdot 3^2 \cdot 5$; dann sind die ungeraden Teiler ν
der Reihe nach

$$\nu = 1, 3, 5, 9, 15, 45,$$

ihre Summe ist 78; ferner sind diejenigen, deren komplementäre Divisoren ungerade sind,

$$8, 24, 40, 72, 120, 360$$

und ihre Summe 624, endlich alle übrigen

$$1, 2, 3, 4, 5, 6, 9, 10, 12, 15, 18, 20, 30, 36, 45, 60, 90, 180$$

und ihre Summe 546; und in der That ist $624 - 546 = 78$.

Es liegt nun die Vermutung nahe, dafs der Satz, zu dem wir so
analytisch gelangt sind, auch auf direktem Wege leicht bewiesen werden könne, und das ist wirklich der Fall. Setzen wir nämlich:

$$N = 2^k \cdot M,$$

wo M ungerade, also 2^k die höchste in N enthaltene Potenz von zwei
sein soll, und bezeichnen wir wieder mit ν alle ungeraden Teiler von N,
d. h. alle Teiler von M, so sind $2^k \nu$ alle und nur die, deren komplementäre Divisoren ungerade sind, und

$$2^h \cdot \nu \qquad\qquad (h=0, 1, 2, \cdots k-1)$$

alle diejenigen, deren Komplemente gerade sind. Bildet man aber die
algebraische Summe dieser Teiler, indem man die ersten positiv, die
letzten negativ nimmt, so ist in der That

$$\sum_\nu \nu \left(2^k - (1 + 2 + 2^2 + \cdots + 2^{k-1}) \right) = \sum_\nu \nu.$$

Nunmehr könnte man von diesem arithmetisch selbstverständlichen
Resultate ausgehend die Eulersche Produktformel und mit ihrer Hilfe
den im vorigen Paragraphen angegebenen zahlentheoretischen Satz
beweisen. Rein arithmetisch wäre dieser Übergang jedenfalls nicht
einfach, während er sich durch das Mittelglied der Analysis durchaus
ungezwungen und ohne Schwierigkeit vollzieht.

Auch hiermit ist die Fruchtbarkeit der Gleichung $P(x) = 1$ für
die Zahlentheorie noch keineswegs erschöpft; doch wollen wir die Reihe
dieser Betrachtungen jetzt abbrechen, da es uns lediglich darauf ankam
zu zeigen, in welcher Weise die Analysis zu zahlentheoretischen Ergebnissen führt. Auch die letztangeführten Beispiele sind dem 16. Kapitel
der „introductio in analysin infinitorum" entnommen. *Euler* beschäftigt
sich darin überhaupt vorzugsweise mit der additiven Zerlegung der Zahlen,

ein Forschungsfeld, das später nur sehr wenig bearbeitet wurde, weil sich das Hauptinteresse der Mathematiker auf die multiplikative Zusammensetzung der Zahlen richtete. Und doch hätte unsere Wissenschaft bei systematischem Vorgehen zuerst die Zerlegung der Zahlen in ihre Summanden erledigen müssen. So ist hier eine Lücke geblieben, die bis jetzt unausgefüllt ist; das angedeutete grofse und wichtige Gebiet harrt vorläufig noch einer systematischen Behandlung, obwohl in neuerer *Zeit* *Sylvester* demselben wieder seine Aufmerksamkeit zugewendet hatte.

Vierte Vorlesung.

Systematische Arithmetik. — Der Zahlbegriff. — Die Ordnungszahlen. — Die Kardinalzahlen. — Der Begriff der Anzahl. — Addition. — Vertauschbarkeit der Summanden. — Die Multiplikation. — Vertauschbarkeit der Faktoren eines Produktes.

§ 1.

An die in der vorigen Vorlesung erwähnte additive Zusammensetzung der Zahlen wird gewöhnlich der Begriff der Zahl selbst angeschlossen; sie wird als das Resultat der Aneinanderfügung von Einheiten gedacht. Hierauf gründet sich die Definition, die *Euklid*, sicherlich unter dem Einflusse der älteren griechischen Philosophie, gegeben hat und die seine Nachfolger *Diophant, Theon* und andere noch dogmatischer gestaltet haben. Daneben läuft die philosophische Erklärung der Zahl als das Ergebnis der Zusammenfassung von Gegenständen unter Abstraktion von ihren Verschiedenheiten. Abgesehen von der logischen Bedenklichkeit der letzteren Wendung sind derartige Definitionen an sich für den Mathematiker wertlos. Wir müssen vielmehr nach einer solchen suchen, aus der sich die Gesetze und Grundoperationen der Arithmetik auf naturgemäße Weise entwickeln lassen, und hierzu kommen wir am ersten, wenn wir auf die mutmaßliche historische Entstehung des Zahlbegriffes zurückgehen.

Um sich in der Außenwelt zurechtzufinden, giebt der Mensch den ihn umgebenden Objekten gewisse, nach einer festen Reihenfolge geordnete Bezeichnungen, die zunächst ganz willkürlich bleiben; hat er sich eine genügende Menge von ihnen gebildet, so kann er sie nun einer Schar verschiedener und zugleich für ihn unterscheidbarer Objekte*) beilegen und dieselben dadurch unterscheiden. Als solche rein konkrete Bezeichnungen stellen sich die Ordnungszahlen, „der erste, der zweite, der dritte" u. s. w. dar; in ihnen liegt der naturgemäße Ausgangspunkt für die Entwicklung des Zahlbegriffs.

Die Gesamtheit der verwendeten Bezeichnungen fassen wir in dem Begriffe der „Anzahl der Objekte", aus denen die Schar besteht, zu-

---

*) Die Objekte können in gewissem Sinne einander gleich und nur räumlich, zeitlich oder gedanklich unterscheidbar sein, wie z. B. zwei gleiche Längen oder zwei gleiche Zeitteile.

sammen, und wir knüpfen den Ausdruck für diesen Begriff unzweideutig an die letzte der verwendeten Bezeichnungen an, da deren Aufeinanderfolge fest bestimmt ist. So kann z. B. in ˙der Schar der Buchstaben (*a*, *b*, *c*, *d*, *e*) dem Buchstaben *a* die Bezeichnung als „erster", dem Buchstaben *b* die Bezeichnung als „zweiter" u. s. f. und endlich dem Buchstaben *e* die Bezeichnung als „fünfter" beigelegt werden. Die Gesamtheit der dabei verwendeten Ordnungszahlen oder die „Anzahl" der Buchstaben *a*, *b*, *c*, *d*, *e* kann demgemäfs in Anknüpfung an die letzte der verwendeten Ordnungszahlen durch die Zahl „Fünf" bezeichnet werden.

Der Vorrat von Bezeichnungen, den wir in den Ordnungszahlen besitzen, ist deshalb immer ausreichend, um den Elementen einer jeden Schar von Objekten zugeordnet zu werden, weil es nicht sowohl ein wirklicher, als vielmehr ein idealler Vorrat ist. In den Gesetzen der *Bildung* unserer Wort- und Zifferbezeichnung der Zahlen besitzen wir recht eigentlich das „Vermögen", jeden Anspruch zu befriedigen. Freilich nur in *der* Weise, dafs in dem Ausdrucke einer Zahl gewisse Bezeichnungen beliebig vielfach wiederholt werden. Sind aber Wiederholungen gestattet, so genügt schon ein einziges Zeichen, um jede Zahl auszudrücken, nämlich so, dafs das eine Zeichen so oft wiederholt wird, als die Zahl angiebt. Indessen wäre eine solche primitive Darstellungsweise mittels eines einzigen Zeichens ganz unübersichtlich, und die andere ebenso primitive Darstellungsweise durch lauter verschiedene Zeichen wäre offenbar ganz unthunlich. Man ist deshalb bei den Wortbezeichnungen der Zahlen wohl darauf ausgegangen, mit Hilfe von möglichst wenigen spezifisch verschiedenen Stammworten möglichst viele Zahlen auszudrücken, und dies ist dadurch gelungen, dafs man das Schema der Bezeichnungen wie eine Tabelle mit zweifachem Eingang einrichtete. Denkt man sich eine Tabelle von folgender Art:

	V	IV	III	II	I
1					
2		×			
3	×				
4			×		
5				×	
6					×
7					
8					
9					

so kann man durch Einzeichnung von Punkten in die 45 Felder alle
Zahlen bis 99 999 genau so darstellen, wie es durch die griechischen
Wortbezeichnungen geschieht; dabei sind in die Kolonne I die Einer,
in die Kolonne II die Zehner, in die Kolonne III die Hunderter, in
die Kolonne IV die Tausender und in die Kolonne V die Zehntausen-
der einzuzeichnen. Es wird uns also durch die auf der Tabelle mar-
kierten fünf Punkte die Zahl 32 456 gegeben. Die griechische Wort-
bezeichnung $\tau\rho\iota\sigma\mu\acute{\nu}\rho\iota\iota\iota$ $\delta\iota\sigma\chi\acute{\iota}\lambda\iota\iota\iota$ $\tau\epsilon\tau\rho\alpha\varkappa\acute{o}\sigma\iota\iota\iota$ $\pi\epsilon\nu\tau\acute{\eta}\varkappa\iota\nu\tau\alpha$ $\acute{\epsilon}\xi$ ergiebt
sich aus einem solchen Schema unmittelbar, indem man aus der Zeilen-
bezeichnung den Anfang und aus der Kolonnenbezeichnung die Endung
jedes einzelnen der fünf Zahlwörter entnimmt. Demnach ist für den
ersten Punkt, welcher in der Zeile 3 ($\tau\rho\epsilon\tilde{\iota}\varsigma$) und in der Kolonne V
($\mu\acute{\nu}\rho\iota\iota\iota$) steht, das Zahlwort $\tau\rho\iota\sigma\mu\acute{\nu}\rho\iota\iota\iota$ zu bilden, für den zweiten
Punkt, welcher in der Zeile 2 ($\delta\acute{\nu}o$) und in der Kolonne IV ($\chi\acute{\iota}\lambda\iota\iota\iota$)
steht, das Zahlwort $\delta\iota\sigma\chi\acute{\iota}\lambda\iota\iota\iota$ u. s. f., und für den fünften Punkt, welcher
in der Zeile 6 ($\acute{\epsilon}\xi$) und in der Kolonne I steht, bleibt das Zahlwort $\acute{\epsilon}\xi$
selbst ohne Zusatz einer Endung. Die griechische Zahlwörterbildung
ermöglicht es also, mit Hilfe von nur 13 verschiedenen Bezeichnungen,
nämlich neun Anfangs- und vier Endungsbezeichnungen, alle Zahlen
bis 99 999 deutlich unterscheidbar auszudrücken.

Man kann nun aus den Ordnungszahlen (erste, zweite, ...) selbst
eine Schar von Objekten bilden. Für diejenige Schar, welche aus
einer bestimmten (n^{ten}) Ordnungszahl und aus allen vorhergehenden
Ordnungszahlen besteht, wird die „Anzahl" gemäfs der oben gegebenen
Definition durch die der n^{ten} Ordnungszahl entsprechende „Kardinal-
zahl" n ausgedrückt, und es sind diese Kardinalzahlen, welche auch
schlechthin als „Zahlen" bezeichnet werden. Eine Zahl m heifst „kleiner"
als eine andere Zahl n, wenn die zu m gehörige Ordnungszahl der zu n
gehörigen vorangeht. Die sogenannte natürliche Reihenfolge der Zahlen
ist nichts anderes als die Reihenfolge der entsprechenden Ordnungszahlen.

§ 2.

Wenn man eine Schar von Objekten „zählt", d. h. wenn man die
Ordnungszahlen ihrer Reihenfolge nach den einzelnen Objekten als
Bezeichnungen beilegt, so giebt man damit den Objekten selbst eine
bestimmte Anordnung. Wenn nun diese Anordnung der Objekte beibehalten, aber eine neue Reihenfolge der als Bezeichnungen verwendeten Ordnungszahlen (durch irgend eine Permutation derselben) festgesetzt und alsdann dem ersten Objekte die in der neuen Reihenfolge
erste Ordnungszahl, dem zweiten Objekte die zweite Ordnungszahl, und

so der Reihe nach jedem folgenden Objekte die folgende Ordnungszahl als Bezeichnung beigelegt wird, so erhalten damit die Objekte wiederum eine durch die ihnen zugeteilten Ordnungszahlen bestimmte, von der früheren verschiedene Anordnung, und sie werden also in einer anderen Anordnung „gezählt"*). Dabei bleibt aber die „Gesamtheit" der als Bezeichnungen verwendeten Ordnungszahlen, welche nach der obigen Definition den Begriff der „Anzahl der Objekte" ergiebt, ungeändert, und diese Anzahl, d. h. das *Resultat* des Zählens, ist demnach von der beim Zählen befolgten oder durch das Zählen gegebenen Anordnung unabhängig. Die „Anzahl" der Objekte einer Schar ist also eine Eigenschaft der Schar als solcher, d. h. der unabhängig von einer bestimmten Anordnung gedachten Gesamtheit der Objekte.

Fafst man irgend welche Elemente, die mit den Buchstaben a, b, c, d, ... bezeichnet werden mögen, gedanklich zu einem System zusammen, aber so, dafs auch die Reihenfolge der Elemente dabei fixiert wird, so sind z. B. die beiden Systeme (a, b, c) und (c, a, b) von einander verschieden. Und in der That sind auch, wenn man für a, b, c irgend welche von einander verschiedene Zahlen nimmt und dann einen Punkt im Raume, dessen drei rechtwinklige Koordinaten durch die Werte $x = a$, $y = b$, $z = c$ bestimmt sind, durch das System (a, b, c) bezeichnet, die zwei Punkte (a, b, c) und (c, a, b) von einander verschieden. Wenn nun aber irgend zwei Systeme $(a, b, c, d, \ldots)$, $(a', b', c', d', \ldots)$ „aequivalent" genannt werden, sobald es möglich ist, das eine in das andere dadurch zu transformieren, dafs man der Reihe nach jedes Element des ersten Systems durch je eines des zweiten Systems ersetzt, so besteht die notwendige und hinreichende Bedingung für die Aequivalenz zweier Systeme in der Gleichheit der Anzahl ihrer Elemente, und die Anzahl der Elemente eines Systems $(a, b, c, d, \ldots)$ charakterisiert sich hiernach als die einzige „Invariante" aller untereinander aequivalenten Systeme**).

§ 3.

Man kann die Zahlen selbst als Objekte des Zählens nehmen. Man kann also z. B. von der Zahl $n_1 + 1$ an um n_2 weiter zählen,

---

*) Für die Darlegung der Möglichkeit, Objekte in verschiedenen Anordnungen zn zählen, ist hier absichtlich nicht das Permutieren der Objekte selbst, sondern nur das der Zahlbezeichnungen benutzt worden. Es bedurfte auf diese Weise keiner weiteren Voraussetzung über die Objekte, als der obigen, wonach sie „unterscheidbar" sind.

**) Vergleiche die analytische Darstellung jener Invariante in den Zusätzen.

d. h. genau so viele von den auf die Zahl n_1 zunächst folgenden Zahlen zu einer Schar zusammenfassen, daſs deren Anzahl n_2 beträgt. Dieses „weiter Zählen" heiſst: „*zur Zahl n_1 die Zahl n_2 addieren*", und diejenige Zahl s, zu welcher man bei jenem weiter Zählen gelangt, heiſst das „Resultat der Addition" oder die „Summe von n_1 und n_2" und wird durch

$$n_1 + n_2$$

dargestellt. Zu eben demselben Resultate s gelangt man aber auch, wenn man zur Zahl n_2 die Zahl n_1 addiert, d. h. wenn man von der Zahl $n_2 + 1$ anfangend um n_1 weiter zählt, und es ist daher:

$$n_1 + n_2 = n_2 + n_1.$$

So kommt man zu demselben Ergebnisse, wenn man von 5 aus um 7, wie wenn man 7 aus um 5 weiter zählt. Um das zu beweisen, bezeichnen wir eine Reihe von fünf Objekten mit

$$(1,\ 1),\ (1,\ 2),\ (1,\ 3),\ (1,\ 4),\ (1,\ 5)$$

und eine andere von sieben Objekten mit

$$(2,\ 1),\ (2,\ 2),\ (2,\ 3),\ (2,\ 4),\ (2,\ 5),\ (2,\ 6),\ (2,\ 7);$$

dann liegt in diesen beiden Reihen zusammengenommen eine Schar von Objekten vor, die man auf doppelte Art zusammenfassen kann: entweder nimmt man die in der ersten Reihe stehenden zuerst und dann die in der zweiten, oder umgekehrt, d. h. im ersten Falle addiert man 5 zu 7, im zweiten 7 zu 5. Beide male aber ist die Schar von Objekten dieselbe geblieben und das Resultat daher auch in beiden Fällen dasselbe.

Analog läſst sich allgemein zeigen, daſs in der Summe

$$n_1 + n_2 + \cdots + n_r$$

die Summanden beliebig vertauscht werden können, daſs also:

$$n_1 + n_2 + \cdots + n_r = n_\alpha + n_\beta + \cdots + n_\varrho$$

ist, wenn α, β, $\cdots$ ϱ die Zahlen 1, 2, $\cdots$ r in irgend einer Anordnung bedeuten. Um dieses darzuthun, zählen wir eine Schar von Objekten, welche folgendermaſsen bezeichnet sein mögen:

$$(1,\ 1),\ \cdots\ (1,\ n_1)$$
$$(2,\ 1),\ \cdots\ (2,\ n_2)$$
$$\cdot\ \cdot\ \cdot\ \cdot\ \cdot\ \cdot$$
$$\cdot\ \cdot\ \cdot\ \cdot\ \cdot\ \cdot$$
$$(r,\ 1),\ \cdots\ (r,\ n_r).$$

Nehmen wir nun erst die Glieder der ersten, dann die der zweiten, der dritten Reihe u. s. f., so erhalten wir als Ergebnis die Anzahl aller

Objekte gleich $n_1 + n_2 + \cdots + n_r$; denn wir zählen von n_1 weiter um n_2, dann um $n_3, n_4, \cdots$ und schließlich um n_r. Schreiben wir aber dieselben Objekte jetzt in der Folge

$$(\alpha, 1) \cdots (\alpha, n_\alpha)$$
$$(\beta, 1) \cdots (\beta, n_\beta)$$
$$\cdot \quad \cdot \quad \cdot \quad \cdot \quad \cdot \quad \cdot$$
$$\cdot \quad \cdot \quad \cdot \quad \cdot \quad \cdot \quad \cdot$$
$$(\varrho, 1) \cdots (\varrho, n_\varrho)$$

und nehmen jetzt wieder erst die Glieder der ersten, dann die der zweiten Reihe u. s. f., so zählen wir zuerst bis n_α, dann um n_β weiter, dann um $n_\gamma \ldots$, und es ergiebt sich so die Anzahl gleich $n_\alpha + n_\beta + \cdots + n_\varrho$. Die Schar von Objekten ist aber in beiden Fällen dieselbe; mithin muß sich beide male derselbe Wert für ihre Anzahl ergeben, d. h. es ist

$$n_1 + n_2 + \cdots + n_r = n_\alpha + n_\beta + \cdots + n_\varrho;$$

es gilt also der Satz:

> Die Summe von beliebig vielen Zahlen ist unabhängig von der Anordnung ihrer Summanden.

§ 4.

Sind die einzelnen Größen $n_1, n_2, \ldots n_r$ sämtlich gleich einer und derselben Zahl n, so nennt man die Addition jener r gleichen Zahlen eine „Multiplikation der Zahl n mit dem Multiplikator r" und setzt

$$n_1 + n_2 + \cdots + n_r = r \cdot n.$$

Das Resultat der so definierten Operation bezeichnet man als das Produkt der Zahlen r und n, und man nennt r den Multiplikator, n den Multiplikand. Dasselbe Resultat wird aber erhalten, wenn man r mit dem Multiplikator n multipliziert; und auch hier ist allgemeiner das Produkt beliebig vieler Zahlen $n_1, n_2, \ldots n_r$ unabhängig von der Reihenfolge, in der die Multiplikationen nach einander ausgeführt werden. Um das zu beweisen, bilden wir die Zahlensysteme

$$(h_1, h_2, \cdots h_k),$$

in denen

$$h_1 \text{ die Werte } 1, 2, 3, \cdots n_1$$
$$h_2 \text{ „ \quad „ } 1, 2, 3, \cdots n_2$$
$$\cdot \quad \cdot \quad \cdot \quad \cdot \quad \cdot \quad \cdot \quad \cdot$$
$$h_k \text{ „ \quad „ } 1, 2, 3, \cdots n_k$$

unabhängig von einander annehmen. Die Gesamtheit aller dieser Systeme schreiben wir dann in der nachstehenden Ordnung:

$$(1, \; h_2 \; \cdots \; h_r)$$
$$(2, \; h_2 \; \cdots \; h_r)$$
$$\cdot \; \cdot \; \cdot \; \cdot \; \cdot \; \cdot$$
$$(n_1, \; h_2 \; \cdots \; h_r).$$

In der ersten Zeile stehen dabei alle diejenigen, für die h_1 den Wert 1 hat, in der zweiten die, für die es den Wert 2 hat u. s. f., während h_2, h_3, $\cdots h_r$ jedesmal alle zugehörigen Werte unabhängig von einander annehmen. Ist daher die Anzahl der Systeme in der ersten Reihe gleich s_1, so ist es auch die in der zweiten, dritten u. s. f., und die Anzahl N aller Systeme ist demnach gleich $n_1 \cdot s_1$.

Die s_1 Systeme der ersten Reihe schreiben wir nun weiter folgendermaßen auf:

$$(1, 1, \; h_3 \; \cdots \; h_r)$$
$$(1, 2, \; h_3 \; \cdots \; h_r)$$
$$\cdot \; \cdot \; \cdot \; \cdot \; \cdot \; \cdot \; \cdot$$
$$(1, n_2, \; h_3 \; \cdots \; h_r).$$

Stehen jetzt in der ersten Zeile s_2 Systeme, so befinden sich in jeder anderen ebenso viele, und die Anzahl aller, die wir ja oben mit s_1 bezeichnet haben, ist $n_2 \cdot s_2$, also die Gesamtheit N der überhaupt vorhandenen Systeme $n_1 \cdot n_2 \cdot s_2$. Setzt man dieses Verfahren fort, so bekommt man endlich für die Anzahl N aller Systeme den Wert

$$n_1 \cdot n_2 \; \cdots \; n_r.$$

Wir zählen nun zweitens die N Systeme in einer andern Anordnung: Es mögen, wie oben, α, β, γ, $\ldots \varrho$ die Zahlen 1, 2, 3, $\ldots r$ in irgend einer veränderten Reihenfolge bedeuten; alsdann stellen wir in einer ersten Zeile alle Systeme zusammen, in denen h_α gleich 1 ist, in einer zweiten diejenigen, für die es gleich 2 ist etc., in der letzten die, für welche h_α gleich n_α ist. Die Elemente der ersten Zeile schreiben wir ihrerseits wieder in Reihen auf, in denen h_β beziehlich die Werte 1, 2, 3, $\cdots n_\beta$ durchläuft. Wir führen auf diese Weise für die neue Anordnung der Systeme genau dasselbe Verfahren durch, wie für die frühere, und so muß sich notwendig ihre Anzahl genau wie vorher gleich $n_\alpha \cdot n_\beta \cdots n_\varrho$ herausstellen. Da wir aber in beiden Fällen dieselben Systeme gezählt haben, muß ihre Anzahl beide male die gleiche sein, d. h. es ist

$$n_1 \cdot n_2 \; \cdots \; n_r = n_\alpha \cdot n_\beta \; \cdots \; n_\varrho.$$

Damit ist der Satz streng bewiesen, daß das Produkt unabhängig von der Reihenfolge ist, in der die Multiplikationen nach einander vorgenommen werden.

Aus diesem Grunde bezeichnet man die einzelnen Multiplikatoren $n_1, n_2, \cdots n_r$ mit dem gemeinsamen Namen der *Faktoren*, und erst jetzt ist ein solcher gerechtfertigt. Die arithmetischen Operationen sind bei verschiedener Anordnung der Faktoren verschieden, das Resultat aber ist dasselbe.

Nicht überall in der Mathematik gilt dieses sogenannte Kommutationsgesetz, das uns bei der Multiplikation und Addition fast selbstverständlich erscheint. Es giebt Operationen, die der erstgenannten durchaus analog sind und sogar mit ihr die gleiche Bezeichnung haben, bei denen aber die Reihenfolge ganz wesentlich in Betracht kommt. Ein Beispiel dafür bieten die Hamiltonschen Quaternionen, für die z. B. das Produkt $i \cdot j$ nicht gleich $j \cdot i$, sondern gleich $- j \cdot i$ ist. Indes sollte man in diesen Fällen den Namen „Multiplikation" lieber vermeiden und sich etwa der Bezeichnung „Komposition" bedienen.

Gewöhnlich wird der Beweis des Satzes von der Vertauschbarkeit des Faktoren eines Produktes in geometrischer Form gegeben: Um zu zeigen, daſs $n_1 \cdot n_2 = n_2 \cdot n_1$ ist, denkt man sich n_2 Reihen aus je n_1 gleichen Elementen gebildet; zählt man dann zuerst die Glieder der ersten, darauf die der zweiten Zeile u. s. f., so erhält man $n_1 \cdot n_2$; zählt man dagegen zuerst die Glieder der ersten Kolonne, darauf die der zweiten u. s. f., so erhält man $n_2 \cdot n_1$. Gerade ebenso kann für $r = 3$ der Beweis in geometrischer Einkleidung geführt werden; man verfährt dann so, daſs man sich n_3 über einander gelagerte Schichten vorstellt, von denen jede n_2 Reihen mit je n_1 gleichen Elementen enthält. Hat man so den Satz für $r = 3$ dargethan, dann ist seine Richtigkeit für einen beliebigen Wert von r durch den Schluſs von $r - 1$ auf r leicht zu zeigen*).

Diese landläufige geometrische Herleitung, die auf der Vertauschbarkeit der Seiten eines Parallelogramms bezw. der Kanten eines Parallelepipedons fuſst, ist jedoch eher eine geschickte Veranschaulichung, als ein arithmetisch strenger Beweis zu nennen. Es erscheint geraten, die durch *Euklid* in die Zahlenlehre hineingetragene geometrische Tendenz allmählich abzustreifen und demgemäſs auch die Vertauschbarkeit von Multiplikandus und Multiplikator als nicht so naheliegend anzusehen, wie es bei jener Betrachtung geschieht.

---

*) Es ist hier jedoch nicht angängig, bei dem Beweise der Richtigkeit jenes Satzes für $r = 2$ stehen zu bleiben und dann schon den induktiven Schluſs anzuwenden.

Fünfte Vorlesung.

Die Dekomposition der Zahlen. — Bestimmung der Teiler einer Zahl. — Die
Anzahl der auszuführenden Operationen ist endlich. — Aufstellung aller Teiler
einer Zahl. — Die Primzahlen. — Elementare Eigenschaften der Primzahlen. —
Zerlegung einer Zahl in ihre Primfaktoren. — Beweis der Eindeutigkeit jener
Zerlegung.

§ 1.

Haben wir in dem vorigen Abschnitte die Zahlen als das Resultat
der additiven oder multiplikativen Zusammensetzung kennen gelernt, so
schliefst sich hieran naturgemäfs die umgekehrte Untersuchung, wie
man die Zahlen in ihre einfacheren Bestandteile dekomponieren, d. h.
sie als die Summe oder das Produkt von anderen Zahlen darstellen
kann. Dabei wird aber die Zerlegung in Summanden für uns aufser
Betracht bleiben, da für die additive Zahlentheorie, wie bereits erwähnt,
eine systematische Behandlung noch durchaus fehlt. Wir wenden uns
daher gleich der multiplikativen Zusammensetzung zu und präzisieren
unsere nächste Aufgabe dahin, diejenigen Zahlen zu finden, aus denen eine
gegebene durch Multiplikation gebildet werden kann. Diese Aufgabe ist
immer nur durch Probieren zu lösen und führt uns so von vornherein
auf ein für zahlentheoretische Forschungen, wie allgemein für die ganze
Wissenschaft höchst wichtiges Prinzip: Bei jedem Probieren ist es un-
erläfslich, vorher festzustellen, ob die Anzahl der notwendigen Versuche eine endliche ist. Technisch wird eine Methode um so voll-
kommener sein, je geringer die Anzahl der notwendigen Versuche ist,
theoretisch dagegen ist jede Methode brauchbar, wenn man zeigen kann,
dafs sie nach einer endlichen Anzahl von Versuchen zum Ziele führt.

Sehen wir nun bei einem Produkte von dem Unterschiede zwischen
Multiplikator und Multiplikandus ab und sprechen nur von den Faktoren, bezw. Divisoren einer Zahl, je nachdem wir uns diese als durch
Zusammensetzung entstanden oder als zerlegbar denken, so handelt es
sich für uns darum, alle möglichen Faktoren oder Divisoren einer Zahl n
zu bestimmen. Die Einheit und die Zahl selbst lassen wir begreif-
licherweise dabei aufser Frage und beschränken uns auf alle diejenigen

Teiler, die gröfser als 1 und kleiner als n sind. Dafs diese Teiler wirklich durch eine endliche Anzahl von Versuchen gefunden werden können, erkennt man leicht. Um nämlich zu erfahren, ob eine Zahl d ein Divisor von n ist, braucht man nur zuzusehen, ob n in der Reihe $d, 2d, 3d, \cdots md$ vorkommt, wo md das erste Vielfache von d bedeutet, welches gleich oder gröfser als n ist. Da wir nur solche Zahlen d zu untersuchen haben, die kleiner als n sind, und da $n - 1$ nur dann ein Teiler von n sein kann, wenn es gleich 1, n also gleich 2 ist, so bleibt uns nur die folgende Gruppe von Produkten zu prüfen übrig:

$$2, \quad 2 \cdot 2, \quad 3 \cdot 2, \quad \cdots \cdots \cdots \quad m_2 \cdot 2$$
$$3, \quad 2 \cdot 3, \quad 3 \cdot 3, \quad \cdots \cdots \cdots \quad m_3 \cdot 3$$
$$4, \quad 2 \cdot 4, \quad 3 \cdot 4, \quad \cdots \cdots \cdots \quad m_4 \cdot 4 \qquad (m_i i \geqq n > (m_i - 1)i).$$
$$\cdot \quad \cdot \quad \cdot \quad \cdot \quad \cdot \quad \cdot \quad \cdot \quad \cdot \quad \cdot \quad \cdot \quad \cdot$$
$$n - 2, \quad 2(n - 2), \quad 3(n - 2), \quad \cdots m_{n-2}(n - 2)$$

Eine Zahl d ist demnach dann und nur dann ein Teiler von n, wenn in der zugehörigen Reihe $d, 2d, \cdots$ das letzte Element $m_d \cdot d$ genau gleich n ist; bezeichnen wir also mit $d_1, d_2, \cdots$ der Reihe nach alle Glieder der ersten Vertikalreihe, deren zugehörige Zeile als letztes Element n enthält, so bilden diese ihrer Gröfse nach geordnet die Gesamtheit aller Divisoren von n und die gestellte Aufgabe ist somit vollständig gelöst.

Sind zwei oder mehrere Zahlen n und n_1 beide durch einen und denselben Divisor d teilbar, so gilt dasselbe von ihrer Summe und ihrer Differenz; denn ist

$$n = \nu d, \quad n_1 = \nu_1 d,$$

so ist

$$n \pm n_1 = (\nu \pm \nu_1)d,$$

und allgemein ist

$$an + a_1 n_1 = (a\nu + a_1 \nu_1)d,$$

also ebenfalls durch d teilbar, wenn a und a_1 beliebige positive oder negative ganze Zahlen sind.

Wir betrachten nun den kleinsten unter den Teilern $d_1, d_2, d_3, \cdots$ von n, also die Zahl d_1; dann kann diese ihrerseits offenbar keinen Teiler mehr besitzen, denn wäre δ ein (von 1 und d verschiedener) Teiler von d, so wäre δ auch ein Divisor von n, es existierte also im Gegensatze zu unserer Annahme ein Divisor von n, der noch kleiner wäre als d_1. Daraus ziehen wir den Schlufs:

Es giebt Zahlen, die aufser 1 und sich selbst keinen Teiler besitzen. Wir nennen dieselben Primzahlen.

Die Methode, durch welche wir hier zu den Primzahlen gelangt sind, ist eine spezifisch arithmetische, von der wir noch häufiger Gebrauch machen werden: Wir sahen, die Zahl n besitzt nur eine endliche Anzahl von Teilern, die wir uns alle aufgestellt denken können; unter ihnen mußte es notwendig einen kleinsten geben, und aus beiden Momenten ergab sich dann, daß eben dieser eine Primzahl sein mußte.

§ 2.

Mit dem Begriffe der Primzahlen tritt für jeden, der sich mit der Zahlentheorie beschäftigt, eine lange Reihe von Fragen auf, von denen bis jetzt nur die wenigsten durch die Wissenschaft beantwortet werden konnten. Sie sind zugleich die einfachsten und die geheimnisvollsten unter den Zahlen.

Schon den Griechen war ein sehr einfaches Verfahren bekannt, die Primzahlen unterhalb einer beliebig gegebenen Grenze n zu bestimmen, das s. g. Sieb des *Eratosthenes* (276—194 v. Chr.). Um nämlich zu entscheiden, ob eine beliebige Zahl n eine Primzahl oder eine zusammengesetzte Zahl ist, braucht man offenbar nur zu untersuchen, ob n durch eine der unter $\sqrt{n}$ liegenden Primzahlen teilbar ist; denn ist n keine Primzahl, d_1 ihr kleinster Divisor und $d_1 d_1' = n$, so ist ja $d_1 \leqq d_1'$, also $d_1^2 \leqq n$; jenes Verfahren besteht dann einfach darin, daß man in der Reihe der ungeraden Zahlen von 1 bis n zuerst von $3^2 = 9$ ausgehend jede dritte Zahl durchstreicht, dann von $5^2 = 25$ ausgehend jede fünfte Zahl, von $7^2 = 49$ ausgehend jede siebente Zahl und so fort; jedesmal geht man von dem Quadrate der nächsten nicht durchstrichenen Zahl p aus, und durchstreicht alsdann jede p^{te} Zahl, wobei aber jedesmal die schon vorher durchstrichenen Zahlen mitzuzählen sind. Die nach Ausführung jener Operationen übrig bleibenden Zahlen sind dann alle und nur die ungeraden Primzahlen dieses Intervalles, weil sie und nur sie durch keine kleinere Zahl teilbar sind; und zu ihnen tritt dann noch die einzige gerade Primzahl 2 hinzu. Den sehr einfachen Beweis dieses Satzes übergehen wir.

Man erhält so im ersten Hundert die 25 Primzahlen:

2, 3, 5, 7, 11, 13, 17, 19, 23, 29, 31, 37, 41, 43, 47, 53, 59, 61, 67, 71, 73, 79, 83, 89, 97.

Im zweiten Hundert finden sich die 21 Primzahlen:

101, 103, 107, 109, 113, 127, 131, 137, 139, 149, 151, 157, 163, 167, 173, 179, 181, 191, 193, 197, 199.

Das Gesetz, nach welchem die so einfach bestimmbaren Primzahlen aufeinander folgen, kennen wir nicht. Man hat aber auch aufserdem bei jenen Zahlen gewisse merkwürdige Thatsachen beobachtet, deren Beweis mit den heutigen Mitteln unserer Wissenschaft noch nicht gelungen ist, obwohl sie wohl sicher richtig sind. Wir erwähnen nur die folgenden beiden Sätze:

1) Jede gerade Zahl. kann als Summe zweier Primzahlen dargestellt werden.

Dieses Theorem wurde zuerst von *Goldbach*, dann von *Waring* aufgestellt, aber nicht bewiesen*). Die Prüfung der ersten geraden Zahlen etwa von 2 bis 1000 lehrt sogar, dass die Anzahl der Darstellungen von $2n$ in dieser Form, abgesehen von kleineren Schwankungen, mit wachsendem n beständig zunimmt, wodurch die Wahrscheinlichkeit der Richtigkeit jenes Satzes erhöht wird.

2) Jede gerade Zahl kann auf unendlich viele Arten als Differenz zweier Primzahlen dargestellt werden. Wendet man diesen Satz speziell auf die Zahl 2 an, so würde sich, die Richtigkeit jenes zweiten Theorems vorausgesetzt, der bereits oben (S. 10) erwähnte wichtige Satz ergeben:

> Wie weit man auch in der Reihe der Primzahlen fortgehen mag, man findet stets Primzahlen, welche sich nur um zwei Einheiten unterscheiden, also einander so nahe liegen, als dies überhaupt möglich ist.

Natürlich nimmt die Häufigkeit solcher Paare benachbarter Primzahlen um so mehr ab, je weiter man in der Reihe derselben fortgeht; aus der oben angegebenen Tabelle folgt, dafs im ersten Hundert acht, im zweiten Hundert sieben solcher Paare vorkommen. Aufser den Zahlen 3, 5, 7 existieren offenbar keine drei benachbarten Primzahlen, denn von drei aufeinander folgenden ungeraden Zahlen ist ja eine stets durch drei theilbar, also keine Primzahl.

Andererseits weist die Reihe aller Primzahlen auch wieder beliebig grofse Lücken auf, wenn man in ihr genügend weit fortgeht; ist nämlich n eine beliebig grofse Zahl, so sind die $n-1$ auf einander folgenden Zahlen

$$n! + 2, \quad n! + 3, \quad n! + 4, \cdots n! + n$$

sämtlich keine Primzahlen, da allgemein $n! + i$ durch i teilbar ist.

Die wichtigste Eigenschaft der Primzahlen ist aber die, dafs jede ganze Zahl auf eine und nur auf eine Art in ein Produkt von Primzahlen zerlegt werden kann, dafs sie also gewissermafsen die Elemente für die multiplikative Zusammensetzung aller Zahlen bilden. Dafs jede

---

*) Vgl. die Briefe *Goldbachs* und *Eulers* vom 7. und 30. Juni 1741, Correspondance mathématique et physique de quelques célèbres géomètres du XVIIIième siècle p. 127 et 135.　　　　　　　　　　　　　　　　　　　　　　H.

Zahl n überhaupt in ein Produkt von Primfaktoren zerlegt werden kann, ist unmittelbar klar. In der That sei n beliebig gegeben; bezeichnen wir dann ihren kleinsten Divisor, der nach dem Vorstehenden notwendig eine Primzahl ist, mit p_1, so ergiebt sich eine erste Zerlegung von n in der Form

$$n = p_1 \cdot n_1,$$

wo $n_1 < n$ ist. Ist jetzt p_2 die kleinste in n_1 enthaltene Zahl, also wieder eine Primzahl, so ist diese, da sie ebenfalls ein Teiler von n ist, sicher gleich oder gröfser als p_1, und aus

$$n_1 = p_2 \cdot n_2$$

folgt

$$n = p_1 \cdot p_2 \cdot n_3,$$

wo $n_2 < n_1 < n$ ist. Sucht man weiter in gleicher Weise den kleinsten Divisor p_3 von n_2 auf und fährt so fort, so erhält man eine abnehmende Folge von positiven ganzen Zahlen $n, n_1, n_2, \cdots$ und mufs so nach einer endlichen Anzahl von Schritten zu einer Zahl kommen, die nicht mehr zerlegbar, sonach selbst eine Primzahl ist; hierdurch ist dann die Darstellbarkeit einer beliebigen Zahl n in der Form:

$$n = p_1 \cdot p_2 \cdot p_3 \cdots p_r \qquad (p_1 \leqq p_2 \leqq p_3 \cdots \leqq p_r)$$

dargethan, d. h. es besteht der Satz:

Jede Zahl kann als Produkt von Primzahlen dargestellt werden.

§ 3.

In unmittelbarem Anschlusse hieran wollen wir nunmehr den Fundamentalsatz beweisen, dafs jene Darstellung eindeutig ist, d. h. dafs sich eine Zahl n nicht auf zwei verschiedene Arten in ein Produkt von Primzahlen auflösen läfst. Dazu erinnern wir zunächst an einige bekannte Thatsachen in bezug auf die Division einer Zahl A durch eine andere n. Bildet man nämlich wieder die Reihe

$$n, \quad 2n, \quad 3n, \cdots$$

der Multipla von n, so ist A entweder einem von ihnen gleich, also durch n teilbar, oder A liegt zwischen zwei aufeinander folgenden Zahlen jener Reihe. In jedem Falle giebt es also eine und nur eine Zahl A' von der Art, dafs:

$$A'n \leqq A < (A' + 1)n,$$

oder:

$$0 \leqq A - A'n < n$$

ist. Setzt man also $A - A'n = a$, so ergiebt sich der Satz:

Sind A und n zwei beliebige Zahlen, so kann A stets in der Form

$$A = A'n + a$$

so dargestellt werden, dafs a nicht negativ und kleiner als n, also eine der Zahlen 0, 1, 2, $\cdots n-1$ ist. Man nennt dann a den kleinsten positiven Divisionsrest von A durch n, und A ist dann und nur dann durch n teilbar, wenn jener Rest a gleich Null ist.

Zu dem Nachweise der Eindeutigkeit der Zerlegung einer Zahl in ihre Primfaktoren führt nun sofort eine Eigenschaft der Primzahlen, welche in dem folgenden wichtigen Satze ausgesprochen ist:

Ein Produkt von beliebig vielen ganzen Zahlen

$$A_1 \cdot A_2 \cdots A_k$$

ist dann und nur dann durch eine Primzahl p teilbar, wenn mindestens einer seiner Faktoren A_i jene Primzahl enthält.

Dieser Satz geht aber unmittelbar aus dem folgenden allgemeineren Theoreme über eine beliebige zusammengesetzte Zahl hervor:

Ist ein Produkt von k Zahlen

$$A_1 \cdot A_2 \cdots A_k$$

durch eine beliebig gegebene Zahl n teilbar, ohne dafs einer seiner Faktoren es ist, so giebt es auch stets ein durch n teilbares Produkt von ebenso vielen Gliedern

$$\alpha_1 \cdot \alpha_2 \cdots \alpha_k,$$

dessen sämtliche Faktoren kleiner als n sind und von denen jeder ein Teiler von n ist.

Ist nämlich $A_1 \cdots A_k$ durch n teilbar, ohne dafs eine der Gröfsen A selbst es ist, so können wir die letzteren beziehlich auf die Form bringen

$$A_1 = n \cdot A_1' + a_1$$

$$\cdots \cdots \cdots \cdots$$
$$\cdots \cdots \cdots \cdots$$

$$A_k = n \cdot A_k' + a_k,$$

wo $a_1, \cdots a_k$ der Reihe nach die kleinsten Reste der Division von $A_1, \cdots A_k$ durch n und daher alle positiv und kleiner als n sind. Da nun offenbar:

$$a_1 A_2 \cdots A_k = (A_1 - n A_1') A_2 \cdots A_k = A_1 A_2 \cdots A_k - n A_1' A_2 \cdots A_k$$

durch n teilbar ist, weil Minuendus und Subtrahendus rechts n enthalten, und da wir in ganz analoger Weise auch $A_2, \cdots A_k$ durch $a_2, \cdots a_k$ ersetzen können, so muſs auch das Produkt

$$a_1 a_2 \cdots a_k$$

der k Divisionsreste von $A_1, A_2, \cdots A_k$ durch n die Zahl n enthalten. Hiermit haben wir zunächst das Resultat gewonnen: Giebt es überhaupt ein durch n teilbares Produkt von k ganzen Zahlen, von denen keine n enthält, so muſs ein ebensolches schon unter denjenigen Produkten von k Zahlen auftreten, von denen jeder Faktor kleiner als n ist. Die Gesamtzahl dieser letzten Produkte ist aber endlich; man kann sie sich daher alle gebildet und nach ihrer Gröſse geordnet denken. Es bedeute nunmehr

$$\alpha_1 \alpha_2 \cdots \alpha_k$$

dasjenige unter ihnen, das bei jener Anordnung an erster Stelle steht, also gleich oder kleiner als alle übrigen ist; dann müssen seine Faktoren sämtlich Divisoren von n sein. Denn ginge z. B α_1 nicht in n auf und wäre α_1' der Rest der Division von n durch α_1, wäre also $n = \nu \cdot \alpha_1 + \alpha_1'$, so erkennt man ohne weiteres, daſs das Produkt

$$\alpha_1' \alpha_2 \cdots \alpha_k = (n - \nu \alpha_1)\alpha_2 \cdots \alpha_k = n \alpha_2 \cdots \alpha_k - \nu \cdot \alpha_1 \alpha_2 \cdots \alpha_k$$

dann ebenfalls ein Vielfaches von n wäre. Dieses ist aber kleiner als $\alpha_1 \alpha_2 \cdots \alpha_k$ und dies widerspricht der über das letztere Produkt gemachten Voraussetzung; es muſs demnach α_1' gleich 0 und n durch α_1 teibar sein. Das Gleiche gilt von den übrigen k Faktoren unseres kleinsten Produktes, und damit ist das oben aufgestellte allgemeine Theorem bewiesen.

Es sei jetzt speziell n eine Primzahl, dann kann das Produkt $A_1 \cdots A_k$ durch n nur teilbar sein, wenn mindestens einer seiner Faktoren dies ist; sonst müſste ja nach dem soeben bewiesenen Satze ein Produkt $\alpha_1 \alpha_2 \cdots \alpha_k$ von eigentlichen Divisoren von n durch n teilbar sein, und das ist nicht möglich, weil eine Primzahl keine eigentlichen Teiler auſser der 1 besitzt.

Auf Grund dieser Sätze läſst sich jetzt die Ausgangsbehauptung:

Jede Zahl n kann nur auf eine Weise als ein Produkt von Primzahlen dargestellt werden,

leicht erledigen. Zum Beweise nehmen wir an, es seien uns zwei Zerlegungen derselben Zahl n gegeben,

$$n = p_1 p_2 \cdots p_r = q_1 q_2 \cdots q_s$$

$$\begin{pmatrix} p_1 \leqq p_2 \leqq \cdots \leqq p_r, \\ q_1 \leqq q_2 \leqq \cdots \leqq q_s \end{pmatrix},$$

wo p und q Primzahlen sind, die bereits ihrer Gröſse nach geordnet

sein sollen; wir haben alsdann zu untersuchen, ob auf beiden Seiten
der Gleichung verschiedene Primfaktoren vorkommen können. Da das
Produkt links durch die Primzahl p_1 teilbar ist, so ist das auch für
dasjenige rechts der Fall; dies ist aber nach dem eben bewiesenen Satze
nur möglich, wenn p_1 in wenigstens einem der Faktoren $q_1, \cdots q_s$ enthalten, also mit ihm identisch ist. Ganz ebenso, wie p_1 unter den
s Primzahlen $q_1, \cdots q_s$, tritt aber auch q_1 unter den r Zahlen $p_1, \cdots p_r$
auf, und da p_1 und q_1 beide male die kleinsten Primzahlen sind, so ist
notwendig $p_1 = q_1$. Schafft man beide durch Division fort, so ergiebt
sich durch genau dieselben Schlüsse $p_2 = q_2$, $p_3 = q_3$ etc., d. h. die
angesetzten Zerlegungen müssen in der That vollständig übereinstimmen.

Fassen wir jetzt die gleichen Primfaktoren zusammen, so erhalten
wir für jede Zahl n eine und nur eine Darstellung in der Form:

$$n = p_1^{n_1} p_2^{n_2} \cdots p_\varrho^{n_\varrho}.$$

Die Reihe der Primzahlen giebt somit für die multiplikative Zusammensetzung der Zahlen die Elemente ab, ganz ähnlich, wie es in bezug auf
die Addition von der Zahl 1 gilt. Während dort also nur ein Element vorhanden ist, ist hier die Anzahl derselben nach dem in der
Einleitung bewiesenen Satze *Euklids* unendlich grofs, jedoch ist die
Dichtigkeit der Reihe der Primzahlen verglichen mit der der Reihe
der natürlichen Zahlen eine äufserst geringe, so dafs man verhältnismäfsig auch hier nur eine sehr kleine Zahl von Elementen zur Darstellung aller Zahlen bedarf.

Sechste Vorlesung.

Darstellung der ganzen Zahlen durch ihre Exponentensysteme. — Die Teilbarkeit einer Zahl durch eine andere. — Die gemeinsamen Teiler zweier Zahlen, und ihr gröfster gemeinsamer Teiler. — Teilerfremde Zahlen. — Die gemeinsamen Multipla zweier Zahlen und ihr kleinstes gemeinsames Vielfaches. — Ausdehnung auf beliebig viele Zahlen. — Hauptsätze über die Teilbarkeit der ganzen Zahlen. — Die Summe der n^{ten} Potenzen aller Divisoren einer Zahl.

§ 1.

In den folgenden Abschnitten wollen wir ein- für allemal die Primzahlen in ihrer natürlichen Folge

$$2, 3, 5, 7, 11, 13, 17, \cdots$$

nach einander durch

$$\pi_1, \pi_2, \pi_3, \cdots$$

bezeichnen, so dafs allgemein π_k diejenige bedeutet, die in der gewöhnlichen Reihe der Primzahlen die k^{te} Stelle einnimmt. Nimmt man in die am Ende der vorigen Vorlesung gefundene Darstellung einer beliebigen Zahl n alle jene unendlich vielen Primzahlen $\pi_1, \pi_2, \cdots$ auf, indem man denjenigen, die in n gar nicht vorkommen, den Exponenten Null giebt, so zeigt sich, dafs jede ganze Zahl auf eine und nur eine Art als ein Produkt

$$n = \pi_1^{n_1} \pi_2^{n_2} \pi_3^{n_3} \cdots$$

dargestellt werden kann, in welchem $\pi_1, \pi_2, \pi_3, \cdots$ alle· Primzahlen in ihrer natürlichen Reihenfolge und $n_1, n_2, n_3, \cdots$ positive ganze Zahlen oder die Null bedeuten, und dafs auch umgekehrt jedes solche Potenzenprodukt eine bestimmte ganze Zahl definiert.

Da hierbei die Basiszahlen $\pi_1, \pi_2, \cdots$ stets dieselben sind, so kann jedes n auch durch das System seiner Exponenten allein vollständig charakterisiert, d. h. in der eindeutigen Form

$$n = (n_1, n_2, n_3, \cdots)$$

geschrieben werden. $n_1, n_2, n_3, \cdots$ mögen allgemein die Exponenten von n genannt werden, und es sollen diese der Einfachheit wegen

durch denselben Buchstaben, wie die Zahl selbst, mit den Indices
1, 2, ⋯ bezeichnet werden, so dafs z. B. für eine beliebige Zahl h:

$$h = (h_1,\ h_2,\ h_3,\ \cdots) = \pi_1^{h_1}\,\pi_2^{h_2}\,\pi_3^{h_3}\cdots = 2^{h_1}\,3^{h_2}\,5^{h_3}\cdots$$

zu setzen ist. Für die ersten neun Zahlen haben wir die folgenden
Darstellungen:

$$1 = (0,\ 0,\ 0,\ \cdots)$$
$$2 = (1,\ 0,\ 0,\ \cdots)$$
$$3 = (0,\ 1,\ 0,\ \cdots)$$
$$4 = (2,\ 0,\ 0,\ \cdots)$$
$$5 = (0,\ 0,\ 1,\ 0,\ \cdots)$$
$$6 = (1,\ 1,\ 0,\ \cdots)$$
$$7 = (0,\ 0,\ 0,\ 1,\ 0,\ \cdots)$$
$$8 = (3,\ 0,\ 0,\ \cdots)$$
$$9 = (0,\ 2,\ 0,\ \cdots).$$

Ebenso ist z. B.

$$38\,808 = 2^3\cdot 3^2\cdot 7^2\cdot 11 = (3,\ 2,\ 0,\ 2,\ 1,\ 0,\ \cdots)$$

Diese Schreibweise der Zahlen eignet sich besonders für die Betrachtung derjenigen Eigenschaften, die auf ihrer multiplikativen Zusammensetzung beruhen; denn für die Multiplikation zweier Zahlen h
und h' ergiebt sich nunmehr die einfache Gleichung

$$(h_1,\ h_2,\ \cdots)\,(h_1',\ h_2',\ \cdots) = (h_1 + h_1',\ h_2 + h_2',\ \cdots).$$

§ 2.

Wir wollen jetzt aus den Entwicklungen des vorigen Paragraphen
Nutzen ziehen und eine Reihe von allgemeineren Sätzen zusammen-
stellen, die durch jene fast selbstverständlich geworden sind.

1) Eine Zahl

$$h = (h_1,\ h_2,\ \cdots)$$

ist dann und nur dann durch eine andere

$$k = (k_1,\ k_2,\ \cdots)$$

teilbar, wenn allgemein $h_r \geq k_r$ ist.

Denn allein in diesem Falle sind die Exponenten des Quotienten
$\frac{h}{k}$ durchweg positiv oder Null, nur dann ist also jener Quotient eine
ganze Zahl.

2) Unter einem gemeinsamen Teiler von $h = (h_1,\ h_2,\ \cdots)$ und
$k = (k_1,\ k_2,\ \cdots)$ versteht man eine jede ganze Zahl $d = (d_1,\ d_2,\ \cdots)$,

die sowohl in h als auch in k enthalten ist, für die somit ohne Ausnahme jeder Exponent d_i kleiner oder höchstens gleich jedem der beiden entsprechenden Exponenten h_i und k_i ist; eine Zahl d ist somit dann ein gemeinsamer Teiler von h und k, wenn jeder ihrer Exponenten d_i nicht gröfser ist als der kleinere der beiden Exponenten h_i und k_i.

Wird die kleinste von zwei Zahlen r und s allgemein durch $m(r, s)$ bezeichnet, so sind alle gemeinsamen Teiler von h und k in der ganzen Zahl

$$\delta = (\delta_1, \ \delta_2, \cdots) = (m(h_1, \ k_1), \ \ m(h_2, \ k_2), \cdots)$$

enthalten, und es ist andrerseits jede in δ enthaltene Zahl ein gemeinsamer Divisor von h und k; man nennt aus diesem Grunde die so bestimmte Zahl δ den gröfsten gemeinsamen Teiler von h und k.

Soll speziell δ gleich 1 sein, so ist dazu notwendig und hinreichend, dafs durchweg

$$m(h_i, \ k_i) = 0$$

ist, d. h. dafs von je zwei entsprechenden Exponenten allemal mindestens einer verschwindet, eine Bedingung, die durch die andere

$$h_i \cdot k_i = 0 \qquad (i=1, \ 2, \ 3, \cdots)$$

vollkommen ersetzt wird. Zwei Zahlen, für die $\delta = 1$ ist oder die keinen gemeinsamen Teiler aufser der 1 besitzen, heifsen teilerfremd oder relativ prim.

3) Eine Zahl $m = (m_1, m_2, \cdots)$ ist ein gemeinsames Vielfaches zweier anderen h und k, wenn sie durch jede derselben teilbar ist, wenn also jeder Exponent m_i von m gleich oder gröfser ist als der gröfste von den beiden zugehörigen h_i und k_i. Bezeichnet man nun entsprechend wie vorher die gröfste von zwei Zahlen r und s durch

$$M(r, \ s),$$

so ist offenbar jedes gemeinsame Multiplum $m = (m_1, m_2, \cdots)$ von h und k ein Vielfaches der folgenden ganzen Zahl:

$$\mu = (\mu_1, \ \mu_2, \cdots) = (M(h_1, \ k_1), \ M(h_2, \ k_2), \cdots),$$

und umgekehrt ist jedes Vielfache von μ ein gemeinsames Multiplum von h und k, denn m ist dann und nur dann sowohl durch h als durch k teilbar, wenn allgemein $m_i \geqq M(h_i, \ k_i)$, d. h. wenn m durch μ teilbar ist. Speziell ist μ selbst ein und zwar das kleinste gemeinsame Vielfache von h und k.

4) Als eine unmittelbare Folge der beiden letzten Resultate gewinnen wir den Satz:

Sind h und k zwei beliebige ganze Zahlen und δ und μ ihr gröfster gemeinsamer Teiler und ihr kleinstes gemeinsames Vielfaches, so ist stets

$$\mu\,\delta = hk.$$

In der That ist

$$\mu\delta = (\cdots \mu_i + \delta_i \cdots),$$

und da nach der oben gefundenen Darstellung von μ und δ allgemein

$$\mu_i + \delta_i = M(h_i,\, k_i) + m(h_i,\, k_i) = h_i + k_i$$

ist, so ergiebt sich die Richtigkeit der obigen Gleichung.

So ist z. B. für die beiden Zahlen

$$h = 60 = 2^2 \cdot 3 \cdot 5 = (2, 1, 1, 0 \cdots) \text{ und } k = 36 = 2^2 \cdot 3^2 = (2, 2, 0, \cdots)$$

$$\mu = (2, 2, 1, 0, \cdots) = 2^2 \cdot 3^2 \cdot 5 = 180, \quad \delta = (2, 1, 0, \cdots) = 2^2 \cdot 3 = 12$$

und in der That ist:

$$\delta\mu = 12 \cdot 180 = 2160 = 60 \cdot 36 = hk.$$

Sind speziell h und k zu einander relativ prim, ist also $\delta = 1$, so ist $\mu = hk$, und man erhält den auch sonst leicht zu beweisenden Satz:

> Das kleinste gemeinsame Vielfache von zwei teilerfremden Zahlen ist gleich ihrem Produkte.

Alle diese Ergebnisse lassen sich ohne weiteres auf beliebig viele Zahlen ausdehnen und können dann folgendermafsen ausgesprochen werden: Sind h, h', h'', $\cdots h^{(\varrho)}$ beliebige ganze Zahlen, so ist d dann und nur dann in ihnen allen enthalten oder ein gemeinsamer Teiler derselben, wenn jeder ihrer Exponenten d_i gleich oder kleiner als der kleinste der entsprechenden Exponenten, h_i, h_i', $\cdots h_i^{(\varrho)}$, ist. Bezeichnet man wieder allgemein die kleinste von den beliebigen ganzen Zahlen r, r', $\cdots r^{(\varrho)}$ durch:

$$m(r,\, r',\, \cdots r^{(\varrho)}),$$

so stimmen alle gemeinsamen Teiler der $\varrho + 1$ Zahlen h, h', $\cdots h^{(\varrho)}$ mit den Divisoren der einen Zahl

$$\delta = (m(h_1,\, h_1',\, h_1'',\, \cdots h_1^{(\varrho)}),\; m(h_2,\, h_2',\, h_2'',\, \cdots h_2^{(\varrho)}),\; \cdots)$$

überein, und diese heifst daher der gröfste gemeinsame Teiler von h, h', h'', $\cdots h^{(\varrho)}$.

Ebenso heifst eine Zahl m ein gemeinsames Vielfaches der Zahlen h, h', $\cdots h^{(\varrho)}$, wenn sie durch jede von ihnen teilbar ist. Bezeichnet man analog wie vorher allgemein mit

$$M(r,\, r',\, \cdots r^{(\varrho)})$$

die gröfste unter den Zahlen r, r', $\cdots r^{(\varrho)}$, so sind alle gemeinsamen

Multipla von h, h', h'', $\cdots h^{(\varrho)}$ identisch mit allen Vielfachen der einen ganzen Zahl:

$$\mu = (M(h_1, h_1', h_1'', \cdots h_1^{(\varrho)}), \ M(h_2, h_2', h_2'', \cdots h_2^{(\varrho)}) \ \cdots);$$

aus diesem Grunde heifst die so bestimmte ganze Zahl μ **das kleinste gemeinsame Vielfache** von h, h', $\cdots h^{(\varrho)}$. Man findet also den gröfsten gemeinsamen Teiler der $(\varrho + 1)$ Zahlen $h^{(k)}$, wenn man in δ jeden Primfaktor π_i so oft aufnimmt, als er in jeder von jenen Zahlen mindestens vorkommt; dagegen findet man ihr kleinstes gemeinsames Vielfaches dadurch, dafs man in μ jeden Primfaktor so oft aufnimmt, als er in diesen Zahlen höchstens auftritt. Ist z. B.

$$h = (2, 4, 3, 5, 2, 0, \cdots)$$
$$h' = (4, 0, 1, 4, 3, 0, \cdots)$$
$$h'' = (6, 8, 2, 3, 4, 0, \cdots)$$

so ergiebt sich:

$$\delta = (2, 0, 1, 3, 2, 0, \cdots)$$
$$\mu = (6, 8, 3, 5, 4, 0, \cdots).$$

Die $\varrho + 1$ Zahlen h, h', $\cdots h^{(\varrho)}$ sind ferner dann und nur dann **relativ prim** zu einander, d. h. sie haben keinen gemeinsamen Teiler aufser der 1, wenn für jeden Index r der kleinste unter den Exponenten h_r, h_r', h_r'', $\cdots h_r^{(\varrho)}$ gleich Null, oder, was dasselbe ist, wenn für jedes r die Gleichung erfüllt ist

$$h_r h_r' h_r'' \cdots h_r^{(\varrho)} = 0.$$

Sind im besonderen je zwei der Zahlen h, h', $\cdots h^{(\varrho)}$ zu einander teilerfremd, so ist ihr kleinstes gemeinsames Vielfaches wieder gleich ihrem Produkte; denn in diesem Falle ist für jedes i unter den $\varrho + 1$ entsprechenden Exponenten h_i, h_i', h_i'', $\cdots h_i^{(\varrho)}$ immer nur höchstens einer von Null verschieden, und folglich stets

$$M(h_i, h_i', h_i'', \cdots h_i^{(\varrho)}) = h_i + h_i' + h_i'' + \cdots + h_i^{(\varrho)},$$

in diesem Falle ist daher

$$\mu = (M(h_1, h_1', \cdots h_1^{(\varrho)}), \cdots) = (h_1 + h_1' + \cdots + h_1^{(\varrho)}, \cdots) = h h' \cdots h^{(\varrho)}$$

w. z. b. w.

Es ergiebt sich hieraus die **Folgerung:** Hat eine Zahl N eine Reihe von Zahlen h, h', $\cdots h^{(\varrho)}$ zu Divisoren, von denen jede zu jeder andern relativ prim ist, so ist sie auch durch das Produkt derselben teilbar; alsdann ist nämlich N ein gemeinsames Multiplum von h, h', $\cdots h^{(\varrho)}$, mithin durch ihr kleinstes gemeinsames Vielfache teilbar, und dieses ist unter der gemachten Annahme mit dem Produkte jener $\varrho + 1$ Zahlen identisch.

5) Enthält $h'h''$ eine Zahl d als Divisor und ist δ' der gröfste gemeinsame Teiler von d und dem einen Faktor h', so mufs der andere h'' durch den komplementären Divisor $\delta'' = \dfrac{d}{\delta'}$ teilbar sein.

Nach Voraussetzung ist nämlich, weil $\delta' = (\delta_1', \delta_2', \cdots)$ der gröfste gemeinsame Teiler von h' und d ist, allgemein:

$$\delta_i' = m(h_i', d_i),$$

und ferner, da $h' \cdot h''$ durch d teilbar ist:

$$h_i' + h_i'' \geq d_i;$$

es ist daher in der That

$$h_i'' \geq d_i - h_i' \geq d_i - m(d_i, h_i') \geq d_i - \delta_i' = \delta_i',$$

wenn (δ_i'') das Exponentensystem von $\delta'' = \dfrac{d}{\delta'}$ bedeutet; es ist also wirklich $\dfrac{h''}{\delta''}$ eine ganze Zahl. Ist h' zu d relativ prim, ist also δ' gleich 1, so ist $\delta'' = d$, mithin h'' durch d teilbar. So ergiebt sich der speziellere Satz:

5a) Ist ein Produkt $h'h''$ durch d teilbar, und ist der erste Faktor h' zu d relativ prim, so mufs der zweite h'' durch d teilbar sein.

Der erste Satz (5) lautet in etwas allgemeinerer Fassung:

Ist das Produkt zweier Zahlen durch eine dritte d teilbar, so kann man diese stets in zwei Faktoren d' und d'' so zerlegen, das h' den Teiler d' und h'' den Teiler d'' enthält.

Die Zerlegung kann gewöhnlich auf verschiedene Arten geschehen. Man kommt auf den vorigen Satz zurück, wenn man speziell für d' den gröfsten gemeinsamen Teiler von h' und d und für d'' den zu d' komplementären Divisor von d wählt.

6) Eine Zahl h ist dann und nur dann eine n^{te} Potenz, wenn jeder ihrer Exponenten $h_1, h_2, \cdots$ das n-fache einer anderen ganzen Zahl, wenn also immer $h_i = n k_i$ ist; in der That ist unter dieser Voraussetzung:

$$(h_1, h_2, \cdots) = (n k_1, n k_2, \cdots) = (k_1, k_2, \cdots)^n.$$

Endlich werde noch das folgende Corollar dieses letzten Satzes erwähnt:

Ist das Produkt von zwei teilerfremden Zahlen h' und h'' eine n^{te} Potenz, so mufs jeder der Faktoren eine solche sein.

Jene beiden Voraussetzungen erfordern nämlich das Bestehen der beiden Gleichungen für jeden Index r:

$$h_r' + h_r'' = n h_r,$$
$$h_r' h_r'' = 0. \qquad (r=1,\, 2,\, \cdots)$$

Da hiernach eine der beiden Zahlen h_r', h_r'' stets gleich Null, die andere also gleich $n h_r$ ist, so ist jede von ihnen durch n teilbar und somit h' sowohl wie h'' eine n^{te} Potenz.

Dieser Satz kann, auf beliebig viele Zahlen verallgemeinert, wie folgt ausgesprochen werden:

Das Produkt von beliebig vielen Zahlen $h' h'' \cdots h^{(\varrho)}$, von denen jede zu jeder andern teilerfremd ist, ist dann und nur dann eine n^{te} Potenz, wenn alle Faktoren einzeln n^{te} Potenzen sind.

Denn aus

$$h_r' + h_r'' + \cdots + h_r^{(\varrho)} = n h_r$$

in Verbindung damit, daſs immer nur höchstens eine der ϱ Zahlen h_r', h_r'', $\cdots h_r^{(\varrho)}$ von Null verschieden sein kann, folgt sofort, daſs die letzteren sämtlich durch n teilbar sind.

§ 3.

Wir wollen jetzt die Thatsache der eindeutigen Zerlegbarkeit einer jeden ganzen Zahl in ihre Primfaktoren analytisch einkleiden und dann mit ihrer Hilfe einige Resultate über Anzahl und Summe der Divisoren einer Zahl herleiten. Bildet man das Produkt der unendlich vielen geometrischen Reihen

$$P = (1 + \pi_1^r x_1 + \pi_1^{2r} x_1^2 + \cdots)(1 + \pi_2^r x_2 + \pi_2^{2r} x_2^2 + \cdots) \times$$
$$(1 + \pi_3^r x_3 + \pi_3^{2r} x_3^2 + \cdots) \cdots$$
$$= \prod_{k=1}^{\infty} (1 + \pi_k^r x_k + \pi_k^{2r} x_k^2 + \cdots),$$

das wie jeder seiner Faktoren absolut konvergiert, sobald $|x_h| \leqq 1$ und $r < -1$ ist, und summiert zunächst jede der Klammern für sich, so geht die rechte Seite in

$$\prod_{k=1}^{\infty} \frac{1}{1 - \pi_k^r x_k}$$

über. Multipliziert man dagegen sofort die Reihen aus, so nimmt P den Wert an

$$\sum_{n_1, n_2, \cdots = 0}^{\infty} (\pi_1^{n_1} \pi_2^{n_2} \cdots)^r x_1^{n_1} x_2^{n_2} \cdots = \sum_{n_1, n_2, \cdots = 0}^{\infty} (n_1, n_2, \cdots)^r x_1^{n_1} x_2^{n_2} \cdots .$$

So gelangt man, da einem jeden Exponentensysteme $(n_1, n_2, \cdots)$ immer eine bestimmte Zahl n einmal und nur einmal entspricht, zu der für $|x_k| \leq 1$ und $r < -1$ geltenden Identität

$$\prod_{k=1}^{\infty} \frac{1}{1 - \pi_k^r x_k} = \sum_{n=1, 2, 3 \cdots} n^r x_1^{n_1} x_2^{n_2} \cdots,$$

und weiter, wenn speziell

$$x_1 = x_2 = x_3 = \cdots = 1, \quad r = -(1 + \varrho)$$

gesetzt wird, zu der merkwürdigen Gleichung

(1) $$\prod_p \frac{1}{1 - \dfrac{1}{p^{1+\varrho}}} = \sum_n \frac{1}{n^{1+\varrho}},$$

wo links über alle Primzahlen p zu multiplizieren, rechts über alle ganzen Zahlen n zu summieren ist, und wo ϱ jeden beliebigen positiven Wert haben kann. Die Richtigkeit dieser schon *Euler* bekannten Relation beruht lediglich auf dem Satze von der Eindeutigkeit der Zerlegung jeder Zahl in ihre Primfaktoren, und sie kann deshalb, wie später gezeigt werden soll, auch umgekehrt zum Beweise jenes Theorems dienen.

Wir gehen nun zu der Aufgabe über, für eine beliebige ganze Zahl $h = (h_1, h_2, \cdots)$, deren Teiler, sie selbst mit eingeschlossen, $d, d', d'' \cdots d^{(\nu-1)}$ heißen mögen, die Summe der r^{ten} Potenzen aller ihrer Teiler:

$$s_r = d^r + d'^r + \cdots + d^{(\nu-1)r},$$

für einen beliebigen ganzzahligen Wert von r zu bestimmen. Wie oben gezeigt war, besitzt h genau so viele Divisoren, als es Zahlen $d = (d_1, d_2, \cdots)$ giebt, deren Exponenten der Bedingung $d_i \leq h_i$ für jeden Index i genügen. Da nun für jeden Exponenten h_i stets $h_i + 1$ Zahlen existieren, die gleich oder kleiner als h_i sind, so ergiebt sich zunächst die Anzahl aller Teiler von h oder die Summe s_0 gleich

$$(h_1 + 1)(h_2 + 1) \cdots = \prod_i (h_i + 1);$$

hier reduzieren sich offenbar alle Faktoren, für die die Exponenten h_i gleich O sind, auf 1. Demnach hat z. B. die Zahl $360 = (3, 2, 1, 0 \cdots)$ $4 \cdot 3 \cdot 2 = 24$ Divisoren. Ähnlich könnte man die Summe s_1 der Teiler von h finden; einfacher aber löst sich die allgemeinere Frage nach der Summe s_r auf die folgende Weise:

Ist wieder $h = (h_1, h_2, \cdots)$ die gegebene Zahl, so bilden wir das dem soeben behandelten entsprechende Produkt der endlichen geometrischen Reihen:

$$\prod_{k=1}^{\infty} (1 + \pi_k^r x_k + \pi_k^{2r} x_k^2 + \cdots + \pi_k^{h_k r} x_k^{h_k}) = \prod_{k=1}^{\infty} \frac{(\pi_k^r x_k)^{h_k+1} - 1}{\pi_k^r x_k - 1}.$$

Multipliziert man wieder die linke Seite aus, so bekommt man eine Summe von lauter Gliedern

$$(d_1, d_2, \cdots)^r x_1^{d_1} x_2^{d_2} \cdots = d^r x_1^{d_1} x_2^{d_2} \cdots,$$

in denen d alle Divisoren von h, nämlich alle und nur die Zahlen durchläuft, deren Exponenten d_i gleich oder kleiner sind als die entsprechenden Exponenten h_i von h. Setzt man dann in der so erhaltenen Identität

$$\prod_{k=1}^{\infty} \frac{(\pi_k^r x_k)^{h_k+1} - 1}{\pi_k^r x_k - 1} = \sum_{d/h} d^r x_1^{d_1} x_2^{d_2} \cdots,$$

die für alle Werte von $r, x_1, x_2, \cdots$ besteht und in der rechts über alle Teiler d von h zu summieren ist,

$$x_1 = x_2 = \cdots = 1,$$

so ergiebt sich sofort die gesuchte Summe s_r gleich

$$s_r = \sum_{d/h} d^r = \prod_{k=1}^{\infty} \frac{\pi_k^{r(h_k+1)} - 1}{\pi_k^r - 1}.$$

Aus dem unendlichen Produkte rechts können alle diejenigen Faktoren einfach fortgelassen werden, für welche der zugehörige Exponent $h_k = 0$ ist, welche also in h nicht auftreten, denn alle diese reduzieren sich auf Eins. Ist also

$$h = p_1^{k_1} p_2^{k_2} \cdots p_\varrho^{k_\varrho} \qquad (k_i > 0)$$

die Zerlegung der Zahl h in ihre Primfaktoren, so erhält man für die Summe der r^{ten} Potenzen ihrer Teiler den eleganten Ausdruck:

(1) $$s_r = \frac{p_1^{(k_1+1)r} - 1}{p_1^r - 1} \cdots \frac{p_\varrho^{(k_\varrho+1)r} - 1}{p_\varrho^r - 1}.$$

Giebt man r den Spezialwert 1, so findet man die Summe der sämtlichen Divisoren von h

$$s_1 = \sum_{d/h} d = \prod \frac{p_i^{k_i+1} - 1}{p_i - 1};$$

ebenso gelangt man auch von dieser Formel ausgehend zu der schon vorher gefundenen Anzahl der Teiler, wenn man in der obigen

Gleichung (1) r gegen Null konvergieren läfst und beachtet, dafs der Grenzwert des Quotienten

$$\frac{p_i^{r\,(k_i+1)}-1}{p_i^r-1}$$

für $r = 0$ allgemein gleich $k_i + 1$ ist.

Ist z. B. $h = 12 = 2^2 \cdot 3$, so erhält man für die Summe aller Teiler von 12 den Wert

$$s_1 = \frac{(2^3-1)\,(3^2-1)}{2} = 28\,,$$

und in der That ist

$$1 + 2 + 3 + 4 + 6 + 12 = 28\,.$$

So erhält man ferner für $h = 10800 = 2^4 \cdot 3^3 \cdot 5^2$ für s_1 den Wert

$$s_1 = \frac{2^5-1}{2-1} \cdot \frac{3^4-1}{3-1} \cdot \frac{5^3-1}{5-1} = 38440\,.$$

Siebente Vorlesung.

Die Kongruenz der Zahlen. — Kongruenz und Äquivalenz. — Die Grundregeln
für das Rechnen mit Kongruenzen. — Kongruenzen für einen Primzahlmodul. —
Anwendungen.

§ 1.

In der vorigen Vorlesung haben wir alle Zahlen betrachtet, welche
in einer gegebenen ganzen Zahl als Faktoren enthalten sind. Nach
dem Vorgange von *Gauss* wollen wir nunmehr diese Frage in gewissem
Sinne umkehren, nämlich jetzt den Divisor m festhalten und nach der
Gesamtheit derjenigen Zahlen fragen, die durch m teilbar sind. Indem
wir dann weiter die gemeinsamen Eigenschaften feststellen, die *allen*
ganzen Zahlen hinsichtlich ihres Verhaltens in Bezug auf den Divisor m
zukommen, werden wir auf einen neuen Begriff, den der *Kongruenz*
von Zahlen, geführt werden. Wir verdanken denselben eben unserem
Gauss, der durch seine Einführung erst ein sicheres Fundament für
die Zahlentheorie geschaffen hat.

Schreibt man für eine beliebig gegebene ganze Zahl m alle ihre
positiven und negativen Vielfachen auf, bildet man also die beiderseits
ins Unendliche gehende Reihe

$$(1) \qquad \cdots - 3m, \; - 2m, \; - m, \; 0, \; m, \; 2m, \; \cdots,$$

so enthält dieselbe eine bestimmte Klasse von Zahlen, deren Individuen
durch ihren gröfsten gemeinsamen Teiler m vollständig charakterisiert
sind. Man findet alle und nur diese Zahlen, wenn man, von der Zahl 0
ausgehend, in der nach beiden Seiten unbegrenzt ausgedehnten natürlichen Zahlenfolge

$$(2) \qquad \cdots, \; - 4, \; - 3, \; - 2, \; - 1, \; 0, \; 1, \; 2, \; 3, \; 4, \; \cdots$$

immer je m Zahlen überspringt. Die so aus der Reihe aller ganzen
Zahlen herausgehobene Partialreihe (1) soll mit R_0 bezeichnet werden.
Werden nun in derselben Weise, wie soeben die Null, die Zahlen
$1, 2, \cdots m - 1$ successive zum Ausgangspunkt gewählt, und wiederum
jedesmal je m Glieder übersprungen, so ergeben sich im Ganzen m Partialreihen, die nach ihren Anfangsgliedern bezw. $R_0, R_1, \cdots R_{m-1}$ benannt
und folgendermafsen geschrieben werden können:

6 *

$$
(3)\quad
\begin{array}{l|llllll}
R_0 & \cdots-3m, & -2m, & -m, & 0, & m, & 2m & \cdots \\
R_1 & \cdots-3m+1, & -2m+1, & -m+1, & 1, & m+1, & 2m+1\cdots \\
R_2 & \cdots-3m+2, & -2m+2, & -m+2, & 2, & m+2, & 2m+2\cdots \\
\vdots & \cdot\ \cdot \\
R_{m-1} & \cdots-3m+m-1, & -2m+m-1, & -m+m-1, & m-1, & m+m-1\cdots
\end{array}
$$

Jede ganze Zahl a kommt dann offenbar in einer und nur einer der m Reihen vor, weil keine derselben mit einer andern ein Element gemeinsam hat und weil sie zusammengenommen die natürliche Zahlenreihe (2) darstellen.

Gauss kam nun auf den bedeutungsvollen Gedanken, die in einer und derselben Reihe R_i stehenden Zahlen begrifflich in eine Klasse zusammenzufassen und allgemein die gemeinsamen Eigenschaften aller Zahlen einer solchen Reihe aufzusuchen. Er nennt irgend zwei Zahlen a und b **nach dem Modul m kongruent**, wenn sie derselben Partialreihe angehören, und drückt diese Beziehung folgendermaßen aus:

$$(4)\qquad\qquad a \equiv b \pmod m,$$

in Worten: a ist kongruent b für den Modul oder modulo m.

Die hier benutzte Bezeichnung „Modul" (= **Maß**) für den Divisor m ist, da er eine ganz allgemeine Beziehung des betrachteten Begriffes zu einem andern bezeichnet, in der gesamten Mathematik bereits sehr beschwert. Glücklicherweise erstreckt sich aber seine vielseitige Verwendung auf so verschiedene Disziplinen, daß die Möglichkeit einer Verwechslung fast ausgeschlossen ist. In der Analysis ist dieses Wort von *Weierstrass* sehr vorteilhaft durch die Benennung „absoluter Betrag" ersetzt worden.

Da zwei Zahlen a und b dann und nur dann in derselben Reihe R_i vorkommen, wenn sie sich um ein positives oder negatives Vielfaches von m unterscheiden, so ist die obige Kongruenz völlig gleichbedeutend mit der Gleichung

$$(4a)\qquad\qquad a = b + k \cdot m,$$

wo k irgend eine ganze Zahl ist; wir können daher auch die andere Definition aufstellen:

„Zwei ganze Zahlen a und b sind für einen Modul m kongruent, wenn sie sich um ein beliebiges Vielfaches desselben unterscheiden, wenn also ihre Differenz durch m teilbar ist."

So ist z. B.

$$-9 \equiv 16 \pmod 5,$$

weil $-9 - 16 = -25$ durch 5 teilbar ist; ebenso ist

$$15 \equiv -7 \pmod{11},$$

weil $15 + 7 = 22$ ein Vielfaches von 11 ist.

Die Einführung des Kongruenzbegriffes, so formal derselbe im ersten Augenblicke auch erscheinen mag, war ein äußerst weittragender Schritt des großen *Gauss*. Schon die von ihm gewählte Bezeichnung jener Beziehung in der Form (4) muß als eine wissenschaftliche That angesehen werden; indem er hier von dem in der Gleichung (4a) auftretenden Vielfachen von m gänzlich absah, erkannte er mit dem sicheren Takte und Weitblicke des geborenen Mathematikers das für seine Zwecke Überflüssige und Unwesentliche, um es zu glücklicher Vereinfachung eines ganzen Gebietes von Untersuchungen schlechtweg fortzulassen. Um das zu würdigen, braucht man nur die Abhandlungen *Eulers* zu studieren und bei ihm zu beobachten, zu wie viel unnützen Verwicklungen und Schwierigkeiten der Mangel einer scharfen, prägnanten Charakterisierung der Gaussischen Kongruenz Anlaß giebt.

Jede Zahl a ist einer und nur einer Zahl i des Systems

$$0, 1, 2, \cdots m - 1$$

modulo m kongruent, und zwar derjenigen, die dem Index der entsprechenden Reihe R_i gleich ist; i wird dann der **kleinste positive Rest** von a modulo m genannt. Ist speziell

$$a \equiv 0 \pmod{m},$$

gehört also a der Reihe R_0 an, so ist a durch m teilbar.

Man braucht aber nicht, wie es eben geschehen ist, gerade nur die Zahlen $0, 1, \cdots m - 1$ als Repräsentanten der Reihen $R_0, \cdots R_{m-1}$ zu benutzen, sondern man kann aus jeder von diesen Reihen nach Belieben je ein a_i herausgreifen. Jedes System

$$a_0, a_1, \cdots a_{m-1}$$

von m so bestimmten Zahlen besitzt dann allgemein die Eigenschaft, daß sie alle modulo m betrachtet unter einander inkongruent sind und daß jede andere Zahl a einer und nur einer von ihnen kongruent ist; ein System solcher Zahlen nennt man ein **vollständiges Restsystem modulo** m. Im Besondern bilden irgend welche m auf einander folgende Zahlen

$$a, \ a+1, \ a+2, \ \cdots a+m-1,$$

ein vollständiges Restsystem modulo m, denn die Differenz von je zweien derselben ist stets kleiner als m und demnach nie durch m teilbar.

Der Begriff der Kongruenz, wie ihn *Gauss* aufgestellt hat, ist nichts anderes als der der Äquivalenz der Zahlen hinsichtlich ihrer Teilbarkeit durch m, oder genauer gesprochen, in Bezug auf den Rest, den sie bei der Division durch m lassen. *Gauss* hätte an Stelle des Wortes „kongruent", das in der Geometrie bereits eine bestimmte Bedeutung hatte, und dort eine Beziehung charakterisiert, die durchaus den Charakter der Identität trägt, sehr wohl das aufserordentlich bezeichnende „äquivalent", oder „gleichwertig" nehmen können. Für die weiterhin anzustellenden Betrachtungen sind nämlich zwei ganze Zahlen, mögen sie nun grofs oder klein sein, in der That gleichwertig, wenn sie aus derselben Partialreihe R_i stammen, d. h. modulo m den gleichen Rest lassen. Doch ist die Gaussische Ausdrucksweise schon so allgemein in die Wissenschaft eingedrungen, dafs wir uns eben von der Vorstellung der Gleichheit, die dem Worte „kongruent" in der Geometrie anhaftet, entwöhnen müssen, eine Forderung der Praxis, die auf Grund des neu eingeführten Zeichens für die Kongruenz ($\equiv$), leicht zu erfüllen ist. Freilich wäre auch dieses Zeichen vielleicht besser durch ein anderes Symbol zu ersetzen, weil durch eben dieses Zeichen neuerdings, wohl zuerst von *Riemann*, ausgedrückt wird, dafs zwei Ausdrücke einander identisch gleich sind, so dafs z. B. $x^2 - y^2 \equiv (x + y)(x - y)$ gesetzt wird. Es ist nicht zu leugnen, dafs diese Bedeutung jenes Zeichens, obwohl sie nicht entfernt die gleiche Verbreitung gefunden hat, doch eigentlich naturgemäfser erscheint als die Gaussische; denn bei jenen drei Strichen denkt man unwillkürlich zuerst an eine verstärkte Gleichheit, während durch die Kongruenz in der Zahlentheorie im Gegenteil eine viel weniger nahe Verwandtschaft zwischen zwei Zahlen hervorgehoben wird. Selbstverständlich wird jenes Zeichen in unseren Vorlesungen immer im Gaussischen Sinne verstanden werden, wogegen wir uns für jede davon irgendwie verschiedene Art der Äquivalenz des Symbols ($\sim$) bedienen wollen. — Von einem andern Gesichtspunkte aus ist es als ein Vorteil anzusehen, dafs *Gauss* den Äquivalenzbegriff, der in seiner Allgemeinheit für die ganze Mathematik, wie auch für andere Wissenschaften so überaus fruchtbar ist, nicht an die von ihm behandelte, sehr spezielle Gleichwertigkeit gebunden hat.

§ 2.

Werden irgend welche Elemente $A, B, C, \cdots$ oder auch Systeme von solchen

$$(A_1, A_2, \cdots), \quad (B_1, B_2, \cdots), \quad (C_1, C_2, \cdots) \cdots,$$

die wir typisch ebenfalls durch

$$(A), \quad (B), \quad (C), \cdots$$

bezeichnen wollen, äquivalent genannt, so mufs diese Beziehung, falls sie wirklich die Merkmale der Gleichwertigkeit tragen soll, notwendig den folgenden drei Anforderungen genügen:

1) Jedes System muſs sich selbst äquivalent, d. h. es muſs stets

$$A \sim A \ .$$

sein.

2) Sind zwei Systeme einem dritten äquivalent, so müssen sie unter einander äquivalent sein, d. h. aus den beiden Äquivalenzen

$$A \sim C, \quad B \sim C$$

muſs sich die weitere

$$A \sim B$$

ergeben.

3) Ersetzt man in den Äquivalenzen der vorigen Nummer C durch A, so folgt aus

$$B \sim A$$

mit Notwendigkeit

$$A \sim B,$$

d. h. die Erklärung der Äquivalenz muſs in Bezug auf A und B symmetrisch sein.

Daſs jene Bedingungen, von denen die dritte in den beiden ersten enthalten ist, für unsere Definition der Kongruenz erfüllt sind, bedarf keines Beweises; in der That ist die Richtigkeit der Kongruenz

$$a \equiv a \quad (\mathrm{mod}\ m)$$

selbstverständlich; und bestehen ferner die beiden Kongruenzen:

$$a \equiv c \ (\mathrm{mod}\ m) \quad \text{und} \quad b \equiv c \ (\mathrm{mod}\ m),$$

so sind ja a und b in derselben Reihe R_i enthalten, d. h. es ist auch

$$a \equiv b \quad (\mathrm{mod}\ m).$$

Wir gehen nun dazu über, die Grundregeln für das Rechnen mit Kongruenzen herzuleiten und werden dabei an der Hand einiger elementarer Sätze zu der Erkenntnis kommen, daſs man, abgesehen von einer leicht zu findenden Einschränkung, mit Kongruenzen genau ebenso wie mit Gleichungen rechnen kann. Es gelten nämlich die folgenden Fundamentalsätze:

(1) „Ist

$$a \equiv a', \quad b \equiv b' \quad (\mathrm{mod}\ m),$$

so ist auch

(2)
$$\left. \begin{array}{l} a+b \equiv a' + b' \\ a-b \equiv a' - b' \\ ab \equiv a'b' \end{array} \right\} \ (\mathrm{mod}\ m)."$$

Da nämlich die beiden Differenzen $a - a'$ und $b - b'$ nach der Voraussetzung (1) durch m teilbar sind, so ergiebt sich die Richtigkeit der Kongruenzen (2) unmittelbar vermöge der Identitäten

$$(a + b) - (a' + b') = (a - a') + (b - b')$$
$$(a - b) - (a' - b') = (a - a') - (b - b')$$
$$ab - a'b' \quad\quad = a(b - b') + b'(a - a').$$

Natürlich gilt das Gleiche auch von Summen mehrerer Summanden und Produkten aus mehreren Faktoren, und hieraus können wir direkt den allgemeinen Satz folgern:

„Ist $f(a, b, c, \cdots)$ eine beliebige ganze, ganzzahlige Funktion der Zahlen $a, b, c, \cdots$, so ändert sie, modulo m betrachtet, ihren Wert nicht, wenn die Zahlen $a, b, c, \cdots$ durch andere, ihnen modulo m beziehlich kongruente $a', b', c', \cdots$ ersetzt werden."

Es ist somit allgemein

$$f(a, b, c, \cdots) \equiv f(a', b', c', \cdots) \pmod{m},$$

falls

$$a \equiv a', \; b \equiv b', \; c \equiv c', \; \cdots \pmod{m}$$

ist.

So einfach dieses Theorem auch ist, so wird es doch für eine ganze Theorie von fundamentaler Bedeutung. Ist z. B. x so bestimmt, daß die ganze, ganzzahlige Funktion

$$f(x) = a_n x^n + a_{n-1} x^{n-1} + \cdots + a_1 x + a_0 \equiv 0 \pmod{m}$$

ist, wo $a_0, \cdots a_n$ beliebige ganze Zahlen bedeuten, so bleibt diese Kongruenz bestehen, wenn für x irgend eine ihr kongruente Zahl ξ, also etwa der kleinste Rest von x modulo m gesetzt wird. Um demnach zu entscheiden, ob unsere Kongruenz durch einen ganzzahligen Wert von x befriedigt werden kann, hat man nur nötig, für x der Reihe nach $0, 1, 2, \cdots m - 1$ oder irgend ein anderes vollständiges Restsystem modulo m einzusetzen und zu prüfen, welche der so entstehenden m ganzen Zahlen

$$f(0), \; f(1), \; \cdots f(m - 1)$$

durch m teilbar ist. So hat z. B. die Kongruenz

$$f(x) = x^2 + x + 1 \equiv 0 \pmod{5}$$

überhaupt keine ganzzahlige Lösung, weil keine der 5 Zahlen

$$f(0) = 1, \; f(1) = 3, \; f(2) = 7, \; f(3) = 13, \; f(4) = 21$$

durch 5 teilbar ist. Dagegen besitzt

$$x^2 - 6x \equiv 0 \pmod{5}$$

die beiden inkongruenten Lösungen

$$x \equiv 0 \pmod{5}, \quad x \equiv 1 \pmod{5}$$

und keine andern.

Haben wir ferner eine Kongruenz

$$a \equiv b \pmod{m_1 m_2 m_3 \cdots m_r},$$

deren Modul ein Produkt aus beliebig vielen Faktoren ist, so ist sie offenbar für jeden Faktor desselben erfüllt, d. h. es folgen aus ihr die r weiteren Kongruenzen

$$a \equiv b \pmod{m_i} \qquad (i = 1, 2, \cdots r).$$

Im Anschlusse hieran soll nunmehr auf einen Grundunterschied hingewiesen werden, der zwischen Gleichungen und Kongruenzen im allgemeinen statt hat. Unter den vielen Sätzen, die für beide Gebiete in gleicher Weise gelten, ist einer der selbverständlichsten der folgende:

„Wenn in einem Produkte von zwei oder mehreren Zahlen der eine Faktor gleich oder kongruent Null ist, so ist es auch das Produkt selbst."

Die Umkehrung desselben:

„Wenn ein Produkt gleich Null ist, so muß es einer seiner Faktoren sein"

ist nun für die Theorie der Gleichungen bei weitem wichtiger als jener Satz selbst. Die Richtigkeit jener Umkehrung ist evident, so lange es sich um Produkte ganzer Zahlen handelt; sie muß jedoch bei der Einführung anderer als der natürlichen Zahlen jedesmal erst bewiesen werden. Grade auf dem Umstande, daß dieser Nachweis in dem Gebiete der höheren komplexen Zahlen ausnahmslos geführt werden kann, beruht die grofse Bedeutung derselben für die Entwicklung der Wissenschaft. Dafs dieser selbe Satz für Kongruenzen keineswegs bedingungslos besteht, lehrt das nächste beste konkrete Beispiel. So ist z. B. $3 \cdot 7 \equiv 0 \pmod{21}$, ohne dafs einer der Faktoren 3 oder 7 durch 21 teilbar ist. Man kann aber leicht den Satz angeben, welcher in der Theorie der Kongruenzen an die Stelle des soeben erwähnten Theoremes tritt.

Ist nämlich allgemein

(5) $$a \cdot b \equiv 0 \pmod{m}$$

und ist (m, a) der gröfste gemeinsame Divisor von m und a, so braucht b nur den komplementären Divisor $\dfrac{m}{(m, a)}$ zu enthalten; d. h. die Kongruenz (5) hat die andere

$$b \equiv 0 \left(\bmod \frac{m}{(m, a)}\right)$$

zur notwendigen Folge; wir erhalten also hier den viel spezielleren Satz:

„Ist

$$ab \equiv 0 \pmod{m},$$

so mufs b den zu (m, a) komplementären Teiler von m enthalten."

Nur in dem besonderen Falle, wo (m, a) gleich 1, wo also a zu m relativ prim ist, geht aus (5) die Kongruenz

$$b \equiv 0 \pmod m$$

hervor.

Ganz ebenso darf aus der Kongruenz

$$ac \equiv bc \pmod m$$

nicht ohne weiteres

$$a \equiv b \pmod m$$

geschlossen werden, sondern es ergibt sich wieder nur

$$a \equiv b \ \left(\operatorname{mod} \tfrac{m}{(m,\, c)}\right),$$

denn die erste Kongruenz kann ja in der Form

$$c\,(a - b) \equiv 0 \pmod m$$

geschrieben und auf sie der soeben gefundene Satz angewendet werden. So folgt z. B. aus

$$2 \cdot 5 \equiv 8 \cdot 5 \pmod{30}$$

nicht

$$2 \equiv 8 \pmod{30},$$

sondern nur

$$2 \equiv 8 \pmod 6;$$

dagegen ergiebt sich aus

$$5 \cdot 2 \equiv 5 \cdot 14 \pmod 6$$

notwendig

$$2 \equiv 14 \pmod 6,$$

weil hier der Multiplikator 5 zu 6 teilerfremd ist.

> „Ist aber der Modul speziell eine Primzahl p, so kann ein Produkt zweier oder mehrerer Faktoren niemals durch p teilbar sein, ohne daſs einer der letzteren die Primzahl enthält."

Hier läſst sich also jener Fundamentalsatz aus der Theorie der Gleichungen ganz entsprechend auch für Kongruenzen aufstellen, und danach können die Kongruenzen für einen Primzahlmodul völlig ebenso wie die Gleichungen behandelt werden.

Auf diese Thatsache hat man früher zu wenig Gewicht gelegt; selbst *Gauss* hat sie in seinem Hauptwerke in diesem Zusammenhange nicht hervorgehoben, obgleich die Einführung des Äquivalenzbegriffes grade dann von hervorragendem Nutzen ist, wenn der eben erwähnte Fundamentalsatz erhalten bleibt. Bei zusammengesetzten Moduln kann man gewissermaſsen zwei Klassen der Null modulo m unterscheiden; in der einen befinden sich alle wirklichen Vielfachen von m, während die andere alle Zahlen umfaſst, die mit dem Modul nur einen Teiler gemeinsam haben, ohne ihn ganz zu enthalten. Für $m = 25$ gehören

z. B. 0, 25, 50, $\cdots$ in die erste, 5, 10, 15, 20, 30 u. s. f. in die zweite Klasse; für Primzahlmoduln p fallen dagegen die Teiler der Null modulo p fort und daher entspricht die Theorie der Kongruenzen modulo p vollständig der der Gleichungen.

Wir hatten ferner auf Grund der Darstellbarkeit einer Zahl durch ihr Exponentensystem gezeigt, dafs eine Zahl m, die durch zwei andere m' und m'' teilbar ist, auch deren kleinstes gemeinsames Vielfaches enthalten mufs. Dieser Satz lautet auf die Kongruenzen übertragen folgendermafsen:

„Ist
$$a \equiv b \pmod{m} \quad \text{und} \quad a \equiv b \pmod{m'},$$
so ist auch
$$a \equiv b \pmod{[m,\ m']},$$
wo $[m,\ m']$ das kleinste gemeinsame Vielfache von m und m' bezeichnet",

oder verallgemeinert:

„Gilt eine und dieselbe Kongruenz für verschiedene Moduln, so besteht sie auch für das kleinste gemeinsame Vielfache derselben als Modul."

So folgt z. B. daraus, dafs die Kongruenz
$$122 \equiv 242$$
für jeden der vier Moduln 12, 30, 40, 60 besteht, dafs sie auch für deren kleinstes gemeinsames Vielfaches, d. h. für 120, erfüllt ist. Hieran schliefst sich unmittelbar die Folgerung:

„Gilt eine Kongruenz für eine Anzahl von Moduln, von denen jeder zu jedem andern relativ prim ist, so besteht sie auch für ihr Produkt",

denn in diesem Falle ist ja eben das kleinste gemeinsame Vielfache gleich dem Produkte jener Moduln. So folgt z. B. aus dem Bestehen der Kongruenz
$$11 \equiv 2811$$
für $m = 8,\ 25,\ 7$ die Richtigkeit der Kongruenz:
$$11 \equiv 2811 \pmod{1400}.$$

§ 3.

Ehe wir auf die systematische Behandlung und Auflösung der Kongruenzen eingehen, wollen wir noch die Anwendbarkeit der bisher gefundenen Resultate an einigen Sätzen erläutern, die in der elementaren Arithmetik von Bedeutung sind. Es läfst sich nämlich die Frage, ob eine vorgelegte beliebig grofse Zahl eine gegebene andere zum Divisor hat, in einigen Fällen mit Hilfe der Kongruenzen unschwer beantworten.

Wie bereits mehrfach erwähnt wurde, kann jede ganze Zahl C auf eine und nur eine Weise in einem Systeme mit beliebig gewählter Grundzahl g, d. h. in der Form

$$C = C_0 + C_1 g + C_2 g^2 + \cdots + C_r g^r = \sum_{k=0}^{r} C_k g^k$$

geschrieben werden, wo $C_0, \cdots C_r$ Zahlen aus der Reihe $0, 1, 2, \cdots g-1$ bedeuten und die Ziffern von C im g-adischen Systeme genannt werden. Nach Analogie der gewöhnlichen Schreibweise im dekadischen Systeme wird dann C durch

$$\left(C_r,\ C_{r-1},\ \cdots C_1,\ C_0 \right)$$

ausgedrückt. So wird z. B. die Zahl 7217 im hexadischen Zahlensysteme geschrieben gleich 53225, denn es ist:

$$7213 = 5 + 2 \cdot 6 + 2 \cdot 6^2 + 3 \cdot 6^3 + 5 \cdot 6^4.$$

Ebenso kann die Zahl 142713 in dem dodekadischen Zahlensysteme, d. h. demjenigen, dessen Grundzahl die Zwölf ist, folgendermafsen geschrieben werden:

$$142713 = 6\alpha709,$$

wenn durch α und β die in diesem Zahlensysteme neu hinzutretenden Ziffern 10 und 11 bezeichnet werden.

Es sei nun $C = \left(C_r,\ C_{r-1},\ \cdots C_1,\ C_0 \right)$ eine beliebige Zahl in dem g-adischen Zahlensysteme geschrieben. Betrachtet man nun C für einen Modul m und bezeichnet zugleich die kleinsten positiven Reste der Potenzen

$$1,\ g,\ g^2, \cdots$$

modulo m nach einander durch

$$\gamma_0,\ \gamma_1,\ \gamma_2, \cdots,$$

so ist

$$C = \sum_k C_k g^k \equiv \sum_k C_k \gamma_k \quad (\mathrm{mod}\ m).$$

Da die Zahlen γ_k verhältnismäfsig klein sind, so wird es im allgemeinen weit leichter sein, die Zahl $\sum_k C_k \gamma_k$, als die ursprüngliche $\sum_k C_k g^k$ auf ihre Teilbarkeit durch m zu untersuchen. Vorzüglich einfach gestaltet sich diese Aufgabe, wenn der Modul $m = g - 1$ oder $m = g + 1$ ist, und hier, wie in einigen weiteren Fällen, wird thatsächlich die obige

Reduzierung von C für das praktische Rechnen verwertbar. In den beiden unterschiedenen Fällen ist nämlich für jedes k

$$g^k \equiv 1 \ (\mathrm{mod}\,(g-1)), \quad g^k \equiv (-1)^k \ (\mathrm{mod}\,(g+1));$$

setzt man also diese Werte in die Darstellung von C ein, so ergeben sich die beiden Kongruenzen

$$C = \sum_k C_k g^k \equiv \sum_k C_k = C_0 + C_1 + C_2 + \cdots \ (\mathrm{mod}\,g-1),$$

$$C = \sum_k C_k g^k \equiv \sum_k (-1)^k C_k = C_0 - C_1 + C_2 - \cdots \ (\mathrm{mod}\,g+1);$$

es gelten also die folgenden Sätze:

„Jede Zahl ist modulo $g-1$ ihrer Ziffernsumme kongruent, wenn man sie sich in dem g-adischen Zahlensysteme geschrieben denkt; dagegen ist sie modulo $g+1$ betrachtet ihrer alternierenden Ziffersumme kongruent.“

Betrachtet man z. B. die Zahl 7217 modulo 5 und modulo 7, so ist, da diese im hexadischen Zahlensysteme die Form 53225 hatte:

$$7217 \equiv 5 + 2 + 2 + 3 + 5 \equiv 2 \ (\mathrm{mod}\,5)$$
$$\equiv 5 - 2 + 2 - 3 + 5 \equiv 0 \ (\mathrm{mod}\,7.)$$

Ist speziell das Zahlensystem das dekadische, so ergeben sich für die Divisoren 9 und 11 die Kongruenzen:

$$C = [C_r, \cdots C_2, C_1, C_0] \equiv C_0 + C_1 + C_2 + \cdots + C_r \ (\mathrm{mod}\,9),$$

$$C = [C_r, \cdots C_2, C_1, C_0] \equiv C_0 - C_1 + C_2 - C_3 + \cdots \pm C_r \ (\mathrm{mod}\,11).$$

Es ist danach eine Zahl dann und nur dann durch 9 teilbar, wenn es ihre Quersumme ist, und sie enthält die Zahl 11, wenn dasselbe bei der Summe ihrer mit abwechselndem Vorzeichen genommenen Ziffern der Fall ist.

Stellt man also die Aufgabe, jemand solle sich eine Zahl denken, von ihr ihre Quersumme abziehen und von der resultierenden Zahl irgend eine ihrer von Null verschiedenen Ziffern fortlassen, so kann man aus der Quersumme der übrig bleibenden Zahl die fortgelassene Ziffer sofort finden; es ist diejenige Zahl, um welche sich jene Quersumme von dem nächst größeren Vielfachen von Neun unterscheidet. Auf diesen beiden Sätzen beruht auch die sogenannte Neunerprobe und die Elferprobe, mit deren Hilfe man die Richtigkeit der Multiplikation großer Zahlen mit fast absoluter Sicherheit kontrollieren kann. Sind nämlich:

$$a = (a_r, a_{r-1}, \cdots a_1, a_0), \quad b = (b_s, b_{s-1}, \cdots b_1, b_0)$$

irgend zwei ganze Zahlen und

$$c = (c_i,\ c_{i-1},\ \cdots,\ c_1,\ c_0)$$

ihr Produkt, so besteht modulo 9 betrachtet die Kongruenz:

$$c \equiv \sum_0^i c_i \equiv ab \equiv \Big(\sum_0^r a_i\Big)\Big(\sum_0^s b_i\Big) \ (\text{mod } 9).$$

„Die Ziffernsumme eines Produktes ist also modulo 9 dem Produkte der Ziffernsummen seiner Faktoren kongruent, und ebenso ist die alternierende Ziffernsumme eines Produktes dem Produkte der alternierenden Ziffernsummen seiner Faktoren modulo 11 kongruent."

Wendet man z. B. jene beiden Proben zur Kontrolle der Gleichung

$$3752 \cdot 7640 = 28665280$$

an, so liefern diese die beiden offenbar richtigen Kongruenzen:

$$\left.\begin{array}{l} 17 \cdot 17 \equiv 37 \\ (-1)(-1) \equiv 1 \end{array}\right\} \ (\text{mod } 9) \quad 1 \cdot (-5) \equiv (-5) \ (\text{mod } 11).$$

Aufserdem ergeben sich noch in den Kongruenzen

$$C = [C_r, \cdots C_2,\ C_1,\ C_0] \equiv C_0 \ (\text{mod } 2) \ \text{und} \ (\text{mod } 5)$$

und

$$C = [C_r, \cdots C_2,\ C_1,\ C_0] \equiv 10\,C_1 + C_0 \ (\text{mod } 4) \ \text{und} \ (\text{mod } 25)$$

die bekannten Kriterien für die Teilbarkeit einer Zahl durch 2, 4, 5 oder 25 und hieraus ähnliche Vereinfachungen für die höheren Potenzen von 2 oder 5.

Um das Prinzip dieser Methoden deutlicher erkennen zu lassen, wollen wir jetzt das Gesetz aufsuchen, dem die Ziffern einer im dekadischen Systeme gegebenen Zahl gehorchen müssen, damit diese durch 7 teilbar ist. Zu diesem Zwecke stellen wir die kleinsten positiven oder negativen Reste zusammen, denen die Potenzen von 10 modulo 7 bezw. kongruent sind, und erhalten so

$$10 \equiv \quad 3; \quad 10^2 \equiv \quad 2; \quad 10^3 \equiv -1$$
$$10^4 \equiv -3; \quad 10^5 \equiv -2; \quad 10^6 \equiv \quad 1.$$

Jede von diesen Kongruenzen geht aus der vorigen hervor, indem man die letztere mit 10 multipliziert und ihre rechte Seite modulo 7 auf ihren kleinsten positiven oder negativen Rest reduciert. Offenbar sind dann die weiteren Potenzen von 10 von der siebenten an abermals den Zahlen 3, 2, − 1, − 3, − 2, 1 in derselben Reihenfolge kongruent; denn es ist z. B.

$$10^7 = 10^6 \cdot 10 \equiv 3 \ (\text{mod } 7).$$

So gelangen wir zu der Kongruenz:

$$C = [C_r, \cdots C_2, C_1, C_0] \equiv (C_0 - C_3 + C_6 - C_9 + \cdots)$$
$$+ 3\,(C_1 - C_4 + C_7 - C_{10} + \cdots)$$
$$+ 2\,(C_2 - C_5 + C_8 - \cdots) \quad (\text{mod. } 7).$$

Z. B. ist

$$12096735 \equiv (5 - 6 + 2) + 3\,(3 - 9 + 1) + 2\,(7 - 0) \equiv 0 \ (\text{mod } 7).$$

Nehmen wir nun für die Moduln gröfsere Zahlen, so werden derartige Gesetze im allgemeinen immer komplizierter und praktisch unbrauchbarer, und es entsteht daher die Frage, für welche gröfseren Moduln sich ein einfaches Resultat herausstellt. Wie sofort zu ersehen, ist hierzu erforderlich, dafs von den Resten γ_k der Potenzen g^k möglichst wenige von einander verschieden sind, oder dafs γ_k möglichst bald wieder den Wert $+1$ bekommt; demnach kommt es dabei wesentlich auf die willkürlich wählbare Grundzahl g unseres Systemes an.

Ist wieder 10 diese Grundzahl, so gestaltet sich die Untersuchung besonders leicht für die Primzahlen 37 und 101. Es ist nämlich

$$10 \equiv 10, \quad 10^2 \equiv -11, \quad 10^3 \equiv +1 \ (\text{mod } 37)$$

und deshalb genau wie vorher jedes fernere 10^k einer der Zahlen 1, 10, -11 kongruent, je nachdem der Exponent von der Form $3h$, $3h + 1$ oder $3h + 2$ ist. Es ist somit

$$C = [C_r, \cdots C_2, C_1, C_0] \equiv (C_0 + C_3 + C_6 + \cdots)$$
$$+ 10\,(C_1 + C_4 + C_7 + \cdots) - 11\,(C_2 + C_5 + \cdots) \quad (\text{mod } 37);$$

z. B. ist

$$98754321 \equiv (1 + 4 + 8) + 10\,(2 + 5 + 9) - 11\,(3 + 7) \equiv 26 \ (\text{mod } 37),$$

d. h. diese Zahl läfst durch 37 geteilt den Rest 26. Ebenso ist für $m = 101$

$$10 \equiv 10, \quad 10^2 \equiv -1, \quad 10^3 \equiv -10, \quad 10^4 \equiv 1 \ (\text{mod } 101) \quad \text{u. s. w.,}$$

und wir erhalten die Kongruenz

$$C = [C_r, \cdots C_2, C_1, C_0] \equiv (C_0 - C_2 + C_4 - C_6 + \cdots)$$
$$+ 10\,(C_1 - C_3 + C_5 - C_7 + \cdots) \quad (\text{mod } 101).$$

In allen den soeben behandelten Fällen richtet sich das Hauptinteresse jedesmal auf die Feststellung der kleinsten Reste, denen die Potenzen einer Grundzahl g, in unsern Beispielen also die Potenzen 10^0, 10^1, 10^2, $\cdots$ modulo m kongruent sind. Man kann deshalb das Obige bereits als eine Vorbereitung auf die Theorie der Potenzreste betrachten.

Achte Vorlesung.

Die höheren Kongruenzen. — Aufsuchung ihrer Wurzeln. — Hauptsätze über die höheren Kongruenzen. — Anzahl der Wurzeln einer Kongruenz. — Kongruenzen für einen Primzahlmodul. — Anwendungen: Der Wilsonsche und der Fermatsche Satz.

§ 1.

Nachdem wir in der letzten Vorlesung die Grundregeln über das Rechnen mit Kongruenzen auseinandergesetzt haben, wenden wir uns jetzt der speziellen Theorie der letzteren zu. Wir gehen dabei zunächst von einem allgemeineren, großen Untersuchungsgebiete, der Lehre von den sogenannten höheren Kongruenzen aus, die derjenigen von den algebraischen Gleichungen in der Algebra entspricht; wir fragen nämlich, ob es ganze Zahlen x giebt, die der ganzzahligen Kongruenz

$$f(x) = c_n x^n + c_{n-1} x^{n-1} + \cdots + c_0 \equiv 0 \pmod{m}$$

genügen, analog wie bei den Gleichungen nach den Lösungen von

$$f(x) = 0$$

geforscht wird. Unsere letzte, wesentliche Aufgabe für eine einzige Unbekannte kann hiernach so ausgesprochen werden:

„Es sollen alle Lösungen der ganzzahligen Kongruenz

$$f(x) = c_n x^n + c_{n-1} x^{n-1} + \cdots + c_0 \equiv 0 \pmod{m}$$

gefunden, d. h. es soll in der allgemeinsten Weise x als ganze Zahl so bestimmt werden, daß diese Kongruenz befriedigt wird.“ Hat man eine derartige Zahl x gefunden, so genügt, wie oben bewiesen wurde, jede zu x modulo m kongruente Zahl der Kongruenz ebenfalls; diese besitzt daher dann und nur dann überhaupt eine ganzzahlige Lösung, wenn eine solche bereits unter den m ersten Zahlen $0, 1, \cdots m-1$ vorhanden ist. Um alle Lösungen der Kongruenz aufzusuchen, hat man also nur für x der Reihe nach die Werte $0, 1, \cdots m-1$ in $f(x)$ einzusetzen und nachzusehen, welche von den so entstehenden Zahlen $f(0), \cdots f(m-1)$ durch m teilbar sind. Sind $a_1 \cdots a_r$ alle Zahlen jener Reihe, die dieser Forderung entsprechen, so erhält man die Gesamtheit der verlangten Lösungen in den r Kongruenzen

$$x \equiv a_i \pmod{m} \qquad {\scriptstyle (i=1,\ 2,\ \cdots r).}$$

Mithin kann unsere Aufgabe stets durch eine endliche Anzahl von Versuchen gelöst werden.

Bei der Betrachtung der Kongruenzen höheren Grades ist nun eine Erweiterung des Kongruenzbegriffes von höchstem Nutzen, die später ausführlich erörtert werden soll. Während wir nämlich bis jetzt nur *Zahlen* hinsichtlich eines Moduls m prüften, wollen wir dieses jetzt auch für ganze ganzzahlige Funktionen von Unbestimmten thun, wobei wir die Anzahl der letzteren vorerst auf eine beschränken; wir sagen, eine ganze ganzzahlige Funktion

$$f(x) = c_n x^n + c_{n-1} x^{n-1} + \cdots + c_0$$

ist durch m teilbar, wenn der Quotient

$$\frac{f(x)}{m} = f_1(x)$$

wiederum eine ganze ganzzahlige Funktion von x ist. Hieran schließt sich unmittelbar die folgende Definition:

„Eine ganze ganzzahlige Funktion von x ist dann und nur dann ein Vielfaches von m, wenn ihre sämtlichen Koefficienten es sind“,

und damit lassen sich sofort die Sätze über Kongruenzen von Zahlen auf solche von ganzen Funktionen ausdehnen.

„Zwei Funktionen $f(x)$ und $g(x)$ sind dann und nur dann modulo m kongruent, wenn ihre Differenz durch m teilbar ist.“

Ist also

$$f(x) = a_0 + a_1 x + a_2 x^2 + \cdots + a_n x^n$$

$$g(x) = b_0 + b_1 x + b_2 x^2 + \cdots + b_n x^n,$$

so ist

$$f(x) \equiv g(x) \quad (\mathrm{mod}\, m),$$

wenn durchweg

$$a_k \equiv b_k \quad (\mathrm{mod}\, m) \qquad (k = 0, 1, 2, \cdots n)$$

ist. Daß beide Funktionen von gleichem Grade angenommen worden sind, bedeutet keine Beeinträchtigung der Allgemeinheit, weil man ja, falls eine von ihnen von niedrigerem Grade als die andere ist, die fehlenden Potenzen von x mit dem Koefficienten 0 hinzufügen kann. Zwei modulo m kongruente Funktionen $f(x)$ und $f_1(x)$ sind einander für jeden ganzzahligen Wert des Argumentes kongruent; jede Wurzel der einen ist daher auch eine Kongruenzwurzel der andern. Will man nun alle Wurzeln einer Funktion $f(x)$ angeben, so kann man sich diese Aufgabe dadurch wesentlich vereinfachen, daß man alle Koefficienten

modulo m auf ihren kleinsten Rest reduziert. So stimmen z. B. alle
Wurzeln der Kongruenz:

$$12x^3 - 23x^2 + 6x + 23 \equiv 0 \pmod 6$$

mit denjenigen der einfacheren:

$$x^2 - 1 \equiv 0 \pmod 6$$

überein; dieselbe besitzt somit nur die beiden Lösungen

$$x \equiv \pm 1 \pmod 6.$$

Auf die hier sich darbietenden Probleme werden wir bei der
Theorie der Divisorensysteme ausführlich eingehen. Der Zweck vor-
stehender Betrachtungen an dieser Stelle bestand nur darin, die für
die weiteren Darlegungen unentbehrlichen Definitionen anzugeben und
zugleich darauf hinzuweisen, dafs die ganze Entwicklung jener Theorie
mit Notwendigkeit auf die arithmetische Behandlung der ganzen ganzzahligen Funktionen hinausläuft.

§ 2.

Es sei nun ξ_1 irgend eine Lösung von

$$(1) \qquad f(x) = c_0 + c_1 x + \cdots + c_n x^n \equiv 0 \pmod m,$$

also $f(\xi_1)$ durch m teilbar, dann besteht für ein variables x die
Kongruenz

$$f(x) \equiv f(x) - f(\xi_1) \equiv c_1 (x - \xi_1) + c_2 (x^2 - \xi_1^2) + \cdots + c_n (x^n - \xi_1^n)$$

$$\equiv (x - \xi_1) (c_0' + c_1' x + \cdots + c_{n-1}' x^{n-1})$$

$$\equiv (x - \xi_1) f_1 (x) \pmod m,$$

wo $f_1 (x)$ eine ganze ganzzahlige Funktion vom $(n - 1)^{\text{ten}}$ Grade bedeutet. Dieses Resultat kann ganz analog wie in der Theorie der
Gleichungen folgendermafsen ausgesprochen werden:

„Genügt ξ_1 der Kongruenz

$$f(x) \equiv 0 \pmod m,$$

so ist für jeden Wert von x

$$f(x) \equiv (x - \xi_1) f_1 (x) \pmod m,$$

d. h. $f(x)$ ist modulo m betrachtet durch den zu ξ_1 gehörigen
ganzzahligen Linearfaktor $x - \xi_1$ teilbar."
Angenommen nun, es besäfse

$$f_1 (x) \equiv 0 \pmod m$$

wieder eine ganzzahlige Lösung $x = \xi_2$, so ist nach dem eben bewiesenen Theoreme

$$f_1(x) \equiv (x - \xi_2) f_2(x) \quad (\text{mod } m)$$

und demnach

$$f(x) \equiv (x - \xi_1)(x - \xi_2) f_2(x) \quad (\text{mod } m).$$

Fährt man in derselben Weise fort und beachtet, dafs der Grad
der resultierenden ganzen ganzzahligen Funktionen $f_1(x)$, $f_2(x)$, $\cdots$
immer um eine Einheit abnimmt, so mufs man, wie leicht zu erkennen,
schliefslich zu einer Funktion kommen, die entweder vom 0ten Grade,
also eine Konstante ist oder garkeine Lösung besitzt; so ergiebt sich
zuletzt

$$f(x) \equiv (x - \xi_1)(x - \xi_2) \cdots (x - \xi_k) f_k(x) \quad (\text{mod } m),$$

wobei die Kongruenz

$$f_k(x) = a_0 + a_1 x + \cdots + a_{n-k} x^{n-k} \equiv 0 \quad (\text{mod } m)$$

durch keinen ganzzahligen Wert mehr befriedigt werden kann. Ist
speziell $k = n$, so reduziert sich $f_k(x)$ eben auf eine Konstante, und
zwar lehrt die Koefficientenvergleichung unmittelbar, dafs dieselbe
gleich c_n, dem Koefficienten der höchsten Potenz von x in $f(x)$, ist.
Die ganzen Zahlen ξ_1, ξ_2, $\cdots \xi_k$ sollen in Analogie mit der Theorie
der Gleichungen auch hier Wurzeln der Kongruenz (1) genannt
werden.

Hat eine Gleichung n^{ten} Grades n Wurzeln, ist also identisch

$$f(x) = c_n(x - \xi_1)(x - \xi_2) \cdots (x - \xi_n),$$

so gilt in der Algebra der Satz, dafs jede andere Lösung ξ mit einer
jener n Wurzeln zusammenfallen mufs, da das Produkt

$$c_n(\xi - \xi_1)(\xi - \xi_2) \cdots (\xi - \xi_n)$$

nur dann gleich Null sein kann, wenn einer seiner Faktoren es ist.
Hier tritt nun wieder der oben hervorgehobene Fundamentalunterschied
zwischen Gleichungen und Kongruenzen hervor: der entsprechende Satz
für Kongruenzen hat nämlich keineswegs allgemeine Geltung, eine
Kongruenz n^{ten} Grades kann sehr wohl mehr als n inkongruente
Lösungen besitzen. Sind nämlich ξ_1, ξ_2, $\cdots \xi_n$ n Wurzeln von $f(x) \equiv 0$,
ist also:

$$f(x) \equiv c_n(x - \xi_1) \cdots (x - \xi_n) \quad (\text{mod } m)$$

und nehmen wir an, ξ_0 sei eine $(n + 1)^{\text{te}}$ Lösung der Kongruenz, so
wissen wir, dafs das Produkt

$$f(\xi_0) = c_n(\xi_0 - \xi_1) \cdots (\xi_0 - \xi_n)$$

sehr wohl durch m teilbar oder kongruent Null modulo m sein kann,
ohne daſs einer seiner Faktoren es ist; hierzu braucht ja nur m derart
multiplikativ zerlegbar zu sein, daſs seine einzelnen Bestandteile in
jenen Faktoren aufgehen. ξ_0 stimmt daher durchaus nicht notwendig mit
einer der Gröſsen $\xi_1, \cdots \xi_n$ modulo m überein. So besitzt z. B. die
Kongruenz des zweiten Grades:

$$x^2 + x \equiv 0 \pmod 6$$

die vier inkongruenten Wurzeln 0, 2, 3, 5, und dem entsprechen die
beiden Darstellungen

$$x^2 + x \equiv x\,(x - 5) \pmod 6,$$
$$x^2 + x \equiv (x - 2)\,(x - 3) \pmod 6;$$

in der That ist für $x = 5$

$$f(5) \equiv (5 - 2)\,(5 - 3) \equiv 0 \pmod 6,$$

weil der erste Faktor des Produktes durch 3, der zweite durch 2 teilbar ist.

Der Hauptsatz aus der Lehre von den Gleichungen bleibt also für
Kongruenzen durchaus nicht bedingungslos bestehen, und dadurch gestaltet sich diese Theorie sehr viel schwieriger und verwickelter als
die der Gleichungen. Um so wichtiger aber ist der Umstand, daſs
sich für den Spezialfall eines Primzahlmoduls die Kongruenzen auch
in dieser Hinsicht ganz ebenso verhalten wie die Gleichungen. Besitzt
eine ganze ganzzahlige Funktion n^{ten} Grades $f(x)$ modulo p betrachtet
n Wurzeln, ist also:

$$f(x) \equiv c_n(x - \xi_1) \cdots (x - \xi_n) \pmod p, \qquad (2)$$

so kann keine $(n + 1)^{\text{te}}$ von $\xi_1, \xi_2, \cdots \xi_n$ modulo p verschiedene
Lösung ξ_0 mehr existieren, denn das Produkt

$$f(\xi_0) \equiv c_n(\xi_0 - \xi_1) \cdots (\xi_0 - \xi_n) \pmod p$$

kann nur dann durch die Primzahl p teilbar sein, wenn mindestens
einer seiner Faktoren dieselbe enthält. Die Möglichkeit $c_n \equiv 0 \pmod p$
ist aber natürlich ausgeschlossen, weil sonst $f(x)$ auf Grund der Kongruenz (2) identisch durch p teilbar wäre und die Koefficienten sämtlich Vielfache von p sein müſsten. Wir haben somit für diese
Kongruenzen den Fundamentalsatz gewonnen:

„Eine Kongruenz für einen Primzahlmodul p kann höchstens
so viele Wurzeln haben, als ihr Grad angiebt, es sei denn, daſs
alle ihre Koefficienten durch p teilbar sind."

Als unmittelbare Folge ergiebt sich hieraus für zusammengesetzte
Moduln:

„Eine Kongruenz des n^{ten} Grades, in der der Koefficient der höchsten Potenz zum Modul teilerfremd ist, kann nicht mehr als n Lösungen haben, die in Bezug auf einen Primfaktor des Moduls inkongruent sind."

Andrerseits kann eine Kongruenz sowohl für einen zusammengesetzten, wie für einen unzerlegbaren Modul recht gut weniger Wurzeln haben, als ihr Grad beträgt. Die Kongruenz

$$x^2 + 1 \equiv 0 \quad (\text{mod } 3)$$

besitzt z. B. keine einzige Wurzel, da ihre linke Seite für keinen der Werte $x = 0, 1, 2$ durch 3 teilbar wird, und dasselbe gilt selbstverständlich a fortiori für jedes Multiplum von 3 als Modul, z. B. für $m = 6$.

Diese Thatsache bedeutet jedoch keine wesentliche Abweichung der Kongruenzen von der Analogie mit den Gleichungen. Denn die Regel, dafs die Anzahl der Wurzeln gleich dem Grade der Gleichung ist, ist auch für die letzteren zunächst nicht richtig, sie wird es vielmehr erst, wenn man das Zahlenreich, innerhalb dessen die Wurzeln zu wählen sind, durch die Einführung der komplexen Zahlen $a + b\sqrt{-1}$ genügend erweitert; erst dann hat z. B. die quadratische Gleichung

$$x^2 + 1 = 0$$

zwei Wurzeln $x = \pm \sqrt{-1}$, während sie durch reelle Werte von x überhaupt nicht befriedigt werden kann. So könnte man auch die Wurzeln unlösbarer Kongruenzen als neue Zahlgröfsen definieren, und wirklich ist das mitunter geschehen; doch wird sich zeigen, dafs sich ihre Einführung ohne jeden Nachteil vermeiden läfst.

§ 3.

Nach den Auseinandersetzungen des vorigen Paragraphen können die Kongruenzen für einen Primzahlmodul der Hauptsache nach wie Gleichungen behandelt werden. Für sie gilt auch der weitere Satz:

Sind $\xi_1, \cdots \xi_k$ k von einander verschiedene Wurzeln der Kongruenz

$$f(x) \equiv 0 \quad (\text{mod } p),$$

so ist identisch

$$f(x) \equiv (x - \xi_1)(x - \xi_2) \cdots (x - \xi_k) f_k(x),$$

d. h. $f(x)$ ist modulo p betrachtet durch das Produkt der k zugehörigen Linearfaktoren teilbar.

Wird nämlich zunächst angenommen, $f(x)$ enthalte modulo p nur das Produkt der h ersten von den k Linearfaktoren, so besteht also die Kongruenz:

$$f(x) \equiv (x - \xi_1) \cdots (x - \xi_h) f_h(x) \quad (\text{mod } p);$$

ersetzt man in ihr x durch die $(h+1)^{\text{te}}$ Kongruenzwurzel ξ_{h+1}, so ergiebt sich:

$$f(\xi_{h+1}) \equiv (\xi_{h+1} - \xi_1) \cdots (\xi_{h+1} - \xi_h) f_h(\xi_{h+1}) \equiv 0 \quad (\text{mod } p).$$

Da nun ξ_{h+1} gemäfs der Voraussetzung von $\xi_1, \cdots \xi_h$ modulo p verschieden ist und einer der Faktoren des obigen Produktes modulo p verschwinden mufs, so ist notwendig

$$f_h(\xi_{h+1}) \equiv 0 \quad (\text{mod } p),$$

d. h. $f_h(x)$ ist durch $x - \xi_{h+1}$ oder $f(x)$ selbst ist in der That modulo p durch das Produkt $(x - \xi_1) \cdots (x - \xi_h)(x - \xi_{h+1})$ teilbar, w. z. b. w.

Im Zusammenhange hiermit können wir jetzt einige interessante Folgerungen speziellerer Natur ableiten. Nach dem aus der Einleitung bekannten kleinen Fermat'schen Satze ist für eine beliebige Primzahl p die Differenz $x^p - x$ für jeden ganzzahligen Wert von x durch p teilbar. Es besitzt demnach die Kongruenz

$$x^p - x \equiv 0 \quad (\text{mod } p)$$

die p modulo p inkongruenten Wurzeln $0, 1, \cdots p - 1$, also genau so viele, wie ihr Grad angiebt; daher mufs die Kongruenz bestehen

$$(3) \qquad x^p - x \equiv x(x - 1) \cdots (x - p + 1) \quad (\text{mod } p).$$

Ferner erkennen wir leicht, dafs es für den Modul p keine Kongruenz niedrigeren Grades geben kann, die für jedes ganzzahlige x erfüllt ist, denn eine solche müfste ja auch die p inkongruenten Wurzeln $0, 1, 2, \cdots p - 1$ haben, also auch mindestens vom p^{ten} Grade sein.

Aus (3) ergiebt sich nun durch Vergleichung des Koefficienten von x auf beiden Seiten das bemerkenswerte Resultat:

$$1 \cdot 2 \cdots (p - 1) \equiv -1 \quad (\text{mod } p)$$

d. i. der sogenannte Wilsonsche Satz:

„Ist p eine beliebige Primzahl, so ist

$$(p - 1)! + 1$$

stets durch p teilbar.“

Offenbar kann dieser Satz auch umgekehrt werden: Ist für irgend eine ganze Zahl m

$$(4) \qquad (m - 1)! + 1 \equiv 0 \quad (\text{mod } m)$$

so muſs m notwendig eine Primzahl sein. Hätte nämlich m einen eigentlichen Divisor m', so müſste derselbe in der linken Seite von (4) enthalten sein, und das ist unmöglich, weil er schon unter den Faktoren des Produktes $(m-1)!$ vorkommt. Es ist deshalb die in dem Wilsonschen Satze formulierte Eigenschaft der Primzahlen für sie charakteristisch. So ist z. B. für $p = 7$

$$1 \cdot 2 \cdot 3 \cdots 6 + 1 = 721 \equiv 0 \quad (\mathrm{mod}\ 7).$$

Eine zweite direkte Folgerung unseres Ausgangstheorems lautet: Hat eine Primzahlkongruenz

$$f(x) \equiv 0 \quad (\mathrm{mod}\ p)$$

genau so viele inkongruente Wurzeln, wie ihr Grad angiebt, und ist

$$f(x) = \varphi(x)\,\psi(x),$$

so besitzt jeder dieser beiden Faktoren die gleiche Eigenschaft. Die Summe der Grade von $\varphi(x)$ und $\psi(x)$ ist nämlich gleich dem Grade von $f(x)$ und jede Kongruenzwurzel von $f(x)$ ist entweder eine solche von $\varphi(x)$ oder von $\psi(x)$. Hätte daher die Kongruenz $\varphi(x) \equiv 0$ weniger Wurzeln, als ihr Grad angiebt, so würde die Anzahl der Wurzeln von $\psi(x) \equiv 0 \ (\mathrm{mod}\ p)$ gröſser sein als der Grad von $\psi(x)$, und das ist nicht möglich, weil der Modul eine Primzahl ist.

Da z. B. in der Gleichung

$$x^p - x = x(x^{p-1} - 1)$$

der erste Faktor rechts für $x = 0$ verschwindet, so kommen auf die Kongruenz

$$x^{p-1} - 1 \equiv 0 \quad (\mathrm{mod}\ p)$$

die $p - 1$ übrigen inkongruenten Wurzeln $1, 2, \cdots p - 1$, und wir erhalten so den kleinen Fermatschen Satz in der ursprünglichen Form:

Ist p eine beliebige Primzahl, und a eine nicht durch p teilbare ganze Zahl, so ist stets:

$$a^{p-1} \equiv 1 \quad (\mathrm{mod}\ p).$$

Es sei nun h irgend eine p nicht enthaltende ganze Zahl; bilden wir dann die p Produkte

$$0,\ h,\ 2h,\ \cdots\ (p-1)\,h,$$

so sind dieselben, abgesehen von ihrer Reihenfolge, den Zahlen

$$0,\ 1,\ 2,\ \cdots\ p - 1$$

modulo p kongruent. In der That bilden die Elemente der ersten Reihe ebenso wie die der zweiten ein vollständiges Restsystem modulo p,

da nie je zwei unter ihnen für diesen Modul kongruent sein können.
Wäre nämlich etwa $rh \equiv sh \pmod p$, wo r und s irgend zwei verschiedene der Zahlen 0, 1, 2, $\cdots p-1$ bedeuten, so müfste $h(r-s)$
durch p teilbar sein, was offenbar unmöglich ist. Da sich ferner die
beiden Zahlen 0 in jenen beiden Reihen gegenseitig entsprechen, so
folgt, dafs auch die beiden Reihen

$$1, 2, \cdots p-1 \quad \text{und} \quad h, 2h, \cdots (p-1)\,h,$$

abgesehen von ihrer Reihenfolge, modulo p einander kongruent sind.
Ganz in derselben Weise wird, wie beiläufig hier erwähnt werden mag,
auch der Satz bewiesen:

> „Ist m irgend eine zusammengesetzte und h eine beliebige zu m
> relativ prime Zahl, so bilden die Produkte
>
> $$0, h, 2h, \cdots (m-1)\,h$$
>
> ebenfalls ein vollständiges Restsystem modulo m.“

Es sei nun $S(1, 2, \cdots p-1)$ irgend eine ganze symmetrische
Funktion der $(p-1)$ Zahlen 1, 2, $\cdots p-1$, etwa die Summe
$(1^2 + 2^2 + \cdots + (p-1)^2)$ ihrer Quadrate, dann bleibt sie nach dem
soeben bewiesenen Satze modulo p ungeändert, wenn man allgemein i
durch hi ersetzt, d. h. es ist stets:

$$S(1, 2, \cdots p-1) \equiv S(h, 2h, \cdots (p-1)\,h) \pmod p.$$

So ist also z. B. für jedes ganzzahlige h

$$x^{p-1} - 1 \equiv \prod_{i=1}^{p-1}(x-i) \equiv \prod_{i=1}^{p-1}(x-hi) \pmod p.$$

Es sei jetzt spezieller S eine homogene symmetrische Funktion
ihrer Argumente von der ν^{ten} Dimension, so ist nach dem Hauptsatze
über homogene Funktionen:

$$S(1, 2, \cdots p-1) \equiv S(h, 2h, \cdots (p-1)h) \equiv h^\nu S(1, \cdots p-1) \pmod p$$

oder

$$(5) \qquad\qquad (h^\nu - 1)\,S(1, 2, \cdots p-1) \equiv 0 \pmod p,$$

wo h jede beliebige durch p nicht teilbare ganze Zahl bedeuten kann.
Ist hierbei zunächst ν kein Vielfaches von $p-1$, so läfst sich h stets
so bestimmen, dafs $h^\nu - 1$ die Primzahl p nicht enthält. Ist nämlich
ν' der kleinste Rest, den ν nach der Division durch $p-1$ läfst,
ist also

$$\nu = (p-1)\,r + \nu', \qquad\qquad (\nu'=1, 2, \cdots p-2)$$

so ist nach dem Fermatschen Satze

$$h^\nu \equiv h^{(p-1)r} h^{\nu'} \equiv h^{\nu'} \pmod p,$$

und, weil nunmehr $v' < p - 1$ ist, kann h sicher stets so gewählt werden, daß

$$h^{v'} - 1$$

durch p nicht teilbar wird; denn wir haben ja gesehen, daß eine Kongruenz

$$x^{v'} - 1 \equiv 0$$

von niedrigerem als dem $(p - 1)^{\text{ten}}$ Grade nicht für jede der Zahlen $1, 2, \cdots p - 1$ bestehen kann. Wird also h demgemäß gewählt, so ist in der Kongruenz (5) der erste Faktor links durch p nicht teilbar; folglich muß es der zweite sein, und es ist damit der Satz bewiesen:

„Jede ganze homogene symmetrische Funktion der Zahlen $1, 2, \cdots p - 1$, deren Dimension kein Vielfaches von $p - 1$ ist, ist immer durch p teilbar."

Speziell ist

$$\sum_k k^v = 1^v + 2^v + \cdots + (p - 1)^v \equiv 0 \pmod{p},$$

so lange v durch $p - 1$ nicht teilbar ist; ist dagegen

$$v = (p - 1)v, \quad \text{also} \quad k^{(p-1)v} \equiv 1 \pmod{p},$$

so wird

$$\sum_k k^{v(p-1)} \equiv p - 1 \equiv -1 \pmod{p}.$$

Neunte Vorlesung.

§ 1.

Nachdem wir in der vorigen Vorlesung die wichtigsten Sätze aus der allgemeinen Theorie der höheren Kongruenzen abgeleitet haben, wollen wir jetzt in die genauere Untersuchung der Kongruenzen des ersten Grades oder der sogenannten linearen Kongruenzen eintreten.

Es sei uns also die Kongruenz

$$(1) \qquad\qquad Ax \equiv B \pmod{M}$$

vorgelegt, wo A, B und M völlig beliebige ganze Zahlen sind. Wir beweisen dann zunächst den folgenden Hauptsatz:

„Die Kongruenz

$$Ax \equiv B \pmod{M}$$

besitzt dann und nur dann überhaupt ganzzahlige Lösungen, wenn der größte gemeinsame Teiler $t = (A, M)$ von A und M auch in B enthalten ist, und zwar ist alsdann die Anzahl der modulo M inkongruenten Lösungen jener Kongruenz genau gleich t."

Ist nämlich $t = (A, M)$ der größte gemeinsame Teiler von A und M, so muß die obige Kongruenz a fortiori für den Modul t erfüllt und daher B ebenso wie Ax durch t teilbar sein. Ist das aber der Fall und ist

$$A = at, \qquad B = bt, \qquad M = mt,$$

so können wir in (1) durch t dividieren und somit die Lösungen der vorgelegten Kongruenz auf die der neuen

$$(2) \qquad\qquad ax \equiv b \pmod{m}$$

zurückführen, wo jetzt a und m relativ prim sind. Eine solche Kongruenz besitzt aber modulo m stets eine und nur eine Lösung. Denn da $(a, m) = 1$ ist, so bilden die m Produkte

$$0,\ a,\ 2a,\ \cdots\ (m-1)\,a$$

modulo m betrachtet ein vollständiges Restsystem, stimmen somit, abgesehen von ihrer Reihenfolge, mit den Zahlen $0, 1, 2, \cdots m-1$ überein. Die Zahl b ist demnach einem und nur einem jener m Produkte kongruent, d. h. es giebt in der That eine, aber auch nur eine Zahl ξ, für welche:

$$a\xi \equiv b \quad (\mathrm{mod}\ m)$$

ist oder die Kongruenz (2) besitzt stets eine einzige Lösung ξ.

Soll jetzt die Zahl x die Kongruenz (1) befriedigen, so ist dazu hinreichend und notwendig, dafs sie mit ξ modulo m übereinstimmt, also von der Form

$$x = \xi + km$$

ist, wo k irgend eine ganze Zahl bedeutet. Unter all diesen Zahlen x giebt es jedoch grade nur t modulo M inkongruente, nämlich die Zahlen:

$$\xi,\ \xi + m,\ \xi + 2m,\ \cdots\ \xi + (t-1)\,m,$$

während jede weitere Zahl $\xi + km$ für den Modul $M = mt$ einer und nur einer der vorangehenden kongruent wird. Jener erste Satz ist also in allen seinen Teilen bewiesen.

So besitzt z. B. die Kongruenz

$$27x \equiv 21 \quad (\mathrm{mod}\ 45)$$

keine ganzzahlige Lösung, weil 21 den gröfsten gemeinsamen Teiler 9 von 27 und 45 nicht enthält. Bei der Kongruenz

$$27x \equiv 21 \quad (\mathrm{mod}\ 15)$$

ist dagegen jene notwendige Bedingung erfüllt und wir können sie nach den vorigen Auseinandersetzungen auf die einfachere

$$9x \equiv 7 \quad (\mathrm{mod}\ 5)$$

und diese weiter auf

$$x \equiv 3 \quad (\mathrm{mod}\ 5)$$

reduzieren; dann finden wir für x die drei modulo 15 inkongruenten Werte $x = 3, 8, 13$.

Theoretisch hätten wir hiermit die Kongruenzen ersten Grades eigentlich schon erledigt: wir haben es nur mit solchen unter ihnen zu thun, in denen a und m teilerfremd sind, und bestimmen deren einzige Wurzel jedesmal auf dem Wege des Probierens, indem wir für x der Reihe nach $0, 1, 2, \cdots m-1$ einsetzen und nachsehen, welche der Zahlen ax modulo m den Rest b läfst. Doch führt ein so wenig durchgebildetes Verfahren, wie man sich leicht überzeugt, zu bedeutenden praktischen Schwierigkeiten, sobald es sich um gröfsere Moduln handelt. Man hätte z. B. bei der Kongruenz

$$167x \equiv 117 \quad (\text{mod } 216)$$

die 215 Produkte

$$167, \quad 2 \cdot 167, \quad 3 \cdot 167, \cdots 215 \cdot 167$$

modulo 216 zu prüfen.

Wir wollen deshalb in den nächsten Abschnitten einige Reduktions-
methoden darlegen, durch welche diese Aufgabe praktisch sehr beträchtlich vereinfacht wird, und die aufserdem ein grofses wissen-
schaftliches Interesse besitzen.

§ 2.

Das erste nächstliegende Hilfsmittel für die Vereinfachung einer
gegebenen Kongruenz, deren Modul eine gröfsere Zahl ist, ist die Dekomposition des Moduls. Ist uns nämlich wieder eine Kongruenz
gegeben:

(1) $$ax \equiv b \quad (\text{mod } m),$$

in welcher wir jetzt a zu m relativ prim annehmen können, so denken
wir uns den Modul m irgendwie in ein Produkt

$$m = m_1 \cdots m_h$$

zerlegt, von dessen Faktoren jeder zu jedem andern relativ prim ist.
Dann kann die Lösung x, wie nunmehr gezeigt werden soll, aus denjenigen der h andern Kongruenzen

(2) $$ax_k \equiv b \quad (\text{mod } m_k) \qquad (k = 1, 2, \cdots h)$$

linear zusammengesetzt werden, die sich von (1) nur durch den Modul
unterscheiden und welche, da a zu jedem m_k teilerfremd ist, auch
immer eine und nur eine Wurzel x_k haben. Bezeichnen nämlich
$\mu_1, \cdots \mu_h$ die h zu $m_1, \cdots m_h$ komplementärer Divisoren von m,
so dass

$$\mu_k = \frac{m}{m_k} \qquad (k = 1, \cdots h)$$

oder

$$\mu_1 m_1 = \mu_2 m_2 = \cdots = \mu_h m_h = m$$

ist, dann ist die ganze Zahl μ_k zu m_k relativ prim, aber durch jedes
andere m_i teilbar. Sind endlich $y_1, \cdots y_h$ beziehlich die wiederum
eindeutig · bestimmbaren Lösungen von

(3) $$\mu_k y_k \equiv 1 \quad (\text{mod } m_k),$$

so ist leicht einzusehen, dafs die Wurzel der ursprünglichen Kongruenz
in dem Ausdrucke

$$x \equiv \mu_1 y_1 x_1 + \mu_2 y_2 x_2 + \cdots + \mu_h y_h x_h \quad (\text{mod } m)$$

enthalten ist. In der That ist für diese Zahl nach (2) und (3)

$$x \equiv \mu_k y_k x_k \equiv x_k \pmod{m_k},$$

weil alle übrigen Koefficienten μ_i den Modul m_k enthalten und $\mu_k y_k \equiv 1 \pmod{m_k}$ ist; daher genügt die so bestimmte Zahl der Kongruenz

$$ax \equiv b$$

für jeden der h unter einander teilerfremden Moduln $m_1, \cdots m_h$, also auch für ihr kleinstes gemeinsames Vielfaches, d. h. ihr Produkt $m_1 \cdots m_h = m$ als Modul.

Damit ist jetzt die Auflösung von (1) auf die der Kongruenzen (2) und (3) zurückgeführt, deren Moduln Teiler von m sind.

Es sei nun

$$m = p_1^{r_1} p_2^{r_2} \cdots p_h^{r_h}$$

die Zerlegung von m in seine von einander verschiedenen Primzahlpotenzen; wählen wir dann für die Zahlen $m_1, \cdots m_h$ jene Primzahlpotenzen von m, so können wir uns von jetzt an auf die Auflösung der Kongruenzen

(4) $$ax \equiv b \pmod{p^r}$$

beschränken, in denen p^r eine beliebige Primzahlpotenz, und a durch p nicht teilbar ist.

So kann z. B. die am Ende des vorigen Abschnittes betrachtete Kongruenz für den Modul $216 = 2^3 \cdot 3^3$ durch die beiden andern:

$$167 x_1 \equiv 117 \pmod{8}$$
$$167 x_2 \equiv 117 \pmod{27}$$

ersetzt werden, welche sich auf die folgenden

$$7 x_1 \equiv 5 \pmod{8}, \qquad 5 x_2 \equiv 9 \pmod{27}$$

reduzieren und die Lösungen

$$x_1 = 3, \qquad x_2 = 18$$

haben. Bestimmt man dann noch y_1 und y_2 aus den Kongruenzen:

$$27 y_1 \equiv 1 \pmod{8}, \qquad 8 y_2 \equiv 1 \pmod{27},$$

aus denen sich $y_1 = 3$, $y_2 = 17$ ergiebt, so erhält man die Lösung der ursprünglichen Kongruenz in der Form:

$$x \equiv 27 \cdot 3 \cdot 3 + 8 \cdot 17 \cdot 18 = 2691 \equiv 99 \pmod{216}$$

und in der That ist:

$$167 \cdot 99 = 16533 \equiv 117 \pmod{216}.$$

Die Aufgabe, eine lineare Kongruenz für eine beliebige Potenz von p zu lösen, läßt sich endlich auf die noch einfachere reduzieren, bei der der Modul eine Primzahl, also r gleich 1 ist. Um dies zu zeigen, denken wir uns die Lösung ξ, welche jene Kongruenz notwendig besitzt, in dem p-adischen Zahlensysteme, d. h. in der Form

$$(5) \qquad \xi = \xi_0 + \xi_1 p + \xi_2 p^2 + \cdots + \xi_{r-1} p^{r-1}$$

geschrieben, wo $\xi_0, \cdots \xi_{r-1}$ noch zu bestimmende Zahlen der Reihe $0, 1, \cdots p-1$ bedeuten.

Betrachten wir nun die Kongruenz (4) zunächst für den Modul p und beachten, dafs für ihn $\xi \equiv \xi_0$ ist, so erhalten wir zunächst zur Bestimmung von ξ_0 die Kongruenz

$$a\xi_0 \equiv b \pmod{p},$$

deren Modul die Primzahl p selbst ist.

Haben wir aus ihr ξ_0 gefunden, so betrachten wir die Kongruenz (4) modulo p^2 und bekommen so die folgende Kongruenz zur Bestimmung von ξ_1:

$$a(\xi_0 + \xi_1 p) \equiv b \pmod{p^2}$$

oder, da $b - a\xi_0$ durch p teilbar ist,

$$a\xi_1 \equiv \frac{b - a\xi_0}{p} \pmod{p},$$

deren Modul wieder gleich p ist. Wird dieses Verfahren fortgesetzt, so ergeben sich nacheinander für ξ_2, ξ_3, $\cdots \xi_{r-1}$ die ganzzahligen Kongruenzen:

$$a\xi_2 \equiv \frac{b - a(\xi_0 + \xi_1 p)}{p^2} \pmod{p}$$

$$a\xi_3 \equiv \frac{b - a(\xi_0 + \xi_1 p + \xi_2 p^2)}{p^3} \pmod{p}$$

$$\cdot \quad \cdot \quad \cdot \quad \cdot \quad \cdot \quad \cdot \quad \cdot \quad \cdot \quad \cdot \quad \cdot$$

$$a\xi_{r-1} \equiv \frac{b - a(\xi_0 + \xi_1 p + \cdots + \xi_{r-2} p^{r-2})}{p^{r-1}} \pmod{p},$$

also lauter Kongruenzen für den einfachen Primzahlmodul p. Die Substitution der so gefundenen Werte von $\xi_0, \cdots \xi_{r-1}$ in (5) liefert dann die gesuchte Wurzel der Kongruenz (4).

Bei der Auflösung der Kongruenzen für einen Primzahlmodul

$$(6) \qquad\qquad ax \equiv b \pmod{p},$$

auf die wir jetzt die Auflösung der allgemeinsten linearen Kongruenz reduziert haben, können wir jetzt zwei Fälle unterscheiden. Ist nämlich b durch p teilbar, so mufs es auch x sein, weil a und p teilerfremd sind, d. h. die gesuchte Lösung ist $x = 0$; ist dagegen b kein Multiplum von p, so gilt offenbar dasselbe von x.

In diesem Falle kann man nun die Kongruenz (6) für ein ganz beliebiges b unmittelbar auf die einfachere Kongruenz

(7) $$aa' \equiv 1 \pmod{p}$$

reduzieren; denn hat man diese aufgelöst, also a' bestimmt, so folgt ja unmittelbar

$$x \equiv ba' \pmod{p},$$

wie sofort zu ersehen ist, wenn die vorhergehende Kongruenz (7) mit b multipliziert wird. Da natürlich nur der letztere der gedachten beiden Fälle allein in Frage kommt, so sind wir somit schließlich zu dem Ergebnisse gelangt, daß die allgemeinsten linearen Kongruenzen für zusammengesetzte Moduln immer auf die Auflösung einer Anzahl Kongruenzen der Form (7) zurückgeführt werden können.

Die Zahl a' hat die Eigenschaft, a modulo p zur Einheit zu ergänzen; für p als Modul ist daher jede durch p nicht teilbare Zahl ein Teiler der 1, oder, wenn man einen solchen selbst eine Einheit nennt, so kann jede Zahl a oder a' modulo p als eine Einheit angesehen werden. a und a' dürfen wir hiernach modulo p als komplementäre Divisoren der 1 oder als komplementäre Einheiten schlechtweg bezeichnen.

Zu jeder Einheit a gehört somit eine und auch nur eine komplementäre Einheit a', welche im allgemeinen modulo p von a verschieden ist. In der That, soll $a' \equiv a \pmod{p}$ sein, so muß:

$$aa' \equiv a^2 \equiv 1 \pmod{p}$$

sein, es muß also a eine der beiden Wurzeln der Kongruenz zweiten Grades:

$$x^2 - 1 = (x - 1)(x + 1) \equiv 1 \pmod{p}$$

sein, d. h. die komplementäre Einheit zu a ist dann und nur dann kongruent a, wenn $a \equiv \pm 1$ ist. In der Reihe 1, 2, $\cdots$ $p - 1$ aller modulo p inkongruenter Einheiten sind also immer je zwei von einander verschiedene a und a' komplementär, mit einziger Ausnahme der beiden Einheiten 1 und $p - 1$, von denen jede zu sich selbst komplementär ist.

Für die Primzahlen als Moduln zerfallen also alle Zahlen gewissermaßen in zwei Klassen; die eine umfaßt alle Vielfachen von p, die andere alle Einheiten, d. h. alle zu p relativ primen Zahlen, von denen immer je zwei komplementär sind.

Die Frage nach den komplementären Divisoren der Einheit, auf die wir oben die allgemeinste Kongruenz ersten Grades reduziert haben, findet eine interessante Anwendung bei einem zweiten Beweise des Wilsonschen Satzes.

Betrachten wir nämlich das Produkt

$$N = 1 \cdot 2 \cdots p - 1$$

aller inkongruenten Einheiten modulo p, so können wir immer je zwei von einander verschiedene komplementäre Einheiten $a\,a'$ zusammenfassen, und ihr Produkt einfach fortlassen; jenes Produkt ist also kongruent dem Produkte $1 \cdot (p - 1)$ der beiden Einheiten, deren komplementäre Einheiten nicht von jenen verschieden sind, und man erhält so die Kongruenz:

$$(p - 1)! \equiv - 1 \pmod{p},$$

d. h. einen neuen Beweis des Wilsonschen Satzes.

Zum Schlusse will ich noch die soeben dargelegte Reduktionsmethode an einem zweiten Beispiele, nämlich an der Kongruenz:

$$(7) \qquad\qquad 221\,x \equiv 111 \pmod{360}$$

erläutern. Da hier $360 = 2^3 \cdot 3^2 \cdot 5$ ist, so lösen wir diese Kongruenz zunächst für die Primzahlpotenzen 8, 9, 5 auf, indem wir die Zahlen 221 und 111 gleich durch ihre kleinsten Reste für diese Moduln ersetzen; so ergeben sich die einfacheren Kongruenzen:

$$5x_1 \equiv 7 \pmod{8}, \qquad 5x_2 \equiv 3 \pmod{9}, \qquad x_3 \equiv 1 \pmod{5}.$$

Werden nun x_1 und x_2 beziehlich in der Form

$$x_1 = \xi_0 + 2\xi_1 + 2^2\xi_2, \qquad x_2 = \xi_0' + 3\xi_1'$$

geschrieben, so ergiebt sich durch die successive Bestimmung der fünf Koefficienten ξ modulo 2, bezw. modulo 3,

$$
\begin{aligned}
x_1 &= 1 + 2 \cdot 1 + 2^2 \cdot 0 = 3\\
x_2 &= 0 + 3 \cdot 2 \qquad\quad = 6\\
x_3 &= \cdots\cdots \qquad\quad\; = 1.
\end{aligned}
$$

Natürlich ist es einfacher, in diesem Falle x_1, x_2, x_3 direkt durch Probieren aufzusuchen. Jetzt gilt, wie vorhin gezeigt wurde, für x der folgende Ansatz:

$$
\left.
\begin{aligned}
x &\equiv y_1\,\tfrac{360}{8} \cdot 3 + y_2\,\tfrac{360}{9} \cdot 6 + y_3\,\tfrac{360}{5} \cdot 1\\
&\equiv 135\,y_1 + 240\,y_2 + 72\,y_3
\end{aligned}
\right\} \pmod{360},
$$

wo $\tfrac{360}{8}$, $\tfrac{360}{9}$, $\tfrac{360}{5}$ den komplementären Teilern μ_1, μ_2, μ_3 entsprechen und y_1, y_2, y_3 die Wurzeln der nachstehenden Kongruenzen sind:

$$45\,y_1 \equiv 1 \pmod{8}, \qquad 40\,y_2 \equiv 1 \pmod{9}, \qquad 72\,y_3 \equiv 1 \pmod{5}$$

oder

$$5\,y_1 \equiv 1 \pmod{8}, \qquad 4\,y_2 \equiv 1 \pmod{9}, \qquad 2\,y_3 \equiv 1 \pmod{5};$$

aus ihnen ergiebt sich leicht

$$y_1 = 5, \quad y_2 = 7, \quad y_3 = 3,$$

und somit erhält man schliefslich die Wurzel der Congruenz (7) in der Form:

$$x \equiv 5 \cdot 135 + 7 \cdot 240 + 3 \cdot 72 \equiv 51 \pmod{360},$$

und in der That ist:

$$221 \cdot 51 = 11271 \equiv 111 \pmod{360}.$$

§ 3.

Wir wollen nunmehr eine zweite theoretisch und praktisch gleich wichtige Art der Auflösung linearer Kongruenzen kennen lernen, die von der des vorigen Paragraphen durchaus verschieden ist. Mit etwas veränderter Bezeichnungsweise schreiben wir unsere Ausgangskongruenz in der Form:

(1) $$m_1 x \equiv r \pmod{m},$$

wo m und m_1 wiederum von vorn herein als teilerfremd vorausgesetzt sind und zugleich m_1 als positiv und modulo m auf seinen kleinsten Rest reduziert angenommen werden kann. Die neue Methode beruht nun auf der Überführung der Kongruenz (1) in eine andere, bei der sowohl der Koeffizient von x wie der Modul kleiner sind als vorher.

Zu diesem Ende betrachten wir für den Augenblick an Stelle der Kongruenz die ihr äquivalente Diophantische Gleichung

(2) $$m_1 x - m x_1 = r$$

und stellen jetzt m in der Form dar:

(3) $$m = s_1 m_1 - m_2,$$

in welcher m_2 den kleinsten positiven oder negativen Rest bedeutet, den m nach Division durch m_1 lässt; zunächst ist es ganz gleichgiltig, ob der eine oder der andere Rest für m_1 gewählt wird, jedenfalls ist aber m_2 immer von Null verschieden, weil ja sonst m gegen die Voraussetzung ein Vielfaches von m_1 wäre. Führen wir gleichzeitig für x die neue Variable x_2 durch die Gleichung:

$$x_2 = s_1 x_1 - x, \quad x = s_1 x_1 - x_2$$

in (2) ein, so geht die ursprüngliche Gleichung (2) in die folgende

$$m_2 x_1 - m_1 x_2 = r$$

über, und aus ihr ergiebt sich die Kongruenz

$$m_2 x_1 \equiv r \pmod{m_1},$$

welche sich von der Kongruenz (1) in der That nur dadurch unterscheidet, daſs an der Stelle von m und m_1 beziehlich die dem absoluten Betrage nach kleineren Zahlen m_1 und m_2 getreten sind.

In derselben Weise kann man fortfahren und gelangt so, indem
genau wie vorher

$$m_1 = s_2 m_2 - m_3, \qquad x_1 = s_2 x_2 - x_3$$

gesetzt wird, zu der weiter vereinfachten Kongruenz

$$m_3 x_2 \equiv r \pmod{m_2}$$

u. s. f. Da die so definierten ganzen Zahlen m, m_1, m_2, $\cdots$ ihrem absoluten Werte nach immer abnehmen, so muſs schlieſslich einer der
erhaltenen Reste $m_{\nu+1}$ gleich 0 werden, und es ergiebt sich für die
Zahlen m_i das Gleichungssystem:

$$m = s_1 m_1 - m_2$$
$$m_1 = s_2 m_2 - m_3$$

(4)
$$\cdots \cdots \cdots$$
$$\cdots \cdots \cdots$$

$$m_{\nu-2} = s_{\nu-1} m_{\nu-1} - m_\nu$$
$$m_{\nu-1} = s_\nu m_\nu.$$

Aus diesen Gleichungen folgt, daſs $m_{\nu-1}$, $m_{\nu-2}$, $\cdots m_1$, m der Reihe
nach sämtlich durch m_ν teilbar sind; da aber die beiden letzten Zahlen
dieser Reihe, m_1 und m relativ prim sind, so muſs ihr gemeinsamer
Teiler m_ν notwendig gleich $+1$ sein. Hiernach lautet die ν^{te} der aus
(1) abgeleiteten Kongruenzen einfach

$$m_\nu x_{\nu-1} \equiv \pm x_{\nu-1} \equiv r \pmod{m_{\nu-1}}$$

und die entsprechende Gleichung

(5)
$$\pm x_{\nu-1} = r + m_{\nu-1} x_\nu.$$

Beide sind unmittelbar aufzulösen, da der Koeffizient der Unbekannten
auf $+1$ reduziert ist; man nimmt für $x_{\nu-1}$ irgend eine Zahl, die
kongruent $+r$ bezw. $-r$ ist, und bestimmt dazu aus der rechten
Seite von (5) den zugehörigen Wert von x_ν. Sind so x_ν und $x_{\nu-1}$,
sowie die Zahlen s_i bekannt, so werden die übrigen Gröſsen $x_{\nu-2}$,
$x_{\nu-3}$, $\cdots x_1$, x durch die Auflösung der Gleichungen

$$x_{\nu-2} = s_{\nu-1} x_{\nu-1} - x_\nu$$
$$x_{\nu-3} = s_{\nu-2} x_{\nu-2} - x_{\nu-1}$$

(6)
$$\cdots \cdots \cdots$$

$$x_1 = s_2 x_2 - x_3$$
$$x = s_1 x_1 - x_2$$

geliefert, die mit den Gleichungen (4) völlig analog gebildet sind. Damit haben wir auch auf diesem Wege die Gewißheit erlangt, daß für unsere Kongruenz (1) eine Wurzel sicher existiert, und haben zugleich eine leichte Methode zu ihrer Ermittelung in der successiven Auflösung des Gleichungssystemes (6) dargelegt.

Sehr viel kürzer aber ist das Verfahren, das uns die folgenden Betrachtungen liefern werden: Die vorhin benutzten, durch fortgesetzte Division entstandenen Gleichungen (4)

$$(7) \qquad\qquad m_{i-1} = s_i\, m_i - m_{i+1} \qquad (i = 1, 2, \cdots r),$$

die zur Berechnung der Zahlen m, m_1, m_2, $\cdots$ und s_1, s_2, $\cdots$ dienten, sind genau dieselben, welche zur Umwandlung des Bruches $\frac{m_1}{m}$ in einen Kettenbruch führen; die Zahlen s_1, s_2, $\cdots$ sind nichts anderes, als die bei jener Operation auftretenden Nenner des Kettenbruches. Dividiert man nämlich jede der obigen Gleichungen (7) allgemein durch m_i, so können sie in der folgenden Form geschrieben werden:

$$\frac{m_{i-1}}{m_i} = s_i - \frac{1}{\dfrac{m_i}{m_{i+1}}},$$

und hieraus bekommt man ohne weiteres für $\frac{m_1}{m}$ die Darstellung:

$$\frac{m_1}{m} = \cfrac{1}{s_1 - \cfrac{1}{s_2 - \cfrac{1}{s_3 - \cfrac{}{\ddots - \cfrac{1}{s_\nu}}}}}.$$

Bezeichnet man jetzt die einzelnen Näherungswerte dieses Kettenbruches mit

$$\frac{M_1}{N_1}, \ \frac{M_2}{N_2}, \ \cdots \ \frac{M_\nu}{N_\nu},$$

setzt man also

$$\frac{M_1}{N_1} = \frac{1}{s_1}, \quad \frac{M_2}{N_2} = \cfrac{1}{s_1 - \cfrac{1}{s_2}} = \frac{s_2}{s_1 s_2 - 1},$$

$$\frac{M_3}{N_3} = \cfrac{1}{s_1 - \cfrac{1}{s_2 - \cfrac{1}{s_3}}} = \frac{s_2 s_3 - 1}{s_1 s_2 s_3 - s_1 - s_3}$$

u. s. f., so geht jedesmal $\dfrac{M_{i+1}}{N_{i+1}}$ dadurch aus dem Bruche $\dfrac{M_i}{N_i}$ hervor,

dafs man in letzterem s_i durch $s_i - \dfrac{1}{s_{i+1}}$ ersetzt und dann Zähler und Nenner mit s_{i+1} multipliziert. Andrerseits ist nach den eben angeführten Darstellungen der ersten Näherungsbrüche

$$M_3 = M_2 s_3 - M_1, \quad N_3 = N_2 s_3 - N_1,$$

und im Anschlufs daran ist durch den Schlufs von n auf $n+1$ leicht zu zeigen, dafs überhaupt für jedes $k \geq 3$ die Gleichungen bestehen

(8) $\qquad M_k = M_{k-1} s_k - M_{k-2}, \quad N_k = N_{k-1} s_k - N_{k-2}.$

Denn nimmt man an, dieselben seien für den Index k erfüllt, so erhält man, wenn man s_k durch $s_k - \dfrac{1}{s_{k+1}}$ ersetzt und beide Seiten mit s_{k+1} multipliziert,

$$\begin{aligned} M_{k+1} &= s_{k+1}(M_{k-1} s_k - M_{k-2}) - M_{k-1} \\ &= M_k s_{k+1} - M_{k-1} \end{aligned}$$

und das Entsprechende für N_{k+1}; q. e. d.

Sind ferner $\dfrac{M_k}{N_k}$ und $\dfrac{M_{k-1}}{N_{k-1}}$ irgend zwei aufeinander folgende Näherungswerte des Kettenbruches, so gilt für sie stets die Gleichung

(9) $\qquad M_k N_{k-1} - N_k M_{k-1} = 1,$

wie ebenfalls durch Schlufs von k auf $k+1$ direkt zu ersehen ist, wenn man in

$$M_{k+1} N_k - N_{k+1} M_k$$

für M_{k+1} und N_{k+1} die vorher gefundenen Ausdrücke substituiert und beachtet, dafs jene Gleichung für $k = 2$ in der That richtig ist. Gleichzeitig folgt hieraus, dafs Zähler und Nenner eines Näherungsbruches $\dfrac{M_k}{N_k}$ relativ prim, dafs also alle jene Brüche reduziert sind, denn jeder gemeinsame Teiler von M_k und N_k müfste ja nach (9) auch in Eins enthalten sein.

Nun ist der letzte Näherungsbruch $\dfrac{M_\nu}{N_\nu}$ gleich $\dfrac{m_1}{m}$ selbst, und da beide Brüche reduziert sind, so mufs $M_\nu = \pm m_1$, $N_\nu = \pm m$ sein, wo das Vorzeichen beide Male das gleiche ist; die letztbewiesene Gleichung geht daher für $k = \nu$ in

$$m_1 N_{\nu-1} - m M_{\nu-1} = \pm 1$$

über, oder als Kongruenz betrachtet in

$$m_1 \left(\pm N_{r-1} \right) \equiv 1 \pmod{m}.$$

„Ist also N_{r-1} der Nenner des vorletzten Näherungsbruches, der sich bei der Entwicklung von $\frac{m_1}{m}$ in einen Kettenbruch heraus- stellt, so ist $\xi = \pm N_{r-1}$ die Wurzel der Kongruenz

$$m_1 \xi \equiv 1 \pmod{m}.$$"

Hieraus folgt weiter, daſs

$$x \equiv \pm r \cdot N_{r-1} \pmod{m}$$

die Lösung unserer ursprünglichen Kongruenz

$$m_1 x \equiv r \pmod{m}$$

ist. Das Resultat unserer Untersuchung wollen wir in dem folgenden Satze aussprechen:

Um die Kongruenz:

$$m_1 x \equiv r \pmod{m}$$

aufzulösen, verwandle man den Quotienten $\frac{m_1}{m}$ in einen Ketten- bruch und bestimme seine Näherungsbrüche. Ist dann N_{r-1} der Nenner des vorletzten Näherungsbruches, so ist

$$x \equiv \pm r N_{r-1} \pmod{m}$$

die gesuchte Lösung.

§ 4.

Zum Abschlusse dieser kurzen Bemerkungen über die Verwendung der Theorie der Kettenbrüche für die Auflösung der linearen Kon- gruenzen bemerken wir noch, daſs durch die Reihe der zu dieser Auflösung benutzten Gleichungen

$$m = m_1 s_1 - m_2$$
$$m_1 = m_2 s_2 - m_3$$
$$\vdots$$

sehr verschiedene Reduktionen der vorgelegten Kongruenz erhalten werden können, je nachdem man die Zahlen $m_2, m_3, \cdots$ immer als die kleinsten positiven oder als die kleinsten negativen Reste bestimmt, die sich bei der successiven Division von m durch m_1, von m_1 durch m_2 u. s. f. ergeben, oder endlich ob man sie nach Belieben bald positiv bald negativ wählt. Im ersten Falle sind $s_1, s_2, \cdots$ die jedesmal um 1 vermehrten gröfsten ganzen **Zahlen,** die in den positiven Brüchen $\frac{m}{m_1}, \frac{m_1}{m_2}, \cdots$ enthalten sind; sie sind also selbst alle positiv und wir gewinnen für $\frac{m_1}{m}$ den Kettenbruch

$$\frac{m_1}{m} = \cfrac{1}{s_1 - \cfrac{1}{s_2 - \cfrac{1}{s_3 - \cdots}}} \cdots - \cfrac{1}{s_\nu},$$

in welchem alle Nenner $s_1, s_2, \cdots s_\nu$ positive ganze Zahlen sind.

Nimmt man dagegen stets die negativen kleinsten Reste für $m_2, m_3, \cdots$ und bezeichnet die absoluten Beträge der Zahlen $m, m_1, \cdots$ bezw. mit $\mu, \mu_1, \mu_2, \mu_3, \cdots$ so hat man die neue Kette von Gleichungen

$$\mu = \sigma_1 \mu_1 + \mu_2$$
$$\mu_1 = \sigma_2 \mu_2 + \mu_3$$
$$\vdots$$

wo nun die positiven Zahlen $\sigma_1, \sigma_2, \cdots$ selbst die gröfsten ganzen Zahlen sind, welche in den Brüchen $\frac{\mu}{\mu_1}, \frac{\mu_1}{\mu_2}, \cdots$ enthalten sind und zugleich die Teilnenner des Kettenbruches

$$\frac{m_1}{m} = \frac{\mu_1}{\mu} = \cfrac{1}{\sigma_1 + \cfrac{1}{\sigma_2 + \cdots}} \cdots + \cfrac{1}{\sigma_\nu}$$

bedeuten.

Will man eine gegebene Kongruenz möglichst schnell auflösen, so mufs für die Zahlen $m_2, m_3, m_4, \cdots$ allemal der absolut kleinste der beiden Reste gewählt werden; denn dann nehmen die Glieder der Reihe $m, m_1, m_2, \cdots$ am raschesten ab und die Kette der zur Bestimmung von x führenden Gleichungen ist die kürzeste.

Als konkretes Beispiel für unsere Darlegungen behandeln wir statt der vorhin untersuchten Kongruenz

$$221\,x \equiv 111 \quad (\text{mod } 360)$$

die einfachere

$$221\,x \equiv 1 \quad (\text{mod } 360),$$

aus deren Lösung ja die der vorigen unmittelbar gefunden werden kann. Wählt man für die Zahlen $m_2, m_3, \cdots$ jedesmal die absolut kleinsten Reste, so wird hier das Gleichungssystem das folgende:

$$360 = 2 \cdot 221 - 82$$
$$221 = 3 \cdot 82 - 25$$
$$82 = 3 \cdot 25 - (-7)$$
$$25 = (-4)(-7) - 3$$
$$-7 = (-2)\,3 - 1$$
$$3 = 3 \cdot 1,$$

und für $\frac{221}{360}$ lautet danach der Kettenbruch

$$\frac{221}{360} = \cfrac{1}{2 - \cfrac{1}{3 - \cfrac{1}{3 - \cfrac{1}{-4 - \cfrac{1}{-2 - \frac{1}{3}}}}}}\,.$$

Mit Hilfe der zuvor bewiesenen Gleichungen

$$M_{k+1} = M_k\, s_{k+1} - M_{k-1}$$
$$N_{k+1} = N_k\, s_{k+1} - N_{k-1}$$

werden dann ohne Mühe die nachstehenden Näherungsbrüche berechnet:

$$\frac{1}{2},\ \frac{3}{5},\ \frac{8}{13},\ \frac{-35}{-57},\ \frac{62}{101},\ \frac{221}{360},$$

und 101 ist als Nenner des vorletzten derselben die Wurzel unserer Kongruenz; es ist in der That

$$221 \cdot 101 \equiv 1 \pmod{360}.$$

Als Lösung der ursprünglichen Kongruenz

$$221\,x \equiv 111 \pmod{360}$$

erhalten wir dann weiter

$$x \equiv 101 \cdot 111 \equiv 51 \pmod{360}.$$

Weit länger wird jener Kettenbruch und weit umständlicher die Berechnung der Kongruenzwurzeln, wenn man für $m_2, m_3, \cdots$ entweder die kleinsten positiven oder die kleinsten negativen Reste festhält, wie das Beispiel

$$29\,x \equiv 1 \pmod{37}$$

lehren wird. Wählen wir für m_2, m_3, $\cdots$ immer die negativen Reste, so erhalten wir den Kettenbruch

$$\frac{29}{37} = \cfrac{1}{2 - \cfrac{1}{2 - \cfrac{1}{2 - \cfrac{1}{3 - \cfrac{1}{3 - \cfrac{1}{2}}}}}},$$

und dazu die Näherungsbrüche

$$\frac{1}{2},\ \frac{2}{3},\ \frac{3}{4},\ \frac{7}{9},\ \frac{18}{23},\ \frac{29}{37};$$

wählen wir dagegen, wie bei dem vorigen Beispiele für die Zahlen m_i stets die absolut kleinsten Reste, so ergiebt sich die Darstellung von $\frac{29}{37}$

$$\frac{29}{37} = \cfrac{1}{1 - \cfrac{1}{-4 - \cfrac{1}{-3 - \cfrac{1}{-3}}}},$$

bei der die Näherungswerte

$$\frac{1}{1},\ \frac{-4}{-5},\ \frac{11}{14},\ \frac{-29}{-37}$$

sind.

Zehnte Vorlesung.

Anwendung der Theorie der linearen Kongruenzen. — Die Einheiten und die Teiler der Null für einen zusammengesetzten Modul m. — Die Anzahl $\varphi(m)$ der Einheiten modulo m. — Die Verallgemeinerung des Fermatschen Satzes. — Bestimmung der Zahl $\varphi(m)$. Die Verallgemeinerung des Wilsonschen Satzes.

§ 1.

In der vorigen Vorlesung hatten wir alle ganzen Zahlen für eine Primzahl p als Modul in zwei Klassen eingeteilt, nämlich in die, welche zu p relativ prim und die, welche durch p teilbar sind. Jede Zahl r der ersten Klasse, hatten wir weiter gesehen, konnte modulo p als ein Teiler der 1 oder als Einheit angesehen werden, weil sich stets eine komplementäre Zahl r' so bestimmen ließ, daß die Kongruenz

$$rr' \equiv 1 \pmod{p}$$

erfüllt war. Diese Einteilung wollen wir jetzt auf die Ordnung der Zahlen für einen zusammengesetzten Modul m ausdehnen. Betrachten wir irgend ein vollständiges Restsystem modulo m, also etwa die Zahlen $0, 1, \cdots m-1$, so zerfallen dieselben, offenbar ganz analog wie vorher für die Primzahl p, in solche, die zu m teilerfremd sind, und solche, die mit m irgend einen Divisor gemeinsam haben. Bezeichnet man die ersteren in irgend einer Reihenfolge durch

$$r_1, r_2, \cdots r_\mu,$$

die letzteren durch

$$s_1, s_2, \cdots s_\nu,$$

so sind die Zahlen r wiederum dadurch charakterisiert, daß sie modulo m Teiler der 1 oder Einheiten genannt werden dürfen; denn ist r zu m relativ prim, so giebt es, wie im vorigen Abschnitte dargelegt wurde, stets eine einzige Zahl r', die der Kongruenz

$$rr' \equiv 1 \pmod{m}$$

genügt, und da r zu m teilerfremd ist, so gilt dasselbe von r', d. h. der komplementäre Divisor r' gehört ebenfalls der Reihe $r_1, r_2, \cdots r_\mu$ an.

Dem gegenüber kann man die Zahlen s in gewissem Sinne als Teiler der Null bezeichnen. Denn zu jeder Zahl s existiert immer eine andere von der Beschaffenheit, dass

$$ss' \equiv 0 \pmod{m}$$

ist; man braucht ja nur, wenn s einen Teiler μ von m enthält, für s' irgend eine Zahl der zweiten Reihe zu wählen, welche durch den komplementären Teiler μ' teilbar ist.

Für eine Primzahl p sind von den Zahlen $0, 1, \cdots p-1$ die $p-1$ letzten $1, \cdots p-1$ Divisoren der 1, während nur die Zahl 0 selbst in die zweite Klasse zu rechnen ist. Hier ist demnach

$$\mu = p-1; \quad \nu = 1.$$

Ist weiter m eine beliebige Primzahlpotenz p^h, so sind von den p^h Zahlen der Reihe $0, 1, \cdots p^h-1$ genau der p^{te} Teil, nämlich die p^{h-1} Zahlen

$$0, p, 2p, \cdots (p^{h-1}-1)p,$$

die Teiler der Null, nämlich diejenigen, welche mit p^h einen gemeinsamen Teiler besitzen; alle anderen sind zu p^h relativ prim, d. h. sie können als Einheiten modulo p^h charakterisiert werden. In diesem Falle ist also

$$\mu = p^h - p^{h-1} = p^{h-1}(p-1)$$

die Anzahl der inkongruenten Einheiten modulo p.

Ist r irgend eine zu m teilerfremde Zahl, und multipliziert man die Elemente eines vollständigen Restsystemes modulo m, etwa die Zahlen

$$0, 1, \cdots m-1,$$

mit r, so bilden, wie auf S. 104 dargelegt wurde, diese Produkte wieder ein vollständiges Restsystem modulo m; ist daher $S(a_0, \cdots a_{m-1})$ irgend eine ganze, ganzzahlige, symmetrische Function ihrer Argumente, so ist

$$S(0, 1, 2, \cdots m-1) \equiv S(0, r, 2r, \cdots (m-1)r) \pmod{m}.$$

Diese Eigenschaft der Reihe $0, 1, \cdots m-1$, sich durch Multiplikation mit einer zu m relativ primen Zahl modulo m zu reproduzieren, kommt nun genau ebenso dem Systeme der μ modulo m inkongruenten Einheiten

(1) $$r_1, r_2, \cdots r_\mu$$

zu. Denn ist $(r, m) = 1$, so gilt dasselbe auch für jedes der μ Produkte

(2) $$rr_1, \cdots rr_\mu$$

und je zwei der letzteren sind modulo m inkongruent, weil eine Kongruenz

$$r\,r_i \equiv r\,r_k \pmod{m}$$

nur bestehen kann, wenn $r_i \equiv r_k \pmod{m}$, also $r_i = r_k$ ist. Damit gilt ferner auch die Kongruenz

$$S(r_1, \cdots r_\mu) \equiv S(r\,r_1, \cdots r\,r_\mu) \pmod{m},$$

wo S, wie oben, irgend eine symmetrische Funktion ihrer Argumente bedeutet.

Wählen wir für S speziell die symmetrische Function

$$\prod_k (x - r_k) = (x - r_1) \cdots (x - r_\mu),$$

so ergiebt sich für jeden Wert von x die Kongruenz

$$\prod_k (x - r\,r_k) \equiv \prod (x - r_k) \pmod{m},$$

folglich für $x = 0$

$$r^\mu \prod r_k \equiv \prod r_k \pmod{m}.$$

Da m mit $\prod r_k$ keinen gemeinsamen Teiler besitzt, so kann dies Ergebnis als Verallgemeinerung des Fermatschen Satzes für zusammengesetzte Moduln folgendermafsen ausgesprochen werden:

„Ist m eine beliebige ganze Zahl, so genügt jede zu m teilerfremde Zahl r der Kongruenz

$$r^\mu \equiv 1 \pmod{m},$$

wo μ die Anzahl aller inkongruenten, zu m teilerfremden Zahlen bedeutet."

Nach dem Vorgange von *Gaufs* wollen wir μ, die Anzahl aller modulo m inkongruenten Einheiten, mit $\varphi(m)$ bezeichnen. Für eine Primzahlpotenz p^h ist, wie schon oben dargethan wurde,

$$\varphi(p^h) = p^{h-1}(p - 1);$$

jede durch p nicht teilbare Zahl genügt demnach der Kongruenz:

$$r^{p^{h-1}(p-1)} \equiv 1 \pmod{p^h};$$

für $h = 1$ kommen wir speziell auf den Fermatschen Satz und die Kongruenz

(3) $$r^{p-1} \equiv 1 \pmod{p}$$

zurück.

Aus dem Umstande, daſs die $p-1$ Einheiten modulo p sämtlich Wurzeln der Kongruenz des $(p-1)^{\text{ten}}$ Grades

$$x^{\varphi(p)} - 1 = x^{p-1} - 1 \equiv 0 \pmod{p}$$

sind, hatten wir, da der Modul eine Primzahl ist, den Schluſs gezogen, daſs für ein variables x die Kongruenz:

$$x^{p-1} - 1 \equiv \prod_{k=1}^{k=p-1} (x-k) \pmod{p}$$

besteht, und hatten hieraus z. B. die Folgerung

$$-1 \equiv 1 \cdot 2 \cdots (p-1) \pmod{p}$$

abgeleitet. In gleicher Weise hat sich jetzt für einen beliebigen zusammengesetzten Modul m ergeben, daſs auch die Kongruenz:

$$x^{\varphi(m)} - 1 \equiv 0 \pmod{m}$$

ebenfalls genau ebenso viele Wurzeln besitzt, als ihr Grad angiebt, da dieselbe alle $\varphi(m)$ Einheiten $r_1, r_2, \cdots r_{\varphi(m)}$ und offenbar keine andere. Zahl zu Wurzeln hat; es läge daher die Vermutung nahe, daſs auch in diesem allgemeineren Fall eine entsprechende Kongruenz:

$$(4) \qquad x^{\varphi(m)} - 1 \equiv \prod_{k=1}^{\varphi(m)} (x-r_k) \pmod{m}$$

besteht, aus der sich dann für $x = 0$ als eine Verallgemeinerung des Wilsonschen Satzes die Kongruenz:

$$(5) \qquad\qquad -1 \equiv r_1 \; r_2 \cdots r_{\varphi(m)} \pmod{m}$$

ergeben würde. Daſs sich aber eine solche Zerlegung (4) für einen zusammengesetzten Modul nicht zu ergeben braucht, ist bereits früher allgemein nachgewiesen worden; daſs im Besondern die Kongruenz (4) keine notwendige Giltigkeit hat, lehrt das einfachste Beispiel: Bildet man für den Modul $m = 9$, für den $\varphi(m) = 6$ ist und $r_1, \cdots r_{\varphi(m)}$ bezw. die Werte 1, 2, 4, 5, 7, 8 haben, das Produkt

$$\prod_k (x-r_k) = (x-1)\,(x-2)\,(x-4)\,(x-5)\,(x-7)\,(x-8),$$

so ist dasselbe modulo 9 betrachtet kongruent $(x^2 - 1)^3$, also durchaus nicht kongruent $x^6 - 1$. Damit ist ferner auch das Bestehen der Kongruenz (5) fraglich geworden, da sie durch Nullsetzen von x aus (4) gefolgert wurde. Wir werden jedoch im § 3 den wahren Wert jenes Produktes modulo m auf anderem Wege bestimmen.

§ 2.

Zunächst wollen wir für ein beliebiges m $\varphi(m)$, d. h. die Anzahl aller inkongruenten Einheiten **modulo** m

$$r_1, \cdots r_{\varphi(m)}$$

ermitteln. Ist

$$r_1, \cdots r_\mu, \quad s_1, \cdots s_\nu$$

ein vollständiges Restsystem modulo m in der Art, dafs $s_1, \cdots s_\nu$ wie im vorigen Paragraphen alle diejenigen Zahlen bedeuten, die mit m irgend einen gemeinsamen Teiler haben, so bilden die μ Brüche

$$\frac{r_1}{m}, \frac{r_2}{m}, \cdots \frac{r_\mu}{m}$$

die Gesamtheit aller und nur der Brüche mit dem Nenner m, die in reduzierter Form den Nenner m haben. Betrachten wir also alle Brüche mit dem Nenner m, rechnen aber diejenigen von ihnen als äquivalent, deren Zähler modulo m kongruent sind, die sich also nur um eine ganze Zahl unterscheiden, so ist $\varphi(m)$ gleich der Anzahl der nicht äquivalenten reduzierten Brüche mit dem Nenner m; denn es stimmen die letzteren mit

$$\frac{r_1}{m}, \cdots \frac{r_{\varphi(m)}}{m}$$

überein.

Es seien nun m' und m'' irgend zwei teilerfremde, komplementäre Divisoren von m, sodafs

$$m'm'' = m, \qquad (m', m'') = 1$$

ist; dann kann man jedes reduzierte $\frac{r}{m}$ auf eine und nur eine Weise als Summe von zwei Partialbrüchen von der gleichen Eigenschaft, aber mit den Nennern m' und m'' darstellen. Soll nämlich

$$\frac{r}{m} = \frac{r'}{m'} + \frac{r''}{m''}$$

sein, so ist dazu hinreichend und notwendig, dafs

$$r = r'm'' + r''m'$$

ist, oder dafs die Kongruenzen bestehen:

$$r'm'' \equiv r \pmod{m'}, \qquad r''m' \equiv r \pmod{m''}.$$

In der That wird, da sowohl m'' wie r zu m' relativ prim sind, durch die erste Kongruenz eine und nur eine zu m' teilerfremde Zahl r', durch die zweite analog eine Zahl r'' bestimmt. Sind aber umgekehrt $\frac{r'}{m'}$ und $\frac{r''}{m''}$ reduzierte Brüche, so ist auch, wie leicht zu sehen,

$$\frac{r'}{m'} + \frac{r''}{m''} = \frac{r}{m}$$

ein reduzierter Bruch mit dem Nenner m. Denn hätten r und $m = m'm''$ auch nur einen gemeinsamen Primteiler p, so wäre derselbe entweder in m' oder in m'' enthalten; ist also z. B. m' durch p teilbar, so müfste wegen $r = r'm'' + r''m' \equiv 0 \pmod{p}$ auch

$$r'm'' \equiv 0 \pmod{p}$$

d. h. r' durch p teilbar sein. Es wäre dann p ein gemeinsamer Divisor von r' und m', und das widerspricht der Voraussetzung. Der Bruch $\frac{r}{m}$ hat deshalb wirklich die reduzierte Form. Somit entspricht jedem der $\varphi(m)$ reduzierten Brüche $\frac{r}{m}$ eine und nur eine Summe

$$\frac{r'}{m'} + \frac{r''}{m''},$$

wo $m = m'm''$ und $(m', m'') = 1$ ist; wir erhalten genau ebenso viele Brüche $\frac{r}{m}$, wie es verschiedene solcher Summen giebt. Die Anzahl der ersteren ist nun $\varphi(m)$, die der letzteren $\varphi(m')\varphi(m'')$, weil es $\varphi(m')$ reduzierte Brüche $\frac{r'}{m'}$, $\varphi(m'')$ Brüche $\frac{r''}{m''}$ giebt. Es ist demnach allgemein

$$\varphi(m) = \varphi(m')\varphi(m'') \qquad \scriptstyle (m'\,m''=m;\ (m',\,m'')=1).$$

Zerfällt die Zahl m in das Produkt von drei oder mehreren Faktoren $m', m'', \cdots m^{(k)}$, von denen jeder zu jedem andern relativ prim ist, so ist natürlich auch

$$\varphi(m) = \varphi(m')\,\varphi(m'') \cdots \varphi(m^{(k)}).$$

Nach diesem Satze läfst sich nun, für jedes $m = p_1^{h_1} p_2^{h_2} \cdots p_k^{h_k}$, $\varphi(m)$ durch

$$\varphi(m) = \varphi(p_1^{h_1})\,\varphi(p_2^{h_2}) \cdots \varphi(p_k^{h_k})$$

darstellen, und dies ergiebt, da, wie oben bewiesen,

$$\varphi(p^h) = p^{h-1}(p-1) = p^h\left(1 - \frac{1}{p}\right)$$

ist, für jeden Wert von m

$$\varphi(m) = \prod_{i=1}^{k} p_i^{h_i - 1}(p_i - 1) = m \prod_{i=1}^{k}\left(1 - \frac{1}{p_i}\right).$$

Es ist danach $\varphi(m)$ stets eine gerade Zahl mit einziger Ausnahme des Falles $m = 2$, wo $\varphi(m)$ den Wert 1 hat; denn enthält m auch nur einen ungeraden Primfaktor p_i, so ist $p_i - 1$ gerade; ist aber $m = 2^h$ und $h > 1$, so ist 2^{h-1} immer ein Vielfaches von 2.

§ 3.

Die hier gefundenen Resultate wollen wir jetzt dazu verwenden, die am Schlusse des § 1 gestellte Aufgabe zu lösen, nämlich den Wert des Produktes

$$P = r_1 r_2 \cdots r_{\varphi(m)}$$

für eine beliebige ganze Zahl m als Modul zu bestimmen. Wir verfahren hierbei zunächst analog wie beim Beweise des einfachen Wilsonschen Satzes. Da jeder Einheit r modulo m eine und nur eine komplementäre Einheit r' entspricht, die der Kongruenz

$$rr' \equiv 1 \pmod{m}$$

genügt und weil daher, falls r und r' von einander verschieden sind, das Produkt rr' aus P einfach fortgelassen werden kann, so reduziert sich unser Produkt P modulo m auf das folgende:

(1) $$P = r_1 r_2 \cdots r_{\varphi(m)} \equiv \varrho_1 \varrho_2 \cdots \varrho_a \pmod{m},$$

wo $\varrho_1, \varrho_2, \cdots \varrho_a$ alle diejenigen unter jenen Einheiten r sein sollen, welche zu sich selbst komplementär sind. Eine Einheit ϱ ist aber dann und nur dann zu sich selbst komplementär, wenn $\varrho' = \varrho$, wenn also

(2) $$\varrho^2 \equiv 1 \pmod{m}$$

ist. Mithin ist P dem Produkte aller a modulo m inkongruenten Wurzeln der Kongruenz (2) kongruent.

Daraus geht aber sofort hervor, daß unser Produkt P modulo m entweder den Wert $+ 1$ oder den Wert $- 1$ haben muß. Denn ist ϱ irgend eine Wurzel der Kongruenz (2), so ist $m - \varrho$ eine andere und zwar von ϱ verschiedene, falls m größer ist als 2; wäre nämlich $\varrho = m - \varrho$, so wäre $m = 2\varrho$, also ϱ nicht teilerfremd zu m. Daher ordnen sich die Zahlen $\varrho_1, \varrho_2 \cdots$ ebenfalls zu Paaren an, und es ist immer

$$\varrho(m - \varrho) \equiv - \varrho^2 \equiv - 1 \pmod{m}.$$

Also folgt aus der Kongruenz (1) die weitere:

$$P \equiv (- 1)^{\frac{a}{2}} \pmod{m},$$

wo a wie vorher die Anzahl der modulo m inkongruenten Wurzeln der Kongruenz

$$\varrho^2 \equiv 1 \pmod{m}$$

bedeutet. Diese Anzahl, welche somit allein noch zu finden ist, kann aber in den einfachsten Fällen, wenn m die Potenz einer Primzahl oder das Doppelte einer solchen ist, leicht direkt bestimmt werden. In der That besitzt für den Fall $m = p$, wo p eine beliebige ungerade Primzahl ist, die Kongruenz:

$$\varrho^2 \equiv 1 \pmod{p}$$

nur die beiden inkongruenten Wurzeln $\varrho = \pm 1$, und dasselbe ist der Fall, wie man leicht auf induktivem Wege beweist, wenn $m = p^h$ eine beliebige Potenz von p ist. Nimmt man nämlich bereits als bewiesen an, dafs die Kongruenz

$$\varrho^2 \equiv 1 \pmod{p^{h-1}}$$

nur die beiden Wurzeln $\varrho \equiv \pm 1 \pmod{p^{h-1}}$ besitzt, so kann dieselbe Kongruenz für den Modul p^h nur die Wurzeln

$$\varrho = \pm 1 + t p^{h-1}$$

haben, wo t eine noch zu bestimmende ganze Zahl bedeutet, denn modulo p^{h-1} mufs sich ja n. d. V. jede Lösung auf ± 1 reduzieren. Aus der Gleichung

$$\varrho^2 = 1 \pm 2 t p^{h-1} + t^2 p^{2h-2} \equiv 1 \pmod{p^h}$$

folgt aber sofort, dafs t durch p teilbar sein mufs, dafs also auch modulo p^h die Anzahl a der Wurzeln jener Kongruenz gleich 2 ist.

Genau dasselbe gilt aber auch für den Fall $m = 2 p^h$, wo p^h wieder eine Potenz einer ungeraden Primzahl bedeutet; nach dem soeben geführten Beweise kann nämlich die Kongruenz

$$\varrho^2 \equiv 1 \pmod{2 p^h}$$

nur die Wurzeln

$$\varrho \equiv \pm 1 \pmod{2 p^h}$$

und

$$\varrho \equiv \pm 1 + p^h \pmod{2 p^h}$$

haben, da sich ja alle Lösungen modulo p^h auf ± 1 reduzieren müssen; von diesen vier Lösungen fallen aber die beiden letzten fort, da sie offenbar durch 2 teilbar sind. Auch hier ist also $a = 2$.

Etwas anders gestaltet sich das Resultat, wenn $m = 2^h$ ist. In den drei einfachsten Fällen, wenn m gleich 2, 4 oder 8 ist, hat a bezw. die Werte 1, 2, 4, denn die drei Kongruenzen

$$\varrho^2 \equiv 1 \pmod{2}, \quad \varrho^2 \equiv 1 \pmod{4}, \quad \varrho^2 \equiv 1 \pmod{8}$$

haben bezw. die inkongruenten Wurzeln (1), (1, 3), (1, 3, 5, 7).

Die vier letzten Kongruenzwurzeln kann man auch in der Form schreiben:

$$\varrho \equiv \pm 1 + \varepsilon \cdot 2^2 \pmod{2^3},$$

wo ε den Wert Null oder Eins haben kann, und wir beweisen jetzt wieder auf induktivem Wege, daſs die sämtlichen Wurzeln der Kongruenz:

(1) $$\varrho^2 \equiv 1 \quad (\text{mod } 2^h)$$

in der Form

$$\varrho \equiv \pm 1 + \varepsilon \cdot 2^{h-1} \qquad (\varepsilon = 0,1)$$

enthalten sind, unter der Voraussetzung, daſs schon gezeigt ist, daſs die Kongruenz:

$$\varrho^2 \equiv 1 \quad (\text{mod } 2^{h-1})$$

nur die vier Wurzeln $\varrho \equiv \pm 1 + \varepsilon_1 \cdot 2^{h-2}$ besitzt. Da nämlich wieder die obige Kongruenz (1) a fortiori für den Modul 2^{h-1} besteht, so muſs ϱ notwendig die Form haben:

$$\varrho \equiv \pm 1 + \varepsilon_1 \cdot 2^{h-2} + \varepsilon \cdot 2^{h-1} \quad (\text{mod } 2^h).$$

Substituiert man aber diesen Wert von ϱ in (1) und läſst die Vielfachen von 2^h fort, so ergiebt sich, daſs ε_1 durch 2 teilbar, also gleich Null sein muſs, daſs also für diesen Modul die Kongruenz (1) in der That stets genau vier Werte hat. Es ergiebt sich also zunächst das Resultat:

Das Produkt P ist kongruent (-1), wenn $m = 4$ oder $m = p^h$ oder $m = 2p^h$ ist, und p eine ungerade Primzahl bedeutet; dagegen ist jenes Produkt kongruent $+1$, wenn $m = 2^h$ ist, und h irgend ein ganzzahliger Exponent auſser 2 ist.

Der allgemeine Fall eines beliebigen zusammengesetzten m kann nun durch die folgenden Überlegungen leicht entschieden werden. Es sei wieder $m = m'm''$ und m' zu m'' relativ prim, dann kann man, wie oben gezeigt wurde, jede der μ Zahlen $r_1, \cdots r_{\varphi(m)}$ in der Form

$$r \equiv r_h' m'' + r_k'' m' \qquad \left(\begin{matrix} h=1,2,\cdots\varphi(m') \\ k=1,2,\cdots\varphi(m'') \end{matrix}\right)$$

darstellen, wo r_h' und r_k'' die $\varphi(m')$ bezw. $\varphi(m'')$ inkongruenten Einheiten für die Moduln m' und m'' sind. Das ergiebt für P die Kongruenz:

(2) $$P = r_1, \cdots r_{\varphi(m)} \equiv \prod_{h=1}^{\varphi(m')} \prod_{k=1}^{\varphi(m'')} (r_h' m'' + r_k'' m') \quad (\text{mod } m).$$

Da nun P, wie oben bereits bewiesen wurde, modulo m nur einen der Werte $+1$ und -1 haben kann, so brauchen wir, um zu entscheiden, welche der beiden Möglichkeiten im gegebenen Falle eintritt, nur den Kongruenzwert jenes Produktes für einen der Moduln m' oder m'' zu kennen, vorausgesetzt, daſs diese Zahlen gröſser als 2 sind, denn modulo 2 sind ja $+1$ und -1 einander kongruent. Ist aber m nicht von der Form p^h oder $2\,p^h$ oder 2^h, welche Fälle wir bereits vorher direkt erledigt hatten, so kann m stets so zerlegt werden, dafs m' und $m'' > 2$ ist. Wir können daher jetzt m' und m'' gröfser als 2 annehmen. Für den Modul m' lautet dann die Kongruenz (2)

$$P \equiv \prod_{h=1}^{\varphi(m')} \prod_{k=1}^{\varphi(m'')} r_h'\, m'' \equiv \left(\prod_{h=1}^{\varphi(m')} r_h'\, m'' \right)^{\varphi(m'')} \pmod{m'},$$

d. h. weiter

$$P \equiv m''^{\,\varphi(m')\,\varphi(m'')} \left(\prod_{h=1}^{\varphi(m')} r_h' \right)^{\varphi(m'')} \equiv \left(\prod r_h' \right)^{\varphi(m'')} \pmod{m'},$$

weil ja $m''^{\,\varphi(m')}$ modulo m' kongruent 1 ist. $\displaystyle\prod_{h=1}^{\varphi(m')} r_h'$ kann aber, wie oben dargelegt worden ist, modulo m' betrachtet nur einen der beiden Werte ± 1 haben, und da der Exponent $\varphi(m'')$ stets eine gerade Zahl ist, weil $m'' > 2$ angenommen werden konnte, so ist unter den gemachten Annahmen

$$P \equiv 1 \pmod{m'},$$

also auch

$$P \equiv 1 \pmod{m},$$

d. h. das Produkt

$$P = r_1 r_2 \cdots r_{\varphi(m)}$$

hat, modulo m betrachtet, stets den Wert 1.

Wir können das Resultat dieser ganzen Untersuchung oder also die Verallgemeinerung des Wilsonschen Satzes in dem folgenden Theoreme zusammenfassen:

Das Produkt aller inkongruenten und zu m teilerfremden ganzen Zahlen ist modulo m betrachtet kongruent -1, wenn m die Potenz einer ungeraden Primzahl oder das Doppelte einer solchen, oder endlich die Zahl 4 ist; in allen übrigen Fällen ist jenes Produkt kongruent $+1$.

Elfte Vorlesung.

Die Invarianten der Kongruenz. — Charakteristische Invarianten. — Arithmetische und analytische Invarianten. — Jede Invariante der Kongruenz ist eine symmetrische Funktion aller kongruenten Zahlen. — Arithmetische Untersuchung der Fundamentalinvariante der Kongruenz.

§ 1.

In der vorigen Vorlesung gelangten wir dadurch zu dem Kongruenzbegriffe, dafs wir in der nach beiden Seiten ins Unendliche fortgesetzten Reihe der natürlichen Zahlen immer je m Glieder übersprangen und die so erhaltenen Zahlen in Partialreihen von der folgenden Form zusammenfafsten:

$$(R_k) \quad \cdots, \; -3m+k, \; -2m+k, \; -m+k, \; k, \; m+k, \; 2m+k, \cdots$$

oder, wie wir jetzt einfacher schreiben wollen:

$$\cdots, \; k^{(-3)}, \; k^{(-2)}, \; k^{(-1)}, \; k, \; k^{(1)}, \; k^{(2)}, \; \cdots$$
$$(k = 0, 1, 2, \cdots m-1),$$

wenn allgemein:

$$k^{(r)} = k + rm \qquad (r = 0, \pm 1, \pm 2, \cdots)$$

gesetzt wird.

Wir bezeichnen dann zwei Zahlen a und b als kongruent für den Modul m, wenn sie in derselben Reihe R_k enthalten sind. Dividieren wir nunmehr alle Elemente der natürlichen Zahlenfolge durch m, so bekommen wir die Reihe aller positiven und negativen Brüche mit dem Nenner m und statt der früheren m Partialreihen R_k die neuen:

$$(R'_k) \qquad \cdots, \; \frac{k^{(-2)}}{m}, \; \frac{k^{(-1)}}{m}, \; \frac{k}{m}, \; \frac{k^{(1)}}{m}, \; \frac{k^{(2)}}{m}, \; \cdots; \qquad (k = 0, 1, \cdots m-1)$$

jede von diesen umfafst die Gesamtheit aller und nur der Brüche mit dem Nenner m, die sich von einander um ganze Zahlen unterscheiden. Betrachten wir daher zwei Brüche $\frac{k}{m}$ und $\frac{k'}{m}$ als äquivalent, wenn sie derselben Reihe R'_k angehören, so folgt aus der Äquivalenz

$$\frac{k}{m} \sim \frac{k'}{m}$$

die Kongruenz

$$k \equiv k' \pmod{m}$$

und umgekehrt.

Wir hatten ferner gesehen, daſs eine ganze ganzzahlige Funktion $f(k)$ modulo m ungeändert bleibt, wenn man für k irgend eine der Zahlen $\cdots, k^{(-2)}, k^{(-1)}, k, k^{(1)}, k^{(2)}, \cdots$ einsetzt. Wir wollen uns nun mit Funktionen beschäftigen, die bei jener Substitution nicht nur ihren Kongruenzwert für den Modul m beibehalten, sondern überhaupt ihren Wert nicht ändern, die also konstant bleiben, wenn k alle Zahlen $k^{(r)}$ der Reihe R_k durchläuft. Solche Functionen $f(x)$ nennt man *Invarianten der Kongruenz*

$$(1) \qquad\qquad k \equiv k' \pmod{m};$$

das Bestehen der letzteren zieht dann allemal die Gleichung

$$(1^a) \qquad\qquad f(k) = f(k')$$

nach sich. Folgt auch umgekehrt aus der Gleichung (1^a) die Kongruenz (1), so heiſst $f(x)$ eine **eigentliche** oder **charakteristische**, im anderen Falle eine uneigentliche Invariante. Wie von vornherein einleuchtet, sind die uneigentlichen Invarianten für unsere Untersuchungen von keiner wesentlichen Bedeutung, da sie schon ihrer Definition nach mit dem Kongruenzbegriffe, speziell mit unserer Kongruenz im allgemeinen keinen innern Zusammenhang haben; so ist ja z. B. jede Funktion $f(x)$, die die Variable garnicht enthält, also jede Konstante, als eine uneigentliche Invariante der Kongruenz aufzufassen. Wir beschränken uns deshalb auf die charakteristischen Invarianten. In arithmetischer Gestalt haben wir eine solche bereits kennen gelernt, nämlich in dem kleinsten positiven Reste, den eine Zahl k durch m geteilt läſst; denn dieser ist für alle modulo m kongruenten Zahlen $k^{(i)}$ stets derselbe und nimmt andrerseits, wie es das Kriterium einer eigentlichen Invariante verlangt, für zwei inkongruente Zahlen k und k' verschiedene Werte an.

Gehen wir jetzt wieder zur Betrachtung von Brüchen über, so gelangen wir zu einer anderen wichtigen arithmetischen Invariante, die freilich im Grunde mit der vorigen übereinstimmt. Zieht man von einer beliebigen Gröſse a die ihr *zunächst* benachbarte kleinere oder gröſsere ganze Zahl ab, so ergiebt sich eine Zahl $R(a)$, die der **absolut kleinste Rest von** a genannt wird und durch die Ungleichung

$$-\frac{1}{2} \leq R(a) < \frac{1}{2}$$

vollkommen bestimmt ist; damit auch dann, wenn a genau in der Mitte zwischen zwei aufeinander folgenden ganzen Zahlen liegt, der

Begriff unzweideutig festgestellt sei, ist durch jene **Ungleichung** bestimmt worden, daſs in dem **genannten** Falle $R(a)$ stets gleich $-\frac{1}{2}$ sein soll.

Bei dieser Definition ist $R(a)$ in der That eine eigentliche Invariante für die Äquivalenz

$$a \sim a + 1$$

oder für die Kongruenz von Brüchen modulo 1; denn zwei solche a und a' unterscheiden sich dann und nur dann um eine ganze Zahl, sind also in einem erweiterten Sinne modulo 1 kongruent, wenn $R(a) = R(a')$ ist. Für die gebrochenen Zahlen mit dem Nenner m ist der absolut kleinste Rest $R\left(\frac{k}{m}\right)$ ebenso eine charakteristische Invariante der Kongruenz nach dem Modul 1, wie vorher der kleinste Rest der ganzen Zahlen k für die Kongruenz nach dem Modul m.

Daſs sich $R\left(\frac{k}{m}\right)$ — den Fall $R\left(\frac{k}{m}\right) = -\frac{1}{2}$ allein ausgenommen — durch die unendliche Reihe

$$\lim_{N=\infty} \sum_{h=1}^{N} (-1)^h \frac{\sin\frac{2hk\pi}{m}}{h\pi}$$

ersetzen läſst, hat keine besondere Bedeutung für die **Natur** der Invariante. Einmal tritt in der analytischen Darstellung das **arithmetische** Element, der Kongruenzbegriff, keineswegs gänzlich zurück, und auſserdem kann man zahlentheoretische Funktionen immer **auf mancherlei** verschiedene Weisen durch Grenzwerte ausdrücken.

Diese beiläufige Bemerkung führt uns jedoch zu den **analytischen** Invarianten überhaupt, auf die wir näher eingehen wollen, da sie neben den arithmetischen in der höheren Zahlenlehre eine hervorragende Rolle spielen.

Es sei $f(v)$ eine Funktion, für die allemal

$$f\left(\frac{k}{m}\right) = f\left(\frac{k'}{m}\right)$$

ist, sobald zwischen den ganzen **Zahlen** k und k' die **Kongruenz**

$$k \equiv k' \pmod{m}$$

besteht, und zwar wie auch die Brüche $\frac{k}{m}$ und $\frac{k'}{m}$ gewählt sein mögen. Offenbar ist diese Bedingung immer erfüllt, wenn **für jeden reellen** Wert des **Argumentes**

$$f(v) = f(v+1),$$

d. h. wenn $f(v)$ eine periodische **Funktion** mit der **Periode 1** ist. In der unendlichen Sinus-Reihe, deren limes gleich $R\left(\frac{k}{m}\right)$ war, haben die

einzelnen Glieder $\sin\dfrac{2hk\pi}{m}$ alle die obige Eigenschaft; es ist demnach

nicht nur die Summe selbst, sondern auch jedes Glied derselben, also
die einfache Funktion $\sin 2v\pi$ eine analytische Invariante unserer
Kongruenz, allerdings, wie unmittelbar zu ersehen ist, im allgemeinen
keine charakteristische; denn es folgt nicht notwendig aus der Gleichung

$$\sin 2v\pi = \sin 2v'\pi$$

die andere

$$v = h + v'$$

oder die Äquivalenz

$$v \sim v',$$

sondern es kann v mit v' auch durch die Gleichung $v = h + \frac{1}{2} - v'$,
d. h. durch die Äquivalenz

$$v \sim \frac{1}{2} - v'$$

verbunden sein. Beschränken wir dagegen die Werte von v auf die
gebrochenen Zahlen $\dfrac{k}{m}$ mit ungeradem Nenner m, so ist die Funktion
$\sin 2v\pi$ auch eine charakteristische Invariante; in diesem Falle kommt
ja der Wert

$$v' = \frac{1}{2} - v$$

unter den Brüchen mit dem Nenner m gar nicht vor.

Ein ganz ähnliches Verhalten, wie $\sin 2v\pi$, zeigt die Funktion
$\cos 2v\pi$; auch für sie ergiebt die Gleichung

$$\cos 2v\pi = \cos 2v'\pi$$

zwei **Möglichkeiten**, nämlich

$$v \sim v' \quad \text{und} \quad v \sim -v',$$

und sie ist demnach nur als eine uneigentliche Invariante zu betrachten.
Erst wenn wir beide Funktionen zusammennehmen, zieht das Gleichungssystem

$$\sin 2v\pi = \sin 2v'\pi$$
$$\cos 2v\pi = \cos 2v'\pi$$

die Äquivalenz

$$v \sim v'$$

notwendig nach sich, sodaſs wir z. B. in der bekannten Verbindung
von Sinus und Cosinus zur Exponentialfunktion

$$\cos 2v\pi + i \sin 2v\pi = e^{2v\pi i}$$

eine wirkliche charakteristische Invariante der Äquivalenz

$$v \sim v + 1$$

besitzen.

Eine solche bietet sich vor allem auch in der Funktion $\tan v\pi$ dar, da, wie man sich leicht überzeugt, aus

$$\tan v\pi = \tan v'\pi$$

stets nur

$$v \sim v'$$

folgen kann. Es ist also die Gleichung

$$\tan \frac{k\pi}{m} = \tan \frac{k'\pi}{m}$$

der Kongruenz

$$k \equiv k' \pmod{m}$$

äquivalent. Diese Invariante verdient deshalb vorzügliche Beachtung, weil alle anderen durch sie ausgedrückt werden können. Zunächst gelten z. B. für die beiden uneigentlichen Invarianten, die wir kennen gelernt haben, die Relationen

$$\sin 2v\pi = \frac{2 \tan v\pi}{1 + \tan^2 v\pi}$$

$$\cos 2v\pi = \frac{1 - \tan^2 v\pi}{1 + \tan^2 v\pi};$$

übrigens beweisen auch sie wiederum, daſs $\sin 2v\pi$ und $\cos 2v\pi$ keine charakteristischen Invarianten sind, denn die rechten Seiten bleiben vermöge der Eigenschaften der Tangente nicht nur für $v \sim v'$, sondern ebenfalls für $v \sim \frac{1}{2} - v'$ bezw. $v \sim -v'$ ungeändert.

Im Anschlusse hieran ist leicht zu zeigen, daſs sich überhaupt jede Invariante für unsere Äquivalenz auf die Fundamentalinvariante $\tan v\pi$ zurückführen läſst. Ist nämlich $\varphi(v)$ von der Beschaffenheit, daſs $\varphi(k) = \varphi(k')$ ist, falls $k \equiv k' \pmod{m}$, und setzen wir

$$f\left(\frac{v}{m}\right) = \varphi(v),$$

so ist $f(v)$ eine reelle Funktion mit der Periode 1; eine solche kann aber bekanntermaſsen innerhalb der Grenzen 0 und 1 stets in eine Fouriersche Reihe entwickelt werden, d. h. es ist

$$f(v) = \lim_{N = \infty} \left\{ \sum_{-N}^{+N} a_n \cos 2nv\pi + \sum_{-N}^{+N} b_n \sin 2nv\pi \right\}$$

$$(0 < v \leqq 1).$$

Hieraus ergiebt sich dann für $\varphi(k)$ der Wert

$$\varphi(k) = \lim_{N=\infty} \left\{ \sum_{-N}^{+N} a_n \cos \frac{2nk\pi}{m} + \sum_{-N}^{+N} b_n \sin \frac{2nk\pi}{m} \right\}.$$

Da sich nun, wie oben dargethan wurde, $\cos \frac{2nk\pi}{m}$ und $\sin \frac{2nk\pi}{m}$ als rationale Funktionen von $\operatorname{tang} \frac{nk\pi}{m}$ schreiben lassen und $\operatorname{tang} \left(n \frac{k\pi}{m} \right)$ selbst wieder rational durch $\operatorname{tang} \frac{k\pi}{m}$ ausdrückbar ist, so ist in der That unsere obige Behauptung bewiesen; jede Invariante der Kongruenz wird durch eine konvergente unendliche Reihe rationaler Functionen von $\operatorname{tang} v\pi$ dargestellt.

Dieses Ergebnis wollen wir jetzt dazu benutzen, eine im theoretischen Sinne naturgemäße Darstellung aller Invarianten unserer Kongruenz anzugeben, und zwar auf Grund des nachstehenden Fundamentalsatzes:

„Jede Invariante der Kongruenz

$$k \equiv k' \pmod{m}$$

läßt sich als eine symmetrische Function aller kongruenten Zahlen $\cdots, k^{(-2)}, k^{(-1)}, k, k^{(1)}, k^{(2)}, \cdots$ darstellen.‟

Um das zu zeigen, dürfen wir uns nach dem soeben gewonnenen Resultate darauf beschränken, die Invariante $\operatorname{tang} v\pi$ in der verlangten Weise auszudrücken. Damit ist aber auch sofort der Beweis des Theoremes geführt; denn es besteht bekanntlich die Gleichung

$$\frac{\pi}{\operatorname{tang} v\pi} = \lim_{N=\infty} \sum_{-N}^{+N} \frac{1}{v+n},$$

bei der auf der rechten Seite die geforderte symmetrische Funktion aller zu v äquivalenten Zahlen $v + n$ auftritt.

So ist auch umgekehrt ohne weiteres einzusehen, daß jede symmetrische Funktion sämtlicher zu k kongruenten Zahlen eine Invariante der Kongruenz

$$k \equiv k' \pmod{m}$$

sein muß. In der That, ist $\psi(x)$ eine beliebige eindeutige Funktion von x, und bilden wir die unendliche Summe

$$J(k) = \lim_{N=\infty} \sum_{-N}^{+N} \psi(k^{(n)}) = \lim_{N=\infty} \sum_{-N}^{+N} \psi(k + nm),$$

so ist dieselbe, falls sie nur konvergiert, offenbar eine Invariante; denn ersetzt man auf beiden Seiten der Gleichung k durch $k^{(r)}$, so hat

$J(k^{(r)})$ denselben Wert, wie $J(k)$, weil sich nur die Glieder der Summe um r Stellen verschoben haben.

So einfach aber auch diese Überlegungen sind, so hat es doch im allgemeinen seine grofsen Schwierigkeiten, eine gegebene Invariante wirklich auf die Form einer symmetrischen Funktion zu bringen, wie es auch andererseits keineswegs leicht ist, direkt immer eine geeignete symmetrische Funktion der Gröfsen $k^{(r)}$ aufzustellen. Denn hier ist einmal dafür zu sorgen, dafs die Reihe $\sum\limits_{n} \psi(k^{(n)})$ konvergiert, zweitens aber noch dafür, dafs die erhaltene Invariante eine eigentliche ist. So konvergiert beispielsweise

$$\sum\limits_{n}' k^{(n)}$$

nicht, während das für die andere Summe

$$\sum\limits_{n} \frac{1}{[k^{(n)}]^{1+\varrho}}$$

stets der Fall ist, sobald nur. ϱ gröfser als 0 ist.

§ 2.

Es ist interessant, durch die unmittelbare Untersuchung der Invariante

$$f(v) = \lim_{N=\infty} \sum_{-N}^{+N}{}' \frac{1}{v+n},$$

ohne Zuhilfenahme der Kenntnis davon, dafs ihre Summe den Wert $\dfrac{\pi}{\operatorname{tang} v\pi}$ hat, ihre wesentlichen Eigenschaften zu ergründen. Dafs wir es hier thatsächlich mit einer Invariante der Äquivalenz $v \sim v + 1$ zu thun haben, lehren die folgenden Umformungen: Es ist

$$f(v) - f(v+1) = \lim_{N=\infty} \sum_{-N}^{+N}{}' \frac{1}{v+n} - \lim_{N=\infty} \sum_{-N}^{+N}{}' \frac{1}{v+n+1}$$

$$= \lim_{N} \sum_{-N}^{+N}{}' \left(\frac{1}{v+n} - \frac{1}{v+n+1} \right)$$

$$= \lim_{N} \left(\frac{1}{v-N} - \frac{1}{v+N+1} \right) = 0.$$

Demnach ist für jedes ganzzahlige n

$$f(v) = f(v+n),$$

und es genügt, die Funktion nur für solche reelle oder komplexe Werte von v zu betrachten, deren reeller Theil zwischen $-\frac{1}{2}$ und $+\frac{1}{2}$, die untere Grenze mit eingeschlossen, liegt, d. h. für die komplexen Zahlen

$$v = v_1 + v_2 i,$$

für welche

$$-\frac{1}{2} \leqq v_1 < \frac{1}{2}$$

ist.

Um zunächst nachzuweisen, dafs unsere Reihe überall in diesem Bereiche mit Ausnahme der Stelle $v = 0$ konvergiert, setzen wir

$$f(v) = \frac{1}{v} + \lim_{N=\infty} \sum_{1}^{N} \left(\frac{1}{v+n} + \frac{1}{v-n} \right) = \frac{1}{v} - 2v \lim_{N} \sum_{1}^{N} \frac{1}{n^2 - v^2}$$

und brauchen, da v als endlich und von Null verschieden vorausgesetzt wurde, jetzt nur noch die Summe $\sum_{1}^{N} \frac{1}{n^2 - v^2}$ oder besser gleich die Reihe der absoluten Beträge derselben

$$(1) \qquad \sum_{1}^{N} \frac{1}{|n^2 - v^2|}$$

zu betrachten, die wir bezüglich ihrer Konvergenz auf eine weit einfachere Reihe zurückführen können. Es ist nämlich

$$n^2 - v^2 = n^2 - (v_1 + v_2 i)^2 = n^2 - v_1^2 + v_2^2 - 2v_1 v_2 i,$$

also

$$\left| n^2 - v^2 \right| = + \sqrt{\left(n^2 - v_1^2 + v_2^2 \right)^2 + 4 v_1^2 v_2^2} \geqq \left| n^2 - v_1^2 + v_2^2 \right|.$$

Weil hier n mindestens gleich 1, v_1^2 höchstens gleich $\frac{1}{4}$ ist, $n^2 - v_1^2 + v_2^2$ daher nicht negativ sein kann, so ist auch sicher

$$\frac{1}{|n^2 - v^2|} \leqq \frac{1}{n^2 - v_1^2 + v_2^2},$$

und aus demselben Grunde ist

$$n^2 - v_1^2 + v_2^2 > n^2 - 1 > (n-1)^2$$

für jedes n. Lassen wir schliefslich in der Reihe (1) das dem Werte $n = 1$ entsprechende, jedenfalls endliche Glied $\frac{1}{1 - v^2}$ fort, so ist nunmehr die übrig bleibende Summe unbedingt kleiner als $\sum_{n=2}^{\infty} \frac{1}{(n-1)^2}$ oder, wie wir anders schreiben wollen, kleiner als:

$$S = \sum_{n=1}^{\infty} \frac{1}{n^2}.$$

Ist für diese Summe S die Konvergenz dargethan, so ist das a fortiori auch für unsere ursprüngliche Reihe (1) geschehen.

Statt für die Reihe S direkt, führen wir den Konvergenzbeweis gleich für die allgemeinere

$$S_\varrho = \lim_{N=\infty} \sum_1^N \frac{1}{n^{1+\varrho}}, \qquad (\varrho > 0)$$

da wir von dieser noch später ausgedehnten Gebrauch machen werden; die Reihe S erledigt sich ja dann als Spezialfall für den Wert $\varrho = 1$ von selbst. Wir nehmen zu dem Zwecke eine beliebige positive ganze Zahl g an und teilen alle Zahlen n nach derselben in Klassen ein, von denen die erste diejenigen von 1 bis $g - 1$, die zweite die von g bis $g^2 - 1$ u. s. f., die r^{te} alle Zahlen von g^{r-1} bis $g^r - 1$ enthält. Fassen wir nun in S_ϱ alle Elemente $\frac{1}{n^{1+\varrho}}$ in Partialsummen zusammen, für die die entsprechenden Werte von n derselben Klasse angehören, so vergröfsern wir die ganze Reihe, wenn wir in jeder der Partialsummen ihre sämtlichen Glieder durch das erste, das den gröfsten Wert hat, ersetzen. So bekommen wir eine Summe

$$\frac{g-1}{1} + \frac{g^2 - g}{g^{1+\varrho}} + \frac{g^3 - g^2}{g^{2(1+\varrho)}} + \frac{g^4 - g^3}{g^{3(1+\varrho)}} + \cdots$$

$$= (g-1)\left(1 + \frac{1}{g^\varrho} + \frac{1}{g^{2\varrho}} + \frac{1}{g^{3\varrho}} + \cdots\right)$$

$$= (g-1)\frac{g^\varrho}{g^\varrho - 1},$$

welche sicherlich gröfser ist als S_ϱ und für alle Werte von $\varrho > 0$ einen wohlbestimmten endlichen Wert hat. Daher konvergiert auch S_ϱ selber und mit ihr die spezielle Reihe S. Endlich wollen wir noch den Nachweis führen, dafs $f(v)$ auch dann endlich bleibt, wenn in $v = v_1 + v_2 i$ v_2 unendlich grofs wird, während v_1, wie oben, innerhalb der Grenzen $\pm \frac{1}{2}$ angenommen wird. Schreiben wir wieder jene Reihe in der Form:

$$f(v) = \frac{1}{v} - 2 \lim \sum_1^N \frac{v}{n^2 - v^2},$$

so ist, wie oben bewiesen wurde, und wegen $|v_1| \leqq \frac{1}{2}$

$$\sum_1^N \frac{|v|}{|n^2 - v^2|} \leqq \sum_1^N \frac{\sqrt{v_1^2 + v_2^2}}{n^2 - v_1^2 + v_2^2} < \sum_1^N \frac{|v_2| + 1}{n^2 - v_1^2 + v_2^2}$$

$$< \sum_1^N \frac{|v_2|}{n^2 - v_1^2 + v_2^2} + \sum_1^N \frac{1}{n^2 - v_1^2 + v_2^2};$$

hier **können** wir von der zweiten Summe auf der rechten Seite einfach absehen, da ihre Konvergenz schon oben bewiesen wurde. Setzen wir ferner in der ersten Summe $|v_2| = w$ und sehen von ihrem ersten, für $w = \infty$ verschwindenden Gliede $\dfrac{w}{1 - v_1^2 + w^2}$ ab, so ist wiederum wegen $|v_1| \leq \dfrac{1}{2}$

$$\sum_2^N \frac{w}{n^2 - v_1^2 + w^2} < \sum_2^N \frac{w}{(n-1)^2 + w^2} = \sum_1^{N'} \frac{w}{n^2 + w^2},$$

wo $N' = (N-1)$ ist. Die Konvergenz dieser letzten Summe beweist man, indem man jene Reihe als ein sehr einfaches bestimmtes Integral darstellt. Ist nämlich w sehr grofs angenommen, so kann man $w = \dfrac{1}{dx}$ setzen, wo dx eine sehr kleine positive Gröfse bedeutet. Dann ist aber:

$$\sum_1^{N'} \frac{w}{n^2 + w^2} = \sum_1^{N'} \frac{dx}{1 + (n \cdot dx)^2} = \frac{dx}{1 + dx^2} + \frac{dx}{1 + (2\,dx)^2} + \cdots + \frac{dx}{(N'\,dx)^2},$$

aber für $N'dx = t$ kann jene Summe gleich dem folgenden bestimmten Integrale gesetzt werden:

$$\int_0^t \frac{dx}{1 + x^2} = \operatorname{arctg} t - \operatorname{arctg} 0 = \operatorname{arctg} t$$

was, wie grofs auch N, also auch t, angenommen werden mag, stets einen endlichen Wert besitzt, und für $N = \infty$ gegen $\dfrac{\pi}{2}$ konvergirt.

Nachdem wir uns so von der Konvergenz der Reihe für $f(v)$ überzeugt haben, ist es weiter unsere Aufgabe festzustellen, ob die Funktion auch eine charakteristische Invariante der Aequivalenz $v \sim v + 1$ ist, d. h. ob für reelle Werte von v und v' aus der Gleichung

$$f(v) = f(v')$$

die **Aequivalenz**

$$v \sim v'$$

unbedingt gefolgert werden mufs. Weil es nun sowohl für v als auch für v' immer eine zwischen 0 und 1 liegende äquivalente Zahl giebt, für die f denselben Wert annimmt, so können wir uns die Untersuchung bedeutend vereinfachen, indem wir von vorn herein v und v' auf jenes Intervall von 0 bis 1 beschränken und dann nur beweisen, dafs $f(v) = f(v')$ notwendig die Gleichung $v = v'$ nach sich zieht. Das aber geht ohne weiteres aus der Umformung

$$f(v) - f(v') = \lim_{N=\infty} \sum_{-N}^{+N} \left(\frac{1}{v+n} - \frac{1}{v'+n} \right) = (v'-v) \lim_{N=\infty} \sum_{-N}^{+N} \frac{1}{(v+n)(v'+n)} = 0$$

hervor. **Da** v und v' beide zwischen 0 und 1 liegen, so **haben** $v + n$ und $v' + n$ unveränderlich dasselbe Vorzeichen, das Produkt $(v + n)(v' + n)$ ist also stets positiv. In der obigen Relation ist daher $v' - v$ mit der sicherlich positiven und endlichen Größe $\lim\limits_{N} \sum\limits_{N} \dfrac{1}{(v + n)(v' + n)}$ multipliziert und die rechte Seite kann nur verschwinden, wenn wirklich $v = v'$ ist. **Wie aus der Form der Reihe** unmittelbar ersichtlich ist, gilt endlich für jeden Wert von v

$$f(-v) = -\frac{1}{v} + \lim_{N=\infty} \sum_1^N \left\{ \frac{1}{-v+n} + \frac{1}{-v-n} \right\} = -f(v).$$

Um über weitere Eigenschaften der Funktion $f(v)$ Aufschluß zu erhalten, legen wir nunmehr dem Argumente v spezielle Werte bei. Da ergiebt sich zunächst für $v = 0$, ein Fall, den wir ja bei unserer Konvergenzbetrachtung ausschlossen,

$$f(0) = \lim_{v=0} f(v) = \lim_{v=0} \left\{ \frac{1}{v} + \lim_{N=\infty} \sum_1^N \left(\frac{1}{v+n} + \frac{1}{v-n} \right) \right\}$$

$$= \lim_{v=0} \frac{1}{v} + \lim_{N=\infty} \sum_1^N \left(\frac{1}{n} - \frac{1}{n} \right) = \lim_{v=0} \frac{1}{v} = \infty;$$

d. h. für $v = 0$ wird das erste Glied $\dfrac{1}{v}$ unserer Reihe für sich unendlich, während die übrige Reihe für sich identisch **Null** wird. Denkt man sich also die Variable $v = v_1 + v_2 i$ auf den unendlichen Streifen Σ_0 begrenzt, welcher durch die beiden Parallelen zur imaginären Achse $v_1 = -\dfrac{1}{2}$ und $v_1 = +\dfrac{1}{2}$ begrenzt wird, so besitzt $f(v)$ nur die eine Unendlichkeitsstelle $v = 0$, und ist sonst allenthalben endlich. Denkt man sich ferner die ganze **komplexe Zahlenebene** durch die entsprechenden **Parallelen**

$$v_1 = r - \frac{1}{2} \quad \text{und} \quad v_1 = r + \frac{1}{2} \qquad (r = 0, \pm 1, \pm 2, \cdots)$$

in die Streifen Σ_r geteilt, so folgt aus der Gleichung $f(r + v) = f(v)$, daß jene Funktion in jedem Streifen in entsprechenden Punkten immer dieselben **Werte** annimmt. Ferner bekommt man für $v = \dfrac{1}{4}$ die Gleichung

$$f\left(\frac{1}{4}\right) = \lim_{N=\infty} \sum_{-N}^{+N} \frac{1}{\frac{1}{4} + n} = \lim_N \sum_{-N}^{+N} \frac{4}{1 + 4n}$$

$$= 4 \left(1 - \frac{1}{3} + \frac{1}{5} - \frac{1}{7} + \cdots \right) = \pi,$$

da die in der Klammer stehende Reihe die Leibnitzsche Reihe für $\frac{\pi}{4}$ ist; endlich erhalten wir noch für $v = \frac{1}{2}$

$$f\left(\frac{1}{2}\right) = \lim_{N=\infty} \sum_{-N}^{+N} \frac{1}{\frac{1}{2}+n} = \lim_{N=\infty} \frac{1}{\frac{1}{2}+N} = 0,$$

weil sich hier je zwei Glieder $\dfrac{1}{\frac{1}{2}+(r-1)}$ und $\dfrac{1}{\frac{1}{2}-r}$ gegenseitig zer-

stören. Das Resultat der letzten Betrachtungen lautet demnach:

„Die Reihe $f(r)$ wird dann und nur dann unendlich, wenn $r \sim 0$ wird, sie nimmt für $r \sim \frac{1}{4}$ den Wert π an und verschwindet für $r \sim \frac{1}{2}$."

Zwölfte Vorlesung.

Die Kongruenz nach einem Modulsystem. — Teiler eines Modulsystems. — Aequi-valente Modulsysteme. — Reduktion der Modulsysteme. — Theorie der ganz-zahligen Formen. — Aequivalente Formen. — Einheitsformen.

§ 1.

Wir kehren jetzt zur Betrachtung des Kongruenzbegriffes selbst zurück, wie wir ihn in der fünften Vorlesung nach dem Vorgange von *Gauſs* aufgestellt haben. Zwei Zahlen a und a' wurden als kon-gruent nach dem Modul m bezeichnet, wenn sich die eine von der anderen um ein beliebiges Vielfaches von m unterscheidet, sodaſs die Gleichung

$$a' = a + gm$$

mit der Kongruenz

$$a \equiv a' \pmod{m}$$

gleichbedeutend ist.

Es war dort schon hervorgehoben worden, daſs gerade durch diese unscheinbare Abstraktion der Zahlentheorie erst ein fester Boden ge-geben wurde. Hier soll nun ausgeführt werden, daſs die Gauſsische Idee in Wirklichkeit noch viel weiter greift; man kann nämlich das ihr zu Grunde liegende Prinzip derart ausdehnen, daſs es nicht nur die Lehre von den ganzen Zahlen, sondern auch das Gebiet aller ganzen rationalen Funktionen von einer oder mehreren Veränderlichen be-herrscht, und man kann zeigen, daſs auch in diesem höheren Gebiete dieselben einfachen Grundgesetze bestehen, wie in der gewöhnlichen Zahlentheorie. Zunächst wollen wir die Erweiterung des Kongruenz-begriffes für den uns geläufigen Bereich der natürlichen Zahlen vor-nehmen, um hier erst deutlich werden zu lassen, daſs sie in der That naturgemäſs und gedanklich naheliegend ist. Haben wir dann die so gewonnenen Definitionen auf die Gesamtheit der ganzen Funktionen beliebig vieler Unbestimmten übertragen, so wird sich die Rechtferti-gung, die Zweckmäſsigkeit der Verallgemeinerung alsbald ergeben; wir werden sehen, daſs wir erst mit ihrer Hilfe im Stande sind, jenen weiteren Bereich vollständig zu beherrschen.

Kann man eine ganze Zahl a in der Form cm schreiben, wo c und m ebenfalls ganzzahlig sind, so heißt a ein Vielfaches von m, d. h. a enthält den Modul oder Divisor m; hierbei betrachtet man also alle diejenigen Größen a unter einem gemeinsamen Gesichtspunkte, welche in der Form cm dargestellt werden können. Eine Erweiterung dieses Begriffes ergiebt sich unmittelbar, wenn man die sämtlichen Zahlen ins Auge faßt, die sich als Summe von Vielfachen *zweier* Zahlen m_1 und m_2, also in der Form $c_1 m_1 + c_2 m_2$ darstellen lassen u. s. f., wenn man schließlich alle diejenigen in eine Klasse rechnet, welche sich **als Summe von Vielfachen** von μ beliebig gegebenen ganzen Zahlen $m_1, m_2, \cdots m_\mu$ darstellen lassen, die also in der Form gegeben sind:

$$(1) \qquad a = c_1 m_1 + c_2 m_2 + \cdots + c_\mu m_\mu,$$

wo $c_1, c_2, \cdots c_\mu$ völlig beliebige positive oder negative ganze Zahlen bedeuten. Man erhält somit alle und nur die Zahlen a, die jener Klasse angehören, wenn man in der homogenen linearen Function oder in der Form $c_1 m_1 + c_2 m_2 + \cdots + c_\mu m_\mu$ den Größen c alle möglichen ganzzahligen Werte beilegt. Ebenso wie von einer Zahl a gesagt wurde, sie enthielte *den Divisor* m, sobald sie gleich cm gesetzt werden konnte, so soll es hier heißen, die Zahl a *enthält das Divisorensystem* oder *Modulsystem* $(m_1, \cdots m_\mu)$ oder sie ist durch jenes Divisorensystem teilbar, wenn sie in der Form (1) darstellbar ist. So ist z. B. 3 durch das Divisorensystem (7, 16, 25) teilbar, weil

$$3 = 3 \cdot 7 + 2 \cdot 16 - 2 \cdot 25$$

ist, und aus

$$6 = 1 \cdot 3 + 5 \cdot 15 - 4 \cdot 18$$

geht dasselbe in Bezug auf die Zahl 6 und das Modulsystem (3, 15, 18) hervor. Speziell ist die **Null** ein Vielfaches von jedem Divisorensysteme $(m_1, \cdots m_\mu)$, weil stets die Gleichung

$$0 = 0 \cdot m_1 + 0 \cdot m_2 + \cdots + 0 \cdot m_\mu$$

besteht, und aus ähnlichem Grunde ist jedes Element m_i eines beliebigen Modulsystems $(m_1, \cdots m_i, \cdots m_\mu)$ durch dasselbe teilbar.

Enthält die Differenz zweier Zahlen $a' - a$ das Divisorensystem $(m_1, \cdots m_\mu)$, so nennt man a und a' kongruent für jenes System; die Bezeichnungsweise ist dabei ganz dieselbe, wie bei den einfachen Kongruenzen:

$$(2) \qquad a' \equiv a \quad (\mathrm{modd}\ m_1, \cdots m_\mu),$$

(in **Worten**: a' ist kongruent a modulis $m_1, \cdots m_\mu$). Der eigentümliche Gedanke, der, wie gleich im Anfange bemerkt wurde, der Ein-

führung des Kongruenzbegriffes ihren grofsen Wert verleiht, ist demnach auch hier durchaus festgehalten worden. Die obige Kongruenz
vertritt die allgemeinere Gleichung

$$a' = a + c_1 m_1 + c_2 m_2 + \cdots + c_\mu m_\mu,$$

und die Koëfficienten c, die für die Untersuchung bedeutungslos sind, sie
im Gegenteil nur hemmen und erschweren könnten, treten vollkommen
in den Hintergrund.

Ist a' selbst ein Vielfaches des Systemes $(m_1, \cdots m_\mu)$, so kann
auf der rechten Seite von (2) a gleich 0 gewählt und, analog wie
früher, in diesem Falle

$$a' \equiv 0 \quad (\text{modd } m_1, \cdots m_\mu)$$

gesetzt werden.

Ferner genügt unsere erweiterte Definition den Anforderungen,
die man, wie wir im § 2 der siebenten Vorlesung ausführten, an jede
Aequivalenz stellen mufs; es bestehen nämlich die beiden Fundamentalsätze:

1) „Jede Gröfse a ist sich selbst kongruent“,

denn die Differenz $a - a = 0$ enthält ja, wie oben erwähnt, alle
Divisorensysteme $(m_1, m_2, \cdots m_\mu)$, und

2) „Sind zwei Zahlen a und b einer dritten c kongruent, so
   sind sie untereinander kongruent“,

denn ist sowohl $a - c$ wie $b - c$ durch $(m_1, m_2, \cdots m_\mu)$ teilbar, so
gilt dasselbe auch von der Differenz

$$a - b = a - c - (b - c).$$

Im Folgenden soll, der Bequemlichkeit halber, mitunter von der
abgekürzten Bezeichnung (m_i) für ein Modulsystem $(m_1, \cdots m_\mu)$ Gebrauch
gemacht werden, sobald dadurch kein Mifsverständnis hervorgerufen
werden kann.

Ein Modulsystem (m_i) hat eine ganze Zahl d zum Teiler, wenn
alle seine Glieder Vielfache von d sind, wenn somit d ein gemeinsamer Divisor aller Elemente $m_1, \cdots m_\mu$ ist. Zugleich ist eine solche
Zahl d Teiler einer jeden ganzen Zahl a, welche das Modulsystem
$(m_1, \cdots m_\mu)$ enthält; ist nämlich

$$m_1 = d \bar{m}_1, \; m_2 = d \bar{m}_2, \; \cdots m_\mu = d \bar{m}_\mu,$$

und enthält a unser System, so ist

$$a = c_1 m_1 + c_2 m_2 + \cdots + c_\mu m_\mu = d (c_1 \bar{m}_1 + c_2 \bar{m}_2 + \cdots + c_\mu \bar{m}_\mu),$$

also in der That ein Multiplum von d. Im Anschlusse hieran kann
der Begriff der Teilbarkeit unter Beibehaltung seiner Grundeigenschaften

unmittelbar auf den Fall ausgedehnt werden, daſs an die Stelle des Divisors d ebenfalls ein Divisorensystem $(d_1, d_2, \cdots d_\delta)$ tritt. Zu dem Zwecke stellen wir die Definition auf:

„Ein Modulsystem $(m_1, \cdots m_\mu)$ enthält ein anderes $(d_1, \cdots d_\delta)$ als Teiler, wenn jedes Element m_i des ersten durch das zweite System teilbar ist, d. h. wenn die μ Gleichungen bestehen:

(3)
$$m_1 = c_1^{(1)} d_1 + c_2^{(1)} d_2 + \cdots + c_\delta^{(1)} d_\delta$$
$$\cdots \cdots \cdots \cdots \cdots \cdots$$
$$m_\mu = c_1^{(\mu)} d_1 + c_2^{(\mu)} d_2 + \cdots + c_\delta^{(\mu)} d_\delta."$$

Z. B. ist $(15, 25, 10)$ ein Teiler von $(20, 35)$, weil zufolge der Relationen

$$20 = 0 \cdot 15 + 0 \cdot 25 + 2 \cdot 10$$
$$35 = 1 \cdot 15 + 0 \cdot 25 + 2 \cdot 10$$

die beiden Zahlen 20 und 35 durch das erste System teilbar sind, und aus

$$6 = 5 \cdot 18 - 4 \cdot 21$$
$$9 = 4 \cdot 18 - 3 \cdot 21$$
$$39 = 1 \cdot 18 + 1 \cdot 21$$

ergiebt sich ebenso, daſs $(6, 9, 39)$ ein Vielfaches von $(18, 21)$ ist. Nach diesen Festsetzungen erhellt sofort die Richtigkeit des weiteren Satzes:

„Gilt eine Kongruenz für irgend ein Modulsystem (m_i), so gilt sie auch für einen beliebigen Teiler (d_k) desselben."

In der That: ist $a \equiv 0 \pmod{m_1, \cdots m_\mu}$, so läſst sich a in der Form

$$a = c_1 m_1 + c_2 m_2 + \cdots + c_\mu m_\mu$$

schreiben; ist aber zugleich (d_k) ein Divisor von (m_i), so hängen die Elemente des zweiten Systems mit denen des ersten durch die Gleichungen (3) zusammen. Ersetzt man nun in der Relation für a $m_1, \cdots m_\mu$ durch ihre homogenen linearen Ausdrücke in $d_1, \cdots d_\delta$ und ordnet dann nach den Gröſsen d, so wird

$$a = g_1 d_1 + g_2 d_2 + \cdots + g_\delta d_\delta,$$

wo die Koëfficienten g offenbar wiederum ganzzahlig sind; damit ist unsere Behauptung bewiesen. Daſs auch die Umkehrung des Satzes:

„Ist ein Modulsystem (d_k) in allen durch ein anderes (m_i) teilbaren Zahlen gleichfalls enthalten, so ist es ein Divisor des letzteren"

Giltigkeit hat, bedarf kaum eines Beweises; zu allen durch (m_i) teilbaren Zahlen gehören ja in erster Linie die Glieder $m_1, \cdots m_\mu$ selbst, und sind diese Vielfache von (d_k), so gilt dasselbe für das System (m_i).

Diese Betrachtungen führen uns direkt zu einer wichtigen Beziehung zwischen Modulsystemen, die ihr Analogon bei den einfachen Moduln zunächst nicht zu finden scheint. Es können nämlich zwei Systeme (m_i) und (n_k) einander gegenseitig enthalten, wozu ja nur nötig ist, dafs alle Elemente m_i durch das System (n_k) und umgekehrt alle Elemente n_k durch das System (m_i) teilbar sind. So stehen z. B. die beiden oben angeführten Systeme (6, 9, 39) und (18, 21) in einem solchen Verhältnis wechselseitiger Teilbarkeit, wie aus den Gleichungsgruppen

$$6 = 5 \cdot 18 - 4 \cdot 21 \qquad 18 = 3 \cdot 6 + 0 \cdot 9 + 0 \cdot 39$$
$$9 = 4 \cdot 18 - 3 \cdot 21 \qquad 21 = 2 \cdot 6 + 1 \cdot 9 + 0 \cdot 39$$
$$39 = 1 \cdot 18 + 1 \cdot 21$$

unmittelbar hervorgeht.

Zwei derartige Systeme (m_i) und (n_k) wollen wir äquivalent nennen und diese Beziehung folgendermafsen darstellen:

$$(m_1, \cdots m_\mu) \sim (n_1, \cdots n_\nu).$$

In Anlehnung an die Resultate über die Teilbarkeit von Divisorensystemen bekommen wir daher den Lehrsatz:

„Zwei Systeme (m_i) und (n_k) sind einander dann und nur dann äquivalent, wenn jedes von ihnen durch das andere teilbar ist. Besteht ferner eine Kongruenz für das Modulsystem (m_i), so bleibt sie richtig, wenn wir an Stelle desselben irgend ein ihm äquivalentes (n_k) treten lassen."

D. h.: in allen Fragen der Kongruenz kann ein System (m_i) durch ein anderes ihm äquivalentes ersetzt werden. So ist z. B.

$$33 \equiv 15 \pmod{6, 9, 39} \quad \text{und} \quad \pmod{18, 21},$$

wie aus den Gleichungen

$$3 = 1 \cdot 21 - 1 \cdot 18, \qquad 3 = -1 \cdot 6 + 1 \cdot 9 + 0 \cdot 39$$

ohne weiteres hervorgeht. Sind zwei einfache positive ganze Zahlen m und n gegenseitig durch einander teilbar, so ist notwendig $m = n$; für positive ganze Zahlen fällt also die Definition der Äquivalenz mit der der Gleichheit zusammen. Aber schon wenn zwei Zahlen positiv oder negativ genommen werden dürfen, folgt aus der Äquivalenz von n und m nur, dafs $m = \pm n$ sein mufs; hier unterscheiden sich demnach äquivalente Zahlen höchstens um den Faktor ± 1. Die Äquivalenz von Modulsystemen bildet dann die konsequente Erweiterung jener elementarsten Verwandtschaft.

§ 2.

Den oben aufgestellten Lehrsatz wollen wir nunmehr dazu benutzen, ein System $(m_1, \cdots m_\mu)$ auf ein äquivalentes von möglichst
einfacher Form zu reduzieren. Das geschieht an der Hand der nachstehenden Fundamentaleigenschaften der Divisorensysteme:

> „Ein System (m_i) geht in ein äquivalentes über, ändert sich
> also im Sinne der Äquivalenz garnicht, wenn man seinen Ele-
> menten ein weiteres m hinzufügt, welches das System (m_i) selbst
> enthält."

Ist nämlich

(4) $$m = c_1 m_1 + c_2 m_2 + \cdots + c_\mu m_\mu ,$$

so ist wirklich

$$(m, m_1, \cdots m_\mu) \sim (m_1, \cdots m_\mu);$$

denn einmal ist das erste System ein Teiler des zweiten, weil dessen
Elemente sämtlich in ihm vorkommen, andrerseits aber ist es auch ein
Vielfaches desselben, weil das einzige neu hinzutretende Glied m nach
Gleichung (4) durch das zweite System teilbar ist. Geht man umge-
kehrt von $(m, m_1, \cdots m_\mu)$ aus und macht über m wiederum dieselbe
Voraussetzung wie vorher, so erhält man auf Grund der obigen Äqui-
valenz (4) den entsprechenden Satz:

> „In einem Systeme $(m, m_1, \cdots m_\mu)$ kann man jedes Element m
> fortlassen, welches durch das aus den übrigen gebildete Modul-
> system $(m_1, \cdots m_\mu)$ teilbar ist."

So ist

$$(7, 15, 37) \sim (15, 37),$$

weil $7 = -2 \cdot 15 + 1 \cdot 37$, also das erste Element 7 ein Vielfaches
von $(15, 37)$ ist. Im Besondern kann jedes Glied eines Divisorensystems schlechtweg vernachlässigt werden, sobald es ein Multiplum
irgend eines anderen Elementes ist; z. B. besteht die Äquivalenz

$$(6, 12, 9, 18) \sim (6, 9),$$

weil die beiden Elemente 12 und 18 Multipla von 6 sind. Ein sehr
naheliegendes Korollar der soeben gewonnenen Ergebnisse lautet:

> „Ein Modulsystem (m_i) bleibt im Sinne der Äquivalenz unge-
> ändert, wenn man eine der Zahlen m_i um ein beliebiges Viel-
> faches einer anderen vermehrt oder vermindert;"

denn man darf ja, ohne das System $(m_1, \cdots m_\mu)$ im Sinne der Äquivalenz zu verändern, seinen Gliedern ein $(\mu + 1)^{tes}$ $m_1 + t m_2$ hinzu-

fügen, wo t eine beliebige ganze Zahl ist, und alsdann aus dem neuen Systeme $(m_1 + t m_2, m_1, m_2, \cdots m_\mu)$ m_1 fortlassen wegen der Gleichung

$$m_1 = (m_1 + t m_2) - t m_2;$$

$(m_1 + t m_2, m_2, \cdots m_\mu)$ und $(m_1, m_2, \cdots m_\mu)$ sind also in der That äquivalent. Betrachten wir wieder das Beispiel $(6, 9, 39)$, so ist z. B.

$$(6, 9, 39) \sim (6, 9, 39 - 4 \cdot 9) \sim (6, 9, 3),$$

und da schliefslich noch die beiden ersten Elemente als Vielfache des letzten unterdrückt werden können, so reduziert sich das System $(6, 9, 39)$ auf den einfachen Divisor 3.

Allgemein lehrt uns der letzte Satz, dafs jedes Modulsystem $(m_1, \cdots m_\mu)$ von beliebig vielen Gliedern stets auf ein anderes äquivalentes zurückgeführt werden kann, das nur aus einer einzigen Zahl d besteht, weil wir es eben in der Hand haben, die Elemente durch wechselseitige Subtraktion beliebig zu verkleinern. Denkt man sich nämlich die positiven Zahlen $m_1, \cdots m_\mu$ im Systeme (m_i) ihrer Gröfse nach geordnet, sodafs

$$m_1 < m_2 < \cdots < m_\mu$$

ist, so kann man zuerst etwa m_2 durch Abziehen eines geeigneten Vielfachen von m_1 kleiner als m_1 machen; in dem so geänderten äquivalenten Systeme $(m_1, m_1 - t m_2, m_3, \cdots m_\mu)$ kann man nun wieder die Elemente nach der Gröfse ordnen, d. h. $m_1 - t m_2$ an die erste, m_1 an die zweite Stelle setzen und das neue äquivalente System nun wieder in gleicher Weise umformen; in derselben Weise gehen wir fort, und tragen dabei Sorge, falls einmal bei einer solchen Subtraktion die Null sich ergiebt, dieselbe jedesmal fortzulassen. Wird der Prozefs wiederholt, so lange noch wenigstens zwei verschiedene Zahlen m_i vorhanden sind, um sie nach ihrer Gröfse zu ordnen, so mufs man offenbar zuletzt nach einer endlichen Anzahl von Operationen zu einem Systeme mit nur einem Gliede d kommen, sodafs wirklich

$$(m_1, m_2, \cdots m_\mu) \sim (d) \sim d$$

wird; es ergiebt sich also das merkwürdige Resultat, dafs jedes Modulsystem $(m_1, m_2, \cdots m_\mu)$ einer ganzen Zahl d äquivalent ist.

Die Beziehung des so gefundenen einfachen Zahlenmoduls d zu den Elementen $(m_1, m_2, \cdots m_\mu)$ des ihm äquivalenten Systems ist leicht anzugeben und ergiebt ein weiteres bedeutsames Resultat. Da nämlich sämtliche Gröfsen m_i durch d teilbar sein müssen, so ist d ein gemeinsamer Divisor aller Elemente m_i, da aber auch umgekehrt d das System $(m_1, \cdots m_\mu)$ enthalten soll, so mufs auch die Gleichung

$$d = c_1 m_1 + \cdots + c_\mu m_\mu$$

bestehen, und aus ihr ergiebt sich d als der gröfste gemeinsame Teiler aller jener Zahlen. Man erhält also den Fundamentalsatz:

> „Jedes Modulsystem $(m_1, \cdots m_\mu)$ ist dem gröfsten gemeinsamen Teiler seiner Glieder als Modul äquivalent."

Es verdient hervorgehoben zu werden, dafs die hier durchgeführte Methode der Reduktion eines Modulsystems mit dem bekannten Euklidischen Verfahren zur Aufsuchung des gröfsten gemeinsamen Divisors zweier oder mehrerer Zahlen vollständig identisch ist. Es genügt, dieses für zwei Zahlen m_1 und m_2 auseinanderzusetzen. Ist $m_1 > m_2$ und bestimmt man nach dem Muster Euklids eine dritte Gröfse m_3 durch die Relation

$$m_1 - g_2 m_2 + m_3 = 0,$$

so ist

$$m_3 \equiv 0 \pmod{m_1, m_2}, \qquad m_1 \equiv 0 \pmod{m_2, m_3},$$

und daraus folgt die Äquivalenz

$$(m_1, m_2) \sim (m_1, m_2, m_3) \sim (m_2, m_3),$$

wo nunmehr m_2 und m_3 kleiner sind als die Elemente des ursprünglichen Systems. Fährt man in der gleichen Weise fort, so gelangt man schliefslich mit Notwendigkeit zu einem äquivalenten Systeme

$$(d, 0) \sim d,$$

d. h. d ist der gröfste gemeinsame Teiler von m_1 und m_2.

Zum Abschlusse dieser auf die Zahlen bezüglichen Untersuchungen seien noch zwei Folgerungen erwähnt, die besonders deutlich erkennen lassen, wie eng die neu eingeführten Definitionen der Teilbarkeit und Äquivalenz von Modulsystemen mit dem einfachsten Begriffe der Kongruenz verbunden sind:

> 1) „Von zwei Modulsystemen $(m_1, \cdots m_\mu)$ und $(d_1, \cdots d_\delta)$ ist das eine dann und nur dann ein Divisor des anderen, wenn der gröfste gemeinsame Teiler M der Elemente m_i ein Vielfaches des gröfsten gemeinsamen Teilers D der Elemente d_k ist."

Denn es ist ja

$$(m_1, \cdots m_\mu) \sim (M), \qquad (d_1, \cdots d_\delta) \sim (D),$$

und nur, wenn die Zahl M ein Multiplum von D ist, enthält das System (M) das zweite (D).

> 2) „Zwei Systeme (m_i) und (n_k) sind dann und nur dann äquivalent, wenn ihre Theiler M und N einander gleich sind."

Somit kann z. B. die vorher direkt bewiesene Äquivalenz der Systeme $(6, 9, 39)$ und $(18, 21)$ schon daraus geschlossen werden, dafs ihre Elemente denselben gröfsten gemeinsamen Divisor 3 besitzen.

Aus den zuletzt gegebenen Ausführungen folgt nun, daſs die Theorie der Modulsysteme mit ganzzahligen Elementen praktisch überflüssig ist, da sie vollkommen durch die Betrachtung der ihnen äquivalenten gewöhnlichen Divisoren ersetzt werden kann. Ganz anders aber gestaltet sich diese Frage, sobald wir später an Stelle der natürlichen Zahlen den Bereich der ganzzahligen Funktionen einer oder mehrerer Unbestimmten zu Grunde legen.

§ 3.

Ehe wir an jene allgemeineren Aufgaben herantreten, wollen wir die Systeme ganzzahliger Moduln noch in einem neuen interessanten Zusammenhange betrachten, den wir bis zu einem gewissen Grade auch als eine praktische Verwertung derselben ansehen können. Es sei $(m_1, m_2, \cdots m_\mu)$ ein beliebiges Divisorensystem, dann betrachten wir die aus seinen Elementen gebildete Linearform:

$$M = m_1 x_1 + m_2 x_2 + \cdots + m_\mu x_\mu,$$

in der $x_1, x_2, \cdots x_\mu$ unbestimmte Variable bedeuten. Legt man dann $x_1, \cdots x_\mu$ unabhängig von einander alle positiven und negativen ganzzahligen Werte bei, so durchläuft M alle und nur diejenigen ganzen Zahlen, welche das zugehörige Modulsystem $(m_1, m_2, \cdots m_\mu)$ enthalten. Aus diesem Grunde können und wollen wir jene Linearform für variable Werte von $x_1, \cdots x_\mu$ als Repräsentanten jenes Divisorensystemes (m_i) ansehen, und nun weiter darlegen, in welcher Weise sich die im vorigen Paragraphen für die Modulsysteme gefundenen Resultate nun auf die zugehörigen Linearformen übertragen lassen. So sagen wir zunächst von zwei Formen

$$M = m_1 x_1 + m_2 x_2 + \cdots + m_\mu x_\mu$$
$$D = d_1 y_1 + d_2 y_2 + \cdots + d_\delta y_\delta,$$

es ist die zweite in der ersten enthalten, wenn $(d_1, \cdots d_\delta)$ ein Teiler von $(m_1, \cdots m_\mu)$ ist oder also, wenn die μ Gleichungen

$$m_1 = c_1^{(1)} d_1 + c_2^{(1)} d_2 + \cdots + c_\delta^{(1)} d_\delta$$
$$m_2 = c_1^{(2)} d_1 + c_2^{(2)} d_2 + \cdots + c_\delta^{(2)} d_\delta$$
$$\cdots \cdots \cdots \cdots \cdots \cdots$$
$$m_\mu = c_1^{(\mu)} d_1 + c_2^{(\mu)} d_2 + \cdots + c_\delta^{(\mu)} d_\delta$$

mit ganzzahligen Koëfficienten $c_k^{(i)}$ bestehen. Dieser Definition kann man jetzt aber eine andere und viel naturgemäſsere Fassung geben.

Multipliciert man nämlich die Ausdrücke rechts und links der Reihe nach mit $x_1, x_2, \cdots x_\mu$ und addiert, so ergiebt sich

$$M = m_1 x_1 + \cdots + m_\mu x_\mu = \left(c_1^{(1)} x_1 + \cdots + c_1^{(\mu)} x_\mu\right) d_1$$
$$+ \cdots + \left(c_\delta^{(1)} x_1 + \cdots + c_\delta^{(\mu)} x_\mu\right) d_\delta,$$

d. h.: es läfst sich die Form D dadurch in M überführen, dafs man ihre Unbestimmten $y_1, \cdots y_\delta$ vermittelst der Relationen

$$y_1 = c_1^{(1)} x_1 + c_1^{(2)} x_2 + \cdots + c_1^{(\mu)} x_\mu$$
$$y_2 = c_2^{(1)} x_1 + c_2^{(2)} x_2 + \cdots + c_2^{(\mu)} x_\mu$$
$$\cdots \cdots \cdots \cdots \cdots \cdots \cdots \cdots \cdots \cdots$$
$$y_\delta = c_\delta^{(1)} x_1 + c_\delta^{(2)} x_2 + \cdots + c_\delta^{(\mu)} x_\mu$$

durch homogene lineare Funktionen von $x_1, \cdots x_\mu$ ersetzt. Umgekehrt ist leicht zu erkennen, dafs das zur Form M gehörige Divisorensystem (m_i) ein Vielfaches desjenigen von (d_k) ist, sobald durch eine solche Substitution für $y_1, \cdots y_\delta$ D in M übergeht. Hiermit haben wir nun eine tiefere Einsicht in die Beziehungen der Linearformen unter einander gewonnen, als ursprünglich durch den rein äufserlichen Zusammenhang derselben mit den entsprechenden Divisorensystemen erzielt wurde, und haben gleichzeitig für die Begriffe der Teilbarkeit und Äquivalenz von Formen eine immanente Definition gefunden:

„Eine Form M ist dann und nur dann ein Vielfaches einer anderen D, wenn sie aus der letzteren durch eine ganzzahlige homogene lineare Substitution erhalten werden kann. Zwei Formen M und N sind einander äquivalent, wenn sich jede von ihnen durch eine derartige Substitution in die andere transformieren läfst."

Unter einer primitiven oder Einheits-Form verstehen wir eine Form

$$E = m_1 x_1 + m_2 x_2 + \cdots + m_\mu x_\mu,$$

deren Koëfficienten relativ prim sind, für die das System $(m_1, \cdots m_\mu)$ also der 1 äquivalent ist. Eine solche ist eben vermöge dieser ihrer Eigentümlichkeit in allen anderen Formen enthalten und nimmt daher in ihrem Gebiete dieselbe Stellung ein, wie ± 1 im Reiche der natürliche Zahlen. Sie ist auch dadurch charakterisiert, dafs sich für ihre Variablen $x_1, \cdots x_\mu$ ganze Zahlen $a_1, \cdots a_\mu$ angeben lassen, die ihr den Wert 1 geben; denn das schon mehrfach benutzte Euklidische Verfahren lehrt ja für jedes teilerfremde System $m_1, \cdots m_\mu$ stets μ Zahlen $a_1, a_2, \cdots a_\mu$ so bestimmen, dafs die Gleichung

$$a_1 m_1 + a_2 m_2 + \cdots + a_\mu m_\mu = 1$$

erfüllt ist. Ziehen wir daraus die Konsequenz für eine beliebige Linearform M, so dürfen wir derselben, wie der Einheitsform die Zahl 1, den gröfsten gemeinschaftlichen Teiler d ihrer Koëfficienten zuordnen und sie diesem in gewissem Sinne äquivalent setzen. Schreibt man nämlich

$$M = m_1 x_1 + \cdots + m_\mu x_\mu = d(\bar{m}_1 x_1 + \cdots + \bar{m}_\mu x_\mu)$$

und beachtet, dafs $\bar{m}_1, \cdots \bar{m}_\mu$ jetzt keinen Divisor mehr gemeinsam haben, so besteht die Gleichung

$$M = d \cdot E,$$

und nehmen wir $E \sim 1$ an, so ist

$$M \sim d;$$

dabei sehen wir eine Form als äquivalent einer Zahl an, wenn sie sich von dieser nur um eine Einheitsform unterscheidet.

Ferner kann, weil

$$d \sim (m_1, m_2, \cdots m_\mu), \quad m_i = d\bar{m}_i$$

ist, jede Form

$$M = m_1 x_1 + \cdots + m_\mu x_\mu$$

auf die äquivalente Form $d \cdot y$ von nur einer Unbestimmten reduciert werden. In der That existieren immer μ ganze Zahlen $a_1, \cdots a_\mu$, für die M den Wert

$$m_1 a_1 + m_2 a_2 + \cdots + m_\mu a_\mu = d$$

annimmt, und aufserdem geht die Form $d \cdot y$ durch die ganzzahlige Substitution

$$y = \bar{m}_1 x_1 + \cdots + \bar{m}_\mu x_\mu$$

in die Form M, die letztere durch die entsprechende Substitution

$$x_i = a_i y$$

in

$$y(a_1 m_1 + \cdots + a_\mu m_\mu) = d \cdot y$$

über.

Dreizehnte Vorlesung.

Die Rationalitätsbereiche. — Allgemeine Theorie der Modulsysteme. — Allgemeine Theorie der Formen. — Der gröfste gemeinsame Teiler zweier Divisorensysteme. — Die Komposition der Modulsysteme. — Anwendungen. — Die Verallgemeinerung des Fermatschen Theoremes.

§ 1.

Wir wenden uns jetzt jener Erweiterung unseres Forschungsgebietes zu, auf die wir am Schlusse des § 2 der vorigen Vorlesung hindeuteten.

Es sei $\Re$ eine vorgelegte unbestimmte Gröfse. Verbinden wir diese dann mit sich selbst auf alle möglichen Arten durch die elementaren Rechnungsoperationen der Addition, Subtraktion, Multiplikation und Division, so gelangen wir zu einem Bereiche von Gröfsen, der insofern vollkommen in sich abgeschlossen ist, als seine Individuen sich stets durch die genannten Operationen reproducieren. Sind nämlich $\Phi(\Re)$ und $\Psi(\Re)$ irgend welche Elemente jenes Bereiches, so gehören ja auch

$$\Phi + \Psi, \quad \Phi - \Psi, \quad \Phi \cdot \Psi, \quad \frac{\Phi}{\Psi}$$

demselben Bereiche an, das letzte mit der ein- für allemal festzuhaltenden Mafsgabe, dafs $\Psi(\Re)$ nicht gleich 0 sein darf.

Die Gesamtheit aller so entstehenden Gröfsen soll der durch $\Re$ konstituierte Rationalitätsbereich heifsen und mit $(\Re)$ bezeichnet werden. Offenbar gehören ihm zunächst alle Potenzen

$$1, \Re, \Re^2, \cdots \Re^m,$$

an, die erste derselben, weil $1 = \frac{\Re}{\Re}$ ist, und da jede von diesen mit sich selbst oder mit einer anderen durch beliebig oft wiederholte Addition und Subtraktion zusammengesetzt werden kann, so folgt dasselbe auch für sämtliche ganze Funktionen von $\Re$

$$f(\Re) = a_0 + a_1 \Re + \cdots + a_m \Re^m,$$

deren Koëfficienten beliebige positive oder negative ganze Zahlen sind. An sie schliefsen sich endlich noch alle rationalen gebrochenen Funktionen

$$F(\Re) = \frac{f(\Re)}{g(\Re)} = \frac{a_0 + a_1\Re + \cdots + a_m\Re^m}{b_0 + b_1\Re + \cdots + b_n\Re^n},$$

in denen $a_0, \cdots a_m$ und $b_0, \cdots b_n$ wiederum, wie stets im folgenden, ganze positive oder negative Zahlen bedeuten.

Auf der anderen Seite ist ohne weiteres klar, dafs ($\Re$) aufser den angegebenen keine neuen Gröfsen mehr enthalten kann; denn wenden wir auf irgend zwei rationale Funktionen unseres Bereiches

$$F(\Re) = \frac{f(\Re)}{g(\Re)}, \qquad F_1(\Re) = \frac{f_1(\Re)}{g_1(\Re)}$$

nochmals die vier der Voraussetzung nach gestatteten Rechenoperationen an, so läfst sich das Resultat immer wieder auf die Form einer rationalen gebrochenen Funktion mit ganzzahligen Koëfficienten bringen. Damit ist der Satz bewiesen:

„Der Rationalitätsbereich ($\Re$) umfafst alle rationalen Funktionen von $\Re$ mit ganzzahligen Koëfficienten und nur diese."

Allerdings könnten, wie beiläufig bemerkt werden mag, auch die rationalen Funktionen

$$F(\Re) = \frac{\alpha_0 + \alpha_1\Re + \cdots + \alpha_m\Re^m}{\beta_0 + \beta_1\Re + \cdots + \beta_n\Re^n}$$

mit gebrochenen Koëfficienten hinzugenommen werden; doch würde man dann sofort imstande sein, sie durch Multiplikation mit dem Generalnenner von $\alpha_0, \cdots \alpha_m$, $\beta_0, \cdots \beta_n$ in Funktionen der vorher betrachteten Art umzuwandeln.

Da sich somit alle Gröfsen des Rationalitätsbereiches: ($\Re$) als Quotienten ganzer ganzzahliger Funktionen beliebigen Grades von $\Re$ darstellen, so dürfen wir uns bei der Untersuchung auf die letzteren allein beschränken, analog, wie die Theorie der rationalen Brüche in jener der ganzen Zahlen mit inbegriffen ist.

Auch die ganzen ganzzahligen Funktionen

$$f(\Re) = a_0 + a_1\Re + \cdots + a_m\Re^m$$

bilden einen in sich abgegrenzten Bereich, dessen Elemente sich durch Addition, Subtraktion und Multiplikation, nicht aber durch die Division, wieder erzeugen. Wir haben hier ein Teilgebiet von ($\Re$) und wollen dasselbe zur Unterscheidung von jenem den zu $\Re$ gehörigen *Integritätsbereich* nennen und durch [$\Re$] bezeichnen. Wird speziell die unbestimmte Gröfse $\Re$ gleich 1 gewählt, so fällt der Rationalitätsbereich ($\Re$)

mit dem der gewöhnlichen rationalen Brüche, der Integritätsbereich $[\Re]$ mit dem der ganzen Zahlen durchaus zusammen, und man erkennt daraus, wie die neuen Definitionen sich in konsequenter, naturgemäßer Weise auf die ersten arithmetischen Grundbegriffe aufbauen.

Es seien nun allgemein

$$\Re', \ \Re'', \cdots \Re^{(n)}$$

n beliebige unbestimmte Größen, so soll jetzt der Gesamtkomplex aller durch die erwähnten elementaren Rechenoperationen aus ihnen hervorgehenden Ausdrücke ebenfalls unter dem Namen des Rationalitätsbereiches

$$(\Re', \ \Re'', \cdots \Re^{(n)})$$

zusammengefaßt werden. Genau wie vorher gehört dann demselben jede ganze ganzzahlige Funktion der Elemente $\Re$,

$$f(\Re', \cdots \Re^{(n)}) = \sum_{k_1, k_2, \cdots k_n = 1}^{m} C_{k_1, \, k_2, \, \cdots k_n} \, \Re'^{k_1} \Re''^{k_2} \cdots \Re^{(n) \, k_n}$$

an, so wie weiter auch jede gebrochene rationale Funktion

$$F(\Re', \Re'', \cdots \Re^{(n)}) = \frac{f(\Re', \cdots \Re^{(n)})}{g(\Re', \cdots \Re^{(n)})},$$

in der Zähler und Nenner ihrerseits Funktionen der ersteren Art sind. Auch hier ist damit der Umfang des Bereiches erschöpft, und es gilt der Satz:

„Der durch die Unbestimmten $\Re', \cdots \Re^{(n)}$ konstituierte Rationalitätsbereich umfaßt alle und nur die rationalen Funktionen von $\Re', \cdots \Re^{(n)}$ mit ganzzahligen Koëfficienten."

Es ist endlich ebenso leicht einzusehen, wie im Falle eines einzigen $\Re$, daß man sich auf die Behandlung der ganzen ganzzahligen Funktionen von $\Re', \cdots \Re^{(n)}$ beschränken darf und daß die letzteren abermals einen Teilbereich für sich bilden, dessen Individuen sich nur durch Addition, Subtraktion und Multiplikation aus einander ergeben. Wir nennen diesen Bereich den zu $\Re', \Re'', \cdots \Re^{(n)}$ angehörigen *Integritätsbereich* und bezeichnen ihn durch $[\Re', \Re'', \cdots \Re^{(n)}]$.

§ 2.

Ist M irgend eine Größe des Bereiches $[\Re', \cdots \Re^{(n)}]$, so heißt ein anderes Element A desselben Integritätsbereiches teilbar durch M oder ein Vielfaches dieser Größe, wenn der Quotient $\frac{A}{M}$ selbst ganz ist, also ebenfalls in $[\Re', \cdots \Re^{(n)}]$ vorkommt. Es ist in dem Falle $A = C \cdot M$, und wir drücken auch hier diese Beziehung unter Abstraktion von dem völlig belanglosen Multiplikator C durch die Kongruenz

$$A \equiv 0 \pmod{M}$$

aus. Wie früher im Gebiete der natürlichen Zahlen, gelten jetzt für den höheren Bereich der ganzen Funktionen beliebig vieler Variablen alle über die Kongruenz ausgesprochenen Sätze und Beweise.

Wir wollen jetzt aber die vorher für Zahlen gefundene Erweiterung des Kongruenzbegriffes auch auf die hier betrachteten Bereiche $[\Re', \Re'', \cdots \Re^{(n)}]$ übertragen, wir werden dann sehen, dafs dieselben hier nicht überflüssig, sondern für die Erkenntnis der hier geltenden Gesetze unbedingt notwendig sind. Es seien also M_1, M_2, $\cdots M_\mu$ μ ganze Gröfsen des Rationalitätsbereiches $(\Re', \cdots \Re^{(n)})$. Dann werden wir entsprechend alle diejenigen seiner Elemente A in einer Gruppe vereinigen, welche in der Form:

$$A = C_1 M_1 + \cdots + C_\mu M_\mu$$

mit ganzen Koëfficienten $C_1, \cdots C_\mu$ darstellbar sind. Jede solche Gröfse A heifst dann durch das Modulsystem

$$(M_1, \cdots M_\mu)$$

teilbar oder es genügt der Kongruenz

$$A \equiv 0 \pmod{M_1, M_2, \cdots M_\mu}.$$

Offenbar erzeugen sich auch die Gröfsen A, die unser System enthält, sämtlich durch die Operationen der Addition, Subtraktion und Multiplikation und bilden insofern wiederum einen in sich abgeschlossenen Bereich von Individuen, zu denen auch stets die 0, sowie insbesondere jedes der Elemente $M_1, \cdots M_\mu$ selber gehört.

A und A' heifsen kongruent für das Divisorensystem $(M_1, \cdots M_\mu)$, wenn ihre Differenz $A - A'$ ein Multiplum desselben ist; es vertritt daher hier, wie früher, die Kongruenz

$$A' \equiv A \pmod{M_1, \cdots M_\mu}$$

eine Gleichung von der Form:

$$A' = A + C_1 M_1 + \cdots + C_\mu M_\mu);$$

ist A' selbst durch $(M_1, \cdots M_\mu)$ teilbar, so ist wie oben

$$A' \equiv 0 \pmod{M_1 \cdots M_\mu}$$

zu setzen.

Dafs auch bei der soeben angegebenen Verallgemeinerung des Kongruenzbegriffes die Axiome „Jede Gröfse ist sich selbst kongruent"

und „Wenn zwei Größen einer dritten kongruent sind, so sind sie es
unter einander", fortbestehen, daß also die Grundbedingungen aller
Äquivalenz erfüllt geblieben sind, bedarf keiner näheren Auseinander-
setzung.

Ebenso wie man in den Elementen der Zahlentheorie den gewöhnlichen ganzen Zahlen die Modulsysteme $(m_1, \cdots m_\mu)$ hinzufügte
und mit ihnen wie mit ganzen Zahlen rechnete, können wir es auch
in dem umfassenderen Integritätsbereiche $[\mathfrak{R}', \cdots \mathfrak{R}^{(n)}]$ thun, aber mit
dem wichtigen Unterschiede, daß jenes Gebiet hier eine bedeutsame
und unbedingt notwendige Erweiterung und Ergänzung durch jene
Adjunktion erfährt, während dieselbe, wie wir gesehen hatten, für das
Zahlenreich keine Ausdehnung ergab.

Es handelt sich zunächst wieder darum, die alten Festsetzungen
und Ergebnisse über ganzzahlige Modulsysteme auf diejenigen unseres
jetzigen Bereiches zu übertragen. Sind bei zwei Modulsystemen

$$(M_1, \cdots M_\mu), \quad (D_1, \cdots D_\delta)$$

alle Glieder M_i des ersten durch das zweite (D_k) teilbar, bestehen also
die μ Kongruenzen

(1) $M_i \equiv 0 \ (\mathrm{modd}\ D_1, \cdots D_\delta)$ $(i = 1, 2, \cdots \mu)$,

so heißt (M_i) ein Vielfaches von (D_k) oder das letztere ein Teiler des
anderen. Hieran knüpft sich, wie früher, unmittelbar der Lehrsatz:

    „Jede Kongruenz

(2) $A \equiv 0 \ (\mathrm{modd}\ M_1, \cdots M_\mu)$

    bleibt bestehen, wenn das System (M_i) durch einen beliebigen
    seiner Teiler (D_k) ersetzt wird, d. h. es ist

                $A \equiv 0 \ (\mathrm{modd}\ D_1, \cdots D_\delta)$

    eine notwendige Folge der ursprünglichen Kongruenz. Besteht
    umgekehrt jede Kongruenz für das System (M_i) auch für ein
    anderes (D_k), so ist letzteres ein Divisor von (M_i)."

In der That vertritt ja die Kongruenz (2) eine Gleichung

$$A = C_1 M_1 + \cdots + C_\mu M_\mu,$$

deren rechte Seite durch (D_k) teilbar ist, weil alle Größen $M_1, \cdots M_\mu$
nach Voraussetzung jenes Divisorensystem enthalten. Ist andererseits
jede Kongruenz modulis (M_i) auch für das System (D_k) erfüllt, so
geht die Teilbarkeit von (M_i) durch (D_k) direkt aus den μ Kongruenzen
(1) hervor. — Speziell ist ein beliebiges Divisorensystem (M_i) immer
ein Vielfaches des *Einheitssystemes*, dessen einziges Glied die 1

ist. Fügt man den Gröfsen $M_1, \cdots M_\mu$ eines Systemes (M_i) irgend eine Gröfse M_0 hinzu, so ist das entstehende System $(M_0, M_1, \cdots M_\mu)$ allemal ein Teiler von (M_i), wie die Gleichungen

$$M_1 = 0 \cdot M_0 + 1 \cdot M_1 + 0 \cdot M_2 \cdots + 0 \cdot M_\mu$$
$$\cdot \ \cdot \ \cdot \ \cdot \ \cdot \ \cdot \ \cdot \ \cdot \ \cdot \ \cdot \ \cdot \ \cdot \ \cdot \ \cdot \ \cdot \ \cdot$$
$$M_\mu = 0 \cdot M_0 + 0 \cdot M_1 + \cdots\cdots + 1 \cdot M_\mu$$

lehren.

„Zwei Systeme (M_i) und (N_k) heifsen äquivalent, wenn jedes im anderen enthalten ist; jede Kongruenz modulis (M_i) bleibt für ein äquivalentes Modulsystem (N_k) bestehen. Umgekehrt sind zwei Systeme immer dann äquivalent, wenn jede Kongruenz für das eine auch für das andere giltig ist."

Z. B. ist

$$(21\Re^3 + 14\Re^2 + 4\Re, \ 7\Re^2 + 3\Re) \sim (3\Re^2 + 5\Re, \ 2\Re^2 - \Re)$$

wegen der beiden Gruppen von Gleichungen:

$$21\Re^3 + 14\Re^2 + 4\Re = (3\Re^2 + 5\Re)(3\Re + 1) + (2\Re^2 - \Re)(6\Re + 1)$$
$$7\Re^2 + 3\Re = 1(3\Re^2 + 5\Re) + 2(2\Re^2 - \Re)$$

und

$$3\Re^2 + 5\Re = 2(21\Re^3 + 14\Re^2 + 4\Re) - (7\Re^2 + 3\Re)(6\Re + 1)$$
$$2\Re^2 - \Re = (21\Re^3 + 14\Re^2 + 4\Re)(-1) + (7\Re^2 + 3\Re)(3\Re + 1).$$

„Jede ein Modulsystem $(M_1, \cdots M_\mu)$ enthaltende Gröfse M_0 kann seinen Elementen hinzugefügt werden, ohne es im Sinne der Äquivalenz zu ändern, und andererseits darf ein Element M_0 aus einem Systeme $(M_0, M_1, \cdots M_\mu)$ ohne weiteres weggelassen werden, falls es durch das aus den übrigen Gliedern gebildete Modulsystem $(M_1, \cdots M_\mu)$ teilbar ist."

Denn ist

(3) $$M_0 = C_1 M_1 + C_2 M_2 + \cdots + C_\mu M_\mu,$$

so ist offenbar

$$(M_0, M_1, \cdots M_\mu) \sim (M_1, \cdots M_\mu),$$

weil die einzige auf der linken Seite hinzugekommene Zahl M_0 nach Voraussetzung ein Multiplum von (M_i) ist und somit die Glieder eines jeden der beiden Systeme das andere enthalten. Dieselbe Äquivalenz giebt uns bei Annahme der Gleichung (3) die Berechtigung, in $(M_0, M_1, \cdots M_\mu)$ das Element M_0 einfach zu unterdrücken. Aus diesem Grunde sind sämtliche Systeme, in welchem die 1 vorkommt, der

Zahl 1 äquivalent, weil alle Größsen Vielfache derselben sind, d. h. es
ist stets:

$$(1, M_1, \cdots M_\mu) \sim (1) \sim 1.$$

§ 3.

Auch für einen beliebigen Rationalitätsbereich kann man nun an
Stelle eines Divisorensystems $(M_1, \cdots M_\mu)$ die zugehörige homogene
Linearform

$$m = x_1 M_1 + \cdots + x_\mu M_\mu$$

betrachten, deren Koëfficienten M_i die Elemente des Modulsystemes
sind, und auf diese alle Eigenschaften der Modulsysteme übertragen.
So erhalten wir die nachstehenden Sätze:

  „Eine Größse M ist durch die Linearform m teilbar, wenn sie
  das aus den Koëfficienten derselben gebildete Modulsystem
  $(M_1 \cdots M_\mu)$ enthält, wenn also eine Gleichung

  $$M = C_1 M_1 + \cdots + C_\mu M_\mu$$

  besteht, in der $C_1, \cdots C_\mu$ irgendwelche ganze Größsen des Bereiches bedeuten,"

oder anders ausgesprochen:

  „Eine Größse M ist durch eine Linearform teilbar, wenn sie aus
  letzterer dadurch hervorgeht, daß man den Variablen $x_1, \cdots x_\mu$
  geeignete ganze Werte des Bereiches beilegt."

  Von zwei Formen

  $$m = x_1 M_1 + \cdots + x_\mu M_\mu$$
  $$n = y_1 N_1 + \cdots + y_\nu N_\nu$$

ist die erste ein Vielfaches der zweiten, wenn ihr Koëfficientensystem
$(M_1, \cdots M_\mu)$ dasjenige der andern $(N_1, \cdots N_\nu)$ zum Teiler hat. Ist
dies aber der Fall, bestehen somit allgemein die Gleichungen

$$M_i = \sum_{k=1}^{k=\nu} C_{i,k} N_k, \qquad (i=1, 2, \cdots \mu)$$

so überzeugt man sich genau ebenso, wie vorher bei Formen des natürlichen Zahlenbereiches, daß die enthaltene Form n durch eine lineare
Substitution mit ganzen Koëfficienten

$$y_k = \sum_{i=1}^{\mu} x_i C_{i,k} \qquad (k=1, 2, \cdots \nu)$$

in m übergeführt werden kann und daß umgekehrt auch die zweite
Beziehung die erste nach sich zieht. D. h.:

„Eine Linearform ist in einer anderen dann und nur dann enthalten, wenn sie durch eine lineare Transformation ihrer Unbestimmten mit ganzen Koëfficienten in jene übergeht."

Zwei Formen sind äquivalent, wenn die zugehörigen Modulsysteme es
sind, oder, was dasselbe ist, wenn jede von ihnen ein Multiplum der
anderen ist. Das Kriterium für die Äquivalenz von Formen lautet
demnach:

„Zwei Linearformen sind einander dann und nur dann äquivalent, wenn jede in die andere durch eine homogene, lineare
Substitution mit ganzen Koëfficienten transformiert werden kann."

§ 4.

Unter einem gemeinsamen Teiler zweier ganzen Zahlen m und n
verstanden wir jede Zahl ∂, die zugleich in m und n enthalten ist,
und zeigten dann, dafs diese alle mit den sämtlichen Teilern einer bestimmten ganzen Zahl d identisch sind. Die letztere aber gehört selbst
zu den Zahlen ∂ und wurde deshalb der gröfste gemeinsame Divisor
von m und n genannt. Wörtlich dasselbe Resultat bekommt man,
wenn man nach den gemeinsamen Teilern zweier Modulsysteme

$$(M) = (M_1, \cdots M_\mu), \qquad (N) = (N_1, \cdots N_\nu)$$

fragt; jedoch kann hier die Antwort in einer viel einfacheren Form
durch den folgenden Satz gegeben werden:

„Jedes in (M) und (N) zugleich enthaltene Divisorensystem
$(D_1, \cdots D_\partial)$ ist ein Teiler des aus den Elementen von beiden
Systemen (M) und (N) gebildeten Systemes

$$(M, N) = (M_1, \cdots M_\mu, N_1, \cdots N_\nu),$$

welches daher auch hier der gröfste gemeinsame Teiler von (M)
und (N) genannt wird."

In der That ist zunächst sowohl (M), wie (N) ein Vielfaches unseres
Systemes (M, N), weil ja sämtliche Glieder M_i und N_k unter denen
von (M, N) vorkommen, also durch dasselbe teilbar sind. Andererseits enthalten unter der gemachten Voraussetzung alle Gröfsen M_i
und N_k, d. h. auch alle Elemente von (M, N), das System $(D_1, \cdots D_\partial)$;
und letzteres ist somit wirklich stets ein Divisor von (M, N). So
wird z. B. der gröfste gemeinsame Teiler von $(28, 42)$ und $(21, 63)$
durch

$$(28, 42, 21, 63)$$

dargestellt, ist demnach äquivalent 7, wie denn auch in der That

$$(28, 42) \sim 7, \qquad (21, 63) \sim 21,$$

und der gröfste gemeinsame Teiler von 7 und 21 gleich 7 ist. Entsprechend läfst sich unsere Behauptung für die drei Systeme

$$(x^3 + x^2 - 5x + 3, x^3 + 2x^2 - 7x + 4), (x^3 - x, 7x^3 + x^2 - 7x - 1)$$

und

$$(x^3 + x^2 - 5x + 3, x^3 + 2x^2 - 7x + 4, x^3 - x, 7x^3 + x^2 - 7x - 1)$$

verificieren. Bei Zerlegung der Elemente in ihre Linearfaktoren ergiebt sich

$$((x-1)^2 (x+3), (x-1)^2 (x+4)) \sim (x-1)^2 (x+3, x+4) \sim (x-1)^2$$

$$((x^2 - 1)x, (x^2 - 1)(7x + 1)) \sim (x^2 - 1)(x, 7x + 1) \sim (x^2 - 1),$$

während man sich durch direkte Reduktion leicht davon überzeugt, dafs das dritte Modulsystem äquivalent:

$$((x - 1)^2, (x^2 - 1)) \sim (x - 1)(x - 1, x + 1) \sim (x - 1)(2, x - 1),$$

d. h. wirklich dem gröfsten gemeinsamen Teiler von $(x - 1)^2$ und $x^2 - 1$ äquivalent ist.

§ 5.

Wir wenden uns nunmehr zu der sogenannten Komposition der Modulsysteme, die wir als eine Verallgemeinerung der einfachen Multiplikation auffassen müssen. Hierbei setzen wir zwei Systeme

$$(M) = (M_1, \cdots M_\mu), \quad (N) = (N_1, \cdots N_\nu)$$

zu einem dritten (M) (N) zusammen, dessen Elemente aus den sämtlichen Produkten

$$M_h \cdot N_k \qquad \binom{h = 1, 2, \cdots \mu}{k = 1, 2, \cdots \nu}$$

bestehen, und nennen das so gebildete System aus (M) und (N) komponiert und diese die Komponenten von (M) (N). Dafs die so definierte Komposition thatsächlich eine richtige Verallgemeinerung der Multiplikation ist, beweist sofort der Spezialfall, in welchem die Komponenten nur je ein Element M_0 und N_0 besitzen, in welchem also der neue Begriff mit dem der Multiplikation zusammenfällt. Selbstverständlich ist auch hier das Kommutationsgesetz erfüllt, d. h. das Kompositionsergebnis ist unabhängig von der Reihenfolge der Komponenten

$$(M)\ (N) \sim (N)\ (M).$$

Zunächst gilt nun der wichtige Satz:

„Komponiert man zwei äquivalente Systeme mit einem und demselben dritten, so erhält man wiederum äquivalente Systeme."

Denn ist

$$(M_1, \cdots M_\mu) \sim (M_1', \cdots M_{\mu'}'),$$

so bestehen die zwei Gruppen von Gleichungen

$$M_i' = \sum_{k=1}^{\mu} C_{i,k} M_k, \qquad M_k = \sum_{l=1}^{\mu'} C_{k,l}' M_l',$$

in denen die Koëfficienten $C_{i,k}$ und $C_{k,l}'$ ganze Zahlen sind. Multiplizieren wir alle jene Relationen nach einander mit sämtlichen Gliedern eines beliebigen Modulsystemes $(N) = (N_1, \cdots N_\nu)$, so ergiebt die erste Reihe von Gleichungen die Teilbarkeit von (M') (N) durch (M) (N), die zweite die Teilbarkeit von (M) (N) durch (M') (N), beide zusammengenommen ergeben daher die Äquivalenz

$$(M)\,(N) = (\cdots M_k N_l \cdots) \sim (M')\,(N) = (\cdots M_i' N_l \cdots).$$

Als unmittelbare Folge aus dem vorigen erhalten wir dann das andere Theorem:

„Ist

$$(M) \sim (M') \quad \text{und} \quad (N) \sim (N'),$$

so ist

$$(M)\,(N) \sim (M')\,(N'),\text{"}$$

denn eine zweimalige Anwendung des ersten Satzes giebt uns die Äquivalenz:

$$(M)\,(N) \sim (M')\,(N) \sim (M')\,(N').$$

Aus den letzten Resultaten, die zugleich eine Erweiterung des Fundamentaltheorems „Gleiches mit Gleichem multipliziert giebt Gleiches" bieten, erhellt nochmals recht deutlich, dafs es sich in der Komposition von Systemen um eine notwendige und naturgemäfse Verallgemeinerung der Zahlenmultiplikation handelt. Denn bei zwei ganzzahligen Modulsystemen $(m_1, \cdots m_\mu)$ und $(n_1, \cdots n_\nu)$, die gewöhnlichen ganzen Zahlen, nämlich den gröfsten gemeinsamen Teilern ihrer Elemente m und n äquivalent sind, ist ja stets

$$(m_1, \cdots m_\mu)(n_1, \cdots n_\nu) \sim (\cdots m_i n_k, \cdots) \sim m\,n;$$

hier läuft demnach die Komposition direkt auf die Multiplikation hinaus, und *genau* ebenso verhält es sich bei zwei Systemen $(M_1, \cdots M_\mu)$ und $(N_1, \cdots N_\nu)$, falls jedes von ihnen speziell einem solchen mit nur je einem Elemente M_0 und N_0 äquivalent ist.

Zum Abschlufs dieser Untersuchungen wollen wir noch zwei in der gewöhnlichen Zahlentheorie hergeleitete Ergebnisse auf unser jetziges allgemeineres Gebiet übertragen, wo ihre Richtigkeit in viel einfacherer Weise nachgewiesen werden kann.

Sind nämlich m und n beliebige ganze Zahlen, so ist ihr kleinstes gemeinsames Vielfaches gleich $\frac{m \cdot n}{(m,\, n)}$, wenn $(m,\, n)$ wieder, wie früher, den gröfsten gemeinsamen Divisor von m und n bedeutet, und der Satz, dafs jede Zahl, die sowohl m, wie n enthält, auch durch deren kleinstes gemeinsames Multiplum $\frac{m \cdot n}{(m,\, n)}$ teilbar ist, läfst sich kurz so aussprechen:

„Ist l durch m sowohl wie durch n teilbar, so gilt die Kongruenz

$$(m,\, n)\, l \equiv 0 \ (\mathrm{mod}\ m \cdot n).\text{“}$$

Derselbe Satz würde für Modulsysteme folgendermafsen lauten:

„Ist ein System $(L_1, \cdots L_\lambda)$ durch zwei andere $(M_1, \cdots M_\mu)$ und $(N_1, \cdots N_\nu)$ gleichzeitig teilbar, so ist

$$(M_1, \cdots M_\mu,\, N_1, \cdots N_\nu)\,(L_1, \cdots L_\lambda) \equiv 0 \ \big(\mathrm{modd}\ (M)\,(N)\big).\text{“}$$

Die Richtigkeit desselben ist hier aber ohne weiteres klar; denn jene Kongruenz kann auch so geschrieben werden:

$$(\cdots M_k L_i, \cdots N_k L_i, \cdots) \equiv 0 \ (\mathrm{modd}\ (\cdots M_h N_k, \cdots)),$$

und in dem links stehenden Modulsysteme enthält allerdings jedes Element $M_h L_i$ und $N_k L_i$ das komponierte System $(M)\,(N)$, weil nach Voraussetzung jedes L_i sowohl durch (M) als auch durch (N) teilbar ist.

Ist ferner ein Produkt ln Multiplum einer Zahl m, so ist, wie früher dargethan wurde, n ein solches für den Quotienten $\frac{m}{(l,\, m)}$, oder es ist

$$(l,\, m)\, n \equiv 0 \ (\mathrm{mod}\ m).$$

Wiederum auf Modulsysteme übertragen, kann dieser Satz folgendermafsen ausgesprochen werden:

„Besteht die Kongruenz

$$(L_1, \cdots L_\lambda)\,(N_1, \cdots N_\nu) \equiv 0 \ (\mathrm{modd}\ M_1, \cdots M_\mu),$$

ist also das Produkt der Systeme (N) und (L) durch (M) teilbar, so ist auch schon das Produkt aus (N) und dem gröfsten gemeinsamen Teiler von (L) und (M) durch (M) teilbar, das heifst aus der obigen Kongruenz folgt die weitere:

$$(L_1, \cdots L_\lambda,\, M_1, \cdots M_\mu)\,(N_1, \cdots N_\nu) \equiv 0 \ (\mathrm{modd}\ M_1, \cdots M_\mu).\text{“}$$

Der Beweis ist sofort erbracht: In dem ausgeführten Produkte links ist ja jedes Glied $L_i N_k$ nach Voraussetzung durch (M) teilbar, während dieselbe Eigenschaft bei allen übrigen Gliedern $M_h N_k$ selbstverständlich ist.

§ 6.

Die Sätze über Modulsysteme, die wir im vorigen Abschnitte gewonnen haben, können nun in mannigfacher und interessanter Weise benutzt werden. Da wir uns dabei in späteren Untersuchungen hauptsächlich auf solche Systeme beschränken werden, deren Elemente ganze Zahlen oder Funktionen einer einzigen Variablen sind, so wollen wir hier zunächst noch eine ganz umfassende Anwendung unserer Theorie vorführen. Und zwar betrifft sie eine Erweiterung des schon in der Einleitung bewiesenen kleinen Fermatschen Theorems, nach welchem für jede ganze Zahl a und für eine beliebige Primzahl p die Kongruenz besteht:

$$a^p - a \equiv 0 \pmod{p}.$$

Erhebt man die für alle Primzahlen p und beliebige Variablen $x_1, \cdots x_\nu$ geltende Kongruenz

$$(x_1 + \cdots + x_\nu)^p \equiv x_1^p + \cdots + x_\nu^p \pmod{p},$$

deren Richtigkeit bereits in der zweiten Vorlesung S. 16 dargethan wurde, nochmals zur p^{ten} Potenz, so ist, wie leicht zu ersehen,

$$(x_1 + \cdots + x_\nu)^{p^2} \equiv \left(x_1^p + \cdots + x_\nu^p\right)^p \equiv x_1^{p^2} + \cdots + x_\nu^{p^2} \pmod{p},$$

und man gelangt, indem man dieses Verfahren r-mal wiederholt, zu der allgemeinen Relation

$$(x_1 + \cdots + x_\nu)^{p^r} \equiv x_1^{p^r} + \cdots + x_\nu^{p^r} \pmod{p}.$$

Schreiben wir diese in der Form

$$\left(\sum_{h=1}^{\nu} x_h\right)^{p^r} \equiv \sum_{h=1}^{\nu}\left(x_h^{p^r} - x_h\right) + \sum_{h=1}^{\nu} x_h \pmod{p}$$

und betrachten sie nunmehr für das $(\nu + 1)$-gliedrige Modulsystem

$$\left(p, x_1^{p^r} - x_1, \cdots x_\nu^{p^r} - x_\nu\right),$$

so kann die erste Summe auf der rechten Seite fortgelassen werden, und die Kongruenz geht in die einfachere über:

$$\left(\sum_{h=1}^{r} x_h \right)^{p^r} \equiv \sum_{h=1}^{r} x_h \ (\mathrm{modd}\, p, \cdots, x_h^{p^r} - x_h, \cdots).$$

Es sei jetzt

$$f(z_1 \cdots z_\varrho) = \sum_{k_1 \cdots k_\varrho = 1, 2, \cdots} C_{k_1 \cdots k_\varrho} \ z_1^{k_1} \ z_2^{k_2} \cdots z_\varrho^{k_\varrho}$$

irgend eine ganze ganzzahlige Funktion der **Variablen** $z_1, \cdots z_\varrho$, d. h. eine *ganze* Gröfse des **Rationalitätsbereiches** $(z_1, \cdots z_\varrho)$. Ersetzen wir dann in unserer Kongruenz jede der Gröfsen x_h durch einen der Terme von f, setzen wir also in beliebiger Reihenfolge

$$x_h = C_{k_1 \cdots k_\varrho} \ z_1^{k_1} \cdots z_\varrho^{k_\varrho},$$

so wird

$$\left(f(z_1, \cdots z_\varrho) \right)^{p^r} \equiv f(z_1, \cdots z_\varrho)$$

$$\left(\mathrm{modd}\, p, \cdots \left(C_{k_1 \cdots k_\varrho} \ z_1^{k_1} \cdots z_\varrho^{k_\varrho} \right)^{p^r} - \left(C_{k_1 \cdots k_\varrho} \ z_1^{k_1} \cdots z_\varrho^{k_\varrho} \right) \cdots \right),$$

und wir werden nun zeigen, dafs dieses **Modulsystem** durch das **ein- fachere**

$$\left(p, \ z_1^{p^r} - z_1, \cdots z_\varrho^{p^r} - z_\varrho \right)$$

teilbar, die Kongruenz daher für letzteres a fortiori erfüllt ist. Da die **Koëfficienten** $C_{k_1 \cdots k_\varrho}$ als **ganze Zahlen** angenommen waren, so ist nach dem **Fermatschen Satze**

$$C_{k_1 \cdots k_\varrho}^{p^r} \equiv C_{k_1 \cdots k_\varrho} \ (\mathrm{mod}\, p)$$

und somit zunächst

$$\left(p, \cdots \left(C_{k_1 \cdots k_\varrho} \ z_1^{k_1} \cdots z_\varrho^{k_\varrho} \right)^{p^r} - C_{k_1 \cdots k_\varrho} \ z_1^{k_1} \cdots z_\varrho^{k_\varrho}, \cdots \right)$$

$$\sim \left(p, \cdots C_{k_1 \cdots k_\varrho} \left[\left(z_1^{k_1} \cdots z_\varrho^{k_\varrho} \right)^{p^r} - z_1^{k_1} \cdots z_\varrho^{k_\varrho} \right] \cdots \right).$$

Das letztere System ist aber ein **Multiplum** von $\left(p, \cdots z_l^{p^r} - z_l, \cdots \right)$; denn es sind ohne Ausnahme die Differenzen $z_l^{k_l p^r} - z_l^{k_l}$ durch die andern $z_l^{p^r} - z_l$ teilbar, es bestehen folglich die **Kongruenzen:**

$$z_l^{k_l p^r} \equiv z_l^{k_l} \ \left(\mathrm{modd}\, p, \cdots z_l^{p^r} - z_l, \cdots \right),$$

und hieraus ergiebt sich weiter, dafs auch die **Differenzen**

$$z_1^{k_1 p^r} \cdots z_\varrho^{k_\varrho p^r} - z_1^{k_1} \cdots z_\varrho^{k_\varrho}$$

jenes System enthalten. Damit ist die oben aufgestellte Behauptung bewiesen und gleichzeitig der Fermatsche Satz in seinem allgemeinsten Umfange ausgesprochen:

> „Jede ganze Gröfse $f(z_1, \cdots z_\varrho)$ eines beliebigen Rationalitäts-bereiches $(z_1, \cdots z_\varrho)$ genügt der Kongruenz
>
> $$f^{p^r} \equiv f \left(\text{modd } p, \; \cdots z_i^{p^r} - z_i \cdots \right),$$
>
> wo p irgend eine Primzahl sein kann."

Haben wir es speziell mit einem Rationalitätsbereiche von nur einer Variablen z zu thun, so reduziert sich jene Kongruenz auf die folgende:

$$(1) \qquad \left(f(z) \right)^{p^r} \equiv f(z) \left(\text{modd } p, \; z^{p^r} - z \right),$$

die wir als Gleichung in der Form schreiben:

$$\left(f(z) \right)^{p^r} - f(z) = p \varphi(z) + \left(z^{p^r} - z \right) \psi(z),$$

wo $\varphi(z)$ und $\psi(z)$ ebenfalls ganze, ganzzahlige Funktionen von z be-deuten, und zwar ist dieses eine Identität, die für jeden Wert von z giltig ist.

Wir wollen nunmehr z so wählen, dafs $z^{p^r} - z$ verschwindet, also als eine der p^r Wurzeln der Gleichung

$$z^{p^r} - z = 0.$$

Dabei würde uns die Wurzel $z = 0$ offenbar wieder zu dem ursprüng-lichen Fermatschen Satze für ganze Zahlen zurückführen. Ersetzen wir z aber durch irgend eine der $p^r - 1$ Wurzeln der reduzierten Gleichung

$$z^{p^r - 1} - 1 = 0$$

oder mit andern Worten durch eine der $(p^r - 1)^{\text{ten}}$ Einheitswurzeln, so geht die Kongruenz (1) in eine gewöhnliche für den Modul p über, nämlich in die folgende

$$(1^a) \qquad \left(f(z) \right)^{p^r} \equiv f(z) \; (\text{mod } p),$$

welche aussagt, dafs die Differenz $f^{p^r} - f$ durch p geteilt eine ganze, ganzzahlige Funktion jener Einheitswurzel ergiebt. Um über diese noch immer sehr allgemeine Kongruenz näheren Aufschlufs zu erhalten, führen wir jetzt für z spezielle Einheitswurzeln ein, indem wir dabei bis zu einem gewissen Grade auch über p verfügen. Es sei zuerst p irgend eine Primzahl von der Form $6n + 1$, d. h. aus der Reihe

7, 13, 19, 31, 37, $\cdots$ beliebig ausgewählt und $z = \varrho$ eine der beiden primitiven dritten Wurzeln der Einheit, etwa

$$\varrho = e^{\frac{2\pi i}{3}} = \cos\frac{2\pi}{3} + i\sin\frac{2\pi}{3} = \frac{-1 + i\sqrt{3}}{2}.$$

Da alsdann $p - 1 = 6n$ durch 3 teilbar ist und daher die Gleichungen $\varrho^{p-1} - 1 = 0$ und $\varrho^p - \varrho = 0$ erfüllt sind, so besteht unseren Resultaten gemäſs für jede ganze, ganzzahlige Funktion von ϱ die Kongruenz

$$(f(\varrho))^p \equiv f(\varrho) \ (\mathrm{mod}\ p).$$

Ist dagegen $p = 6n - 1$, gehört p also der **Reihe** 5, 11, 17, 23, $\cdots$ an, so ist nicht $p - 1 \equiv 0 \ (\mathrm{mod}\ 3)$, sondern erst $p^2 - 1 \equiv 0 \ (\mathrm{mod}\ 3)$, somit auch nicht $\varrho^p - \varrho$, sondern erst $\varrho^{p^2} - \varrho = 0$. Folglich erhalten wir, wenn wir in (1ᵃ) $z = \varrho$ und $r = 2$ substituieren, in diesem Falle

$$(f(\varrho))^{p^2} \equiv f(\varrho) \ (\mathrm{mod}\ p).$$

Lassen wir ferner p eine Primzahl von der Form $4n + 1$, also eine **Zahl** der Reihe 5, 13, 17, 29, $\cdots$ bedeuten und wählen wir entsprechend für z eine vierte Wurzel der Einheit, etwa $i = \sqrt{-1}$, so ist $i^p - i = 0$ und für jede ganze, ganzzahlige Funktion von i oder für jede ganze Gröſse des Rationalitätsbereiches (i)

$$(f(i))^p \equiv f(i) \ (\mathrm{mod}\ p).$$

Dem gegenüber ist für eine Primzahl $p = 4n - 1$ erst wieder $i^{p^2} - i = 0$ und

$$(f(i))^{p^2} \equiv f(i) \ (\mathrm{mod}\ p).$$

Analog erhält man schlieſslich noch, wenn $\omega = e^{\frac{2\pi i}{5}}$ eine fünfte Einheitswurzel ist, die Kongruenzen:

$$(f(\omega))^p \equiv f(\omega) \ (\mathrm{mod}\ p) \qquad\qquad (p = 10n + 1)$$

$$(f(\omega))^{p^2} \equiv f(\omega) \ (\mathrm{mod}\ p) \qquad\qquad (p = 10n - 1)$$

und

$$(f(\omega))^{p^4} \equiv f(\omega) \ (\mathrm{mod}\ p) \qquad\qquad (p = 5n + 2).$$

Es sei endlich allgemein

$$\omega = e^{\frac{2\pi i}{n}}$$

eine n^{te} Wurzel der Einheit, so daſs $\omega^n = e^{2\pi i} = 1$ ist, dann haben offenbar alle und nur die Potenzen

$$\omega^{\nu} = e^{\frac{\nu}{n}2\pi i} = \cos\frac{\nu}{n}2\pi + i\sin\frac{\nu}{n}2\pi$$

den Wert 1, für die der Bruch $\frac{\nu}{n}$ eine ganze Zahl, für welche also ν ein Vielfaches von n ist. Bilden wir nun die Reihe der Potenzen

$$\omega,\ \omega^{p},\ \omega^{p^{2}},\ \cdots \omega^{p^{k}}\cdots,$$

wo p eine beliebige in n nicht enthaltene Primzahl bedeutet, so stellen sie uns wegen der Gleichung

$$\left(\omega^{p^{k}}\right)^{n} = (\omega^{n})^{p^{k}} = 1$$

sämtlich n^{te} Wurzeln der Einheit dar; diese müssen sich jedoch, da die Gleichung $\omega^{n} = 1$ nicht mehr als n Wurzeln haben kann, immer in bestimmter Folge wiederholen. Angenommen es sei $\omega^{p^{h}}$ diejenige Potenz, die zuerst in der Reihe wiederkehrt, es sei also etwa

$$\omega^{p^{h}} = \omega^{p^{h}+r},$$

so folgt hieraus

$$\omega^{p^{h}\,(p^{r}-1)} = 1;$$

nach dem oben Gesagten muß daher der Exponent $p^{h}(p^{r}-1)$, mithin, weil p^{h} zu n relativ prim ist, auch $p^{r}-1$ selbst durch n teilbar sein. Ist aber umgekehrt r der kleinste Exponent, für den $p^{r} \equiv 1 \pmod{n}$ ist oder gehört, wie wir später sagen werden, die Primzahl p modulo n zu dem Exponenten r, so ist schon $\omega = \omega^{p^{r}}$, und es sind demnach die Potenzen $\omega,\ \omega^{p},\cdots\omega^{p^{r-1}}$ alle von einander verschieden. Es gilt dann für irgend eine ganze, ganzzahlige Funktion von ω auf Grund unserer allgemeinen Kongruenz die besondere:

$$(f(\omega))^{p^{r}} \equiv f(\omega) \pmod{p}.$$

Der entsprechende Satz, der gleichzeitig eines der wichtigsten Theoreme aus der Lehre von den Kreisteilungsgleichungen in sich schließt, lautet:

„Ist $\omega = e^{\frac{2\pi i}{n}}$ eine n^{te} Einheitswurzel und p eine beliebige in n nicht enthaltene Primzahl, so besteht für jede ganze, ganzzahlige Funktion $f(\omega)$ die Kongruenz

$$(f(\omega))^{p^{r}} \equiv f(\omega) \pmod{p},$$

wo p modulo n zum Exponenten r gehört, d. h. r den kleinsten Exponenten bedeutet, für den $p^{r} \equiv 1 \pmod{n}$ ist.“

Vierzehnte Vorlesung.

Der Rationalitätsbereich von einer Veränderlichen. — Das Euklidische Verfahren zur Bestimmung des gröfsten gemeinsamen Teilers für diesen Bereich. — Die Modulsysteme erster und zweiter Stufe. — Beispiele. — Reine und gemischte Modulsysteme zweiter Stufe.

§ 1.

Wie bereits in der letzten Vorlesung angedeutet wurde, wollen wir die Betrachtung im folgenden fast ausschliefslich auf die ganzen Zahlen und ganzen, ganzzahligen Funktionen einer einzigen Variablen beschränken und nur dann, wenn die Darstellung sich wesentlich dadurch vereinfacht, solche von mehreren Veränderlichen heranziehen. Wir werden uns demgemäfs auch von jetzt an nur mit den jenem Bereiche angehörenden Modulsystemen beschäftigen und stehen nun, da die Untersuchung der ganzzahligen Systeme $(m_1, \cdots m_\mu)$ schon früher erledigt worden ist, vor der Aufgabe, auf die Divisorensysteme

$$(f_1(x), \cdots f_\nu(x))$$

näher einzugehen, deren Elemente beliebige ganze, ganzzahlige Funktionen einer Variablen x sind.

Schon hier werden wir deutlich erkennen, dafs die Hinzufügung der Modulsysteme wirklich eine zweckmäfsige und notwendige Erweiterung unseres Gebietes bedeutet, und zugleich wird uns die Bedeutung dieser besonderen Systeme geeignete Beispiele für die Verwertung der allgemeinen Divisorensysteme von beliebig vielen Variablen bieten.

Zunächst handelt es sich auch hier wieder darum, den gröfsten gemeinsamen Teiler zweier Individuen unseres Bereiches, also von irgend zwei ganzen, ganzzahligen Funktionen $f_1(x)$ und $f_2(x)$ zu bestimmen, und zwar handelt es sich dabei nur um die Reduktion des Modulsystemes

$$(f_1(x), f_2(x)),$$

das ja jenen Divisor repräsentiert, auf ein äquivalentes von möglichst einfacher Form. Dieses geschieht durch eine Methode, die dem Euklidischen Verfahren zur Aufsuchung des gröfsten gemeinsamen Teilers

zweier Zahlen m_1 und m_2 sehr nahe verwandt ist, nur dafs es im allgemeinen nicht, wie im Falle der Zahlen, gelingt, das System auf ein
solches von nur einem Gliede zurückzuführen.

Ganz analog, wie das Modulsystem (m_1, m_2) zuerst durch ein
anderes (m_1, m_2, m_3) ersetzt werden konnte, in welchem $m_3 < m_2$ ist,
kann man dem Systeme (f_1, f_2) ein neues Element f_3 hinzufügen, dessen
Grad niedriger ist, als der der Funktion f_2. Hat man nämlich die Bezeichnung so gewählt, dafs $f_1(x)$ von höherem Grade als $f_2(x)$ ist, so
ergiebt die Division von $f_1(x)$ durch $f_2(x)$ eine Gleichung

(1) $$f_1(x) = q(x) f_2(x) + r(x),$$

in der $q(x)$ und $r(x)$ ganze Funktionen sind, und der Grad von $r(x)$
kleiner ist, als der von $f_2(x)$. Es ist aber wohl zu beachten, dafs $q(x)$
und $r(x)$ für gewöhnlich gebrochene Koëfficienten besitzen und daher
nicht, wie im früheren Falle die entsprechenden Zahlen, ganze Gröfsen
des Bereiches sein werden, wie das in der That sofort eintritt, wenn
der Koëfficient der höchsten Potenz von $f_2(x)$ in dem von $f_1(x)$
nicht enthalten ist. Wir setzen deshalb $q(x)$ und $r(x)$ in die Form

$$q(x) = \frac{g_2(x)}{n_1}, \quad r(x) = -\frac{f_3(x)}{n_1},$$

wo jetzt $g_2(x)$ und $f_3(x)$ ganze, ganzzahlige Funktionen von x sind
und n_1 eine geeignete Zahl bedeutet. Wir wählen dieselbe von vornherein als die kleinste positive Zahl, die zu unserer Darstellung ausreicht, d. i. offenbar gleich dem kleinsten gemeinsamen Vielfachen aller
in $q(x)$ auftretenden Koëfficientennenner. Die Gleichung (1) verwandelt
sich dann in die andere

$$n_1 f_1(x) - g_2(x) f_2(x) + f_3(x) = 0,$$

und diese sagt aus, dafs die ganze, ganzzahlige Funktion $f_3(x)$, deren
Grad niedriger ist als der von $f_2(x)$, durch das Modulsystem (f_1, f_2)
teilbar ist und somit, ohne es im Sinne der Äquivalenz zu ändern, zu
demselben hinzutreten kann; wir erhalten also die Äquivalenz:

$$(f_1, f_2) \sim (f_1, f_2, f_3).$$

Wenden wir nunmehr weiter das gleiche Verfahren auf $f_2(x)$
und $f_3(x)$ an, so ergiebt sich eine neue Äquivalenz

$$(f_1, f_2, f_3) \sim (f_1, f_2, f_3, f_4),$$

in welcher der Grad von f_4 wiederum kleiner ist als der von f_3, und
schreiten wir in derselben Weise fort, so müssen wir schliefslich, da
der Grad der Funktionen $f_1, f_2, f_3, \cdots$ beständig abnimmt, zu einer
Funktion f_ν gelangen, die in der nächst vorhergehenden $f_{\nu-1}$ multipli-

ziert mit der entsprechend wie oben gewählten Zahl n_{v-1} ohne Rest
aufgeht. D. h. wir erhalten das folgende System von Gleichungen:

$$n_1 f_1 - g_2 f_2 + f_3 = 0$$
$$n_2 f_2 - g_3 f_3 + f_4 = 0$$
$$\cdots \cdots \cdots \cdots \cdots \cdots$$
$$n_{r-1} f_{v-1} - g_r f_v \qquad = 0,$$

bei dem $f_1, f_2, \cdots f_r$ ganze, ganzzahlige Funktionen sind, deren jede
von höherem Grade ist als die unmittelbar folgende, und wo $n_1, \cdots n_{r-1}$
ganze Zahlen von der oben angegebenen Beschaffenheit bedeuten. Die
Relationen sprechen zugleich aus, daſs jede Funktion der Reihe dem
Divisorensysteme (f_1, f_2) unbeschadet der Äquivalenz hinzugefügt werden
kann, daſs also

$$(f_1,\ f_2) \sim (f_1, f_2, f_3, \cdots f_v)$$

ist. Wir können die Gleichungen endlich noch als Kongruenzen
schreiben und erhalten auf diese Art zwei Gruppen von solchen:

$$f_3 \equiv 0 \ (\text{modd } f_1, f_2)$$
$$f_4 \equiv 0 \ (\text{modd } f_2, f_3)$$

(2)
$$\cdots \cdots \cdots \cdots \cdots$$

$$f_{r-1} \equiv 0 \ (\text{modd } f_{r-3}, f_{r-2})$$
$$f_v \equiv 0 \ (\text{modd } f_{v-2}, f_{v-1})$$

$$n_1 f_1 \equiv 0 \ (\text{modd } f_2,\ f_3)$$
$$n_2 f_2 \equiv 0 \ (\text{modd } f_3,\ f_4)$$

(3)
$$\cdots \cdots \cdots \cdots \cdots$$

$$n_{v-2} f_{v-2} \equiv 0 \ (\text{modd } f_{r-1},\ f_v)$$
$$n_{v-1} f_{v-1} \equiv 0 \ (\text{mod } f_v).$$

Die erste Gruppe lehrt, daſs jedes der Elemente $f_1, f_2, f_3, \cdots f_v$ das
aus den beiden vorhergehenden gebildete Modulsystem enthält, die
zweite, daſs das Produkt aus einem Elemente und einer bestimmten
ganzen Zahl stets durch das aus den beiden folgenden bestehende
System teilbar ist. Aus den Kongruenzen (2) geht ferner hervor, daſs
ein Divisorensystem (f_i, f_{i+1}) immer ein Vielfaches des nächst vorhergehenden (f_{i-1}, f_i) ist, sowie daſs überhaupt ein System (f_i, f_{i-1})
jedes andere (f_h, f_{h-1}) enthält, falls nur $h < i$ ist. Mithin ist auch
unter derselben Bedingung eine Funktion f_i selbst Multiplum von
(f_h, f_{h-1}), und hieraus folgt speziell die Kongruenz

$$f_v \equiv 0 \ (\text{modd } f_1, f_2).$$

Multipliziert man die vorletzte Kongruenz von (3) mit $n_{\nu-1}$ und beachtet dabei, daß $n_{\nu-1}f_{\nu-1} \equiv 0 \pmod{f_\nu}$ ist, so vereinfacht sie sich zu

(4) $\qquad n_{\nu-1}n_{\nu-2}f_{\nu-2} \equiv 0 \pmod{f_\nu}$.

Ebenso erhält man, wenn man die drittletzte Kongruenz mit $n_{\nu-1}n_{\nu-2}$ erweitert, unter Benutzung des eben gewonnenen Resultates das neue:

$$n_{\nu-1}n_{\nu-2}n_{\nu-3}f_{\nu-3} \equiv 0 \pmod{f_\nu},$$

und durch analoges Weiterschließen ergiebt sich zuletzt die nachstehende Reihe von Kongruenzen;

$$
\begin{aligned}
n_1 n_2 n_3 \cdots n_{\nu-2} n_{\nu-1} f_1 &\equiv 0 \pmod{f_\nu} \\
n_2 n_3 \cdots n_{\nu-2} n_{\nu-1} f_2 &\equiv 0 \pmod{f_\nu} \\
n_3 \cdots n_{\nu-2} n_{\nu-1} f_3 &\equiv 0 \pmod{f_\nu}
\end{aligned}
$$

(5)

$$
\begin{aligned}
&\cdots \cdots \cdots \cdots \cdots \cdots \cdots \\
n_{\nu-2} n_{\nu-1} f_{\nu-2} &\equiv 0 \pmod{f_\nu} \\
n_{\nu-1} f_{\nu-1} &\equiv 0 \pmod{f_\nu}.
\end{aligned}
$$

Man erkennt so, daß hier gewöhnlich nicht, wie in der Lehre von den ganzen Zahlen, die Äquivalenz $(f_1, f_2) \sim f_\nu$ besteht, denn obwohl die eine dazu nötige Bedingung

$$f_\nu \equiv 0 \pmod{\!\!\mod f_1, f_2}$$

erfüllt ist, müßte doch andererseits auch notwendig f_ν sowohl in f_1, wie in f_2 enthalten sein, während diese Funktionen nach (5) erst durch Multiplikation mit den Zahlen $n_1 \cdots n_{\nu-1}$, bezw. $n_2 \cdots n_{\nu-1}$ durch f_ν teilbar werden. Jene Koëfficienten $n_1 \cdots n_{\nu-1}$ und $n_2 \cdots n_{\nu-1}$ werden nun im allgemeinen nicht die kleinsten Multiplikatoren sein, welche die Teilbarkeit von f_1 und f_2 durch f_ν bewirken. Wir denken uns daher eine entsprechende Reduktion vorgenommen, und es seien s_1 und s_2 die kleinsten dazu ausreichenden Zahlen; dann können wir das Gesamtergebnis der bisherigen Untersuchungen folgendermaßen aussprechen:

„Sind f_1 und f_2 zwei beliebige ganze, ganzzahlige Funktionen von x, so kann man stets durch successive Division eine dritte Funktion $f_\nu(x)$ derselben Art und weiter zwei ganze Zahlen s_1 und s_2 so bestimmen, daß

6) $f_\nu \equiv 0 \pmod{\!\!\mod f_1, f_2}$, $\qquad$ 7) $s_1 f_1 \equiv s_2 f_2 \equiv 0 \pmod{f_\nu}$

ist."

Die Funktion f_ν ist dann und nur dann der größte gemeinsame Divisor von f_1 und f_2, wenn sowohl s_1, als auch s_2 gleich 1 ist. Andernfalls kann f_r in dem von uns definierten Sinne nicht mehr als solcher gelten. Ist nämlich

$$s_1 f_1 = f_r \varphi_1, \quad s_2 f_2 = f_r \varphi_2,$$

wo φ_1 und φ_2 ganze Gröfsen unseres Bereiches sind, so ist

$$f_1 = f_r \frac{\varphi_1}{s_1}, \quad f_2 = f_r \frac{\varphi_2}{s_2},$$

und s_1 kann sich nicht gegen die Koëfficienten von φ_1 oder s_2 gegen die von φ_2 fortheben, da sie ja als die kleinsten Zahlen angenommen wurden, für die die betreffende Kongruenz erfüllt ist.

Betrachtet man, wie es auch *Gaufs* gethan hat, jede ganze Funktion von x, auch wenn sie gebrochene Zahlenkoëfficienten besitzen sollte, als ganze Gröfse des Bereiches, so sind die Quotienten $\frac{\varphi_1}{s_1}$ und $\frac{\varphi_2}{s_2}$ ebenfalls als solche anzusehen, und dann ist allerdings f_r der gröfste gemeinsame Teiler von f_1 und f_2; d. h. es stimmen alsdann die für ganze Funktionen abzuleitenden Resultate wörtlich mit denen für ganze Zahlen überein, und ein beliebiges Modulsystem unseres Gebietes läfst sich stets auf ein äquivalentes von nur einem Elemente zurückführen. Die Entwicklung der höheren Zahlentheorie in unserer Zeit hat jedoch gezeigt, dafs die obige Auffassung nicht die zweckmäfsige ist, dafs vielmehr die Koëfficienten einer Funktion sehr wohl berücksichtigt werden müssen; wir werden deshalb auch an dem bereits ausgesprochenen Ergebnisse festhalten.

Im Anschlusse an dasselbe nehmen wir jetzt eine wichtige Einteilung der allgemeinen Modulsysteme in zwei Klassen vor und zwar unter dem folgenden Gesichtspunkte:

„Diejenigen Divisorensysteme $(f_1(x), \cdots f_r(x))$ von beliebig vielen Elementen, die einem Systeme $(f(x))$ von nur einem Element äquivalent sind, sollen *Modulsysteme erster Stufe oder ersten Ranges*, alle diejenigen, bei denen solches nicht stattfindet, *Modulsysteme zweiter Stufe oder zweiten Ranges* genannt werden."

Ein Modulsystem $(f_1, \cdots f_r)$ ist demnach dann und nur dann von der ersten Stufe, wenn sich eine ganze Gröfse $f(x)$ so angeben läfst, dafs die Kongruenzen

$$f_1 \equiv f_2 \equiv \cdots \equiv f_r \equiv 0 \pmod{f}$$

$$f \equiv 0 \pmod{f_1, \cdots f_r}$$

gleichzeitig erfüllt sind; denn nur in dem Falle ist

$$(f_1, \cdots f_r) \sim (f).$$

So ist z. B. $(3x - 3,\ x^2 - 1,\ x^2 + x - 2)$ ein Modulsystem erster Stufe, nämlich äquivalent $x - 1$, denn es ist einmal

$$3x - 3 = 3(x - 1),\ x^2 - 1 = (x + 1)(x - 1),\ x^2 + x - 2 = (x + 2)(x - 1)$$

und dann auch

$$x - 1 = (x^2 + x - 2) - (x^2 - 1).$$

Dagegen ist jedes System von der Form

$$(m,\ x - n),$$

wo $m > 1$ ist, sicher ein solches zweiten Ranges, denn es existiert keine von 1 verschiedene ganze Zahl oder ganze Funktion, die in beiden Elementen zugleich enthalten sein könnte, und andererseits ist leicht einzusehen, daſs ein derartiges Divisorensystem auch niemals der 1 äquivalent sein wird. In der That, wäre

$$(m,\ x - n) \sim 1,$$

so lieſsen sich stets zwei ganze Gröſsen $\varphi(x)$ und $\psi(x)$ des Bereiches so bestimmen, daſs die Relation

$$1 = m\varphi(x) + (x - n)\psi(x)$$

identisch erfüllt ist. Dieses würde aber für $x = n$ zu der unmöglichen Gleichung führen

$$1 = m\varphi(n),$$

wo $\varphi(n)$ eine ganze Zahl ist.

Wir wollen das in diesem Paragraphen enthaltene Verfahren zu einer eventuellen Reduktion eines Modulsystemes (f_1, f_2) nun auch noch durch einige Beispiele erläutern. Für

$$f_1(x) = x^5 + 5x^3 + 5x + 1,\quad f_2(x) = 2x^3 + 2x + 1$$

bekommen wir:

$$2(x^5 + 5x^3 + 5x + 1) - (2x^3 + 2x + 1)(x^2 + 4) + x^2 - 2x + 2 = 0$$
$$2x^3 + 2x + 1 - (x^2 - 2x + 2)(2x + 4) - (6x - 7) = 0$$
$$36(x^2 - 2x + 2) - (6x - 7)(6x - 5) - 37 = 0,$$

und somit ist

$$f_\nu = 37;$$

die allgemeinen Gleichungen 6) und 7) lauten hier:

$$37(x^5 + 5x^3 + 5x + 1) \equiv 0 \pmod{37},\quad 37(2x^3 + 2x + 1) \equiv 0 \pmod{37}$$

und

$$37 \equiv 0 \ (\text{modd } x^5 + 5x^3 + 5x + 1,\ 2x^3 + 2x + 1),$$

von denen aber nur die letzte Gleichung etwas neues besagt. Es besteht danach die Äquivalenz:

$$(x^5 + 5x^3 + 5x + 1,\ 2x^3 + 2x + 1)$$
$$\sim (x^5 + 5x^3 + 5x + 1,\ 2x^3 + 2x + 1,\ 37).$$

Für das einfachere System $(x^2 + x + 1,\ 2x + 1)$ ergiebt sich

$$f_\nu = 3,$$
$$3(x^2 + x + 1) \equiv 0 \ (\mathrm{mod}\ 3),\ \ 3(2x + 1) \equiv 0 \ (\mathrm{mod}\ 3)$$
$$3 \equiv 0 \ (\mathrm{modd}\ x^2 + x + 1,\ \ 2x + 1)$$

und endlich

$$(x^2 + x + 1,\ 2x + 1) \sim (x^2 + x + 1,\ 2x + 1,\ 3).$$

Die letztere Äquivalenz ermöglicht in diesem Falle in der That eine weitere Reduktion. Da nämlich

$$2x + 1 = -(x - 1) + 3x \equiv -(x - 1) \ (\mathrm{mod}\ 3)$$

ist, kann $x - 1$ dem Systeme hinzugefügt und das Element $2x + 1$ dafür gestrichen werden; aufserdem kann man auf Grund der Relation

$$x^2 + x + 1 = (x - 1)(x + 2) + 3 \equiv 0 \ (\mathrm{modd}\ 3,\ x - 1)$$

auch das erste Glied $x^2 + x + 1$ fortlassen, sodafs

$$(x^2 + x + 1,\ 2x + 1)$$

schliefslich in $(3,\ x - 1)$ übergeht.

Die Modulsysteme zweiter Stufe, die sich hier zum ersten male der Untersuchung darbieten, unterscheiden wir zunächst folgendermafsen in *reine und gemischte Systeme*:

„Ein *reines Modulsystem* zweiter Stufe

$$(f_1,\ f_2, \cdots f_\nu)$$

ist ein solches, dessen Glieder nicht sämtlich einen und denselben Divisor erster Stufe enthalten, also nicht alle durch dieselbe ganze Gröfse $f(x)$ teilbar sind. Besitzen dagegen die Elemente einen gemeinsamen Teiler $f(x)$, so haben wir ein *gemischtes Modulsystem* zweiter Stufe; freilich darf dann $f(x)$ nicht auch seinerseits ein Vielfaches des Systemes $(f_1, \cdots f_\nu)$ sein, weil letzteres sonst äquivalent $f(x)$ wäre und nicht von der zweiten Stufe sein würde."

In $(3,\ x - 1)$ haben wir z. B. ein reines, in

$$(3(x^2 + 1),\ (x - 1)(x^2 + 1))$$

ein gemischtes Modulsystem zweiter Stufe.

Fünfzehnte Vorlesung.

Die reinen Divisorensysteme erster Stufe oder die ganzen ganzzahligen Funktionen. — Ihre Zerlegung in irreduktible Faktoren. — Beweis der Eindeutigkeit dieser Zerlegung. — Hilfssätze.

§ 1.

In den nächsten Vorlesungen wollen wir die Modulsysteme $\big(F_1(x), \cdots F_\mu(x)\big)$ in genau derselben Art in ihre einfachsten Bestandteile zerlegen, wie wir dies im Anfange dieser Vorlesungen für die ganzzahligen Modulsysteme $(m_1, m_2, \cdots m_\mu)$ oder, was dasselbe ist, für die ihnen äquivalenten ganzen Zahlen d gethan haben. Den einfachsten Fall erhalten wir hier, wenn wir annehmen, daſs das zu untersuchende Modulsystem von der ersten Stufe, dass also

$$\big(F_1(x),\ F_2(x),\ \cdots F_\mu(x)\big) \sim F(x)$$

ist, wo $F(x)$ eine beliebige ganze, ganzzahlige Funktion von x bedeutet, und mit dieser Frage wollen wir uns zunächst beschäftigen.

Wir stellen uns jetzt also ebenso, wie in der elementaren Zahlentheorie, die Aufgabe, eine vorgelegte ganze Gröſse des Bereiches, d. h. eine ganze, ganzzahlige Funktion

$$F(x) = c_0 + c_1 x + \cdots + c_n x^n$$

in ihre irreduktiblen Faktoren zu zerfällen, und zwar ist diese Aufgabe auch hier eine doppelte: Wir haben erstens zu zeigen, daſs jene Zerlegung durch eine endliche Anzahl von Versuchen geleistet werden kann und dann zweitens nachzuweisen, daſs sie nur auf eine einzige Art möglich ist. Zunächst hat man den gröſsten Zahlenfaktor m, der etwa in $F(x)$ enthalten ist, aufzusuchen. Derselbe ist offenbar als gröſster gemeinsamer Divisor der Koëfficienten c durch die Gleichung

$$m = (c_0,\ c_1,\ \cdots c_n)$$

gegeben und danach auf bekannte Weise leicht zu bestimmen. Ist sodann m in der Form

$$m = p_1^{h_1}\, p_2^{h_2} \cdots p_k^{h_k}$$

dargestellt, so erhalten wir als erstes Resultat

$$F(x) = p_1^{h_1} p_2^{h_2} \cdots p_k^{h_k} \cdot f(x),$$

wo die Koëfficienten der ganzen, ganzzahligen Funktion

$$f(x) = a_0 + a_1 x + \cdots + a_n x^n$$

relativ prim zu einander sind, $f(x)$ selbst daher durch keine ganze
Zahl mehr teilbar ist; wir können uns mithin von vorn herein auf die
Betrachtung solcher Funktionen $f(x)$ beschränken.

Angenommen nun, es sei $f(x)$ das Produkt zweier ganzer, ganzzahliger Funktionen,

(1) $$f(x) = \varphi(x)\psi(x),$$

und diese von den Graden μ und ν, so müssen die letzteren Zahlen
sicher beide von Null verschieden sein, weil $f(x)$ keinen Zahlenteiler
besitzt, und da ferner $\mu + \nu = n$ ist, muſs eine derselben, etwa μ,
notwendig kleiner oder gleich $\frac{n}{2}$ sein. Ist also $f(x)$ überhaupt zerlegbar, so hat es unbedingt einen Teiler $\varphi(x)$, dessen Grad höchstens
gleich $\frac{n}{2}$ oder $\frac{n-1}{2}$ ist, je nachdem n gerade oder ungerade ist. Den
Komplementärteiler $\psi(x)$ von $\varphi(x)$ findet man weiter durch einfache Division, und die Untersuchung braucht sich demnach nur auf alle diejenigen
Faktoren $\varphi(x)$ von $f(x)$ zu erstrecken, deren Grad die oben genannte
Grenze nicht übersteigt.

Wir haben so nachgewiesen, daſs der Grad der unbekannten Teiler
$\varphi(x)$ nur eine endliche Reihe von Werten durchlaufen kann; die
Koëfficienten jener Funktionen bleiben aber dabei zunächst vollkommen
unbestimmt, und die Lösung unseres Problemes ist noch keineswegs
auf eine begrenzte Anzahl von Versuchen zurückgeführt. Hierzu gelangen wir erst vermöge der folgenden naheliegenden Überlegung: Ersetzt man in (1) die Variable x durch eine beliebige ganze Zahl r, so
ist wegen der Gleichung

$$f(r) = \varphi(r)\psi(r)$$

die ganze Zahl $\varphi(r)$ stets einer der Teiler von $f(r)$ und als solcher
auf eine bestimmte, endliche Anzahl von Werten beschränkt. Hierauf
beruht nun ein theoretisch sehr einfaches Verfahren, um zu entscheiden,
ob eine Funktion $f(x)$ einen Teiler von gegebenem Grade μ enthält,
und um diese Divisoren, falls sie existieren, sämtlich anzugeben.

Sind nämlich

$$r_0, r_1, \cdots r_\mu$$

irgend welche $\mu + 1$ von einander verschiedene Zahlen und

$$f(r_0), f(r_1), \cdots f(r_\mu)$$

die zugehörigen Werte von $f(x)$, sind außerdem:

$$d_0', \ d_0'', \ \cdots d_0^{(\lambda_0)}$$

$$d_1', \ d_1'', \ \cdots d_1^{(\lambda_1)}$$

$$\cdots \cdots \cdots$$

$$d_\mu', \ d_\mu'', \ \cdots d_\mu^{(\lambda_\mu)}$$

die einzelnen Divisoren bezw. von $f(r_0), \cdots f(r_\mu)$, so muß, soll $f(x)$ ein Vielfaches von $\varphi(x)$ sein, allgemein $\varphi(r_k)$ gleich einer der λ_k Zahlen $d_k', \cdots d_k^{(\lambda_k)}$ sein. Kennt man aber die Werte $\varphi(r_k)$, die eine ganze Funktion μ^{ten} Grades $\varphi(x)$ für irgend welche $\mu + 1$ Werte ihres Argumentes annimmt, so kann man aus ihnen $\varphi(x)$ selbst berechnen; jene Funktion ist nämlich nach der **Lagrangeschen** Interpolationsformel unmittelbar durch die Gleichung gegeben:

$$\varphi(x) = \sum_{k=0}^{\mu} \varphi(r_k) \frac{(x - r_0) \cdots (x - r_{k-1})(x - r_{k+1}) \cdots (x - r_\mu)}{(r_k - r_0) \cdots (r_k - r_{k-1})(r_k - r_{k+1}) \cdots (r_k - r_\mu)}.$$

Man bekommt also den Komplex aller Funktionen $\varphi(x)$, die möglicherweise in $f(x)$ enthalten sein können, dadurch, daß man in der obigen Darstellung die Größen $\varphi(r_k)$ unabhängig von einander die $\mu + 1$ Reihen von ganzen Zahlen $d_k', \cdots d_k^{(\lambda_k)}$ durchlaufen läßt, und zugleich den Grad μ gleich $\frac{n}{2}$ bezw. $\frac{n-1}{2}$ annimmt. Durch wirkliche Ausführung der Division überzeugt man sich dann, welche unter den $\lambda_0 \ \lambda_1 \cdots \lambda_\mu$ resultierenden Funktionen φ die gesuchten Teiler von $f(x)$ sind, und damit ist erwiesen, daß die Bestimmung der sämtlichen ganzzahligen Divisoren von $f(x)$ in der That nur eine endliche Anzahl von Operationen erfordert.

Nachdem jene Frage theoretisch durch die soeben dargelegte Methode vollständig erledigt worden ist, würde es sich nun noch für die Anwendung darum handeln, unter der wenn auch endlichen, so doch sehr großen Anzahl der Funktionen $\varphi(x)$ die wirklichen Teiler von $f(x)$ herauszusuchen. In erster Linie wird diese Aufgabe durch die Bemerkung wesentlich erleichtert, daß sich die möglichen Teiler $\varphi(x)$ zwar immer als ganze Funktionen von x darstellen, jedoch im allgemeinen gebrochene Zahlenkoëfficienten besitzen werden, wie das schon aus den entsprechenden Ausdrücken

$$\varphi(x) = \sum_{k=0}^{\mu} d_k \prod_h \frac{x - r_h}{r_k - r_h} \qquad (h = 0, 1, \cdots k - 1, k + 1, \cdots \mu)$$

hervorgeht, bei denen d_k irgend einen Teiler von $f(r_k)$ bedeutet. Da aber die Divisoren von $f(x)$ sämtlich ganzzahlig sein müssen, so sind von vorn herein alle diejenigen $\varphi(x)$, die jene Eigenschaft nicht haben, zu verwerfen; das ist bei geeigneter Wahl von $r_0, r_1, \cdots r_\mu$ jedenfalls der bei weitem größte Teil aller $\lambda_0 \cdots \lambda_\mu$ Funktionen, und es werden daher verhältnismäßig nur sehr wenige ganzzahlige übrig bleiben, für welche dann die Division in $f(x)$ vorzunehmen wäre; dann und nur dann, wenn der Quotient $\dfrac{f(x)}{\varphi(x)}$ eine ganze, ganzzahlige Funktion von x ist, ist $\varphi(x)$ ein Teiler von $f(x)$, alle Funktionen $\varphi(x)$, für welche sich jener Quotient nicht als ganz ergiebt, sind also einfach fortzulassen. Ferner bietet sich die Möglichkeit dar, den Grad μ der gesuchten Divisoren auch beliebig groß, also größer als $\dfrac{n}{2}$ oder $\dfrac{n-1}{2}$ anzunehmen, dafür aber die Bedingung einzuführen, daß die Potenzen von $\varphi(x)$, welche höher als $\dfrac{n}{2}$ sind, allemal ausfallen müssen; dadurch ergeben sich eine Anzahl von Gleichungen, welche wiederum die Anzahl der in Betracht kommenden Teiler wesentlich verkleinern. Schließlich mag noch die einfache Überlegung hervorgehoben werden, daß schon der Koëfficient der höchsten Potenzen in $\varphi(x)$, nämlich die Summe

$$\sum_{k=0}^{\mu} \frac{\varphi(r_k)}{\Pi(r_k - r_h)} \qquad (h = 0, 1, \cdots k-1, k+1, \cdots \mu)$$

stets eine ganze Zahl sein muß. Wir verweisen im übrigen auf die ausführlicheren Entwicklungen im Anhange; hier liegt uns nur daran zu zeigen, daß ein endliches wohlbestimmtes Verfahren existiert, um alle Teiler einer ganzen Funktion von x zu bestimmen, genau ebenso, wie dieses für alle Teiler einer beliebigen ganzen Zahl möglich war.

Nachdem so ein endliches Verfahren angegeben worden ist, um alle Teiler von $f(x)$ zu bestimmen, lassen sich nun weiter wörtlich dieselben Schlüsse ziehen, wie früher bei der Zerlegung der ganzen Zahlen in ihre Bestandteile: Ist $\varphi_1(x)$ einer der Divisoren von $f(x)$ von niedrigstem Grade, so ist die Funktion $\varphi_1(x)$ selbst eine unzerlegbare oder Primfunktion in dem Sinne, daß sie keine von 1 bezw. von $\varphi_1(x)$ verschiedene ganze Zahl oder ganze, ganzzahlige Funktion von x mehr enthalten kann; denn wäre das der Fall, so müßte auch $f(x)$ jenen Teiler besitzen, was mit der Voraussetzung, daß $f(x)$ durch keine ganze Zahl teilbar ist, und mit der anderen, daß der Grad von $\varphi_1(x)$ möglichst klein sein soll, in Widerspruch steht.

Unter einer Primfunktion verstehen wir demnach hier jede ganze, ganzzahlige Funktion

$$P(x) = a_\mu x^\mu + a_{\mu-1} x^{\mu-1} + \cdots + a_0,$$

die durch keine ganze Gröfse unseres Bereiches teilbar ist, mag dieselbe eine Zahl oder eine Funktion sein. Eine solche Funktion ist durch diese Eigenschaft bis auf ihr Vorzeichen unzweideutig definiert; das letztere fixieren wir willkürlich, aber fest dadurch, dafs wir den Koëfficienten der höchsten Potenz a_μ stets als positiv annehmen. Ist also $\varphi_1(x)$ von der angegebenen Beschaffenheit und

$$f(x) = \varphi_1(x) f_1(x),$$

so wird man nunmehr in derselben Weise den Divisor niedrigsten Grades von $f_1(x)$ bestimmen, der zugleich in $f(x)$ enthalten ist und folglich von gleichem oder höherem Grade als $\varphi_1(x)$ sein muss. Ist dann

$$f_1(x) = \varphi_2(x) f_2(x),$$

so kann unsere Methode auf $f_2(x)$ angewendet werden, und dieses Verfahren läfst sich so lange fortsetzen, bis die übrigbleibende Funktion $f_r(x)$ selbst unzerlegbar ist; dieser Fall mufs zuletzt eintreten, weil der Grad der ganzen Funktionen $f(x)$, $f_1(x) \cdots$ beständig abnimmt und offenbar nicht kleiner werden kann, als der des ersten Faktors $\varphi_1(x)$.

Fafst man endlich auch hier die gleichen Elemente zu Potenzen zusammen, so gelangt man auf diesem Wege zu einer Darstellung der ursprünglichen Funktion $F(x)$ durch das Produkt

$$F(x) = p_1^{h_1} \cdots p_k^{h_k} \varphi_1(x)^{l_1} \cdots \varphi_m(x)^{l_m},$$

in welchem $p_1, \cdots p_k$ Primzahlen, $\varphi_1, \cdots \varphi_m$ Primfunktionen bedeuten.

§ 2.

Wir kommen jetzt zu dem zweiten Teile unserer Aufgabe, nämlich zu zeigen, dafs die im vorigen Paragraphen gegebene Zerlegung einer Funktion $F(x)$ in ihre Primfaktoren eindeutig ist. Der Beweis des entsprechenden Theorems be. ganzen Zahlen gründete sich auf den Satz, dafs das Produkt zweier Zahlen nur dann eine Primzahl enthalten kann, wenn mindestens einer seiner Faktoren Multiplum derselben ist. In dem weiteren Gebiete, das wir hier betrachten, lautet dieser Satz folgendermafsen:

„Ist das Produkt zweier ganzen Gröfsen durch eine Primgröfse, (Primzahl oder Primfunktion), teilbar, so enthält notwendig mindestens einer der Faktoren jene Gröfse ebenfalls."

Wir führen den Nachweis zunächst für eine Primzahl p. Ist für die ganzen, ganzzahligen Funktionen $\Phi(x)$ und $\Psi(x)$ die Kongruenz erfüllt:

$$\Phi(x)\, \Psi(x) \equiv 0 \pmod{p},$$

so ist darzuthun, daſs sie schon für Φ oder Ψ allein besteht, d. h. daſs alle Koëfficienten eines der beiden Faktoren Vielfache von p sind. Offenbar kann man alle diejenigen Koëfficienten, die durch p teilbar sind, sowohl in $\Phi(x)$, wie in $\Psi(x)$ von vorn herein vernachlässigen, da letztere hierbei nur durch modulo p kongruente Funktionen ersetzt werden. Reduziert sich dadurch einer der Faktoren auf 0, so ist p ein Divisor desselben und unsere Frage bereits erledigt. Ist das aber nicht der Fall, so ergeben sich nach Weglassung der betreffenden Summanden zwei Funktionen, deren Koëfficienten ausnahmslos zu p relativ prim sind; wir dürfen somit $\Phi(x)$ und $\Psi(x)$ von Anfang an in jener reduzierten Form zu Grunde legen. Dann ist

$$\Phi(x) = a_m x^m + a_{m-1} x^{m-1} + \cdots, \quad \Psi(x) = b_n x^n + b_{n-1} x^{n-1} + \cdots,$$

wo sicher a_m und b_n von Null verschieden und durch p nicht teilbar sind. Die Entwicklung von $\Phi(x)\,\Psi(x)$, deren Koëfficienten sämtlich durch p teilbar sein sollen, beginnt aber mit dem höchsten Gliede $a_m b_n x^{m+n}$, und da schon dessen Koëfficient p sicherlich nicht enthält, so kann auch das Produkt unmöglich durch p teilbar sein; unsere zweite Annahme führt daher auf einen Widerspruch mit der Voraussetzung, und die aufgestellte Behauptung ist bewiesen.

Ehe wir die Richtigkeit des Satzes weiter auch für eine Primfunktion $P(x)$ darthun, ziehen wir aus dem soeben gewonnenen Resultate noch eine Folgerung:

> „Ist $\Phi(x)$ eine Funktion unseres Bereiches ohne Zahlenfaktor, so ist ein Produkt $m F(x)$ nur dann durch $\Phi(x)$ teilbar, wenn $F(x)$ allein jene Funktion enthält."

Ist nämlich $m F(x)$ durch $\Phi(x)$) teilbar, so besteht eine Gleichung:

$$(1) \qquad\qquad m F(x) = \Phi(x)\, \Psi(x),$$

und es ist nur zu zeigen, daſs der zweite Faktor $\Psi(x)$ durch m teilbar ist; denn ist $\Psi(x) = m\, \overline{\Psi}(x)$, wo $\overline{\Psi}$ ebenfalls ganz ist, so geht die obige Relation über in

$$F(x) = \Phi(x)\, \overline{\Psi}(x),$$

d. h. $F(x)$ ist durch $\Phi(x)$ teilbar. Angenommen nun, m sei nicht vollständig in $\Psi(x)$ enthalten, dann denke ich mir den in $\Psi(x)$ aufgehenden Teiler auf beiden Seiten von (1) durch Division entfernt und erhalte so eine neue Gleichung,

(2) $$m_1 F(x) = \Phi(x)\,\Psi_1(x),$$

in der jetzt kein Primfaktor p von m_1, falls ein solcher existiert, in $\Psi_1(x)$ enthalten ist. Da aber $\Phi(x)$ n. d. V. p gleichfalls nicht enthält, so kann nach dem obigen Satze die rechte und mithin auch die linke Seite der Gleichung (2) durch p nicht mehr teilbar sein, d. h. m_1 hat keinen Primfaktor und reduziert sich auf 1; unsere Folgerung ist demnach richtig.

Wir wenden uns nunmehr dem zweiten Teile unseres Ausgangstheoremes zu:

„Ist $P(x)$ eine Primfunktion und

$$\Phi(x)\Psi(x) \equiv 0 \quad (\mathrm{mod}\ P(x)),$$

so muſs wenigstens eine der beiden Grössen $\Phi(x)$ und $\Psi(x)$ für sich Multiplum von $P(x)$ sein.“

Es ist hiernach zu zeigen, daſs, wenn einer der beiden Faktoren, etwa $\Phi(x)$ durch $P(x)$ nicht teilbar ist, dieses dann notwendig für den anderen Faktor $\Psi(x)$ der Fall sein muſs. Zum Beweise wenden wir auf $P(x)$ und $\Phi(x)$ das früher beschriebene Euklidische Verfahren an. Dasselbe führt zuletzt zu einer Grösse F_ν unseres Bereiches, die den Kongruenzen

(3)
$$F_\nu \equiv 0 \quad (\mathrm{modd}\ P(x),\ \Phi(x))$$
$$m\,P(x) \equiv 0 \quad (\mathrm{mod}\ F_\nu), \qquad \mu\,\Phi(x) \equiv 0 \quad (\mathrm{mod}\ F_\nu)$$

genügt, wo m und μ bestimmte ganze Zahlen bedeuten. Aus ihnen folgt in diesem Falle, daſs F_ν von x unabhängig, also eine ganze Zahl sein muſs; denn wäre $F_\nu = r\cdot q(x)$, wo $q(x)$ eine ganze Funktion ohne Zahlenfaktor ist, so wäre nach (1) $q(x)$ wegen der beiden letzten Kongruenzen einmal in $P(x)$ enthalten, also mit $P(x)$ identisch, zweitens aber auch Divisor von $\Phi(x)$, und damit würde $P(x)$ selbst entgegen der Voraussetzung Teiler von $\Phi(x)$ sein. Multiplicieren wir jetzt die erste Kongruenz in (3) mit $\Psi(x)$, so ist

$$F_\nu \Psi(x) \equiv 0 \quad (\mathrm{modd}\ P(x)\Psi(x),\ \Phi(x)\Psi(x))$$

und, da beide Elemente dieses Modulsystemes durch $P(x)$ teilbar sind, ergiebt sich weiter

$$F_\nu \Psi(x) \equiv 0 \quad (\mathrm{mod}\ P(x));$$

hieraus folgt aber schlieſslich, weil $P(x)$ die ganze Zahl F_ν sicherlich nicht enthält,

$$\Psi(x) \equiv 0 \quad (\mathrm{mod}\ P(x))$$

w. z. b. w.

Nachdem wir so den an die Spitze der Betrachtung gestellten Fundamentalsatz über die Primgröſsen in allen seinen Teilen hergeleitet haben, ist es nunmehr sehr leicht, auch die Eindeutigkeit der Zerlegung einer ganzen Größe in ihre irreduktiblen Faktoren zu beweisen.

Beständen nämlich zwei solche Darstellungen für dieselbe Größe, so wären sie einander gleich zu setzen und würden gleich bleiben, wenn man die in beiden zugleich auftretenden Primfaktoren durch Division fortschaffte. Würden nach Ausführung dieser Operation auf beiden Seiten noch Primfaktoren übrig geblieben sein, so erhielten wir eine Gleichung:

$$(4) \qquad\qquad P_1 P_2 \cdots = Q_1 Q_2 \cdots,$$

in der P_1, P_2 $\cdots$ und Q_1, Q_2 $\cdots$ gleiche oder verschiedene Primgrössen (Primzahlen oder Primfunktionen) sind, ohne daß z. B. P_1 in der Reihe Q_1, Q_2, $\cdots$ vorkommt und umgekehrt. Das ist aber gar nicht möglich; denn die linke Seite der Gleichung ist z. B. durch P_1 teilbar, folglich muß es auch die rechte Seite sein; nach dem oben bewiesenen Hauptsatze muß also einer der Faktoren auf der rechten Seite, etwa Q_1 die Primgrösse P_1 enthalten; da er aber unzerlegbar ist, so muß $Q_1 = P_1$ sein, entgegen unserer Annahme, daß in der Gleichung (4) die Faktoren auf der linken Seite von denen auf der rechten sämtlich verschieden sind. Die Annahme, daß die beiden vorausgesetzten Zerlegungen einer Grösse von einander verschieden seien, ist also unhaltbar; jede ganze Grösse läßt sich auf eine und nur eine Art in ihre irreduktiblen Bestandteile zerfällen.

Sechzehnte Vorlesung.

Die reinen Divisorensysteme zweiter Stufe. — Ihre charakteristischen Eigenschaften. — Die Anzahl der inkongruenten Größen ist stets endlich. — Die Einheiten. — Verallgemeinerung des Fermatschen Satzes. — Komplementäre Einheiten.

§ 1.

Nachdem wir die Divisorensysteme erster Stufe in ihre irreduktiblen Faktoren zerlegt haben, gehen wir jetzt zu der Betrachtung der Modulsysteme zweiter Stufe über und versuchen, ein solches System

$$(F_1(x), F_2(x), \cdots F_\nu(x))$$

ebenfalls in möglichst einfache Elemente aufzulösen und ihre Eigenschaften kennen zu lernen.

Haben wir es zunächst mit einem gemischten Divisorensystem zu thun, besitzen also alle Elemente F_i einen gemeinsamen Teiler, so können wir diesen direkt bestimmen, indem wir durch Zerlegung von $F_1, \cdots F_\nu$ in ihre Primfaktoren ihren größten gemeinsamen Teiler F aufsuchen. Ist dann:

$$F_i = Ff_i, \qquad (i = 1, 2, \cdots \nu),$$

so bekommen wir die Äquivalenz:

$$(F_1, F_2, \cdots F_\nu) \sim F \cdot (f_1, f_2, \cdots f_\nu),$$

wo jetzt das neue System $(f_1, f_2, \cdots f_\nu)$ ein *reines* Modulsystem zweiter Stufe ist, dessen Glieder teilerfremd sind. Es ist $(f_1, \cdots f_\nu)$ auch nicht etwa äquivalent 1, weil sonst $(F_1, \cdots F_\nu) \sim F$ wäre und der ersten Stufe angehörte. Wir brauchen also nur die reinen Systeme zweiter Stufe weiter zu untersuchen.

Diese Systeme sind besonders dadurch ausgezeichnet und von den Systemen erster Stufe unterschieden, daß für sie stets ein vollständiges Restsystem aufgestellt werden kann, d. h. es läßt sich stets eine bestimmte Anzahl ganzer Größen

$$\varphi_1(x), \varphi_2(x), \cdots \varphi_\varrho(x)$$

so angeben, daſs jedes Element $\varphi(x)$ unseres Bereiches einer und nur
einer dieser ϱ Funktionen kongruent ist, oder anders ausgesprochen:

I) „Die Anzahl der für ein reines Modulsystem zweiter Stufe inkongruenten ganzen Gröſsen ist immer eine endliche."

Dieser Satz besteht nicht für Modulsysteme erster Stufe, denn für
eine beliebige Zahl m oder eine ganze Funktion $F(x)$ als Modul ist
die Anzahl der inkongruenten Gröſsen im Bereiche der ganzen, ganzzahligen Funktionen von x offenbar unendlich grofs; dagegen ist er im
Bereiche der ganzen Zahlen für einen beliebigen Zahlenmodul m erfüllt, und schon hieraus kann man auf eine nahe Verwandtschaft
zwischen den Systemen zweiter Stufe in diesem Gebiete und den gewöhnlichen ganzzahligen Divisoren im Bereiche der ganzen Zahlen schlieſsen.

Um diesen Satz abzuleiten, beweisen wir zunächst zwei Funda-
mentaltheoreme, welche folgendermafsen lauten:

II) „Jedem reinen Modulsysteme zweiter Stufe $(f_1, \cdots f_\nu)$ kann man,
ohne es im Sinne der Äquivalenz zu ändern, ein geeignet gewähltes ganzzahliges Element m hinzufügen.

III) „Jedem reinen Modulsysteme kann man, ohne es im Sinne der
Äquivalenz zu ändern, ein geeignet gewähltes Element $f(x) = x^n$
$+ b_1 x^{n-1} + \cdots + b_n$ hinzufügen, in welchem der Koëfficient der
höchsten Potenz von x gleich Eins ist."

Um zunächst den ersten Satz für ein System $(f_1, f_2, \cdots f_\nu)$ zu beweisen, wende ich das auf S. 170 erwähnte Euklidische Verfahren auf
die beiden ersten Funktionen f_1 und f_2 an; dadurch ergiebt sich eine
Funktion $\varphi_2(x)$, für welche:

$$\text{(1)} \qquad \begin{aligned} \varphi_2(x) &\equiv 0 \quad (\mathrm{modd}\, f_1, f_2) \\ m_1 f_1 &\equiv m_2 f_2 \equiv 0 \quad (\mathrm{mod}\, \varphi_2) \end{aligned}$$

ist, wo m_1 und m_2 ganzzahlige Faktoren bezeichnen. Nehmen wir nun
φ_2 in das Modulsystem auf, wodurch dasselbe im Sinne der Äquivalenz
nicht geändert wird, und wenden wir das gleiche Verfahren in dem
neuen System $(f_1, f_2, \varphi_2, f_3, \cdots f_\nu)$ auf $\varphi_2(x)$ und $f_3(x)$ an, so ergiebt
sich eine Funktion $\varphi_3(x)$, für die analog

$$\text{(1}^{\text{a}}\text{)} \qquad \begin{aligned} \varphi_3 &\equiv 0 \quad (\mathrm{modd}\, \varphi_2, f_3) \\ m_2' \varphi_2 &\equiv m_3 f_3 \equiv 0 \quad (\mathrm{mod}\, \varphi_3) \end{aligned}$$

ist. Verbindet man diese Kongruenzen mit den in (1) angeführten, so
folgt aus ihnen:

$$\varphi_3 \equiv 0 \quad (\mathrm{modd}\, f_1, f_2, f_3);$$

multipliziert man andererseits die beiden letzten Kongruenzen in (1) mit m_2' und beachtet, dafs dann der Modul $m_2'\varphi_2$ durch φ_3 teilbar ist, so erhält man aus (1) und (1ª) die Kongruenzen:

$$\mu_1 f_1 \equiv \mu_2 f_2 \equiv \mu_3 f_3 \equiv 0 \pmod{\varphi_3},$$

wo μ_1, μ_2, μ_3 wiederum bestimmte ganze Zahlen bedeuten. Fügt man jetzt auch φ_3 dem Systeme hinzu, behandelt dann φ_3 und f_4 ebenso wie vorher und wiederholt nun diesen Prozefs so lange, bis man zu dem letzten Gliede f_ν gekommen ist, so erhält man schliefslich eine ganze Gröfse φ_ν, für welche offenbar die folgenden Kongruenzen bestehen:

$$(2) \quad \begin{aligned} \varphi_\nu &\equiv 0 \pmod{f_1, f_2, \cdots f_\nu} \\ s_1 f_1 &\equiv s_2 f_2 \equiv \cdots \equiv s_\nu f_\nu \equiv 0 \pmod{\varphi_\nu}, \end{aligned}$$

in denen s_1, s_2, $\cdots s_\nu$ ganze Zahlen sind. Danach mufs aber φ_ν notwendig selbst eine ganze Zahl m sein, denn enthielte es auch nur eine Primfunktion $P(x)$, so wäre diese ein gemeinsamer Teiler von $f_1, \cdots f_\nu$ und das System kein reines Modulsystem zweiter Stufe. Da ferner nach der ersten Kongruenz in (2) $\varphi_\nu = m$ das System $(f_1, \cdots f_\nu)$ enthält, so haben wir die Äquivalenz gewonnen:

$$(f_1, \cdots f_\nu) \sim (m; f_1, \cdots f_\nu)$$

und damit den ersten Hauptsatz bewiesen.

§ 2.

Um nun den zweiten Hauptsatz in Nr. III für ein beliebiges System $(m, f_1(x), \cdots f_\nu(x))$ zu beweisen, gebe ich ein Verfahren an, um in jedem Falle eine jenes System enthaltende Funktion

$$(1) \quad f(x) = x^n + b_1 x^{n-1} + \cdots + b_n$$

zu finden, in welcher der Koëfficient der höchsten Potenz gleich Eins ist.

Es seien $f_1(x), \cdots f_\nu(x)$ bezw. von den Graden $n_1, n_2, \cdots n_\nu$. Bilden wir dann die ganze Funktion

$$\begin{aligned} F(x) = f_1(x) &+ x^{n_1+1} f_2(x) + x^{n_1+n_2+2} f_3(x) + \cdots \\ &+ x^{n_1+n_2+\cdots+n_\nu-1+\nu-1} f_\nu(x), \end{aligned}$$

so kann diese selbstverständlich dem Modulsysteme hinzugefügt werden. Ferner stimmen ihre Koëfficienten der Reihe nach mit denen von $f_1, \cdots f_\nu$ überein, weil die Multiplikatoren x^{n_1+1}, $x^{n_1+n_2+2}$, $\cdots$ so gewählt sind, dafs sich nie zwei der genannten Koëfficienten in $F(x)$

vermischen. Hieraus folgt, daſs $F(x)$ durch keine Primzahl teilbar ist, da $f_1, \cdots f_\nu$ als relativ prim vorausgesetzt wurden.

Es sei nun:

$$m = p_1^{h_1} \, p_2^{h_2} \cdots p_r^{h_r}$$

die Zerlegung des im vorigen Abschnitte gefundenen ganzzahligen Elementes m in seine Primfaktoren; reduziert man dann $F(x)$ für eine der Primzahlen p_k auf ihren kleinsten Rest, so ist derselbe notwendig von Null verschieden, weil sonst $F(x)$ durch p_k teilbar wäre. Die so sich ergebende Gleichung

$$F(x) = \Phi_k(x) - p_k \Psi_k(x)$$

lautet, wenn man sie als Kongruenz für unser Divisorensystem auf-faſst und beachtet, daſs ihre linke Seite durch dasselbe teilbar ist, folgendermaſsen:

$$\Phi_k(x) \equiv p_k \, \Psi_k(x) \quad (\bmod d\, f_1, \cdots f_\nu);$$

erhebt man rechts und links zur Potenz h_k, so folgt weiter:

$$\left(\Phi_k(x)\right)^{h_k} \equiv p_k^{h_k} \left(\Psi_k(x)\right)^{h_k} \quad (\bmod d\, f_1, \cdots f_\nu)$$

oder nach Multiplikation mit $\dfrac{m}{p_k^{h_k}}$:

$$\frac{m}{p_k^{h_k}} \left(\Phi_k(x)\right)^{h_k} \equiv m \left(\Psi_k(x)\right)^{h_k} \quad (\bmod d\, f_1, \cdots f_\nu).$$

Da m aber das Modulsystem enthält, so bekommen wir schlieſslich für jeden Primteiler p_k von m eine Kongruenz von der Form:

$$(2) \qquad X_k(x) = \frac{m}{p_k^{h_k}} \left(\Phi_k(x)\right)^{h_k} \equiv 0 \quad (\bmod d\, f_1, \cdots f_\nu), \qquad {\scriptstyle (k=1,\,2,\,\cdots r)}$$

in welcher die Koëffizienten von Φ_k kleiner als p_k und sicherlich nicht alle gleich Null sind. Es ist also, da auch $\dfrac{m}{p_k^{h_k}}$ zu p_k teilerfremd ist, der Koëffizient C_k der höchsten Potenz von x in der Entwicklung der ganzen, ganzzahligen Funktion $X_k(x)$ zu p_k relativ prim, dagegen ent-hält er jeden anderen Primfaktor p_i von m ebenso oft als m selbst. Es sei nun B_k die komplementäre Einheit zu C_k für den Modul $p_k^{h_k}$, dann besteht die Kongruenz:

$$B_k \, C_k \equiv 1 \quad (\bmod p_k^{h_k}),$$

während zugleich für jeden anderen Teiler von m:

$$B_k \, C_k \equiv 0 \quad (\bmod p_i^{h_i}) \qquad {\scriptstyle (i=0,\,1,\,\cdots k-1,\,k+1,\,\cdots r)}$$

ist.

Denkt man sich jetzt die Reihe der r Funktionen:

$$X_1(x),\ X_2(x),\ \cdots X_r(x)$$

aufgestellt und dieselben mit solchen Potenzen $x^{\lambda_1}, \cdots x^{\lambda_r}$ von x multipliziert, dafs die Produkte alle vom gleichen Grade n sind, so ist es nunmehr leicht, die gesuchte Funktion $f(x)$ in (1) aus ihnen zusammenzusetzen. Bildet man nämlich die Summe:

$$\overline{F}(x) = B_1\, x^{\lambda_1} X_1(x) + B_2\, x^{\lambda_2} X_2(x) + \cdots + B_r\, x^{\lambda_r} X_r(x),$$

wo $B_1, B_2, \cdots$ die vorher bestimmten zu den $C_1, C_2, \cdots$ komplementären Einheiten sind, so wird der Koëfficient der höchsten Potenz in $\overline{F}(x)$ durch die Gleichung:

$$C = B_1 C_1 + B_2 C_2 + \cdots + B_r C_r$$

gegeben. Nun verschwinden hier für jedes $p_k^{h_k}$ die sämtlichen Produkte auf der rechten Seite mit Ausnahme des k^{ten}, das kongruent 1 ist; es ist mithin C für jeden Bestandteil von m, also auch für m selbst als Modul kongruent 1, C kann also in der Form geschrieben werden:

$$C = 1 + m\,\overline{C}.$$

Daraus folgt, dafs in der Differenz:

$$f(x) = \overline{F}(x) - m\,\overline{C}x^n$$

der Koëfficient des höchsten Gliedes gleich 1 ist.

Die so bestimmte Funktion $f(x)$ ist in der **That** die gesuchte. Denn die Darstellung von $\overline{F}(x)$ durch die Funktionen $X_1(x), X_2(x), \cdots$, die alle das Modulsystem $(f_1, \cdots f_\nu)$ enthalten, lehrt unmittelbar, dafs auch $\overline{F}(x)$ selbst durch dasselbe teilbar ist, und daraus geht wiederum hervor, dafs für $f(x)$ das Gleiche gilt, weil die ganze Zahl m ein Vielfaches des Modulsystemes ist; $f(x)$ darf deshalb in das letztere, ohne dessen Wert zu ändern, eingereiht werden, und damit ist in Verbindung mit dem vorangehenden Satze auch das zweite Fundamentaltheorem in der Theorie unserer Divisorensysteme bewiesen.

An dieses Ergebnis läfst sich der bereits angekündigte Beweis dafür, dafs es für ein reines Modulsystem zweiter Stufe $(M) = (m, f, f_1, \cdots f_\nu)$ nur eine endliche Anzahl von Resten giebt, unmittelbar anknüpfen. Zunächst ist nämlich klar, dafs jede Funktion $\varphi(x)$ unseres Integritätsbereiches modulo (M) auf eine andere zurückgeführt werden kann, deren Grad kleiner ist, als der Grad n von $f(x)$. Denn ist das höchste Glied von $\varphi(x)$ $cx^{n+\nu}$, so dafs

$$\varphi(x) = cx^{n+\nu} + \cdots$$

ist, so ist die Differenz

$$\varphi_1(x) = \varphi(x) - cx^r f(x)$$

eine zu $\varphi(x)$ kongruente Funktion, deren Grad mindestens um eine Einheit niedriger ist. Durch Wiederholung jenes einfachen Verfahrens kommt man aber zuletzt zu einer zu $\varphi(x)$ kongruenten Funktion

$$\overline{\varphi}(x) = c_0 + c_1 x + \cdots + c_{n-1} x^{n-1},$$

welche höchstens vom $(n-1)^{\text{ten}}$ Grade ist; diese Funktion kann man endlich auf eine kongruente $\varphi_0(x)$ reduzieren, deren Koëfficienten zwischen 0 und $m-1$ liegen; ist nämlich allgemein γ_i der kleinste positive Rest von c_i modulo m, und

$$\varphi_0(x) = \gamma_0 + \gamma_1 x + \cdots + \gamma_{n-1} x^{n-1},$$

so ist $\varphi(x) \equiv \varphi_0(x)$ (mod m), also, da m ein Element von (M) ist, auch $\varphi(x) \equiv \varphi_0(x)$ (mod M). Jede ganze Größe unseres Gebietes ist demnach einer anderen von der Form $\varphi_0(x)$ modulis $(m, f, f_1, \cdots f_\nu)$ kongruent, und da die Anzahl der verschiedenen Funktionen $\varphi_0(x)$ offenbar endlich, nämlich m^n ist, so haben wir damit die in (I) angegebene Haupteigenschaft der Modulsysteme zweiter Stufe dargethan.

Es muß jedoch hervorgehoben werden, daß zwar jede Funktion $\varphi(x)$ für das Modulsystem auf einen der oben bestimmten Reste $\varphi_0(x)$ reduzierbar ist, daß aber diese Reste selbst im allgemeinen nicht alle untereinander inkongruent sein werden. Die wirkliche Angabe der für ein Divisorensystem zweiter Stufe inkongruenten Größen ist vielmehr in dem hier behandelten umfassenden Falle eine sehr schwierige Aufgabe.

§ 3.

Es sei
$$(M) = (f_1 \cdots f_\nu)$$

irgend ein reines Modulsystem zweiter Stufe, dann heißt analog, wie bei den gewöhnlichen Zahlen, eine ganze Größe R relativ prim oder teilerfremd zu (M), wenn das aus R und (M) gebildete System

$$(R, f_1, \cdots f_\nu)$$

äquivalent 1 ist. So ist z. B. eine beliebige ganze Zahl μ zu (M) relativ prim, wenn sie mit der Zahl m, die dem Divisorensystem zweiter Stufe hinzugefügt werden kann, keinen gemeinsamen Teiler besitzt, denn in dem Falle ist ja

$$(\mu, f_1, \cdots f_\nu) \sim (\mu, m, f_1, \cdots f_\nu) \sim (1, f_1, \cdots f_\nu) \sim 1.$$

Hier besteht nun der wichtige Satz:

„Sind R, R' zwei ganze Größen, die zu (M) relativ prim sind, so gilt dasselbe auch von ihrem Produkte RR'."

Aus den beiden Äquivalenzen $(R, f_1, \cdots f_\nu) \sim 1$ und $(R', f_1, \cdots f_\nu) \sim 1$ folgt nämlich durch Komposition:

$$(R, f_1, \cdots f_\nu) (R', f_1, \cdots f_\nu) \sim 1$$

oder, wenn man links die Komposition ausführt:

$$(RR'; \cdots Rf_i \cdots; \cdots R'f_k \cdots; \cdots f_i f_k \cdots) \sim 1.$$

Offenbar ist aber dieses System ein Vielfaches des anderen

$$(RR'; \cdots f_i \cdots)$$

und das letztere daher notwendig auch äquivalent 1; d. h. es ist in der That RR' zu (M) teilerfremd.

Wir wählen jetzt aus der endlichen Anzahl der modulo (M) inkongruenten Reste alle diejenigen aus, die mit unserem Systeme keinen gemeinsamen Teiler haben und wir bezeichnen diese auch hier als Einheiten modulo M. Es sei μ die Anzahl aller inkongruenten Einheiten modulo M, und es mögen diese in beliebiger Reihenfolge durch:

$$R_1, R_2, \cdots R_\mu$$

bezeichnet werden. Ist dann R irgend eine Einheit modulo M und bildet man die μ Produkte

$$RR_1, RR_2, \cdots RR_\mu,$$

so sind alle diese, wie oben bewiesen wurde, ebenfalls Einheiten modulo M; außerdem erkennt man leicht, daß sie auch modulo M sämtlich inkongruent sind. Wäre das nämlich für irgend zwei jener Produkte RR_i und RR_k nicht der. Fall, so erhielte man eine Kongruenz:

$$R(R_i - R_k) \equiv 0 \quad (\bmod d f_1, \cdots f_\nu);$$

andererseits folgt aber aus:

$$(R, f_1, \cdots f_\nu) \sim 1$$

durch Multiplikation mit $R_i - R_k$ die Äquivalenz:

$$(R(R_i - R_k), f_1(R_i - R_k), \cdots f_\nu(R_i - R_k)) \sim R_i - R_k.$$

Enthielte also $R(R_i - R_k)$ das Modulsystem (M), so wäre jedes Element auf der linken Seite, also das ganze Divisorensystem durch (M) teilbar, also würde dasselbe für $R_i - R_k$ auf der rechten Seite dieser Äquivalenz gelten, es wäre also:

$$R_i \equiv R_k \quad (\bmod d f_1, f_2, \cdots f_\nu),$$

während wir doch R_i und R_k als modulo (M) verschieden vorausgesetzt haben.

Da somit die μ Produkte

$$RR_1, \; RR_2, \cdots RR_\mu$$

ebenfalls ein System modulo (M) inkongruenter Einheiten modulo M
bilden, so müssen sie für das Divisorensystem, abgesehen von ihrer
Reihenfolge, mit $R_1, \cdots R_\mu$ übereinstimmen. Ist daher wieder $S(R_1, \cdots R_\mu)$
eine beliebige ganze symmetrische Funktion jener Größen, so besteht
auch hier die Kongruenz

$$S(R_1, \cdots R_\mu) \equiv S(RR_1, \cdots RR_\mu) \quad (\text{modd } f_1, \cdots f_\nu)$$

und insbesondere für eine Variabele X die weitere

$$\prod_h (X - R_h) \equiv \prod_h (X - RR_h) \quad (\text{modd } f_1, \cdots f_\nu) \quad {\scriptstyle (h=1,\,\cdots\,\mu).}$$

Hieraus ergiebt sich durch Vergleichung der beiden von X freien
Glieder:

$$\prod R_h \equiv R^\mu \prod R_h \quad (\text{modd } f_1, \cdots f_\nu),$$

wo $\prod R_h$ zu (M) relativ prim ist und daher auf beiden Seiten fort-
gehoben werden kann; so erhalten wir endlich die wichtige Kongruenz:

$$R^\mu \equiv 1 \quad (\text{modd } f_1, \cdots f_\nu),$$

eine Kongruenz, die eine unmittelbare Verallgemeinerung des Fermatschen Satzes bedeutet. Derselbe lautet hier folgendermaßen:

> „Die μ^{te} Potenz jeder zu (M) teilerfremden ganzen Größe ist
> stets kongruent 1, wenn μ die Anzahl der modulo (M) inkon-
> gruenten Einheiten bezeichnet."

Als Beispiel betrachten wir das Modulsystem $(M) \sim (2, x^2)$. Für
dieses giebt es offenbar die vier inkongruenten Größen:

$$0, \; 1, \; x, \; 1 + x;$$

von diesen sind 1 und $1 + x$ zu (M) relativ prim, also Einheiten
modulo (M), dagegen 0 und x besitzen einen gemeinsamen Teiler mit
(M), denn es ist:

$$(1 + x, 2, x^2) \sim (1 + x, 1 + 2x + x^2, 2, x^2) \sim (1 + x, 1, 2, x^2) \sim 1,$$

dagegen:

$$(x, 2, x^2) \sim (2, x),$$

also nicht äquivalent Eins. Es ist demnach $\mu = 2$. Also ist für jede
Größe $R = f(x)$ des Bereiches $[x]$ $R^2 \equiv 1 \pmod M$. Dies erkennt
man hier auch leicht direkt, denn es ist:

$$R = \alpha + \beta x + \gamma x^2 + \cdots \equiv \alpha + \beta x \pmod{x^2},$$
$$R^2 \equiv (\alpha + \beta x)^2 \equiv \alpha^2 \equiv 1 \pmod{2, x^2},$$

falls $\alpha \gtrless 0 \pmod 2$ angenommen wird.

Eine direkte Folgerung aus diesem Ergebnisse ist noch das andere:

„Ist (M) ein beliebiges reines Modulsystem zweiter Stufe und R eine beliebige Einheit mod (M), so kann man immer eine zweite Einheit R' so bestimmen, daſs

$$R R' \equiv 1 \pmod{(M)}$$

ist; je zwei solche Funktionen werden komplementäre Einheiten genannt."

In der That wird ja dieser Bedingung nach dem vorigen Satze sofort genügt, wenn man $R' \equiv R^{\mu-1}$ setzt. Demnach zerfallen genau wie bei den Zahlen alle ganzen Gröſsen des Bereiches modulo (M) betrachtet in zwei Klassen, die wiederum bezw. Teiler der Null und Teiler der Eins genannt werden können; denn ist R_0 eine Gröſse, die mit (M) einen Divisor gemeinsam hat, so läſst sich allemal eine zugehörige R_0' so angeben, daſs

$$R_0 R_0' \equiv 0 \pmod{(M)}$$

wird, ohne daſs R_0' durch (M) teilbar ist. Der Beweis dieses letzten Satzes, von dem im folgenden kein Gebrauch gemacht wird, soll an dieser Stelle nicht gegeben, sondern dem Leser überlassen werden.

Siebzehnte Vorlesung.

Die Dekomposition der reinen Modulsysteme zweiter Stufe (m, f_i). — Zerlegung derselben in die Systeme $(p^h, f_i(x))$. — Reduktion der einfachsten Systeme $(p, f_i(x))$. — Reduktion der Systeme $(p^2, f_i(x))$ und $(p^3, f_i(x))$. — Die reduzierte Form der Systeme zweiter Stufe.

§ 1.

Wir wenden uns jetzt zur Beantwortung der Hauptfrage nach der Zerlegung oder Dekomposition eines beliebigen Modulsystemes in möglichst einfache Elemente und zwar können wir uns hier auf die reinen Modulsysteme zweiter Stufe beschränken, da die Systeme erster Stufe bereits in der fünfzehnten Vorlesung vollständig zerlegt worden sind.

Es sei $(M) = (f_1(x), f_2(x), \cdots f_\nu(x))$ das vorgelegte System, m die niedrigste ganze Zahl, welche durch (M) teilbar ist und

$$m = \mu\nu \qquad\qquad (\mu, \nu) = 1$$

irgend eine Zerlegung von m in zwei teilerfremde Faktoren. Dann besteht die folgende Äquivalenz:

$$(1) \qquad (m, f_1, \cdots f_\nu) \sim (\mu, f_1, \cdots f_\nu)(\nu, f_1, \cdots f_\nu)$$

und sie liefert uns die erste und wichtigste Zerlegung unseres Modulsystemes.

Der soeben ausgesprochene Satz ist ein **ganz spezieller Fall** des folgenden für beliebige Modulsysteme geltenden wichtigen Theoremes, von dem wir auch später Gebrauch zu machen haben. Es sei $(f, f_1, \cdots f_\nu)$ irgend ein Divisorensystem von beliebig vielen Variablen und es möge ein Element f für das aus den übrigen gebildete Modulsystem $(f_1, \cdots f_\nu)$ in ein Produkt $f_0 f_0'$ zweier teilerfremden Faktoren zerfallen; dann zerfällt auch das ganze Modulsystem in zwei Faktoren vermöge der Äquivalenz:

$$(1^a) \qquad (f, f_1, \cdots f_\nu) \sim (f_0, f_1, \cdots f_\nu)(f_0', f_1, \cdots f_\nu).$$

Nach der Voraussetzung ist nämlich:

$$(2) \qquad\qquad f \equiv f_0 f_0' \pmod{f_1, \cdots f_\nu},$$

und da die beiden Faktoren teilerfremd sind, so ist:

$$(3) \qquad (f_0, f_0', f_1, \cdots f_\nu) \sim 1.$$

Multipliziert man aber das Produkt auf der rechten Seite von (1ᵃ) aus, so ergiebt sich:

$$(4) \quad (f_0, f_i)\,(f_0', f_k) \sim (f_0 f_0', \cdots f_0 f_i \cdots, \cdots f_0' f_k \cdots, \cdots f_i f_k \cdots) \quad {\scriptstyle (i,k=1,2,\cdots \nu).}$$

Andererseits folgt, wenn man die Äquivalenz (3) auf beiden Seiten mit $(f_1, \cdots f_\nu)$ multipliziert,

$$(\cdots f_0 f_i \cdots, \cdots f_0' f_k \cdots, \cdots f_i f_k \cdots) \sim (f_1, \cdots f_\nu),$$

und hieraus geht hervor, daſs die rechte, also auch die linke Seite von (4) in der That äquivalent $(f_0 f_0', f_1, \cdots f_\nu)$ oder wegen (2) äquivalent $(f, f_1, \cdots f_\nu)$ ist, w. z. b. w.

Setzt man in der Äquivalenz (1ᵃ) $f = m = \mu \nu$, so erhält man die Äquivalenz (1).

Es zerfällt also unser System (M) in zwei andere, welche sich von diesem nur dadurch unterscheiden, daſs das Zahlenelement m durch je einen der teilerfremden Faktoren μ und ν von m ersetzt ist. In derselben Weise kann nun jedes dieser Systeme weiter zerlegt und diese Dekomposition so lange fortgesetzt werden, bis die Zahlenelemente sämtlich Primzahlpotenzen geworden sind. Man erhält also den folgenden Satz:

„Jedes reine Modulsystem zweiter Stufe ist äquivalent einem Produkte von Systemen

$$(M_h) \sim (p^h, f_1(x), \cdots f_\nu(x)),$$

deren Zahlenelemente Primzahlpotenzen sind.“

Im Folgenden brauchen wir uns also nur mit diesen Modulsystemen (M_h) zu beschäftigen.

Wir betrachten zuerst den einfachsten Fall, daſs der Exponent $h = 1$ ist, d. h. wir untersuchen ein System:

$$(M_1) \sim (p, f_1(x), f_2(x), \cdots f_\mu(x))$$

und versuchen dieses weiter auf eine eindeutig bestimmte reduzierte Form zu bringen.

Hierzu führen die beiden folgenden für beliebige reine Divisorensysteme zweiter Stufe geltenden Sätze:

1) „Ein System $(m, f_1(x), \cdots f_\nu(x))$ bleibt im Sinne der Äquivalenz ungeändert, wenn man die Koëffizienten der Funktionen $f_i(x)$ um beliebige Multipla des Zahlenelementes vermehrt.“

13*

2) „Ein System $(m, f_1(x), \cdots f_\nu(x))$ bleibt im Sinne der Äquivalenz ungeändert, wenn man irgend eines seiner Funktionenelemente mit einer beliebigen Einheit modulo m multipliziert."

In der That, sei etwa:

$$f_1(x) = a_0 + \cdots + a_k x^k + \cdots + a_{n_1} x^{n_1}$$

die erste Funktion unseres Systemes; ersetzt man in ihr a_k durch $a_k' = a_k + \lambda m$, so erhält man eine neue Funktion:

$$\overline{f_1}(x) = f_1(x) + \lambda m x^k \equiv f_1(x) \pmod{m},$$

es ist also in der That:

$$(m, f_1(x), \cdots f_\nu(x)) \sim (m, \overline{f_1}(x), \cdots \overline{f_\nu}(x)),$$

weil die beiden Elemente f_1 und $\overline{f_1}$ für unser Modulsystem kongruent sind.

Es sei zweitens e eine Einheit modulo m, und e' die komplementäre Einheit, so daſs $ee' \equiv 1 \pmod{m}$ oder $ee' = 1 + \lambda m$ ist. Dann ist offenbar

$$(m, ef_1, \cdots f_\nu) \quad \text{teilbar durch} \quad (m, f_1, \cdots f_\nu)$$
$$(m, e'ef_1, \cdots f_\nu) \quad \text{„} \quad \text{„} \quad (m, ef_1, \cdots f_\nu),$$

endlich ist aber auch:

$$(m, e'ef_1, \cdots f_\nu) \sim (m, (1 + \lambda m)f_1, \cdots f_\nu) \sim (m, f_1, \cdots f_\nu).$$

Daher sind die beiden Systeme $(m, f_1, \cdots f_\nu)$ und $(m, ef_1 \cdots f_\nu)$ einander wirklich äquivalent, da jedes von ihnen durch das andere teilbar ist.

Diese beiden Sätze benutzen wir jetzt zur Reduktion eines beliebigen Systemes $(p, f_1(x), \cdots f_\nu(x))$. Zunächst können wir von vornherein voraussetzen, daſs in jeder der Funktionen $f_i(x)$ der Koëfficient der höchsten Potenz Eins und alle anderen Koëfficienten modulo p auf ihren kleinsten nicht negativen Rest reduziert sind. Wäre nämlich etwa in $f_1(x)$ jener höchste Koëfficient gleich e, so muſs e eine Einheit modulo p sein, da anderenfalls jenes durch p teilbare Glied einfach weggelassen werden könnte. Dann kann man aber $f_1(x)$ durch $e'f_1(x)$ ersetzen, wo e' die zu e komplementäre Einheit ist, und das dann sich ergebende Anfangsglied $ee'x^{n_1}$ durch x^{n_1} ersetzen. Ebenso kann man nach dem ersten Satze alle anderen Koëfficienten modulo p auf ihre kleinsten nicht negativen Reste reduzieren.

Das so umgeformte Modulsystem denken wir uns jetzt nach dem Grade seiner Elemente geordnet, so daſs allgemein $f_i(x)$ von höherem oder wenigstens von gleichem Grade ist, als das folgende $f_{i+1}(x)$. Dividiert man jetzt $f_1(x)$ durch $f_2(x)$, so erhält man, da der Koëfficient des höchsten Gliedes von $f_2(x)$ gleich 1 ist, eine ganzzahlige Gleichung:

$$f_1(x) - g_2(x) f_2(x) + \overline{f_1}(x) = 0,$$

in welcher der Grad von $\overline{f_1}(x)$ niedriger ist, als der von $f_1(x)$. Aus dieser Gleichung folgt aber ohne weiteres:

$$(p, f_1(x), f_2(x), \cdots f_\nu(x)) \sim (p, \overline{f_1}(x), f_2(x), \cdots f_\nu(x));$$

wir haben somit das gegebene Modulsystem in ein äquivalentes übergeführt, dessen eines Element $\overline{f_1}$ von niedrigerem Grade ist, als das entsprechende des ersten Systemes, während alle übrigen Elemente ungeändert sind. In derselben Weise können wir fortfahren: Wir formen $\overline{f_1}(x)$ so um, dafs der Koëfficient des Anfangsgliedes Eins und alle anderen reduziert sind, ordnen dann diese Funktionen wieder nach ihrem Grade, und verkleinern den Grad der dann zuerst stehenden Funktion u. s. w., wobei wir Sorge tragen, dafs, wenn eine Division aufgeht, der bezügliche Rest $\overline{f_1}(x) = 0$ einfach fortgelassen wird; dies Verfahren können wir so oft wiederholen, als noch wenigstens zwei Funktionen $f_1(x)$ und $f_2(x)$ in dem Systeme vorhanden sind; da aber bei jeder Reduktion einer der Grade mindestens um eine Einheit vermindert wird, so mufs man zuletzt zu einem äquivalenten Systeme $(p, f(x))$ gelangen, welches nur noch ein einziges Funktionselement enthält. So ergiebt sich also der folgende wichtige Satz:

„Jedes reine Divisorensystem zweiter Stufe, dessen Zahlenelement eine Primzahl ist, ist äquivalent einem reduzierten Systeme $(p, f(x))$ von nur zwei Elementen. Das Funktionenelement

$$f(x) = x^n + a_1 x^{n-1} + \cdots + a_n$$

besitzt lauter modulo p reduzierte Koëfficienten und der Koëfficient der höchsten Potenz ist Eins."

Ist speziell $f(x)$ vom nullten Grade, so mufs es notwendig gleich Eins sein, und das Modulsystem ist dann selbst äquivalent Eins.

§ 2.

Wir wollen noch kurz den nächsten Fall untersuchen, dafs das Zahlenelement das Quadrat einer Primzahl ist. Ist also das System:

(1) $(M_2) \sim (p^2, f_1, f_2, \cdots f_\nu)$

gegeben, so betrachten wir neben ihm das System:

$$(p, f_1, f_2, \cdots f_\nu)$$

und bringen dieses nach der soeben angegebenen Methode auf die reduzierte Form $(p, \bar{f})$. Aus der Äquivalenz:

(1ª) $$(p, f_1, \cdots f_r) \sim (p, \bar{f})$$

folgt aber, daſs $\bar{f}(x)$ durch das Modulsystem links teilbar sein muſs, es besteht daher eine Gleichung:

$$\bar{f}(x) = \sum f_k \cdot g_k + pF,$$

$$\bar{f}(x) - pF(x) = \sum f_k g_k;$$

führen wir also statt $\bar{f}(x)$ die neue Funktion:

(2) $$f(x) = \bar{f}(x) - pF(x) = \sum_k f_k g_k$$

ein, und beachten, daſs $(p, f) = (p, \bar{f} - pF) \sim (p, \bar{f})$ ist, so folgt aus (1ª):

(3) $$(p, f_1, \cdots f_r) \sim (p, f(x)).$$

Die so bestimmte Funktion $f(x)$ enthält wegen (2) das System $(f_1, f_2, \cdots f_r)$, sie kann also den Elementen von (M_2) hinzugefügt werden, d. h. es ist:

(4) $$(p^2, f_1, \cdots f_r) \sim (p^2, f_1, \cdots f_r; f).$$

In dieser neuen Form des gegebenen Modulsystemes formen wir nun die einzelnen Elemente f_i um. Aus der Äquivalenz (3) folgt nämlich, daſs jedes $f_k(x)$ in der Form darstellbar ist:

$$f_k = f\varphi_k + p\psi_k \equiv p\psi_k(x) \pmod{f(x)}.$$

Daher dürfen wir in dem Systeme $(p^2, f_1, \cdots f_r, f)$ jedes Element f_k durch $p\psi_k$ ersetzen, und erhalten die Äquivalenz:

(5) $$(p^2, f_1, \cdots f_r) \sim (p^2, p\psi_1, \cdots p\psi_r, f).$$

Das Modulsystem $(p, \psi_1, \cdots \psi_r)$ kann endlich wieder nach der im vorigen Abschnitte angegebenen Methode auf die äquivalente Form $(p, g(x))$ gebracht werden. Multipliziert man dann die Äquivalenz:

$$(p, \psi_1, \psi_2, \cdots \psi_r) \sim (p, g)$$

mit p, und fügt hierauf auf beiden Seiten das Element $f(x)$ hinzu, so ergiebt sich:

$$(p^2, p\psi_1, \cdots p\psi_r, f) \sim (p^2, pg, f)$$

oder wegen (5)

$$(p^2, f_1, \cdots f_r) \sim (p^2, pg, f).$$

„Jedes Modulsystem, dessen Zahlenelement das Quadrat einer Primzahl ist, kann also in ein äquivalentes transformiert werden, welches aufser dieser **Zahl** nur noch zwei Elemente enthält, von denen das erste jene Primzahl als Teiler hat."

Ganz analog verfahren wir in dem nächsten Falle: Ist uns ein Modulsystem $(p^3, f_1, \cdots f_\nu)$ gegeben, so betrachten wir neben diesem das System $(p^2, f_1, \cdots f_\nu)$, welches wir bereits zu reduzieren im Stande sind; es sei:

(6) $$(p^2, f_1, \cdots f_\nu) \sim (p^2, p\bar{g}(x), \bar{f}(x)),$$

dann folgen aus dieser Äquivalenz die Gleichungen:

$$p\bar{g} = \sum_{k=1}^{\nu} f_k r_k + p^2 F,$$

$$\bar{f} = \sum_{k=1}^{\nu} f_k s_k + p^2 G;$$

bestimmt man also wieder die neuen Funktionen f und g durch die Gleichungen:

(7)
$$pg = p\bar{g} - p^2 F = \sum_{k=1}^{\nu} f_k r_k,$$

$$f = \bar{f} - p^2 G = \sum_{k=1}^{\nu} f_k s_k,$$

so ist einmal:

$$(p^2, p\bar{g}, \bar{f}) \sim (p^2, pg, f),$$

da sich die entsprechenden Funktionen nur um ein Multiplum von p^2 unterscheiden; weil aber pg und f beide nach (7) das Modulsystem $(f_1, \cdots f_\nu)$ enthalten, so ist auch:

(8) $$(p^3, f_1, \cdots f_\nu) \sim (p^3, f_1, \cdots f_\nu, pg, f).$$

Man kann nun auf der rechten Seite dieser Äquivalenz jedes Element f_k durch ein anderes $p^2 \chi_k$ ersetzen, denn aus der Äquivalenz $(p^2, f_k) \sim (p^2, pg, f)$ ergeben sich ja ν Gleichungen von der Form:

$$f_k = p^2 \chi_k + f \varphi_k + pg \cdot \psi_k \qquad {\scriptstyle (k=1, 2, \cdots \nu)}$$

und hieraus folgt in der That die Äquivalenz:

(9) $$(p^3, f_1, \cdots f_\nu, pg, f) \sim (p^3, p^2\chi_1, \cdots p^2\chi_\nu, pg, f),$$

weil sich jedes Element $p^2 \chi_k$ von dem entsprechenden f_k nur um Multipla von pg und von f unterscheidet. Transformieren wir endlich das System $(p, \chi_1, \cdots \chi)$ in das äquivalente $(p, h(x))$, also $(p^3, p^2\chi_1, \cdots p^2\chi_\nu)$

in (p^3, p^2h), so folgt aus (9) das Schlußresultat:

$$(p^3, f_1(x), \cdots f_\nu(x)) \sim (p^3, p^2h(x), pg(x), f(x)).$$

In derselben Weise kann man fortfahren und durch den Schluß von n auf $n + 1$ die Richtigkeit des folgenden allgemeinen Satzes beweisen:

„Jedes Modulsystem $(M_h) \sim (p^h, f_1(x), \cdots f_\nu(x))$, dessen Zahlen- element die h^{te} Potenz einer Primzahl ist, kann stets auf die Form gebracht werden:

$$(p^h, p^{h-1}F_1(x), p^{h-2}F_2(x), \cdots pF_{h-1}(x), F_h(x)),$$

wo die ganzen Funktionen $F_i(x)$ so gewählt werden können, daß der Koëfficient der höchsten Potenz jedesmal gleich Eins ist."

Wir überlassen die Ausführung dieses Beweises dem Leser um so lieber, da wir in der nächsten Vorlesung von ganz anderen Gesichts- punkten aus auf diesen Satz zurückkommen.

§ 3.

Die nächste hier sich darbietende Aufgabe würde nun darin be- stehen, daß man für jedes Modulsystem $(p^h, f_1, \cdots f_\nu)$ eine „reduzierte Form" angiebt, in welche dasselbe stets und nur auf eine Weise übergeführt werden kann; erst dann hat man ein Mittel, um zu entscheiden, ob zwei Systeme $(p^h, f_1, \cdots f_\mu)$ und $(p^h, g_1, \cdots g_\nu)$ äqui- valent sind oder nicht; es gilt dann nämlich der Satz: Zwei Systeme sind dann und nur dann äquivalent, wenn die zugehörigen reduzierten Systeme identisch sind.

Für die einfachsten Modulsysteme $(p, f_1(x), \cdots f_\nu(x))$ besitzt das vorher gefundene äquivalente $(p, f(x))$ bereits die Eigenschaften eines reduzierten Systemes. Um dies nachzuweisen, brauchen wir nur zu zeigen, daß aus der Äquivalenz:

$$(1) \qquad\qquad (p, \cdot f(x)) \sim (p, f_1(x))$$

zweier reduzierter Systeme notwendig die Gleichung $f(x) = f_1(x)$ folgt. Aus der Äquivalenz (1) ergeben sich aber die beiden Kongruenzen:

$$f(x) \equiv \varphi_1(x) f_1(x) \pmod{p},$$
$$f_1(x) \equiv \varphi(x) f(x) \pmod{p},$$

wo $\varphi_1(x)$ und $\varphi(x)$ als modulo p reduzierte Funktionen von x ange- nommen werden können; hieraus folgt:

$$f(x) f_1(x) \equiv \varphi(x) \varphi_1(x) f(x) f_1(x) \pmod{p}.$$

Da aber f und f_1 durch p nicht teilbar sind, so ergiebt sich:

$$\varphi(x)\,\varphi_1(x) \equiv 1 \pmod{p};$$

daher müssen $\varphi(x)$ und $\varphi_1(x)$ von x unabhängig sein, denn beginnen $\varphi(x)$ mit cx^μ, $\varphi_1(x)$ mit $c_1 x^{\mu_1}$, so beginnt $\varphi(x)\,\varphi_1(x)$ mit $cc_1 x^{\mu+\mu_1}$ und der Koëfficient cc_1 ist durch p nicht teilbar, da n. d. V. c und c_1 p nicht enthalten. Mithin ist $\varphi(x) = c$, $\varphi_1(x) = c_1$, und es ist also:

$$f(x) \equiv c_1 f_1(x) \pmod{p},$$

wo c_1 eine noch zu bestimmende Zahl bedeutet; da aber in f und f_1 der Koëfficient der höchsten Potenz Eins ist, so ist $c_1 \equiv 1$ und $f(x) \equiv f_1(x) \pmod{p}$, und da in beiden Funktionen die Koëfficienten modulo p reduziert sind, so können sie nur kongruent modulo p sein, wenn sie identisch sind, und hiermit ist der Beweis vollständig erbracht.

Dagegen überzeugt man sich leicht, daſs die vorher gefundene Form (p^2, pf, g) im allgemeinen nicht die reduzierte für ein Modulsystem (M_2) ist, und dasselbe ist für alle Systeme $(p^h, f_1, \cdots f_h)$ für $h > 1$ der Fall. Es bietet keine groſsen Schwierigkeiten dar, für die einfachsten Fälle $h = 2, 3$ eine reduzierte Form für die zugehörigen Modulsysteme zu finden, jedoch ist es einfacher, jene Aufgabe gleich ganz allgemein zu lösen, und das so gefundene sehr einfache und übersichtliche Resultat dann für jene Fälle zu spezialisieren. Wir gehen also in der nächsten Vorlesung zu diesem allgemeinen Probleme über.

Achtzehnte Vorlesung.

Erste Reduktion eines beliebigen Modulsystemes $(p^h, f_1, \cdots f_\nu)$. — Weitere Reduktion desselben Systemes. — Beweis, dafs das so gefundene System ein reduziertes ist.

§ 1.

Wir gehen jetzt dazu über, ein beliebiges Divisorensystem

$$(M) \sim (p^h, f_1(x), f_2(x), \cdots f_\nu(x))$$

in ein äquivalentes reduziertes System überzuführen. Zu diesem Zwecke betrachten wir die Gesamtheit $(f(x))$ aller durch (M) teilbaren Funktionen

$$f(x) = \varphi_0(x) p^h + \varphi_1(x) f_1(x) + \cdots + \varphi_\nu(x) f_\nu(x),$$

wo die Koëfficienten $\varphi_i(x)$ beliebige ganzzahlige Funktionen von x bedeuten. Da (M) ein *reines* Modulsystem zweiter Stufe ist, so enthält der Bereich $(f(x))$ auch primitive, d. h. solche Funktionen, deren Koëfficienten keinen allen gemeinsamen Zahlenteiler besitzen*). Es sei $\Phi_0(x)$ eine solche primitive Funktion von möglichst niedrigem Grade in x und es sei dieser Grad gleich n_0. Dann besitzen also alle durch (M) teilbaren Funktionen von niedrigerem als dem n_0^{ten} Grade einen Zahlenteiler und es ·sei für den Augenblick δ der kleinste Teiler, der bei allen diesen Funktionen auftritt. Dann mufs δ notwendig eine Potenz von p, also etwa gleich p^{d_1} sein; denn wäre $\delta = c p^{d_1}$, wo c eine Einheit modulo p ist, und ist $F(x) = c p^{d_1} f(x)$ die zugehörige Funktion, ist dann c' die modulo p^{h-d_1} komplementäre Einheit zu c,

---

*) Der Einfachheit wegen ist sowohl hier als auch später in dieser Vorlesung nur die *Existenz* der in Frage kommenden Funktionen bewiesen, dagegen wird kein Verfahren angegeben, um dieselben in jedem einzelnen Falle wirklich zu berechnen. Es existiert aber ein einfaches rationales und endliclۚۥs Verfahren, um jene Funktionen zu bestimmen (vgl. K. Hensel, Über die Zurückführung der Divisorensysteme auf ihre reduzierte Form, Crelle's Journal Bd. 119 S. 114—130), so dafs der so oft betonten Forderung Kronecker's auch hier vollständig genügt wird. d. H.

so dafs $cc' \equiv 1 + \lambda p^{h-d_1}$ ist, so gehört die Funktion:

$$p^{d_1} f(x) = c' F(x) - \lambda p^h f(x)$$

ebenfalls dem Bereiche $(f(x))$ an, und besitzt nur den Zahlenteiler p^{d_1}. Diese niedrigste Potenz von p ist also offenbar der gröfste gemeinsame Teiler aller Elemente $F(x)$ von niedrigerem als dem n_0^{ten} Grade, und es existieren in jenem Bereiche Funktionen, welche genau durch p^{d_1} teilbar sind. Es sei nun $\Phi_1(x)$ eine Funktion dieser Art, deren Grad n_1 wieder möglichst klein ist. Dann ist $n_1 < n$ und $d_1 > 0$, denn wäre $d_1 = 0$, also $p^{d_1} = 1$, so wäre ja $\Phi_1(x)$ entgegen unserer Voraussetzung ebenfalls primitiv.

Alle Elemente des Bereiches $(f(x))$ von niedrigerem als dem n_1^{ten} Grade besitzen einen Zahlentheiler, welcher durch eine höhere als die d_1^{te} Potenz von p teilbar ist und man zeigt genau wie vorher, dafs ihr gröfster gemeinsamer Teiler notwendig eine Potenz p^{d_2} von p ist, und dafs es Funktionen dieses Bereiches giebt, welche genau p^{d_2} als Zahlenteiler besitzen. Es sei $\Phi_2(x)$ eine solche Funktion, deren Grad n_2 möglichst niedrig ist. In derselben Weise kann man fortfahren, und da die Grade $n_0, n_1, n_2, \cdots$ eine abnehmende Reihe bilden, so gelangt man zuletzt zu einer Funktion $\Phi_\mu(x)$ vom nullten Grade, deren Zahlenteiler p^{d_μ} ist, d. h. jene letzte Funktion ist selbst gleich p^{d_μ}, und zwar ist $p^{d_\mu} = p^h$ falls p^h die kleinste durch (M) teilbare Zahl war, anderenfalls ist $h > d_\mu$ und dann kann p^h als Multiplum von p^{d_μ} aus (M) fortgelassen werden. Man erhält auf diese Weise eine Reihe von $(\mu + 1)$ Funktionen:

$$\Phi_0(x), \ \Phi_1(x), \cdots \Phi_\mu(x)$$

des Bereiches $(f(x))$, deren Grade:

$$n_0, \ n_1, \cdots n_\mu$$

eine abnehmende Reihe bilden, während $n_\mu = 0$ ist, und von deren Zahlenteilern:

$$p^{d_0}, \ p^{d_1}, \cdots p^{d_\mu}$$

der erste gleich 1 und jeder ein Teiler des folgenden ist. Offenbar ist das aus diesen $(\mu + 1)$ Elementen gebildete Modulsystem $(\Phi_0(x), \ \Phi_1(x), \cdots \Phi_\mu(x))$ durch (M) teilbar, weil seine Elemente alle dem Bereiche $(f(x))$ angehören, aber man zeigt weiter, dafs es äquivalent (M) ist, und dafs man nun leicht aus ihm eine reduzierte Form für (M) herleiten kann. Hierzu führt der folgende wichtige Satz:

„Jede der Funktionen $\Phi_i(x)$ ist von der Form:

$$\Phi_i(x) = p^{d_i} \varphi_i(x) = p^{d_i}(x^{n_i} + a_1 x^{n_i - 1} + \cdots + a_{n_i}),$$

d. h. in ihrem primitiven Faktor kann der Koëfficient der höchsten Potenz von x gleich Eins angenommen werden."

Wäre nämlich jener Koëfficient nicht Eins, sondern etwa gleich cp^ϱ, wo c den durch p nicht teilbaren Bestandteil bezeichnet, so kann zunächst c dadurch beseitigt werden, dafs man $\Phi_i(x)$ durch $c'\Phi_i(x)$ ersetzt, wo c' die zu c komplementäre Einheit modulo p^h bedeutet, und dann den Koëfficienten von x^{n_i} in $c'\Phi_i(x)$ modulo p^h auf seinen kleinsten Rest reduziert. Man kann also gleich annehmen, dafs $\varphi_i(x)$ mit $p^\varrho x^{n_i}$ anfängt, und es ist zu zeigen, dafs dann notwendig $\varrho = 0$ sein mufs. Für die letzte Funktion $\Phi_\nu(x) = p^{d_\nu}$ ist dies offenbar der Fall. Um nun den Beweis allgemein zu führen nehme ich an, es sei in Übereinstimmung mit unserer Behauptung für irgend einen Wert von i:

(1) $$\Phi_{i+1}(x) = p^{d_{i+1}} x^{n_{i+1}} + \cdots,$$

aber es sei für die nächstvorhergehende Funktion $\Phi_i(x)$ $\varrho \geq 0$, also:

(1ª) $$\Phi_i(x) = p^{d_i + \varrho} x^{n_i} + \cdots$$

und ich beweise dann, dafs ϱ notwendig gleich Null sein mufs, da man anderenfalls aus $\Phi_i(x)$ und $\Phi_{i+1}(x)$ eine andere Funktion des Bereiches $(f(x))$ von niedrigerem als dem n_i^{ten} Grade herleiten könnte, deren Zahlenteiler kleiner als $p^{d_{i+1}}$ wäre, was mit der Definition von $\Phi_{i+1}(x)$ im Widerspruch steht. Setzt man nämlich:

$$\Psi(x) = \Phi_i(x) - p^{(d_i + \varrho) - d_{i+1}} x^{n_i - n_{i+1}} \Phi_{i+1}(x)$$

oder:

$$\Psi(x) = p^{d_i + 1 - (d_i + \varrho)} \Phi_i(x) - x^{n_i - n_{i+1}} \Phi_{i+1}(x),$$

je nachdem $d_i + \varrho \geq d_{i+1}$ oder $d_i + \varrho < d_{i+1}$ ist, so ist $\Psi(x)$ eine Funktion des Bereiches $(f(x))$ von niedrigerem als dem n_i^{ten} Grade, denn bei Substitution der in (1) und (1ª) angegebenen Werte von $\Phi_i(x)$ und $\Phi_{i+1}(x)$ erkennt man sofort, dafs sich der Koëfficient von x^{n_i} in beiden Fällen auf Null reduziert; ferner sieht man leicht, dafs der Zahlenteiler von $\Psi(x)$ im ersten Falle genau gleich p^{d_i}, im zweiten genau $p^{d_i + 1 - \varrho}$ ist, da beide Male der Minuendus genau die angegebene, der Subtrahendus aber eine höhere Potenz von p; nämlich bezw. $p^{d_i + \varrho}$ oder $p^{d_i + 1}$ enthält; damit ist der in Aussicht gestellte Beweis vollständig erbracht.

Hieraus ergiebt sich ohne weiteres der Beweis des Satzes:

„Jedes Element des Bereiches $(f(x))$ enthält auch das Modulsystem $(\Phi_0(x), \Phi_1(x), \cdots \Phi_\mu(x))$, d. h. dieses ist dem gegebenen Systeme $(p^h, f_1(x), \cdots f_\nu(x))$ äquivalent."

Ist nämlich $F(x)$ irgend eine durch (M) teilbare Funktion, so sei $\Phi_i(x)$ die erste Funktion der Reihe $\Phi_0(x)$, $\Phi_1(x)$, $\cdots$, deren Grad n_i kleiner oder gleich dem Grade von $F(x)$ ist. Dann besitzt $F(x)$ notwendig mindestens den Zahlentheiler p^{d_i}, wie aus der Grundeigenschaft von $\Phi_i(x)$ direkt folgt, und da $\Phi_i(x) = p^{d_i}(x^{n_i} + \cdots)$ ist, so ergiebt sich durch einfache Division von $F(x)$ durch $\Phi_i(x)$ eine Gleichung:

$$F(x) = \lambda_i(x)\, \Phi_i(x) + F_1(x),$$

in der $\lambda_i(x)$ und $F_1(x)$ ganze, ganzzahlige Funktionen bedeuten, und die letzte von niedrigerem als dem n_i^{ten} Grade ist. Da diese aber wegen der Gleichung:

$$F_1(x) = F(x) - \lambda_i(x)\, \Phi_i(x)$$

ebenfalls durch (M) teilbar ist, so ist ihr Zahlenteiler mindestens gleich p^{d_i+1}, und man erhält durch Division von $F_1(x)$ durch $\Phi_{i+1}(x)$ eine neue Gleichung derselben Art:

$$F_1(x) = \lambda_{i+1}(x)\, \Phi_{i+1}(x) + F_2(x),$$

wo $F_2(x)$ wieder ganz und von niedrigerem Grade als $\Phi_{i+1}(x)$ ist. und durch analoges Fortschreiten erhält man eine Kette ähnlicher Gleichungen, aus denen sich die folgende Darstellung von $F(x)$ durch unser System ($\Phi_0(x)$, $\Phi_1(x)$, $\cdots$) und damit der Beweis unserer Behauptung ergiebt:

$$F(x) = \lambda_i(x)\, \Phi_i(x) + \lambda_{i+1}(x)\, \Phi_{i+1}(x) + \cdots + \lambda_\mu(x)\, \Phi_\mu(x).$$

Hierdurch ist auch der am Ende des § 2 der vorigen Vorlesung aufgestellte weniger allgemeine Satz bewiesen.

Mit Rücksicht auf diese Darstellung von $F(x)$ durch das System (Φ_0, Φ_1, $\cdots \Phi_\mu$) kann man endlich noch den folgenden Satz aussprechen, welcher im nächsten Abschnitte benutzt werden wird:

„Eine Funktion $F(x)$ enthält dann und nur dann das Modulsystem (M), wenn sie auch durch das Divisorensystem ($\Phi_i(x)$, $\Phi_{i+1}(x)$, $\cdots \Phi_\mu(x)$) teilbar ist, in dem $\Phi_i(x)$ die erste Funktion der Reihe $\Phi_0(x)$, $\Phi_1(x)$, $\cdots$ bedeutet, deren Grad gleich oder kleiner als der von $F(x)$ ist. Enthält $F(x)$ jenes System, so besteht eine Gleichung:

$$F(x) = \lambda_i(x)\, \Phi_i(x) + \lambda_{i+1}(x)\, \Phi_{i+1}(x) + \cdots + \lambda_\mu(x)\, \Phi_\mu(x),$$

in welcher der Grad eines jeden Produktes $\lambda_k(x)\, \Phi_k(x)$ kleiner ist als derjenige der nächst vorhergehenden Funktion $\Phi_{k-1}(x)$ und der Grad des ersten Produktes $\lambda_i(x)\, \Phi_i(x)$ genau gleich demjenigen von $F(x)$ ist.“

§ 2.

So einfach die im vorigen Abschnitt gefundene Form $(\Phi_0, \Phi_1, \cdots \Phi_\mu)$ für das Modulsystem (M) auch ist, so sind doch die Bestimmungen über die Elemente $\Phi_i(x)$ noch nicht so eng gefaßt, daß jenes System ein eindeutig bestimmtes reduziertes ist; in der That behält jenes Modulsystem alle seine charakteristischen Eigenschaften, wenn man ein beliebiges Element $\Phi_i(x)$ durch ein anderes $\overline{\Phi}_i(x)$ ersetzt, welches mit jenem durch eine Gleichung:

$$\overline{\Phi}_i(x) = \Phi_i(x) + \lambda_{i+1}(x)\,\Phi_{i+1}(x) + \cdots + \lambda_\mu(x)\,\Phi_\mu(x)$$

zusammenhängt; nur sind hier die Koëfficienten $\lambda_k(x)$ so zu wählen, daß jedes Produkt $\lambda_k\,\Phi_k(x)$ von niedrigerem Grade ist als Φ_i; ist dies aber geschehen, so ist $\overline{\Phi}_i(x)$ ebenfalls eine Funktion des Bereiches $(f(x))$, deren Zahlenteiler genau gleich p^{d_i} und deren Grad gleich n_i, also möglichst klein ist. Aber diese einfache Bemerkung giebt andererseits ein Mittel, um das System $(\Phi_i(x))$ in ein äquivalentes reduziertes überzuführen.

Ist nämlich $\Phi_{i-1}(x)$ irgend ein Element unseres Systemes, so ist dasselbe sicher nicht durch das aus den folgenden gebildete Divisorensystem $(\Phi_i, \Phi_{i+1}, \cdots \Phi_\mu)$ teilbar, denn alle diese Elemente enthalten mindestens den Zahlenteiler p^{d_i}, während Φ_{i-1} nur durch die niedrigere Potenz p^{d_i-1} teilbar ist. Man kann jedoch $\Phi_{i-1}(x)$ mit einer solchen Potenz p^δ von p multiplizieren, daß das Produkt $p^\delta\Phi_{i-1}(x)$ jenes Modulsystem enthält, und man erkennt leicht, daß p^δ mindestens gleich $p^{d_i - d_i - 1}$ sein muß; denn da $\Phi_{i-1}(x)$ nur den Teiler p^{d_i-1} hat, so muß p^δ mindestens so groß gewählt werden, damit das Produkt den Teiler p^{d_i} besitze. Diese Potenz von p genügt aber auch, denn da das Produkt $p^{d_i-d_i-1}\Phi_{i-1}(x)$ ein Element des Bereiches $(f(x))$ vom Zahlenteiler p^{d_i} und vom Grade $n_{i-1} > n_i$ ist, so kann man diese Funktion durch $\Phi_i(x)$ dividieren und auf die im vorigen Abschnitte beschriebene Weise so lange fortfahren, bis man eine Gleichung von der folgenden Form erhält:

$$(1)\quad p^{d_i - d_i - 1}\Phi_{i-1}(x) = b_{ii}\Phi_i(x) + b_{i,i+1}\Phi_{i+1}(x) + \cdots + b_{i\mu}\Phi_\mu(x),$$

womit die Behauptung bewiesen ist. In dieser Gleichung sind nach dem am Schlusse des vorigen Abschnittes angeführten Satze die Koëfficienten solche ganze, ganzzahlige Funktionen von x, daß allgemein der Grad eines jeden Produktes $b_{ik}\Phi_k$ kleiner ist, als der Grad der vorhergehenden Funktion Φ_{k-1}, während der Grad von $b_{ii}\Phi_i$ genau gleich dem von Φ_{i-1} ist; endlich ergiebt sich durch Vergleichung der Koëfficienten der höchsten Potenz von x auf beiden Seiten von (1), dafs in b_{ii} der Koëfficient der höchsten Potenz gleich Eins ist.

Zur Vereinfachung mögen im Folgenden die positiven Zahlen:

$$d_i - d_{i-1} = e_i, \qquad n_{i-1} - n_i = f_i \qquad (i = 1, 2, \cdots \mu)$$

gesetzt werden, so dafs die Zahlen $e_1, e_2, \cdots e_\mu$ angeben, um wieviel die Exponenten von p in den Teilern von $\Phi_0(x)$, $\Phi_1(x)$, $\cdots \Phi_\mu(x)$ zunehmen, und die Zahlen $f_1, f_2, \cdots f_\mu$, um wieviel der Grad in derselben Funktionenreihe abnimmt. Dann ist allgemein für den Zahlenteiler und den Grad des Elementes $\Phi_i(x)$

$$p^{d_i} = p^{e_1 + e_2 + \cdots + e_i}, \qquad n_i = f_{i+1} + f_{i+2} + \cdots + f_\mu,$$

und die μ Gleichungen (1) können folgendermafsen geschrieben werden:

$$\begin{aligned}
(2) \quad p^{e_1} \Phi_0 &= b_{11} \Phi_1 + b_{12} \Phi_2 + b_{13} \Phi_3 + \cdots + b_{1\mu} \Phi_\mu \\
p^{e_2} \Phi_1 &= \qquad\qquad b_{22} \Phi_2 + b_{23} \Phi_3 + \cdots + b_{2\mu} \Phi_\mu \\
p^{e_3} \Phi_2 &= \qquad\qquad\qquad\qquad b_{33} \Phi_3 + \cdots + b_{3\mu} \Phi_\mu \\
&\ \ \cdots\cdots\cdots\cdots\cdots\cdots\cdots\cdots \\
p^{e_\mu} \Phi_{\mu-1} &= \qquad\qquad\qquad\qquad\qquad\qquad\qquad b_{\mu\mu} \Phi_\mu .
\end{aligned}$$

Hier bilden die Koëfficienten ein Dreieckssystem:

$$(3) \qquad (b_{ik}) = \begin{pmatrix} b_{11} & b_{12} & \cdots & b_{1\mu} \\ 0 & b_{22} & \cdots & b_{2\mu} \\ & \cdots\cdots & & \\ 0 & 0 & \cdots & b_{\mu\mu} \end{pmatrix}$$

von ganzen, ganzzahligen Funktionen von x, in welchem alle Elemente b_{1i}, b_{2i}, $\cdots b_{i-1,i}$ der i^{ten} Vertikalreihe mit Ausnahme des letzten in der Diagonale stehenden Gliedes b_{ii} sämtlich von niedrigerem als dem f_i^{ten} Grade sind, während b_{ii} genau vom f_i^{ten} Grade ist, und als Koëfficienten von x^{f_i} die Eins hat. In der That folgt dies ja daraus, dafs allgemein der Grad von $b_{ih} \Phi_h$ kleiner als der von Φ_{h-1} sein mufs.

Man kann nun aber weiter a priori voraussetzen, dafs auch die Horizontalreihen dieses Dreieckssystemes (b_{ik}) in der Weise reduziert sind, dafs in allen Elementen b_{ii}, $b_{i,i+1}$, $\cdots b_{i\mu}$ der i^{ten} Horizontalreihe die Zahlenkoëfficienten sämtlich kleiner sind als p^{e_i}, oder also, dafs sie von vorn herein auf ihre kleinsten Reste modulo p^{e_i} reduziert sind. Angenommen nämlich, diese Voraussetzung sei schon für das eine Element $b_{\mu\mu}$ der letzten Zeile, für die beiden Elemente der vorletzten Zeile, u. s. w., bis zu den Elementen der $(i+1)^{\text{ten}}$ Zeile erfüllt, aber noch nicht für alle Elemente der i^{ten} Zeile, so setze man für alle diese Elemente b_{ii}, $b_{i,\,i+1}$, $\cdots$

$$b_{ik} = b_{ik}^{(0)} + p^{e_i} b_{ik}', \qquad\qquad (k=i+1,\,\cdots\,\mu),$$

wo jetzt die Funktionen $b_{ik}^{(0)}$ die kleinsten Reste der b_{ik} modulo p^{e_i} bedeuten, also alle für diesen Modul reduziert sind. Setzt man dann diese Werte in die i^{te} Gleichung des Systemes (2)

$$p^{e_i} \Phi_{i-1} = b_{ii} \Phi_i + b_{i,\,i+1} \Phi_{i+1} + \cdots + b_{i\mu} \Phi_\mu$$

ein, und vereinigt dann alle mit p^{e_i} multiplizierten Elemente mit $p^{e_i} \Phi_{i-1}$ auf der linken Seite, so ergiebt sich:

$$(4) \qquad \begin{aligned} p^{e_i} \big(\Phi_{i-1} &- b_{ii}' \Phi_i - b_{i,\,i+1}' \Phi_{i+1} - \cdots - b_{i\mu}' \Phi_\mu \big) \\ &= b_{ii}^{(0)} \Phi_i + b_{i,\,i+1}^{(0)} \Phi_{i+1} + \cdots + b_{i\mu}^{(0)} \Phi_\mu. \end{aligned}$$

Setzt man also:

$$(4^a) \qquad \overline{\Phi}_{i-1} = \Phi_{i-1} - b_{ii}' \Phi_i - \cdots - b_{i\mu}' \Phi_\mu,$$

so ist das System:

$$(\Phi_0, \cdots \overline{\Phi}_{i-1}, \cdots \Phi_\mu) \sim (\Phi_0, \cdots \Phi_{i-1}, \cdots \Phi_\mu),$$

weil die beiden einzigen von einander verschiedenen Elemente durch die Gleichung (4^a) mit einander verbunden sind; aus derselben Gleichung folgt aber weiter, daß auch das neue Element $\overline{\Phi}_{i-1}$ ebenfalls eine ganze Funktion des Grades n_{i-1} ist, welche den Zahlenteiler p^{d_i-1} besitzt, denn jedes der Produkte $b_{ik}' \Phi_k$ ist von niedrigerem Grade als das vorhergehende Φ_{k-1}, also a fortiori als Φ_{i-1} und alle Funktionen Φ_i, $\Phi_{i+1} \cdots$ in (4^a) besitzen einen höheren Zahlenteiler als den von Φ_{i-1}, der gleich p^{d_i-1} ist. Führt man also $\overline{\Phi}_{i-1}$ an Stelle von Φ_{i-1} in unser System ein, und stellen wir für das äquivalente System $(\Phi_0, \cdots \overline{\Phi}_{i-1}, \cdots \Phi_\mu)$ die Gleichungen (2) auf, so werden die letzten Gleichungen gar nicht geändert, da in ihnen Φ_{i-1} überhaupt nicht vorkommt, dagegen geht die i^{te} Gleichung wegen (4) und (4^a) über in:

$$p^{e_i} \overline{\Phi}_{i-1} = b_{ii}^{(0)} \Phi_i + \cdots + b_{i\mu}^{(0)} \Phi_\mu;$$

hier besitzen die Koëfficienten in Bezug auf ihre Grade dieselben Eigenschaften wie vorher, sind aber außerdem noch modulo p^{e_i} reduziert; endlich ändern sich die $(i-1)$ ersten Gleichungen dadurch, daß in jeder von ihnen auf der rechten Seite Φ_{i-1} durch $\overline{\Phi}_{i-1}$ zu ersetzen und sie dann wieder aufs neue zu ordnen ist. Durch diese Reduktion ist also erreicht, daß jetzt auch die Zahlenkoëfficienten des

Elementes b_{ik} der i^{ten} Horizontalreihe modulo p^{e_i} reduziert sind, während dies vorher nur für alle späteren Reihen der Fall war. Reduziert man jetzt die $(i-1)^{\text{te}}$ Zeile des neuen Systemes in derselben Weise modulo $p^{e_i - 1}$, und fährt so fort, so erhält man zuletzt ein den Anforderungen unseres Satzes entsprechendes System, und wir können daher gleich das System $(\Phi_0(x),\ \Phi_1(x), \cdots \Phi_\mu(x))$ in dieser Weise gegeben voraussetzen.

§ 3.

Es soll jetzt endlich nachgewiesen werden, daſs die im vorigen Abschnitte gefundene reduzierte Form, auf die jedes Divisorensystem $(M) \sim (p^h, f_1(x), \cdots f_\nu(x))$ gebracht werden kann, eine eindeutig bestimmte ist, d. h. daſs zwei Systeme dieser Art nur dann äquivalent sein können, wenn sie identisch sind. Zu diesem Zwecke nehme ich an, die beiden reduzierten Systeme

$$(\Phi_0(x),\ \Phi_1(x), \cdots \Phi_\mu(x)) \quad \text{und} \quad (\Psi_0(x),\ \Psi_1(x), \cdots \Psi_\varrho(x))$$

seien demselben Systeme (M), also auch einander äquivalent, d. h. der Bereich $(f(x))$ aller durch sie teilbaren Funktionen sei für beide Systeme der gleiche. Dann muſs erstens die Anzahl der Elemente $\Phi_i(x)$ und $\Psi_k(x)$ dieselbe, es muſs also $\mu = \varrho$ sein, und zweitens muſs sowohl der Grad als auch der Zahlenteiler von je zwei entsprechenden Funktionen $\Phi_i(x)$ und $\Psi_i(x)$ identisch sein, denn alle diese Zahlen sind ja allein durch den Bereich $(f(x))$ bestimmt, welcher für die beiden äquivalenten Systeme der gleiche ist. So sind z. B. sowohl $\Phi_0(x)$ als auch $\Psi_0(x)$ zwei Funktionen des Bereiches $(f(x))$ von möglichst niedrigem Grade n_0 ohne Zahlenteiler, $\Phi_1(x)$ und $\Psi_1(x)$ zwei Funktionen desselben Bereiches von niedrigerem Grade als n_0, deren Zahlenteiler möglichst klein und deren Grad möglichst niedrig ist u. s. f. In den beiden als äquivalent vorausgesetzten Systemen $(\Phi_i(x))$ und $(\Psi_i(x))$ sind ferner die letzten Elemente $\Phi_\mu(x)$ und $\Psi_\mu(x)$ identisch, denn es ist $\Phi_\mu = \Psi_\mu = p^{a_\mu}$ die kleinste ganze Zahl des zugehörigen Bereiches.

Um nun den angekündigten Beweis, daſs beide Systeme notwendig identisch sind, vollständig zu führen, nehme ich an, man wisse bereits, daſs die $(\mu - i - 1)$ letzten Elemente $\Phi_i(x),\ \Phi_{i+1}(x), \cdots \Phi_\mu(x)$ in beiden Systemen übereinstimmen, und ich zeige dann, daſs aus der Äquivalenz der beiden reduzierten Systeme:

$$(\Phi_0, \cdots \Phi_{i-1}, \Phi_i, \cdots \Phi_\mu) \quad \text{und} \quad (\Psi_0, \cdots \Psi_{i-1}, \Phi_i, \cdots \Phi_\mu)$$

mit Notwendigkeit die Identität der beiden nächstvorhergehenden Elemente Φ_{i-1} und Ψ_{i-1} folgt.

Nach der Definition der reduzierten Systeme bestehen nun für diese beiden Elemente die Gleichungen:

$$p^{e_i}\Phi_{i-1} = b_{i,i}\,\Phi_i + b_{i,i+1}\,\Phi_{i+1} + \cdots + b_{i\mu}\,\Phi_\mu,$$

$$p^{e_i}\Psi_{i-1} = b'_{i,i}\,\Phi_i + b'_{i,i+1}\,\Phi_{i+1} + \cdots + b'_{i\mu}\,\Phi_\mu,$$

in welchen die Koëfficienten b_{ik} und b'_{ik} modulo p^{e_i} reduziert sind, und der Grad eines jeden Produktes $b_{ik}\Phi_k$, $b'_{ik}\Phi_k$ mit Ausnahme der beiden ersten kleiner ist, als der des vorhergehenden Elementes Φ_{k-1}. Durch Subtraktion beider Gleichungen erhält man eine neue:

$$(1) \qquad p^{e_i}(\Phi_{i-1} - \Psi_{i-1}) = \gamma_i\,\Phi_i + \gamma_{i+1}\,\Phi_{i+1} + \cdots + \gamma_\mu\,\Phi_\mu,$$

in welcher jetzt der Grad *aller* Koëfficienten $\gamma_k = b_{ik} - b'_{ik}$ mit Einschluſs des ersten $\gamma_i = b_{ii} - b'_{ii}$ in der eben angegebenen Weise reduziert ist, denn da b_{ii} und b'_{ii} beide mit x^{f_i} beginnen, so hebt sich dieses Glied in γ_i fort; ferner sind die Zahlenkoëfficienten aller Funktionen γ_k *ihrem absoluten Werte nach* kleiner als p^{e_i}, da dieselben in b_{ik} und b'_{ik} *positiv* und kleiner als p^{e_i} waren; eine solche Funktion kann daher nur dann durch p^{e_i} teilbar sein, wenn sie gleich Null ist. Da nun die Differenz $(\Phi_{i-1} - \Psi_{i-1})$ auf der linken Seite der Gleichung (1) dem Bereiche $(f(x))$ angehört und von niedrigerem als dem n_{i-1}^{ten} Grade ist, weil sich die höchsten Glieder von Φ_{i-1} und Ψ_{i-1} ebenfalls fortheben, so kann die linke Seite der Gleichung (1) nach dem am Schlusse des § 1 bewiesenen Satze folgendermaſsen geschrieben werden:

$$p^{e_i}(\beta_i\,\Phi_i + \beta_{i+1}\,\Phi_{i+1} + \cdots + \beta_\mu\,\Phi_\mu),$$

wo ebenfalls jedes Produkt $\beta_k\Phi_k$ von niedrigerem Grade als Φ_{k-1} ist. So geht die Gleichung (1) über in:

$$p^{e_i}(\beta_i\,\Phi_i + \beta_{i+1}\,\Phi_{i+1} + \cdots + \beta_\mu\,\Phi_\mu)$$
$$= \gamma_i\,\Phi_i + \gamma_{i+1}\,\Phi_{i+1} + \cdots + \gamma_\mu\,\Phi_\mu,$$

oder wenn man zur Abkürzung

$$(2) \qquad\qquad \gamma_k(x) - p^{e_i}\beta_k(x) = c_k(x)$$

setzt, in:

$$(3) \qquad\qquad c_i\Phi_i + c_{i+1}\Phi_{i+1} + \cdots + c_\mu\,\Phi_\mu = 0.$$

Diese Gleichung, in welcher der Grad eines jeden Produktes $c_k\Phi_k$ ebenfalls kleiner ist als der des vorhergehenden Φ_{k-1}, kann aber nur dann erfüllt sein, wenn alle Koëfficienten einzeln gleich Null sind. Wäre nämlich etwa $c_k(x)$ der erste nicht verschwindende Koëfficient, so wäre die linke Seite der Gleichung (3) genau von dem Grade von $c_k \Phi_k$, da alle vorhergehenden Glieder Null, alle folgenden aber von niedrigerem Grade sind. Da demnach in den Gleichungen (2) alle rechten Seiten Null sind, so müssen alle Elemente $\gamma_k(x)$ durch p^{e_i} teilbar sein, was nach der oben gemachten Bemerkung nur möglich ist, wenn sie alle gleich Null sind. Demnach folgt aus der Gleichung (1), dafs $\Phi_{i-1}(x) = \Psi_{i-1}(x)$ ist, was zu beweisen war.

Damit ist der vollständige Beweis erbracht, dafs jedes Divisorensystem $(p^h, f_1(x), \cdots f_\mu(x))$ auf eine und auch nur auf eine Weise in ein äquivalentes System $(\Phi_0(x), \Phi_1(x), \cdots \Phi_\mu(x))$ transformiert werden kann, dafs also die hier angegebene Form in der That eine kanonische oder reduzierte Form ist.

Mit Hülfe dieses Satzes kann man die reduzierte Form für die einfachsten Modulsysteme dieser Art unmittelbar hinschreiben. So ist z. B. jedes System $(p^2, f_1(x), \cdots f_\nu(x))$ äquivalent einem reduzierten $(\Phi_0(x), \Phi_1(x), \Phi_2(x))$, zwischen dessen Elementen die Gleichungen bestehen:

$$p\Phi_0(x) = b_{11}\Phi_1 + b_{12}\Phi_2,$$
$$p\Phi_1(x) = \qquad\quad b_{22}\Phi_2$$

und wo $\Phi_2 = p^2$ ist. Setzt man die hieraus sich ergebenden Werte jener drei Funktionen in das Modulsystem ein, so ergiebt sich die Äquivalenz:

$$(p^2, f_1(x), \cdots f_\nu(x)) \sim (b_{11}(x)\, b_{22}(x) + p\, b_{12}(x),\ p\, b_{22}(x),\ p^2),$$

in der alle drei Funktionen b modulo p reduziert und der Grad von b_{12} kleiner ist als der von b_{22}.

Neunzehnte Vorlesung.

Die Teiler modulo p der ganzen Funktionen von x. — Der gröfste gemeinsame Teiler modulo p. — Die Primfunktionen modulo p. — Die Primmodulsysteme $(p, P(x))$. — Ihre Analogie mit den Primzahlen. — Eindeutigkeit der Zerlegung der ganzen Funktionen in Primfaktoren modulo p. — Zerlegung des Systems $(p, f(x))$. — Primmodulsysteme und unzerlegbare Modulsysteme. — Untersuchung des Bereiches $[x]$ für ein Primmodulsystem. — Der Fermatsche Satz und der Wilsonsche Satz für ein Primmodulsystem. — Zerlegung der Funktion $x^{p^n} - x$ modulo p. — Die einfachen Modulsysteme. — Ihre Fundamentaleigenschaften. — Dekomposition eines beliebigen Divisorensystems in einfache Systeme.

§ 1.

Nachdem im vorigen Abschnitte die **Zurückführung der allgemeinen Modulsysteme** $(p^\lambda, f_1(x), \ldots f_\nu(x))$ **auf die reduzierte Form** angegeben wurde, wenden wir uns jetzt einer **genaueren Untersuchung der einfachsten Systeme** $(p, f_1(x), \ldots f_\nu(x))$ zu, in denen das Zahlenelement eine Primzahl ist. Wir stellen dazu folgende Definition auf:

„Eine Funktion $f(x)$ heifst ein Teiler modulo p von einer anderen Funktion $F(x)$, wenn eine Kongruenz

$$F(x) \equiv f(x)g(x) \pmod{p}$$

besteht, in der $g(x)$ ebenfalls eine ganze ganzzahlige Funktion bedeutet."

Da diese Kongruenz nur eine Gleichung

$$F(x) = f(x)g(x) + p h(x)$$

vertritt, so erkennt man, dass $f(x)$ dann und nur dann ein Teiler von $F(x)$ ist, wenn die Äquivalenz $(p, F(x)) \sim (p, f(x)g(x))$ besteht.

Bei dieser Untersuchung werden sowohl $F(x)$ als auch $f(x)$ nur modulo p betrachtet, also können ihre Koeffizienten modulo p auf ihren kleinsten Rest reduziert und kongruente Funktionen als äquivalent angesehen werden. Der Grad eines Teilers von $F(x)$ ist dann offenbar höchstens gleich dem Grade n von $F(x)$. Ein jeder solcher Teiler mufs also die Form haben:

$$f(x) = a_0 + a_1 x + \cdots + a_n x^n,$$

wo die Koeffizienten a_i Zahlen der Reihe $0, 1, \ldots p - 1$ bedeuten. Da aber im Ganzen nur p^{n+1} solche Funktionen existieren, so ergiebt sich der Satz:

„Eine Funktion $F(x)$ besitzt nur eine endliche Anzahl von Teilern modulo p."

Unter diesen Divisoren sind stets auch die Einheiten modulo p, d. h. alle durch p nicht teilbaren Zahlen enthalten. Ist nämlich a_0 eine solche und a_0' die komplementäre Einheit, so ist in der That:

$$F(x) \equiv a_0 a_0' F(x) \equiv a_0 F_0(x) \quad (\mathrm{mod}\ p),$$

wenn $F_0(x) = a_0' F(x)$ gesetzt ist. Aus diesem Grunde sind die Einheiten modulo p auch in dieser Theorie als Einheiten anzusehen, weil sie in einer jeden Gröfse des Bereiches enthalten sind, und es kann und soll daher im folgenden stets von ihnen bei der Aufzählung der Teiler abgesehen werden.

Eine Funktion $\overline{f}(x)$ heifst ein gemeinsamer Teiler modulo p von mehreren anderen Funktionen $f_1(x), f_2(x), \ldots f_\nu(x)$, wenn sie modulo p betrachtet in jeder einzelnen von ihnen enthalten ist; dann gilt der folgende Satz: Alle gemeinsamen Teiler $\overline{f}(x)$ sind die sämtlichen Teiler modulo p von einem unter ihnen, welcher daher der gröfste gemeinsame Teiler von $f_1(x), \cdots f_r(x)$ genannt wird. Ist $f(x)$ der gröfste gemeinsame Teiler von $f_1(x), \cdots f_\nu(x)$, so besteht die Äquivalenz:

$$(1) \qquad (p, f_1(x), f_2(x), \cdots f_\nu(x)) \sim (p, f(x)),$$

d. h. $f(x)$ ist das zweite Element des zu $(p, f_1(x), \cdots f_r(x))$ äquivalenten reduzierten Systemes.

In der That, ist $f(x)$ so gewählt, dafs die Äquivalenz (1) besteht, so folgen aus ihr die Gleichungen:

$$f_k(x) = f(x) \varphi_k(x) + p \chi_k(x) \qquad (k = 1, 2, \cdots \nu)$$

oder

$$f_k(x) \equiv f(x) \varphi_k(x) \quad (\mathrm{mod}\ p)$$

d. h. $f(x)$ ist wirklich ein gemeinsamer Teiler der ν Funktionen $f_k(x)$; aber umgekehrt folgt aus der Äquivalenz (1):

$$(2) \qquad f(x) \equiv f_1(x) \psi_1(x) + \cdots + f_\nu(x) \psi_\nu(x) \quad (\mathrm{mod}\ p),$$

weil auch die rechte Seite von (1) die linke enthält. Ist nun $\overline{f}(x)$ ein anderer gemeinsamer Teiler mod p jener ν Funktionen, ist also auch:

$$f_k(x) \equiv \overline{f}(x) \overline{\varphi}_k(x) \quad (\mathrm{mod}\ p),$$

so muſs $\overline{f}(x)$ notwendig ein Teiler von $f(x)$ sein; denn setzt man jene Werte der Funktionen $f_k(x)$ in (2) ein, so folgt:

$$f(x) \equiv \overline{f}(x)\,(\overline{\varphi}_1(x)\,\psi_1(x) + \cdots + \overline{\varphi}_\nu(x)\,\psi_\nu(x))$$
$$\equiv \overline{f}(x)\,\overline{g}(x) \qquad\qquad (\mathrm{mod}\ p),$$

und hierdurch ist jener Satz vollständig bewiesen.

Die ν Funktionen $f_1(x),\ \cdots f_\nu(x)$ heiſsen **relativ prim** oder **teilerfremd modulo p**, wenn das zugehörige System

$$(p, f_1(x),\ \cdots f_\nu(x)) \sim 1$$

ist. Dann existieren also stets ν solche Multiplikatoren $\varphi_1(x),\ \cdots \varphi_\nu(x)$, dass die Kongruenz:

$$f_1\varphi_1 + f_2\varphi_2 + \cdots + f_\nu\varphi_\nu \equiv 1 \quad (\mathrm{mod}\ p)$$

erfüllt ist, und unter Benutzung der Gleichungen, mit deren Hülfe im § 1 der siebzehnten Vorlesung ein Modulsystem $(p, f_1, \cdots f_\nu)$ auf seine reduzierte Form gebracht wird, können jene **Multiplikatoren** auch immer wirklich berechnet werden.

Eine Funktion $F(x)$ vom n^{ten} Grade besitzt modulo p stets eine endliche Anzahl von Teilern und sie können als ganze Funktionen:

$$(3) \qquad\qquad \varphi(x) = x^\nu + a_{\nu-1}x^{\nu-1} + \cdots + a_0$$

angenommen werden, deren Grad $\nu \leqq n$ ist, deren Koeffizienten modulo p reduziert sind, und in welchen der Koeffizient der höchsten Potenz gleich Eins angenommen werden kann; denn wäre jener Koeffizient gleich a_ν, so kann ja $\varphi(x)$ durch $a_\nu'\varphi(x)$ ersetzt werden, wo a_ν' die komplementäre Einheit zu a_ν bezeichnet. Man kann alle jene Teiler durch ein endliches Verfahren bestimmen. Zu diesem Zwecke denke man sich alle jene Funktionen von der Form (3) aufgeschrieben, nach ihrem Grade geordnet, und bezeichne sie in dieser Reihenfolge durch:

$$\varphi_0(x),\ \varphi_1(x),\ \cdots$$

so daſs also für ihre Grade $\nu_0,\ \nu_1,\ \cdots\ \nu_0 \leqq \nu_1 \leqq \cdots$ ist. Reduzieren wir dann der Reihe nach die Modulsysteme

$$(p,\ F(x),\ \varphi_0(x)),\ \ (p,\ F(x),\ \varphi_1(x)), \cdots$$

so sei etwa $(p, F(x),\ \varphi_h(x))$ das erste, welches nicht äquivalent Eins ist. Dann ist notwendig:

$$(p,\ F(x),\ \varphi_h(x)) \sim (p,\ \varphi_h(x))$$

und $\varphi_h(x)$ ist der oder ein Teiler niedrigsten Grades von $F(x)$. Wäre nämlich etwa:

$$(p,\ F(x),\ \varphi_h(x)) \sim (p,\ \varphi(x)),$$

wo $\varphi(x) \gtrless \varphi_\lambda(x)$ ist, so wäre ja $\varphi(x)$ ein gemeinsamer Teiler von $F(x)$ und $\varphi_\lambda(x)$, sein Grad müßte also kleiner oder gleich ν_λ sein; das erstere ist aber nicht möglich, da sonst $\varphi(x)$ schon unter den früheren Funktionen hätte vorkommen müssen, also müßte $\varphi(x)$ und $\varphi_\lambda(x)$ von gleichem Grade sein; aber aus der Kongruenz:

$$\varphi_\lambda \equiv e\,\varphi \quad (\text{mod } p)$$

folgt dann, daß e vom nullten Grade, also eine Einheit sein muss, und da beide Funktionen mit x^{ν_λ} beginnen, so muß $e = 1$ sein, w. z. b. w. Wir wollen diesen Teiler niedrigsten Grades von $F(x)$ im Folgenden mit $P(x)$ bezeichnen. Dann ist also:

$$(4) \qquad F(x) \equiv P(x)\,F_1(x) \quad (\text{mod } p),$$

wo $F_1(x)$ von niedrigerem Grade ist, als $F(x)$. Ein solcher Teiler $P(x)$ kann nun selbst nicht noch weiter modulo p zerfallen, er ist also modulo p irreduktibel. Wäre nämlich

$$P(x) \equiv Q(x)\,R(x) \quad (\text{mod } p),$$

wo die Grade beider Faktoren kleiner sind als der Grad von $P(x)$, so folgte aus (4)

$$F(x) \equiv Q(x)\,R(x)\,F_1(x) \quad (\text{mod } p)$$

d. h. $F(x)$ besäße gegen unsere Voraussetzung bereits einen Teiler niedrigeren Grades.

In derselben Weise können wir jetzt von dem komplementären Faktor $F_1(x)$ in der Kongruenz (4) einen Faktor $P_1(x)$ von möglichst niedrigem Grade bestimmen, so daß $F_1(x) \equiv P_1(x)\,F_2(x) \pmod{p}$ und $P_1(x)$ wieder modulo p irreduktibel ist. Dann folgt aus (4)

$$F(x) \equiv P(x)\,P_1(x)\,F_2(x) \quad (\text{mod } p),$$

und man erkennt, dass $P_1(x)$ auch ein Teiler von $F(x)$ modulo p, also von gleichem oder höherem Grade als $P(x)$ ist. Fährt man in derselben Weise fort, so erhält man zuletzt eine Zerlegung:

$$F(x) \equiv P(x)\,P_1(x) \cdots P_\mu(x) \quad (\text{mod } p)$$

in lauter gleiche oder verschiedene modulo p irreduktible Faktoren. Es fragt sich, ob diese Zerlegung in Primfaktoren ebenso wie bei den Zahlen eine eindeutige ist; wir werden diese Frage im nächsten Abschnitte, und zwar bejahend, beantworten.

§ 2.

Wir sind im vorigen Abschnitte auf die modulo p irreduktiblen Größen des Bereiches $[x]$ in völlig gleicher Art geführt worden, wie wir in der fünften Vorlesung zum Beweise der Existenz der Primzahlen gelangten; auch hier sehen wir, dafs jeder Teiler niedrigsten Grades einer beliebigen Gröfse $F(x)$ modulo p irreduktibel ist.

Ein Modulsystem $(\varPi) = (p, P(x))$, dessen zweites Element modulo p unzerlegbar ist, soll ein *Primmodulsystem* genannt werden, weil ein solches allein alle Eigenschaften der Primzahlen in dem erweiterten Bereiche $[x]$ besitzt. Es besteht nämlich zunächst der wichtige Satz:

> „Eine Gröfse $F(x)$ ist entweder durch ein Primmodulsystem $(\varPi)$ teilbar, oder sie ist eine Einheit modulo $(\varPi)$."

Es kann nämlich das Modulsystem $(p,\ P(x),\ F(x))$ nur äquivalent $(p,\ P(x))$ oder äquivalent 1 sein, denn anderenfalls liefse es sich auf $(p,\ \overline{P}(x))$ reduzieren, wo $\overline{P}(x)$ ein Teiler von $P(x)$ modulo p wäre, was mit der über $P(x)$ gemachten Voraussetzung im Widerspruch steht.

Hieraus folgt sofort der zweite Hauptsatz:

> „Ein Produkt $F(x)\,G(x)$ ist dann und nur dann durch ein Primmodulsystem $(p,\ P(x))$ teilbar, wenn mindestens einer der beiden Faktoren jenes System enthält."

Ist nämlich das Produkt $F(x)\,G(x)$ durch $(\varPi)$ teilbar, besteht also die Äquivalenz:

$$(p,\ P(x),\ F(x)\,G(x)) \sim (p,\ P(x)),$$

und nehmen wir an, weder $F(x)$ noch $G(x)$ enthalte jenes System, so bestehen notwendig die Äquivalenzen:

$$(p,\ P(x),\ F(x)) \sim 1, \qquad (p,\ P(x),\ G(x)) \sim 1;$$

aus ihnen folgt aber durch Komposition die weitere:

$$(p^2,\ pP,\ P^2,\ pF,\ pG,\ PF,\ PG,\ FG) \sim 1;$$

dieses System ist nun offenbar durch $(p,\ P,\ FG)$ teilbar, weil jedes seiner Elemente ein Multiplum von p oder P oder FG ist; also mufs auch $(p,\ P,\ FG)$ äquivalent Eins sein, also FG auch $P(x)$ nicht enthalten. Derselbe Satz gilt natürlich für ein Produkt von beliebig vielen Factoren.

Endlich ergiebt sich der Satz:

> „Ist eine Gröfse $F(x)$ durch zwei nicht äquivalente Primmodulsysteme $(p,\ P(x))$ und $(p,\ Q(x))$ teilbar, so enthält sie auch ihr Produkt $(p,\ P(x)) \cdot (p,\ Q(x))$."

Da nämlich $P(x)$ und $Q(x)$ modulo p teilerfremd sind, so ist nach dem im § 1 der siebzehnten Vorlesung bewiesenen Satze:

$$(p,\ P(x))\,(p,\ Q(x)) \sim (p,\ PQ).$$

Enthält nun $F(x)$ das System (p, P), so heifst das nichts anderes, als daſs $F(x)$ modulo p den **Teiler** $P(x)$ besitzt, und das Entsprechende gilt für den zweiten Teiler $Q(x)$. Enthält aber die Funktion $F(x)$, modulo p betrachtet, sowohl den Divisor $P(x)$ als auch $Q(x)$, so ist sie in der That modulo p durch PQ teilbar, enthält also das System (p, PQ) und unser Satz ist bewiesen.

Wir wollen diese Sätze zunächst benutzen, um die Eindeutigkeit der Zerlegung einer Funktion $F(x)$ in ihre modulo p irreduktiblen Faktoren zu beweisen. Gäbe es nämlich zwei solche Zerlegungen, so wären diese einander kongruent, man hätte also eine Kongruenz:

(1) $F(x) \equiv P(x) P_1(x) \cdots P_\mu(x) \equiv Q(x) Q_1(x) \cdots Q_\nu(x)$ (mod p).

Es sei nun $S(x)$ das Produkt aller Faktoren, welche in beiden Zerlegungen identisch sind, so kann diese Kongruenz auch so geschrieben werden:

$$S(x)(P(x) \cdots P_{\mu_1}(x) - Q(x) \cdots Q_{\nu_1}(x)) \equiv 0 \quad (\text{mod } p),$$

und da $S(x)$ p nicht enthält, so ist sie nur dann erfüllt, wenn:

$$P(x) \cdots P_{\mu_1}(x) \equiv Q(x) \cdots Q_{\nu_1}(x) \quad (\text{mod } p)$$

ist, wo jetzt kein einziger Primfaktor auf beiden Seiten zugleich vorkommt. Da nun das Produkt $Q(x) \cdots Q_{\nu_1}(x)$ das Modulsystem $(p, P(x))$ enthält, so muſs mindestens einer seiner Faktoren, etwa $Q(x)$, durch dasselbe teilbar sein, es muſs also die irreduktible Funktion $Q(x)$ modulo p durch $P(x)$ teilbar, d. h. entgegen der soeben gemachten Voraussetzung gleich $P(x)$ sein, und damit ist jener Satz vollständig bewiesen:

Es kann vorkommen, daſs die Funktion $F(x)$ mehrere gleiche irreduktible Faktoren enthält. Wir fassen dieselben zusammen und schreiben die Zerlegung folgendermaſsen:

$$F(x) \equiv P(x)^h P_1(x)^{h_1} \cdots P_\nu(x)^{h_\nu} \quad (\text{mod } p),$$

wo $P(x), P_1(x), \cdots P_\nu(x)$ sämtlich modulo p inkongruent sind.

§ 3.

Wir untersuchen jetzt die allgemeineren reduzierten Systeme $(p, f(x))$ und stellen die Bedingung dafür auf, daſs sie sich noch weiter dekomponieren lassen. Ein reines Modulsystem zweiter Stufe $(p, f(x))$ kann offenbar nur in ebensolche Faktoren zerfallen, und ist dies der Fall, so kann das Zahlenelement in allen diesen Komponenten ebenfalls nur gleich p sein. Jedes solches System können wir uns bereits auf die reduzierte Form gebracht denken; wir haben demnach nur die Frage zu lösen, unter welcher Bedingung die Zerlegung:

(1) $(p, f(x)) \sim (p, f_1(x))(p, f_2(x)) \sim (p^2, pf_1, pf_2, f_1f_2)$

möglich ist. Da p durch das rechts stehende System teilbar ist, so muſs eine Gleichung von der Form bestehen:

(1ᵃ) $p = p^2 F(x) + p(f_1(x) G_1(x) + f_2(x) G_2(x)) + f_1(x)f_2(x) H(x),$

und da hier alle Glieder mit Ausnahme des letzten auf der rechten Seite p enthalten, so muſs auch $H(x) = pH'(x)$ durch p teilbar sein. Setzt man diesen Wert in (1ᵃ) ein und hebt dann mit p, so kann diese Gleichung so geschrieben werden:

$$1 = pF(x) + f_1(x)(G_1(x) + f_2(x) H'(x)) + f_2(x) G_2(x),$$

und aus ihr ergiebt sich die notwendige Bedingung:

$$(p, f_1(x), f_2(x)) \sim 1,$$

d. h. die beiden Funktionen $f_1(x)$ und $f_2(x)$ müssen modulo p betrachtet relativ prim sein.

Ist aber umgekehrt $(p, f_1, f_2) \sim 1$, also $(p^2, pf_1, pf_2) \sim p$, so wird die rechte Seite in (1) einfach äquivalent (p, f_1f_2) und dieses System ist demnach dem ursprünglichen $(p, f(x))$ dann und nur dann äquivalent, wenn:

(2) $f(x) \equiv f_1(x) f_2(x) \pmod{p}$, $(p, f_1(x), f_2(x)) \sim 1,$

wenn also $f_1(x)$ und $f_2(x)$ zwei komplementäre, aber modulo p relativ prime Faktoren von $f(x)$ sind.

Damit ist aber sofort die vollständige Zerlegung eines Divisorensystemes $(p, f(x))$ in seine irreduktiblen Faktoren gegeben. Ist nämlich:

$$f(x) \equiv P(x)^h P_1(x)^{h_1} \cdots P_\nu(x)^{h_\nu} \pmod{p}$$

die Zerlegung von $f(x)$ in seine modulo p irreduktiblen Faktoren, so ist:

$$(p, f(x)) \sim (p, P(x)^h)(p, P_1(x)^{h_1}) \cdots (p, P_\nu(x)^{h_\nu})$$

die vollständige Dekomposition des Divisorensystemes $(p, f(x))$ in unzerlegbare Systeme.

Schon hier werden wir zu einem fundamentalen Unterschiede geführt, welcher zwischen der Zerlegung der Zahlen und der ihr so nahe verwandten Dekomposition der Divisorensysteme besteht. Während nämlich die Teilbarkeit einer Zahl m durch eine andere d stets ihre Zerlegbarkeit in ein Produkt dd' nach sich zieht, ist dies bei den Modulsystemen zweiter Stufe im allgemeinen nicht mehr der Fall. In der That besitzt z. B. jedes der hier gefundenen Divisorensysteme $(p, P(x)^h)$ offenbar den Divisor $(p, P(x))$ und allgemeiner jeden Divisor $(p, P(x)^k)$, wenn $k < h$ ist, aber es ist nicht möglich, jenes

System auf irgend eine Weise in zwei Faktoren zu zerlegen. Wir müssen daher unterscheiden zwischen der Zerlegbarkeit eines Systemes und seiner Eigenschaft einen Teiler zu besitzen. Die Unzerlegbarkeit schliefst, wie wir sehen, das Vorhandensein von Divisoren keineswegs aus, während allerdings umgekehrt ein System, welches keinen Teiler mehr besitzt, selbstverständlich auch nicht weiter zerlegt werden kann.

Die Eigenschaft, dafs ein Modulsystem zweiter Stufe keinen Teiler mehr besitzt, wollen wir als die charakteristische Eigenschaft für ein *Primmodulsystem* ansehen, während wir die nicht weiter zerlegbaren *irreduktible Modulsysteme* nennen wollen.

§ 4.

Wir wenden uns jetzt zu einer genaueren Untersuchung der Primmodulsysteme und bestimmen zunächst, welchen Systemen diese Eigenschaft zukommt. Hier gilt nun der folgende Satz:

> „Ein Divisorensystem zweiter Stufe $(f_1, f_2, \cdots f_\nu)$ ist dann und nur dann ein Primmodulsystem, wenn es einem Systeme $(p, P(x))$ äquivalent ist, wo p eine Primzahl und $P(x)$ modulo p irreduktibel ist."

Ist nämlich zunächst $(M) \sim f_0(x)(f_1(x), \cdots f_\nu(x))$ ein gemischtes Modulsystem zweiter Stufe, so kann es kein Primmodulsystem sein, es sei denn, dafs entweder $f_0(x)$ oder $(f_1(x), \cdots f_\nu(x))$ äquivalent Eins ist, da es ja sonst mehr als einen Teiler hätte. Bei der zweiten Annahme wäre es aber äquivalent $f_0(x)$, also nicht von der zweiten Stufe, also mufs zunächst $f_0(x) = 1$, also $(M) \sim (f_1, \cdots f_\nu)$ ein reines Modulsystem sein. Ist aber (M) ein reines Modulsystem zweiter Stufe, und m sein Zahlenelement, ist ferner m keine Primzahl und p einer ihrer Primfaktoren, so besitzt das gegebene Modulsystem $(M) \sim (m, f_1, \cdots f_\nu)$ das System $(p, f_1, \cdots f_\nu)$ als eigentlichen Teiler, ist also kein Primmodulsystem. Ist das gegebene System (M) aber äquivalent $(p, f_1, \cdots f_\nu)$ und ist $(p, f(x))$ seine reduzierte Form, wäre ferner $f(x)$ modulo p nicht reduziert, und wäre $P(x)$ ein Teiler von $f(x)$ modulo p, so besäfse das System $(p, f(x))$ das andere $(p, P(x))$ als eigentlichen Teiler, wäre also wieder kein Primmodulsystem, und da andererseits die Systeme $(p, P(x))$ in der That Primmodulsysteme sind, so ist die aufgestellte Behauptung bewiesen.

Ein Primmodulsystem $(p, P(x))$ ist stets ein eigentliches Modulsystem, also niemals äquivalent Eins, aufser in dem selbstverständlichen Falle, wenn $P(x)$ vom nullten Grade ist, sich also auf Eins reduziert. Ist nämlich $(p, P(x)) \sim 1$, ist also die Zahl 1 durch jenes System darstellbar, so giebt es einen solchen Faktor $Q(x)$, dafs

$$P(x)\, Q(x) \equiv 1 \pmod{p}$$

ist, und dies ist, wie früher gezeigt wurde, nur möglich, wenn $P(x)$ und $Q(x)$ vom nullten Grade, also gleich Eins sind.

Es sei nun $(\varPi) = (p, P(x))$ ein beliebiges Primmodulsystem, also

$$P(x) = x^n + a_{n-1} x^{n-1} + \cdots + a_0$$

eine modulo p irreduktible Funktion n^{ten} Grades. Jede Gröfse des Bereiches $[x]$ ist dann offenbar modulo $(\varPi)$ einer Funktion:

$$\alpha_0 + \alpha_1 x + \cdots + \alpha_{n-1} x^{n-1}$$

kongruent, wo die Koëfficienten α_i Zahlen der Reihe $0, 1, \cdots p - 1$ sind. Die so sich ergebenden p^n Funktionen sind aber modulo $(p, P(x))$ inkongruent. Ferner sind alle diese Funktionen zu dem Primmodulsystem $(p, P(x))$ teilerfremd, da eine solche Funktion mit diesem nur dann einen Teiler gemeinsam haben kann, wenn es dasselbe enthält. Also ergiebt sich der Satz:

„Die Anzahl $\varphi(\varPi)$ aller inkongruenten Einheiten für ein Primmodulsystem $(\varPi) = (p, P(x))$ ist gleich $p^n - 1$, wenn n den Grad der zugehörigen Primfunktion bedeutet.“

Aus dem am Ende der sechzehnten Vorlesung für beliebige Modulsysteme bewiesenen Satze folgt hier, dafs für jede durch $(\varPi)$ nicht teilbare Gröfse X von $[x]$ die Kongruenz besteht:

$$X^{p^n - 1} \equiv 1 \pmod{p, P(x)}$$

oder, wenn man die eine Gröfse $X_0 = 0$ mit hinzuzieht, so ergiebt sich der Satz:

„Jede Gröfse X des Bereiches $[x]$ genügt der Kongruenz:

$$X^{p^n} - X \equiv 0 \pmod{p, P(x)},$$

wenn n der Grad der Primfunktion $P(x)$ ist.“

Zu jeder Einheit g gehört auch hier stets eine komplementäre g', für welche $gg' \equiv 1 \pmod{p, P(x)}$ ist, denn nach dem soeben bewiesenen Satze braucht man nur $g' = g^{p^n - 2}$ zu setzen.

Da für ein Primmodulsystem $(\varPi)$ der Satz besteht, dafs ein Produkt dasselbe nur dann enthalten kann, wenn dies schon für einen seiner Faktoren der Fall ist, so folgt schon hieraus, dafs jedem Satze über Primzahlen p in dem Bereiche $[1]$ der natürlichen Zahlen ein Satz über Primmodulsysteme (Π) im Gebiete $[x]$ vollständig entspricht. Insbesondere gilt auch hier der folgende Satz:

„Eine Kongruenz für ein Primmodulsystem:

$$G(Z) = g_\nu Z^\nu + g_{\nu-1} Z^{\nu-1} + \cdots + g_0 \equiv 0 \quad (\text{modd } p, P(x)),$$

deren Koëfficienten dem Bereiche $[x]$ angehören, kann innerhalb desselben nicht mehr inkongruente Wurzeln haben, als ihr Grad angiebt."

Zunächst können wir alle Koëfficienten von $G(Z)$, ohne die Kongruenz zu ändern, auf ihre kleinsten Reste modulo (Π) reduzieren; dann kann man den Koëfficienten g_ν der höchsten Potenz von Z gleich Eins voraussetzen, denn anderenfalls könnten wir ja die Funktion $G(Z)$ mit der zu g_ν modulo (Π) komplementären Einheit g_ν' multiplizieren; auch dann stimmen die Wurzeln der Kongruenz $g_\nu' G(Z) \equiv 0$ mit denen von $G(Z) \equiv 0$ überein. Haben wir so eine Kongruenz erhalten:

$$G(Z) \equiv Z^\nu + g_{\nu-1} Z^{\nu-1} + \cdots + g_0 \equiv 0 \quad (\text{modd } p, P(x)),$$

und ist X_1 eine Wurzel derselben, so ist eben $G(X_1)$ durch (Π) teilbar; es ist demnach für ein variables Z:

$$G(Z) \equiv G(Z) - G(X_1) \equiv (Z^\nu - X_1^\nu) + \cdots + g_1(Z - X_1)$$
$$\equiv (Z - X_1) G_1(Z) \quad (\text{modd } p, P(x)),$$

wo $G_1(Z)$ eine Funktion derselben Art, aber vom $(\nu-1)^{\text{ten}}$ Grade in Z ist; ist also X_1 irgend eine Wurzel der Kongruenz $G(Z) \equiv 0$ $(\text{modd } p, P(x))$, so ist ihre linke Seite modulo (Π) durch den zugehörigen Linearfaktor $(Z - X_1)$ teilbar. Ist nun X_2 eine zweite von X_1 verschiedene Wurzel der ursprünglichen Kongruenz, so folgt aus der soeben abgeleiteten Kongruenz für $Z = X_2$

$$G(X_2) \equiv (X_2 - X_1) G_1(X_2) \equiv 0 \quad (\text{modd } p, P(x))$$

und da $X_2 - X_1$ zu (Π) relativ prim ist, so muß X_2 eine Wurzel von $G_1(Z) \equiv 0$ sein. Hätte also die Kongruenz ν^{ten} Grades $G(Z) \equiv 0$ mehr als ν Wurzeln, so müßte die Kongruenz des $(\nu-1)^{\text{ten}}$ Grades $G_1(Z) \equiv 0$ mehr als $(\nu-1)$ Wurzeln, nämlich alle vorigen mit Ausnahme von X_1 besitzen. Nehmen wir daher an, es sei unser Satz schon für die Kongruenzen des $(\nu-1)^{\text{ten}}$ Grades bewiesen, so gilt er auch für die Kongruenzen des ν^{ten} Grades, und da er für die Kongruenzen des ersten Grades $Z + g_0 \equiv 0$ $(\text{modd } p, f(x))$ offenbar besteht, so ist seine allgemeine Gültigkeit erwiesen und es ergeben sich genau dieselben Folgerungen, wie wir sie für Primzahlmoduln in der

achten Vorlesung abgeleitet haben. Sind insbesondere $X_1, X_2, \cdots X_\mu$
μ inkongruente Wurzeln unserer Kongruenz, so ist für ein variables Z:

$$G(Z) \equiv (Z - X_1) \cdots (Z - X_\mu)\, \overline{G}(Z) \quad (\mathrm{modd}\ p,\ P(x)),$$

wo $\overline{G}(Z)$ eine ganze Funktion des $(\nu - \mu)^{\text{ten}}$ Grades bedeutet.

Die Kongruenz $Z^{p^n} - Z \equiv 0 \ (\mathrm{mod}\ p,\ P(x))$ besitzt nun genau so
viele inkongruente Wurzeln, als ihr Grad angiebt, nämlich alle p^n
modulo (Π) inkongruenten Reste:

$$R_0 = 0,\ R_1,\ R_2,\ \cdots R_{p^n - 1}$$

des Bereiches $[x]$; also besteht für ein variables Z die Kongruenz:

$$Z^{p^n} - Z \equiv Z \prod_{k=1}^{p^n - 1} (Z - R_k) \quad (\mathrm{modd}\ p,\ P(x)),$$

und durch Vergleichung der Koëfficienten von Z auf beiden Seiten
ergiebt sich die folgende Verallgemeinerung des Wilsonschen Satzes
auf Primmodulsysteme:

$$-1 \equiv \prod_{k=1}^{p^n - 1} R_k \equiv \prod (a_0 + a_1 x + \cdots + a_{n-1} x^{n-1}) \quad (\mathrm{modd}\ p,\ P(x)),$$

wo die Koëfficienten a_i unabhängig von einander alle Werte von 0
bis $p - 1$ annehmen und nur nicht alle zugleich Null sein dürfen.

§ 5.

Setzt man für Z irgend eine Größe $a_0 + a_1 x + \cdots + a_{n-1} x^{n-1}$
des Bereiches $[x]$ mit modulo p reduzierten Koëfficienten, so ist nach
den Ergebnissen des vorigen Abschnittes $Z^{p^n} - Z$ durch *jedes* Primmodulsystem $(p, P_n(x))$ teilbar, in welchem die irreduktible Funktion
$P_n(x)$ vom n^{ten} Grade ist. Wir wählen speziell $Z = x$, und stellen
uns nun die Aufgabe, alle Primmodulsysteme $(p, P(x))$ zu finden, welche
in der ganzen Funktion:

$$x^{p^n} - x$$

außer den Systemen $(p, P_n(x))$ enthalten sind. Da ergiebt sich nun
ohne Schwierigkeit der Satz, daß jene Funktion auch durch alle die
Primmodulsysteme $(p, P_\nu(x))$ teilbar ist, für welche der Grad ν von
$P_\nu(x)$ ein Teiler von n ist.

Ist nämlich $P_\nu(x)$ vom ν^{ten} Grade, so ist zunächst nach dem oben bewiesenen Satze:

$$x^{p^\nu} \equiv x \quad (\text{modd } p, P_\nu(x)).$$

Erheben wir nun beide Seiten zur $p^{\nu\,\text{ten}}$ Potenz, so ergiebt sich:

$$x^{p^{2\nu}} \equiv x^{p^\nu} \equiv x \quad (\text{modd } p, P_\nu(x)).$$

Behandeln wir die Kongruenz $x^{p^{2\nu}} \equiv x$ in gleicher Weise, so folgt weiter: $x^{p^{3\nu}} \equiv x$, und allgemein ist für jedes ganzzahlige h:

$$x^{p^{h\nu}} \equiv x \quad (\text{modd } p, P_\nu(x)).$$

Ist also $n = h\nu$ oder ν ein beliebiger Teiler von n, so enthält in der That $x^{p^n} - x$ den Divisor $(p, P_\nu(x))$, w. z. b. w.

Wir zeigen aber jetzt weiter, dafs $x^{p^n} - x$ auch nur durch solche Primmodulsysteme $(p, P_\nu(x))$ teilbar ist, für welche ν ein Teiler von n ist. Angenommen nämlich, irgend ein System $(p, P_\nu(x))$ sei ein Divisor von $x^{p^n} - x$, dann bestehen die beiden Kongruenzen:

$$x^{p^n} \equiv x, \qquad x^{p^\nu} \equiv x \quad (\text{modd } p, P_\nu);$$

aus ihnen ergeben sich, wie vorher, die allgemeineren Kongruenzen:

$$x^{p^{gn}} \equiv x, \qquad x^{p^{\gamma\nu}} \equiv x \quad (\text{modd } p, P_\nu),$$

und wenn man beide Seiten der ersten Kongruenz zur $p^{\gamma\nu\,\text{ten}}$ Potenz erhebt, und dann die zweite benutzt:

$$(1) \qquad\qquad x^{p^{gn+\gamma\nu}} \equiv x \quad (\text{modd } p, P_\nu).$$

Sind also g und γ beliebige, aber nicht negative Zahlen, so ist $x^{p^{gn+\gamma\nu}} - x$ durch (p, P_ν) teilbar. Es sei nun t der gröfste gemeinsame Teiler von n und ν, dann kann man zwei positive oder negative Zahlen g' und γ' so bestimmen, dafs $g'n + \gamma'\nu = t$ wird, und hieraus folgt für jedes ganzzahlige r:

$$(g' + r\nu)n + (\gamma' + rn)\nu = t + 2rn\nu.$$

Denken wir uns jetzt r so bestimmt, dafs die beiden Zahlen $g' + r\nu$ und $\gamma' + rn$ positiv werden, und substituieren wir diese Werte für g und γ in (1), so folgt $x^{p^{t+2rn\nu}} \equiv x$, oder, da $x^{p^{2rn\nu}} \equiv x$ ist:

$$\left(x^{p^{2rn\nu}}\right)^{p^t} \equiv x^{p^t} \equiv x \quad (\text{modd } p, P_\nu(x));$$

es ist also $x^{p^t} - x$, und damit auch das Divisorensystem $\left(p,\, x^{p^t} - x\right)$ durch $(p,\, P_\nu(x))$ teilbar.

Nun hatten wir bereits im § 6 der dreizehnten Vorlesung bewiesen, dafs für jede ganze ganzzahlige Funktion von x stets die Kongruenz gilt:

$$(F(x))^{p^t} \equiv F(x) \quad (\text{modd } p,\, x^{p^t} - x),$$

und diese Kongruenz gilt a fortiori für das Primmodulsystem $(p,\, P_\nu(x))$, das ja ein Teiler des soeben betrachteten ist. Da es aber für dieses letzte Modulsystem genau p^ν inkongruente Reste oder Funktionen $F(x)$ giebt, so würde sich .aus dieser Deduktion ergeben, dafs die Kongruenz:

$$(F(x))^{p^t} - F(x) \equiv 0 \quad (\text{modd } p,\, P_\nu(x))$$

genau p^ν inkongruente Wurzeln besitzt. Weil nun eine Kongruenz für ein Primmodulsystem nicht mehr Wurzeln haben kann, als ihr Grad angiebt, so ist notwendig $p^\nu \leq p^t$ oder $\nu \leq t$, und da t ein Divisor von ν ist, so mufs $\nu = t = (n,\, \nu)$, d. h. es mufs ν ein Teiler von n sein. Es ergiebt sich also der Satz:

„Die Funktion $x^{p^n} - x$ besitzt alle und nur die Primmodulsysteme $(p,\, P_d(x))$ als Teiler, für welche der Grad d der Funktion $P_d(x)$ ein Teiler von n ist.“

Wir bezeichnen jetzt durch d alle Teiler der Zahl n und mit $P_d(x)$, $P_d'(x), \cdots$ alle modulo p irreduktiblen Funktionen von x. Da die Funktion $x^{p^n} - x$ alle Primmodulsysteme $(p,\, P_d(x))$, $(p,\, P_{d_1}(x)), \cdots$ enthält, so enthält sie auch ihr Produkt, und da allgemein:

$$(p,\, P_d(x))\, (p,\, P_{d_1}(x)) \sim (p,\, P_d(x)\, P_{d_1}(x))$$

ist, so folgt aus unseren bisherigen Betrachtungen, dafs $x^{p^n} - x$ durch das Divisorensystem

$$\left(p,\, \prod P_d(x)\right)$$

teilbar ist, und kein anderes System $(p,\, P_\delta(x))$ enthält, wo δ nicht in n enthalten ist. Es besitzt also $x^{p^n} - x$ modulo p alle und nur die Primfaktoren $P_d(x)$, d. h. es besteht eine Kongruenz:

$$(2) \qquad x^{p^n} - x = \prod_{d/n} \prod_k P_d^{(k)}(x)^{h_d^{(k)}} \quad (\text{mod } p),$$

wo sich die Multiplikation auf alle Teiler d von n und auf alle modulo p irreduktiblen Funktionen d^{ten} Grades bezieht und wo die Exponenten $h_d^{(k)}$ noch unbekannte *positive* ganze Zahlen bedeuten.

Wir zeigen endlich, daſs unsere Funktion jedes Modulsystem $(p, P_d(x))$ nur einmal enthält, daſs also in der Kongruenz (2) alle Exponenten $h_d^{(k)}$ gleich Eins sind. Enthielte nämlich jene Funktion einen Primfaktor $P(x)$ auch nur in der zweiten Potenz, wäre also:

$$x^{p^n} - x = P(x)^2 Q(x) + p R(x),$$

wo in $Q(x)$ alle übrigen Faktoren modulo p zusammengefaſst sind, so ergäbe sich durch Differentiation:

$$p^n \cdot x^{p^n-1} - 1 = 2 P(x) P'(x) Q(x) + P(x)^2 Q'(x) + p R'(x),$$

oder wenn man beide Seiten modulo $(p, P(x))$ betrachtet, und alle Multipla von p und $P(x)$ fortläſst, so würde sich ergeben:

$$-1 \equiv 0 \quad (\mathrm{mod}\, p, P(x)),$$

d. h. das System $(p, P(x))$ müſste äquivalent Eins oder $P(x)$ selbst gleich Eins sein.

Hieraus folgt, daſs die Zerlegung (2) so geschrieben werden kann:

$$(2^{\mathrm{a}}) \qquad x^{p^n} - x \equiv \prod P_d(x) \quad (\mathrm{mod}\, p),$$

wo sich die Multiplikation auf alle und nur die modulo p irreduktiblen Funktionen bezieht, deren Grad ein Teiler von n ist; und aus dieser Kongruenz resultiert die folgende Zerlegung des Modulsystemes $(p, x^{p^n} - x)$

$$(p, x^{p^n} - x) \sim \prod (p, P_d(x)),$$

welche als eins der schönsten und wichtigsten Resultate dieser ganzen Theorie angesehen werden kann.

§ 6.

Den bis jetzt behandelten Primmodulsystemen (Π) stehen diejenigen Divisorensysteme am nächsten, welche zwar eigentliche Teiler besitzen, aber nur durch ein einziges Primmodulsystem teilbar sind. Ein solches System $(\overline{\Pi})$ soll ein *einfaches System* genannt werden Ein solches System ist z. B. $(p^a, P(x)^b)$, wenn a und b beliebige ganze Zahlen sind, denn es enthält das Primmodulsystem $(\Pi) = (p, P(x))$,

aber kein anderes $(\Pi_1) = (p_1,\ P_1(x))$, in welchem beide Elemente
$p_1,\ P_1(x)$ oder auch nur ein einziges bezw. von $p,\ P(x)$ in (Π) verschieden sind, denn dann ist ja entweder p^a oder $P(x)^b$ sicher nicht
durch (Π_1) teilbar; aber auch allgemeiner ist jedes System:

$$(1) \qquad (\overline{\Pi}) \sim (p^a,\ f_1(x),\ \cdots f_\nu(x),\ P(x)^b),$$

dessen Zahlenelement eine beliebige Primzahlpotenz ist, und welches aufserdem eine Potenz einer irreduktiblen Funktion $P(x)$ enthält, ein einfaches
Modulsystem. Da dieses nämlich ein Teiler des einfachen Systemes $(p^a,\ P^b(x))$
ist, welches seinerseits kein anderes Primmodulsystem als $(\Pi) = (p,\ P(x))$
enthält, so gilt dasselbe auch von dem Systeme $(\overline{\Pi})$. Ist das System (1)
nicht äquivalent Eins, so soll es ein zu (Π) gehöriges einfaches
Modulsystem genannt werden.

    Man kann leicht die notwendige und hinreichende Bedingung
dafür angeben, dafs ein solches System äquivalent Eins ist; wir beweisen zunächst den folgenden Satz:

> „Ein dreigliedriges Modulsystem $(\overline{\Pi}) = (p^a,\ f(x),\ P(x)^b)$ ist dann
> und nur dann äquivalent Eins, wenn das Element $f(x)$ durch
> das zugehörige Primmodulsystem $(\Pi) = (p,\ P(x))$ nicht teil-
> bar ist."

Ist nämlich $f(x)$ durch (Π) teilbar, so gilt dasselbe auch von dem
ganzen Systeme $(\overline{\Pi})$, da dann seine drei Elemente den Divisor (Π)
enthalten; dann kann also $(\overline{\Pi})$ nicht äquivalent Eins sein. Ist dagegen
$f(x)$ nicht durch (Π) teilbar, ist also:

$$(p,\ f(x),\ P(x)) \sim 1,$$

so gilt dasselbe auch von jeder Potenz dieses Systemes, insbesondere
ist also:

$$(p,\ f,\ P)^{a+b} \sim (\cdots, p^\lambda f^\mu P^\nu, \cdots) \sim 1,$$

wo λ, μ, ν alle ganzzahligen Werte annehmen, deren Summe $a+b$ ist.
Diese Potenz ist aber durch $(\overline{\Pi}) = (p^a,\ f,\ P^b)$ teilbar, denn jedes seiner
Elemente $p^\lambda f^\mu P^\nu$ ist, falls $\mu > 0$ ist, ein Vielfaches von f, dagegen für $\mu = 0$,
also $\lambda + \nu = a + b$, entweder durch p^a oder P^b teilbar, je nachdem
$\lambda \geqq a$ oder $\lambda < a,\ \nu > b$ ist. Also ist in der That auch $(\overline{\Pi}) \sim 1$,
w. z. b. w. Hieraus folgt aber sofort der allgemeine Satz:

> „Ein beliebig gegebenes System:
>
> $$(\overline{\Pi}) = (p^a,\ f_1(x),\ \cdots f_\nu(x),\ P^b(x))$$
>
> ist dann und nur dann nicht äquivalent Eins, also ein einfaches
> Modulsystem, wenn alle seine Elemente $f_i(x)$ den zugehörigen

Primdivisor $(\Pi) = (p,\, P(x))$ enthalten, wenn also $(\overline{\Pi})$ durch (Π) teilbar ist."

Wir beweisen endlich den wichtigen Satz:

„Jedes reine Modulsystem zweiter Stufe $(f_1,\, f_2,\, \cdots f_\nu)$ kann auf rationalem Wege in ein Produkt von teilerfremden einfachen Divisorensystemen zerlegt werden."

Es sei nämlich

$$m = p^a\, q^b \cdots r^c$$

das auf rationalem Wege bestimmbare Zahlenelement des gegebenen Systemes, so ist zunächst:

$$(m, f_1, \cdots f_\nu) \sim (p^a, f_1, \cdots f_\nu)\, (q^b, f_1, \cdots f_\nu) \cdots (r^c, f_1, \cdots f_\nu).$$

Es ist daher nur noch das Modulsystem:

$$(M_a) = (p^a, f_1, \cdots f_\nu)$$

weiter in einfache Systeme zu zerlegen. Hierzu führt die folgende Betrachtung: Von den Elementen $f_1(x), \cdots f_\nu(x)$ muſs mindestens eins, etwa $f_1(x)$ durch p nicht teilbar sein, da sonst alle ν Elemente des ursprünglichen Systemes den Teiler p besäſsen, dieses also kein reines Divisorensystem wäre. Denkt man sich nun $f_1(x)$ modulo p in seine irreduktiblen Faktoren zerlegt, so ergiebt sich eine Gleichung von der Form:

$$f_1(x) = P^\alpha\, P_1^{\alpha_1} \cdots - p\bar{f}_1(x),$$

aus welcher hervorgeht, daſs die Differenz auf der rechten Seite gleich $f_1(x)$, also durch das Divisorensystem (M_a) teilbar ist. Erhebt man nun beide Seiten der aus dieser Identität folgenden Kongruenz:

$$P^\alpha\, P_1^{\alpha_1} \cdots \equiv p\bar{f}_1(x) \pmod{M_a}$$

zur a^{ten} Potenz, so wird auch ihre rechte Seite $p^a\, \bar{f}_1^a$ durch (M_a) teilbar; setzt man also links zur Abkürzung $a\alpha = b,\ a\alpha_1 = b_1, \cdots$, so erhält man:

$$P^b\, P_1^{b_1} \cdots \equiv 0 \pmod{M_a},$$

d. h. es kann das Produkt $P^b\, P_1^{b_1} \cdots$ den Elementen von (M_a) hinzugefügt werden, ohne dieses System im Sinne der Äquivalenz zu ändern. Da aber die Funktionen $P^b,\ P_1^{b_1}, \cdots$ modulo p teilerfremd sind, so erhält man hieraus die folgende Zerlegung von (M_a) in einfache Systeme:

$$(M_a) \sim (p^a, f_1, \cdots f_\nu, P^b\, P_1^{b_1} \cdots) \sim (p^a, f_1, \cdots f_\nu, P^b)(p^a, f_1, \cdots f_\nu, P_1^{b_1}) \cdots,$$

in welcher sich die einzelnen Faktoren auf der rechten Seite nur dadurch von dem ursprünglichen Systeme $(f_1, \cdots f_\nu)$ unterscheiden, dafs seinen Elementen als Zahlenelement eine Primzahlpotenz p^a und als primitives Element die Potenz einer modulo p irreduktiblen Funktion $P(x)$ hinzugefügt sind, welche beide allein durch Anwendung des Euklidischen Verfahrens bestimmt werden können.

Aus diesen Produkten sind nun alle diejenigen Systeme einfach fortzulassen, in welchen nicht jedes Element $f_i(x)$ das zugehörige Primmodulsystem $(p, P_i(x))$ enthält, denn diese aber auch nur sie sind äquivalent Eins. Alle übrigen sind „einfache **Modulsysteme**" und können nun auf die in der vorletzten Vorlesung gefundene reduzierte Form zurückgeführt werden.

Zwanzigste Vorlesung.

Die Modulsysteme im Bereiche von mehreren Veränderlichen. — Die Zerlegung der ganzen Gröfsen in ihre Primfaktoren. — Die Rationalitätsbereiche $\{x, y, \cdots z\}$. — Der Rang oder die Stufe der Divisorensysteme. — Geometrische Anwendungen. — Die unzerlegbaren und die Primmodulsysteme. — Der Bereich $\{x, y, z\}$ und die zugehörigen Primmodulsysteme. — Modulsysteme und Linearformen.

§ 1.

Zum Abschlufs dieser Untersuchungen wollen wir zeigen, ohne ganz ausführlich auf die Beweise einzugehen, wie sich die Gesetze für die Modulsysteme erweitern, wenn man die Bereiche von mehreren Variablen in Betracht zieht, und zwar beschränken wir uns zunächst auf den Bereich $[x, y]$ von zwei Veränderlichen.

Jede ganze Gröfse $F(x, y)$ kann auf eine und nur eine Weise in irreduktible oder Primfunktionen zerlegt werden. Um dies nachzuweisen, ordnen wir $F(x, y)$ nach Potenzen von y; ist dann:

$$F(x, y) = F_0(x) + F_1(x)y + F_2(x)y^2 + \cdots + F_n(x)y^n,$$

so können wir zunächst den gröfsten gemeinsamen Teiler $F(x)$ aller Koëfficienten $F_i(x)$ bestimmen und diesen für sich nach den Vorschriften des § 1 der fünfzehnten Vorlesung in seine irreduktiblen Faktoren zerlegen. Ist dann:

$$F(x, y) = F(x)f(x, y) = F(x)(f_0(x) + f_1(x)y + \cdots + f_n(x)y^n),$$

wo jetzt die $f_i(x)$ keinen gemeinsamen Teiler mehr haben, so ist nun zu untersuchen, ob der zweite Faktor $f(x, y)$ noch weitere Teiler besitzt, und zwar braucht man auch hier offenbar nur nach denjenigen Teilern zu fragen, welche in y höchstens bzw. vom Grade $\frac{n}{2}$ oder $\frac{n-1}{2}$ sind, je nachdem n gerade oder ungerade ist.

Es sei nun $f_\nu(x, y)$ ein noch unbekannter Teiler ν^{ten} Grades von $f(x, y)$, so dafs also eine Zerlegung existiert:

$$f(x, y) = f_\nu(x, y)f_{n-\nu}(x, y).$$

Ersetzt man dann y durch eine beliebige ganze Zahl r, so ergiebt sich:

$$f(x,\; r) = f_\nu(x,\, r) f_{n-\nu}(x,\, r),$$

d. h. die nur von x allein abhängige Funktion $f_\nu(x,\, r)$ muſs notwendig einer der Teiler der Funktion $f(x, r)$ sein; da aber die Anzahl der Teiler· der gegebenen Funktion $f(x, r)$ endlich ist und diese rational bestimmbar sind, so kann $f_\nu(x,\, r)$ nur eine endliche Anzahl von Werten annehmen, die man für jedes r direkt finden kann. Wir dürfen also genau wie bei den Funktionen von einer Variablen folgendermaſsen verfahren: wählen wir für y $(\nu + 1)$ verschiedene ganze Zahlen $r_0,\; r_1,\; \cdots r_\nu$, so besteht wieder nach der Lagrangeschen Interpolations-formel für den gesuchten Teiler $f_\nu(x, y)$ die Gleichung:

$$f_\nu(x,\, y) = \sum_{k=0}^{\nu} f_\nu(x,\, r_k) \cdot \frac{(y - r_0) \cdots (y - r_{k-1})\,(y - r_{k+1}) \cdots (y - r_\nu)}{(r_k - r_0) \cdots (r_k - r_{k-1})\,(r_k - r_{k+1}) \cdots (r_k - r_\nu)}.$$

Ersetzt man in dieser Formel jedes $f_\nu(x,\, r_k)$ unabhängig von den anderen der Reihe nach durch alle Teiler der betreffenden Funktion $f(x,\, r_k)$, so erhält man für $f_\nu(x,\, y)$ eine endliche Anzahl von Funktionen von x und y, unter denen die gesuchten Teiler notwendig enthalten sind, und jetzt in der früher angegebenen Weise direkt durch Division ermittelt werden können. Jede ganze Gröſse des Bereiches $[x, y]$ kann also folgendermaſsen zerlegt werden:

$$F(x,\, y) = p_1^{h_1}\, p_2^{h_2} \cdots f_1(x)^{k_1} f_2(x)^{k_2} \cdots g_1(x,\, y)^{h} \cdots;$$

hier bedeuten , $p_1, \cdots f_1(x), \cdots g_1(x, y) \cdots$ sämtlich nicht weiter zer-legbare oder Primgröſsen.

Um weiter die Eindeutigkeit dieser Zerlegung nachzuweisen, kann man genau wie im § 2 der fünfzehnten Vorlesung zeigen, daſs ein Produkt $\varphi(xy)\psi(xy)$ zweier ganzen Gröſsen nur dann durch eine Primgröſse teilbar ist, wenn mindestens einer der Faktoren dieselbe enthält; und auch hier zerfällt der Beweis in zwei Teile, je nachdem die Primgröſse von y unabhängig ist, oder y enthält. In derselben Weise fortgehend zeigt man auf induktivem Wege für einen Bereich $[x,\, y, \cdots z]$ von beliebig vielen Variablen, daſs jede Gröſse desselben eindeutig in ein Produkt von Primgröſsen zerlegt werden kann, daſs also die elementaren Gesetze der Arithmetik in allen diesen Bereichen vollständig erhalten bleiben.

Ich möchte aber gleich hier auf eine andere Art von Rationalitäts-bereichen aufmerksam machen, welche besonders in den geometrischen Anwendungen benutzt werden, und die in dieser Vorlesung wesentlich den Betrachtungen zu Grunde gelegt werden sollen. Betrachten wir die Gesamtheit aller rationalen Funktionen von x und y, jetzt aber nicht mit ganzzahligen, sondern mit ganz beliebigen konstanten Koëfficienten, so bilden diese ebenfalls einen vollständig in sich abgeschlossenen Rationalitätsbereich, dessen Individuen sich durch die elementaren Rechenoperationen wiedererzeugen. Eine Gröfse $F(x, y)$ dieses Bereiches nennen wir jetzt ganz oder gebrochen, je nachdem sie als Funktion von x und y betrachtet ganz oder gebrochen ist, während ihre Koëfficienten ganz beliebige Konstanten sein können. Diese ganzen Gröfsen bilden einen „Integritätsbereich", welcher jetzt durch $\{x, y\}$ bezeichnet werden mag; jede ganze Gröfse kann auch hier, wie man nachweisen kann, eindeutig in ihre Primfaktoren zerlegt, und jede gebrochene Funktion als Quotient zweier ganzen Funktionen dargestellt werden. Jeder ganzen Gröfse $F(x, y)$ entspricht eine algebraische Gleichung $F(x, y) = 0$, also auch eine ganz bestimmte durch sie dargestellte Kurve $\mathfrak{F}$, so dafs also allen Individuen des Bereiches $\{x, y\}$ alle algebraischen Kurven entsprechen. Ebenso ist dem in gleicher Weise gebildeten Integritätsbereiche $\{x, y, z\}$ von drei Variablen die Gesamtheit aller algebraischen Flächen zugeordnet u. s. w..

Ich gehe jetzt zu einer kurzen Betrachtung der Modulsysteme innerhalb dieses neuen Bereiches $\{x, y\}$ von zwei Variablen über, wobei ich gleich bemerke, dafs sich für die früheren Bereiche $[x, y]$ im wesentlichen dieselben Resultate ergeben; und zwar möchte ich kurz über die verschiedenen Klassen oder Stufen Rechenschaft geben, welche bei jenen Systemen auftreten können; auch hier benutze ich der gröfseren Anschaulichkeit wegen die elementaren Vorstellungen der Geometrie.

Bei der soeben eingeführten Definition der ganzen Gröfsen des Bereiches $\{x, y\}$ ist die Definition der Teilbarkeit einer Gröfse durch ein Modulsystem folgendermafsen zu fassen:

„Eine Gröfse $f_0(x, y)$ ist dann und nur dann durch ein Modulsystem:

$$(M) \sim (f_1(x, y), f_2(x, y), \cdots f_\nu(x, y))$$

teilbar, wenn eine Gleichung von der Form besteht:

(1) $$f_0(x, y) = g_1(x, y) f_1(x, y) + \cdots + g_\nu(x, y) f_\nu(x, y),$$

in welcher alle Koëfficienten $g_1(x, y), \cdots g_\nu(x, y)$ Gröfsen des Integritätsbereiches $\{x, y\}$, also ganze Funktionen von x und y mit beliebigen Koëfficienten bedeuten."

Zu jedem Modulsystem $(M) \sim (f_1(x, y), f_2(x, y)), \cdots f_\nu(x, y))$ gehört ein Gleichungssystem:

(2) $$f_1(x, y) = 0, \; f_2(x, y) = 0, \cdots f_\nu(x, y) = 0,$$

welches man erhält, indem man seine einzelnen Elemente gleich Null
setzt; dieselben repräsentieren, geometrisch gesprochen, ein System von
ν ebenen Kurven $f_1, f_2, \cdots f_\nu$. Die *allen* jenen ν Kurven gemeinsamen
Schnittpunkte (ξ, η) mögen für den Augenblick *die Fundamentalpunkte*
oder *Grundpunkte* von (M) genannt werden. Alle durch (M) teilbaren
Gröfsen $f_0(x, y)$ in (1) stellen, gleich Null gesetzt, Kurven f_0 dar, sie gehören einer durch (M) charakterisierten Kurvenschar an, deren Kurven
ebenfalls sämtlich durch die Fundamentalpunkte (ξ, η) hindurchgehen, da
für $(x = \xi, y = \eta)$ die rechte, also auch die linke Seite von (2) verschwindet. Setzt man also alle durch (M) teilbaren Funktionen gleich
Null, so erhält man eine Kurvenschar, welche als Fundamentalpunkte
alle und nur die aus der Auflösung von (2) sich ergebenden Punkte
(ξ, η) besitzt. Jene Wertsysteme (ξ, η) oder was dasselbe ist, die zugehörigen Grundpunkte sind also alles, was den Kurven f_0 gemeinsam
ist. Äquivalente Modulsysteme, d. h. solche, denen dieselbe Kurvenschar entspricht, besitzen daher notwendig dieselben Fundamentalpunkte;
andererseits brauchen aber zwei Modulsysteme mit gleichen Fundamentalpunkten nicht notwendig äquivalent zu sein. So sind z. B. die
beiden Systeme (x^2, y) und (x, y^2) offenbar nicht äquivalent, obwohl
die zugehörigen Gleichungen $(x^2 = 0, y = 0)$, $(x = 0, y^2 = 0)$
beide Male denselben Punkt, nämlich den Koordinatenanfangspunkt
definieren.

Jedoch können wir nun das zugehörige Gleichungssystem (2) zur
Definition der Stufe eines Divisorensystemes benutzen. Ein System
von ν algebraischen Kurven $f_i(x, y) = 0$ kann nämlich entweder eine
ganze Kurve gemeinsam haben, oder sie können sich in einer offenbar
endlichen Anzahl von diskreten Punkten schneiden, oder endlich sie
haben gar keinen Punkt gemeinsam. In den unterschiedenen Fällen
sagen wir, das zugehörige Modulsystem (M) ist von der *ersten* oder
von der *zweiten Stufe;* haben sie gar keine Punkte gemeinsam, so ist
das zugehörige Modulsystem äquivalent Eins. Ein Modulsystem erster
Stufe besitzt also eine Kurve oder eine einfache Mannigfaltigkeit, ein
System zweiter Stufe nur eine endliche Anzahl, oder eine nullfache
Mannigfaltigkeit von Fundamentalpunkten.

So ist z. B. jede einzelne Funktion $F(x, y)$ als Modulsystem aufgefafst
von der ersten Stufe, da die eine Gleichung $F(x, y) = 0$ stets eine einfache
Mannigfaltigkeit von Lösungen besitzt oder eine Kurve darstellt. Sind
ferner $F(x, y)$ und $G(x, y)$ teilerfremde ganze Funktionen von x und y,
so ist das Modulsystem $(F(x, y), G(x, y))$ von der zweiten Stufe, denn
die beiden Kurven $(F = 0, G = 0)$ besitzen unter der gemachten Voraussetzung stets eine endliche Anzahl von Schnittpunkten.

In derselben Weise zeigt sich, dafs bei einem Bereiche $\{x, y, z\}$ von drei Variablen ein Divisorensystem:

$$((f_1(x, y, z), \quad f_2(x, y, z), \quad \cdots f_\nu(x, y, z))$$

von der ersten, zweiten oder dritten Stufe sein kann, je nachdem die ν Oberflächen:

$$f_1(x, y, z) = 0, \quad \cdots f_\nu(x, y, z) = 0$$

eine ganze Fläche, oder eine Raumkurve, oder nur getrennte Punkte, gemeinsam haben, und entsprechende Unterschiede bestehen für Modulsysteme innerhalb eines Bereiches $\{x, y, z, \cdots u\}$ von beliebig vielen Variablen. Ist n die Anzahl derselben, so können nur Modulsysteme bis zur n^{ten} Stufe auftreten.

Ein Modulsystem erster Stufe $(f_1(x, y), \cdots f_\nu(x, y))$ kann sehr wohl noch Systeme zweiter Stufe enthalten, wenn die dazu gehörigen Kurven $f_i(x, y) = 0$ aufser der gemeinsamen Kurve $f_0(x, y) = 0$ noch andere einzelne Schnittpunkte besitzen. Alsdann heifst das Modulsystem (M) ein *gemischtes*, im anderen Falle ein *reines* Modulsystem erster Stufe. Es sei $(M) = (f_1, \cdots f_\nu)$ ein Modulsystem erster Stufe; dann müssen alle Elemente $f_i(x, y)$ einen grössten gemeinsamen Teiler $f_0(x, y)$ haben, der gleich Null gesetzt eben die gemeinsame Schnittkurve repräsentiert. Ist also:

$$f_i(x, y) = f_0(x, y) \, \bar{f}_i(x, y),$$

so ist:

$$(f_1(x, y), \cdots f_\nu(x, y)) \sim f_0(x, y) \, (\bar{f}_1(x, y), \cdots \bar{f}_\nu(x, y));$$

dann ist (M) dann und nur dann ein reines Modulsystem erster Stufe, wenn $(\bar{f}_1, \cdots \bar{f}_\nu) \sim 1$ ist, anderenfalls ein gemischtes System, welches in das Produkt aus einem reinen Modulsystem erster Stufe $f_0(x, y)$ und einem anderen $(\bar{f}_1, \cdots \bar{f}_\nu)$ zerlegt werden kann, das selbst von der zweiten Stufe ist. Die reinen Modulsysteme erster Stufe sind also äquivalent den ganzen Functionen $f_0(x, y)$ unseres Bereiches, welche wir zu behandeln und eindeutig zu zerlegen im Stande sind. In gleicher Weise kann man zeigen, dafs sich überhaupt jedes gemischte Divisorensystem einer beliebigen Stufe stets als ein Produkt von reinen Divisorensystemen von derselben und den folgenden Stufen darstellen läfst; es sind daher nur die reinen Divisorensysteme einer beliebigen Stufe weiter zu untersuchen, in ihre einfachsten Faktoren zu dekomponieren und alsdann auf ihre reduzierte Form zurückzuführen. Doch soll auf jene höhere Untersuchung an dieser Stelle nur hingewiesen werden.

Etwas anders gestaltet sich die Definition der Stufe eines Modul-

systems $(M) \sim (f_1, f_2, \cdots f_\nu)$, wenn seine Elemente ganze *ganzzahlige*
Funktionen von mehreren Variablen $x, y, \cdots u$ sind, wenn wir uns also
nicht innerhaio des Bereiches $\{x, y, \cdots u\}$, sondern in dem vorher
betrachteten Bereiche $[x, y, \cdots u]$ bewegen. Alsdann kann man zunächst alle Modulsysteme in zwei Arten scheiden, je nachdem der Bereich
(f_0) aller durch (M) teilbaren Größen:

$$f_0 = g_1 f_1 + g_2 f_2 + \cdots + g_\nu f_\nu$$

kein einziges Zahlenelement enthält oder in ihm auch Zahlen vorhanden sind. Kommen in dem Bereiche (f_0) keine Zahlenelemente vor,
ist also $(f_1, \cdots f_\nu)$ von der ersten Art, so bestimmt sich die Stufe
des Modulsystems wieder einfach aus der **Mannigfaltigkeit** der durch
das Gleichungssystem:

$$(1) \qquad f_1 = 0, \quad f_2 = 0, \cdots f_\nu = 0$$

definierten Lösungen. Ist also μ die Anzahl der Variablen und wird
die μ-fache Mannigfaltigkeit aller möglichen Wertsysteme $(x, y, \cdots u)$
durch die Gleichungen (1) auf eine $(\mu - \varrho)$-fache beschränkt, so ist
jenes Modulsystem vom Range ϱ. So ist z. B. ein Modulsystem
$(f_1(x, y, z), \cdots f_\nu(x, y, z))$ auch in dem Bereiche $[x, y, z]$ von der
ersten, zweiten oder dritten Stufe, wenn die ν ganzen ganzzahligen
Funktionen $f_i(x, y, z)$, gleich Null gesetzt, Oberflächen darstellen, welche
eine ganze Fläche, oder eine Raumkurve oder endlich nur eine Anzahl
von Punkten im Raume gemeinsam haben.

Ist aber $(f_1, \cdots f_\nu)$ ein Modulsystem zweiter Art, enthält also der
zugehörige Bereich (f_0) auch Zahlen, so giebt es ganze Zahlen m,
welche in der Form:

$$(2) \qquad m = g_1 f_1 + \cdots + g_\nu f_\nu$$

darstellbar sind; dann besitzt das Gleichungssystem (1) offenbar gar
keine Lösung $(x_0, y_0, \cdots u_0)$, weil ja für diese wegen (2) auch m verschwinden müfste. Innerhalb des Bereiches $\{x, y, \cdots u\}$ würde also
jedes solches Modulsystem äquivalent Eins sein; hier ist dies aber
keineswegs der Fall. Wir wollen hier nur die folgende für einen grofsen
Teil solcher Modulsysteme zweiter Art unmittelbar anwendbare Definition der Stufenzahl aufstellen. Ist m_0 die kleinste durch (M) teilbare Zahl, so kann jenes System so beschaffen sein, dafs es in ein
äquivalentes

$$(m_0, F_1, F_2, \cdots F_\sigma)$$

transformierbar ist, in welchem das nach Fortlassung von m_0 übrigbleibende System $(M_0) \sim (F_1, F_2, \cdots F_\sigma)$ kein Zahlenelement mehr
besitzt, also von der ersten Art ist. Ein solches Modulsystem zweiter

Art kann also als der gröſste gemeinsame Teiler einer gewöhnlichen ganzen Zahl m_0 und eines Modulsystems erster Art $(M_0) = (F_1, F_2, \cdots F_\sigma)$ angesehen werden.

Ist dann $(M) \sim (m_0, M_0)$ ein solches Modulsystem zweiter Art und ϱ_0 der Rang des zugehörigen Modulsystemes erster Art (M_0), so soll (M) als ein Modulsystem von der $(\varrho_0 + 1)^{\text{ten}}$ Stufe bezeichnet werden.

So konnte z. B. jedes Modulsystem $(f_1(x), f_2(x), \cdots f_\nu(x))$ im Bereiche $[x]$, dessen Zahlenelement eine Primzahl ist, in das äquivalente System $(p, f_0(x))$ transformiert werden, d. h. es ist also

$$(f_1, f_2, \cdots f_\nu) \sim (m_0, M_0),$$

wenn

$$m_0 = p, \quad (M_0) \sim f_0(x)$$

gesetzt wird, und da hier (M_0) ein Modulsystem erster Art von der ersten Stufe ist, so ist auch nach der hier gegebenen Definition ebenso wie vorher die Stufenzahl von $(f_1(x), \cdots f_\nu(x))$ gleich zwei.

Es bleibe hier dahingestellt, wie die Definition der Stufenzahl in diesem Bereiche $[x, y, \cdots u]$ allgemein zu fassen ist, falls die obige Transformation nicht möglich sein sollte. Es wäre interessant und wichtig, wenn diese Frage in umfassender und einfacher Weise gelöst würde. Wir wollen jedoch ihrer Lösung hier nicht näher treten und solche speziellen Divisorensysteme von den folgenden Betrachtungen ausschlieſsen.

§ 2.

Ein Divisorensystem $(g_1, g_2, \cdots g_\lambda)$ in einem beliebigen Rationalitätsbereiche $\{x, y, \cdots z\}$ oder $[x, y, \cdots z]$ heiſst auch in diesem allgemeinsten Falle *unzerlegbar*, wenn es nicht · als Produkt zweier anderen Systeme dargestellt werden kann, ohne daſs einer von seinen beiden Faktoren äquivalent Eins ist. Aber unter den unzerlegbaren Modulsystemen giebt es stets solche, welche einen anderen Divisor $(d_1, d_2, \cdots d_\mu)$ enthalten, ohne daſs ein solcher komplementärer Divisor $(e_1, e_2, \cdots e_\lambda)$ existiert, daſs:

$$(g_1, g_2, \cdots g_\lambda) \sim (d_1, d_2, \cdots d_\mu)(e_1, e_2, \cdots e_\nu)$$

ist. So war z. B. jedes einfache System $(p, P(x)^b)$ durch $(p, P(x))$ teilbar, obwohl es überhaupt nicht weiter dekomponiert werden konnte. Auch in diesem allgemeinsten Falle werden wir also, wie dies für den Bereich $[x]$ schon geschah, die unzerlegbaren und die Primmodulsysteme genau von einander zu unterscheiden haben.

Hier können wir aber die Primmodulsysteme nicht als solche unzerlegbaren Systeme definieren, welche überhaupt gar keinen Teiler
mehr besitzen. In der That ist z. B. eine Primzahl p im Gebiete $[x]$
der ganzzahligen Funktionen von x ein Primdivisor erster Stufe, weil
sie durch keinen einzigen Divisor erster Stufe, nämlich durch keine
Zahl und durch keine Funktion von x teilbar ist. Trotzdem enthält p
aber unendlich viele Teiler zweiter Stufe, nämlich jedes Divisorensystem
$(p, f_1(x), f_2(x), \cdots f_\nu(x))$, dessen Zahlenelement gleich p ist. Ebenso ist
der Teiler $(p, P(x))$ auch im Gebiete $[x, y]$ der ganzzahligen Funktionen von x und y ein Primdivisor zweiter Stufe, wenn $P(x)$ modulo p
irreduktibel ist, denn man erkennt leicht, dafs er auch in diesem Gebiete
keinen Teiler zweiter Stufe hat; wohl aber enthält er unendlich viele
Divisorensysteme dritter Stufe, z. B. alle Systeme $(p, P(x), Q(xy))$, wenn
$Q(x, y)$ eine beliebige ganze Funktion von x und y bedeutet.

Entsprechend soll in einem beliebigen Rationalitätsbereiche ein unzerlegbarer Divisor ϱ^{ter} Stufe $(F_1, F_2, \cdots F_\nu)$ dann und nur dann ein
Primdivisor genannt werden, wenn er keinen einzigen Teiler *derselben
Stufe* besitzt; wohl aber kann und wird er im Allgemeinen unendlich
viele Teiler von höherer als der ϱ^{ten} Stufe haben.

Als Beispiel betrachten wir die Modulsysteme in dem Bereiche
$\{x, y, z\}$ der ganzen Funktionen von drei Variablen mit beliebigen
Koëffizienten. Eine Gröfse $f(x, y, z)$ ist dann und nur dann ein Primdivisor erster Stufe, wenn sie irreduktibel ist, wenn also die zugehörige
Gleichung $f(x, y, z) = 0$ eine unzerlegbare algebraische Fläche F im
dreidimensionalen Raume darstellt. Ist dann $g(x, y, z)$ eine andere
ganze Gröfse desselben Bereiches, G die zugehörige Fläche, so ist g
entweder durch f teilbar, oder das System $(f(x, y, z), g(x, y, z))$ ist
ein Modulsystem von der zweiten Stufe. Im ersten Falle ist die Fläche F
ein Teil der anderen Fläche G; im zweiten entspricht dem Modulsysteme
(f, g) oder dem Gleichungssysteme $(f = 0, g = 0)$ geometrisch der vollständige Schnitt jener beiden Oberflächen F und G, also eine bestimmte
Raumkurve C. — Tritt dieser letzte Fall ein, und ist aufserdem das
System (f, g) ein Primmodulsystem, so nennen wir auch die zugehörige
Kurve C eine irreduktible Raumkurve.

Es sei endlich $h(x, y, z)$ eine dritte Gröfse von $\{x, y, z\}$, H die
zugehörige Fläche, so mufs h entweder durch das Primmodulsystem
(f, g) teilbar sein, oder das Modulsystem $(f(x, y, z), g(x, y, z), h(x, y, z))$
ist von der dritten Stufe, d. h. die drei Flächen F, G und H, oder,
was dasselbe ist, die Raumkurve C und die Oberfläche H haben nur
eine endliche Anzahl von Schnittpunkten gemeinsam; es ergiebt sich
also der Satz:

Eine irreduktible Raumkurve und eine algebraische Fläche haben stets nur eine endliche Anzahl von Schnittpunkten, es sei denn, daſs die Kurve vollständig auf der Fläche liegt.

Die Primmodulsysteme dritter Stufe in diesem Bereiche können leicht angegeben werden. In der That erkennt man unmittelbar, daſs jedes Modulsystem

$$p = (x - \alpha, \; y - \beta, \; z - \gamma)$$

ein Primmodulsystem dritter Stufe ist, denn jede Gröſse $k(x, y, z)$ ist entweder durch p teilbar oder das System $(k(x, y, z), x - \alpha, y - \beta, z - \gamma)$ ist äquivalent Eins; da man nämlich k stets in der Form darstellen kann:

$$k(x, y, z) = k(\alpha, \beta, \gamma) + (x - \alpha) k_1(x, y, z)$$
$$+ (y - \beta) k_2(x, y, z) + (z - \gamma) k_3(x, y, z),$$

wo k_1, k_2, k_3 ganze Funktionen von x, y, z, bedeuten, so ist:

$$(k(x, y, z), \; x - \alpha, \; y - \beta, \; z - \gamma) \sim (k(\alpha, \beta, \gamma), \; x - \alpha, \; y - \beta, \; z - \gamma),$$

und das rechts stehende Modulsystem ist in der That äquivalent Eins oder äquivalent p, je nachdem $k(\alpha, \beta, \gamma)$ von Null verschieden, oder gleich Null ist.

Jedem solchen Primdivisor dritter Stufe $(x - \alpha, \; y - \beta, \; z - \gamma)$ entspricht eindeutig ein Punkt P im Raume, welcher durch die Gleichungen $(x - \alpha = 0, \; y - \beta = 0, \; z - \gamma = 0)$ definiert ist, also die Koordinaten (α, β, γ) besitzt. Die Gröſse $k(x, y, z)$ enthält also dann und nur dann das Primmodulsystem p, wenn die ihr entsprechende Oberfläche K durch den zu p gehörigen Punkt P hindurchgeht.

Jetzt erkennt man aber leicht, daſs die soeben betrachteten Systeme p auch die einzigen Primmodulsysteme dritter Stufe sind. Soll nämlich ein System $(f(xyz), g(xyz), \cdots h(xyz))$ von der dritten Stufe sein, so können die zugehörigen Oberflächen F, G, $\cdots H$ nur eine endliche Anzahl diskreter Punkte gemeinsam haben. Haben sie aber mehr als einen Schnittpunkt und ist P einer von ihnen, so besitzt das System $(f, g, \cdots h)$ sicher das zu P gehörige System $p = (x - \alpha, \; y - \beta, \; z - \gamma)$ als eigentlichen Teiler, kann also nicht prim sein. Ist endlich $P = (\alpha, \beta, \gamma)$ der einzige Schnittpunkt der Oberflächen $(F, \; G, \; \cdots H)$, so sind alle Gröſsen f, g, $\cdots h$ durch den zugehörigen Primteiler p teilbar, also enthält $(f, g, \cdots h)$ ebenfalls p, und zwar als eigentlichen Teiler, wenn nicht $(f, g, \cdots h) \sim (x - \alpha, \; y - \beta, \; z - \gamma)$ ist, und hiermit ist die aufgestellte Behauptung bewiesen.

Wir erhalten so den folgenden Satz, welcher uns einen vollständigen Einblick in die geometrische Bedeutung des rein arithmetischen Begriffes der Primdivisoren gewährt:

In dem Bereiche $\{x, y, z\}$ entsprechen den Divisoren der ersten,
zweiten und dritten Stufe die algebraischen Flächen, die algebraischen Kurven und die Punkte im Raume. Jedem Primteiler
der ersten Stufe entspricht eine unzerlegbare Oberfläche, jedem
Primteiler zweiter Stufe eine irreduktible Raumkurve, jedem
Primteiler dritter Stufe ein einzelner Punkt im Raume.

§ 3.

Für die hier betrachteten Primmodulsysteme eines beliebigen Bereiches $\{x, y, \cdots z\}$, aber auch nur für diese, bleiben alle Sätze bestehen, welche wir in den früheren Vorlesungen für die gewöhnlichen
Primzahlen aufgestellt und bewiesen hatten; der Grund dieser Thatsache liegt darin, daſs für diese Systeme der Fundamentalsatz der
elementaren Zahlentheorie in Kraft bleibt,

> daſs ein Produkt von zwei ganzen Gröſsen dann und nur dann
> durch ein Primmodulsystem teilbar ist, wenn dieses in einem
> seiner Faktoren enthalten ist.

Sei nämlich

$$p_\varrho = (f_1, f_2, \cdots f_\nu)$$

ein Primmodulsystem ϱ^{ter} Stufe des Bereiches $\{x, y, \cdots z\}$, und g und h
zwei andere Gröſsen desselben, deren Produkt durch p_ϱ teilbar ist,
so daſs:

(1) $\qquad (g \cdot h; f_1, f_2, \cdots f_\nu) \sim (f_1, f_2, \cdots f_\nu)$

ist. Wäre nun weder g noch h durch das Primmodulsystem p_ϱ teilbar,
so müſsten die beiden Modulsysteme

(1ᵃ) $\qquad (g, f_1, \cdots f_\nu)$ und $(h, f_1, \cdots f_\nu)$

mindestens von der $(\varrho + 1)^{\text{ten}}$ Stufe sein. Alsdann wäre aber auch ihr
Produkt:

(2) $\quad (g, \cdot\cdot f_i \cdots)(h, \cdot\cdot f_k \cdots) \sim (gh, \cdot\cdot gf_i \cdot\cdot, \cdot\cdot hf_k \cdot\cdot, \cdot\cdot f_i f_k \cdot\cdot)$

ebenfalls von höherer als der ϱ^{ten} Stufe, denn die $(\nu + 1)^2$ Gleichungen:

(2ᵃ) $\qquad gh = 0, \quad gf_i = 0, \quad hf_k = 0, \quad f_i f_k = 0 \quad {\scriptstyle (i, k = 1, 2, \cdots \nu)},$

durch welche die Stufenzahl des Systems (2) bestimmt wird, sind ja
für alle und nur die Wertsysteme $(\xi, \eta, \cdots \zeta)$ der Variablen $(x, y, \cdots z)$
erfüllt, für welche entweder:

$$g = f_1 = \cdots = f_\nu = 0 \qquad \text{oder} \qquad h = f_1 = \cdots = f_\nu = 0$$

ist; die Stufenzahl des Produktes (2) ist also gleich der kleineren unter den Stufenzahlen der beiden Faktoren $(g, f_1 \cdots f_\nu)$ oder $(h, f_1, \cdots f_\nu)$, also ebenfalls mindestens gleich $\varrho + 1$.

Nun ist aber das System $(gh, gf_i, hf_k, f_i f_k)$ offenbar durch das andere $(gh, f_1, \cdots f_\nu)$ teilbar, und daher ist auch dieses mindestens vom Range $(\varrho + 1)$, und da dies mit der in (1) gemachten Voraussetzung, daſs gh durch p_ϱ teilbar sein soll, im Widerspruch steht, so folgt, daſs wirklich mindestens eins der Systeme (1^a) äquivalent p_ϱ, daſs also einer der Faktoren g und h durch p_ϱ teilbar sein muſs.

Sprechen wir dieses Resultat z. B. für die Modulsysteme zweiter Stufe im Bereiche $\{x, y, z\}$ aus, so lautet der entsprechende geometrische Satz folgendermaſsen:

> Liegt eine irreduktible Raumkurve auf einer reduktiblen oder zerfallenden Oberfläche, so muſs sie vollständig auf einem einzigen ihrer unzerlegbaren Teile verlaufen.

Die in dieser letzten Vorlesung durchgeführten Untersuchungen über die Funktionen von mehreren Variablen sollen die Fülle der in diesem Gebiete sich darbietenden Probleme keineswegs erschöpfen; es lag mir nur daran zu zeigen, daſs und in welcher Weise die hier auseinandergesetzten arithmetischen Methoden weit über das ursprüngliche Gebiet der reinen Zahlenlehre ausgedehnt werden können, ohne ihre Einfachheit und Anwendbarkeit einzubüſsen. Insbesondere eröffnen sie den Weg, um die wichtigsten Fragen der höheren Geometrie in durchaus einheitlicher und überraschend einfacher Weise zu beantworten.

§ 4.

Unsere Untersuchungen gingen in der siebenten Vorlesung im Anschluſs an die Disquisitiones arithmeticae von der Einteilung der Zahlen in Klassen nach einem Modul m aus; diese Betrachtungen führten uns weiter zu dem Begriffe der Kongruenz nach einem Modul und zu seiner Ausdehnung, der Kongruenz nach einem Modulsystem. Nur kurz hatte ich im § 3 der zwölften Vorlesung darauf hingewiesen, daſs jedes Modulsystem $(m_1, \cdots m_\mu)$ im Sinne der Äquivalenz auch durch eine homogene Linearform $m_1 x_1 + \cdots + m_\mu x_\mu$ ersetzt werden kann. Zum Abschluſs der auf die Divisorensysteme bezüglichen Ausführungen will ich jetzt noch zeigen, daſs man die hier auseinandergesetzte Theorie, und zwar sowohl die Lehre von den Kongruenzen nach einem Modul als auch die Theorie der Divisorensysteme und ihrer Äquivalenz vollständig auf die Theorie der nicht homogenen Linearformen und ihre

Transformationen in einander gründen und so eine zweite vollständig einheitliche Behandlung der höheren Arithmetik gewinnen kann. Doch will ich mich der Einfachheit wegen und im Hinblick auf die weiterhin zu machenden Anwendungen schon jetzt auf die *ganzzahligen*, d. h. auf die dem Bereiche [1] angehörigen Linearformen beschränken.

Wir nennen zunächst zwei ganzzahlige nicht homogene Formen von einer Variablen

$$M = k + mx, \quad M' = k' + m'x'$$

äquivalent, wenn jede durch eine ganzzahlige lineare Transformation:

$$x = \alpha x' + \beta, \quad x' = \alpha' x + \beta'$$

in die andere übergeführt werden kann. Soll aber durch die erste Transformation M in M' übergehen, so muſs:

$$k + m(\alpha x' + \beta) = k' + m'x'$$

also:

$$m' = m\alpha, \quad k' = k + m\beta$$

sein; umgekehrt müssen α' und β' so gewählt werden können, daſs

$$m = m'\alpha', \quad k = k' + m'\beta'$$

ist. Aus diesen Gleichungen folgt zunächst, daſs $m = m\alpha\alpha'$, also $\alpha\alpha' = 1$ sein muss, und da α und α' ganze Zahlen sein sollen, so muſs $\alpha = \alpha' = \pm 1$, also $m' = \pm m$ sein, und die anderen Gleichungen ergeben $k' \equiv k \pmod{m}$.

Zwei Linearformen $mx + k$ und $m'x' + k'$ sind also dann und nur dann äquivalent, wenn $m' = \pm m$ und $k' \equiv k \pmod{m}$ ist.

Nimmt man nun an Stelle der Linearformen mit *einer* Unbestimmten solche mit beliebig vielen Unbestimmten:

$$M = k + m_1 x_1 + \cdots + m_\mu x_\mu, \quad M' = k' + m_1' x_1' + \cdots + m_\nu' x_\nu'$$

und definiert zwei solche Formen als einander äquivalent, wenn sie durch ganzzahlige Substitutionen:

$$(1) \quad x_h = \beta_h + \alpha_{h1} x_1' + \cdots + \alpha_{h\nu} x_\nu', \; x_k' = \beta_k' + \alpha_{k1}' x_1 + \cdots + \alpha_{k\mu}' x_\mu \quad \left(\begin{smallmatrix} h = 1, 2 \cdots \mu \\ k = 1, 2 \cdots \nu \end{smallmatrix}\right)$$

in einander übergehen, so ergiebt sich der allgemeine Satz:

Zwei Linearformen:

$$M = k + \sum_{g=1}^{\mu} m_g x_g \quad \text{und} \quad M' = k' + \sum_{h=1}^{\nu} m_h' x_h'$$

sind einander dann und nur dann äquivalent, wenn die beiden

Modulsysteme $(m_1, \cdots m_\mu)$ und $(m_1', \cdots m_\nu')$ äquivalent sind, und wenn aufserdem:

$$k' \equiv k \quad \text{modd} \; (m_1, \cdots m_\mu)$$

ist.

Soll nämlich durch die erste Transformation M in M' übergehen, so mufs:

$$k + \sum_g m_g \Big(\beta_g + \sum_h \alpha_{gh} x_h' \Big) = k' + \sum_h m_h' x_h', \qquad \binom{g=1,\,\cdots\,\mu}{h=1,\,\cdots\,\nu}$$

also

$$k' = k + \sum_g m_g \beta_g, \qquad m_h' = \sum_g \alpha_{gh} m_g$$

sein, und soll auch umgekehrt M' in M transformierbar sein, so müssen die ganzen Zahlen β_h' und α_{hl}' so gewählt werden können, dafs

$$k = k' + \sum_h m_h' \beta_h', \qquad m_l = \sum_l \alpha_{hl}' m_h'$$

ist; sind umgekehrt diese Bedingungsgleichungen erfüllt, so sind in der That M und M' äquivalent. Aber die zweite und vierte von ihnen sprechen aus, dafs die Modulsysteme (m_g) und (m_h') äquivalent, die erste und dritte, dafs k und k' modulis $(m_1 \cdots m_\mu)$ oder modulis $(m_1', \cdots m_\nu')$ kongruent sein müssen, und damit ist der aufgestellte Satz vollständig bewiesen.

Einundzwanzigste Vorlesung.

Zahlensysteme. — Neue Begründung der Fundamentaleigenschaften der Funktion $\varphi(n)$. — Beweis einer arithmetischen Identität. — Die Zahlen ε_m. — Die summatorischen Funktionen. — Anwendungen: Die Fundamentaleigenschaft der Zahlen ε_m. — Berechnung der Potenzsummen aller inkongruenten Einheiten modulo n.

§ 1.

Im folgenden bezeichnen wir mit dem Symbole (i, k) den größten gemeinsamen Teiler der beiden ganzen Zahlen i und k, also diejenige Zahl d, der das Divisorensystem (i, k) oder, was dasselbe ist, die Linearform $ix + ky$ äquivalent ist.

In den nächsten Vorlesungen wollen wir nun das nach zwei Seiten hin ins Unendliche ausgedehnte System von ganzen Zahlen:

$$(1) \qquad ((i, k)) = \begin{matrix} (1,1), & (1,2), & (1,3), & \cdots \\ (2,1), & (2,2), & (2,3), & \cdots \\ (3,1), & (3,2), & (3,3), & \cdots \\ & \cdot \quad \cdot \quad \cdot \quad \cdot \quad \cdot \quad \cdot \quad \cdot \end{matrix}$$

genauer untersuchen. Ersetzen wir in demselben alle Elemente (i, k) durch die ihnen äquivalenten größten gemeinsamen Teiler, so lauten die zehn ersten Zeilen und Kolonnen dieses merkwürdigen Systemes folgendermaßen:

$$(1^a) \qquad ((i, k)) = \begin{matrix} 1, & 1, & 1, & 1, & 1, & 1, & 1, & 1, & 1, & 1, & \cdots \\ 1, & 2, & 1, & 2, & 1, & 2, & 1, & 2, & 1, & 2, & \cdots \\ 1, & 1, & 3, & 1, & 1, & 3, & 1, & 1, & 3, & 1, & \cdots \\ 1, & 2, & 1, & 4, & 1, & 2, & 1, & 4, & 1, & 2, & \cdots \\ 1, & 1, & 1, & 1, & 5, & 1, & 1, & 1, & 1, & 5, & \cdots \\ 1, & 2, & 3, & 2, & 1, & 6, & 1, & 2, & 3, & 2, & \cdots \\ 1, & 1, & 1, & 1, & 1, & 1, & 7, & 1, & 1, & 1, & \cdots \\ 1, & 2, & 1, & 4, & 1, & 2, & 1, & 8, & 1, & 2, & \cdots \\ 1, & 1, & 3, & 1, & 1, & 3, & 1, & 1, & 9, & 1, & \cdots \\ 1, & 2, & 1, & 2, & 5, & 2, & 1, & 2, & 1, & 10, & \cdots \\ & \cdot \quad \cdot \quad \cdot \quad \cdot \quad \cdot \quad \cdot \quad \cdot \quad \cdot \end{matrix}$$

Dieses System ist symmetrisch, da $(i, k) = (k, i)$ ist, es bleibt also ungeändert, wenn man seine Zeilen oder Horizontalreihen mit seinen Kolonnen oder Vertikalreihen vertauscht. Da ferner allgemein $(k, k) \sim k$ ist, so bilden diejenigen Elemente, welche in der oben durch einen Strich bezeichneten Hauptdiagonale stehen, die Reihe der natürlichen Zahlen; alle anderen Zahlen der k^{ten} Zeile

$$(k, 1), (k, 2), \cdots (k, k), (k, k + 1), \cdots$$

sind Teiler von k.

Ordnen wir einer jeden Zahl (i, k) denjenigen Gitterpunkt im ersten Quadranten der Zahlenebene (vgl. § 5 der zweiten Vorlesung) zu, welcher die Koordinaten $(x = i,\ y = k)$ besitzt, so erhalten wir die Zahlen des ganzen Systemes (1^a) in genau derselben Reihenfolge auf jene Gitterpunkte verteilt, mit dem einzigen unwesentlichen Unterschiede, dafs sich die Horizontalreihen nicht nach unten, sondern nach oben ins Unendliche fortsetzen. Wir wollen nun zwei Punkte $P = (i, k)$ und $P' = (i', k')$ in eine und dieselbe Klasse K_t rechnen, wenn $(i, k) \sim (i', k') \sim t$ ist, wenn also die beiden Zahlenpaare (i, k) und (i', k') denselben grössten gemeinsamen Teiler t besitzen. Dann kann eine der Aufgaben, mit deren Lösung wir uns in den nächsten Vorlesungen beschäftigen wollen, folgendermafsen ausgesprochen werden: Wir denken uns im ersten Quadranten der Zahlenebene eine beliebige geschlossene Kurve gegeben, welche einen Teil F jener Ebene vollständig begrenzt, also eine bestimmte Anzahl der ganzzahligen Gitterpunkte $P, P', \cdots$ enthält. Es soll untersucht werden, wie viele von diesen Punkten zu einer gegebenen Klasse K_t gehören, oder, was dasselbe ist, es soll angegeben werden, wie viele Zahlenpaare (i, k) in einem beliebig begrenzten Bereiche den gröfsten gemeinsamen Teiler t besitzen.

In dieser Allgemeinheit läfst sich die vorliegende Aufgabe schwer behandeln; dagegen erhält man einfache Resultate, wenn man die Begrenzungskurve geeignet wählt.

Wir untersuchen zunächst den Fall, dafs das Gebiet ein Rechteck ist, welcher nur eine einzige Punktreihe und zwar die ersten n Zahlen:

$$(n, 1), (n, 2), \cdots (n, n)$$

einer beliebigen n^{ten} Zeile einschliefst. Soll eine der Zahlen (n, k) überhaupt zu einer Klasse K_t gehören, so mufs $t = d$ notwendig ein Teiler von n, also:

$$n = d \cdot d'$$

sein. Für alle zur Klasse K_d gehörigen Zahlen (n, k) mufs dann k ein Vielfaches von d sein, die gesuchten Zahlensysteme sind daher unter den d' Systemen:

16*

$$(n, d), \ (n, 2d), \cdots (n, d'd)$$

enthalten. Damit aber

$$(n, k'd) = (dd', k'd) \sim d$$

ist, ist notwendig und hinreichend, dafs

$$(d', k') \sim 1,$$

dafs also k' teilerfremd zu dem zu d komplementären Divisor von n ist, und da unter den d' Zahlen $1, 2, \cdots d'$ genau $\varphi(d')$ dieser Bedingung genügen, so ergiebt sich der Satz:

> Unter den Systemen $(n, 1), (n, 2), \cdots (n, n)$ gehören genau $\varphi(d')$ zu der Klasse K_d, wenn d ein beliebiger Teiler von n und $dd' = n$ ist.

Wählt man jetzt für d der Reihe nach alle Teiler von n, n selbst und 1 mit eingeschlossen, und beachtet man, dafs dann jedes der n Systeme $(n, k) \sim d$ in eine und nur eine dieser Klassen K_d gehört, so ergiebt sich für die Anzahl n aller Systeme (n, k) auch der Ausdruck $\sum\limits_{dd'=n} \varphi(d')$. Ersetzt man also d' durch δ, und berücksichtigt dann, dafs offenbar auch d' ebenso wie d alle Teiler von n durchläuft, so ergiebt sich die wichtige Beziehung:

$$(1) \qquad \sum_{\delta/n} \varphi(\delta) = n.$$

Wir wollen zunächst diese Formel, durch welche die arithmetische Funktion $\varphi(n)$ vollständig bestimmt ist, auf einem anderen und sehr eleganten Wege ableiten: Es sei

$$n = a^\alpha b^\beta \cdots c^\gamma$$

die Zerlegung der Zahl n in ihre Primfaktoren. Bildet man dann das Produkt:

$$A \cdot B \cdots C = \left(1 + \varphi(a) + \varphi(a^2) + \cdots + \varphi(a^\alpha)\right) \cdots \left(1 + \varphi(c) + \cdots + \varphi(c^\gamma)\right),$$

so ist dasselbe wegen der bekannten Eigenschaften der Funktion $\varphi(m)$ gleich:

$$\sum_{\alpha' \beta' \cdots \gamma'} \varphi(a^{\alpha'}) \varphi(b^{\beta'}) \cdots \varphi(c^{\gamma'}) = \sum_{\alpha' \beta' \cdots \gamma'} \varphi(a^{\alpha'} b^{\beta'} \cdots c^{\gamma'}) \quad \begin{pmatrix} \alpha' = 0, 1, \cdots \alpha \\ \beta' = 0, 1, \cdots \beta \\ \cdots\cdots\cdots \\ \gamma' = 0, 1, \cdots \gamma \end{pmatrix},$$

d. h. jenes Produkt $A B \cdots C$ ist gleich $\sum\limits_{\delta/n} \varphi(\delta)$, wenn die Summe auf alle Teiler $\delta = a^{\alpha'} b^{\beta'} \cdots c^{\gamma'}$ von n erstreckt wird. Andererseits ist aber (vgl. S. 123)

$$A = \varphi(1) + \varphi(a) + \cdots + \varphi(a^\alpha)$$
$$= 1 + (a-1) + (a^2 - a) + \cdots + (a^\alpha - a^{\alpha-1}) = a^\alpha,$$

und das Entsprechende gilt für $B \cdots C$. Also ist in der That:

$$AB \cdot\cdot\, C = n = \sum_{\delta/n} \varphi(\delta),$$

w. z. b. w.

Man kann aber auch umgekehrt die Formel (1) benutzen, um alle Eigenschaften der Funktion $\varphi(n)$ und ihren Wert für ein beliebiges n zu finden.

Ist zunächst $n = p$ eine Primzahl, so folgt aus ihr:

(2) $\qquad \varphi(p) + \varphi(1) = p, \qquad \varphi(p) = p - 1.$

Für $n = p^2$ ergiebt sich unter Benutzung von (2)

(3) $\qquad \varphi(p^2) + \varphi(p) + \varphi(1) = p^2, \quad \varphi(p^2) + p = p^2,$
$$\varphi(p^2) = p^2 - p.$$

Ebenso ist, falls $n = p^h$ eine beliebige Primzahlpotenz bedeutet,

$$\varphi(p^h) + \varphi(p^{h-1}) + \cdots + \varphi(p) + \varphi(1) = p^h,$$

oder, da nach derselben Gleichung die Summe der h letzten Glieder gleich p^{h-1} ist,

$$\varphi(p^h) = p^h - p^{h-1}.$$

Zweitens wollen wir mit Hülfe dieser Formel auf induktivem Wege zeigen, dafs, falls $n = rs$ irgend eine Zerlegung von n in zwei teilerfremde Faktoren ist, stets:

$$\varphi(n) = \varphi(r \cdot s) = \varphi(r) \cdot \varphi(s)$$

ist. Hierzu nehmen wir an, dafs derselbe Satz für alle unter n liegenden Zahlen bereits bewiesen ist. Dann folgt aus (1)

$$n = r \cdot s = \Big(\sum_{\varrho/r} \varphi(\varrho)\Big)\Big(\sum_{\sigma/s} \varphi(s)\Big),$$

wo sich die Summation rechts auf alle Teiler ϱ von r und σ von s bezieht; es ist also:

$$n = \varphi(r)\,\varphi(s) + \sum_{\varrho,\,\sigma} \varphi(\varrho)\,\varphi(\sigma),$$

wo in der Summe rechts nur das Produkt $\varphi(r)\,\varphi(s)$ fortzulassen ist. Da dann aber für alle Glieder dieser Summe nach unserer Voraussetzung $\varphi(\varrho)\,\varphi(\sigma) = \varphi(\varrho\sigma)$ ist, und da ferner jeder eigentliche Teiler d von n auf eine und nur eine Weise als ein Produkt $\varrho \cdot \sigma$ dargestellt

werden kann, dessen Faktoren bezw. in r und s enthalten sind, so kann
die letzte Gleichung auch so geschrieben werden:

$$n = \varphi(r)\,\varphi(s) + \sum_{d/n} \varphi(d),$$

die Summe erstreckt über alle *eigentlichen* Teiler d von n. Andererseits folgt aber wiederum aus (1)

$$n = \varphi(n) + \sum_{d/n} \varphi(d),$$

und durch Vergleichung ergiebt sich in der **That**

$$\varphi(n) = \varphi(r)\,\varphi(s),$$

d. h. die Richtigkeit der aufgestellten Behauptung.

Ist also $n = p_1^{h_1} \cdots p_k^{h_k}$ die Zerlegung von n in seine Primzahlpotenzen, so ergiebt sich genau wie auf S. 126:

$$\varphi(n) = n \prod_{i=1}^{k} \left(1 - \frac{1}{p_i}\right).$$

§ 2.

Die im vorigen Abschnitte gefundene wichtige Definitionsgleichung
(1) für $\varphi(n)$ ist nur ein ganz spezieller Fall einer sehr allgemeinen Beziehung, welche zwischen zahlentheoretischen Funktionen besteht und
zu deren Ableitung wir jetzt übergehen wollen.

Zu diesem Zwecke führen wir eine neue Funktion $\varrho(n, k)$ von
$(n, k) \sim d$ ein; wir setzen nämlich fest, es soll:

$$\varrho(n, k) = 1$$

sein, sobald $(n, k) \sim 1$ ist, wenn also n und k teilerfremd sind, dagegen sei

$$\varrho(n, k) = 0,$$

wenn $(n, k) = d > 1$ ist. Das nach beiden Seiten ins Unendliche fortgesetzte System:

$$(\varrho(n, k)) \qquad\qquad (n, k = 1,\ 2,\ \cdots \infty)$$

ist also auch symmetrisch, es enthält aber nur die Elemente 1 und 0
und geht aus dem auf S. 242 angegebenen Schema dadurch hervor,
dafs dort alle Zahlen mit Ausnahme von 1 durch 0 ersetzt werden.

Denken wir uns n und k durch ihre Exponentensysteme (vgl.
S. 73) dargestellt und ist:

$$n = (n_1,\ n_2,\ n_3,\ \cdots)$$
$$k = (k_1,\ k_2,\ k_3,\ \cdots),$$

so kann die Definition von $\varrho(n, k)$ sehr einfach auch so ausgesprochen werden, daſs $\varrho(n, k)$ den Wert 1 oder 0 hat, je nachdem alle Produkte $n_h k_h = 0$ sind, oder mindestens eins derselben von Null verschieden ist; es muſs also stets:

$$n_h \cdot k_h \cdot \varrho(n, k) = 0 \qquad (h=1, 2, \cdots)$$

sein.

Es ist leicht, für diese arithmetische Funktion $\varrho(n, k)$ einen analytischen Ausdruck anzugeben. Er ist nämlich stets:

$$\varrho(n, k) = \prod_{h=1}^{n-1} \left(\frac{\sin \dfrac{hk\pi}{n}}{\sin \dfrac{h\pi}{n}} \right)^2.$$

In der That: haben n und k keinen gemeinsamen Teiler, so sind die $(n-1)$ Produkte $k, 2k, \cdots (n-1)k$, abgesehen von ihrer Reihenfolge, den Zahlen $1, 2, \cdots n-1$ modulo n kongruent; das Produkt im Zähler ist also, da der Sinus, abgesehen vom Vorzeichen, um π periodisch ist, gleich dem im Nenner stehenden Produkte, in diesem Falle ist also wirklich $\varrho(n, k) = 1$. Haben dagegen n und k einen gemeinsamen Teiler d, so existiert unter den $(n-1)$ Produkten hk mindestens eins, für welches $hk \equiv 0 \pmod{n}$ und demnach $\sin \dfrac{hk\pi}{n} = 0$ ist, und da auch in diesem Falle kein Faktor des Nenners verschwindet, so ist hier $\varrho(n, k) = 0$, w. z. b. w.

Es sei jetzt $f(n, k)$ eine beliebige Funktion der Zahl $d = (n, k)$; ich bemerke zur Vermeidung von Miſsverständnissen, daſs die Funktion f nur von einem Argumente, nämlich von der Zahl $(n, k) \sim d$, nicht aber von den beiden Zahlen n und k abhängt, daſs sie also eigentlich in der Form $f((n, k))$ geschrieben werden müſste. Wir wollen aber im folgenden die einfachere Schreibweise $f(n, k)$ beibehalten. Wir betrachten dann die Funktion:

$$\sum_{k=1}^{n} \varrho(n, k) \cdot f(n, k),$$

welche also von den n Elementen:

$$f(n, 1), \quad f(n, 2), \cdots f(n, n)$$

alle und nur diejenigen als Summanden enthält, für welche $(n, k) \sim 1$, also k zu n relativ prim ist. Es ist leicht, für jene Summe eine direkte Darstellung zu finden, welche als Grundlage für unsere ferneren Untersuchungen dienen soll. Es sei:

$$n = p_1^{\nu_1} p_2^{\nu_2} \cdots p_r^{\nu_r}$$

die Zerlegung von n in seine Primfaktoren, und diese seien so geordnet, dafs $p_1 < p_2 < \cdots < p_r$ ist. Dann besteht stets, wie auch die Funktion $f(n, k)$ beschaffen sein mag, die folgende wichtige Identität:

$$(1) \left\{ \begin{aligned} \sum_k \varrho(n, k)\, f(n, k) &= \sum_k f(n, k) - \sum_{k, \alpha} f(n, k p_\alpha) + \sum_{k, \alpha, \beta} f(n, k p_\alpha p_\beta) \\ &\quad - \sum_{k, \alpha, \beta, \gamma} f(n, k p_\alpha p_\beta p_\gamma) + \cdots \pm \sum_k f(n, k p_1 p_2 \cdots p_r). \end{aligned} \right.$$

Hier ist allgemein in der $(h+1)^{\text{ten}}$ Partialsumme auf der rechten Seite

$$\sum f(n, k p_\alpha p_\beta \cdots p_\delta)$$

in Bezug auf jedes Produkt $p_\alpha p_\beta \cdots p_\delta$ von je h *verschiedenen* Primteilern von n zu summieren, und zwar jedesmal für

$$k = 1, 2, \cdots \frac{n}{p_\alpha p_\beta \cdots p_\delta}.$$

Von der Richtigkeit dieser wichtigen Formel überzeugt man sich so: Die Summe $\sum_{k=1}^{n} f(n, k)$ unterscheidet sich von der zu berechnenden $\sum_{k=1}^{n} \varrho(n, k)\, f(n, k)$ nur dadurch, dafs die erstere auch alle Elemente $f(n, k)$ enthält, für welche k mit n mindestens einen Primfaktor p_α gemeinsam hat. Um also die gesuchte Summe zu erhalten, müssen wir von $\sum f(n, k)$ die folgende:

$$(1^a) \qquad \sum_{\alpha=1}^{r} \sum_{k_\alpha=1}^{\frac{n}{p_\alpha}} f(n, k_\alpha p_\alpha),$$

erstreckt über alle Primteiler p_α von n, oder kürzer geschrieben $\sum_{\alpha, k} f(n, k p_\alpha)$ abziehen. Dann ist aber jedes Element $f(n, k)$ zwei Mal abgezogen, für welches $k = k_{\alpha\beta} p_\alpha p_\beta$ ein Multiplum von irgend zwei verschiedenen Primfaktoren p_α und p_β von n ist, da dieses Element in (1^a) sowohl in der zu p_α als in der zu p_β gehörigen Summe vorkommt. Um diesen Fehler auszugleichen, fügen wir also wiederum die Summe:

$$\sum_{\alpha < \beta} \sum_{k_{\alpha\beta}=1}^{\frac{n}{p_\alpha p_\beta}} f(n, k_{\alpha\beta}\, p_\alpha p_\beta),$$

oder kürzer $\sum_{\alpha, \beta, k} f(n, k p_\alpha p_\beta)$ hinzu, müssen aber alsdann die Summe aller derjenigen Elemente $f(n, k)$ abziehen, in welcher k und n drei verschiedene Primteiler $p_\alpha p_\beta p_\gamma$ gemeinsam haben u. s. w.; und durch Fortsetzung dieses Verfahrens erhalten wir zuletzt in der That die Identität (1).

Ich will aber die Richtigkeit dieser wichtigen Gleichung noch einmal ganz direkt durch den Nachweis verifizieren, dafs jedes Element $f(n, h)$ auf der rechten und auf der linken Seite von (1) gleich oft vorkommt. Es möge nämlich h mit n genau λ *verschiedene* Primfaktoren $p_a, p_b, p_c, \cdots p_d, p_e$ gemeinsam haben; dann enthält die Summe links das Element $f(n, h)$ einmal oder keinmal, je nachdem $\lambda = 0$ oder $\lambda > 0$ ist. Auf der rechten Seite von (1) dagegen kommt $f(n, h)$ in der ersten Summe $\sum f(n, k)$ genau einmal vor, in der zweiten $\sum f(n, kp_a)$ genau λ Male, nämlich in jeder der' λ auf $p_a, p_b, \cdots p_e$ bezüglichen Partialsummen einmal; in der nächsten Summe $\sum f(n, kp_\alpha p_\beta)$ tritt $f(n, h)$ genau $\frac{\lambda(\lambda-1)}{1\cdot 2}$ Male auf, nämlich je einmal in jeder der auf die $\frac{\lambda(\lambda-1)}{2}$ Primzahlprodukte $p_a p_b, p_a p_c, p_b p_c, \cdots p_d p_e$ bezüglichen Partialreihe je einmal, u. s. w. So erkennt man, dafs dieses Element auf der rechten Seite von (1) mit dem Faktor:

$$1 - \lambda + \frac{\lambda(\lambda-1)}{1\cdot 2} - \frac{\lambda(\lambda-1)(\lambda-2)}{1\cdot 2\cdot 3} + \cdots$$

multipliziert ist. Dieser ist aber gleich:

$$(1-1)^\lambda = 0,$$

sobald $\lambda > 0$ ist, sobald also h mit n einen gemeinsamen Teiler besitzt; ist dagegen $\lambda = 0$, also h zu n teilerfremd, so ist er gleich 1, und damit ist die Richtigkeit der Gleichung (1) bewiesen.

§ 3.

So einfach die im vorigen Abschnitte gefundene Formel (1) auch gedanklich ist, so läfst sie sich doch nur etwas umständlich schreiben, weil in ihr auf der rechten Seite nicht über *alle* Elemente $f(n, kd)$ summiert wird, für welche d ein beliebiger Teiler von n ist, sondern nur über diejenigen, für welche $d = 1, p_\alpha, p_\alpha p_\beta, p_\alpha p_\beta p_\gamma, \cdots$ ist, also nur eine Anzahl von einander verschiedener Primfaktoren von n enthält.

Wir führen daher jetzt ein Zeichen ein, welches uns ermöglicht, in jener Summe über alle Teiler von n zu summieren, und welches in unseren weiteren Untersuchungen eine wichtige Rolle spielen wird. Es sei nämlich ε_m eine Zahl, welche für jeden ganzzahligen Wert von m durch die folgenden Eigenschaften definiert ist:

$$\varepsilon_m = \quad 0 \text{ falls } m \text{ auch nur einen Primfaktor mehr als einmal}$$
enthält;

$$\varepsilon_m = +1 \text{ falls } m \text{ eine gerade Anzahl von einander verschie-}$$
dener Primfaktoren enthält;

$$\varepsilon_m = -1 \text{ falls } m \text{ eine ungerade Anzahl verschiedener Prim-}$$
faktoren besitzt;

$$\varepsilon_1 = +1.$$

Ist also $m = (\mu_1, \mu_2, \mu_3, \cdots)$ durch sein **Exponentensystem** definiert, so ist ε_m dann und nur dann $\gtreqless 0$, wenn bei jener Darstellung kein einziger Exponent μ gröfser als Eins ist; ist dies aber der Fall und $\varpi(m)$ die Anzahl der Primfaktoren von m, so ist $\varepsilon_m = (-1)^{\varpi(m)}$.

Die ersten 12 Zahlen

$$\varepsilon_1, \quad \varepsilon_2, \quad \varepsilon_3, \varepsilon_4, \quad \varepsilon_5, \quad \varepsilon_6, \quad \varepsilon_7, \varepsilon_8, \varepsilon_9, \quad \varepsilon_{10}, \quad \varepsilon_{11}, \varepsilon_{12}$$

haben also der Reihe nach die folgenden **Werte:**

$$1, -1, -1, 0, -1, +1, -1, 0, 0, +1, -1, 0.$$

Mit Benutzung dieser Koëfficienten kann dann die Gleichung (1) des vorigen Paragraphen in der bemerkenswert einfachen und eleganten Form geschrieben werden:

$$(1) \qquad \sum_1^n \varrho(n, k) f(n, k) = \sum_{d/n} \sum_{k=1}^{d'} \varepsilon_d \cdot f(n, kd) \qquad (dd'=n),$$

wo sich die Summation rechts auf *alle* Teiler d von n bezieht und jedesmal in Bezug auf k von 1, 2, $\cdots$ bis zu dem komplementären Teiler d' von d zu summieren ist; in der That fallen ja nach der Definition von ε_d alle Summanden fort, in denen d nicht aus lauter ungleichen Primfaktoren von n besteht, während die übrig bleibender den Faktor ± 1 erhalten.

An Stelle der Funktion $f(n, k)$ führen wir jetzt die beiden folgenden summatorischen Funktionen ein:

$$(2) \quad
\begin{aligned}
F(n, d) &= \sum_{k=1}^{d'} f(n, kd) = f(n, d) + f(n, 2d) + \cdots + f(n, d'd) \\
\Phi(n, d) &= \sum_{k=1}^{d'} \varrho(d', k) f(n, kd);
\end{aligned}$$

dann enthält die Funktion $\Phi(n, d)$ alle und nur die Summanden $f(n, kd)$ von $F(n, d)$, in welchen k zu dem komplementären Divisor d' teilerfremd ist, oder es besteht $\Phi(n, d)$ aus allen den $\varphi(d')$ Summanden $f(n, k)$, in welchen $(n, k) \sim d$ ist. Es ist also speziell für $d = 1$

$\Phi(n, 1) = \sum\limits_{k=1}^{n} \varrho(n, k) f(n, k)$; substituiert man diesen Wert in (1), und führt auf der rechten Seite die summatorischen Funktionen $F(n, d)$ ein, so erhält man die erste Formel:

(3)
$$\Phi(n, 1) = \sum\limits_{d/n} \varepsilon_d \cdot F(n, d).$$

Bildet man aber andererseits die über alle Teiler von n erstreckte Summe

$$\sum\limits_{d/n} \Phi(n, d) = \sum\limits_{d} \sum\limits_{(n, k) \sim d} f(n, k)$$

und beachtet, daß jedes der n Systeme (n, k) einem einzigen Divisor von n äquivalent ist, so wird die rechte Seite gleich der Summe aller n Elemente $f(n, k)$, oder nach (2) gleich $F(n, 1)$. So erhält man als Auflösung von (3) die zweite Formel:

(3ᵃ)
$$F(n, 1) = \sum\limits_{d/n} \Phi(n, d).$$

Die Reciprocität zwischen den beiden Gleichungssystemen (3) und (3ᵃ) wird noch auffallender, wenn man statt $F(n, d)$ die Funktion $\Psi(n, d) = \varepsilon_d F(n, d)$ einführt; dann gehen nämlich jene Gleichungssysteme einfach über in:

(3ᵇ)
$$\Phi(n, 1) = \sum\limits_{d/n} \Psi(n, d)$$

$$\Psi(n, 1) = \sum\limits_{d/n} \Phi(n, d).$$

§ 4.

Aus den Reciprocitätsgleichungen (3ᵇ) können wir jetzt dadurch eine große Anzahl von interessanten rein arithmetischen Resultaten ableiten, daß wir der bisher willkürlich angenommenen Funktion $f(n, k)$ spezielle Werte beilegen.

Es sei erstens für jedes $k < n$

$$f(n, k) = 0,$$

dagegen sei für $k = n$

$$f(n, n) = 1.$$

Dann wird:

$$\Psi(n, d) = \varepsilon_d F(n, d) = \varepsilon_d \sum\limits_{k=1}^{d'} f(n, kd) = \varepsilon_d$$

$$\Phi(n, d) = \sum\limits_{(n, k) \sim d} f(n, k) = 0,$$

sobald d ein eigentlicher Teiler von n ist; dagegen ist

$$\Phi(n, n) = 1,$$

da nur in diesem Falle unter den Elementen $f(n, k)$ von $\Phi(n, d)$ das von Null verschiedene $f(n, n)$ enthalten ist. Ist also $n > 1$, so liefert die erste der beiden Gleichungen (3^b) die wichtige Relation:

$$\sum_{d/n} \varepsilon_d = 0 \qquad\qquad (n > 1).$$

Die Summe aller Koëfficienten ε_d, erstreckt über alle Teiler einer beliebigen Zahl $n > 1$, ist also stets gleich Null.

Auf die Bedeutung dieser Eigenschaft der Gröfsen ε_d für die ganze Arithmetik soll in der nächsten Vorlesung ausführlich eingegangen werden.

Es sei zweitens

$$f(n, k) = k^z,$$

wo z ein vorläufig ganz beliebiger konstanter Exponent sein soll; dann ist

$$\Phi(n, 1) = \sum_{(r, n) \sim 1} r^z,$$

wenn r alle inkongruenten Einheiten modulo n durchläuft, und:

$$\Psi(n, d) = \varepsilon_d \cdot F(n, d) = \varepsilon_d \sum_{k=1}^{d'} (kd)^z$$
$$= \varepsilon_d d^z \cdot \sum_{1}^{d'} k^z;$$

also liefert die Gleichung $\Phi(n, 1) = \sum \Psi(n, d)$ die Relation:

$$\sum r^z = \sum_{d/n} \varepsilon_d d^z \cdot \sum_{1}^{d'} k^z.$$

Diese Gleichung kann benutzt werden, um die Potenzsummen der Einheiten modulo n zu berechnen. Setzen wir zunächst $z = 0$, so wird die linke Seite gleich der Anzahl $\varphi(n)$ aller inkongruenten Einheiten, und man erhält:

$$\varphi(n) = \sum \varepsilon_d \cdot d' = n \sum \frac{\varepsilon_d}{d}$$
$$\frac{\varphi(n)}{n} = \sum_{d/n} \frac{\varepsilon_d}{d};$$

die Summe auf der rechten Seite giebt uns also das Verhältnis an, in dem die Anzahl der inkongruenten Einheiten modulo n zu n steht.

Für $g = 1$ ergiebt sich die Gleichung:

$$\sum r = \sum \varepsilon_d d \cdot \sum_1^{d'} k = \frac{1}{2} \sum \varepsilon_d d d' (d' + 1)$$

und da $\sum \varepsilon_d = 0$, $\sum \varepsilon_d d' = \varphi(n)$ ist, so folgt:

$$\sum r = \frac{1}{2} n \varphi(n).$$

Da $\varphi(n)$ für $n > 2$ stets eine gerade Zahl ist, so ist das Verhältnis $\dfrac{\sum r}{n} = \dfrac{1}{2} \varphi(n)$ der Summe aller Einheiten modulo n zu n immer eine ganze Zahl; eine Ausnahme bildet nur der Fall $n = 2$.

Zweiundzwanzigste Vorlesung.

Analytischer Beweis der eindeutigen Zerlegbarkeit der Zahlen in ihre Primfaktoren. — Die Dirichletschen Reihen. — Ihre Konvergenz. — Eine Funktion kann nur auf eine Art durch eine Dirichletsche Reihe dargestellt werden. — Anwendungen: Analytische Begründung arithmetischer Sätze. — Bestimmung der Anzahl und der Summe aller Teiler einer Zahl. — Untersuchung der Funktion $\varphi(n)$. — Analytischer Beweis des Satzes, daſs die Anzahl aller Primzahlen unendlich groſs ist. — Analytischer Beweis arithmetischer Reciprocitätsgleichungen. — Anwendungen.

§ 1.

Für die in der vorigen Vorlesung eingeführten Gröſsen $\varepsilon_1, \varepsilon_2, \varepsilon_3, \cdots$ hatten wir im § 4 die Fundamentalgleichung gefunden

$$(1) \qquad \sum_{d/n} \varepsilon_d = 0,$$

wenn diese Summe über alle Teiler einer beliebigen Zahl $n > 1$ erstreckt wird. Es ist nun höchst bemerkenswert, daſs diese Fundamentaleigenschaft der Gröſsen ε_m vollständig äquivalent mit dem Hauptsatze ist, daſs jede Zahl auf eine einzige Art in ein Produkt von Primzahlen zerlegt werden kann. Den strengen Beweis dieser Thatsache werden wir dadurch erbringen, daſs wir die Zahlen ε_m in anderer Weise, nämlich als die Koëfficienten einer unendlichen Reihe definieren, und dann diese Reihe weiter untersuchen; durch diese veränderte Auffassung werden wir von selbst auf den eigentlichen Inhalt dieses ganzen Abschnittes, nämlich zu den Anwendungen der Analysis auf arithmetische Probleme hingeführt, durch deren Einführung *Dirichlet* die *Gauss*'sche Arithmetik in so umfassender Weise erweitert hat.

Denken wir uns das auf alle Primzahlen p ausgedehnte Produkt $\prod_p \left(1 - \frac{1}{p^s}\right)$ ausmultipliziert, so ergiebt sich die folgende Gleichung:

$$(2) \qquad \prod_p \left(1 - \frac{1}{p^s}\right) = 1 - \sum_p \frac{1}{p^s} + \sum_{p,p'} \frac{1}{(pp')^s} - \sum_{p,p',p''} \frac{1}{(pp'p'')^s} + \cdots,$$

in welcher die Summen rechts bezw. auf alle Primzahlen p, auf alle Produkte von je zwei, drei, $\cdots$ verschiedenen Primzahlen auszudehnen sind. Nach der in der vorigen Vorlesung gegebenen Definition der Gröſsen ε_n kann aber die rechte Seite dieser Gleichung in der Form

$\sum_{n=1}^{\infty} \dfrac{\varepsilon_n}{n^s}$ geschrieben werden; man gelangt also zu der Gleichung:

$$(2^{\mathrm{a}}) \qquad \prod_p \left(1 - \frac{1}{p^s}\right) = \sum_1^{\infty} \frac{\varepsilon_n}{n^s},$$

welche gilt, mag die Anzahl aller Primzahlen endlich, oder mag sie, wie dies thatsächlich der Fall ist, unendlich grofs sein. Bei dieser letzteren Annahme gilt diese Gleichung aber nur für solche Werthe von z, für welche sowohl das unendliche Produkt links, als auch die unendliche Reihe rechts unbedingt konvergiert. Wir nehmen vorläufig als bewiesen an, dafs man z stets so wählen kann, dafs nicht nur die beiden Seiten dieser Gleichung, sondern überhaupt alle hier auftretenden Reihen und Produkte unbedingt convergieren; wir werden die Richtigkeit dieser Behauptung im nächsten Paragraphen in einem viel allgemeineren Umfange darthun, indem wir in eine genauere Untersuchung der s. g. Dirichletschen Reihen, nämlich der Reihen von der

Form $\sum_1^{\infty} \dfrac{c_n}{n^s}$ eintreten, und zeigen, für welche Werte von s sie un

bedingt konvergieren. Hierbei wird sich ferner das wichtige Resultat

ergeben, dafs zwei solche Reihen $\sum \dfrac{c_n}{n^s}$ und $\sum \dfrac{c_n'}{n^z}$ nur dann für alle

Werte von z einander gleich sein können, wenn sie identisch sind, wenn also allgemein $c_i = c_i'$ ist; wir verweisen an dieser Stelle vorläufig auf jene Beweise, um hier den Gedankengang nicht zu unterbrechen.

Nehmen wir also auch diesen Satz bereits als bewiesen an, so liefert uns die Gleichung (2^{a}) jetzt eine neue analytische Definition der Gröfsen ε_m; denn multipliziert man das Produkt links aus, und vergleicht dann die beiden Reihen Glied für Glied mit einander, so erhält man ja genau die auf S. 250 angegebenen Werte für die Zahlen $\varepsilon_1, \varepsilon_2, \varepsilon_3, \cdots$. Wir wollen jetzt von dieser Definition der Zahlen ε_m ausgehen und zeigen, wie sich allein aus dem Bestehen der Gleichungen (1) die eindeutige Zerlegbarkeit jeder Zahl in Primfaktoren erschliefsen läfst.

Zu diesem Zwecke formen wir die unendliche Reihe:

$$S = \sum_{l=1}^{\infty} \sum_{m=1}^{\infty} \frac{\varepsilon_l}{(l \cdot m)^s}$$

auf zwei verschiedene Arten um, aus deren Vergleichung sich jener Satz unmittelbar ergiebt. Einmal folgt aus (2^{a}) die Gleichung:

$$S = \sum_{l} \frac{\varepsilon_l}{l^z} \cdot \sum_{m} \frac{1}{m^z} = \prod_{p} \left(1 - \frac{1}{p^z}\right) \cdot \sum_{m} \frac{1}{m^z}.$$

Setzt man aber andererseits $lm = n$, summiert dann in S zuerst über alle Werte von $n = 1, 2, \cdots$ und dann für jedes n über alle Teiler l von n, so ergiebt sich für S der einfache Wert:

$$S = \sum_{n=1}^{\infty} \sum_{l/n} \frac{\varepsilon_l}{n^z} = \sum_{n=1}^{\infty} \frac{\sum_{l/n} \varepsilon_l}{n^z} = 1,$$

da wegen der Fundamentaleigenschaft (1) alle im Zähler stehenden Summen $\sum_{l/n} \varepsilon_l$ mit einziger Ausnahme derjenigen für $n = 1$ Null sind. Es ergiebt sich so die merkwürdige Gleichung:

$$\prod_{p} \left(1 - \frac{1}{p^z}\right) \cdot \sum_{m} \frac{1}{m^z} = 1,$$

und aus ihr folgt die weitere:

$$\sum_{m} \frac{1}{m^z} = \prod_{p} \frac{1}{1 - \dfrac{1}{p^z}}.$$

Da nun ferner für jeden einzelnen Faktor des rechts stehenden Produktes:

$$\frac{1}{1 - \dfrac{1}{p^z}} = 1 + \frac{1}{p^z} + \frac{1}{p^{2z}} + \cdots = \sum_{0}^{\infty} \frac{1}{p^{kz}}$$

ist, vorausgesetzt, dafs z so gewählt ist, dafs $\dfrac{1}{p^z} < 1$ ist, so ergiebt sich die Gleichung:

$$\sum_{m} \frac{1}{m^z} = \left(\sum_{k} \frac{1}{p^{kz}}\right)\left(\sum_{k_1} \frac{1}{p_1^{k_1 z}}\right)\left(\sum_{k_2} \frac{1}{p_2^{k_2 z}}\right) \cdots,$$

wenn $p, p_1, p_2, \cdots$ die Primzahlen in ihrer natürlichen Reihenfolge bedeuten, d. h. es ist:

$$\sum_{m} \frac{1}{m^z} = \sum_{p, k} \frac{1}{(p^k p_1^{k_1} \cdots)^z},$$

wo die Summe links auf alle Zahlen m, die rechts auf alle Primzahlen $p, p_1, \cdots$ und alle Exponenten $k, k_1, \cdots$ zu beziehen ist. Nach dem oben erwähnten Hülfssatze kann nun diese Gleichung nur dann bestehen, wenn jedes Glied $\dfrac{1}{m^z}$ auf beiden Seiten denselben Koëfficienten besitzt; dieser Koëfficient ist aber links gleich Eins, rechts gleich der Anzahl der Darstellungen von m in der Form $p^k p_1^{k_1} \cdots$, und damit ist bewiesen, daſs jene Anzahl stets gleich Eins ist und zwar allein unter Benutzung der Gleichungen $\sum\limits_{d/n} \varepsilon_d = 0$.

Diese wichtige Thatsache ist schon von *Euler* klar erkannt, aber in wenig geschickter Weise bewiesen worden. Die hier gegebene Herleitung verdanken wir *Dirichlet*.

§ 2.

Wir wollen jetzt nachträglich zeigen, daſs eine Reihe $\sum \dfrac{c_n}{n^z}$ für geeignet gewählte Werte von z .stets unbedingt konvergent ist, sobald nur ihre Koëfficienten c_n sämtlich unterhalb einer endlichen Grenze liegen; es gilt nämlich der wichtige Satz:

Eine Reihe $\sum' \dfrac{c_n}{n^z}$ konvergiert unbedingt für alle Werte von z, welche gröſser als Eins sind.

In der That, liegen alle Koëfficienten c_n absolut genommen unterhalb einer endlichen Gröſse C, ist also allgemein:

$$|c_n| < C,$$

so ist:

$$\left| \sum_1^\infty \frac{c_n}{n^z} \right| \leqq \sum_1^\infty \frac{|c_n|}{n^z} < C \cdot \sum_1^\infty \frac{1}{n^z},$$

und da die Reihe $\sum\limits_1^\infty \dfrac{1}{n^z}$ nach dem auf S. 139 gegebenen Beweise für jeden Wert von $z > 1$ konvergiert, so konvergiert auch die vorgelegte Reihe unbedingt, also unabhängig von der Reihenfolge ihrer Glieder in demselben Bereiche für z.

Wir wollen hier noch einen zweiten Beweis für die' Konvergenz der Reihe $\sum\limits_1^\infty \dfrac{1}{n^z}$ für $z > 1$ geben, welcher nicht wie der früher gegebene rein arithmetisch ist, sondern sich auf die Elemente der Integralrechnung stützt, und der auſserdem unsere Reihe von vorn herein zwischen zwei Grenzen einschlieſst.

Wir gelangen zu diesem für das Weitere besonders wichtigen Resultate durch die folgenden einfachen Überlegungen: Es sei $f(x)$ eine Funktion von x, welche in einem Intervalle $J = (A \cdots B)$ stetig ist. Sind dann m und $m + 1$ zwei auf einander folgende ganze Zahlen, welche in jenem Intervalle liegen, so ist bekanntlich nach dem ersten Mittelwertsatze:

$$\int_m^{m+1} f(x)\,dx = f(\xi) \qquad (m < \xi < m+1),$$

wo ξ einen Mittelwert zwischen m und $m+1$ bedeutet. Wir machen jetzt über die Funktion $f(x)$ die weitere Voraussetzung, dafs sie in dem ganzen Intervalle J mit wachsendem Argumente abnimmt. Dann ist stets $f(m) > f(\xi) > f(m+1)$, und die obige Gleichung liefert die Ungleichung:

$$f(m) > \int_m^{m+1} f(x)\,dx > f(m+1).$$

Es seien jetzt a und b zwei ganze Zahlen des Intervalles J und $a < b$. Summieren wir dann diese Ungleichung von a bis $b-1$, so ergiebt sich:

$$\sum_a^{b-1} f(m) > \sum_a^{b-1} \int_m^{m+1} f(x)\,dx > \sum_a^{b-1} f(m+1),$$

und hieraus folgt nach einer leichten Umformung:

$$\left(\sum_a^b f(m)\right) - f(b) > \int_a^b f(x)\,dx > \left(\sum_a^b f(m)\right) - f(a),$$

oder es ist:

$$(1) \qquad f(a) + \int_a^b f(x)\,dx > \sum_a^b f(m) > f(b) + \int_a^b f(x)\,dx.$$

Diese wichtige und sehr allgemeine Gleichung kann auch in der folgenden einfacheren Form geschrieben werden:

$$(1^a) \qquad \sum_a^b f(m) = f(\xi) + \int_a^b f(x)\,dx \qquad (a < \xi < b),$$

wo wiederum ξ einen nicht näher bestimmten Mittelwert zwischen a und b bedeutet; da nämlich $f(x)$ in jenem Intervalle stetig ist, also alle Werte zwischen $f(a)$ und $f(b)$ durchläuft, so giebt es sicher einen Wert von ξ, für welchen $f(\xi) + \int_a^b f(x)\,dx$ gleich $\sum_a^b f(m)$ wird. Wählen wir speziell $f(x) = \dfrac{1}{x^z}$, so wird $\int f(x)\,dx = \int \dfrac{dx}{x^z} = -\dfrac{1}{(z-1)\,x^{z-1}}$, für $z > 1$ ist also $\int_a^b \dfrac{dx}{x^z} = \dfrac{1}{z-1}\left(\dfrac{1}{a^{z-1}} - \dfrac{1}{b^{z-1}}\right)$; es ergiebt sich demnach aus (1ᵃ)

$$(1^b) \qquad \sum_a^b \frac{1}{m^z} = \frac{1}{\xi^z} + \frac{1}{z-1}\left(\frac{1}{a^{z-1}} - \frac{1}{b^{z-1}}\right).$$

Ist nun $z > 1$, so lehrt diese Gleichung, daſs für einen genügend groſsen Wert von a die rechte, also auch die linke Seite dieser Gleichung beliebig klein gemacht werden kann, da die drei Glieder derselben mit wachsendem a und b unter jede Grenze herabsinken. Also konvergiert unsere Reihe $\sum_1^\infty \dfrac{1}{m^z}$ unbedingt, da man a stets so groſs wählen kann, daſs die Summe $\sum_a^b \dfrac{1}{m^z}$ von beliebig vielen Gliedern

$$\frac{1}{a^z} + \frac{1}{(a+1)^z} + \cdots + \frac{1}{b^z}$$

beliebig klein gemacht werden kann.

Setzt man ferner in der Ungleichung (1) ebenfalls $f(x) = \dfrac{1}{x^z}$, aber $a = 1$, $b = \infty$ und beachtet, daſs $f(\infty) = 0$ ist, so ergiebt sich für unsere ganze Reihe die **Ungleichung**:

$$(2) \qquad 1 + \frac{1}{z-1} > \sum_1^\infty \frac{1}{n^z} > \frac{1}{z-1},$$

durch welche ihr Wert für jedes z bis auf eine Einheit genau bestimmt wird.

Endlich werde noch bemerkt, daſs die Summe unserer Reihe unter Benutzung der Elemente der Analysis leicht gefunden werden kann, sobald z irgend eine gerade Zahl ist*). So ist z. B.:

$$\frac{1}{1^2} + \frac{1}{2^2} + \frac{1}{3^2} + \cdots = \frac{\pi^2}{6},$$

$$\frac{1}{1^4} + \frac{1}{2^4} + \frac{1}{3^4} + \cdots = \frac{\pi^4}{90},$$

$$\frac{1}{1^6} + \frac{1}{2^6} + \frac{1}{3^6} + \cdots = \frac{\pi^6}{945},$$

$$\cdots \cdots \cdots \cdots \cdots$$

---

*) Vgl. z. B. *Schlömilch*, Compendium der höheren Analysis. V. Auflage. Bd. I. S. 243.

Wir zeigen jetzt, daſs auch das unendliche Produkt $\prod\limits_{p}\left(1-\dfrac{1}{p^z}\right)$

für $z > 1$ unbedingt konvergiert; wir brauchen dazu nur nachzuweisen, daſs der Logarithmus desselben innerhalb dieses Bereiches eine konvergente Reihe ist. Nun ist

$$-l\prod_{p}\left(1-\frac{1}{p^z}\right) = -\sum_{p} l\left(1-\frac{1}{p^z}\right) = \sum_{p}\left(\frac{1}{p^z}+\frac{1}{2p^{2z}}+\frac{1}{3p^{3z}}+\cdots\right).$$

Bedeutet aber x irgend einen positiven echten Bruch, so ist:

$$(3)\qquad \frac{x^3}{3}+\frac{x^4}{4}+\cdots < \frac{x^3}{3}\,(1+x+x^2+\cdots) = \frac{x^3}{3}\,\frac{1}{1-x};$$

wählt man ferner $x < \dfrac{3}{5}$, so ist offenbar:

$$(3^a)\qquad\qquad \frac{x^3}{3}\cdot\frac{1}{1-x} < \frac{x^2}{2}.$$

Da nun für jede Primzahl $p = 2, 3, \cdots$ $\dfrac{1}{p^z} < \dfrac{3}{5}$ ist, sobald $z > 1$ angenommen wird, so können in jeder der **Klammern** rechts die Umformungen (3) und (3^a) vorgenommen werden, und es ist also

$$-l\prod_{p}\left(1-\frac{1}{p^z}\right) = \sum_{p}\left(\frac{1}{p^z}+\frac{1}{2p^{2z}}+\cdots\right) < \sum_{p}\frac{1}{p^z}+\sum_{p}\frac{1}{p^{2z}},$$

und da offenbar $\sum\limits_{p}\dfrac{1}{p^{2z}} < \sum\limits_{p}\dfrac{1}{p^z} < \sum\limits_{1}^{\infty}\dfrac{1}{n^z}$ ist, und $\sum\limits_{1}^{\infty}\dfrac{1}{n^z}$ für $z > 1$

konvergiert, so gilt dasselbe auch von dem unendlichen Produkte

$\prod\left(1-\dfrac{1}{p^z}\right)$; w. z. b. w.

§ 3.

Die hier betrachteten Reihen

$$\frac{c_1}{1^z}+\frac{c_2}{2^z}+\frac{c_3}{3^z}+\cdots$$

konvergieren innerhalb des ganzen Bereiches $z > 1$ unbedingt; sie haben aber auſserdem die Eigenschaft, daſs nicht nur die einzelnen Multiplikatoren $\dfrac{1}{n^z}$ mit wachsendem z unbegrenzt abnehmen, sondern daſs auch der Quotient:

$$\left(\frac{n-1}{n}\right)^z = \left(1-\frac{1}{n}\right)^z$$

zweier auf einander folgenden Multiplikatoren durch Vergröſserung von z beliebig klein gemacht werden kann.

Diese Thatsache wollen wir jetzt zu dem Nachweise benutzen, dafs eine jede Reihe $\dfrac{c_r}{r^z} + \dfrac{c_{r+1}}{(r+1)^z} + \cdots$ für ein genügend grofses z das Vorzeichen ihres Anfangsgliedes besitzt, weil dann die Summe aller folgenden Glieder absolut genommen kleiner als jenes erste nicht verschwindende Glied $\dfrac{c_r}{r^z}$ wird. Hieraus folgt dann ohne weiteres der schon vorher angekündigte Beweis des Satzes, dafs eine Funktion $f(z)$, wenn überhaupt, nur auf eine einzige Art in eine Reihe $\sum \dfrac{c_n}{n^z}$ entwickelt werden kann; denn wären

$$f(z) = \sum \frac{c_n}{n^z} = \sum \frac{c_n'}{n^z}$$

zwei verschiedene derartige Entwickelungen einer und derselben Funktion, so wäre ja ihre Differenz:

(1)
$$\sum_1^\infty \frac{c_n - c_n'}{n^z} = \frac{c_r - c_r'}{r^z} + \frac{c_{r+1} - c_{r+1}'}{(r+1)^z} + \cdots$$

identisch Null, ohne dafs alle ihre Koëfficienten $c_n - c_n'$ verschwinden, und dies ist unmöglich, da für ein genügend grofses z jene Reihe (1) das Vorzeichen ihres ersten von Null verschiedenen Koëfficienten $c_r - c_r'$ erhalten müfste.

Wir wollen den angegebenen Satz gleich für eine viel allgemeinere Klasse von Reihen beweisen, unter denen z. B. auch die gewöhnlichen Potenzreihen enthalten sind. Es sei:

$$F(z) = c_0 f_0(z) + c_1 f_1(z) + c_2 f_2(z) + \cdots$$

eine Reihe, in welcher die Koëfficienten $c_0, c_1, \ldots$ reelle Konstanten, die Multiplikatoren $f_0(z), f_1(z), \cdots$ reelle Funktionen von z sind, und welche die folgenden Eigenschaften besitzen soll:

1) Sie konvergiert unbedingt innerhalb eines Bereiches $z > a$ der Variabeln z.

2) Alle Multiplikatoren $f_0(z), f_1(z), f_2(z), \cdots$ besitzen innerhalb dieses Bereiches positive Werte.

3) Der Quotient $\dfrac{f_n(z)}{f_{n-1}(z)}$ zweier auf einander folgenden Multiplikatoren wird mit wachsendem z unendlich klein.

4) Der Anfangskoëfficient c_0 ist von Null verschieden; er werde als positiv angenommen.

Besitzt die Reihe $F(z)$ diese vier Eigenschaften, so beweisen wir, dafs sie niemals identisch Null sein kann, dafs sie vielmehr für ein genügend grofses z das Vorzeichen des Anfangsgliedes $c_0 f_0(z)$ erhält, also positiv ist. Da der Reihe $\sum \dfrac{c_n}{n^z}$ diese vier Eigenschaften zukommen, so gilt der folgende Beweis also auch für diese.

Zum Beweise schreiben wir unsere Reihe in der Form:

$$(2) \qquad\qquad F(z) = c_0 f_0(z) + F_1(z),$$

wo

$$(2^a) \qquad\qquad F_1(z) = \sum_1^\infty c_n f_n(z)$$

ist, und zeigen, dafs für ein genügend grofses z $\;|F_1(z)| < \frac{1}{2} c_0 f_0(z)$ gemacht werden kann, dafs also $F_1(z) = \frac{1}{2} c_0 f_0(z) \varepsilon_0$ wird, wo ε_0 einen positiven oder negativen echten Bruch bedeutet; dann ist aber unsere Behauptung bewiesen, denn für einen solchen Wert von z wird

$$F(z) = c_0 f_0(z) \left(1 + \frac{1}{2} \varepsilon_0 \right),$$

d. h. $F(z)$ ist sicher positiv, weil alle drei Faktoren nach der Voraussetzung gröfser als Null sind.

Dafs aber z stets der eben aufgestellten Bedingung gemäfs gewählt werden kann, zeigen wir so: Ist ζ ein beliebiger Wert von z innerhalb des Konvergenzbereiches unserer Reihe, so ist:

$$(3) \quad |F_1(z)| = \left| \sum_1^\infty c_n f_n(z) \right| \leq \sum_1^\infty |c_n| f_n(z) = \sum_1^\infty |c_n| \cdot \frac{f_n(z)}{f_n(\zeta)} \cdot f_n(\zeta).$$

Nun kann man zunächst z stets so grofs wählen, dafs:

$$(4) \qquad\qquad \frac{f_n(z)}{f_n(\zeta)} < \frac{f_1(z)}{f_1(\zeta)},$$

oder, was dasselbe ist, dafs:

$$\frac{f_n(z)}{f_1(z)} < \frac{f_n(\zeta)}{f_1(\zeta)}$$

wird; da nämlich:

$$\lim_{z = \infty} \frac{f_n(z)}{f_1(z)} = \lim_{z = \infty} \left(\frac{f_n(z)}{f_{n-1}(z)} \cdot \frac{f_{n-1}(z)}{f_{n-2}(z)} \cdots \frac{f_2(z)}{f_1(z)} \right) = 0$$

ist, weil auf der rechten Seite jeder der $n-1$ Faktoren $\dfrac{f_{i+1}(z)}{f_i(z)}$ für sich n. d. V. diesen Grenzwert besitzt, so kann z stets so grofs gewählt werden, dafs für jedes n die Ungleichung (4) erfüllt ist. Für einen solchen Wert von z geht aber die Ungleichung (3) über in:

$$(5) \qquad |F_1(z)| < \frac{f_1(z)}{f_1(\zeta)} \cdot \sum_1^{\infty} |c_n| f_n(\zeta) = \frac{f_1(z)}{f_1(\zeta)} s_1,$$

wo s_1 die Summe der n. d. V. konvergenten Reihe $\displaystyle\sum_1^{\infty} |c_n| f_n(\zeta)$ be-
deutet. Jetzt kann man endlich z noch so groſs annehmen, daſs wirk-
lich $|F_1(z)| < \frac{1}{2} c_0 f_0(z)$ wird, denn wegen (5) ist ja diese Bedingung
sicher erfüllt, wenn:

$$(6) \qquad \frac{f_1(z)}{f_1(\zeta)} s_1 < \frac{1}{2} c_0 f_0(z),$$

oder, was dasselbe ist, wenn:

$$\frac{f_1(z)}{f_0(z)} < \frac{1}{2} c_0 \frac{f_1(\zeta)}{s_1}$$

ist, und da n. d. V. $\displaystyle\lim_{z=\infty} \frac{f_1(z)}{f_0(z)} = 0$ wird, so kann in der That z so
groſs gewählt werden, daſs die Ungleichung (6) erfüllt, daſs also $F(z)$
in der Form $c_0 f_0(z) \left(1 + \frac{1}{2} \varepsilon_0\right)$ darstellbar ist, und damit ist dieser
wichtige Satz in seinem vollen Umfange bewiesen.

Die Bedingungen (1)—(4) sind nicht nur für unsere Reihen
$\displaystyle\sum \frac{c_n}{n^z}$, sondern auch allgemeiner für alle Reihen:

$$\sum \frac{c_n}{z^{\psi(n)}}$$

erfüllt, wenn $\psi(n)$ eine mit n zugleich wachsende Gröſse ist und
ebenso auch für alle Reihen von der Form:

$$\sum c_n e^{-nz}.$$

Setzt man in dieser letzten Reihe $e^{-z} = x$, so geht sie über in
$\displaystyle\sum_0^{\infty} c_n x^n$; unser Beweis lehrt also auch, daſs eine Funktion von x,
wenn überhaupt, nur auf eine Weise als Potenzreihe $\sum c_n x^n$ dargestellt
werden kann.

§ 4.

Wir wollen den soeben bewiesenen Satz zunächst zur analytischen
Begründung einiger arithmetischer Resultate benutzen, welche wir früher
auf ganz anderem Wege bewiesen hatten.

Es sei $G(n)$ irgend eine zahlentheoretische Funktion von n von der Beschaffenheit, dafs für alle ganzen Zahlen

$$G(m \cdot n) = G(m)\, G(n)$$

ist; dann mufs zunächst $G(1) = 1$ sein, da ja für jedes ganzzahlige r

$$G(1) = G(1^r) = (G(1))^r$$

ist, und dies dann und nur dann der Fall sein kann, wenn $G(1)$ gleich 1 oder gleich 0 ist; bei der zweiten Annahme wäre aber jedes $G(n) = G(n) \cdot G(1) = 0$; sehen wir also von diesem trivialen Falle ab, so ist stets $G(1) = 1$.

Ist $G(n)$ irgend eine solche Funktion und bedeuten p_1, p_2, $\cdots$ alle Primzahlen in ihrer natürlichen Reihenfolge, so ist:

$$\sum_1^\infty G(n) = \sum_{p_i,\, k_i} G(p_1^{k_1} p_2^{k_2} \cdots) = \sum_{k_1} G(p_1)^{k_1} \cdot \sum_{k_2} G(p_2)^{k_2} \cdots$$

$$= \frac{1}{1 - G(p_1)} \cdot \frac{1}{1 - G(p_2)} \cdots .$$

Es ist also stets:

$$(1) \qquad \sum_1^\infty G(n) = \prod_p \frac{1}{1 - G(p)},$$

falls $G(n)$ so gewählt ist, dafs die hier auftretenden Reihen und Produkte unbedingt konvergieren; da aber andererseits:

$$\prod_p (1 - G(p)) = \sum_m \varepsilon_m G(m)$$

ist, so folgt aus (1) die zweite Fundamentalgleichung

$$(1^a) \qquad \sum_1^\infty \varepsilon_m G(m) \cdot \sum_1^\infty G(n) = 1.$$

Aus der ersten Gleichung ergiebt sich speziell für $G(n) = \dfrac{1}{n^z}$ die schon früher gefundene für $z > 1$ gültige Gleichung:

$$(1^b) \qquad \sum_1^\infty \frac{1}{n^z} = \prod_p \frac{1}{1 - \dfrac{1}{p^z}},$$

die zweite sagt nur aus, dafs $\sum_{d/n} \varepsilon_d = 0$ ist.

Erheben wir die Gleichung (1^b) zum Quadrat, so wird ihre linke Seite:

$$(1^\circ) \quad \left(\sum_n \frac{1}{n^z}\right)^2 = \left(\sum_r \frac{1}{r^z}\right)\left(\sum_s \frac{1}{s^z}\right) = \sum_{r,s} \frac{1}{(rs)^z} = \sum_{k=1}^{\infty} \frac{\psi(k)}{k^z},$$

wenn man unter $\psi(k)$ die **Anzahl der Fälle** versteht, wo zwei Zahlen r und s existieren, für welche $rs = k$ ist, wenn man also mit anderen Worten unter $\psi(k)$ die Anzahl der Divisoren von k versteht. Setzen wir rechts für den Augenblick $\frac{1}{p^z} = x$ und beachten, dafs für $|x| < 1$

$$\frac{1}{(1-x)^2} = \frac{d}{dx}\left(\frac{1}{1-x}\right) = \sum_h (h+1)x^h$$

ist, so kann das Quadrat der rechten Seite von (1^c) so geschrieben werden:

$$\prod_p \frac{1}{\left(1 - \frac{1}{p^z}\right)^2} = \prod_p \sum_h \frac{h+1}{p^{hz}} = \sum \frac{(h_1+1)(h_2+1)\cdots}{(p_1^{h_1} p_2^{h_2}\cdots)^z},$$

und aus der Koëffizientenvergleichung auf beiden Seiten der Gleichung:

$$\sum \frac{\psi(k)}{k^z} = \sum \frac{(h_1+1)(h_2+1)\cdots}{(p_1^{h_1} p_2^{h_2}\cdots)^z}$$

ergiebt sich der schon früher (S. 80) bewiesene Satz:
Die Anzahl der Divisoren einer Zahl $k = p_1^{h_1} p_2^{h_2}\cdots$ ist

$$\psi(k) = (h_1+1)(h_2+1)\cdots.$$

Ganz ähnlich können wir die Summe aller Divisoren einer Zahl berechnen: Setzen wir in der Grundgleichung (1) $G(n)$ einmal gleich n^{z-1}, das anderemal gleich n^z und multiplizieren die beiden so sich ergebenden Gleichungen mit einander, so folgt:

$$(2) \quad \sum_m \frac{1}{m^{z-1}} \cdot \sum_n \frac{1}{n^z} = \prod_p \frac{1}{1 - \frac{1}{p^{z-1}}} \cdot \frac{1}{1 - \frac{1}{p^z}}.$$

Für die linke Seite kann man aber schreiben:

$$(2^a) \quad \sum_{m,n} \frac{m}{(mn)^z} = \sum_1^{\infty} \frac{\sum_{d/k} d}{k^z},$$

wo $mn = k$ und d an die Stelle von m gesetzt ist, und wo $\sum_{d/k} d$ über alle Teiler von k zu erstrecken ist.
Setzt man ferner in der für $|x| < 1$ gültigen Gleichung:

$$\frac{1}{(1-x)(1-px)} = \frac{1}{p-1}\left(\frac{p}{1-px} - \frac{1}{1-x}\right) = \frac{1}{p-1}\sum_{\nu=0}^{\infty}(p^{\nu+1}-1)x^\nu$$

$x = \frac{1}{p^{z-1}}$, so erhält man für die rechte Seite von (2) den Ausdruck:

$$(2^{\mathrm{b}}) \qquad \prod_p \frac{1}{\left(1 - \frac{1}{p^{z-1}}\right)\left(1 - \frac{1}{p^z}\right)} = \sum \frac{\dfrac{p_1^{\nu_1+1} - 1}{p_1 - 1} \cdot \dfrac{p_2^{\nu_2+1} - 1}{p_2 - 1} \cdots}{(p_1^{\nu_1} p_2^{\nu_2} \cdots)^z},$$

und durch Koëfficientenvergleichung der beiden Reihen (2^{a}) und (2^{b}) erhält man den ebenfalls bereits früher (S. 81) gefundenen Ausdruck

$$\sum_{d/k} d = \frac{p_1^{\nu_1+1} - 1}{p_1 - 1} \cdot \frac{p_2^{\nu_2+1} - 1}{p_2 - 1} \cdots$$

für die Summe aller Divisoren einer Zahl $n = p_1^{\nu_1} p_2^{\nu_2} \cdots$.

Natürlich könnten wir ebenso einen Ausdruck für die r^{ten} Potenzsummen aller Divisoren einer Zahl k herleiten, wenn r eine beliebige ganze Zahl ist. Es ist dies die reine Maschinenarbeit, auf der einen Seite thun wir das Material hinein, auf der anderen kommt das fertige Resultat heraus.

Als dritte Anwendung wollen wir für die durch das Produkt

$$(3) \qquad \varphi(n) = n \prod_{p/n} \left(1 - \frac{1}{p}\right)$$

für jeden Wert von n definierte arithmetische Funktion $\varphi(n)$ noch einmal die Fundamentalgleichung:

$$(4) \qquad \sum_{d/k} \varphi(d) = k$$

direkt herleiten, ohne die Thatsache zu benutzen, daſs sie die Anzahl der inkongruenten Einheiten modulo n angiebt.

Aus der Definitionsgleichung (3) ergeben sich ohne weiteres die für ein positives z gültigen Umformungen:

$$\sum \frac{\varphi(n)}{n^{1+z}} = \sum \frac{\prod_{p/n}\left(1 - \frac{1}{p}\right)}{n^z} = \prod_p \left\{1 + \left(1 - \frac{1}{p}\right)\left(\frac{1}{p^z} + \frac{1}{p^{2z}} + \cdots\right)\right\}$$

$$= \prod_p \left(1 + \frac{1}{p^z} + \frac{1}{p^{2z}} + \cdots\right)\left(1 - \frac{1}{p^{1+z}}\right) = \prod_p \frac{1 - \frac{1}{p^{1+z}}}{1 - \frac{1}{p^z}},$$

wenn man in der zweiten Summe n^z in seine Primfaktoren zerlegt. Multipliziert man also diese Gleichung mit

$$\sum \frac{1}{m^{1+z}} = \prod \frac{1}{1 - \frac{1}{p^{1+z}}},$$

so ergiebt sich die einfache Gleichung:

$$\sum \frac{1}{m^{1+z}} \cdot \sum \frac{\varphi(n)}{n^{1+z}} = \prod \frac{1}{1 - \frac{1}{p^z}} = \sum_k \frac{1}{k^z} \, .$$

Diese Gleichung kann aber nach einer leichten Umformung folgendermafsen geschrieben werden:

$$\sum \frac{\varphi(n)}{(mn)^{1+z}} = \sum_k \frac{\sum_{d/k} \varphi(d)}{k^{1+z}} = \sum_1^\infty \frac{k}{k^{1+z}} \, ,$$

und aus ihr ergiebt sich durch Koëfficientenvergleichung unmittelbar die Richtigkeit der Relation (4).

Wir wollen endlich unsere allgemeine Formel anwenden, um den folgenden weniger bekannten Lehrsatz zu beweisen:

Die Anzahl $\psi(k)$ der Divisoren einer beliebigen Zahl k ist durch die Formel gegeben:

$$\psi(k) = \sum_n 2^{\varpi\left(\frac{k}{n^2}\right)},$$

wo allgemein $\varpi(m)$ die Anzahl der in m enthaltenen verschiedenen Primfaktoren bedeutet und die Summation sich auf alle Zahlen n erstreckt, deren Quadrat in k enthalten ist.

Nach der vorher gefundenen Gleichung (1^c) ist:

$$\sum \frac{\psi(k)}{k^z} = \left(\sum \frac{1}{n^z}\right)^2 = \left(\prod \frac{1}{1 - \frac{1}{p^z}}\right)^2 = \prod \frac{1 + \frac{1}{p^z}}{\left(1 - \frac{1}{p^z}\right)\left(1 - \frac{1}{p^{2z}}\right)}$$

$$= \prod_p \frac{1}{1 - \frac{1}{p^{2z}}} \cdot \prod_p \left(1 + 2 \sum_{\nu=0}^\infty \frac{1}{p^{(\nu+1)z}}\right);$$

diese letzte Umformung folgt sofort aus der bekannten Gleichung:

$$\frac{1+x}{1-x} = 1 + 2x + 2x^2 + 2x^3 + \cdots$$

für $x = \frac{1}{p^z}$. Nun ist aber $\displaystyle\prod_p \frac{1}{1 - \frac{1}{p^{2z}}} = \sum \frac{1}{n^{2z}}$ und

$$\prod_p \left(1 + 2 \sum_0^\infty \frac{1}{p^{(\nu+1)z}}\right) = \prod_p \left(1 + \frac{2}{p^z} + \frac{2}{p^{2z}} + \frac{2}{p^{3z}} + \cdots\right) = \sum_{m=1}^\infty \frac{2^{\varpi(m)}}{m^z},$$

wenn, wie oben, $\varpi(m)$ die Anzahl der verschiedenen Primfaktoren von m bedeutet. Setzt man diese Werte ein, so folgt:

$$\sum_1^\infty \frac{\psi(k)}{k^s} = \sum_1^\infty \frac{1}{n^{2s}} \cdot \sum \frac{2^{\varpi(m)}}{m^s} = \sum_{m,n} \frac{2^{\varpi(m)}}{(mn^2)^s}$$

d. h. es ist:

$$\psi(k) = \sum 2^{\varpi(m)},$$

wo zu summieren ist über alle Zahlen m, für die

$$mn^2 = k, \quad m = \frac{k}{n^2}$$

ist, d. h. es ist:

$$\psi(k) = \sum_n 2^{\varpi\left(\frac{k}{n^2}\right)},$$

wo sich die Summe auf alle n erstreckt, deren Quadrat in k enthalten ist, w. z. b. w.

Enthält z. B. k nur ungleiche Primfaktoren, so ist für n nur der Wert 1 zu wählen, d. h. es ist:

$$\psi(k) = 2^{\varpi(k)},$$

wenn $\varpi(k) = r$ die Anzahl der Primfaktoren von k bedeutet, und dieser Wert stimmt mit dem aus der früheren Formel:

$$\psi(k) = (k_1 + 1)(k_2 + 1) \cdots (k_r + 1)$$

für $k_1 = k_2 = \cdots = k_r = 1$ sich ergebenden $\psi(k) = 2^r$ offenbar überein.

Es sei zweitens $k = p^2 q^3 r^4$, also nach der früheren Formel:

$$\psi(k) = 3 \cdot 4 \cdot 5 = 60.$$

In diesem Falle sind also die folgenden Quadrate n^2 in k enthalten:

$$n^2 = 1, p^2, q^2, r^2, r^4, p^2 q^2, p^2 r^2, p^2 r^4, q^2 r^2, q^2 r^4, p^2 q^2 r^2, p^2 q^2 r^4$$

und er ist daher resp.

$$\varpi\left(\frac{k}{n^2}\right) = 3, \quad 2, \quad 3, \quad 3, \quad 2, \quad 2, \quad 2, \quad 1, \quad 3, \quad 2, \quad 2, \quad 1;$$

mithin kommt unter den Werten von $\varpi\left(\frac{k}{n^2}\right)$ zweimal 1, sechsmal 2, viermal 3 vor, also ist:

$$\psi(k) = 2 \cdot 2^1 + 6 \cdot 2^2 + 4 \cdot 2^3 = 60.$$

§ 5.

Als eine weitere Anwendung unserer Untersuchungen wollen wir einen rein analytischen Beweis dafür geben, dafs die Anzahl der Primzahlen unendlich grofs ist. Bei der Ableitung der Gleichung:

(1)
$$\sum_{1}^{\infty} \frac{1}{n^z} = \prod_{p} \frac{1}{1 - \frac{1}{p^z}}$$

ist garnicht von der Thatsache Gebrauch gemacht worden, daſs unendlich viele Primzahlen existieren, daſs also das rechts stehende Produkt unendlich viele Faktoren enthält; wir wollen jetzt diese Gleichung gerade zu jenem Nachweise benutzen. Wäre die Faktorenanzahl in jenem Produkte endlich, so könnten wir bewirken, daſs nach Absonderung einer endlichen Anzahl von Faktoren das übrig bleibende Produkt genau gleich Eins wird. Demnach spitzt sich der Beweis für die Unendlichkeit der Primzahlenanzahl auf den Nachweis zu, daſs nach Absonderung einer beliebigen Anzahl von Faktoren unseres Produktes das Produkt der übrigen Faktoren stets noch gröſser als Eins ist.

Es sei nun m eine beliebig angenommene Zahl; wir zerlegen dann unser Produkt für ein beliebiges $z > 1$ folgendermaſsen in zwei Theile:

$$\prod_{p} \frac{1}{1 - \frac{1}{p^z}} = \prod_{p \leq m} \frac{1}{1 - \frac{1}{p^z}} \cdot \prod_{p > m} \frac{1}{1 - \frac{1}{p^z}} = \sum_{n} \frac{1}{n^z},$$

und da die rechte Seite nach § 2 Nr. 2 gröſser ist als $\frac{1}{z-1}$, so erhalten wir folgende Ungleichung:

$$\prod_{p > m} \frac{1}{1 - \frac{1}{p^z}} > \frac{1}{(z-1)\prod\limits_{p \leq m} \frac{1}{1 - \frac{1}{p^z}}} > \frac{1}{(z-1)\prod\limits_{p \leq m} \frac{1}{1 - \frac{1}{p}}},$$

denn das in der Mitte stehende endliche Produkt wird sicher vergröſsert, wenn alle Exponenten z durch den kleineren Exponenten 1 ersetzt werden. Wählen wir nun den bis jetzt noch ganz beliebigen Exponenten z so, daſs

$$z - 1 = \prod_{p \leq m} \left(1 - \frac{1}{p}\right)$$

ist, so geht unsere Ungleichung in die einfachere über:

$$\prod_{p > m} \frac{1}{1 - \frac{1}{p^z}} > 1,$$

bei der m ganz beliebig gewählt werden konnte. Wie groſs wir also m auch annehmen mögen, immer wird das Produkt aller Faktoren $\frac{1}{1 - \frac{1}{p^z}}$, für die $p > m$ ist, gröſser sein als Eins; läge aber oberhalb m keine

Primzahl mehr, so könnte jenes Produkt sicher nicht gröfser als Eins, sondern es müfste notwendig gleich Eins sein, und damit ist unsere Behauptung bewiesen.

Dieser Beweis ist von *Euler* in der Introductio und zwar im 15. Kapitel des ersten Bandes gegeben worden, aber in der mehr naiven Weise *Eulers* ohne eine strenge Konvergenzbetrachtung; er geht in der Gleichung (1) direkt zu der Grenze für $z = 1$ über, und folgert aus dem Umstande, dafs dann die linke Seite unendlich wird, dafs dasselbe auch für die rechte der Fall sein mufs, was nicht der Fall sein könnte, wenn jenes Produkt nur eine endliche Anzahl von Faktoren besäfse. Jene Gleichung gilt aber nur für $z > 1$, für $z = 1$ hat sie gar keinen Sinn. Es war eben auch hier die Hand eines Schleifers notwendig, um den Glanz der Edelsteine *Eulers* voll herauszuarbeiten.

Auch diesem Beweise kann man ebenso wie dem *Euklidischen* eine solche Form geben, dafs sich aus ihm ein Intervall $(m \cdots n)$ ergiebt, innerhalb dessen sicher eine neue Primzahl $p > m$ sich befindet, wie grofs m auch angenommen worden ist; erst dann ist ja auch der letzten und höchsten Anforderung genügt, die man an einen strengen mathematischen Beweis zu stellen hat.

Es sei also m wieder beliebig gegeben; ist dann n zunächst irgend eine oberhalb m liegende Zahl, so können wir jetzt unser unendliches Produkt $\prod\limits_{p}\left(\dfrac{1}{1-\dfrac{1}{p^z}}\right)$ in drei Teile teilen, von denen sich das erste auf alle Primzahlen $\leq m$, das letzte auf alle oberhalb n und das mittelste auf alle diejenigen Primzahlen bezieht, welche gröfser als m aber $\leq n$ sind. Da nun das ganze Produkt gleich $\sum\limits_{1}^{\infty}\dfrac{1}{n^z}$, also für $z > 1$ sicher gröfser als $\dfrac{1}{z-1}$ ist, so erhält man die Ungleichung:

$$\frac{1}{z-1} < \prod_{p \leq m}\frac{1}{1-\dfrac{1}{p^z}} \cdot \prod_{p > m}^{p \leq n}\frac{1}{1-\dfrac{1}{p^z}} \cdot \prod_{p > n}\frac{1}{1-\dfrac{1}{p^z}} \cdot$$

Diese Ungleichung wird verstärkt, wenn wir das erste endliche Produkt durch den gröfseren Wert:

$$(2) \qquad\qquad P = \prod_{p \leq m}\frac{1}{1-\dfrac{1}{p}}$$

ersetzen, den es für $z = 1$ annimmt; und dasselbe ist der Fall, wenn wir auch das dritte Produkt vergröfsern. Nun ist aber:

$$\prod_{p>n} \left(\frac{1}{1-\frac{1}{p^z}} \right) = \prod_{p>n} \left(1 + \frac{1}{p^z} + \frac{1}{p^{2z}} + \cdots \right) < 1 + \frac{1}{(n+1)^z} + \cdots$$

$$= 1 + \sum_{r=n+1}^{\infty} \frac{1}{r^z},$$

denn das ausmultiplizierte Produkt enthält alle und nur diejenigen Glieder $\frac{1}{r^z}$, für welche alle Primfaktoren von r einzeln gröfser als n sind, während $\sum_{n+1}^{\infty} \frac{1}{r^z}$ überhaupt alle Glieder enthält, für welche r selbst gröfser als n ist. Andererseits folgt aus der allgemeinen Formel (1ª) a. S. 258

$$\sum_{n+1}^{\infty} \frac{1}{r^z} < \int_n^{\infty} \frac{dx}{x^z} = \frac{1}{(z-1)n^{z-1}},$$

also ist unser drittes Produkt kleiner als

$$1 + \frac{1}{(z-1)n^{z-1}} = \frac{1 + (z-1)n^{z-1}}{(z-1)n^{z-1}}.$$

Ersetzt man also das erste und das dritte Produkt in unserer Ungleichung durch die hier gefundenen gröfseren Zahlen, so ergiebt sich die einfachere Beziehung:

$$1 < P \cdot \frac{1 + (z-1)n^{z-1}}{n^{z-1}} \cdot \prod_{p>m}^{p \leq n} \frac{1}{1 - \frac{1}{p^z}}.$$

Setzt man also zur Abkürzung:

$$\prod_{p>m}^{p \leq n} \left(1 - \frac{1}{p^z} \right) = X,$$

so ergiebt sich für dieses Produkt die Ungleichung:

(3)
$$X < \left(z - 1 + \frac{1}{n^{z-1}} \right) \cdot P.$$

Jenes Produkt X ist aber dann und nur dann ein echter Bruch, wenn in dem Intervalle zwischen m und n mindestens eine Primzahl vorhanden ist, dagegen sicher gleich Eins, wenn dies nicht der Fall ist. Kann man also n so grofs und $z-1$ so klein wählen, dafs das rechts stehende Produkt $\left((z-1) + \frac{1}{n^{z-1}} \right) P$ ein echter Bruch ist, so gilt da gleiche a fortiori von dem Produkte X, d. h. dann enthält das Intervall $(m \cdots n)$ sicher mindestens eine Primzahl.

Dieser Bedingung kann man aber, welches auch der Wert von m oder also der von P sein möge, stets genügen. Zu diesem Zwecke ersetzen wir z durch die neue Variable u vermittelst der Gleichung:

$$z - 1 = \frac{lu}{u},$$

dann können wir für ein beliebig gegebenes u n so grofs wählen, dafs $n^{z-1} = n^{\frac{lu}{u}} > u$ ist; dazu mufs $\frac{ln \cdot lu}{u} > lu$, also $ln > u$ sein; also ergiebt sich einfach

(4) $\hspace{4cm} n > e^u.$

Wählt man also n dieser Bedingung gemäfs, so wird $\frac{1}{n^{z-1}} < \frac{1}{u}$ und die rechte Seite von (3) wird kleiner als

$$\left(\frac{lu}{u} + \frac{1}{u}\right) P.$$

Wählt man also u nur so grofs, dafs dieser Ausdruck ein echter Bruch ist, dafs also:

(5) $\hspace{4cm} (1 + lu)P < u$

ist, so ist für den zugehörigen Wert von n sicher $X < 1$, also zwischen m und n sicher eine Primzahl vorhanden. Wir setzen nun:

$$u = C \cdot P \cdot lP$$

und suchen die Konstante C so zu bestimmen, dafs der Bedingung (5) genügt wird; dann geht diese aber über in:

$$1 + lC + lP + llP < ClP$$
$$1 + lC < (C - 1)lP - llP.$$

Ist der Wert von m oder also der von P nur einigermafsen beträchtlich, so kann C nur wenig gröfser als 1 angenommen werden; wählt man z. B. $C = 2$, so mufs:

$$1 + l2 < lP - llP$$

oder es mufs $l(2e) < l\frac{P}{lP}$, also einfacher:

$$2e < \frac{P}{lP}$$

sein; wählt man also von vornherein m so grofs, dafs $P > 6 \cdot lP$ ist, so ist der obigen Bedingung sicher genügt. Man kann aber leicht eine untere Grenze für m angeben, von der ab das zugehörige Produkt P stets dieser Bedingung genügt, denn der Quotient $\frac{P}{lP}$ wächst ja mit zunehmendem P fast ebenso rasch, wie P selbst über jedes Mafs hinaus. Dann ist in dem Intervalle zwischen m und

$$n > e^u = e^{2PlP} = Pe^{2P}$$

sicher mindestens eine Primzahl enthalten. Auch dieses Intervall ist
im allgemeinen sehr viel zu grofs, jedoch ist dasselbe auch für das
bei dem Euklidischen Beweise sich ergebende Intervall zwischen $p_\varkappa$ und
$(p_1 p_2 \cdots p_\varkappa) - 1$ der Fall; bei einer genaueren Untersuchung ergiebt
sich sogar, dafs dieses letztere Intervall mindestens ebenso grofs als
das soeben gefundene ist. Wir werden aber im folgenden sehen, dafs
die Prinzipien des Euklidischen Beweises nicht zur Lösung der höheren
Aufgabe benutzt werden können, ob in jeder arithmetischen Reihe
$ax + b$ unendlich viele Primzahlen enthalten sind, wenn $(a, b) \sim 1$ ist.
Dagegen werden wir jenes Problem durch eine Verallgemeinerung der
hier benutzten Methode wirklich zu lösen im Stande sein.

§ 6.

Mit Hülfe der in dieser Vorlesung gewonnenen analytischen Resultate kann man sehr leicht die früher rein arithmetisch bewiesenen
Reciprocitätsformeln:

$$\Phi(n, 1) = \sum_{d/n} \Psi(n, d), \quad \Psi(n, 1) = \sum_{d/n} \Phi(n, d),$$

durch sehr viel allgemeinere ersetzen und dann ganz direkt verifizieren.

Es seien:

(1) $$F(z) = \sum_1^\infty \frac{f(m)}{m^z}, \quad G(z) = \sum_1^\infty \frac{g(n)}{n^z}, \quad H(z) = \sum_1^\infty \frac{h(r)}{r^z}$$

drei Funktionen von z, welche durch die Gleichung

(2) $$H(z) = F(z) G(z)$$

mit einander verbunden sein sollen, und es werde ferner vorausgesetzt,
dafs die Koëfficienten $g(n)$ die Eigenschaft haben, dafs allgemein:

(3) $$g(\mu) \cdot g(\nu) = g(\mu \cdot \nu), \quad \text{also} \quad g(1) = 1$$

ist. Dann ergiebt sich aus (2)

(4) $$F(z) = \frac{H(z)}{G(z)}.$$

Ersetzt man aber in (2) und (4) die drei Funktionen durch die
Reihen (1) und beachtet dabei, dafs unter der Voraussetzung (3)
nach (1ª) des § 4

Kronecker, Zahlentheorie. I.   18

$$\frac{1}{G(s)} = \sum_{1}^{\infty} \frac{\varepsilon_n \, g(n)}{n^s}$$

ist, so können jene beiden Gleichungen bei geeigneter Bezeichnung der Summationsbuchstaben folgendermaßen geschrieben werden:

(5)
$$\sum_{1}^{\infty} \frac{h(n)}{n^s} = \sum_{d=1}^{\infty} \sum_{d'=1}^{\infty} \frac{f(d) \cdot g(d')}{(d\,d')^s},$$

$$\sum_{1}^{\infty} \frac{f(n)}{n^s} = \sum_{d=1}^{\infty} \sum_{d'=1}^{\infty} \frac{\varepsilon_d \cdot g(d)\,h(d')}{(d\,d')^s}.$$

Setzt man also rechts $d\,d' = n$ und summiert für jedes n über alle komplementären Produkte $d\,d' = n$, so erhält man durch Koëfficientenvergleichung den folgenden wichtigen Satz:

Sind $f(n)$, $g(n)$, $h(n)$ zahlentheoretische Funktionen, und ist speciell für $g(n)$ stets $g(\mu\nu) = g(\mu)\,g(\nu)$, so ist von den beiden Gleichungssystemen:

(6)
$$h(n) = \sum_{d\,d=n} f(d)\,g(d'),$$

$$f(n) = \sum_{d\,d=n} \varepsilon_d\, g(d)\,h(d'),$$

jedes eine Folge des anderen; das eine System kann also als die Auflösung des anderen angesehen werden.

Setzen wir noch, um die Reciprocität bei jenen Systemen deutlicher hervortreten zu lassen:
$$\varepsilon_d h(d') = \overline{f}(d'),$$
also speziell:
$$h(n) = \varepsilon_1 h(n) = \overline{f}(n),$$

so erhält man zwischen den Funktionen $f(d)$ und $\overline{f}(d)$ die völlig symmetrischen Gleichungen:

(6*)
$$\overline{f}(n) = \sum f(d)\,g(d'),$$

$$f(n) = \sum \overline{f}(d)\,g(d');$$

die im Anfange dieses Abschnittes erwähnten Gleichungen ergeben sich aus diesen durch die Spezialisierung:

(6^b) $g(n) = 1, \quad f(d) = \Phi(n, d'), \quad \overline{f}(d) = \Psi(n, d').$

Die in (6*) mit Hülfe der Analysis gewonnenen Gleichungssysteme können auch leicht rein arithmetisch aus einander hergeleitet werden. Zu diesem Zwecke nehmen wir an, es bestehen für jeden Wert von m zwischen den Funktionen f und $\bar{f}$ die Gleichungen:

$$(7) \qquad f(m) = \sum_{\delta\delta'=m} \bar{f}(\delta)\, g(\delta'),$$

und zeigen, daſs dann für jedes n die Summe

$$F(n) = \sum_{dd'=n} f(d)\, g(d')$$

notwendig gleich $f(n)$ ist. Schreiben wir aber in $F(n)$ für jedes $f(d)$ die ihm gleiche Summe:

$$f(d) = \sum_{\delta\delta'=d} \bar{f}(\delta)\, g(\delta'),$$

so wird wegen der Multiplikationseigenschaft der Funktionen $g(\mu)$

$$F(n) = \sum_{\delta\delta'd'=n} \bar{f}(\delta)\cdot g(\delta')\, g(d') = \sum \bar{f}(\delta)\, g(\delta'd'),$$

wobei die Summation auf alle Zerlegungen $n = \delta\delta'd'$ zu erstrecken ist. Setzt man also jetzt $\delta = t$, $\delta'd' = \dfrac{n}{\delta} = t'$, so ergiebt sich:

$$F(n) = \sum_{tt'=n} \bar{f}(t)\, g(t'),$$

und diese Summe ist nach (7) in der That gleich $f(n)$, w. z. b. w.

§ 7.

Wir wollen jetzt von den Reciprocitätsgleichungen:

$$(1) \qquad h(n) = \sum f(d)\, g(d'), \quad f(n) = \sum \varepsilon_d\, g(d)\, h(d')$$

eine Anzahl von Anwendungen machen. Es sei:

$$g(n) = 1, \quad h(n) = ln,$$

dann ergiebt sich für $f(n)$ der Ausdruck:

$$
\begin{aligned}
f(n) &= \sum_{dd'=n} \varepsilon_d\, ld' = \sum_{d/n} \varepsilon_d\, (ln - ld) = ln\cdot \sum_{d/n} \varepsilon_d - \sum_{d/n} \varepsilon_d\, ld \\
(2) \qquad &= -\sum_{d/n} \varepsilon_d\, ld,
\end{aligned}
$$

weil $\displaystyle\sum_{d/n} \varepsilon_d = 0$ ist. Sind also $p_1, p_2, \cdots p_\omega$ alle von einander verschiedenen Primzahlen, welche in n enthalten sind, so ergiebt sich

18*

wegen der Definition der Zahlen ε_d für $f(n)$ der folgende Ausdruck:

$$f(n) = + \sum_{p_\alpha} l\, p_\alpha - \sum_{p_\alpha\, p_\beta} l\,(p_\alpha p_\beta) + \sum l\,(p_\alpha p_\beta p_\gamma) - \cdots$$

$$= + \sum_{p_\alpha} l\, p_\alpha - \sum_{p_\alpha\, p_\beta} (l\,p_\alpha + l\,p_\beta) + \sum_{p_\alpha\, p_\beta\, p_\gamma} (l\,p_\alpha + l\,p_\beta + l\,p_\gamma) - \cdots.$$

Diese Summe hat aber einen sehr einfachen Wert; sie enthält nämlich zunächst jeden der ϖ Logarithmen $l\,p_1, \cdots l\,p_\varpi$ offenbar gleich oft, wir brauchen daher nur zu untersuchen, wie oft einer derselben, etwa $l\,p_1$ in ihr auftritt; man sieht nun ohne weiteres, daſs $l\,p_1$ in der ersten Summe einmal, in der zweiten genau $\varpi - 1$ male, nämlich in $l\,(p_1 p_2)$, $l\,(p_1 p_3)$, $\cdots l\,(p_1 p_\varpi)$ vorkommt, in der dritten offenbar $\dfrac{(\varpi - 1)\,(\varpi - 2)}{1 \cdot 2}$ male u. s. w., und man erkennt so, daſs $l\,p_1$, also auch jeder andere Logarithmus, in $f(n)$ den Koëfficienten:

$$\left(1 - (\varpi - 1) + \frac{(\varpi - 1)\,(\varpi - 2)}{1 \cdot 2} - \cdots \pm 1\right) = (1 - 1)^{\varpi - 1}$$

besitzt, also den Koëfficienten Null, sobald die Anzahl ϖ der von einander verschiedenen Primfaktoren von n gröſser ist als Eins, dagegen den Koëfficienten 1, sobald $\varpi = 1$ ist; es ergiebt sich also das Resultat:

Für die durch die ·Gleichungen:

$$ln = \sum_{d/n}' f(d)$$

definierte zahlentheoretische Funktion $f(n)$ ist

$$f(n) = 0,$$

falls n keine Primzahlpotenz, dagegen

$$f(n) = l\,p,$$

sobald $n = p^\varkappa$ eine Primzahlpotenz ist.

Oder, was nach (2) dasselbe ist:

Die Summe:

$$-\sum_{d/n}' \varepsilon_d\, l\,d$$

besitzt den Wert $l\,p$ oder 0, je nachdem n eine Primzahlpotenz ist oder nicht.

Bilden wir endlich die Funktion

$$(3) \qquad e^{f(n)} = e^{-\sum\limits_{d/n} \varepsilon_d\, ld} = \prod_{d/n}(e^{ld})^{-\varepsilon_d} = \prod_{d/n} d^{-\varepsilon_d},$$

so ergiebt sich ihr Wert gleich 1 oder gleich p, je nachdem n mehrere von einander verschiedene Primfaktoren besitzt oder die Potenz einer Primzahl ist.

Es ist interessant, dieses Resultat direkt analytisch herzuleiten, doch mag dies nur kurz erwähnt werden. Wir stellen zu diesem Zwecke die Doppelsumme:

$$\Phi(z) = -\sum_n \frac{\sum\limits_{d/n}\varepsilon_d\, ld}{n^z}$$

auf eine andere Art in der Form $\sum \frac{c_n}{n^z}$ dar und leiten unser Resultat dann durch Koëfficientenvergleichung her. Es ist nämlich:

$$\Phi(z) = -\sum_m \sum_n \frac{\varepsilon_m\, lm}{(mn)^z} = \left(-\sum \frac{\varepsilon_m\, lm}{m^z}\right)\left(\sum \frac{1}{n^z}\right) = \frac{\left(-\sum \frac{\varepsilon_m\, lm}{m^z}\right)}{\prod_p\left(1-\frac{1}{p^z}\right)},$$

ferner ist:

$$-\sum \frac{\varepsilon_m\, lm}{m^z} = \sum \frac{l p_\alpha}{p_\alpha^z} - \sum \frac{l p_\alpha + l p_\beta}{(p_\alpha p_\beta)^z} + \cdots,$$

oder wenn man alle mit einem bestimmten $\frac{l p_0}{p_0^z}$ multiplizierten Terme zusammenfaßt und alsdann über alle Primzahlen p_0 summiert:

$$-\sum_m \frac{\varepsilon_m\, lm}{m^z} = \sum_{p_0} \frac{l p_0}{p_0^z}\left(1-\sum_\alpha \frac{1}{p_\alpha^z}+\sum_{\alpha,\beta}\frac{1}{(p_\alpha p_\beta)^z}-\cdots\right)$$

$$= \sum \frac{l p_0}{p_0^z}\cdot\prod_{p_\alpha\gtrless p_0}\left(1-\frac{1}{p_\alpha^z}\right),$$

wo in dem Produkt rechts über alle Primzahlen zu summieren ist, welche von p_0 verschieden sind; man kann daher diese Gleichung einfacher so schreiben:

$$-\sum \frac{\varepsilon_m\, lm}{m^z} = \sum \frac{l p_0}{p_0^z}\cdot\frac{\prod\left(1-\frac{1}{p^z}\right)}{1-\frac{1}{p_0^z}}$$

$$= \left(\prod_p\left(1-\frac{1}{p^z}\right)\right)\left(\sum_p \frac{l p}{p^z}\cdot\frac{1}{1-\frac{1}{p^z}}\right),$$

wo jetzt in den Ausdrücken rechts beide male die Multiplikation
bzw. die Summierung auf alle Primzahlen p zu erstrecken ist. Setzt
man diesen Wert von $-\sum \dfrac{\varepsilon_m\, lm}{m^s}$ in den Ausdruck von $\Phi(z)$ ein, so
ergiebt sich:

$$\Phi(z) = \sum_p \frac{lp}{p^s} \cdot \frac{1}{1-\dfrac{1}{p^s}} = \sum_p \left(\frac{lp}{p^s} + \frac{lp}{p^{2s}} + \frac{lp}{p^{3s}} + \cdots \right) = \sum_{p,\varkappa} \frac{lp}{p^{\varkappa s}};$$

da aber $\Phi(z)$ auch gleich $\displaystyle\sum_n \dfrac{\sum \varepsilon_d\, ld}{n^s}$ war, so ergiebt sich durch

Koëfficientenvergleichung in der That, dafs $\displaystyle\sum_{d/n} \varepsilon_d\, ld$ dann und nur

dann gleich lp ist, wenn $n = p^\varkappa$ ist, sonst aber immer den Wert
Null hat.

　　Endlich wollen wir von der in diesem Paragraphen gefundenen
Hauptgleichung:

(4) $$-\sum_{d/n} \varepsilon_d\, ld = (0,\ lp)$$

noch die folgende arithmetische Anwendung machen: Wir lassen n
der Reihe nach alle Zahlen $1, 2, \cdots N$ durchlaufen, wo N beliebig
gegeben sei, und summieren alle so entstehenden N Gleichungen (4).
Denken wir uns dann die linker Hand stehende Doppelsumme

$$-\sum_{n=1}^{N} \sum_{d/n} \varepsilon_d\, ld$$

entwickelt, so erkennen wir, dafs in ihr jedes Glied $-\varepsilon_d\, ld$ genau so
oft vorkommt, als $d\,d' \leq N$ ist.

　　Wir bezeichnen nach dem Vorgange von *Gauss* die gröfste ganze
Zahl, welche in einem Bruche A enthalten ist, stets durch $[A]$, so
dafs also diese ganze Zahl durch die Ungleichung:

$$[A] \leq A < [A] + 1$$

vollständig bestimmt ist. Dieses Zeichen kommt schon bei *Euler* und
Legendre vor; letzterer bezeichnet es durch $E(A)$, wo E als Anfangs-
buchstabe von „entier" steht. Da *Dirichlet* das *Gauss*'sche Zeichen
adoptiert hat, so wollen wir es auch beibehalten. Dann ergiebt sich,
dafs jedes Glied $-\varepsilon_\varkappa\, l\varkappa$ genau $\left[\dfrac{N}{\varkappa}\right]$ male in der obigen Doppelsumme
auftritt; diese kann daher folgendermafsen geschrieben werden:

$$-\sum_{\varkappa=1}^{N} \left[\frac{N}{\varkappa}\right] \varepsilon_\varkappa\, l\varkappa,$$

oder noch einfacher:

$$-\sum_{1}^{\infty}\left[\frac{N}{\varkappa}\right]\varepsilon_{\varkappa}\,l\varkappa;$$

denn wenn man in Bezug auf $\varkappa$ über N hinaus summiert, so fallen alle folgenden Glieder von selbst fort, da die größten Ganzen $\left[\frac{N}{N+1}\right]$, $\left[\frac{N}{N+2}\right]$, $\cdots$ alle Null sind.

Rechter Hand ergiebt sich die Summe $\sum_{1}^{N}(0,\,lp)$, d. h. man erhält für jede Primzahl p die Zahl lp so oft, als in der Reihe $1, 2, \cdots N$ Potenzen dieser Primzahl vorkommen; ist also p^{h} die letzte jener Potenzen, also diejenige Potenz von p, welche gerade noch $< N$ ist, so tritt in jener Summe genau $h\,lp$ auf. Da aber h der Exponent ist, für welchen:

$$p^{h}\leqq N < p^{h+1},$$
$$h\,lp \leqq lN < (h+1)\,lp,$$

ist, so ergiebt sich für h einfach der Wert:

$$h = \left[\frac{lN}{lp}\right],$$

und diese Definition gilt auch, wenn $p > N$ sein sollte, da ja dann von selbst $\left[\frac{lN}{lp}\right]=0$ wird. Also erhält man durch jene Summation aus (4) die folgende merkwürdige Formel:

$$-\sum_{\varkappa=1}^{\infty}\left[\frac{N}{\varkappa}\right]\varepsilon_{\varkappa}\,l\varkappa = \sum_{p}\left[\frac{lN}{lp}\right]lp,$$

oder, wenn man die linke Seite ausgeschrieben denkt:

$$\sum_{p_{\alpha}}\left[\frac{N}{p_{\alpha}}\right]lp_{\alpha}-\sum_{p_{\alpha}p_{\beta}}\left[\frac{N}{p_{\alpha}p_{\beta}}\right]l(p_{\alpha}p_{\beta})+\cdots$$
$$=\sum_{p_{\alpha}}\left[\frac{N}{p_{\alpha}}\right]lp_{\alpha}-\sum\left[\frac{N}{p_{\alpha}p_{\beta}}\right](lp_{\alpha}+lp_{\beta})+\cdots=\sum_{p}\left[\frac{lN}{lp}\right]lp.$$

Untersuchen wir nun wieder, welches der Koëfficient von irgend einem lp auf der linken Seite ist; in der ersten Summe besitzt lp den Koëfficienten $\left[\frac{N}{p}\right]$, in der zweiten den Koëfficienten $-\sum_{\alpha}\left[\frac{N}{p\,p_{\alpha}}\right]$, wenn p_{α} alle Primzahlen außer p durchläuft; in der dritten Summe besitzt lp die Koëfficienten $+\sum_{\alpha,\beta}\left[\frac{N}{p\,p_{\alpha}p_{\beta}}\right]$, wenn p_{α}, p_{β} alle unter einander und von p verschiedenen Primzahlen bedeuten u. s. w. Ordnet man

also die linke Seite in dieser Weise und vertauscht dann beide Seiten,
so nimmt unsere Gleichung die folgende Gestalt an:

$$\sum_p \left[\frac{lN}{lp}\right] lp = \sum_p lp \left\{\left[\frac{N}{p}\right] - \sum_\alpha \left[\frac{N}{p\,p_\alpha}\right] + \sum_{\alpha,\,\beta} \left[\frac{N}{p\,p_\alpha\,p_\beta}\right] - \cdots\right\},$$

oder einfacher:

$$\sum_p \left(\left[\frac{lN}{lp}\right] - \left[\frac{N}{p}\right] + \sum_\alpha \left[\frac{N}{p\,p_\alpha}\right] - \cdots\right) lp = 0.$$

Diese Gleichung kann aber nur dann erfüllt sein, wenn alle Koëfficienten
der lp einzeln verschwinden; in der That, beachtet man, dafs alle jene
Koëfficienten offenbar ganze Zahlen sind, und bezeichnet man diese durch
$m, m', \cdots$, so heifst jene Gleichung einfach $m\,lp + m'\,lp' + \cdots = 0$,
oder $p^m p'^{m'} \cdots = 1$, und sie kann nur bestehen, wenn alle Exponenten
$m, m', \cdots$ für sich verschwinden. Man erhält also das folgende merkwürdige Resultat:

> Ist N eine beliebige Zahl, p eine beliebige Primzahl, und be-
> deuten $p', p'', \cdots$ alle von p verschiedenen Primzahlen, so ist
> stets:
> $$\left[\frac{lN}{lp}\right] = \left[\frac{N}{p}\right] - \sum_{p'} \left[\frac{N}{p\,p'}\right] + \sum_{p',\,p''} \left[\frac{N}{p\,p'\,p''}\right] - \cdots.$$

Die Summe auf der rechten Seite besteht nur scheinbar aus unendlich
vielen Gliedern, da ja die Zahlen $\left[\dfrac{N}{p\,p' \cdots p^{(\alpha)}}\right]$ von selbst verschwinden, sobald der Nenner gröfser ist als der Zähler.

Dreiundzwanzigste Vorlesung.

Die Kreisteilungsfunktionen $x^n - 1$. — Die primitiven Funktionen $F_n(x)$ und ihre Eigenschaften. — Die Berechnung der primitiven Funktionen. — Die Kreisteilungsgleichungen und die Wurzeln der Einheit — Die primitiven n^{ten} Einheitswurzeln. — Anwendungen: Die Anzahl der Primzahlen unterhalb einer gegebenen Grenze.

§ 1.

Wir gehen jetzt zur Untersuchung der einfachsten, aber auch der wichtigsten Gröfsen des Bereiches $[x]$ der Funktionen einer Variablen über, durch deren Hinzuziehung *Gauss* zum erstenmale die arithmetischen Methoden auf die Algebra ausgedehnt und damit die Grundlage für die moderne allgemeine Arithmetik geschaffen hat. Wir werden hier Gelegenheit haben, sowohl von der Theorie der Modulsysteme als von den in den letzten Vorlesungen gefundenen allgemeinen Reciprocitätsformeln wichtige Anwendungen zu machen.

Den Gegenstand unserer Untersuchungen bilden die einfachsten ganzen Funktionen

$$x^n - 1$$

für alle ganzzahligen Werte von n. Jede von ihnen liefert gleich Null gesetzt eine Gleichung n^{ten} Grades

$$x^n - 1 = 0,$$

deren n Wurzeln $x = \sqrt[n]{1}$ als die n^{ten} Wurzeln der Einheit bezeichnet werden können. Auf die Untersuchung dieser Zahlen hat eben *Gauss* zuerst seine Methoden angewendet. Wir wollen erst später auf die hier sich darbietenden Fragen näher eingehen, und zuerst mit Hülfe der Theorie der Modulsysteme die Zerlegung dieser Gröfsen in ihre Faktoren durchführen.

Eine jede Funktion $x^n - 1$ kann, wie wir in der fünfzehnten Vorlesung gezeigt hatten, auf eine einzige Art in ein Produkt von Primfunktionen zerlegt werden. Ferner erkennt man leicht, dafs $x^n - 1$ keinen dieser Primfaktoren $p(x)$ mehr als einmal enthalten kann; wäre nämlich

$$x^n - 1 = p_1(x)^{k_1} p_2(x)^{k_2} \cdots,$$

wo $p_1(x)$, $p_2(x)$, $\cdots$ Primfunktionen bedeuten, und wäre auch nur
einer der Exponenten, etwa $k_1 > 1$, so enthielte die Ableitung $n x^{n-1}$
dieser Funktion jenen Primfaktor $p_1(x)$ ebenfalls, sie besäfse also
mit $x^n - 1$ einen gemeinsamen Teiler erster Stufe, was offenbar unmöglich ist. Es ist also:

(1) $$x^n - 1 = p_1(x)\, p_2(x) \cdots p_\nu(x),$$

wo die Funktionen $p_i(x)$ von einander verschiedene unzerlegbare
Faktoren bedeuten.

Ist d irgend ein Teiler von $n = d d'$, so ist $x^n - 1$ durch $x^d - 1$
teilbar; alle Primfaktoren von $x^d - 1$ sind also in dem Produkte
$p_1(x) \cdots p_\nu(x)$ ebenfalls enthalten. Wir betrachten allgemein das Produkt aller derjenigen unter den ν Primfaktoren von $x^n - 1$, welche in
keiner der Funktionen $x^d - 1$ enthalten sind, wenn d alle eigentlichen
Divisoren von n bedeutet. Wir bezeichnen dieses Produkt durch $F_n(x)$ und
nennen es den *primitiven Teiler* von $x^n - 1$. Zu jeder Funktion $x^m - 1$
gehört dann ein primitiver Divisor, der aus einem oder mehreren von
einander verschiedenen Primfaktoren $p(x)$ bestehen kann. Erst später
wollen wir beweisen, dafs jeder solche Divisor $F_m(x)$ nur aus einem
einzigen Primfaktor besteht, also selbst irreduktibel ist. Vorläufig
wollen wir ein einfaches Mittel angeben, um diese primitiven Teiler
$F_n(x)$ zu bilden, und hierzu wollen wir zuerst ihre elementaren Eigenschaften entwickeln.

Zwei primitive Faktoren $F_m(x)$ und $F_n(x)$ können niemals einen
gemeinsamen Teiler (erster Stufe) enthalten, wenn sie nicht
identisch sind, oder das Modulsystem

$$M \sim (F_m(x),\ F_n(x))$$

besitzt keinen einzigen Teiler erster Stufe.
Zum Beweise dieses wichtigen Satzes können wir $m > n$ annehmen;
dann ist

$$M \sim (F_m(x),\ F_n(x),\ x^m - 1,\ x^n - 1),$$

da die beiden hinzugefügten Elemente bzw. durch $F_m(x)$ und $F_n(x)$
teilbar sind. Demselben Modulsysteme können wir aber, ohne es im
Sinne der Äquivalenz zu ändern, ein Element

$$x^{am+bn} - 1$$

hinzufügen, wenn a und b beliebige positive Zahlen bedeuten, denn
dieses enthält stets das System $(x^m - 1,\ x^n - 1)$; da nämlich $x^{am} - 1$
durch $x^m - 1$ teilbar ist, so ist sicher

$$x^{am} \equiv 1 \quad (\mathrm{modd}\ x^m - 1,\ x^n - 1),$$

denn diese Kongruenz besteht schon für $x^m - 1$ allein. Ebenso ist

$$x^{bn} \equiv 1 \quad (\operatorname{modd} x^m - 1,\ x^n - 1),$$

also ergiebt sich durch die Multiplikation beider Kongruenzen:

$$x^{am+bn} - 1 \equiv 0 \quad (\operatorname{modd} x^m - 1,\ x^n - 1).$$

Es sei nun $(m, n) \sim t$ der gröfste gemeinsame Teiler von m und n; dann kann man die beiden positiven Zahlen a und b stets so bestimmen, dafs:

$$am + bn = t + r \cdot mn$$

wird. Sind nämlich α und β zwei solche positive oder negative Zahlen, dafs

$$\alpha m + \beta n = t,$$

und sind ϱn und σm beliebige Multipla von n und m, so ist:

$$(\alpha + \varrho n)\, m + (\beta + \sigma m)\, n = t + (\varrho + \sigma)\, mn$$

und man kann ϱ und σ stets so wählen, dafs $a = \alpha + \varrho n$ und $b = \beta + \sigma m$ positiv ausfallen. Dann ist aber:

$$(M) \sim (F_m(x),\ F_n(x),\ x^{t+rmn} - 1,\ x^m - 1,\ x^n - 1);$$

nun ist:

$$x^{t+rmn} - 1 = x^t \cdot x^{m \cdot rn} - 1 \equiv x^t - 1 \quad (\operatorname{modd} x^m - 1,\ x^n - 1),$$

denn es ist $x^{m \cdot rn} \equiv 1 \pmod{x^m - 1}$, weil $x^{m \cdot rn} - 1$ durch $x^m - 1$ teilbar ist; somit ergiebt sich endlich die für jedes Zahlenpaar (m, n) geltende wichtige Äquivalenz:

$$(2) \qquad (F_m(x),\ F_n(x)) \sim (F_m(x),\ F_n(x),\ x^t - 1),$$

wenn t der gröfste gemeinsame Teiler von m und n, also sowohl in m als in n enthalten ist. Hätten also $F_m(x)$ und $F_n(x)$ einen gemeinsamen Teiler $F(x)$, so müfste $F(x)$ auch in $x^t - 1$ enthalten sein, also $F_m(x)$ und $x^t - 1$ hätten einen Teiler $F(x)$ gemeinsam, was mit der Definition des primitiven Faktors $F_m(x)$ von $x^m - 1$ im Widerspruch stehen würde.

Dieser Satz liefert uns nun sofort eine Zerlegung der Funktion $x^n - 1$; dieselbe ist nämlich durch alle Funktionen $x^d - 1$, also a fortiori durch ihre primitiven Faktoren $F_d(x)$ teilbar, wenn d alle Teiler von n bedeutet, und da alle diese Funktionen $F_d(x)$ zu einander teilerfremd sind, so enthält $x^n - 1$ auch ihr Produkt, d. h. es ist:

$$x^n - 1 = Q(x) \prod_{d/n} F_d(x),$$

wo $Q(x)$ das Aggregat aller übrigen Primfaktoren von $x^n - 1$ bedeutet. Es handelt sich nun noch darum, den Wert des Faktors $Q(x)$ festzustellen. $Q(x)$ kann mit keinem der $F_d(x)$ einen gemeinsamen Teiler haben, denn wäre dies der Fall, so hätte ja $x^n - 1$ einen mehrfachen Teiler, was unmöglich ist. Es sei nun $q(x)$ irgend ein irreduktibler Faktor von $Q(x)$, so ist $q(x)$ ein Teiler von $x^n - 1$; andererseits kann aber $q(x)$ nicht zu den Teilern gehören, welche nur in $x^n - 1$, aber nicht zugleich in einem $x^d - 1$ enthalten sind, deren Grad d ein Teiler von n ist, denn das Produkt aller dieser Faktoren hatten wir ja mit $F_n(x)$ bezeichnet. Es muſs also $q(x)$ in mindestens einem $x^d - 1$ aufgehen, für welches d ein Teiler von n ist. Es sei nun $x^{d_0} - 1$ die Funktion niedrigsten Grades, welche $q(x)$ enthält; dann kann $q(x)$ sicher nicht zu *den* Teilern der Funktion $x^{d_0} - 1$ gehören, welche nur in ihr, aber nicht in einem $x^{\delta_0} - 1$ enthalten ist, deren Exponent δ_0 ein Teiler von d_0 ist, denn das Produkt aller dieser Faktoren war ja $F_{d_0}(x)$, welches $q(x)$ nicht enthält; also muſs $q(x)$ mindestens in einem $x^{\delta_0} - 1$ aufgehen, für welches δ_0 ein Teiler von d_0, also a fortiori von n ist, und dies steht im Wiederspruche mit der soeben über $x^{d_0} - 1$ gemachten Voraussetzung. Also besitzt $Q(x)$ überhaupt gar keinen Teiler $q(x)$, muſs also gleich ± 1 sein, und kann also stets gleich $+ 1$ angenommen werden, wenn über das Vorzeichen der $F_d(x)$ geeignet verfügt wird. Wir erhalten so die für jeden Wert von n gültige wichtige Zerlegung:

$$(3) \qquad\qquad x^n - 1 = \prod_{d/n} F_d(x).$$

§ 2.

Die am Schlusse des vorigen Abschnittes gefundenen Gleichungen geben uns nun ein Mittel, um die primitiven Faktoren $F_n(x)$ von $x^n - 1$ direkt zu bestimmen; setzen wir nämlich wieder in unserer allgemeinen Reciprocitätsgleichung (6) a. S. 274:

$$g(n) = 1, \quad f(n) = l F_n(x),$$

so ergiebt sich nach der ersten jener Gleichungen und nach (3)

$$h(n) = \sum_{d/n} f(d) = \sum_{d/n} l F_d(x) = l \cdot \prod_{d/n} F_d(x) = l(x^n - 1),$$

und hieraus folgt vermöge der zweiten Reciprocitätsgleichung:

$$f(n) = l F_n(x) = \sum_{dd' = n} \varepsilon_d \cdot h(d') = \sum_{dd' = n} \varepsilon_d \, l(x^{d'} - 1) = l\left(\prod_{dd' = n} (x^{d'} - 1)^{\varepsilon_d}\right),$$

und wir erhalten so die für jedes n gültige Darstellung unserer primitiven Faktoren:

$$(1) \qquad F_n(x) = \prod_{d/n} \left(x^{\frac{n}{d}} - 1\right)^{\varepsilon_d},$$

welche uns gestattet, alle primitiven Faktoren $F_d(x)$ zu finden und damit jedes $x^n - 1 = \prod_{d/n} F_d(x)$ in Faktoren zu zerlegen.

Aus der Formel (1) ergiebt sich sofort auch der Grad der primitiven Functionen $F_n(x)$. Da nämlich der Grad eines jeden Faktors $\left(x^{\frac{n}{d}} - 1\right)^{\varepsilon_d}$ gleich $\varepsilon_d \cdot \frac{n}{d}$ ist, so ist der Grad von $F_n(x)$ gleich

$$n \sum_{d/n} \frac{\varepsilon_d}{d} = \varphi(n),$$

d. h. gleich der Anzahl der inkongruenten Einheiten modulo n.

Nach der oben gegebenen Definition der primitiven Faktoren sind sie alle ganze ganzzahlige Funktionen von x, und durch die obige Darstellung ist somit *eine* Zerlegung von $x^n - 1$ gefunden; jedoch ist hierdurch noch keineswegs bewiesen, dafs diese Funktionen $F_d(x)$ nun ihrerseits nicht mehr weiter zerlegt werden können. Auf den Beweis dieses wichtigen Satzes werden wir erst später in anderem Zusammenhange eingehen.

Wir wollen die primitiven Faktoren $F_n(x)$ nach der soeben gefundenen Formel für einige einfache Werte von n bestimmen.

Es sei zuerst $n = p^\varkappa$ eine beliebige Primzahlpotenz; dann sind alle Teiler $d = p^{\varkappa_0}$, wo $\varkappa_0 \leq \varkappa$, und alle $\varepsilon_d = 0$ aufser für $d = 1$, p und zwar ist $\varepsilon_1 = 1$, $\varepsilon_p = -1$, und da in diesen beiden Fällen $\frac{n}{d} = p^\varkappa$, $p^{\varkappa-1}$ ist, so folgt

$$(2) \qquad F_{p^\varkappa}(x) = \frac{x^{p^\varkappa} - 1}{x^{p^{\varkappa-1}} - 1}$$

$$= x^{p^{\varkappa-1}(p-1)} + x^{p^{\varkappa-1}(p-2)} + \cdots + x^{p^{\varkappa-1}} + 1;$$

speciell ist für $\varkappa = 1$

$$(2^a) \qquad F_p(x) = \frac{x^p - 1}{x - 1} = x^{p-1} + x^{p-2} + \cdots + x + 1.$$

Es sei zweitens

$$n = pq$$

gleich dem Produkte zweier von einander verschiedenen Primzahlen, dann ist nach unserer allgemeinen Formel:

$$(2^b) \quad F_{pq}(x) = (x^{pq} - 1)^{\varepsilon_1} \cdot (x^p - 1)^{\varepsilon_q} \cdot (x^q - 1)^{\varepsilon_p} \cdot (x-1)^{\varepsilon_{pq}}$$

$$= \frac{(x^{pq} - 1)(x - 1)}{(x^p - 1)(x^q - 1)}.$$

So ist speziell für $p = 3$, $q = 2$

$$F_6(x) = \frac{(x^6 - 1)(x-1)}{(x^3 - 1)(x^2 - 1)} = \frac{x^3 + 1}{x + 1} = x^2 - x + 1;$$

aus (2^a) ergiebt sich ferner:

$$F_3(x) = \frac{x^3 - 1}{x - 1} = x^2 + x + 1, \quad F_2(x) = \frac{x^2 - 1}{x - 1} = x + 1$$

und man erhält in diesem speziellen Falle die folgende Zerlegung von $x^6 - 1$

$$x^6 - 1 = F_6(x) F_3(x) F_2(x) F_1(x) = (x^2 - x + 1)(x^2 + x + 1)(x + 1)(x - 1).$$

Wir schreiben jetzt die vorher gefundene Gleichung für $F_n(x)$ in etwas anderer Form. Ist nämlich $n > 1$, so ist identisch:

$$(3) \qquad F_n(x) = \prod_{d/n} (x^{\frac{n}{d}} - 1)^{\varepsilon_d} = \prod_{d/n} \left(\frac{x^{\frac{n}{d}} - 1}{x - 1}\right)^{\varepsilon_d},$$

denn das zweite Produkt unterscheidet sich von dem ersten nur durch die Potenz $(x - 1)^{-\sum\limits_{d/n} \varepsilon_d}$, deren Exponent für $n > 1$ immer Null ist. Also ist auch:

$$(3^a) \qquad F_n(x) = \prod_{d/n} (x^{\frac{n}{d} - 1} + x^{\frac{n}{d} - 2} + \cdots + x + 1)^{\varepsilon_d}.$$

Setzen wir in dieser Gleichung speziell $x = 1$ und beachten dabei, daß in (3^a) jeder Faktor des Produktes $\frac{n}{d}$ Glieder enthält, so folgt:

$$F_n(1) = \prod_{d/n} \left(\frac{n}{d}\right)^{\varepsilon_d} = n^{\sum \varepsilon_d} \cdot \prod_{d/n} d^{-\varepsilon_d},$$

und da $\sum\limits_d \varepsilon_d = 0$ und $\prod\limits_{d/n} d^{-\varepsilon_d}$ nach (4) a. S. 278 gleich 1 oder p ist, je nachdem n mehrere verschiedene Primteiler enthält oder eine Primzahlpotenz ist, so erhält man in diesen beiden Fällen:

$$(4) \qquad\qquad F_n(1) = 1, \quad F_{p^x}(1) = p;$$

die zweite von diesen Gleichungen folgt auch sofort aus (2) für $x = 1$.

Wir hatten schon vorher gesehen, daß zwei von einander verschiedene primitive Faktoren $F_m(x)$ und $F_n(x)$ keinen gemeinsamen

Teiler $q(x)$ von der ersten Stufe enthalten können, dafs also das Modulsystem $(F_m(x), F_n(x))$ stets ein reines Modulsystem zweiter Stufe sein mufs; wir zogen diese Folgerung aus der Äquivalenz:

$$(5) \qquad (F_m(x), F_n(x)) \sim (F_m(x), F_n(x), x^t - 1),$$

in der $t = (m, n)$ der gröfste gemeinsame Teiler von m und n ist. Wir benutzen jetzt dieselbe Äquivalenz, um den folgenden wichtigen Satz zu beweisen:

Sind m und n relativ prim, so besitzen die beiden Faktoren $F_m(x)$ und $F_n(x)$ auch keinen gemeinsamen Teiler zweiter Stufe, d. h. es ist:

$$(F_m(x), F_n(x)) \sim 1.$$

Da nämlich in diesem Falle $t \sim (m, n) = 1$ ist, so geht hier die Äquivalenz (5) über in:

$$(F_m(x), F_n(x)) \sim (F_m(x), F_n(x), x - 1);$$

diesem letzten und daher auch dem ursprünglichen Systeme kann man nun, ohne es im Sinne der Äquivalenz zu ändern, die beiden Zahlen $F_m(1)$ und $F_n(1)$ hinzufügen, da sie Multipla jenes Systemes sind. Da nämlich für jede ganzzahlige Funktion $F(x)$ die Differenz $F(x) - F(1)$ durch $x - 1$ teilbar ist, so ist speziell:

$$F_m(x) \equiv F_m(1) \mod (x - 1),$$

d. h. $F_m(1)$ enthält das System $(F_m(x), x - 1)$, also a fortiori unser System $(F_m(x), F_n(x), x - 1)$. Also ist in diesem Falle:

$$(F_m(x), F_n(x)) \sim (F_m(x), F_n(x), F_m(1), F_n(1)).$$

Enthält nun m oder n mehr als eine Primzahl, so ist die eine der beiden Zahlen $F_m(1)$ und $F_n(1)$ gleich 1, also das ganze Modulsystem äquivalent Eins. Sind dagegen m und n beide Primzahlpotenzen, ist also $m = p^l$, $n = q^k$, so mufs wegen $(m, n) \sim 1$ p von q verschieden sein, und da in diesem Falle $F_m(1) = p$, $F_n(1) = q$ ist, so folgt:

$$(F_m(x), F_n(x)) \sim (F_m(x), F_n(x), p, q) \sim 1,$$

und damit ist unser Satz vollständig bewiesen.

Sind dagegen m und n nicht teilerfremd, so braucht das Modulsystem zweiter Stufe $(F_m(x), F_n(x))$ keineswegs äquivalent Eins zu sein. So war z. B.:

$$(F_6(x), F_3(x)) = (x^2 + x + 1, x^2 - x + 1)$$

und dieses ist äquivalent $(x^2 + x + 1, x^2 - x + 1, 2)$ da die Zahl 2 wegen der Identität:

$$2 = (1 - x)\,(x^2 + x + 1) + (1 + x)\,(x^2 - x + 1)$$

das System enthält, also seinen Elementen zugefügt werden kann. Aus dem so veränderten Systeme kann aber das Element $x^2 - x + 1$ fortgelassen werden, da es wegen der Gleichung:

$$x^2 - x + 1 = (x^2 + x + 1) - 2x$$

das aus den beiden anderen Elementen gebildete Modulsystem $(x^2 + x + 1, 2)$ enthält; es ist also:

$$(F_6(x),\ F_3(x)) \sim (2,\ x^2 + x + 1)$$

und dieses System, welches nach der auf S. 208 gegebenen Definition reduziert ist, ist also sicher nicht äquivalent Eins.

§ 3.

Wir wollen endlich noch die bisher gefundenen Sätze benutzen, um eine höchst merkwürdige und wichtige Eigenschaft der primitiven Funktionen $F_n(x)$ herzuleiten. Sind m und n teilerfremd, so war, wie wir gesehen hatten, das Modulsystem $(F_m(x),\ F_n(x)) \sim 1$, besaß also keinen einzigen Divisor erster oder zweiter Stufe. Wir betrachten jetzt an seiner Stelle das Divisorensystem:

$$(M) \sim (F_m(x^n),\ F_n(x^m)),$$

und wir wollen zeigen, daß diese beiden Funktionen stets einen Teiler erster Stufe haben, und zwar ist dieser die zu $x^{mn} - 1$ gehörige primitive Funktion $F_{mn}(x)$. Wir beweisen also den Satz:

> Der größte gemeinsame Teiler von $F_m(x^n)$ und $F_n(x^m)$ ist stets gleich $F_{mn}(x)$, falls m und n teilerfremd sind.

Da $F_m(x)$ ein Teiler von $x^m - 1$ ist, so ist $F_m(x^n)$ ein Divisor von $(x^n)^m - 1 = x^{mn} - 1$, und dasselbe gilt offenbar von $F_n(x^m)$, also ist zunächst:

$$(M) \sim (F_m(x^n),\ F_n(x^m),\ x^{mn} - 1).$$

Ist also $\Theta(x)$ irgend eine irreduktible Funktion, welche zunächst nur in $F_m(x^n)$ enthalten ist, so muß sie auch in $x^{mn} - 1$ aufgehen, und da:

$$(1) \qquad\qquad x^{mn} - 1 = \prod_{\delta/mn} F_\delta(x)$$

ist, wo δ alle Teiler von mn durchläuft, so muß $\Theta(x)$ in einer und auch nur einer der primitiven Funktionen $F_\delta(x)$ enthalten sein. Da aber m und n n. d. V. teilerfremd sind, so kann der Divisor δ von mn so in ein Produkt $\mu\nu$ zerlegt werden, daß μ ein Teiler von m,

ν ein Teiler von n ist; $\Theta(x)$ ist also ein Teiler von $F_{\mu\nu}(x)$, also a fortiori von $x^{\mu\nu} - 1$, wo $\mu\mu' = m$, $\nu\nu' = n$ ist. Ist nun die Funktion $\Theta(x)$ ein Teiler von $x^{\mu\nu} - 1$, so geht sie auch in $x^{\mu\nu\cdot\nu'} - 1 = x^{\mu n} - 1$ auf, da $x^{\mu n} - 1$ selbst durch $x^{\mu\nu} - 1$ teilbar ist; also haben die beiden Funktionen

$$x^{\mu n} - 1 \quad \text{und} \quad F_m(x^n)$$

sicher den gemeinsamen Teiler $\Theta(x)$. Ersetzt man aber in diesen beiden Funktionen für den Augenblick x^n durch y, und beachtet, daſs die beiden Funktionen $F_m(y)$ und $y^{\mu} - 1$ nach der Fundamentaleigenschaft von $F_m(y)$ keinen Divisor gemeinsam haben, so lange μ ein *eigentlicher* Teiler von m, also kleiner als m ist, so erkennt man, daſs notwendig $\mu = m$ sein muſs, wenn nicht jener Teiler $\Theta(x) = 1$ sein soll. Es ergiebt sich also zunächst der Satz:

(3)   Jeder irreductible Teiler von $F_m(x^n)$ ist ein Teiler eines primitiven Faktors $F_{m\nu}(x)$, für welchen ν einen Teiler von n bedeutet.

Ist nun $\Theta(x)$ auch in $F_n(x^m)$ enthalten, so beweist man genau ebenso, daſs diese Funktion ein Teiler eines Faktors $F_{\mu n}(x)$ sein muſs, wo μ einen Teiler von m bedeutet, in diesem Falle haben also die so sich ergebenden primitiven Faktoren $F_{m\nu}(x)$ und $F_{\mu n}(x)$ den Divisor $\Theta(x)$ gemeinsam, sie müssen also notwendig identisch sein, d. h. jeder gemeinsame Teiler von $F_m(x^n)$ und $F_n(x^m)$ ist auch in $F_{\mu n}(x)$ enthalten.

Wir beweisen jetzt, daſs auch umgekehrt jeder Primteiler von $F_{mn}(x)$ ein gemeinsamer Teiler von $F_m(x^n)$ und $F_n(x^m)$ ist. Da diese drei Funktionen sämtlich in $x^{mn} - 1$ enthalten sind, also lauter verschiedene Primteiler besitzen, so ist durch diesen Beweis unser Theorem in seinem ganzen Umfange erwiesen. Ersetzt man nun in der Identität:

$$x^m - 1 = \prod_{\mu/m} F_\mu(x)$$

die Variable x durch x^n, so geht sie über in:

$$x^{mn} - 1 = \prod_{\mu/m} F_\mu(x^n);$$

jeder Primteiler $\overline{Q}(x)$ von $F_{mn}(x)$ ist aber zugleich ein Divisor von $x^{mn} - 1$, und daher in einer der Funktionen $F_\mu(x^n)$ enthalten. Nun war soeben in dem Satze (3) bewiesen worden, daſs jeder irreductible Teiler $\overline{Q}(x)$ von $F_\mu(x^n)$ notwendig in einer der primitiven Funktionen $F_{\mu\nu}(x)$ enthalten sein muſs, wenn ν einen der Divisoren von n bedeutet. Also ist jeder irreductible Teiler von $F_{mn}(x)$ zugleich

in einem $F_\mu(x^n)$ und in einem $F_{\mu\nu}(x)$ enthalten, wo μ bei diesen
beiden Funktionen denselben Teiler von m bedeutet. Da aber $F_{mn}(x)$
und $F_{\mu\nu}(x)$ .ur dann einen gemeinsamen Teiler besitzen, wenn sie
identisch sind, so muſs $\mu = m$, $\nu = n$ sein; jeder Primteiler von
$F_{mn}(x)$ ist also auch in $F_m(x^n)$ enthalten, und wörtlich ebenso zeigt
man, daſs er auch in $F_n(x^m)$ auftritt, d. h. daſs in der That $F_{mn}(x)$
der gröſste gemeinsame Teiler erster Stufe von $F_m(x^n)$ und $F_n(x^m)$ ist.
So ist z. B.
$$F_6(x) \sim (F_3(x^2),\ F_2(x^3));$$
setzt man also die vorher gefundenen Werte dieser primitiven Funktionen ein, so muſs sein:
$$x^2 - x + 1 \sim (x^4 + x^2 + 1,\ x^3 + 1),$$
und in der That ist $x^4 + x^2 + 1 = (x^2 - x + 1)(x^2 + x + 1)$ und
$x^3 + 1 = (x + 1)(x^2 + x + 1)$, und die beiden Funktionen $x^2 - x + 1$
und $x + 1$ besitzen keinen Teiler erster Stufe mehr.

Offenbar erhält man durch mehrmalige Anwendung des soeben
bewiesenen Hauptsatzes unmittelbar den Beweis des folgenden allgemeineren Theorems:

Ist $n = p_1^{h_1} p_2^{h_2} \cdots p_r^{h_r} = p^{h_1} P_1 = p_2^{h_2} P_2 = \cdots = p_r^{h_r} P_r$ die Zerlegung einer beliebigen Zahl in ihre Primzahlpotenzen, so besteht
für die zugehörige primitive Funktion $F_n(x)$ die Äquivalenz:
$$F_n(x) \sim \left(F_{p_1^{h_1}}(x^{P_1}),\ F_{p_2^{h_2}}(x^{P_2}),\ \cdots,\ F_{p_r^{h_r}}(x^{P_r}) \right).$$

§ 4.

In einer späteren Vorlesung werden wir, ohne das Gebiet der
ganzen Zahlen zu verlassen, die Kreistheilungsgleichungen $x^n - 1 = 0$
mit Hülfe der Theorie der Modulsysteme eingehend behandeln; es erscheint jedoch nicht überflüssig, hier noch die Wurzeln jener Gleichungen
direkt zu bestimmen und die Zerlegung der Funktionen $x^n - 1$ in
ihre n algebraischen Linearfaktoren anzugeben. Wir wollen diese
Resultate dann benutzen, um die Bedeutung der in den letzten Abschnitten gefundenen Sätze einfach darzulegen, und hierauf eine Reihe
von Anwendungen dieser Sätze zu geben.

Es ist leicht, alle Wurzeln der Gleichung:

(1) $x^n = 1$

durch trigonometrische oder Exponentialfunktionen direkt darzustellen.
Soll nämlich eine komplexe Zahl

$$\xi = \varrho(\cos \varphi + i \sin \varphi)$$

eine Wurzel jener Gleichung sein, so ergiebt sich bei Substitution von ξ in (1) und bei Benutzung der Moivreschen Formel die Gleichung:

$$\xi^n = \varrho^n(\cos (n\varphi) + i \sin (n\varphi)) = 1,$$

und ihr wird bekanntlich dann und nur dann genügt, wenn

$$\varrho = 1, \quad \cos (n\varphi) = 1, \quad \sin (n\varphi) = 0$$

ist. Es muſs also der Bogen $n\varphi$ irgend ein Vielfaches der ganzen Kreisperipherie, also gleich $2k\pi$ sein, wo k irgend eine ganze Zahl bedeuten kann. Alle Wurzeln der Gleichung (1) besitzen also die Form*):

$$\xi_k = \cos \frac{2k\pi}{n} + i \sin \frac{2k\pi}{n} \qquad (k = 0, \pm 1, \pm 2, \cdots).$$

Denkt man sich in der komplexen Zahlenebene um den Nullpunkt mit dem Radius 1 einen Kreis beschrieben, und seine Peripherie von

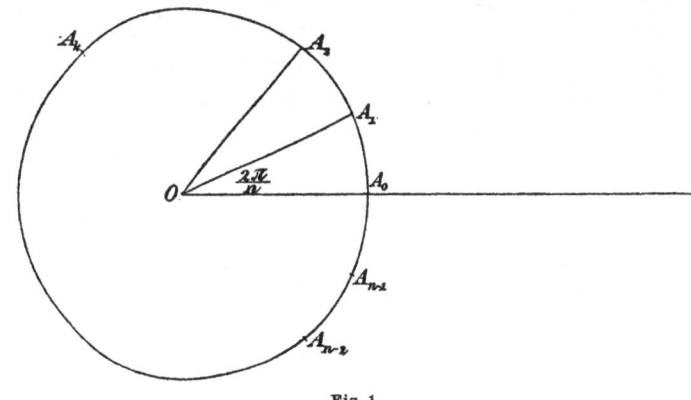

Fig. 1.

*) Betrachtet man für ein beliebiges reelles α die allgemeinere Gleichung:

$$x^n = e^{\alpha i} = \cos \alpha + i \sin \alpha,$$

so zeigt man genau ebenso, daſs für eine Wurzel $\xi = \varrho e^{\varphi i}$ $\varrho = 1$ sein muſs, und aus der Gleichung:

$$e^{n\varphi i} = e^{\alpha i}$$

folgt dann ganz ebenso $n\varphi = \alpha + 2k\pi$, $\varphi = \dfrac{\alpha}{n} + \dfrac{2k\pi}{n}$; die n Wurzeln dieser Gleichung gehen also aus der einen:

$$e^{\frac{\alpha i}{n}} = \cos \frac{\alpha}{n} + i \sin \frac{\alpha}{n}$$

durch Multiplikation mit den n Einheitswurzeln $e^{\frac{2k\pi i}{n}}$ für $k = 1, \, , \cdots n$ hervor.

19*

dem Punkte A_0, dem Schnittpunkte jenes Kreises mit der positiven Horizontalaxe, ausgehend, in n gleiche Teile geteilt, so entspricht allgemein der k^{te} Teilpunkt A_k einer komplexen Zahl $\varrho(\cos\varphi + i\sin\varphi)$, deren absoluter Betrag $\varrho = 1$, und deren Argument $\varphi = \dfrac{2k\pi}{n}$ ist, d. h. die Teilpunkte A_0, A_1, A_2, $\cdots$ repräsentieren der Reihe nach die Wurzeln:

$$\xi_0 = 1,$$

$$\xi_1 = \cos\frac{2\pi}{n} + i\sin\frac{2\pi}{n}$$

$$\xi_2 = \cos 2\frac{2\pi}{n} + i\sin 2\frac{2\pi}{n}$$

. . . .

Aus dieser Darstellung folgt ohne weiteres, daß die n Wurzeln ξ_0, ξ_1, ξ_2, $\cdots$ ξ_{n-1}, welche jenen n Teilpunkten A_0, A_1, $\cdots$ A_{n-1} entsprechen, sämtlich von einander verschieden sind, daß aber für die folgenden $\xi_n = \xi_0$, $\xi_{n+1} = \xi_1$, $\cdots$ und allgemein $\xi_{n+\nu} = \xi_\nu$ ist. Statt des Teilpunktes A_0 können wir auch den mit ihm zusammenfallenden A_n wählen, so daß also die n von einander verschiedenen Wurzeln jetzt ξ_1, ξ_2, $\cdots$ ξ_n sind, und dies soll im folgenden immer geschehen. Beachtet man weiter, daß bekanntlich:

$$\xi_k = \cos\frac{2k\pi}{n} + i\sin\frac{2k\pi}{n} = e^{\frac{2k\pi i}{n}} = \left(e^{\frac{2\pi i}{n}}\right)^k = \xi_1^k$$

ist, und daß eine Gleichung n^{ten} Grades nicht mehr als n von einander verschiedene Wurzeln besitzen kann, so erhalten wir den Satz:

Die n Wurzeln der Gleichung

$$x^n - 1 = 0$$

sind sämtlich von einander verschieden, und man findet sie, wenn man in der Formel:

$$\xi_k = e^{\frac{2k\pi i}{n}}$$

k gleich $1, 2, 3, \ldots n$ annimmt. Diese n Wurzeln können auch in der Form:

$$\xi_1, \ \xi_1^2, \ \xi_1^3, \ \cdots \ \xi_1^n$$

geschrieben werden, wenn $\xi_1 = e^{\frac{2\pi i}{n}}$ ist; man erhält aber genau dieselben Wurzeln, nur in anderer Anordnung in der Reihe:

$$\xi_1^{k_1}, \ \xi_1^{k_2}, \ \cdots \ \xi_1^{k_n},$$

wenn $k_1, k_2, \cdots k_n$ irgend ein vollständiges Restsystem modulo n bedeutet.

Hiernach erhält man bekanntlich für jeden Wert von n die folgende Zerlegung der Funktion $x^n - 1$ in ihre Linearfaktoren

$$(2) \qquad x^n - 1 = \prod_1^n (x - \xi_k) = \prod_{k=1}^n \left(x - e^{\frac{2k\pi i}{n}} \right).$$

Wir betrachten nun zunächst den primitiven Teiler von $x^n - 1$

$$F_n(x) = \prod_{dd'=n} (x^{d'} - 1)^{\varepsilon_d}$$

und untersuchen, aus welchen Linearfaktoren er besteht. Ersetzt man in (2) n durch d', so folgt:

$$x^{d'} - 1 = \prod_1^{d'} \left(x - e^{\frac{2h\pi i}{d'}} \right) = \prod_1^{d'} \left(x - e^{\frac{2hd\pi i}{n}} \right).$$

Setzt man aber diesen Wert in $F_n(x)$ ein, so wird

$$(3) \qquad F_n(x) = \prod_d \prod_{h=1}^{d'} \left(x - e^{\frac{2hd\pi i}{n}} \right)^{\varepsilon_d},$$

wo erstens d alle Divisoren von n, zweitens hd alle Vielfache von d, also $d, 2d, \cdots d'd$ durchläuft.

Um nun zu entscheiden, aus welchen Linearfaktoren $F_n(x)$ besteht, greifen wir irgend einen etwa $\left(x - e^{\frac{2k\pi i}{n}} \right)$ heraus, und sehen zu, mit welchen Exponenten ε_d behaftet er in (3) vorkommt. Offenbar kommt er überhaupt so oft vor, als sich k in der Form hd darstellen läfst, wo d einen Teiler von n bedeutet, und jedesmal besitzt der Linearfaktor den zugehörigen Exponenten ε_d. Ist also $t = (n, k)$ der gröfste gemeinsame Teiler von n und k, und durchläuft d alle Teiler von t, so gehört zu jedem solchen Teiler ein Linearfaktor $\left(x - e^{\frac{2k\pi i}{n}} \right)^{\varepsilon_d}$ d. h. $F_n(x)$ enthält genau die Potenz:

$$\left(x - e^{\frac{2k\pi i}{n}} \right)^{\sum\limits_{d/t} \varepsilon_d}$$

Nach der oft benutzten Fundamentaleigenschaft der Zahlen ε ist aber jener Exponent $\sum\limits_{d/t} \varepsilon_d$ dann und nur dann von Null verschieden, wenn $t = (n, k) = 1$, wenn also k zu n teilerfremd oder eine Einheit modulo n ist und dann ist jener Exponent gleich Eins. Also ergiebt sich für den primitiven Divisor $F_n(x)$ der Ausdruck:

$$F_n(x) = \prod_{(s)} \left(x - e^{\frac{2s\pi i}{n}} \right),$$

wo sich das Produkt über die $\varphi(n)$ modulo n inkongruenten Einheiten $s_1, s_2, \cdots s_{\varphi(n)}$ erstreckt, und hier sieht man direkt, dafs der Grad von $F_n(x)$ gleich $\varphi(n)$ ist. Ebenso ist für ein beliebiges m

$$F_m(x) = \prod_{(r)} \left(x - e^{\frac{2r\pi i}{m}} \right),$$

erstreckt über alle inkongruenten reduzierten Brüche mit dem Nenner m. Hier erkennt man ohne weiteres, dafs zwei solche Funktionen $F_m(x)$ und $F_n(x)$ keinen Teiler besitzen können, denn hätten sie auch nur einen Linearfaktor gemeinsam, so müfste ja für ein Zahlenpaar (r, s) $e^{\frac{2r\pi i}{m}} = e^{\frac{2s\pi i}{n}}$, d. h. es müfsten die reduzierten Brüche $\frac{r}{m}$ und $\frac{s}{n}$ gleich sein, oder sich um eine ganze Zahl unterscheiden, was offenbar unmöglich ist.

Denkt man sich die n Brüche $\frac{1}{n}, \frac{2}{n}, \cdots \frac{n}{n}$ auf ihre reduzierte Form gebracht, und alsdann nach ihrem Nenner geordnet, so besitzen genau $\varphi(n)$ von ihnen den Nenner n, und allgemeiner gehören zu jedem Divisor d von n genau $\varphi(d)$ reduzierte Brüche $\frac{r_1}{d}, \frac{r_2}{d}, \cdots \frac{r_{\varphi(d)}}{d}$ mit dem Nenner d. Nach dem soeben bewiesenen Satze sind dann die $\varphi(d)$ zugehörigen Potenzen $e^{\frac{2r_h\pi i}{d}}$ die sämtlichen Wurzeln der Gleichung $F_d(x) = 0$, d. h. für den primitiven Faktor $F_d(x)$ besteht die Zerlegung:

$$F_d(x) = \prod_{h=1}^{\varphi(d)} \left(x - e^{\frac{2r_h\pi i}{d}} \right),$$

und da jeder der n Brüche $\frac{s}{n}$ in seiner reduzierten Form zu einem einzigen Nenner d gehört, so ergiebt sich hier sofort die bereits a. S. 284 bewiesene Zerlegung:

$$x^n - 1 = \prod_{d/n} F_d(x).$$

Ehe wir zu den Anwendungen übergehen, wollen wir noch einen auf die Zerlegung in die Linearfaktoren gegründeten Beweis dafür angeben, dafs der gröfste gemeinsame Teiler der Funktionen $F_m(x^n)$ und $F_n(x^m)$ gleich dem primitiven Faktor $F_{mn}(x)$ ist, falls m und n teilerfremd sind. Ersetzt man in der Gleichung:

$$F_m(x) = \prod_{(r,m)=1}\left(x - e^{\frac{2r\pi i}{m}}\right)$$

x durch x^n und zerlegt dann nach dem in der Anmerkung a. S. 291 bewiesenen Satze jeden einzelnen Faktor wiederum in seine Linearfaktoren, so ergiebt sich die folgende Gleichung:

$$F_m(x^n) = \prod_r\left(x^n - e^{\frac{2r\pi i}{m}}\right) = \prod_{k=1}^{n}\prod_r\left(x - e^{\frac{2r\pi i}{mn} + \frac{2k\pi i}{n}}\right)$$

$$= \prod_k\prod_r\left(x - e^{2\pi i\left(\frac{k}{n} + \frac{r}{mn}\right)}\right), \qquad \left(\begin{matrix}k=1,2,\cdots n\\(r,m)\sim 1\end{matrix}\right)$$

und genau ebenso erhält man durch Vertauschung von m und n:

$$F_n(x^m) = \prod_h\prod_s\left(x - e^{2\pi i\left(\frac{h}{m} + \frac{s}{mn}\right)}\right). \qquad \left(\begin{matrix}h=1,2,\cdots m\\(s,n)\sim 1\end{matrix}\right)$$

Betrachtet man aber die $n\varphi(m)$ Brüche

$$\frac{k}{n} + \frac{r}{mn} = \frac{km+r}{mn} = \frac{\varrho}{mn}, \qquad \left(\begin{matrix}k=1,2,\cdots n\\(r,m)\sim 1\end{matrix}\right)$$

so erkennt man, dafs ihre Zähler $\varrho = km + r$ einfach alle zu m teilerfremden Zahlen sind, welche $\leq mn$ sind. Da man nun durch Vertauschung von m und n den ganz analogen Ausdruck für $F_n(x^m)$ erhält, so ergeben sich für jene beiden Funktionen einfach die folgenden Darstellungen:

$$F_m(x^n) = \prod_\varrho\left(x - e^{\frac{2\varrho\pi i}{mn}}\right) \qquad \left((\varrho,m)\sim 1,\ \varrho\leq mn\right)$$

$$F_n(x^m) = \prod_\sigma\left(x - e^{\frac{2\sigma\pi i}{mn}}\right) \qquad \left((\sigma,n)\sim 1,\ \sigma\leq mn\right).$$

Aus ihnen folgt aber ohne weiteres, dafs jene beiden Funktionen als gröfsten gemeinsamen Teiler das Produkt aller derjenigen Linearfaktoren $x - e^{\frac{2\tau\pi i}{mn}}$ enthalten, in welchen τ sowohl zu m, als auch zu n, d. h. also zu mn teilerfremd ist, und $\tau \leq mn$ ist; jener gröfste gemeinsame Teiler ist also:

$$\prod_\tau\left(x - e^{\frac{2\tau\pi i}{mn}}\right) \qquad \left((\tau,mn)\sim 1,\ \tau\leq mn\right)$$

d. h. gleich $F_{mn}(x)$, w. z. b. w.

§ 5.

Zum vorläufigen Abschlufs dieser auf die Kreisteilungsgleichungen bezüglichen Untersuchungen wollen wir eine wichtige Folgerung aus dem im § 2 hergeleiteten Resultate ziehen, dafs

(1) $$F_m(1) = p, 1$$

ist, je nachdem m eine Primzahlpotenz p^k ist, oder nicht. Es war:

$$F_m(x) = \prod_r \left(x - e^{\frac{2r\pi i}{m}}\right),$$

das Produkt erstreckt über irgend ein System inkongruenter Einheiten $r_1, r_2, \cdots r_{\varphi(m)}$ für den Modul m; da aber dann die $\varphi(m)$ Zahlen $(- r_h)$ ebenfalls ein vollständiges System inkongruenter Einheiten bilden, so ist auch:

$$F_m(x) = \prod_r \left(x - e^{-\frac{2r\pi i}{m}}\right),$$

und durch Multiplikation dieser beiden Darstellungen erhält man:

$$F_m(x) = \prod_{(r)} \left\{\left(x - e^{\frac{2r\pi i}{m}}\right)\left(x - e^{-\frac{2r\pi i}{m}}\right)\right\}^{\frac{1}{2}}$$

$$= \prod_{(r)} \left\{x^2 - x\left(e^{\frac{2r\pi i}{m}} + e^{-\frac{2r\pi i}{m}}\right) + 1\right\}^{\frac{1}{2}}$$

$$= \prod_{(r)} \left\{x^2 + 1 - 2x \cos \frac{2r\pi}{m}\right\}^{\frac{1}{2}}.$$

Setzt man in dieser Gleichung $x = 1$, so erhält man, da

$$2 - 2\cos \frac{2r\pi}{m} = 4 \sin\left(\frac{r\pi}{m}\right)^2 \text{ ist,}$$

$$F_m(1) = \prod_r 2 \sin \frac{r\pi}{m} \qquad \text{\small$(r, m)$ ' 1 ,}$$

und dieses Produkt ist also gleich 1 oder gleich p, je nachdem m mehr als eine Primzahl enthält, oder eine Primzahlpotenz p^k ist.

Diese Formel benutzen wir nun dazu, die Anzahl der in einem gewissen Intervalle vorhandenen Primzahlen zu bestimmen. Die $\varphi(m)$ Zahlen r, welche $< m$ und zu m teilerfremd sind, teilen wir in zwei Gruppen, je nachdem sie kleiner oder gröfser als $\frac{m}{2}$ sind, und wir bezeichnen die der ersten Gruppe durch r, die der letzten durch r', wobei wir bemerken, dafs für $m > 2$ offenbar keine der Zahlen $r = \frac{m}{2}$ sein kann. Dann besteht immer für je zwei entsprechende Einheiten r und r' dieser beiden Gruppen eine Gleichung

$$r' = m - r, \quad \text{also} \quad \sin \frac{2 r' \pi}{m} = \sin \frac{2 r \pi}{m}.$$

Man erhält also für $F_m(1)$ die folgende einfache Darstellung

$$F_m(1) = \prod_r 2 \sin \frac{r \pi}{m} \cdot \prod_{r'} 2 \sin \frac{r' \pi}{m} = \prod_r \left(2 \sin \frac{r \pi}{m} \right)^2 \quad \left(\begin{matrix} (r, m) = 1 \\ r < \frac{m}{2} \end{matrix} \right).$$

Bezeichnen wir also der Einfachheit wegen mit ϱ_m alle echten Brüche $\frac{r}{m}$, welche $\leqq \frac{1}{2}$ sind und in der reduzierten Form den Nenner m haben, so ergiebt sich die Gleichung

$$(2) \qquad \prod_{\varrho_m} (2 \sin \varrho_m \pi)^2 = p, 1$$

je nach den beiden oben unterschiedenen Möglichkeiten für m.

Wir bilden nun das allgemeinere Produkt $\prod_{\varrho} (2 \sin \varrho \pi)^2$, jetzt aber erstreckt über *alle* reduzierten echten Brüche $\leqq \frac{1}{2}$, deren Nenner gleich oder kleiner als eine beliebig gegebene Zahl N ist. Dieses Produkt kann offenbar so geschrieben werden:

$$(3) \qquad \prod_{\varrho} (2 \sin \varrho \pi)^2 = \prod_{m=2}^{N} \prod_{\varrho_m} (2 \sin \varrho_m \pi)^2.$$

Nach (2) sind aber alle die einzelnen inneren Produkte gleich Eins, für welche m keine Primzahlpotenz ist, und diese können also fortgelassen werden, während sie im letzteren Falle gleich p sind. Eine beliebige Primzahl p_h kommt also rechts genau so oft vor, als es Potenzen $p_h^k \leqq N$ giebt; ist also $p_h^{k_h}$ die Potenz von p_h, für welche

$$(4) \qquad p_h^{k_h} \leqq N < p_h^{k_h+1},$$

ist, so ergiebt sich aus (3) die Gleichung:

$$(5) \qquad \prod_{\varrho} (2 \sin \varrho \pi)^2 = \prod_h p_h^{k_h},$$

wo das Produkt rechts auf *alle* Primzahlen erstreckt werden kann, da für alle $p_h > N$ die Exponenten k_h von selbst Null werden. Da aus der Ungleichung (4) offenbar:

$$k_h \leqq \frac{lN}{lp_h} < k_h + 1,$$

also $k_h = \left[\dfrac{lN}{lp_h}\right]$ folgt, so kann unsere Gleichung auch so geschrieben werden:

$$(5^a) \qquad \prod_\varrho (2 \sin \varrho \pi)^2 = \prod_p p^{\left[\frac{lN}{lp}\right]},$$

wo sich das Produkt links über alle reduzierten Brüche $\leq \dfrac{1}{2}$ erstreckt, deren Nenner $\leq N$ ist, während es rechts auf alle Primzahlen p aus- zudehnen ist. Nehmen wir in dieser Gleichung auf beiden Seiten die Logarithmen und dividieren wir durch lN, so folgt:

$$\frac{2}{lN} \sum_\varrho l(2 \sin \varrho \pi) = \sum_p \frac{lp}{lN}\left[\frac{lN}{lp}\right],$$

oder da nach der Definition des Symboles $[A]$

$$\left[\frac{lN}{lp}\right] = \frac{lN}{lp} - \delta_p$$

ist, wo δ_p für jedes p einen echten Bruch bezeichnet, so ergiebt sich endlich die Formel:

$$\frac{2}{lN} \sum_\varrho l(2 \sin \varrho \pi) = \sum_{(p)} \left(1 - \delta_p \cdot \frac{lp}{lN}\right),$$

welche besonders dadurch merkwürdig erscheint, dafs auf ihrer linken Seite die Primzahlen garnicht explicite auftreten, während rechts nur diese vorhanden sind. Diese Gleichung gewährt uns eine ungefähre Schätzung für die Anzahl A_N der Primzahlen unterhalb der beliebig angenommenen Zahl N; läfst man nämlich auf der rechten Seite die echten Brüche $\delta_p \cdot \dfrac{lp}{lN}$ fort, welche für einen grofsen Wert von N für die meisten Primzahlen p sehr klein werden, so ergiebt sich für jene Anzahl A_N der zu kleine aber angenäherte Wert

$$A_N < \frac{2}{lN} \sum l(2 \sin \varrho \pi).$$

Wir können endlich die Gleichung (5) dadurch vereinfachen, dafs wir auf ihrer rechten Seite alle diejenigen Primzahlen zusammenfassen, welche denselben Exponenten k_h besitzen. Sind nämlich:

$$p_k,\; p_k{}',\; p_k{}'' \cdots$$

alle und nur die Primzahlen, für welche

$$p^k \leq N < p^{k+1}, \quad \text{also} \quad N^{\frac{1}{k+1}} < p \leq N^{\frac{1}{k}}$$

oder, was dasselbe ist, sind $p_k, p_k{}', \cdots$ alle in dem Intervalle $N^{\frac{1}{k+1}} \cdots N^{\frac{1}{k}}$ vorhandenen Primzahlen, so geht unsere Gleichung über in:

$$(5^b) \qquad \prod_\varrho (2 \sin \varrho \pi)^2 = \prod_{k=1,\,2 \cdots} (p_k\, p_k{}' \cdots)^k.$$

Vierundzwanzigste Vorlesung.

Die arithmetische Funktion $\chi_n(M, N)$. — Ihre genaue Berechnung. — Anwendung: Bestimmung der Anzahl aller Primzahlen unterhalb einer gegebenen Grenze. — Näherungsweise Berechnung der Funktion $\chi_n(M, N)$. — Die arithmetische Funktion $\mathfrak{A}_t(A, D)$. — Ihr genauer Wert. — Näherungsweise Berechnung dieser Funktion. — Anwendung: Die Wahrscheinlichkeit dafür, daß zwei beliebige Zahlen teilerfremd sind. — Der Mittelwert arithmetischer Funktionen. — Berechnung des Mittelwertes mit Hülfe der Eulerschen Summenformel. — Anwendungen. — Berechnung des Mittelwertes mit Hülfe der Dirichletschen Reihen.

§ 1.

Wir waren im Anfange dieses Kapitels von dem Zahlensystem

$$
\begin{array}{llll}
(1,1), & (1,2), & (1,3), & \cdots \\
(2,1), & (2,2), & (2,3), & \cdots
\end{array}
$$

(1) $((i, k)) =$ $\begin{array}{llll}(3,1), & (3,2), & (3,3), & \cdots\end{array}$

$\cdots \quad \cdots \quad \cdots \quad \cdots$

ausgegangen, in welchem jedes Element $(i, k) \sim t$, nämlich äquivalent dem größten gemeinsamen Teiler von i und k war; wir hatten dann die Elemente (i, k), (i', k'), $\cdots$ welche denselben gemeinsamen Teiler t besitzen, als äquivalent angesehen und in eine und dieselbe Klasse K_t geordnet, und wir hatten uns schon damals die Aufgabe gestellt, die Anzahl aller derjenigen Elemente (i, k) in einem gegebenen begrenzten Bereiche zu finden, welche einer gegebenen Klasse K_t angehören.

Wir nehmen dies Problem jetzt wieder auf und fragen zunächst nach den Systemen (i, k) in einem beliebigen Abschnitte einer einzigen Horizontalreihe H_n, welche die Invariante Eins besitzen, d. h. wir stellen uns die folgende Aufgabe:

Es seien M und N zwei beliebige ganze Zahlen und $M < N$; es soll die Anzahl $\chi_n(M, N)$ aller Systeme

$$(n, M+1), \quad (n, M+2), \quad \cdots \quad (n, N)$$

gefunden werden, welche äquivalent Eins sind, oder es soll die Anzahl aller Zahlen r in dem Intervalle

$$M < r \leqq N$$

gefunden werden, welche zu einer beliebig gegebenen Zahl n teilerfremd sind.

Diese Aufgabe wurde in dem speziellen Falle $M = 0$, $N = n$ a. a. O. bereits gelöst, und es ergab sich hier $\chi_n(0, n) = \varphi(n)$. Offenbar erhält man die hier gesuchte Anzahl, wenn man erst die Anzahl $\chi_n(0, N)$ der Zahlen $r \leq N$ aufsucht, welche zu n teilerfremd sind und von ihr die entsprechende Anzahl $\chi_n(0, M)$ der Zahlen $r \leq M$ abzieht, d. h. es ist

(1) $$\chi_n(M, N) = \chi_n(0, N) - \chi_n(0, M).$$

Es seien

$$p_1, \ p_2, \ \cdots \ p_g$$

alle von einander verschiedenen Primfaktoren von n, ihrer Grösse nach geordnet. Dann erhält man die Anzahl $\chi_n(0, N)$ aller zu n teilerfremden Zahlen $r \leq N$, indem man von der Anzahl aller Zahlen $\leq N$, d. h. von N die Anzahl aller derjenigen Zahlen abzieht, welche mit n einen der Primfaktoren p_α gemeinsam haben. Für eine einzige Primzahl p_α ist aber jene letztere Anzahl offenbar gleich $\left[\dfrac{N}{p_\alpha}\right]$. Zieht man aber von N die über alle g Primfaktoren erstreckte Summe $\sum\limits_{\alpha=1}^{g}\left[\dfrac{N}{p_\alpha}\right]$ ab, so ist die Differenz:

$$N - \sum_{\alpha}\left[\frac{N}{p_\alpha}\right]$$

offenbar kleiner als die gesuchte Anzahl, denn wir haben ja alle und nur diejenigen Zahlen r mehr als einmal gerechnet und abgezogen, welche zwei von einander verschiedene Primzahlen p_α und p_β mit n gemeinsam haben, und da ihre Anzahl für irgend zwei solche Zahlen gleich $\left[\dfrac{N}{p_\alpha p_\beta}\right]$ ist, so müssen wir zu der obigen Differenz noch die über alle $\dfrac{g(g-1)}{2}$ Produkte $p_\alpha p_\beta$ erstreckte Summe $\sum\limits_{\alpha,\beta}\left[\dfrac{N}{p_\alpha p_\beta}\right]$ hinzufügen. Die so sich ergebende Summe:

$$N - \sum_{\alpha}\left[\frac{N}{p_\alpha}\right] + \sum_{\alpha,\beta}\left[\frac{N}{p_\alpha p_\beta}\right]$$

ist aber wieder zu grofs, weil jetzt wieder alle diejenigen Zahlen r mehr als einmal gerechnet und hinzugefügt worden sind, welche drei von einander verschiedene Primfaktoren $p_\alpha, p_\beta, p_\gamma$ von n enthalten, u. s. w. Fährt man in derselben Weise fort, so erhält man zuletzt für die gesuchte Anzahl den Ausdruck:

$$\chi_n(0, N) = N - \sum_\alpha \left[\frac{N}{p_\alpha}\right] + \sum_{\alpha, \beta} \left[\frac{N}{p_\alpha p_\beta}\right] - \sum_{\alpha, \beta, \gamma} \left[\frac{N}{p_\alpha p_\beta p_\gamma}\right] + \cdots$$
$$\pm \left[\frac{N}{p_1 p_2 \cdots p_g}\right],$$

und man überzeugt sich nachträglich leicht, daß hier in der That jede zu n teilerfremde Zahl r einmal gezählt ist, während alle übrigen Zahlen nicht mit gerechnet sind. Ist nämlich $(r, n) = t$ und besitzt t genau γ von einander verschiedene Primfaktoren, so ist r unter den N ersten Zahlen einmal mitgezählt, in der zweiten Summe $\sum_\alpha \left[\frac{N}{p_\alpha}\right]$ genau γ Male, in der dritten Summe genau $\frac{\gamma(\gamma - 1)}{1 \cdot 2}$ Male u. s. w., d. h. man erkennt genau wie a. S. 249, daß die Zahl r in jenem Ausdruck $\chi_n(0, N)$ genau

$$1 - \gamma + \frac{\gamma(\gamma - 1)}{1 \cdot 2} - \cdots \pm 1 = (1 - 1)^\gamma$$

Male, d. h. einmal oder garnicht gezählt wird, je nachdem $\gamma = 1$ oder $\gamma > 1$, d. h. je nachdem $(r, n) \sim 1$ ist oder nicht.

    Dieselbe Überlegung bleibt auch in dem allgemeineren Falle richtig, wenn die obere Grenze N des Intervalles keine ganze Zahl, sondern ein beliebiger Bruch ist, nur ist dann die Anzahl aller Zahlen $r \leq N$ nicht gleich N, sondern gleich $[N]$, während alle übrigen Betrachtungen unverändert richtig bleiben. Es ist also für ein beliebiges N:

$$\chi_n(0, N) = [N] - \sum_\alpha \left[\frac{N}{p_\alpha}\right] + \sum_{\alpha, \beta} \left[\frac{N}{p_\alpha p_\beta}\right] \cdots,$$

oder einfacher bei Einführung der Zahlen ε_m:

$$(2) \qquad \chi_n(0, N) = \sum_{d/n} \varepsilon_d \left[\frac{N}{d}\right],$$

wo jetzt die Summation über *alle* Teiler d von n zu erstrecken ist.

    Nach der oben bewiesenen Gleichung (1) erhält man also für die Anzahl $\chi_n(M, N)$ der zwischen $r = M$ und $r = N$ liegenden Systeme $(n, r) \sim 1$ den einfachen Ausdruck:

$$\chi_n(M, N) = \sum_{d/n} \varepsilon_d \left(\left[\frac{N}{d}\right] - \left[\frac{M}{d}\right]\right),$$

wo wieder über alle Teiler d von n zu summieren ist, und wo sowohl M als N ganze oder gebrochene Zahlen bedeuten können.

    Wir wollen nach dieser Formel die Anzahl:

$$\chi_{15}(100, 120)$$

aller Zahlen zwischen 100 und 120 berechnen, welche zu 15 teilerfremd sind. Hier sind die Teiler d von 15

$$1, \quad 3, \quad 5, \quad 15,$$

die zugehörigen Werte von ε_d

$$1, \; -1, \; -1, \; 1,$$

und da für diese Teiler der Reihe nach:

$$\left[\frac{120}{d}\right] = 120, 40, 24, 8; \quad \left[\frac{100}{d}\right] = 100, 33, 20, 6$$

ist, so erhält man die folgende Darstellung:

$$\chi_{15}(100,120) = (120 - 100) - (40 - 33) - (24 - 20) + (8 - 6) = 11,$$

und in der That sind die innerhalb dieser Grenzen liegenden zu 15
teilerfremden Zahlen die 11 folgenden:

$$101, \; 103, \; 104, \; 106, \; 107, \; 109, \; 112, \; 113, \; 116, \; 118, \; 119.$$

Wir wollen diese Formel benutzen, um die Anzahl aller Prim
zahlen unterhalb einer beliebig gegebenen Grenze N zu berechnen.
Es seien

$$(4) \qquad\qquad\qquad p_1, \; p_2, \; \cdots \; p_\nu$$

alle diejenigen Primzahlen, welche $\leq \sqrt{N}$ sind. Wählen wir dann
speziell

$$M = \sqrt{N}, \quad n = p_1 p_2 \cdots p_\nu,$$

so müssen die in dem Intervalle $(\sqrt{N} \cdots N)$ liegenden zu n relativen
Primzahlen notwendig absolute Primzahlen sein, denn wäre eine solche
Zahl r das Produkt auch nur von zwei Primfaktoren, so müfste jeder
von ihnen notwendig $\leq \sqrt{N}$ sein, also in der Reihe (4) vorkommen,
d. h. r und n hätten einen gemeinsamen Teiler. Also ist:

$$\chi_n(\sqrt{N}, N) = \sum_{d/n}' \varepsilon_d \left(\left[\frac{N}{d}\right] - \left[\frac{\sqrt{N}}{d}\right] \right) = \sum_{d/n} \varepsilon_d \left[\frac{N}{d}\right] - \sum_{d/n} \varepsilon_d \left[\frac{\sqrt{N}}{d}\right]$$

die Anzahl aller Primzahlen in dem Intervalle $(\sqrt{N} \cdots N)$. Nach der
allgemeinen Formel ist nun die Anzahl $\chi_n(0, \sqrt{N})$ der zu n teilerfremden Zahlen in dem Intervalle $(0 \cdots \sqrt{N})$

$$\chi_n(0, \sqrt{N}) = \sum_{d/n} \varepsilon_d \left[\frac{\sqrt{N}}{d}\right],$$

also genau gleich jener zweiten Summe; aber diese Anzahl ist gleich

Eins, da jede Zahl $r \leq \sqrt{N}$ mit Ausnahme der Zahl 1 mindestens eine der ν Primzahlen $p_i < \sqrt{N}$ enthalten muß. Also ist:

$$\chi_n(\sqrt{N}, N) = \sum \varepsilon_d \left[\frac{N}{d}\right] - 1.$$

Nimmt man also zu ihnen noch die ν Primzahlen $p_1, p_2, \cdots p_\nu$ unter $\sqrt{N}$ hinzu und rechnet außerdem die Zahl 1 als Primzahl mit, so ergiebt sich der Satz:

Die Anzahl aller Primzahlen, welche in der Reihe $1, 2, 3, \cdots N$ vorkommen, ist:

(5)
$$\nu + \sum_{d/n} \varepsilon_d \left[\frac{N}{d}\right],$$

wenn die Summation auf die Divisoren d des Produktes $n = p_1 p_2 \cdots p_\nu$ aller zwischen 1 und $\sqrt{N}$ liegenden Primzahlen erstreckt wird.

Diese elegante und sehr brauchbare Formel ist eine der wenigen genauen, die wir über die Primzahlen kennen.

Wir wollen als Beispiel die Anzahl aller Primzahlen aufsuchen, welche kleiner als 50 sind. Hier ist:

$$N = 50, \quad [\sqrt{N}] = 7, \quad \text{also} \quad n = 2 \cdot 3 \cdot 5 \cdot 7 = 210,$$

es sind also die Teiler d von n der Reihe nach:

$$d = 1; \quad 2, \ 3, \ 5, \ 7; \quad 6, 10, 14, 15, 21, 35; \ 30, 42, 70, 105; 210,$$

und die zugehörigen Werte von ε_d und $\left[\frac{N}{d}\right]$ sind:

$$\varepsilon_d = 1; -1, -1, -1, -1; +1, +1, +1, +1, +1, +1 : -1, -1, -1, -1; +1$$

$$\left[\frac{50}{d}\right] = 50; \ 25, \ 16, \ 10, \ 7; \ 8, \ 5, \ 3, \ 3, \ 2, \ 1; \ 1, \ 1, \ 0, \ 0; \ 0,$$

es ergiebt sich also die gesuchte Anzahl gleich:

$$4 + 50 - (25 + 16 + 10 + 7) + (8 + 5 + 3 + 3 + 2 + 1) - (1 + 1) = 17,$$

und in der That lehrt ein Blick auf die Tabelle a. S. 67, daß die 16 Primzahlen

$$1, \ 2, \ 3, \ 5, \ 7, \ 11, \ 13, \ 17, \ 19, \ 23, \ 29, \ 31, \ 37, \ 41, \ 43, \ 47$$

kleiner sind als 50.

Es sei zweitens $N = 120$, also $[\sqrt{N}] = 10$, $n = 2 \cdot 3 \cdot 5 \cdot 7$. Hier sind die Werte von d und ε_d offenbar dieselben wie vorher, man erhält daher aus den obigen Reihen für die gesuchte Anzahl:

$$4 + \sum \varepsilon_d \cdot \left[\frac{120}{d}\right] = 4 + 120 - (60 + 40 + 24 + 17)$$

$$+ (20 + 12 + 8 + 8 + 5 + 3) - (4 + 2 + 1 + 1) = 31,$$

und in der That kommen, wie die soeben erwähnte Tabelle lehrt, zu
den 16 vorher betrachteten Primzahlen noch die 15 folgenden:

53, 59, 61, 67, 71, 73, 79, 83, 89, 97, 101, 103, 107, 109, 113

zwischen 50 und 120 hinzu.

Ersetzt man in der Formel (5) die ganzen Zahlen $\left[\frac{N}{d}\right]$ durch die

Brüche $\frac{N}{d}$, welche sich ja von jenen nur um einen positiven echten

Bruch unterscheiden, so erhält man den folgenden angenäherten Wert
für die Anzahl aller unter N liegenden Primzahlen:

$$\nu + N \cdot \sum_{d/n} \frac{\varepsilon_d}{d} = \nu + N \cdot \frac{\varphi(n)}{n} = \nu + N \cdot \prod_{p_i}\left(1 - \frac{1}{p_i}\right),$$

wo sich das Produkt rechts auf die ν unter $\sqrt{N}$ liegenden Primzahlen
$p_1, \cdots p_\nu$ erstreckt.

Diese Annäherung ist schon für kleine Werte von N eine sehr
gute. So ergiebt sich z. B. für die beiden vorher behandelten Fälle
$N = 50$ und $N = 120$ statt der genauen Anzahlen 16 und 31 bezw.

$$4 + 50 \cdot \frac{1 \cdot 2 \cdot 4 \cdot 6}{2 \cdot 3 \cdot 5 \cdot 7} = 15{,}6 \quad \text{bzw.} \quad 4 + 120 \cdot \frac{1 \cdot 2 \cdot 4 \cdot 6}{2 \cdot 3 \cdot 5 \cdot 7} = 31{,}4,$$

beide Male ist also der Fehler noch kleiner als $\frac{1}{2}$. Man kann auch
leicht ein, wenn auch verhältnismäfsig sehr grofses Intervall angeben,
innerhalb dessen der bei dieser Annäherung gemachte Fehler liegen
mufs. Ersetzt man nämlich in der Summe:

$$[N] - \sum\left[\frac{N}{p}\right] + \sum\left[\frac{N}{p\,p'}\right] - \cdots$$

die gröfsten Ganzen alle durch die entsprechenden Brüche selbst, so
wird bei jedem einzelnen Gliede ein Fehler begangen, der positiv oder
negativ, aber absolut genommen stets kleiner als Eins ist. Also liegt
der Gesamtfehler zwischen $+ A$ und $- A$, wenn A die Anzahl aller
jener Glieder ist; da aber für diese Anzahl offenbar:

$$A = 1 + \nu + \frac{\nu(\nu - 1)}{1 \cdot 2} + \cdots = 2^\nu$$

ist; so ergiebt sich für die Anzahl aller Primzahlen unter N die
Näherungsformel:

$$\nu + N \cdot \frac{\varphi(n)}{n} + \varepsilon \cdot 2^\nu,$$

wo ε ein unbekannter positiver oder negativer echter Bruch ist; die
Grenze des Intervalles der Unbestimmtheit ist also gleich $2^{\nu+1}$, wenn
ν die Anzahl aller Primzahlen unterhalb $\sqrt{N}$ bedeutet.

§ 2.

Wir wollen jetzt die im § 1 dieser Vorlesung a. S. 299 gestellte Aufgabe in dem Falle lösen, dafs der Bereich der zu untersuchenden Elemente (i, k) durch ein beliebiges Rechteck $ABCD$ begrenzt wird, dessen Seiten der Horizontalaxe und der Vertikalaxe in dem Schema $((i, k))$ parallel laufen; wir bezeichnen also durch

$$\mathfrak{A}_t(A, D)$$

die Anzahl aller Elemente (i, k) innerhalb des Rechteckes $ABCD$, welche äquivalent t sind, für welche also i und k den gröfsten gemeinsamen Teiler t haben, und suchen diese Anzahl für ein beliebiges Rechteck $ABCD$ und für einen beliebigen Wert von t zu bestimmen. Ich bemerke gleich, dafs wir diejenigen Systeme (i, k), welche eventuell auf den äufseren Begrenzungsseiten BD und CD liegen, dem Rechteck zuzählen wollen, dagegen wollen wir diejenigen Elemente nicht mitrechnen, welche sich auf den inneren Seiten AB und AC befinden.

Zunächst erkennt man, dafs wir uns bei dieser Frage auf den Fall beschränken können, dafs die erste Ecke A des Begrenzungsrechteckes mit dem ersten Elemente $(1, 1)$ zusammenfällt, welches mit O bezeichnet werden mag. Kennt man nämlich für einen beliebigen Punkt P jene Anzahl $\mathfrak{A}_t(O, P)$, so wird, wie die nebenstehende Figur ohne weiteres ergiebt, die Anzahl $\mathfrak{A}_t(A, D)$ durch die Gleichung:

$$(1) \qquad \mathfrak{A}_t(A, D) = \mathfrak{A}_t(O, D) - \mathfrak{A}_t(O, C) - \mathfrak{A}_t(O, B) + \mathfrak{A}_t(O, A)$$

gegeben, denn jedes System (i, k) mit der Invariante t wird in dem Aggregate rechts dann und nur dann, und zwar einmal gezählt, wenn es in dem Rechteck $ABCD$ liegt; dagegen hebt es sich in den Anzahlen rechts fort, wenn es in einem der drei anderen Partialrechtecke vorkommt. Ferner erkennt man leicht, dafs jene Formel (1), falls $ABCD$ ein *inneres* Rechteck ist, auch dann noch richtig bleibt, wenn man in jenen Rechtecken (O, P)

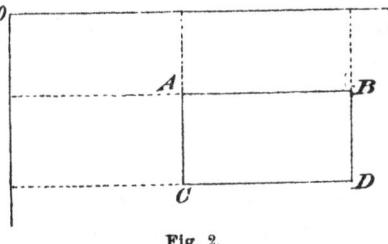

Fig. 2.

alle vier Seiten dem Inneren des Rechteckes zuzählt. Will man dies nicht, so braucht man das ganze System $((ik))$ nur noch mit einer nullten Horizontalreihe $(0, 0)$, $(0, 1)$, $(0, 2) \cdots$ und entsprechend mit einer nullten Vertikalreihe $(0, 0)$, $(1, 0)$, $(2, 0) \cdots$ zu rändern, und den Anfangspunkt jetzt nach dem Elemente $(0, 0)$ zu verlegen. Wir wollen im Folgenden diese letztere Annahme machen.

Es habe jetzt der Punkt P die Koordinaten $(x = m, y = n)$, wobei m und n wieder beliebige ganze oder gebrochene Zahlen sein können. Da das System $((i, k))$ symmetrisch ist, so können wir $m \leq n$ annehmen, weil sich die Anzahl $\mathfrak{A}_t(0, P)$ bei einer Vertauschung der Zeilen und Kolonnen nicht ändert. Wir können die zu lösende Fundamentalaufgabe jetzt also folgendermaßen aussprechen:

Wie groß ist die Anzahl $\mathfrak{A}_t(0, (m, n))$ aller Zahlensysteme (i, k), für welche

$$1 \leq i \leq m; \quad 1 \leq k \leq n; \quad m \leq n$$

ist, und die den größten gemeinsamen Teiler t besitzen?

Man findet diese Zahl durch eine Betrachtung, welche der a. S. 300 durchgeführten durchaus anlog ist, hier also nur angedeutet zu werden braucht.

Sollen die beiden Zahlen i und k den größten gemeinsamen Teiler t haben, so müssen sie sicher Multipla von t sein, und da in der Reihe $1, 2, \cdots m$ genau $\left[\dfrac{m}{t}\right]$, in der Reihe $1, 2, \cdots n$ genau $\left[\dfrac{n}{t}\right]$ Vielfache von t enthalten sind, so ist die Anzahl aller Zahlensysteme (i, k), welche innerhalb $(0, (m, n))$ überhaupt den Teiler t haben, genau gleich $\left[\dfrac{m}{t}\right]\left[\dfrac{n}{t}\right]$; und zwar kann hier t ganz beliebig gewählt sein, denn jenes Produkt wird ja von selbst Null, wenn t größer als m oder n ist, da dann $\left[\dfrac{m}{t}\right]$ oder $\left[\dfrac{n}{t}\right]$ echte Brüche, die in ihnen enthaltenen größsten ganzen Zahlen also Null sind. Um aber diejenigen Systeme zu finden, deren *größster* gemeinsamer Teiler t ist, muß man von jenen zunächst alle diejenigen Systeme (i, k) abziehen, für welche i und k beide durch pt teilbar sind, wenn p irgend eine bestimmte Primzahl bedeutet; nach dem soeben benutzten Satze ist aber die Anzahl dieser Systeme gleich $\left[\dfrac{m}{pt}\right]\left[\dfrac{n}{pt}\right]$. So ergiebt sich die Differenz:

$$\left[\frac{m}{t}\right]\left[\frac{n}{t}\right] - \sum_p \left[\frac{m}{pt}\right]\left[\frac{n}{pt}\right],$$

in welcher die Summation auf *alle* Primzahlen erstreckt werden kann, da alle Produkte von selbst Null werden, für welche $pt > m$ ist. In diesem Ausdrucke sind aber wieder alle diejenigen Systeme (i, k) zweimal abgerechnet worden, in denen i und k einen gemeinsamen Teiler $pp't$ besitzen, wo p und p' irgend zwei von einander verschiedene Primzahlen sind. Fügt man daher die Anzahl aller dieser Systeme hinzu, ergiebt sich genau ebenso:

$$\left[\frac{m}{t}\right]\left[\frac{n}{t}\right] - \sum\left[\frac{m}{pt}\right]\left[\frac{n}{pt}\right] + \sum\left[\frac{m}{pp't}\right]\left[\frac{n}{pp't}\right];$$

durch analoges Weiterschliefsen erhält man zuletzt für die gesuchte Anzahl den Ausdruck:

$$(2) \qquad \mathfrak{A}_t(0,(m,n)) = \left[\frac{m}{t}\right]\left[\frac{n}{t}\right] - \sum_p\left[\frac{m}{pt}\right]\left[\frac{n}{pt}\right] + \sum_{p,\,p'}\left[\frac{m}{pp't}\right]\left[\frac{n}{pp't}\right] - \cdots,$$

und man überzeugt sich wiederum leicht a posteriori von der Richtig-
keit dieser Gleichung; ist nämlich ein Element $(i, k) \sim \lambda t$ und enthält λ
genau ν von einander verschiedene Primfaktoren, so erkennt man
genau, wie a. S. 301, dafs jenes Element bei dieser Zählung
$1 - \nu + \dfrac{\nu(\nu-1)}{2} - \cdots = (1-1)^\nu$ Male gerechnet wurde. Unter Benutzung der Zahlen ε_k kann dieser Ausdruck kürzer so geschrieben
werden:

$$(2^a) \qquad \mathfrak{A}_t(0,(m,n)) = \sum_{k=1}^{\infty} \varepsilon_k\left[\frac{m}{kt}\right]\cdot\left[\frac{n}{kt}\right],$$

und zwar kann diese Summe unbedenklich über alle unendlich vielen
Zahlen $k = 1, 2, \cdots$ ausgedehnt werden, da alle Glieder verschwinden,
für welche $\dfrac{m}{kt} < 1$ oder $k > \left[\dfrac{m}{t}\right]$ ist. Man kann daher jene Summe
in endlicher Form auch folgendermafsen schreiben:

$$(2^b) \qquad \mathfrak{A}_t(0,(m,n)) = \sum_{1}^{\left[\frac{m}{t}\right]} \varepsilon_k\left[\frac{m}{kt}\right]\left[\frac{n}{kt}\right].$$

Es sei z. B. $m = 50$, $n = 60$, $t = 7$. Dann ist:

$$\mathfrak{A}_7(0,(50,60)) = \left[\frac{50}{7}\right]\cdot\left[\frac{60}{7}\right] - \left[\frac{50}{2\cdot 7}\right]\cdot\left[\frac{60}{2\cdot 7}\right] - \left[\frac{50}{3\cdot 7}\right]\left[\frac{60}{3\cdot 7}\right]$$

$$- \left[\frac{50}{5\cdot 7}\right]\left[\frac{60}{5\cdot 7}\right] - \left[\frac{50}{7\cdot 7}\right]\left[\frac{60}{7\cdot 7}\right] + \left[\frac{50}{2\cdot 3\cdot 7}\right]\left[\frac{60}{2\cdot 3\cdot 7}\right]$$

$$= 56 - (12 + 4 + 1 + 1) + 1 = 39;$$

es giebt also in jenem Rechtecke genau 39 Zahlensysteme (i, k), deren
gröfster gemeinsamer Teiler gleich 7 ist.

§ 3.

Die im vorigen Abschnitt gefundene Anzahl $\mathfrak{A}_t(0,(m,n))$ wollen
wir jetzt abschätzen, um dann zu untersuchen, welcher Grenze sie sich
nähert, wenn die Seiten des begrenzenden Rechteckes unendlich grofs
werden. Zu diesem Zwecke ersetzen wir in dem Ausdrucke (2^b) die

20*

in ihm auftretenden gröfsten ganzen Zahlen $\left[\frac{m}{kt}\right]$ und $\left[\frac{n}{kt}\right]$ durch die zugehörigen Brüche. Setzt man nämlich allgemein:

$$\left[\frac{m}{kt}\right] = \frac{m}{kt} - \delta_k; \quad \left[\frac{n}{kt}\right] = \frac{n}{kt} - \delta_k',$$

so sind δ_k und δ_k' der Erklärung des Gaussischen Zeichens gemäfs nicht negative echte Brüche, und man erhält dann für jene Anzahl den Ausdruck:

$$
\begin{aligned}
(1) \quad \mathfrak{A}_t(0, (m, n)) &= \sum_{k=1}^{\left[\frac{m}{t}\right]} \varepsilon_k \left(\frac{m}{kt} - \delta_k\right) \left(\frac{n}{kt} - \delta_k'\right) \\
&= \frac{mn}{t^2} \sum_k \frac{\varepsilon_k}{k^2} - \frac{m}{t} \sum_k \frac{\varepsilon_k \delta_k'}{k} - \frac{n}{t} \sum_k \frac{\varepsilon_k \delta_k}{k} + \sum_k \varepsilon_k \delta_k \delta_k'.
\end{aligned}
$$

Die erste Summe schreiben wir anders: Da nämlich identisch:

$$(2) \qquad \sum_{k=1}^{\left[\frac{m}{t}\right]} \frac{\varepsilon_k}{k^2} = \sum_{k=1}^{\infty} \frac{\varepsilon_k}{k^2} - \sum_{k=\left[\frac{m}{t}\right]+1}^{\infty} \frac{\varepsilon_k}{k^2}$$

ist, und da nach der Bemerkung a. S. 264 Nr. (1^b) für jedes $z > 1$

$$\sum_1^{\infty} \frac{\varepsilon_k}{k^z} = \frac{1}{\sum_k \dfrac{1}{k^z}}$$

ist, so ergiebt sich für diese erste Summe in (2)

$$\sum_1^{\infty} \frac{\varepsilon_k}{k^2} = \frac{6}{\pi^2},$$

weil nach der a. S. 259 gemachten Bemerkung $\sum_1^{\infty} \frac{1}{k^2} = \frac{\pi^2}{6}$ ist. Hiernach kann unsere Gleichung (1) einfacher so geschrieben werden:

$$(3) \qquad \mathfrak{A}_t(0, (m, n)) = \frac{mn}{t^2} \cdot \frac{6}{\pi^2} - R,$$

wo das Restglied R den folgenden Wert hat:

$$(3^a) \quad R = \frac{mn}{t^2} \sum_{\left[\frac{m}{t}\right]+1}^{\infty} \frac{\varepsilon_k}{k^2} + \frac{m}{t} \sum_{1}^{\left[\frac{m}{t}\right]} \frac{\varepsilon_k \delta_k'}{k} + \frac{n}{t} \sum_{1}^{\left[\frac{m}{t}\right]} \frac{\varepsilon_k \delta_k}{k} - \sum_{1}^{\left[\frac{m}{t}\right]} \varepsilon_k \delta_k \delta_k'.$$

Wir wollen diesen Rest nicht genau berechnen, sondern nur zwei Grenzen angeben, zwischen denen R notwendig liegt; wir werden dann sehen, dafs das Verhältnis $\frac{R}{mn}$ mit wachsendem m unendlich klein wird, und mit Hilfe dieser einen Thatsache kann der Grenzwert von $\mathfrak{A}_l(0, (m, n))$ für $m = \infty$ leicht gefunden werden. Ich zeige nun durch eine Abschätzung der einzelnen Summen, aus denen R besteht, daſs jenes Restglied zwischen den beiden Grenzen:

$$(3^b) \qquad \pm \left\{ \frac{mn}{t^2} \cdot \frac{1}{\frac{m}{t} - 1} + \frac{m+n}{t}\left(1 + l\,\frac{m}{t}\right) + \frac{m}{t} \right\}$$

liegen muſs. Es ist nämlich zunächst

$$\sum_{\left[\frac{m}{t}\right]+1}^{\infty} \frac{\varepsilon_k}{k^2} < \sum_{\left[\frac{m}{t}\right]+1}^{\infty} \frac{1}{k^2}.$$

Nun folgt aus der Gleichung (1) a. S. 258

$$(4) \qquad \sum_{a+1}^{b} f(k) < \int_a^b f(x)\,dx,$$

falls $f(x)$ eine Funktion ist, welche mit wachsendem Argumente abnimmt. Aber aus dieser Formel ergiebt sich für $f(x) = \frac{1}{x^z}$ und für $b = \infty$

$$\sum_{a+1}^{\infty} \frac{1}{k^z} < \int_a^{\infty} \frac{dx}{x^z},$$

und für $z = 2$, $a = \left[\frac{m}{t}\right]$ erhält man endlich, da $\int_a^{\infty} \frac{dx}{x^2} = \frac{1}{a}$ ist,

$$(5) \qquad \sum_{\left[\frac{m}{t}\right]+1}^{\infty} \frac{1}{k^2} < \frac{1}{\left[\frac{m}{t}\right]} < \frac{1}{\frac{m}{t} - 1}.$$

Mit Hilfe derselben Fundamentalformel (4) kann man auch die zweite und dritte Summe in R abschätzen. Offenbar ist nämlich:

$$\sum_{1}^{\left[\frac{m}{t}\right]} \frac{\varepsilon_k \delta_k'}{k} < \sum_{1}^{\left[\frac{m}{t}\right]} \frac{1}{k} = 1 + \sum_{2}^{\left[\frac{m}{t}\right]} \frac{1}{k} < 1 + \int_1^{\left[\frac{m}{t}\right]} \frac{dx}{x} = 1 + l\left[\frac{m}{t}\right],$$

wie man leicht erkennt, wenn man in (4) $a = 1$, $b = \left[\frac{m}{t}\right]$, $f(x) = \frac{1}{x}$ setzt. Ersetzt man also noch rechts $\left[\frac{m}{t}\right]$ durch den gröſseren Bruch $\frac{m}{t}$, und beachtet man, daſs die dritte Summe in dem Ausdrucke (3^a) von R ganz gleich gebildet ist, so folgt:

$$(5^a) \qquad \left| \sum_{1}^{\left[\frac{m}{t}\right]} \frac{\varepsilon_k \delta_k}{k} \right| \quad \text{und} \quad \left| \sum_{1}^{\left[\frac{m}{t}\right]} \frac{\varepsilon_k \delta_k}{k} \right| < 1 + l\left(\frac{m}{t}\right).$$

Endlich besteht für die vierte Summe offenbar die Ungleichung:

$$(5^b) \qquad \left| \sum_1^{\left[\frac{m}{t}\right]} \varepsilon_k \delta_k \delta_k' \right| < \sum_1^{\left[\frac{m}{t}\right]} 1 = \left[\frac{m}{t}\right] \leq \frac{m}{t}.$$

Setzt man die so gefundenen Grenzen (5), (5^a), (5^b) für die vier Summen in R ein, so findet man, dafs R in der That innerhalb der beiden in (3^b) angegebenen Grenzen liegt.

Wir wollen nun das Verhältnis:

$$M_t = \frac{\mathfrak{A}_t(0, (m, n))}{m n}$$

der Anzahl der zur Klasse K_t gehörigen Elemente in dem Rechteck $(0, (m, n))$ zu der Anzahl mn aller in ihm enthaltenen Elemente oder, was dasselbe ist, die mittlere Anzahl der Elemente $(i, k) \sim t$ in unserem Rechteck $(0, (m, n))$ bestimmen.

Ersetzt man den Rest R durch seinen Ausdruck (3^b), so erhält man für jenes Verhältnis den Wert:

$$M_t = \frac{6}{\pi^2} \cdot \frac{1}{t^2} \pm \frac{1}{t} \left\{ \frac{1}{t} \cdot \frac{1}{\frac{m}{t} - 1} + \left(\frac{1}{m} + \frac{1}{n} \right)\left(1 + l\frac{m}{t} \right) + \frac{1}{n} \right\},$$

wo das in gewundenen Klammern stehende zweite Glied hier wie im folgenden immer eine zwischen den beiden Grenzen liegende Zahl bedeutet, welche dem positiven und dem negativen Vorzeichen entsprechen.

Ersetzt man noch, was offenbar erlaubt ist, $\frac{1}{n}$ durch die gröfsere oder ihr gleiche Zahl $\frac{1}{m}$, so erhält man schliefslich:

$$M_t = \frac{6}{\pi^2} \cdot \frac{1}{t^2} \pm \frac{1}{t} \left\{ \frac{1}{m-t} + \frac{1}{m}\left(3 + 2 l\left(\frac{m}{t} \right) \right) \right\}.$$

Schon dieser Ausdruck würde für die zunächst zu ziehende Folgerung genügen. Um ihn aber noch weiter zu vereinfachen bemerke ich, dafs für $m > 2t$

$$\frac{1}{m-t} < \frac{1}{m} + \frac{2t}{m^2}$$

ist, wie eine leichte Rechnung zeigt. Dann ist also a fortiori:

$$M_t = \frac{6}{\pi^2} \cdot \frac{1}{t^2} \pm \frac{1}{t} \left\{ \frac{4}{m} + \frac{2t}{m^2} + \frac{2}{m} l\left(\frac{m}{t} \right) \right\}.$$

Ersetzt man endlich noch $\frac{4}{m} + \frac{2t}{m^2}$ durch $\frac{1}{m} l\left(\frac{m}{t} \right)$, was ebenfalls sicher erlaubt ist, sobald m die Grenze $e^5 t$ überschreitet, da dann:

$$4 + \frac{2t}{m} < l\left(\frac{m}{t} \right)$$

wird, so erhält man für M_t den folgenden eleganten Ausdruck:

$$(6) \qquad M_t = \frac{\mathfrak{A}_t(0, (mn))}{mn} = \frac{6}{\pi^2} \cdot \frac{1}{t^2} + \frac{3\varepsilon}{mt} l \frac{m}{t},$$

wo ε einen positiven oder negativen *echten* Bruch bedeutet.

Lassen wir nun die Seiten m und n über jedes Maſs hinaus wachsen, so nähert sich $\frac{lm}{m}$, also auch das ganze zweite Glied sehr rasch unbegrenzt der Null, und es ergiebt sich der Satz:

Das Verhältnis der Anzahl der Elemente $(i, k) \sim t$ innerhalb des Rechteckes $(0, (m, n))$ zu der Anzahl aller Elemente nähert sich mit wachsendem m und n unbegrenzt dem Werte $\frac{6}{\pi^2} \cdot \frac{1}{t^2}$, und zwar sind die bei diesem Grenzübergange vernachlässigten Glieder höchstens von der Ordnung $\frac{lm}{m}$.

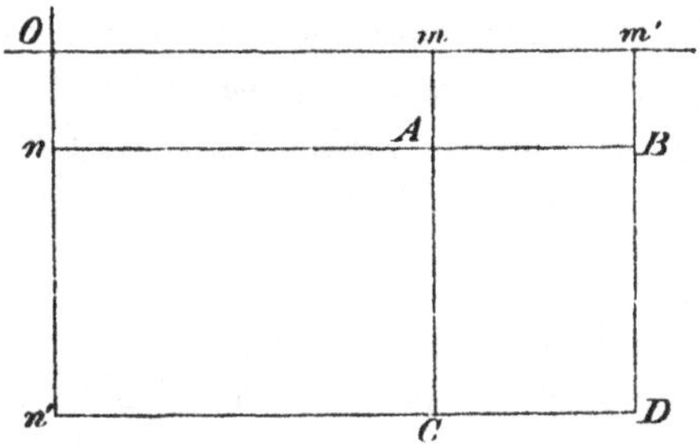

Fig. 3.

Wir wollen endlich jenen asymptotischen Wert für ein ganz beliebiges Rechteck $ABCD$ berechnen, dessen Gegenecken A und D bezw. die Koordinaten (m, n) und (m', n') besitzen. Nun ergiebt sich aus (6) für die Anzahl $\mathfrak{A}_t(0, (m, n))$ für ein beliebiges Rechteck $(0, A)$, falls $n \geq m$ ist,

$$(7) \qquad \mathfrak{A}_t(0, (m, n)) = \frac{6}{\pi^2 t^2} \cdot mn + \frac{3\varepsilon n}{t} l \frac{n}{t},$$

wo noch, was offenbar zulässig ist, $\frac{m}{t}$ durch $\frac{n}{t}$ ersetzt wurde. Berechnet man nun der Reihe nach die Anzahlen

$$\mathfrak{A}_t(0, (m', n')), \quad \mathfrak{A}_t(0, (m, n')), \quad \mathfrak{A}_t(0, m', n)), \quad \mathfrak{A}_t(0, (m, n))$$

für die vier Rechtecke $(0, D)$, $(0, C)$, $(0, B)$, $(0, A)$, so ergiebt sich aus (7) für die gesuchte Anzahl $\mathfrak{A}_t(A, D)$ der Wert

$$\mathfrak{A}_t(A, D) = \frac{6}{\pi^2 t^2} (m'n' - mn' - m'n + mn) + R$$

$$= \frac{6}{\pi^2 t^2} (m' - m)(n' - n) + R,$$

wo R aus den soeben angegebenen Restgliedern für alle jene vier Rechtecke gebildet ist. Ersetzt man aber in jenem Aggregate für R alle echten Brüche ε durch $+1$, bezw. -1 und alle Produkte $\frac{n}{t} l \frac{n}{t}$ durch das gröſste unter ihnen, also durch $\frac{n'}{t} l \frac{n'}{t}$, so erhält man für $A_t(A, D)$ den Ausdruck:

$$\mathfrak{A}_t(A, D) = \frac{6}{\pi^2 t^2} \cdot \mu\nu + 12\varepsilon \cdot \frac{n'}{t} l \frac{n'}{t},$$

wenn $\mu = m' - m$ und $\nu = n' - n$ die Seitenlängen des Rechteckes $ABCD$ bezeichnen, und hieraus folgt, wenn man diese Gleichung durch $\mu\nu$ dividiert und dann zur Grenze $m' = n' = \infty$ übergeht, während m und n gegebene endliche Werte behalten:

$$M_t(A, D) = \frac{6}{\pi^2 t^2},$$

da bei diesem Grenzübergange das zweite Glied gegen Null konvergiert, und zwar ist der hierbei begangene Fehler von der Ordnung $\frac{n' l n'}{\mu\nu}$. Wir können aber auch von der Bedingung absehen, daß der Anfangspunkt $A = (m, n)$ im Endlichen bleiben soll; auch er kann vielmehr ins Unendliche rücken, nur müssen die Seitenlängen μ und ν des betrachteten Rechteckes so groß angenommen werden, daß der Quotient $\frac{n' l n'}{\mu\nu}$ sich der Grenze Null nähert.

Wählt man speziell $t = 1$, so lehrt unsere Formel, daß die mittlere Anzahl aller teilerfremden Systeme (i, k) innerhalb des Rechtecks $ABCD$ gegen die Grenze $\frac{6}{\pi^2}$, also näherungsweise gegen $\frac{3}{5}$ konvergiert, wenn der Punkt D auf irgend einem Wege ins Unendliche rückt; oder die Wahrscheinlichkeit, daß zwei beliebig herausgegriffene Zahlen i und k relativ prim sind, ist $\frac{6}{\pi^2}$.

Hätten wir, wie dies *Dirichlet* in seinen *Vorlesungen* öfter gethan hat, unsere Aufgabe von vornherein als ein Problem der Wahrscheinlichkeitsrechnung gefaßt, so hätten wir das vorher gefundene Resultat sehr viel einfacher finden können, doch muß gleich hinzugefügt werden, daß diese Dirichletsche Herleitung nicht als ein strenger Beweis angesehen werden kann.

Nehmen wir nämlich an, die Wahrscheinlichkeit, daß zwei beliebige Zahlen i und k relativ prim sind, daß also $(i, k) \sim 1$ ist, sei gleich w, so lehrt eine einfache Überlegung, daß die Wahrscheinlichkeit w_t dafür, daß zwei Zahlen i und k den größten gemeinsamen Teiler t haben, gleich $\frac{w}{t^2}$ sein muß, denn in diesem Falle muß ja $i = i_1 t$, $k = k_1 t$ und $(i_1, k_1) \sim 1$ sein, d. h. die Anzahl dieser Systeme ist der $t^{2\text{ te}}$ Teil von der Anzahl aller teilerfremden Systeme (i, k). Die Summe

$$\sum_1^\infty w_t = w \cdot \sum_1^\infty \frac{1}{t^2}$$

aller dieser Wahrscheinlichkeiten muß aber offenbar gleich der Gewiß-

heit, also gleich Eins sein, denn diese Summe giebt ja die Wahrscheinlichkeit dafür, dafs jene beiden Zahlen überhaupt einen gemeinsamen
Teiler besitzen, und hieraus folgt also für w die Gleichung:

$$w = \frac{1}{\sum \frac{1}{t^2}} = \frac{6}{\pi^2}.$$

In dieser Deduktion liegt aber von vornherein die des Beweises
bedürftige Voraussetzung, dafs die Wahrscheinlichkeit dafür, dafs zwei
beliebig grofse Zahlen i und k relativ prim sind, überhaupt existiert,
d. h. dafs das Verhältnis der Anzahl der primitiven Systeme (i, k) zu
der Anzahl aller Systeme sich einer bestimmten Grenze nähert, wenn
die Anzahl der betrachteten Systeme unendlich grofs wird, und dafs
diese Grenze analytisch darstellbar ist, dafs also mit ihr gerechnet
werden kann. Streng genommen lehrt also die Dirichletsche Deduktion
nur, dafs jene Wahrscheinlichkeit, *falls sie überhaupt existiert*, notwendig
gleich $\frac{6}{\pi^2}$ sein mufs. Dafs die von uns gegebene Deduktion keine
solche prinzipielle Voraussetzung macht, ist ein sehr wesentlicher Vor-
zug derselben.

§ 4.

Die elementaren arithmetischen Funktionen, wie die Anzahl $\varphi(n)$
der Einheiten modulo n, oder die Anzahl $A_d(n)$ aller Teiler von n,
oder die Anzahl aller Primzahlen unterhalb n u. a. m., unterscheiden sich dadurch sehr wesentlich von den einfachsten Funktionen
der Analysis, dafs sie mit wachsendem n zwar im allgemeinen ebenfalls
ständig zu- oder ständig abnehmen, dafs sie aber in der Umgebung
einzelner Stellen grofse Wertschwankungen, ein plötzliches Herabsinken
und ein ebenso rasches Wiederansteigen der Funktionswerte zeigen.

So fällt z. B. die Funktion $A_d(n)$, die Anzahl aller Teiler von n,
obwohl sie im allgemeinen mit wachsendem n, und zwar ziemlich rasch,
zunimmt, dennoch stets auf den kleinsten überhaupt möglichen Wert
$A_d(n) = 2$ zurück, sobald n eine Primzahl wird; ebenso erhält $\varphi(n)$
immer den relativ sehr grofsen Wert $n - 1$, wenn das Argument n
bei seinem Zunehmen gleich einer Primzahl wird. Wie unregelmäfsig
z. B. diese Funktion sich ändert, zeigt die folgende Tabelle, welche
die den Argumenten zwischen 100 und 125 entsprechenden Werte von
$\varphi(n)$ angiebt:

$n =$ 100, 101, 102, 103, 104, 105, 106, 107, 108, 109, 110, 111, 112

$\varphi(n) =$ 40, 100, 32, 102, 48, 48, 52, 106, 36, 108, 40, 72, 48,

$n =$ 113, 114, 115, 116, 117, 118, 119, 120, 121, 122, 123, 124, 125

$\varphi(n) =$ 112, 36, 88, 56, 72, 58, 96, 32, 110, 60, 80, 60, 100.

Bei dieser grofsen Regellosigkeit der Funktionswerte läfst es sich voraussehen, dafs es gewöhnlich sehr schwer und umständlich sein wird, eine solche arithmetische Funktion *genau* analytisch darzustellen, falls diese Darstellung überhaupt gegeben werden kann.

Diese merkwürdige Thatsache führte nun naturgemäfs zu der Frage, ob sich diese Unregelmäfsigkeiten in den Wertefolgen einer arithmetischen Funktion nicht ausgleichen, wenn man den Durchschnitt einer längeren Reihe auf einander folgender Funktionswerte betrachtet, und ob nicht bei dieser Art der Betrachtung das wahre Gesetz für die Wertänderungen jener zahlentheoretischen Funktionen frei von diesen mehr zufälligen sprungweisen Änderungen deutlich hervortreten wird, da jene extremen Schwankungen, eben weil sie nur Ausnahmefälle bilden, den durchschnittlichen Wert nicht wesentlich beeinflussen.

Diese Fragestellung führt nun von selbst zu der Untersuchung der Mittelwerte arithmetischer Funktionen, und zwar ergiebt sich, um dies gleich vorweg zu nehmen, das schöne Resultat, dafs man auf diese Weise eine wunderbar einfache und deutliche Einsicht in die Natur einer solchen scheinbar ganz regellosen Funktion und in das Gesetz ihres Wachsens und Abnehmens erhält.

Für eine und dieselbe Funktion kann man nun für einen beliebigen sehr grofsen Wert von n zwei verschiedene Mittelwerte finden, von denen der erste den Verlauf der Funktion in dem ganzen Intervalle von 1 bis n, der zweite ihren Charakter in der Umgebung von n allein charakterisiert. Der Einfachheit wegen wollen wir im folgenden annehmen, dafs die Funktion $f(n)$ nicht blofs für alle ganzzahligen, sondern auch für alle dazwischen liegenden reellen Werte von x definiert, und dafs $f(x)$ für alle endlichen Werte von x stetig und differenzierbar ist; eine Annahme, welche offenbar immer erfüllbar ist.

Ist nun n eine beliebige ganze Zahl, so stellt der Ausdruck:

$$\frac{f(1) + f(2) + \cdots + f(n)}{n}$$

das arithmetische Mittel aller Funktionswerte in dem Intervalle $(1 \cdots n)$, und der Grenzwert:

$$(1) \qquad M(f(n)) = \lim_{n=\infty} \frac{f(1) + f(2) + \cdots + f(n)}{n}$$

den mittleren Wert der Funktion $f(n)$ überhaupt dar, falls ein solcher Grenzwert existiert, was jedesmal erst nachzuweisen ist. Ist

$$F(n) = f(1) + f(2) + \cdots + f(n)$$

die zu $f(n)$ gehörige sogenannte summatorische Funktion, so wird

$M(f(n)) = \frac{F(n)}{n}$, es wird also dieser erste Mittelwert durch den ein-fachen Ausdruck:

(1ª)
$$M(f) = \lim_{n = \infty} \frac{F(n)}{n} = \lim_{x = \infty} \frac{F(x)}{x}$$

dargestellt.

Neben dieser Zahl $M(f)$ kann man nach *Gauss* (Disq. arithm. art. 301—303) einen anderen Mittelwert angeben, welcher uns den mitt-leren Wert einer Funktion $f(n)$ in der Umgebung einer einzelnen Stelle $n = \nu$ für unbegrenzt wachsendes ν darstellt, und dieser soll der *Gaussische Mittelwert* genannt und durch $\mathfrak{M}(f)$ bezeichnet werden. Betrachtet man nämlich das arithmetische Mittel

(2)
$$\frac{f(\mu) + f(\mu + 1) + \cdots + f(\mu + \nu)}{\nu + 1}$$

von irgendwelchen $(\nu + 1)$ aufeinander folgenden Funktionswerten, so stellt dieser Quotient den mittleren Funktionswert von f in dem Inter-valle $(\mu, \cdots \mu + \nu)$ dar; setzen wir also für ein gerades ν:

$$n = \mu + \frac{\nu}{2}, \qquad k = \frac{\nu}{2},$$

so erhält man in dem dann sich ergebenden Ausdruck:

(3)
$$\frac{f(n - k) + f(n - k + 1) + \cdots + f(n) + \cdots + f(n + k)}{2k + 1}$$

den mittleren Wert von $f(m)$ in der Umgebung $(n - k, \cdots, n + k)$ der Stelle n.

Lassen wir jetzt die die Umgebung von n bestimmende Zahl k wachsen, so werden die in den $2k + 1$ Funktionswerten $f(\lambda)$ in (3) auftretenden Unregelmäfsigkeiten mehr und mehr kompensiert; jedoch kann man k nicht beliebig zunehmen lassen; wird nämlich k gegen n zu grofs, so kann jenes Intervall $(n \pm k)$ nicht mehr als die Umgebung der Stelle n angesehen werden. Wir lassen daher sowohl k als auch n selbst unbegrenzt wachsen, aber so, dafs k gegen n unendlich klein wird, dafs also die Verhältnisse $\frac{n \pm k}{n} = 1 \pm \frac{k}{n}$ der beiden äufsersten Intervallgrenzen zu n sich nur un-endlich wenig von der Einheit unterscheiden. Nähert sich dann dieser Quotient einem bestimmten nur von n abhängigen Grenzwerte, so nennen wir den Ausdruck:

$$\mathfrak{M}(f(n)) = \lim_{n = \infty} \lim_{k = \infty} \frac{f(n - k) + \cdots + f(n) + \cdots + f(n + k)}{2k + 1} \qquad \left(\lim \frac{k}{n} = 0\right)$$

den *Gaussischen Mittelwert* der arithmetischen Funktion $f(n)$ für den sehr grofsen Wert n. Bei dieser Definition bleibt es aber unbestimmt, in welchem Verhältnis k gegen n **unendlich** klein wird; wir werden sehen, dafs die Bestimmung hierüber **jedesmal** durch die Natur der gegebenen Funktion von selbst **gegeben wird.**

Wendet man dieselbe Überlegung **auf** den Ausdruck (2) an, so hat man hier zu den Grenzen $\mu = \infty$ und $v = \infty$ überzugehen, mit der Mafsgabe, dafs die Gröfse v des Intervalles gegen μ unendlich klein werden mufs. Ersetzen wir noch μ durch $\mu + 1$ also $v + 1$ durch v, wodurch der Grenzwert nicht geändert wird, so erhalten wir für den Gaussischen Grenzwert den Ausdruck:

$$\mathfrak{M}(f(\mu)) = \lim_{\mu = \infty} \ \lim_{v = \infty} \cdot \frac{f(\mu + 1) + \cdots + f(\mu + v)}{v}$$

$$\lim_{\mu,\, v = \infty} \frac{F(\mu + v) - F(\mu)}{v} \qquad\qquad \lim \left(\frac{v}{\mu} \right) = 0,$$

wo $F(n)$ wieder die summatorische **Funktion** zu $f(n)$ bedeutet und wo auf der linken Seite $n = \mu + \dfrac{v}{2}$ durch μ ersetzt ist.

Ist die zugehörige analytische **Funktion** $F(x)$ für grofse Werte von x differenzierbar, so ergiebt sich **nach** dem Mittelwertsatze der einfachere Ausdruck:

$$\mathfrak{M}(f(\mu)) = \lim \frac{F(\mu + v) - F(\mu)}{v} = \lim_{\mu = v = \infty} F'(\mu + \delta v),$$

wo δ einen unbekannten positiven **echten Bruch** bedeutet. **Führt man** dagegen an Stelle der summatorischen Funktion $F(n)$ den ersten Mittelwert $M(n)$ aus (1) ein, so **folgt:**

$$\mathfrak{M}(f(\mu)) = \frac{(\mu + v)\, M(\mu + v) - \mu\, M(\mu)}{v} = M(\mu + v) + \mu\, \frac{M(\mu + v) - M(\mu)}{v},$$

und falls auch diese Funktion in **jenem Intervalle** differenzierbar ist, so folgt:

$$\mathfrak{M}(\mu) = M(\mu + v) + \mu\, M'(\mu + \delta v) \qquad (0 < \delta < 1);$$

ist $M(\mu)$ speziell eine solche Funktion, dafs für unbegrenzt wachsendes μ, v und abnehmendes $\dfrac{v}{\mu}$ $\mu\, M'(\mu + \delta v)$ gegen das erste Glied verschwindet, so ergiebt sich mit beliebiger Annäherung:

$$\mathfrak{M}(\mu) = M(\mu + v).$$

§ 5.

Die Bestimmung der zu $f(x)$ gehörigen summatorischen Funktion $F(x)$ kann in vielen Fällen mit **Hülfe der** Integralrechnung durch die Eulersche Summenformel ausgeführt **werden.** Ich möchte an dieser

Stelle nur an die Herleitung jener berühmten Formel erinnern, ohne sie aber zu beweisen, da dies Sache der Integralrechnung ist*).

Setzen wir der Einfachheit wegen die betrachtete Funktion $f(x)$ in dem Intervalle $0, \cdots n$ als nicht negativ voraus, so stellt das Integral

$$\int_0^n f(x)\,dx$$

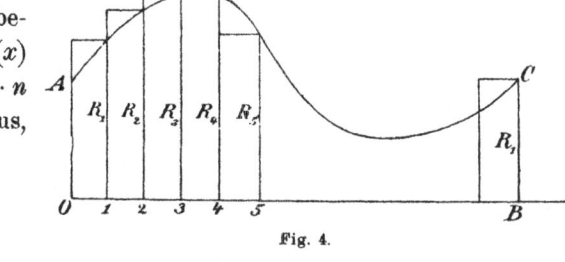

Fig. 4.

geometrisch den Inhalt des durch die Kurve $y = f(x)$ begrenzten Flächenstückes $OABC$ dar; dagegen giebt die summatorische Funktion:

$$F(n) = f(1) + f(2) + \cdots + f(n) = \sum_{i=0}^{n-1} ((i+1) - i)\,f(i+1)$$
$$= R_1 + R_2 + \cdots + R_n$$

die Summe der n Rechtecke R_k, welche aus den Ordinaten $f(k)$ und den dazwischen liegenden Teilen der Abscissenaxe gebildet sind. Jene Summe $F(n)$ wird also näherungsweise durch das Integral dargestellt. Untersucht man nun unter Anwendung des Mittelwertsatzes, welcher Fehler bei dieser Darstellung gemacht wird, so erhält man eben die Eulersche Gleichung:

$$f(1) + f(2) + \cdots + f(n)$$
$$= C + \int_1^n f(x)\,dx + \frac{1}{2}f(n) + \frac{1}{12}f'(n) - \frac{\varepsilon}{384}f'''(n);$$

hier bedeutet C eine von $f(x)$ abhängige Konstante, welche jedesmal berechnet werden muß, und ε einen unbekannten positiven echten Bruch, und es ist vorausgesetzt, daß die Funktion $f(x)$ nebst ihren vier ersten Ableitungen in dem Intervalle $(1, \cdots n)$ endlich und stetig ist, und daß ferner $f''''(x)$ in jenem Intervalle keine Zeichenänderung erfährt.

Wir wollen diese Gleichung nur auf die Bestimmung der Reihe $1 + \frac{1}{2} + \frac{1}{3} + \cdots + \frac{1}{n}$ für ein beliebig großes n anwenden, da wir das hier erlangte Resultat im folgenden notwendig brauchen werden. In diesem Falle ist also:

---

*) Vgl. z. B. Schlömilch, Compendium der höheren Analysis. V. Aufl. Bd. I, S. 439.

$$f(x) = \frac{1}{x}, \qquad f'(x) = -\frac{1}{x^2}, \qquad f'''(x) = -\frac{6}{x^4}, \qquad f''''(x) = \frac{24}{x^5};$$

die Bedingungen für die Anwendbarkeit der Eulerschen Summenformel sind also alle erfüllt, und man erhält aus ihr die folgende Gleichung:

$$1 + \frac{1}{2} + \frac{1}{3} + \cdots + \frac{1}{n} = C + ln + \frac{1}{2n} - \frac{1}{12n^2} + \frac{\varepsilon}{64n^4}.$$

Um die von n unabhängige Konstante C zu finden, schaffen wir ln auf die linke Seite und gehen dann zur Grenze für $n = \infty$ über. Dann ergiebt sich für C die einfache Gleichung:

$$C = \lim_{n = \infty} \left\{ 1 + \frac{1}{2} + \cdots + \frac{1}{n} - ln \right\},$$

d. h. C ist der Wert, um den sich die Summe der reciproken Zahlen von 1 bis n von ln unterscheidet, wenn n unbegrenzt wächst. Ersetzt

man hier $\frac{1}{k}$ durch $\int_0^1 z^{k-1} dz$, so kann der in Klammern stehende

Ausdruck rechts so geschrieben werden:

$$\sum_1^n \frac{1}{k} - ln = \int_0^1 \frac{1 - z^n}{1 - z} dz - \int_1^n \frac{dy}{y},$$

und durch die Substitution:

$$z = 1 - \frac{\xi}{n}, \qquad 1 - z = \frac{\xi}{n}, \qquad dz = -\frac{d\xi}{n}$$

geht er über in:

$$\int_n^0 -\frac{d\xi}{n} \cdot \frac{n}{\xi} \left(1 - \left(1 - \frac{\xi}{n}\right)^n \right) - \int_1^n \frac{dy}{y} = \int_0^n \frac{d\xi}{\xi} \left(1 - \left(1 - \frac{\xi}{n}\right)^n \right) - \int_1^n \frac{d\xi}{\xi}.$$

Geht man hier zur Grenze $n = \infty$ über und beachtet dabei einmal, daſs unser Integral für unbegrenzt wachsendes n konvergiert, und zweitens, daſs:

$$\lim_{n = \infty} \left(1 - \frac{\xi}{n} \right)^n = e^{-\xi}$$

ist, so ergiebt sich für die Konstante C der Ausdruck:

$$C = \int_0^\infty \frac{d\xi}{\xi} \left(1 - e^{-\xi} \right) - \int_1^\infty \frac{d\xi}{\xi} = \int_0^1 \frac{1 - e^{-\xi}}{\xi} d\xi - \int_1^\infty \frac{e^{-\xi} d\xi}{\xi};$$

wenn wir nun den ersten Integranden in eine Potenzreihe entwickeln und dann gliedweise integrieren, und den zweiten durch die Substitution:

$$\xi = -l\zeta, \qquad \zeta = e^{-\xi} \qquad \left(\substack{\xi=1,\ \zeta=\frac{1}{e};\ \xi=\infty,\ \zeta=0}\right)$$

transformieren, so folgt:

$$C = 1 - \frac{1}{2\cdot 2!} + \frac{1}{3\cdot 3!} - \frac{1}{4\cdot 4!} + \cdots + \int_0^{\frac{1}{e}} \frac{d\zeta}{l\zeta}.$$

Das hier an zweiter Stelle stehende bestimmte Integral:

$$\int_0^c \frac{d\zeta}{l\zeta}$$

für eine beliebige obere Grenze c wird bekanntlich der Integrallogarithmus genannt und durch $li(c)$ bezeichnet; derselbe spielt gerade in der Zahlentheorie eine wichtige Rolle. Man erhält also für die Zahl C, welche die *Eulersche Konstante* heifst, die für die numerische Berechnung äufserst bequeme Formel:

$$C = \sum_1^\infty \frac{(-1)^{k-1}}{k\cdot k!} + li\left(\frac{1}{e}\right),$$

und aus ihr ergiebt sich

$$C = 0{,}5772156649\cdots.$$

§ 6.

Die Bestimmung des mittleren Wertes einer arithmetischen Funktion $f(k)$, d. h. des Grenzwertes:

$$M(f(n)) = \lim_{n=\infty} \frac{f(1) + f(2) + \cdots + f(n)}{n} = \lim_{n=\infty} \frac{F(n)}{n}$$

kann in vielen Fällen auf wunderbar einfache Weise ausgeführt werden, aber nur unter der notwendigen Voraussetzung, dafs man bereits anderweitig wisse, dafs für $f(k)$ ein Grenzwert existiert, d. h. dafs der Quotient $\frac{F(n)}{n}$ mit wachsendem n einer von n unabhängigen Grenze zustrebt.

Zu diesem Zwecke betrachten wir die endliche Dirichletsche Reihe:

$$(1) \qquad\qquad \sum_1^n \frac{f(k)}{k^z},$$

deren Koeffizienten die Werte $f(k)$ der zu untersuchenden arithmetischen Funktion sind, und die wir uns bis zu einem beliebigen $(n+1)^{\text{ten}}$ Gliede ausgedehnt denken. Da für jeden positiven Wert von z:

$$(1^{\text{a}}) \qquad \frac{1}{k^z} = z \int\limits_{k}^{\infty} \frac{dx}{x^{z+1}}$$

ist, so ist jene Reihe

$$(2) \qquad \sum_{1}^{n} \frac{f(k)}{k^z} = z \sum_{1}^{n} f(k) \int\limits_{k}^{\infty} \frac{dx}{x^{z+1}}.$$

Auf diese Reihe wenden wir nun eine Transformation an, welche wohl zuerst von *Abel* und zwar mit sehr grofsem Erfolge benutzt worden ist. Sind nämlich:

$$A_0, \; A_1, \; \cdots, \; A_n; \quad B_0, \; B_1, \; \cdots, \; B_n$$

$2n + 2$ beliebige Gröfsen, so folgt aus der Identität:

$$A_n B_n - A_0 B_0 = \sum_{k=1}^{n} \big\{ A_{k-1}(B_k - B_{k-1}) - B_k(A_{k-1} - A_k) \big\}$$

die Richtigkeit der folgenden Gleichung

$$(3) \quad A_0 B_0 + \sum_{1}^{n} A_{k-1}(B_k - B_{k-1}) = \sum_{1}^{n} B_k(A_{k-1} - A_k) + A_n B_n,$$

in welcher die Abelsche Umformung enthalten ist.

Setzen wir nun in dieser Gleichung

$$A_{k-1} = \int\limits_{k}^{\infty} \frac{dx}{x^{z+1}} = \frac{1}{z k^z} \qquad \text{also} \qquad A_{k-1} - A_k = \int\limits_{k}^{k+1} \frac{dx}{x^{z+1}}$$

$$B_k = F(k) = \sum_{1}^{k} f(h) \qquad \text{,,} \qquad B_k - B_{k-1} = f(k),$$

und setzen wir das erste Element $B_0 = 0$, so ergiebt sich aus der rechten Seite von (2) unter Benutzung von (1^{a}) die folgende Darstellung unserer Reihe:

$$(4) \qquad \sum_{1}^{n} \frac{f(k)}{k^z} = z \sum_{1}^{n} F(k) \int\limits_{k}^{k+1} \frac{dx}{x^{z+1}} + \frac{F(n)}{(n+1)^z}.$$

Die erste Summe rechts können wir nun als ein einziges Integral schreiben, wenn wir an Stelle der Zahlenreihe $F(k)$ eine Funktion $\mathfrak{F}(x)$ einführen, welche in jedem der Intervalle $(k \cdots k+1)$ durch die Gleichungen:

$$(5) \qquad x \mathfrak{F}(x) = F(k) \qquad \qquad \binom{k \le x < k+1}{k = 1, 2, \cdots n}$$

definiert sein soll. Für alle ganzzahligen Werte von x ist also

$$(5^a) \qquad \mathfrak{F}(k) = \frac{F(k)}{k}$$

gleich dem Mittelwerte $M(f(k))$; für alle dazwischen liegenden Werte ist dagegen $\mathfrak{F}(x) = \dfrac{F(k)}{x}$; in jedem einzelnen Intervalle ($k \leq x < k+1$) ändert sich also die Funktion $\mathfrak{F}(x)$ stetig, aber unmittelbar vor dem ganzzahligen Argumentwerte macht sie einen Sprung, dessen Größe g_k offenbar gleich

$$g_k = \lim_{\delta=0} (\mathfrak{F}(k) - \mathfrak{F}(k-\delta)) = \frac{F(k) - F(k-1)}{k} = \frac{f(k)}{k},$$

also im allgemeinen von endlicher Größe ist; jedoch nehmen, falls die Größen $f(k)$ endlich bleiben, diese Zahlen g_k mit wachsendem k unbegrenzt ab.

Setzen wir die Funktion $F(k)$ auf der rechten Seite von (4) unter das Integralzeichen, und führen wir dann die Funktion $\mathfrak{F}(x)$ ein, so geht diese Gleichung über in:

$$(6) \qquad \begin{aligned} \sum_1^n \frac{f(k)}{k^z} &= z \sum_1^n \int_k^{k+1} \frac{\mathfrak{F}(x)\,dx}{x^z} + \frac{F(n)}{(n+1)^z} \\ &= z \int_1^{n+1} \frac{\mathfrak{F}(x)\,dx}{x^z} + \frac{F(n)}{(n+1)^z}. \end{aligned}$$

Da der Integrand $\dfrac{\mathfrak{F}(x)}{x^z}$ für ein positives z nur an einer endlichen Anzahl von Punkten Unstetigkeiten von endlicher Größe besitzt, so folgt, daß das rechts stehende Integral endlich und differenzierbar ist, und dasselbe gilt für den Grenzwert jenes Integrales für $n = \infty$, sobald nur der absolute Wert von $F(k)$ unterhalb einer endlichen Grenze bleibt, denn alsdann ist ja: $|x\mathfrak{F}(x)| < g$, $|\mathfrak{F}(x)| < \dfrac{g}{x}$, also für ein positives z:

$$\left| \int_1^\infty \frac{\mathfrak{F}(x)\,dx}{x^z} \right| < g \int_1^\infty \frac{dx}{x^{1+z}} = \frac{g}{z},$$

w. z. b. w.

Wir wollen nun annehmen, man wisse, daß $M(f(n)) = \dfrac{F(n)}{n}$ mit wachsendem n gegen einen endlichen Grenzwert C konvergiert, so daß also

$$(6^a) \qquad \frac{F(n)}{n} = C + \delta_n$$

ist, wo δ_n mit wachsendem n unendlich klein wird. Dann besteht also wegen (5^a) für unsere neue Funktion $\mathfrak{F}(x)$ eine Gleichung:

$$(6^{\text{b}}) \qquad\qquad \mathfrak{F}(x) = C + \delta(x),$$

wo wir von der Funktion $\delta(x)$ nur wissen, dafs sie für endliche x endlich und dafs

$$\lim_{x=\infty} \delta(x) = 0$$

ist. Setzen wir diesen Wert von $\mathfrak{F}(x)$ in die Gleichung (6) ein, und multiplizieren sie mit $z-1$, so ergiebt sich weiter:

$$(7) \qquad (z-1) \sum_{1}^{n} \frac{f(k)}{k^z} = C(z^2-z) \int_{1}^{n+1} \frac{dx}{x^z}$$
$$+ (z^2-z) \int_{1}^{n+1} \frac{\delta(x)}{x^z}\, dx + (z-1)\frac{F(n)}{(n+1)^z}.$$

Das erste Integral besitzt den einfachen Wert

$$(7^{\text{a}}) \qquad\qquad Cz(1 - (n+1)^{1-z});$$

um das zweite näherungsweise zu berechnen, teilen wir das Integrationsintervall in zwei Teile $(1 \cdots \lambda)$ und $(\lambda \cdots n+1)$; dann können und wollen wir λ von vorn herein so grofs annehmen, dafs $\delta(x)$ in dem ganzen Intervalle $(\lambda \cdots \infty)$, also a fortiori auch innerhalb $(\lambda \cdots n+1)$ seinem absoluten Werte nach unterhalb einer beliebig kleinen Gröfse τ bleibt. Ist dann α eine solche positive Zahl, dafs $|\delta(x)|$ in dem ersten Intervalle $(1 \cdots \lambda)$ kleiner ist als α, so ergiebt sich für das zweite Integral:

$$(8) \qquad \int_{1}^{n+1} \frac{\delta(x)}{x^z}\, dx = \int_{1}^{\lambda} \frac{\delta(x)}{x^z}\, dx + \int_{\lambda}^{n+1} \frac{\delta(x)}{x^z} = \sigma\alpha \int_{1}^{\lambda} \frac{dx}{x^z} + \sigma'\tau \int_{\lambda}^{n+1} \frac{dx}{x^z}$$
$$= \sigma\alpha \left[\frac{x^{1-z}}{z-1}\right]_{1}^{\lambda} + \sigma'\tau \left[\frac{x^{1-z}}{z-1}\right]_{\lambda}^{n+1} \qquad \left(\begin{matrix}|\sigma|<1\\ |\sigma'|<1\end{matrix}\right).$$

Hieraus folgt, dafs das ganze zweite Integral zu Null wird, wenn man zuerst n unendlich grofs werden, und dann z gegen Eins konvergieren läfst. In der That ist ja wegen (8)

$$(8^{\text{a}}) \quad (z^2-z) \int_{1}^{n+1} \frac{\delta(x)}{x^z}\, dx = \sigma\alpha \cdot \frac{\lambda^{1-z}-1}{z-1} \cdot (z^2-z) + \sigma'\tau \cdot z\left(\frac{1}{\lambda^{z-1}} - \frac{1}{(n+1)^{z-1}}\right);$$

da nun der erste Bruch $\dfrac{\lambda^{1-z}-1}{z-1}$ für $z=1$ gegen den wahren Wert $-\lg\lambda$ konvergiert, während das letzte Glied bei jenen Grenzübergängen in $\sigma'\tau$ übergeht, so wird die rechte Seite von (8^{a}) in der That unendlich klein. Dasselbe gilt aber auch von dem letzten Gliede in (7), denn es ist wegen (6ª)

$$(z-1)\frac{F(n)}{(n+1)^z} = (z-1)\cdot\frac{C+\delta_n}{n^{z-1}\left(1+\dfrac{1}{n}\right)^z}$$

und die rechte Seite geht für $n = \infty$ in Null über, solange noch $z > 1$ bleibt. Da nun dasselbe auch von dem zweiten Gliede in (7ª) gilt, so ergiebt sich schließlich aus (7), wenn man zuerst zur Grenze $n = \infty$ und dann zur Grenze $z = 1$ übergeht:

$$\lim_{z=1}\lim_{n=\infty}(z-1)\sum_1^n\frac{f(k)}{k^z} = C = \lim_{n=\infty}\frac{f(1)+f(2)+\cdots+f(n)}{n},$$

denn nach (6ª) ist ja $C = \lim\dfrac{F(n)}{n}$. Man erhält also den folgenden interessanten Satz:

Besitzt die arithmetische Funktion $f(k)$ überhaupt einen Mittelwert, so konvergiert die zugehörige Dirichletsche Reihe $\sum\dfrac{f(k)}{k^z}$ für $z > 1$, und das Produkt

$$(z-1)\sum\frac{f(k)}{k^z}$$

konvergiert für $z = 1$ gegen einen bestimmten Grenzwert, welcher gleich dem Mittelwerte von $f(k)$ ist.

Ich bemerke noch, dafs dieser Satz auch dann noch richtig bleibt, wenn jener Mittelwert C unendlich grofs sein sollte, da in diesem Falle die zugehörige Dirichletsche Reihe ebenfalls über jedes Mafs hinaus wächst, denn dann folgt ja aus (5ª), dafs $\mathfrak{F}(x)$ für grofse x unendlich wird. Nimmt man also an, dafs von einem genügend grofsen Werte ξ an $\mathfrak{F}(x)$ beständig gröfser ist als $\mathfrak{F}(\xi)$, so ist:

$$\int_\xi^\infty\frac{\mathfrak{F}(x)\,dx}{x^z} > \mathfrak{F}(\xi)\int_\xi^\infty\frac{dx}{x^z} > \mathfrak{F}(\xi)\frac{1}{(z-1)\xi^{z-1}};$$

setzt man also in (6) $n = \infty$ und unterdrückt den zweiten Summanden rechts, so ergiebt sich die Ungleichung:

$$(z-1)\sum_1^\infty\frac{f(k)}{k^z} > (z^2-z)\int_1^\xi\frac{\mathfrak{F}(x)\,dx}{x^z} > \frac{z\,\mathfrak{F}(\xi)}{\xi^{z-1}},$$

also ist der Grenzwert der linken Seite für $z = 1$ gröfser als $\mathfrak{F}(\xi)$, er ist also, da ξ beliebig grofs gewählt werden kann, in der That unendlich grofs.

Da man nun in vielen Fällen den Grenzwert von

$$(z - 1) \sum_{1}^{\infty} \frac{f(k)}{k^z}$$

für $z = 1$ leicht bestimmen kann, so würde dieser Satz ein sehr brauchbares Mittel zur Bestimmung der Mittelwerte liefern, wenn seine Anwendbarkeit nicht die Voraussetzung der Existenz dieser Mittelwerte involvierte. Da wir diesen Existenzbeweis aber nur sehr selten auf einfachere Weise geben können, so werden wir uns dieses Satzes nur zur Verifikation der gewonnenen Resultate bedienen, und in der nächsten Vorlesung andere Methoden zur Bestimmung der mittleren Werte auseinandersetzen, welche von jeder unbewiesenen Voraussetzung frei sind.

Für die einfachste Dirichletsche Reihe

$$\sum_{1}^{\infty} \frac{1}{n^z}$$

ergiebt sich unmittelbar, daſs sie für $z = 1$ wie $\frac{1}{z-1}$ unendlich wird, was wir früher auf anderem Wege bewiesen hatten, denn für diese Reihe ist $f(k) = 1$, also der Mittelwert der Koefficienten

$$\frac{1}{n} \sum_{1}^{n} f(k) = 1,$$

also ist in der That

(9) $$\qquad \lim_{z=1} (z - 1) \sum_{1}^{\infty} \frac{1}{n^z} = 1,$$

w. z. b. w.

Als eine zweite einfache Anwendung dieses Satzes suchen wir den Mittelwert der arithmetischen Funktion

$$f(k) = \frac{\varphi(k)}{k} = \prod_{p/k} \left(1 - \frac{1}{p}\right)$$

zu bestimmen, welche das Verhältnis aller Einheiten modulo k zu allen modulo k inkongruenten Zahlen angiebt.

Wir hatten für die Funktion $\varphi(k)$ auf S. 267 die folgende Gleichung gefunden:

(10) $$\qquad \sum_{1}^{\infty} \frac{1}{h^{1+z}} \cdot \sum_{1}^{\infty} \frac{\varphi(k)}{k^{1+z}} = \sum_{1}^{\infty} \frac{1}{m^z}.$$

Geht man hier auf beiden Seiten zur Grenze $z = 1$ über, nachdem man diese Gleichung mit $z - 1$ multipliziert hat und beachtet man dabei, daſs:

$$\lim_{s=1} \sum_{1}^{\infty} \frac{1}{h^{1+s}} = \sum_{1}^{\infty} \frac{1}{h^2} = \frac{\pi^2}{6}$$

und

$$\lim_{s=1} (z-1) \sum_{1}^{\infty} \frac{1}{m^s} = 1$$

ist, so ergiebt sich aus (9) und (10) eine Gleichung, die man offenbar so schreiben kann:

$$\lim_{s=1} (z-1) \sum \frac{\frac{\varphi(k)}{k}}{k^s} = \frac{6}{\pi^2}.$$

Mit Benutzung unseres allgemeinen Theoremes ergiebt sich also der merkwürdige Satz:

Besitzt die arithmetische Funktion $\frac{\varphi(k)}{k}$ überhaupt einen Mittelwert, konvergiert also die Summe

$$\frac{1}{n} \left(\frac{\varphi(1)}{1} + \frac{\varphi(2)}{2} + \cdots + \frac{\varphi(n)}{n} \right)$$

für unbegrenzt wachsendes n gegen einen von n unabhängigen Grenzwert, so ist derselbe gleich $\frac{6}{\pi^2}$.

Wir wollen auf die Folgerungen aus diesem Resultate erst dann eingehen, wenn wir es direkt, d. h. ohne jene unbewiesene Annahme hergeleitet haben. Wir wollten nur zeigen, wie einfach jene Fragen zu beantworten sind, wenn man darauf verzichtet, sie ganz streng zu lösen.

Fünfundzwanzigste Vorlesung.

Die arithmetischen Funktionen von Zahlensystemen und ihre Mittelwerte. — Anwendungen: Die mittleren Werte der Funktionen $\varphi(n)$ und $\dfrac{\varphi(n)}{n}$. — Über die arithmetischen Funktionen, welche von den Divisoren einer Zahl abhängen und über die Mittelwerte derselben. — Die größeren und kleineren Divisoren einer Zahl.

§ 1.

Wir wollen die in der vorigen Vorlesung begründete Theorie jetzt auf die wirkliche Bestimmung der mittleren Werte einiger arithmetischen Funktionen anwenden. Wir stützen uns dabei zunächst auf die in § 1 und § 2 jener Vorlesung abgeleiteten Resultate über die Zahlensysteme $((i, k))$ und geben diesen eine solche Form, daß sie selbst als einfache Beispiele zu der Theorie der Mittelwerte erscheinen. Zu diesem Zwecke dehnen wir unsere Theorie auf die Betrachtung der arithmetischen Funktionen von Zahlensystemen aus.

Es sei $f(i, k)$ eine arithmetische Funktion der beiden ganzen Zahlen i und k, sie sei also eindeutig bestimmt, wenn i und k beliebig gegeben sind. Wie wir nun in der vorigen Vorlesung die Funktion $f(i)$ entweder in einem Intervalle $(1, \cdots n)$ oder in einem anderen $(\mu, \cdots \mu + \nu)$ betrachteten und beide Male das arithmetische Mittel:

$$\frac{\sum\limits_{i=1}^{n} f(i)}{n} \quad \text{und} \quad \frac{\sum\limits_{i=\mu}^{\mu+\nu} f(i)}{\nu}$$

aller Funktionswerte in jenem Intervalle aufsuchten, ebenso betrachten wir jetzt das arithmetische Mittel aller Funktionswerte $f(i, k)$ in einem zweidimensionalen Gebiete (i, k); und zwar erhalten wir die einfachste Verallgemeinerung jener beiden Mittelwerte, wenn wir für jenes Gebiet beide Male ein Rechteck wählen, dessen Seiten der horizontalen und der vertikalen Axe parallel sind.

Betrachten wir zunächst $f(i, k)$ für alle Wertsysteme:

$$(R) = \begin{matrix} (1, 1), & (1, 2), & \cdots\cdots & (1, n) \\ (2, 1), & (2, 2), & \cdots\cdots & (2, n) \\ \vdots & & & \\ (m, 1), & (m, 2), & \cdots\cdots & (m, n) \end{matrix}$$

für ein beliebiges m und n, so erhalten wir in dem Ausdrucke:

$$M(f(R)) = \frac{\sum\limits_{i=1}^{m} \sum\limits_{k=1}^{n} f(i,k)}{mn}$$

den gesuchten Mittelwert für $f(i,k)$ in jenem Rechtecke (R). Legen wir dagegen das allgemeine Rechteck:

$$(\mathfrak{R}) = \begin{matrix} (\mu+1, \mu'+1), \cdots\cdots (\mu+1, \mu'+\nu') \\ \vdots \qquad\qquad \vdots \\ (\mu+\nu, \mu'+1), \cdots\cdots (\mu+\nu, \mu'+\nu') \end{matrix}$$

zu Grunde, so erhalten wir in dem Quotienten:

$$\mathfrak{M}(f(\mathfrak{R})) = \frac{\sum\limits_{\mu+1}^{\mu+\nu} \sum\limits_{\mu'+1}^{\mu'+\nu'} f(i,k)}{\nu\nu'}$$

den Gauss'schen Mittelwert von $f(i,k)$ in der Umgebung $(\mathfrak{R})$ von irgend einem in $\mathfrak{R}$ liegenden System (i,k) unter der notwendigen Voraussetzung, daſs jenes ganze Gebiet $(\mathfrak{R})$ als klein gegenüber der Gröſse von μ und μ' angesehen werden kann.

Lassen wir nun in beiden Fällen das betrachtete Rechteck in seinen beiden Dimensionen unbegrenzt wachsen und konvergieren jene beiden Mittelwerte dann gegen bestimmte Grenzwerte, so sind diese Verallgemeinerungen des allgemeinen und des Gaussischen Mittelwertes für Funktionen von zwei Argumenten $f(i,k)$. Im zweiten Falle muſs man aber die Seiten ν und ν' in der Weise wachsen lassen, daſs sie bezw. gegen μ und μ' klein bleiben. So ergeben sich also die beiden Mittelwerte:

$$M(f) = \lim_{m,n=\infty} \frac{\sum\limits_{(R)} f(i,k)}{mn}$$

$$\mathfrak{M}(f) = \lim_{\mu,\mu'=\infty} \lim_{\nu,\nu'=\infty} \frac{\sum\limits_{(\mathfrak{R})} f(i,k)}{\nu\nu'} \qquad \lim \frac{\nu}{\mu} = \lim \frac{\nu'}{\mu'} = 0,$$

Wählen wir speziell $f(i,k)$ gleich 1 oder gleich 0, jenachdem i und k den gröſsten gemeinsamen Teiler t haben oder nicht, so geben die über die beiden Rechtecke R bezw. $\mathfrak{R}$ erstreckten Summen

$$A_t(R) = \sum_{(R)} f(i,k)$$

$$A_t(\mathfrak{R}) = \sum_{(\mathfrak{R})} f(i,k)$$

offenbar die Anzahlen der in R bezw. $\Re$ befindlichen Systeme $(i, k) \sim t$
an, und nach den im § 3 der letzten Vorlesung bewiesenen Sätzen
nähern sich also die beiden Mittelwerte $M(f)$ und $\mathfrak{M}(f)$ mit unbegrenzt wachsendem R und $\Re$ derselben Grenze, nämlich $\frac{6}{\pi^2 t^2}$. Nach
der am Schlusse des § 3 gemachten Bemerkung war der im zweiten
Falle bei dem Grenzübergange gemachte Fehler nach der früheren Bezeichnung von der Ordnung $\frac{n' l n'}{\mu \nu}$, nach der hier benutzten also von
der Ordnung $\frac{(\mu + \nu) l (\mu + \nu)}{\nu \nu'}$, wenn wir unter μ die größere der beiden
Zahlen μ und μ' verstehen. Dieser Quotient kann aber durch den
einfacheren $\frac{\mu l \mu}{\nu \nu'}$ ersetzt werden, weil sich das Verhältnis jener beiden
Zahlen:

$$\frac{(\mu + \nu) l (\mu + \nu)}{\mu l \mu} = \left(1 + \frac{\nu}{\mu}\right)\left(1 + \frac{l\left(1 + \frac{\nu}{\mu}\right)}{l \mu}\right)$$

mit wachsendem μ dem Grenzwerte Eins nähert, da $\lim \frac{\nu}{\mu} = 0$ wird.
Ist endlich $\nu \leq \nu'$, so folgt, daß der hier begangene Fehler kleiner, als

$$\frac{\mu l \mu}{\nu^2}$$

ist; es müssen daher ν und ν' so im Verhältnis zu μ und μ' gewählt
werden, daß die drei Quotienten:

$$\frac{\nu}{\mu}, \qquad \frac{\nu'}{\mu'}, \qquad \frac{\mu l \mu}{\nu^2}$$

unendlich klein werden. Diesen Bedingungen wird z. B. durch die
Annahmen:

$$\mu = \mu', \qquad \nu = \nu' = \mu^{\frac{3}{4}},$$

genügt, da diese Brüche dann der Reihe nach gleich:

$$\frac{1}{\mu^{\frac{1}{4}}}, \qquad \frac{1}{\mu^{\frac{1}{4}}}, \qquad \frac{l \mu}{\mu^{\frac{1}{2}}}$$

werden.

§ 2.

Wir benutzen nun das im vorigen Abschnitte gefundene allgemeine Resultat, um die mittleren Werte der beiden arithmetischen
Funktionen $\varphi(n)$ und $\frac{\varphi(n)}{n}$ aufzusuchen, und zwar werden wir uns hier
und im Folgenden ausschließlich mit dem Gauss'schen Mittelwerte beschäftigen, da der andere nur als Mittel zum Zwecke anzusehen ist.

Zu diesem Zwecke betrachten wir in dem Systeme $((i, k))$ ein **Dreieck:**

$$(1, 1)$$
$$(2, 1), (2, 2)$$
$$(3, 1), (3, 2), (3, 3)$$
$$\vdots$$
$$(n, 1), (n, 2), (n, 3), \cdots (n, n),$$

welches einem beliebigen ganzzahligen n entspricht, und suchen die Anzahl aller teilerfremden Systeme $(i, k) \sim 1$ innerhalb desselben, d. h. wir bestimmen die Anzahl der teilerfremden Systeme (i, k), für welche

$$n \geq i \geq k$$

ist. Da aber allgemein in der i^{ten} Zeile jenes Dreieckes, also unter den Elementen $(i, 1), (i, 2), \cdots (i, i)$ genau $\varphi(i)$ primitive Systeme vorhanden sind, so ist die gesuchte Anzahl

$$A(n) = \sum_{i=1}^{n}{}' \varphi(i).$$

Ergänzen wir nun jenes Dreieck zu einem Quadrate von n^2 Elementen, indem wir allgemein in der i^{ten} Zeile die Elemente $(i, i+1)$, $(i, i+2), \cdots (i, n)$ hinzufügen, und suchen wir jetzt die Anzahl aller teilerfremden Systeme (i, k) in diesem Quadrate, so war diese

$$\frac{6}{\pi^2} n^2 + 3 \varepsilon n l n,$$

wie sich aus der Formel (7) S. 311 für $t = 1$ und für $m = n$ ergiebt. Diese Anzahl ist nun genau das Doppelte der vorher gesuchten Zahl $A(n)$, denn da das quadratische System $((i, k))$ symmetrisch ist, so entspricht jedem Elemente $(i, k) \sim 1$ unterhalb der Diagonale ein ebensolches oberhalb derselben, während von den Diagonalelementen (i, i) mit einziger Ausnahme des ersten kein einziges primitiv ist. Wir erhalten also für $A(n)$ die Gleichung:

$$(1) \qquad A(n) = \sum_{1}^{n}{}' \varphi(i) = \frac{3}{\pi^2} n^2 + \frac{3}{2} \varepsilon n l n,$$

d. h. es ergiebt sich für den Mittelwert von $\varphi(n)$ in dem Bereiche $(1, \cdots n)$ die einfache Gleichung:

$$M(\varphi(n)) = \frac{\sum\limits_{1}^{n} \varphi(i)}{n} = n \cdot \frac{3}{\pi^2} + \frac{3}{2} \varepsilon l n.$$

Wir berechnen jetzt weiter den Gaussischen Mittelwert von $\varphi(n)$ in der Umgebung $(n - k, \cdots n + k)$ der Stelle n; nach der Formel (3) a. S. 315 ist derselbe:

$$\mathfrak{M}(\varphi(n)) = \frac{\sum\limits_{n-k}^{n+k} \varphi(i)}{2k+1} = \frac{\sum\limits_{1}^{n+k} \varphi(i) - \sum\limits_{1}^{n-k-1} \varphi(i)}{2k+1} = \frac{A(n+k) - A(n-k-1)}{2k+1};$$

und nach (1) ergiebt sich also:

$$\mathfrak{M}(\varphi(n)) = \frac{1}{2k+1}\left(\frac{3}{\pi^2}\left((n+k)^2 - (n-k-1)^2\right)\right) + R$$

$$= \frac{3}{\pi^2}(2n - 1) + R = \frac{6n}{\pi^2} + R',$$

wo das Restglied R' durch die Gleichung:

$$R' = R - \frac{3}{\pi^2} = \frac{3}{2}\frac{(\varepsilon'(n+k)\,l(n+k) - \varepsilon''(n-k-1)\,l(n-k-1))}{2k+1} - \frac{3}{\pi^2}$$

gegeben ist, und ε' und ε'' positive oder negative echte Brüche bedeuten.

Wir wollen nur die Gröfsenordnung des Restgliedes R' feststellen; dazu können wir das Glied $-\frac{3}{\pi^2}$ fortlassen, ε' und ε'' durch $+1$ bezw. -1 ersetzen, aufserdem im Nenner $2k+1$ durch $2k$, im Subtrahendus $n - k - 1$ durch $n - k$ ersetzen, und endlich den dann auftretenden Zahlenfaktor $\frac{3}{4}$ fortlassen, weil durch alle diese Veränderungen der absolute Betrag des Restes vergröfsert oder nur um Gröfsen höherer Ordnung verkleinert wird. Dann ergiebt sich für R' der einfachere Ausdruck:

$$\frac{(n+k)\,l(n+k) + (n-k)\,l(n-k)}{k} = \frac{n}{k}\,l(n^2 - k^2) + l\,\frac{n+k}{n-k}$$

$$= 2\,\frac{n\,ln}{k} + \frac{n}{k}\,l\left(1 - \frac{k^2}{n^2}\right) + l\,\frac{1 + \dfrac{k}{n}}{1 - \dfrac{k}{n}}.$$

Entwickelt man endlich die beiden Logarithmen nach Potenzen von $\frac{k}{n}$, so erkennt man, dafs die beiden letzten Glieder mit der ersten Potenz von $\frac{k}{n}$ beginnen; das Restglied R' kann also in der Form geschrieben werden:

$$R' = \varepsilon_1 \alpha \cdot \frac{n\,ln}{k} + \varepsilon_2 \beta \cdot \frac{k}{n},$$

wo ε_1 und ε_2 positive oder negative echte Brüche und α und β geeignet zu wählende endliche Konstanten bedeuten; man erhält also für den gesuchten Mittelwert den einfachen Ausdruck:

$$(2) \qquad \mathfrak{M}(\varphi(n)) = \frac{6\,n}{\pi^2} + \varepsilon_1\,\alpha\,\frac{n\,ln}{k} + \varepsilon_2\,\beta\,\frac{k}{n}.$$

Geht man jetzt zur Grenze $\left(n = \infty,\ \frac{k}{n} = 0\right)$ über, so sieht man, daſs k im Verhältnis zu n nicht ganz beliebig klein gewählt werden kann, wenn die beiden hier auftretenden Restglieder gegen das erste unendlich klein werden sollen. Am besten wäre es, wenn k so bestimmt werden könnte, daſs jene beiden Restglieder

$$\frac{n\,ln}{k} \qquad \text{und} \qquad \frac{k}{n}$$

etwa von gleicher Ordnung würden. Dann müſste aber k^2 von der Ordnung $n^2 ln$, also k von höherer Ordnung als n selbst sein, es würde also durch $\mathfrak{M}(\varphi(n))$ nicht der Mittelwert von $\varphi(n)$ *in der Umgebung der Stelle n* dargestellt.

Um ein möglichst gutes Resultat zu erzielen, setzen wir:

$$k = \frac{n}{ln},$$

wir wählen also die Umgebung von n zwar verhältnismäſsig groſs gegen n, aber doch noch gemäſs den oben gestellten Anforderungen, so, daſs $\lim \frac{k}{n} = \lim_{n=\infty} \frac{1}{ln} = 0$ wird. Dann werden die beiden Restglieder in (2) bezw. von der Ordnung $(ln)^2$ und $\frac{1}{ln}$; dieses letztere Restglied kann dann also gegen das erste vernachlässigt werden, und man erhält:

$$(3) \qquad \mathfrak{M}(\varphi(n)) = \frac{6\,n}{\pi^2} + \bar\varepsilon\,\bar\alpha\,(ln)^2;$$

für sehr groſse Werte von n hat also $\varphi(n)$ die durchschnittliche Gröſse $\frac{6\,n}{\pi^2}$, d. h. ziemlich angenähert die Gröſse $\frac{3}{5}\,n$.

Es ist interessant zu sehen, daſs dieser mittlere Wert schon bei verhältnismäſsig kleinen Zahlen n eine recht gute Annäherung giebt. Wählt man z. B.

$$n = 112, \qquad k = 12,$$

so wird, wie eine kleine Rechnung unter Benutzung der a. S. 313 gegebenen Tabelle lehrt:

$$\mathfrak{M}(\varphi(112)) = \frac{\displaystyle\sum_{i=100}^{i=124} \varphi(i)}{25} = \frac{1692}{25} = 67,68,$$

während $\frac{3}{5} \cdot 112 = 67{,}2$ ist; der begangene Fehler ist also schon hier kleiner als $\frac{1}{2}$.

§ 3.

Wir wollen jetzt den Mittelwert der Funktion:

$$\frac{\varphi(n)}{n} = \prod_{p/n} \left(1 - \frac{1}{p}\right)$$

in gleicher Weise berechnen, jetzt aber unabhängig von der im § 6 der vorigen Vorlesung gemachten Voraussetzung, daß ein solcher Mittelwert wirklich existiert. Zu diesem Zwecke bestimmen wir die Anzahl $\mathfrak{A}_1(0, (m, n))$ aller in einem beliebigen Rechtecke

$$((1, 1), \ (1, n), \ (m, 1), \ (m, n))$$

befindlichen Systeme $(i, k) \sim 1$ auf zwei verschiedene Arten, und finden dann den gesuchten Mittelwert durch Gleichsetzung jener beiden Resultate. Nach der Formel (6) a. S. 311 ist jene Anzahl:

(1) $$\mathfrak{A}_1(0, (m, n)) = \frac{6}{\pi^2} mn + 3\varepsilon n l m.$$

Betrachten wir nun zweitens die n in einer beliebigen k^{ten} Zeile stehenden Systeme:

(2) $(k, 1), \cdots (k, k); \ (k, k+1), \cdots (k, 2k); \ (k, 2k+1), \cdots\cdots (k, n)$,

so sind unter den k ersten $(k, 1), \cdots (k, k)$ genau $\varphi(k)$ teilerfremde Systeme enthalten, ebenso unter den k folgenden $(k, k+1), \cdots (k, 2k)$, da diese ja den k ersten äquivalent sind, u. s. w. Also zerfällt die Reihe (2) in $\left[\frac{n}{k}\right]$ Partialreihen von je k Elementen, von denen jede $\varphi(n)$ Einheitssysteme enthält, und zu ihnen tritt dann noch eine kleine Anzahl $\left(k, \left[\frac{n}{k}\right]k + 1\right), \cdots (k, n)$, welche die letzte unvollständige Partialreihe bilden, und in welcher die Anzahl der Einheitssysteme $\leq \varphi(k)$ ist. Mithin ist die gesuchte Anzahl für *eine* der m Horizontalreihen unseres Rechteckes gleich:

$$\varphi(k)\left[\frac{n}{k}\right] + \delta_k \varphi(k),$$

wo δ_k nicht negativ und höchstens gleich Eins ist. Ersetzt man noch $\left[\frac{n}{k}\right]$ durch $\frac{n}{k} - \delta_k'$, wo $0 \leq \delta_k' < 1$ ist, und setzt man dann $\delta_k - \delta_k' = \varepsilon_k$, so wird jene Anzahl:

$$n\frac{\varphi(k)}{k} + \varepsilon_k \varphi(k),$$

wo jetzt ε_k zwischen -1 und $+1$, die letzte Grenze eingeschlossen, liegen kann. Bilden wir nun die Summe dieser Anzahlen für alle m Horizontalreihen und setzen diese der in (1) gefundenen Gesamtzahl gleich, so ergiebt sich schließlich:

$$n \sum_{k=1}^{m} \frac{\varphi(k)}{k} + \sum_{k=1}^{m} \varepsilon_k \varphi(k) = \frac{6}{\pi^2} mn + 3\varepsilon n \lg m,$$

oder durch Division mit mn:

(3) $$M\left(\frac{\varphi(k)}{k}\right) = \frac{6}{\pi^2} + R,$$

wo das Restglied R den folgenden Wert hat:

(3ª) $$R = 3\varepsilon \frac{\lg m}{m} - \frac{1}{mn} \sum_{k=1}^{m} \varepsilon_k \varphi(k).$$

Da aber in diesem Ausdrucke für die zweite Summe nach der im vorigen Abschnitte gefundenen Formel (1):

$$\left| \sum_{k=1}^{m} \varepsilon_k \varphi(k) \right| \leq \sum_{1}^{m} \varphi(k) = m^2 \cdot \frac{3}{\pi^2} + \frac{3}{2} \varepsilon m \lg m$$

ist, so ist das zweite Glied von R absolut genommen nicht größer als:

(3ᵇ) $$\frac{3}{\pi^2} \cdot \frac{m}{n} + \frac{3}{2} \varepsilon \frac{\lg m}{n},$$

und da n sonst in (3) und (3ª) nicht vorkommt, so kann man n von vornherein so groß annehmen, daß das ganze zweite Glied in (3ª) von niedrigerer Ordnung wird als $\frac{\lg m}{m}$, so daß es in R einfach fortgelassen werden kann. Dann ergiebt sich also für den Mittelwert von $\frac{\varphi(k)}{k}$ in dem Intervalle $(1, \cdots m)$ der einfachere Ausdruck:

(4) $$M\left(\frac{\varphi(k)}{k}\right) = \frac{6}{\pi^2} + 3\varepsilon \frac{\lg m}{m},$$

oder wenn man mit dem Nenner m herauf multipliziert:

(4ª) $$\sum_{1}^{m} \frac{\varphi(k)}{k} = \frac{6}{\pi^2} \cdot m + 3\varepsilon \lg m \qquad (-1 < \varepsilon < +1).$$

Aus dieser Gleichung können wir nun leicht den Gaussischen Mittelwert der Funktion $\frac{\varphi(k)}{k}$ in der Umgebung $(m - l, \cdots m + l)$ einer beliebigen Stelle m berechnen; es ist nämlich wieder:

$$\mathfrak{M}\left(\frac{\varphi(k)}{k}\right) = \frac{\sum\limits_{1}^{m+l}\frac{\varphi(k)}{k} - \sum\limits_{1}^{m-l-1}\frac{\varphi(k)}{k}}{2l+1} = \frac{6}{\pi^2} + \overline{R},$$

wo jetzt $\overline{R}$ aus den beiden Restgliedern gebildet ist, welche man in dem Ausdrucke (4ª) erhält, wenn dort m bezw. durch $m+l$ und $m-l-1$ ersetzt wird; es ist also:

$$\overline{R} = 3\,\frac{\varepsilon_1 \lg(m+l) - \varepsilon_2 \lg(m-l-1)}{2l+1}.$$

Auch hier kann man wie a. S. 330 ε_1 und ε_2 durch 1 und -1, $m-l-1$ durch $m-l$, ferner $2l+1$ im Nenner durch $2l$ und endlich den Multiplikator $\frac{3}{2}$ durch 2 ersetzen. Es kann also $\overline{R}$ auch folgendermaßen bestimmt werden:

$$|\overline{R}| < 2 \cdot \frac{\lg(m+l) + \lg(m-l)}{l} = \frac{2}{l}\lg(m^2 - l^2) = 4\,\frac{\lg m}{l} + \frac{2}{l}\lg\left(1 - \frac{l^2}{m^2}\right),$$

und da sich $\lg\left(1 - \frac{l^2}{m^2}\right) = -\frac{l^2}{m^2} - \frac{1}{2}\frac{l^4}{m^4} + \cdots$ für einen genügend kleinen Wert von $\frac{l}{m}$ beliebig wenig von dem Anfangsgliede unterscheidet, so kann man $\overline{R}$ auch die Form geben:

$$\overline{R} = \left\{\frac{\lg m}{l}\right\} + \left\{\frac{l}{m^2}\right\},$$

wo z. B. die Klammer $\left\{\frac{l}{m^2}\right\}$ hier wie stets im Folgenden einen Ausdruck von der Größenordnung $\frac{l}{m^2}$ bedeuten soll, d. h. eine Größe von der Form $\beta \cdot \frac{l}{m^2}$, in der β eine nicht näher bestimmte aber *endliche* Größe ist. Dann erhält unser Mittelwert den einfachen Ausdruck:

$$\mathfrak{M}\left(\frac{\varphi(k)}{k}\right) = \frac{6}{\pi^2} + \left\{\frac{\lg m}{l}\right\} + \left\{\frac{l}{m^2}\right\}.$$

Auch hier kann man die Intervallgrenze l nicht in einem solchen Verhältnis zu m annehmen, daß beide Restglieder von gleicher Ordnung unendlich klein werden, denn dazu müßte $l^2 = m^2 \lg m$, also l größer als m angenommen werden. Wir wollen

$$l = \sqrt{m} \cdot \lg m$$

wählen; dann verschwindet $\frac{l}{m^2} = \frac{\lg m}{m^{\frac{3}{2}}}$ gegen $\frac{\lg m}{l} = \frac{1}{\sqrt{m}}$, und man erhält die Formel:

$$\mathfrak{M}\left(\frac{\varphi(k)}{k}\right) = \frac{6}{\pi^2} + \left\{\frac{1}{\sqrt{m}}\right\}.$$

Für einigermaßen große Werte von m ist also der mittlere Wert der echten Brüche $\frac{\varphi(m)}{m}$ gleich $\frac{6}{\pi^2}$, oder nahezu gleich

$\frac{3}{5}$, doch muſs man auch hier das Intervall $(m - l, \cdots m + l)$ verhältnismäſsig groſs gegen m annehmen.

Dieser Satz stimmt mit dem a. S. 325 gefundenen überein; hier ist er aber vollkommen streng bewiesen, und wir erhalten auch die Ordnung des begangenen Fehlers.

§ 4.

Wir wollen uns im Folgenden genauer mit den Mittelwerten derjenigen zahlentheoretischen Funktionen beschäftigen, welche von den Teilern der ganzen Zahlen abhängen; wir werden z. B. die mittleren Werte für die Anzahl der Divisoren, für ihre Summe, für die Summe ihrer Logarithmen berechnen u. a. m. Die genauen Ausdrücke aller dieser mittleren Werte können aus einer einzigen sehr allgemeinen Formel abgeleitet werden, zu deren Begründung ich zunächst übergehe.

Es seien wieder, wie a. S. 274

$$f(k), \quad g(k), \quad h(k)$$

zahlentheoretische Funktionen, von denen speziell $g(k)$ die Eigenschaft hat, daſs

$$g(k)\,g(l) = g(k \cdot l)$$

ist. Dann war gezeigt worden, daſs von den beiden Gleichungssystemen:

$$(1) \qquad h(n) = \sum_{dd' = n} f(d)\,g(d')$$

$$(1^\mathrm{a}) \qquad f(n) = \sum_{dd' = n} \varepsilon_d\, g(d)\, h(d')$$

jedes eine Folge des anderen ist.

Es sei jetzt N eine beliebige ganze oder gebrochene positive Zahl, und es mögen

$$F(N), \quad G(N), \quad H(N)$$

die zu $f(k)$, $g(k)$, $h(k)$ gehörigen summatorischen Funktionen bedeuten, so daſs also z. B.

$$F(N) = f(1) + f(2) + \cdots + f([N])$$

ist, und die entsprechenden Gleichungen für $G(N)$ und $H(N)$ bestehen; dann sind jene summatorischen Funktionen nicht bloſs für alle ganzzahligen, sondern auch für alle dazwischen liegenden gebrochenen Werte von N definiert, sie behalten in dem ganzen Intervalle zwischen je zwei aufeinander folgenden ganzen Zahlen k und $k + 1$ ihren Wert und ändern sich nur sprungweise, sobald das Argument N einen ganzzahligen Wert überschreitet. Ist dann N eine beliebige ganze Zahl, so ist z. B. der Quotient:

$$\frac{F(N)}{N} = \frac{\sum\limits_{1}^{N} f(k)}{N}$$

der Mittelwert der arithmetischen Funktion $f(k)$ für das Intervall $(1, 2, \cdots N)$ und das Entsprechende gilt für $G(N)$ und $H(N)$.

Ich zeige nun, daß für diese drei summatorischen Funktionen die beiden mit (1) und (1ᵃ) völlig analogen Gleichungssysteme bestehen:

(2) $$H(N) = \sum_{\delta \delta' = N} f(\delta) \, G(\delta')$$
$$(\delta = 1, 2, \cdots [N]).$$

(2ᵃ) $$F(N) = \sum_{\delta \delta' = N} \varepsilon_{\delta} \, g(\delta) \, H(\delta')$$

Summieren wir nämlich die beiden Gleichungen (1) und (1ᵃ) für alle Werte von $n = 1, 2, \cdots [N]$, so ergeben sich die Gleichungen:

$$H(N) = \sum_{n=1}^{[N]} \sum_{dd'=n} f(d) \, g(d') \;\; = \sum_{\mu \nu \leq N} f(\mu) \, g(\nu)$$

$$F(N) = \sum_{n=1}^{[N]} \sum_{dd'=n} \varepsilon_{d} \, g(d) \, h(d') = \sum_{\mu \nu \leq N} \varepsilon_{\mu} \, g(\mu) \, h(\nu).$$

Summiert man also auf der rechten Seite zuerst in Bezug auf μ von $1, 2, \cdots [N]$ und dann für jedes μ in Bezug auf ν von $1, 2, \cdots \left[\frac{N}{\mu}\right]$, d. h. in Bezug auf alle ganzen Zahlen ν, für welche $\mu\nu \leq N$ ist, so gehen jene Gleichungen über in:

$$H(N) = \sum_{\mu} f(\mu) \sum_{\nu} g(\nu)$$
$$F(N) = \sum_{\mu} \varepsilon_{\mu} \, g(\mu) \sum_{\nu} h(\nu)$$
$$\left(\begin{matrix} \mu = 1, 2, \cdots [N] \\ \nu = 1, 2, \cdots \left[\frac{N}{\mu}\right] \end{matrix} \right),$$

oder bei Einführung der summatorischen Funktionen $G\left(\frac{N}{\mu}\right)$ und $H\left(\frac{N}{\mu}\right)$ für die inneren Summen ergeben sich in der That die Gleichungen:

$$H(N) = \sum f(\mu) \, G\left(\frac{N}{\mu}\right)$$
$$F(N) = \sum \varepsilon_{\mu} \, g(\mu) \, H\left(\frac{N}{\mu}\right),$$

welche in (2) und (2ᵃ) übergehen, wenn μ und $\frac{N}{\mu}$ durch δ und δ' ersetzt werden.

Wir werden jene beiden Formeln (2) und (2^a) nur in dem speziellen Falle anwenden, dafs für jedes k

$$g(k) = 1$$

ist; da dann die zugehörige summatorische Funktion

$$G(N) = \sum_1^{[N]} g(k) = [N]$$

wird, so erhalten wir aus (1), (1^a) und (2), (2^a) den sehr allgemeinen Satz:

Ist $f(k)$ eine beliebige arithmetische Funktion, und ist für jedes ganzzahlige n

(3) $$h(n) = \sum_{d/n} f(d),$$

so bestehen zwischen den summatorischen Funktionen $F(N)$ und $H(N)$ die Gleichungen:

(3^a) $$H(N) = \sum_{\delta=1}^{[N]} \left[\frac{N}{\delta}\right] f(\delta)$$

(3^b) $$F(N) = \sum_{\delta=1}^{[N]} \varepsilon_\delta H\left(\frac{N}{\delta}\right).$$

Ist also z. B. $f(k) = 1$, so ist $h(n) = \sum_{d/n} f(d)$ gleich der Anzahl aller Teiler von n, und der Quotient $\frac{H(N)}{N}$ liefert für ein beliebiges gannzzahliges N den Mittelwert jener Anzahl für das Intervall $(1, \cdots N)$; ist ferner $f(k) = k$, so ist $h(n)$ gleich der Summe aller Divisoren von n, und $\frac{H(N)}{N}$ gleich dem Mittelwerte jener Divisorensumme in demselben Intervalle, und die allgemeine Formel

(3^c) $$M(h(n)) = \frac{H(N)}{N} = \frac{1}{N} \sum_{\delta=1}^{N} \left[\frac{N}{\delta}\right] f(\delta),$$

welche aus (3^a) für ein beliebiges ganzzahliges N hervorgeht, giebt ein einfaches Mittel, um jenen Mittelwert in jedem einzelnen Falle *genau* zu berechnen.

Wir werden im Folgenden für $f(k)$ stets eine positive Funktion von k wählen; dann finden wir aus (3^c) leicht einen angenäherten Wert, nämlich eine obere Grenze für den gesuchten Mittelwert $M(h(n))$. Schreiben wir nämlich in ihr statt der gröfsten Ganzen $\left[\frac{N}{\delta}\right]$ jedesmal den Bruch $\frac{N}{\delta}$ selbst, so vergröfsern wir die rechte Seite, es ist also sicher:

(4)
$$M\left(h(n)\right) \leq \sum_{\delta=1}^{N} \frac{f(\delta)}{\delta}.$$

Wollten wir aber $M\left(h(n)\right)$ gleich der rechts stehenden Summe setzen, so würde der begangene Fehler im allgemeinen noch sehr grofs, nämlich von der Gröfsenordnung der N-gliedrigen Summe

$$\frac{1}{N} \sum_{1}^{N} f(\delta)$$

sein; in vielen Fällen ist aber jener Fehler von derselben Ordnung, wie die zu berechnende Gröfse selbst, und dann ist die Formel (4) für die näherungsweise Berechnung jenes Mittelwertes völlig unbrauchbar. Wir müssen also jenen Fehler zu verkleinern suchen.

§ 5.

Man kann diesen Zweck auf eine geradezu wunderbar einfache Weise erreichen, aber es gehörte ein Gedanke dazu, der, so einfach er ist, doch eine der wichtigsten arithmetischen Methoden enthält. *Gauss* war wohl der erste, der diesen Gedanken ausgesprochen hat, zwar nicht in seinen veröffentlichten Schriften, wohl aber findet er sich, wenn auch in etwas dunkler Form, in seinem Nachlafs. Man mufs nämlich die Teiler d einer beliebigen Zahl n in zwei Gruppen (d_1) und (d_2) scheiden; in die erste Gruppe rechnen wir die kleineren Divisoren von n, d. h. die Teiler $d_1 < \sqrt{n}$, in die zweite die gröfseren $d_2 > \sqrt{n}$; sollte speziell $n = \mu^2$ eine Quadratzahl sein, so müssen wir, wie dies gleich näher ausgeführt werden wird, diesen einen Teiler $\mu = \sqrt{n}$ mit seinem halben Gewichte zur ersten, mit seiner anderen Hälfte zur zweiten Gruppe rechnen.

Ist nun wieder $f(k)$ eine beliebige arithmetische Funktion von k, so setzen wir ganz entsprechend den Gleichungen (3) a. S. 337:

$$h_1(n) = \sum_{d_1/n} f(d_1), \qquad h_2(n) = \sum_{d_2/n} f(d_2),$$

wo die Summationen jetzt nur über alle gröfseren bezw. alle kleineren Divisoren zu erstrecken sind, und wo, falls $n = \mu^2$ eine Quadratzahl sein sollte, in jeder von beiden Summen der Summand $\frac{1}{2} f(\mu)$ auftritt. Ist dann zunächst für ein beliebiges ganzzahliges N $H_1(N)$ die summatorische Funktion von $h_1(n)$ für das Intervall $(1, \cdots N)$, so ist also:

$$H_1(N) = \sum_{1}^{N} h_1(n) = \sum_{n=1}^{N} \sum_{d_1/n} f(d_1) = \sum_{(k)} \varrho(k) f(k),$$

wo für ein beliebiges k $f(k)$ so oft auftritt, als

$$kl \leq N \qquad (l \geq k)$$

ist; setzt man also $l = k + r$, so giebt der Koefficient $\varrho(k)$ auf der rechten Seite die Anzahl der Auflösungen der Ungleichung:

$$k(k + r) \leq N$$

an. Dieselbe besitzt aber offenbar die Lösungen:

$$r = 0, 1, \cdots \left[\frac{N}{k}\right] - k,$$

und da die erste, $r = 0$, nur halb zu rechnen ist, so ist ihre Anzahl

$$\varrho(k) = \left[\frac{N}{k}\right] - k + \tfrac{1}{2},$$

d. h. es ist:

$$(1) \qquad H_1(N) = \sum_{k=1}^{\nu} \left(\left[\frac{N}{k}\right] - k + \tfrac{1}{2}\right) f(k), \qquad (\nu = [\sqrt{N}])$$

wo die Summation nur bis $\nu = [\sqrt{N}]$ zu erstrecken ist, da für alle größeren Werte von k $kl > N$ sein würde.

Wir können diesen Ausdruck in sehr eleganter Weise umformen, wenn wir an Stelle von $f(k)$ die summatorische Funktion $F(k)$ einführen. Setzen wir nämlich

$$f(k) = F(k) - F(k - 1),$$

wobei $F(0) = 0$ anzunehmen ist, und außerdem

$$\left[\frac{N}{k}\right] + \tfrac{1}{2} = \frac{N}{k} - \delta_k + \tfrac{1}{2} = \frac{N}{k} + \frac{\varepsilon_k}{2}, \qquad (-1 < \varepsilon_k \leq 1)$$

so geht der Ausdruck (1) für $H_1(N)$ über in:

$$H_1(N) = \sum_{k=1}^{\nu} \left(\frac{N}{k} - k\right)(F(k) - F(k - 1)) + \sum_1^{\nu} \frac{\varepsilon_k}{2} \cdot f(k),$$

oder wenn man beachtet, daß die letzte Summe zwischen den beiden Grenzen $\pm \tfrac{1}{2} \left(\sum_1^{\nu} f(k)\right)$ liegt, also gleich $\frac{\varepsilon}{2} F(\nu)$ gesetzt werden kann,

$$H_1(N) = \sum_1^{\nu} F(k)\left(\frac{N}{k} - k\right) - \sum_1^{\nu} F(k-1)\left(\frac{N}{k} - k\right) + \frac{\varepsilon}{2} F(\nu).$$
$$(-1 < \varepsilon \leq +1)$$

Ersetzt man aber in der zweiten Summe $k - 1$ durch k, und läßt dann ihr mit $F(0) = 0$ multipliziertes Anfangsglied fort, so ergiebt sich:

$$H_1(N) = \sum_1^{\nu} F(k)\left(\frac{N}{k} - k\right) - \sum_1^{\nu-1} F(k)\left(\frac{N}{k+1} - (k+1)\right) + \frac{\varepsilon}{2} F(\nu),$$

oder wenn man in der zweiten Summe auch bis ν summiert, dieses letzte Glied aber wieder abzieht und dann beide Summen mit einander vereinigt:

$$H_1(N) = \sum_1^\nu F(k)\left(\frac{N}{k(k+1)}+1\right) + F(\nu)\left(\frac{N}{\nu+1}-(\nu+1)+\frac{\varepsilon}{2}\right).$$

Der Koefficient von $F(\nu)$

$$\alpha = \frac{N}{\nu+1}-(\nu+1)+\frac{\varepsilon}{2}$$

ist ein zwischen $+\frac{1}{2}$ und $-\frac{5}{2}$ liegender Bruch; da nämlich

$$\nu+1 = [\sqrt{N}]+1$$

zwischen $\sqrt{N}$ und $\sqrt{N}+1$ liegt, so erhält man eine untere und eine obere Grenze für α, wenn man $\nu+1$ einmal durch $\sqrt{N}+1$, das andere Mal durch $\sqrt{N}$ und aufserdem ε durch -1 bezw. $+1$ ersetzt. Also ist:

$$\frac{N}{\sqrt{N}+1}-(\sqrt{N}+1)-\frac{1}{2} < \alpha \leq \frac{N}{\sqrt{N}}-\sqrt{N}+\frac{1}{2} = \frac{1}{2};$$

die untere Grenze wird noch verkleinert, wenn man in ihrem ersten Gliede N durch $N-1$ ersetzt, wodurch sich einfach die Grenze $-\frac{5}{2}$ ergiebt.

Man erhält also für $H_1(N)$ die folgende elegante Gleichung:

$$(1^a) \qquad H_1(N) = N\sum_1^\nu \frac{F(k)}{k(k+1)} + \sum_1^\nu F(k) + \alpha F(\nu). \quad \left(-\tfrac{5}{2}<\alpha\leq\tfrac{1}{2}\right)$$

Es sei jetzt zweitens $H_2(N)$ die summatorische Funktion für $h_2(n)$; dann ist:

$$H_2(N) = \sum_1^N h_2(n) = \sum_{n=1}^N \sum_{d_2/n} f(d_2) = \sum \sigma(l)f(l),$$

wo in die letzte Summe jeder Summand $f(l)$ so oft aufzunehmen ist, als

$$kl \leq N \qquad\qquad (l\geq k)$$

ist; nur für ein k der Reihe 1, 2, $\cdots$ $[\sqrt{N}]$ giebt es solche komplementäre Faktoren l, und für ein bestimmtes k dieser Reihe sind für l der Reihe nach die Zahlen:

$$k,\ \ k+1,\ \ k+2,\ \cdots\ \left[\frac{N}{k}\right]$$

zu wählen, mit der Mafsgabe, dafs für $l=k$ nur $\frac{1}{2}f(k)$ aufzunehmen ist. Summieren wir also aber alle zulässigen k, so ergiebt sich:

$$H_2(N) = \sum_{k=1}^{\nu} \left\{ \sum_{l=k+1}^{\left[\frac{N}{k}\right]} f(l) + \tfrac{1}{2} f(k) \right\}. \qquad (\nu = [\sqrt{N}])$$

Führen wir wieder in die innere Summe die summatorische Funktion $F(r)$ ein, so wird:

$$\sum_{k+1}^{\left[\frac{N}{k}\right]} f(l) = F\left(\frac{N}{k}\right) - F(k); \qquad \sum_{k=1}^{\nu} f(k) = F(\nu),$$

also ergiebt sich für $H_2(N)$ die einfache Formel:

$$(1^{\text{b}}) \qquad H_2(N) = \sum_{k=1}^{\nu} \left\{ F\left(\frac{N}{k}\right) - F(k) \right\} + \tfrac{1}{2} F(\nu).$$

Addiert man die beiden Formeln (1^{a}) und (1^{b}), so ergiebt sich für die in § 1 betrachtete summatorische Funktion $H(N) = H_1(N) + H_2(N)$ der folgende einfache Ausdruck:

$$(2) \qquad H(N) = N \sum_{1}^{\nu} \frac{F(k)}{k(k+1)} + \sum_{1}^{\nu} F\left(\frac{N}{k}\right) + \beta F(\nu), \qquad (-2 < \beta \leq 1)$$

wo die Summation jedesmal von 1 bis $\nu = [\sqrt{N}]$ zu erstrecken ist.

Die so sich ergebenden Formeln

$$H_1(N) = N \sum_{1}^{\nu} \frac{F(k)}{k(k+1)} + \sum_{1}^{\nu} F(k) + \alpha F(\nu) \qquad \left(-\tfrac{5}{2} < \alpha \leq \tfrac{1}{2} \right)$$

$$(3) \qquad H_2(N) = \sum_{1}^{\nu} \left(F\left(\frac{N}{k}\right) - F(k) \right) + \tfrac{1}{2} F(\nu)$$

$$H(N) = N \sum_{1}^{\nu} \frac{F(k)}{k(k+1)} + \sum_{1}^{\nu} F\left(\frac{N}{k}\right) + \beta F(\nu), \qquad (-2 < \beta \leq 1),$$

aus denen sich durch Division mit N die Mittelwerte der arithmetischen Funktionen:

$$(3^{\text{a}}) \qquad \begin{aligned} h_1(n) &= \sum_{d_1/n} f(d_1) \\ h_2(n) &= \sum_{d_2/n} f(d_2) \\ h(n) &= \sum_{d/n} f(d) \end{aligned}$$

in dem Intervalle $(1, \cdots N)$ ergeben, unterscheiden sich nun von der im vorigen Abschnitte gefundenen Gleichung (3^c) ganz wesentlich dadurch, daſs hier die Summationen nicht von 1 bis N, sondern nur von 1 bis $[\sqrt{N}]$ zu erstrecken sind, und wir werden im Folgenden sehen, daſs allein aus diesem Grunde jene Summen mit sehr viel gröſserer Genauigkeit angenähert berechnet werden können.

Wir wollen diese Fundamentalformeln (1), (1^a) und (1^b) nunmehr auf eine ganze Reihe von Spezialfällen anwenden, und so eine groſse Anzahl von sehr eleganten Resultaten in Bezug auf die Mittelwerte arithmetischer Funktionen erschlieſsen.

Sechsundzwanzigste Vorlesung.

Der Mittelwert für die Anzahl der Divisoren. — Folgerungen aus diesem Resultate. — Die Summe der Divisoren. — Die Summe der reziproken Teiler. — Die Summe der Logarithmen aller Teiler. — Der Überschufs der Teiler von der Form $4n + 1$ über die von der Form $4n - 1$ und der Mittelwert dieser Anzahl.

§ 1.

Wir setzen in den am Ende der vorigen Vorlesung abgeleiteten Formeln (1), (1ᵃ) und (1ᵇ) zunächst

$$f(k) = 1;$$

dann werden die Funktionen $h_1(n)$ und $h_2(n)$ in (3ᵃ) gleich der Anzahl der kleineren bezw. gleich der der gröfseren Divisoren, und die beiden ersten Formeln in (3) liefern die Mittelwerte jener beiden Anzahlen in dem Intervalle $(1, \cdots N)$. Da aber bei jeder Zerlegung $n = d_1 \cdot d_2$ einer der Faktoren ein kleinerer, der andere ein gröfserer ist, so ist hier $h_1(n) = h_2(n)$, also auch $H_1(N) = H_2(N)$; wir brauchen in diesem Falle also nur eine jener beiden Summen zu berechnen.

Wir benutzen zur Berechnung von $H_1(N)$ die Formel (1) des vorigen Abschnittes; aus ihr ergiebt sich:

$$(1) \qquad H_1(N) = \sum_1^\nu \left(\left[\frac{N}{k} \right] - k + \frac{1}{2} \right)$$

$$= \sum_1^\nu \left[\frac{N}{k} \right] - \frac{\nu(\nu+1)}{2} + \frac{1}{2}\,\nu,$$

oder wenn man

$$\left[\frac{N}{k} \right] = \frac{N}{k} - \delta_k$$

setzt, wo δ_k einen nicht negativen echten Bruch bedeutet, so wird:

$$H_1(N) = N \sum_1^\nu \frac{1}{k} - \frac{\nu^2}{2} - \sum_1^\nu \delta_k .$$

Um nun die Gröfse von $H_1(N)$ abzuschätzen, schreiben wir diese Gleichung in der folgenden Form:

$$H_1(N) = N \sum_1^\nu \frac{1}{k} - \frac{N}{2} - R,$$

dann ist das Restglied

$$R = \sum_1^\nu \delta_k - \left(\frac{N}{2} - \frac{[\sqrt{N}\,]^2}{2}\right) < \sqrt{N} - \left(\frac{N}{2} - \frac{[\sqrt{N}\,]^2}{2}\right),$$

und da offenbar $N \geqq [\sqrt{N}\,]^2$ ist, so folgt, daſs $|R| < \sqrt{N}$ ist. Also wird:

(2) $\qquad\qquad H_1(N) = N \sum \frac{1}{k} - \frac{N}{2} - \sigma \sqrt{N}.$ $\qquad$ $(-1 \leqq \sigma < 1)$

Nach der a. S. 318 bewiesenen Eulerschen Formel ist nun:

$$\sum_1^{[\sqrt{N}]} \frac{1}{k} = \lg[\sqrt{N}] + C + \frac{\delta'}{[\sqrt{N}\,]},$$

wo C die Eulersche Konstante und δ' ein unbekannter positiver echter Bruch ist. Ersetzt man also $[\sqrt{N}]$ durch $\sqrt{N} - \delta$, so folgt:

$$\sum_1^{[\sqrt{N}]} \frac{1}{k} = l\,(\sqrt{N} - \delta) + \frac{\delta'}{\sqrt{N} - \delta} + C$$

$$= l\sqrt{N} + l\left(1 - \frac{\delta}{\sqrt{N}}\right) + \frac{\delta'}{\sqrt{N}} \cdot \frac{1}{1 - \frac{\delta}{\sqrt{N}}} + C$$

$$= \frac{1}{2}lN + \frac{\delta'}{\sqrt{N}}\left(1 + \frac{\delta}{\sqrt{N}} + \frac{\delta^2}{N} + \cdots\right) - \left(\frac{\delta}{\sqrt{N}} + \frac{\delta^2}{2N} + \cdots\right) + C.$$

Setzt man also diesen Wert in (2) ein, so ergiebt sich:

$$H_1(N) = \frac{N}{2}lN + \frac{N}{2}(2C - 1) + \delta'\sqrt{N}\left(1 + \frac{\delta}{\sqrt{N}} + \cdots\right)$$

$$- \sqrt{N}\left(\delta + \frac{\delta^2}{2\sqrt{N}} + \cdots\right) - \sigma\sqrt{N}.$$

Ordnet man die rechte Seite nach Potenzen von $\sqrt{N}$ und berücksichtigt nur die Glieder von der Ordnung $\frac{1}{\sqrt{N}}$, indem man beachtet, daſs in der Taylorschen Reihe für genügend groſse Werte von N die Summe aller folgenden Glieder kleiner wird als das nächstvorhergehende Glied, so erhält man:

$$H_1(N) = \frac{N}{2}lN + \frac{N}{2}(2C - 1) + \sqrt{N}(\delta' - \delta - \sigma)$$

$$+ \left(\delta\delta' - \frac{\delta^2}{2}\right) + \left\{\frac{1}{\sqrt{N}}\right\},$$

wo, wie bereits a. S. 334 erwähnt wurde, $\left\{\frac{1}{\sqrt{N}}\right\}$ ein Glied von der

Ordnung von $\dfrac{1}{\sqrt{N}}$, d. h. von der Form $\dfrac{\varrho}{\sqrt{N}}$ bedeutet, wenn ϱ eine unbekannte, aber unterhalb einer endlichen Grenze liegende Zahl ist. Da nun endlich:

$$|\delta' - \delta - \sigma| < 2, \qquad \left|\delta\delta' - \frac{\delta^2}{2}\right| \leqq |\delta\delta'| + \left|\frac{\delta^2}{2}\right| < 2$$

ist, so kann $H_1(N)$ folgendermafsen geschrieben werden:

$$(3) \qquad H_1(N) = \frac{N}{2}\, lN + \frac{N}{2}\,(2C - 1) + 2\,(\alpha\sqrt{N} + \beta) + \left\{\frac{1}{\sqrt{N}}\right\},$$

wo α und β unbekannte positive oder negative echte Brüche bedeuten.

Verdoppelt man diese Anzahl und berücksichtigt man nur das Restglied höchster Ordnung, so erhält man für die Summe der Anzahlen *aller* Teiler in dem Intervalle $(1, \cdots N)$ den Ausdruck:

$$(4) \qquad H(N) = H_1(N) + H_2(N) = NlN + N(2C - 1) + \gamma\sqrt{N},$$

wo γ eine Gröfse bedeutet, welche für jedes noch so grofse N endlich bleibt, und durch Division mit N erhält man für die mittlere Anzahl aller Divisoren in dem Intervalle $(1, \cdots N)$:

$$(4^a) \qquad \frac{H(N)}{N} = lN + 2C - 1 + \left\{\frac{1}{\sqrt{N}}\right\}.$$

Wir wollen jetzt mit Hülfe der Gleichung (4) den Gaussschen Mittelwert der Anzahl aller Teiler in der Umgebung der Stelle N berechnen. Nach der a. S. 316 bewiesenen Formel ist derselbe gleich dem Grenzwerte des Quotienten:

$$\frac{H(N+k) - H(N)}{k}$$

für

$$N = \infty, \quad k = \infty, \quad \frac{k}{N} = 0.$$

Bildet man aber jenen Quotienten mit Hülfe von (4), so ergiebt sich zunächst:

$$(5) \qquad \frac{1}{k}\Big[(N+k)\,l(N+k) - NlN + k(2C - 1) + \{\sqrt{N+k}\} - \{\sqrt{N}\}\Big].$$

Nun ist zunächst wegen

$$\sqrt{N + k} = \sqrt{N}\Big(1 + \frac{1}{2}\,\frac{k}{N} + \cdots\Big)$$

die Differenz jener beiden Restglieder wieder von der Ordnung $\sqrt{N}$, und da ferner:

$$(N+k)\,l(N+k) - N\,lN = (N+k)\,lN - N\,lN + (N+k)\,l\Big(1 + \frac{k}{N}\Big)$$
$$= k\,lN + (N+k)\Big(\frac{k}{N} - \frac{k^2}{2N^2} + \cdots\Big)$$
$$= k\,lN + k + \Big\{\frac{k^2}{N}\Big\}$$

ist, so ergiebt sich nach Division mit k für den gesuchten Mittelwert der Anzahl aller Divisoren (5) der einfache Ausdruck:

$$lN + 2C + \Big\{\frac{k}{N}\Big\} + \Big\{\frac{\sqrt{N}}{k}\Big\}.$$

Der mittlere Wert für die Anzahl aller Teiler einer Zahl ist also gleich $(lN + 2C)$, vorausgesetzt, dafs wir die Gröfse k des Intervalles $(N, \cdots N + k)$ gegen N so annehmen, dafs die beiden Quotienten

$$\frac{k}{N} \quad \text{und} \quad \frac{\sqrt{N}}{k}$$

möglichst klein werden. Am besten wählen wir k so, dafs beide Quotienten gleiche Gröfsenordnung erhalten, d. h. wir nehmen:

$$k \text{ von der Ordnung } N^{\frac{3}{4}}$$

an; dann erhalten $\frac{k}{N}$ und $\frac{\sqrt{N}}{k}$ beide die Ordnung $N^{-\frac{1}{4}}$; es ergiebt sich also das Resultat:

Die mittlere Anzahl aller Teiler einer Zahl N ist

$$lN + 2C = lN + 1{,}154431 \ldots,$$

sie wächst also wie $\lg N$, und dieser Mittelwert ist genau bis auf einen Fehler von der Ordnung $\dfrac{1}{\sqrt[4]{N}}$, wenn die betrachtete Umgebung von N von der Gröfsenordnung $N^{\frac{3}{4}}$ ist.

Wählen wir z. B.

$$N = 100000000 = 10^8, \quad k = 1000000 = 10^6,$$

so ist die mittlere Anzahl der Divisoren aller Zahlen in dem Intervalle von 100 Billionen bis 101 Billionen gleich

$$l \cdot 10^8 + 2C = 8 \cdot l10 + 2C = 19{,}5752 \ldots,$$

und der hier begangene Fehler ist höchstens gleich $\dfrac{1}{\sqrt[4]{10^8}} = \dfrac{1}{100}$, d. h. er beträgt höchstens eine Einheit der zweiten Dezimalstelle.

Ist speziell $N = 3^h$ gleich einer Potenz von 3, so ist die Anzahl ihrer Divisoren offenbar gleich $(h + 1)$; da aber

$$h = \frac{lN}{l3} = (0{,}9102 \ldots)\,lN$$

ist, so ist $h+1$ jenem Mittelwerthe $lN+2C$ annähernd gleich. In diesem Falle ist also die wirkliche Anzahl der Divisoren von N nahezu gleich dem Mittelwerte dieser Anzahl.

§ 2.

Ehe ich zur Bestimmung des Mittelwertes für die Summe der Divisoren übergehe, möchte ich an das soeben gefundene Resultat einige Bemerkungen anknüpfen.

Die Betrachtungen des vorigen Paragraphen haben ergeben, daſs in den beiden Dirichletschen Reihen:

$$(1) \qquad \sum_1^\infty \frac{\psi(k)}{k^z} \quad \text{und} \quad \sum_1^\infty \frac{\lg k + 2C}{k^z},$$

in denen $\psi(k)$ die Anzahl aller Divisoren von k und C die Eulersche Konstante bedeutet, die Koefficienten Mittelwerte besitzen, und daſs diese einander gleich sind. In der That folgt ja aus (4^a) des § 1:

$$\frac{1}{N} \sum_1^N \psi(k) = \frac{H(N)}{N} = \lg N + 2C - 1$$

und für die zweite Reihe ergiebt sich leicht:

$$(1^a) \qquad \frac{1}{N} \sum_1^N (\lg k + 2C) = \frac{1}{N} \sum_1^N \lg k + 2C = \lg N + 2C - 1 + \delta \frac{\lg N}{N}$$

weil:
$$(0 < \delta < 1),$$

$$(1^b) \qquad \sum_1^N \lg k = \int_1^N \lg x\, dx + \lg \xi = [x \lg x - x]_1^N + \lg \xi \quad (1 < \xi < N)$$
$$= N \lg N - N + 1 + \lg \xi$$

ist. Hieraus folgt, daſs in der Differenz der beiden Reihen (1):

$$(2) \qquad \sum \frac{f(k)}{k^z} = \sum \frac{\psi(k) - \lg k - 2C}{k^z}$$

die Koefficienten $f(k)$ ebenfalls einen Mittelwert und zwar den Mittelwert Null haben. Aus dem im § 6 der vierundzwanzigsten Vorlesung bewiesenen Satze folgt also, daſs der Grenzwert

$$\lim_{z=1} (z-1) \sum_1^\infty \frac{f(k)}{k^z}$$

existiert und den Wert Null hat. Falls also jene Reihe (2), welche für $z > 1$ konvergiert, für $z = 1$ unendlich groſs werden sollte, so wird sie jedenfalls von niedrigerer als der ersten Ordnung unendlich

grofs. Wir wollen jetzt aber direkt zeigen, dafs diese Reihe für $z = 1$
gar nicht unendlich grofs wird, sondern gegen einen endlichen Grenzwert konvergiert, oder, was dasselbe ist, wir zeigen, dafs die beiden
Dirichletschen Reihen (1) für die Umgebung der Stelle $(z = 1)$ in
gleicher Weise unendlich grofs werden.

Für die erste Reihe hatten wir im § 4 (1°) der zweiundzwanzigsten
Vorlesung die folgende Gleichung gefunden:

(3)
$$\sum_1^\infty \frac{\psi(k)}{k^z} = \left(\sum_1^\infty \frac{1}{n^z}\right)^2.$$

Ferner hatten wir den Wert der rechts stehenden Dirichletschen Reihe

$\sum_1^\infty \frac{1}{n^z}$ bis auf eine Einheit genau bestimmt, es war nämlich:

(3ᵃ)
$$\sum_1^\infty \frac{1}{k^z} = \frac{1}{z-1} + \delta,$$

wo δ einen unbekannten positiven echten Bruch bedeutet. Eine genauere Betrachtung dieser Reihe, auf die ich an dieser Stelle nicht
eingehen will, lehrt nun, dafs für jedes $z > 1$ jene Reihe eine stetige
differenzierbare Funktion von z ist und dafs

(3ᵇ)
$$\sum_1^\infty \frac{1}{k^z} = \frac{1}{z-1} + C + (z-1)(C' + \cdots)$$

ist, wo C wieder die Mascheronische Konstante ist, und $\varphi(z) = C' + \cdots$
mit seinen Ableitungen für $z = 1$ endlich bleibt. Also ist:

$$\sum_1^\infty \frac{\psi(k)}{k^z} = \left(\frac{1}{z-1} + C + \cdots\right)^2 = \frac{1}{(z-1)^2} + \frac{2C}{z-1} + \cdots,$$

wo die fortgelassenen Glieder für $z = 1$ endlich bleiben.

Genau dieselbe Entwickelung gilt aber für die zweite Reihe in
(1). In der That ist:

$$\sum_1^\infty \frac{\lg k + 2C}{k^z} = \sum_1^\infty \frac{\lg k}{k^z} + 2C\left(\frac{1}{z-1} + \cdots\right).$$

Ferner folgt aus der allgemeinen Gleichung S. 258:

(4)
$$\sum_2^\infty \frac{\lg k}{k^z} = \frac{\lg \xi}{\xi^z} + \int_2^\infty \frac{\lg x}{x^z}\,dx = \delta \cdot \frac{\lg 2}{2} - \left[\frac{1 + (z-1)\lg x}{(z-1)^2 x^{z-1}}\right]_2^\infty$$

$$= \frac{1}{(z-1)^2} \cdot \frac{1 + (z-1)\lg 2}{2^{z-1}} + \delta \cdot \frac{\lg 2}{2},$$

weil das in eckigen Klammern stehende unbestimmte Integral für $x = \infty$ verschwindet, wenn z um noch so wenig größer ist als Eins. Beachtet man also, daß:

$$\frac{1}{2^{z-1}} = e^{-(z-1)\lg 2} = 1 - (z-1)\lg 2 + \cdots$$

und entwickelt jetzt die rechte Seite von (4) nach Potenzen von $z - 1$, so folgt:

$$\sum_{2}^{\infty} \frac{\lg k}{k^z} = \frac{1}{(z-1)^2} + \cdots,$$

wo die fortgelassenen Glieder für $z = 1$ endlich bleiben*), d. h. es ist, wie bewiesen werden sollte:

$$\sum_{1}^{\infty} \frac{\lg k + 2C}{k^z} = \frac{1}{(z-1)^2} + \frac{2C}{z-1} + \cdots.$$

Wüßte man also, daß die arithmetische Funktion $\psi(k)$, also auch die Funktion $f(k)$ in (2) einen Mittelwert besitzt, so würde aus dem soeben erwähnten Satz jetzt direkt folgen, daß dieser Mittelwert von $f(k)$ gleich Null ist, daß also die Funktionen $\psi(k)$ und $(\lg k + 2C)$ gleiche Mittelwerte haben, und aus der Gleichung (1ª) würde sich so auch der mittlere Wert für die Anzahl der Divisoren ergeben. Dieser Nachweis konnte aber bisher noch nicht gegeben werden, und daher ist der im vorigen Abschnitte gegebene, von jeder Voraussetzung freie Nachweis bei weitem vorzuziehen.

Wir zeigen endlich noch direkt, daß die soeben behandelte Dirichletsche Reihe:

$$\sum_{1}^{\infty} \frac{f(k)}{k^z} = \sum_{1}^{\infty} \frac{\psi(k) - \lg k - 2C}{k^z}$$

auch über den Wert $z = 1$ hinaus, nämlich bis zu dem Werte $z = \frac{1}{2}$ hin konvergiert.

Zu diesem Zwecke transformieren wir die endliche Reihe (2)

$$\sum_{1}^{N} \frac{f(k)}{k^z}$$

mit Hülfe der a. S. 320 angegebenen Abelschen Umformung, indem wir dort in der Formel (3)

---

* Dasselbe Resultat kann auch durch Differentiation der Gleichung (3ᵇ) abgeleitet werden.

H.

$$A_{k-1} = \frac{1}{k^z}, \qquad B_k = F(k) = \sum_1^k f(k)$$

setzen. Setzen wir endlich das noch nicht definierte $B_0 = 0$, so wird $B_k - B_{k-1} = f(k)$, und jene allgemeine Gleichung geht über in:

$$\sum_1^N \frac{f(k)}{k^z} = \sum_1^N F(k)\left(\frac{1}{k^z} - \frac{1}{(k+1)^z}\right) + \frac{F(N)}{(N+1)^z},$$

oder da nach dem Mittelwertsatze:

$$\frac{1}{k^z} - \frac{1}{(k+1)^z} = \frac{z}{(k+\varepsilon_k)^{z+1}} \qquad (0 < \varepsilon_k < 1)$$

ist, so ergiebt sich:

(5ª) $$\sum_1^N \frac{f(k)}{k^z} = z \sum_1^N \frac{F(k)}{(k+\varepsilon_k)^{z+1}} + \frac{F(N)}{(N+1)^z}.$$

Nun ist für jeden Wert von n wegen (1ª) des § 2 und (4) des § 1:

$$\begin{aligned}
F(n) &= \sum_1^n f(k) = \sum_1^n (\psi(k) - \lg k - 2C) \\
&= H(n) - (n\lg n + n(2C-1) + \delta_n \lg n) \\
&= (n\lg n + n(2C-1) + \gamma_n \sqrt{n}) - (n\lg n + n(2C-1) + 1 + \delta_n \lg n) \\
&= \alpha_n \sqrt{n},
\end{aligned}$$

wo auch α_n ebenso wie γ_n und δ_n mit unbegrenzt wachsendem n unterhalb einer endlichen Grenze bleibt.

Substituiert man also diesen Wert für $F(k)$ und $F(N)$ in (5ª) und beachtet, dafs dann das Restglied:

$$\frac{F(N)}{(N+1)^z} = \frac{\alpha_N \sqrt{N}}{(N+1)^z}$$

mit wachsendem N unendlich klein wird, sobald nur z um beliebig wenig gröfser ist als $\frac{1}{2}$, so ergiebt sich für den Grenzwert der Reihe (5ª) für $N = \infty$:

$$\sum_1^\infty \frac{f(k)}{k^z} = z \sum_1^\infty \frac{\alpha_k \sqrt{k}}{(k+\varepsilon_k)^{z+1}} = z \sum_1^\infty \frac{\alpha_k}{k^{z+\frac{1}{2}}} \cdot \frac{1}{\left(1 + \frac{\varepsilon_k}{k}\right)^{z+1}} = \sum_1^\infty \frac{\theta(k)}{k^{z+\frac{1}{2}}},$$

wo $\theta(k)$ für beliebig grofse Werte von k stets unterhalb einer endlichen Grenze bleibt. Nach dem allgemeinen Satze über die Dirichletschen Reihen konvergiert somit diese, also auch die ursprüngliche Reihe gleichmäfsig, sobald $z + \frac{1}{2} > 1$, sobald also z gröfser als $\frac{1}{2}$ ist.

Hätten wir diesen Satz direkt beweisen können, so könnten wir auch aus ihm leicht den Mittelwert für die Anzahl der Divisoren ermitteln; jedoch ist bisher dieser direkte Beweis stets vergeblich versucht worden, es ist dies einer der Fälle, wo die Arithmetik mehr vermag, als die Analysis, wo sie imstande ist, ihrerseits die Analysis zu fördern.

§ 3.

Um jetzt die Mittelwerte für die Summe der gröfseren und der kleineren Divisoren zu berechnen, setze ich in den allgemeinen Formeln (1ᵃ) und (1ᵇ) a. S. 340 und 341:

(1) $$f(k) = k, \quad \text{also} \quad F(k) = \frac{k(k+1)}{1 \cdot 2};$$

dann erhält man zuerst aus (1ᵃ) für die Summe $H_1(N)$ der kleineren Divisoren aller Zahlen 1, 2, $\cdots$ N den Ausdruck:

$$H_1(N) = N \sum_1^{\nu} \frac{1}{2} + \sum_1^{\nu} \frac{k(k+1)}{1 \cdot 2} + \alpha \frac{\nu(\nu+1)}{2} \quad \left(-\frac{5}{2} < \alpha \leq \frac{1}{2}\right),$$

oder da bekanntlich:

(2) $$\sum_1^{\nu} \frac{k(k+1)}{1 \cdot 2} = \frac{\nu(\nu+1)(\nu+2)}{1 \cdot 2 \cdot 3},$$

ist:

$$H_1(N) = \frac{1}{2} N\nu + \frac{\nu^3 + 3\nu^2 + 2\nu}{6} + \alpha \frac{\nu^2 + \nu}{2}.$$

Ersetzt man hier ν durch $\sqrt{N} - \delta$ und berücksichtigt nur die Glieder höchster Ordnung in N, so erhält man für $H_1(N)$ die Darstellung:

(3) $$H_1(N) = \frac{2}{3} N^{\frac{3}{2}} + \varepsilon\beta N,$$

wo β eine leicht angebbare endliche Konstante bedeutet und ε zwischen -1 und $+1$ liegt. Also ist der mittlere Wert für die Summe aller kleineren Divisoren in dem Intervalle (1, 2, $\cdots$ N):

(3ᵃ) $$\frac{1}{N} H_1(N) = \frac{2}{3} \sqrt{N} + \varepsilon\beta.$$

Entsprechend ergiebt sich aus (1ᵇ) a. S. 341 für die Summe aller gröfseren Divisoren:

(4) $H_2(N) = \sum_1^{\nu} \frac{1}{2} \left[\frac{N}{k}\right] \left(\left[\frac{N}{k}\right]+1\right) - \sum_1^{\nu} \frac{k(k+1)}{1\cdot 2} + \frac{1}{2} \frac{\nu(\nu+1)}{1\cdot 2},$

oder bei Benutzung von (2):

$$= \frac{1}{2} \sum_1^{\nu} \left[\frac{N}{k}\right] \left(\left[\frac{N}{k}\right]+1\right) - \left(\frac{\nu^3}{6} + \frac{\nu^2}{4} + \frac{\nu}{12}\right).$$

Wir wollen diese Summe berechnen unter Vernachlässigung von Gliedern, deren Größenordnung $N l N$ oder niedriger ist. Schreibt man wieder $\sqrt{N} - \delta$ statt ν, so kann man die drei letzten Glieder durch $-\frac{1}{6} N^{\frac{3}{2}}$ ersetzen. Ferner ist:

(4ª)
$$\sum_1^{\nu} \left[\frac{N}{k}\right] \left(\left[\frac{N}{k}\right]+1\right) = \sum_1^{\nu} \left(\frac{N}{k} - \delta_k\right) \left(\frac{N}{k} + \delta_k'\right)$$

$$= N^2 \sum_1^{\nu} \frac{1}{k^2} + N \sum_1^{\nu} \frac{\delta_k' - \delta_k}{k} - \sum_1^{\nu} \delta_k \delta_k',$$

wo δ_k und $\delta_k' = 1 - \delta_k$ beide zwischen Null und Eins liegen. Daher kann die Summe (4ª) durch $N^2 \sum_1^{\nu} \frac{1}{k^2}$ ersetzt werden, weil die beiden fortgelassenen Summen ihrem absoluten Betrage nach unterhalb

$$N \sum_1^{\nu} \frac{1}{k} = \frac{1}{2} N l N + \cdots \quad \text{und} \quad \sqrt{N}$$

liegen. Nun ist aber für den ersten Teil von (4ª)

(4ᵇ) $N^2 \sum_1^{\nu} \frac{1}{k^2} = N^2 \left(\sum_1^{\infty} \frac{1}{k^2} - \sum_{\nu+1}^{\infty} \frac{1}{k^2}\right) = N^2 \frac{\pi^2}{6} - N^2 \sum_{\nu+1}^{\infty} \frac{1}{k^2}$

und da nach einer oft benutzten Formel:

$$\sum_{\nu+1}^{\infty} \frac{1}{k^2} < \frac{1}{\xi^2} + \int_\nu^{\infty} \frac{dx}{x^2} = \frac{1}{\nu} + \frac{\varepsilon}{\nu^2} = \frac{1}{\sqrt{N}-\delta} + \frac{1}{(\sqrt{N}-\delta)^2} = \frac{1}{\sqrt{N}} + \left\{\frac{1}{N}\right\}$$

$$(\xi > \nu), \quad (0 < \varepsilon < 1)$$

gesetzt werden kann, so geht (4ᵇ) über in:

(4ᶜ) $N^2 \sum_1^{\nu} \frac{1}{k^2} = N^2 \cdot \frac{\pi^2}{6} - N^{\frac{3}{2}} + \{N\}.$

Substituiert man diesen Wert in (4), so ergiebt sich endlich:

(5) $H_2(N) = \frac{\pi^2 N^2}{12} - \frac{2}{3} N \sqrt{N} + \beta N l N.$

Der Mittelwert für die Summe aller gröfseren Divisoren in dem Intervalle 1, 2, $\cdots N$ wird also:

(5ᵃ) $$\frac{1}{N} H_2(N) = N \frac{\pi^2}{12} - \frac{2}{3} \sqrt{N} + \beta \lg N,$$

und durch Addition der Gleichungen (3) und (5) bezw. (3ᵃ) und (5ᵃ) erhält man für die Summe aller Divisoren die Gleichungen:

$$H(N) = N^2 \cdot \frac{\pi^2}{12} + \beta N \lg N$$

$$\frac{1}{N} H(N) = N \cdot \frac{\pi^2}{12} + \beta \lg N.$$

Wir berechnen endlich die Gaussschen Mittelwerte $\mathfrak{M}(S_{d_1}(n))$ und $\mathfrak{M}(S_{d_2}(n))$ für die Summen der gröfseren und der kleineren Divisoren in einem Intervalle $(n - k, \cdots n + k)$, dessen Gröfse $2k$ unendlich klein gegen n ist.

Ersetzt man zunächst in (3) N bezw. durch $n + k$ und $n - (k + 1)$, so ergiebt sich:

$$\mathfrak{M}(S_{d_1}(n)) = \frac{H_1(n + k) - H_1(n - k - 1)}{2k + 1} = \frac{2}{3} \frac{(n+k)^{\frac{3}{2}} - (n-k-1)^{\frac{3}{2}}}{2k + 1}$$
$$+ \frac{\varepsilon_1 \beta_1 (n + k) - \varepsilon_2 \beta_2 (n - k - 1)}{2k + 1}.$$

Da die Funktion $x^{\frac{3}{2}}$ stetig ist, so ergiebt sich nach dem Mittelwertsatze für das erste Glied auf der rechten Seite:

$$\frac{2}{3} \frac{(n+k)^{\frac{3}{2}} - (n-(k+1))^{\frac{3}{2}}}{2k+1} = (n+\xi)^{\frac{1}{2}} = n^{\frac{1}{2}} \left(1 + \frac{\xi}{n}\right)^{\frac{1}{2}}$$

$$= n^{\frac{1}{2}} + \frac{1}{2} \frac{\xi}{\sqrt{n}} + \cdots,$$

wo ξ eine zwischen $-(k + 1)$ und $+ k$ liegende Zahl bedeutet; dieses erste Glied ist also gleich:

$$n^{\frac{1}{2}} + \left\{\frac{k}{\sqrt{n}}\right\}.$$

Das zweite Glied ist von der Gröfsenordnung $\frac{n}{k}$, wie man unmittelbar erkennt, wenn man es in der Form:

$$\frac{n}{k} \cdot \frac{\varepsilon_1 \beta_1 \left(1 + \frac{k}{n}\right) - \varepsilon_2 \beta_2 \left(1 - \frac{k+1}{n}\right)}{2 + \frac{1}{k}}$$

schreibt, und beachtet, dafs $\lim \dfrac{k}{n} = 0$ wird. Also ergiebt sich das folgende Resultat:

$$(6) \qquad \mathfrak{M}(S_{d_1}(n)) = \sqrt{n} + \left\{\frac{k}{\sqrt{n}}\right\} + \left\{\frac{n}{k}\right\}.$$

Für die gröfseren Divisoren ist analog:

$$\mathfrak{M}(S_{d_2}(n)) = \frac{H_2(n+k) - H_2(n-k-1)}{2k+1} = \frac{\pi^2}{12} \cdot \frac{(n+k)^2 - (n-k-1)^2}{2k+1}$$

$$- \frac{2}{3} \frac{(n+k)^{\frac{3}{2}} - (n-k-1)^{\frac{3}{2}}}{2k+1} + \frac{\beta_1(n+k)\, l(n+k) - \beta_2(n-k-1)\, l(n-k-1)}{2k+1};$$

das Restglied ist von der Ordnung $\dfrac{n\, l n}{k}$, denn man kann es in der Form:

$$\frac{n\, ln}{k} \cdot \frac{\beta_1 \left(1 + \dfrac{k}{n}\right)\left(1 + \dfrac{l\left(1 + \dfrac{k}{n}\right)}{ln}\right) - \beta_2 \left(1 - \dfrac{k+1}{n}\right)\left(1 + \dfrac{l\left(1 - \dfrac{k+1}{n}\right)}{ln}\right)}{2 + \dfrac{1}{k}}$$

schreiben, wo der zweite Faktor bei dem Grenzübergange für n und k offenbar endlich bleibt. Da ferner das erste Glied auf der rechten Seite der letzten Gleichung offenbar gleich $\dfrac{\pi^2}{12}(2n-1) = n \cdot \dfrac{\pi^2}{6} - \dfrac{\pi^2}{12}$ und das zweite, wie oben bewiesen, gleich $n^{\frac{1}{2}} + \left\{\dfrac{k}{\sqrt{n}}\right\}$ ist, so ergiebt sich für den Mittelwert der gröfseren Divisoren der Gleichung:

$$(6^{\mathrm{a}}) \qquad \mathfrak{M}(S_{d_2}(n)) = n\frac{\pi^2}{6} - \sqrt{n} + \left\{\frac{k}{\sqrt{n}}\right\} + \left\{\frac{n\, ln}{k}\right\}.$$

Addiert man die beiden Formeln (6) und (6^{a}) und beachtet dabei, dafs alsdann die Glieder von der Ordnung $\left\{\dfrac{n}{k}\right\}$ gegen die von der Ordnung $\left\{\dfrac{n\, ln}{k}\right\}$ fortgelassen werden können, so ergiebt sich für den Mittelwert der Summe aller Divisoren:

$$(6^{\mathrm{b}}) \qquad \mathfrak{M}(S_d(n)) = n\frac{\pi^2}{6} + \left\{\frac{k}{\sqrt{n}}\right\} + \left\{\frac{n\, ln}{k}\right\}.$$

Um hier eine möglichst grofse Annäherung an die Mittelwerte zu erhalten, wählen wir die Intervallgröfse k wieder so, dafs die vernachlässigten Glieder in (6), (6^{a}) und (6^{b}) nahezu von gleicher Gröfse werden, d. h. wir wählen in (6) für die kleineren Divisoren:

$$k = n^{\frac{3}{4}}, \quad \text{so dafs} \quad \frac{k}{\sqrt{n}} = \frac{n}{k} = n^{\frac{1}{4}}.$$

in (6^{a}) und (6^{b}) für die gröfseren Divisoren und für alle Divisoren:

$$k = n^{\frac{3}{4}} \sqrt{ln} \quad \text{so daſs} \quad \frac{k}{\sqrt{n}} = \frac{n\,ln}{k} = n^{\frac{1}{4}} \sqrt{lg\,n}$$

ist. Dann ergeben sich die beiden Sätze:

Der Gaussische Mittelwert für die Summe der kleineren Divisoren ist:

(7)
$$\mathfrak{M}(S_{d_1}(n)) = \sqrt{n} + \left\{ n^{\frac{1}{4}} \right\}$$

und diese Annäherung wird erreicht, wenn die Intervallgröſse die Ordnung von $n^{\frac{3}{4}}$ hat.

Der Gaussische Mittelwert für die Summe der gröſseren Divisoren ist:

(7ª)
$$\mathfrak{M}(S_{d_2}(n)) = \frac{1}{6} n \pi^2 - \sqrt{n} + \left\{ n^{\frac{1}{4}} \sqrt{ln} \right\}$$

und diese Annäherung wird erreicht, wenn die Intervallgröſse die Ordnung $n^{\frac{3}{4}} \sqrt{ln}$ hat. Der Mittelwert für die Summe aller Divisoren ist mit der gleichen Genauigkeit und für dieselbe Gröſse des Intervalles:

(7ᵇ)
$$\mathfrak{M}(S_d(n)) = \frac{1}{6} n \pi^2 + \left\{ n^{\frac{1}{4}} \sqrt{ln} \right\}.$$

In beiden Fällen ist die absolute Gröſse des möglicherweise gemachten Fehlers sehr grofs, sie ist aber klein im Verhältnis zur Gröſse des hier sich ergebenden mittleren Wertes.

§ 4.

Aus dem Resultate des letzten Abschnittes ziehen wir zunächst noch eine interessante Folgerung. Ist

$$n = p_1^{v_1} p_2^{v_2} \cdots$$

die Zerlegung einer beliebigen Zahl n in ihre Primfaktoren, so war:

(1)
$$S_d(n) = \prod_h \frac{p_h^{v_h+1} - 1}{p_h - 1} = \prod_h p_h^{v_h} \cdot \prod_h \frac{1 - p_h^{-(v_h+1)}}{1 - p_h^{-1}}$$
$$= \frac{n^2}{\varphi(n)} \cdot \prod_h \left(1 - \frac{1}{p_h^{v_h+1}} \right),$$

weil $\frac{\varphi(n)}{n} = \prod_h \left(1 - p_h^{-1} \right)$ ist. Es besteht also die Identität:

.(1ª)
$$n^2 \prod_h \left(1 - p_h^{-(v_h+1)} \right) = \varphi(n) S_d(n).$$

Berücksichtigt man aber jedesmal nur die Glieder höchster Ordnung, so waren die Mittelwerte von $\varphi(n)$ und von $S_d(n)$ bezw. gleich $\frac{1}{6} n \pi^2$ und $\frac{6n}{\pi^2}$. Wäre also der Satz richtig, daß der Gaussische Mittelwert eines Produktes gleich dem Produkte der Mittelwerte seiner Faktoren ist, so müßte in (1) der Mittelwert der rechten, also auch der der linken Seite bis auf Glieder niedrigerer Ordnung gleich:

$$\left(\frac{1}{6} n \pi^2\right) \cdot \left(\frac{6n}{\pi^2}\right),$$

d. h. gleich n^2 sein. Da nun auf der linken Seite der Mittelwert:

$$\mathfrak{M}(n^2) = \frac{n^2 + (n+1)^2 + \cdots + (n+\nu-1)^2}{\nu}$$

der Funktion n^2 bis auf Glieder von niedrigerer Ordnung wiederum gleich n^2 ist, so würde sich aus der Identität (1^a) der Schluß ziehen lassen, daß der Gaussische Mittelwert der arithmetischen Funktion:

$$(2) \qquad \chi(n) = \prod_{p^\nu/n} \left(1 - \frac{1}{p^{\nu+1}}\right),$$

wenn p^ν jedesmal alle in n enthaltenen Primzahlpotenzen durchläuft, gleich Eins sein muß.

Dieser Satz über den Mittelwert eines Produktes ist aber im allgemeinen nicht richtig, und thatsächlich ist $\mathfrak{M}(\chi(n))$ auch etwas kleiner als Eins. Wir wollen diesen Wert jetzt direkt bestimmen. Zu diesem Zwecke entwickeln wir in der summatorischen Funktion von $\chi(n)$:

$$X(N) = \sum_1^N \chi(n) = \sum_{n=1}^N \prod_{p^\nu/n} \left(1 - \frac{1}{p^{\nu+1}}\right)$$

die einzelnen Produkte rechter Hand, dann folgt:

$$X(N) = \sum_1^N \left(1 - \sum_{p_1^{\nu_1}/n} \frac{1}{p_1^{\nu_1+1}} + \sum_{p_1^{\nu_1},\, p_2^{\nu_2}} \frac{1}{p_1^{\nu_1+1} p_2^{\nu_2+1}} - \cdots\right)$$

$$= N - \sum_1^N \sum_{p_1^{\nu_1}/n} \frac{1}{p_1^{\nu_1+1}} + \sum_1^N \sum_{p_1^{\nu_1},\, p_2^{\nu_2}} \frac{1}{p_1^{\nu_1+1} p_2^{\nu_2+1}} - \cdots,$$

wo die Summationen im Inneren über alle in n enthaltenen verschiedenen Produkte von Primzahlpotenzen zu erstrecken und alsdann von 1 bis N zu summieren ist. In der ersten Summe $\sum_1^N \sum_{p_1^{\nu_1}} \frac{1}{p_1^{\nu_1+1}}$ tritt dann eine bestimmte Primzahlpotenz $\frac{1}{p^{\nu+1}}$ so oft auf, als es Zahlen n in der Reihe $(1, 2, \cdots N)$ giebt, welche durch p^ν, aber nicht durch

$p^{\nu+1}$ teilbar sind; diese Anzahl ist aber offenbar gleich:

$$\left[\frac{N}{p^{\nu}}\right] - \left[\frac{N}{p^{\nu+1}}\right],$$

denn sie ist gleich der Anzahl *aller* Multipla von p^{ν} vermindert um die Anzahl *aller* Multipla von $p^{\nu+1}$; jene erste Summe ist also gleich:

$$\sum_{p^{\nu}} \left(\left[\frac{N}{p^{\nu}}\right] - \left[\frac{N}{p^{\nu+1}}\right]\right) \frac{1}{p^{\nu+1}},$$

wo die Summation auf *alle* Potenzen p^{ν} von *allen* Primfaktoren p erstreckt werden kann, da ja, falls $p^{\nu} > N$ sein sollte, der betreffende Koefficient von selbst verschwindet.

In der zweiten Summe $\displaystyle\sum_{1}^{N} \sum_{p_1^{\nu_1},\, p_2^{\nu_2}} \cdot \frac{1}{p_1^{\nu_1+1} p_2^{\nu_2+1}}$ tritt ein bestimmtes Produkt $\dfrac{1}{p^{\nu+1} p'^{\nu'+1}}$ so oft auf, als es Zahlen n in dem Intervalle $(1, \cdots N)$ giebt, welche durch das Produkt $p^{\nu} p'^{\nu'}$ teilbar sind, aber keinen von diesen beiden Primteilern öfter als ν bezw. ν' Male enthalten; man erkennt aber leicht, dafs diese Anzahl gleich:

(3) $$\left[\frac{N}{p^{\nu} p'^{\nu'}}\right] - \left[\frac{N}{p^{\nu+1} p'^{\nu'}}\right] - \left[\frac{N}{p^{\nu} p'^{\nu'+1}}\right] + \left[\frac{N}{p^{\nu+1} p'^{\nu'+1}}\right]$$

ist, denn jede einzelne dieser vier Zahlen giebt die Anzahl *aller* Multipla bezw. von

(3ª) $$p^{\nu} p'^{\nu'}, \qquad p^{\nu+1} p'^{\nu'}, \qquad p^{\nu} p'^{\nu'+1}, \qquad p^{\nu+1} p'^{\nu'+1}$$

in jenem Intervalle an, und man überzeugt sich sofort, dafs ein Multiplum von $p^{\nu} p'^{\nu'}$ in dem Aggregate (3) dann und nur dann, und zwar einmal gezählt wird, wenn es nicht zugleich auch durch eins der drei anderen Produkte (3ª) teilbar ist. Also wird jene zweite Summe gleich:

$$\sum_{p^{\nu},\, p'^{\nu'}} \left\{\left[\frac{N}{p^{\nu} p'^{\nu'}}\right] - \left[\frac{N}{p^{\nu+1} p'^{\nu'}}\right] - \left[\frac{N}{p^{\nu} p'^{\nu'+1}}\right] + \left[\frac{N}{p^{\nu+1} p'^{\nu'+1}}\right]\right\} \frac{1}{p^{\nu+1} p'^{\nu'+1}},$$

und sie kann ebenfalls auf alle Primzahlpotenzen ausgedehnt werden. In derselben Weise kann man die dritte Summe umformen u. s. w.; somit erhält man die Gleichung:

$$X(N) = N - \sum \left(\left[\frac{N}{p^{\nu}}\right] - \left[\frac{N}{p^{\nu+1}}\right]\right) \frac{1}{p^{\nu+1}}$$

$$+ \sum \left(\left[\frac{N}{p^{\nu} p'^{\nu'}}\right] - \left[\frac{N}{p^{\nu+1} p'^{\nu'}}\right] - \left[\frac{N}{p^{\nu} p'^{\nu'+1}}\right] + \left[\frac{N}{p^{\nu+1} p'^{\nu'+1}}\right]\right) \frac{1}{p^{\nu+1} p'^{\nu'+1}}$$

$$- \cdots \cdots \cdots \cdots \cdots \cdots \cdots \cdots,$$

welche, beiläufig bemerkt, offenbar kürzer so geschrieben werden kann:

$$X(N) = \sum_{\nu=1}^{\infty} \sum_{dd'=\nu} \left[\frac{N}{d'}\right] \frac{\varepsilon_d}{\nu}.$$

Um einen angenäherten Wert für $X(N)$ zu erhalten, ersetzen wir die in den Brüchen $\dfrac{N}{p^\nu p'^{\nu'}\cdots}$ enthaltenen gröfsten ganzen Zahlen durch diese Brüche selbst und wir wollen den hierbei begangenen Fehler durch C bezeichnen. Die so sich ergebende Summe kann dann folgendermafsen geschrieben werden:

$$N\left\{1 - \sum_p \left(1 - \frac{1}{p}\right)\cdot\left(\sum_{\nu=1}^{\infty}\frac{1}{p^{2\nu+1}}\right)\right.$$
$$\left. + \sum_p \left(1 - \frac{1}{p}\right)\left(\sum\frac{1}{p^{2\nu+1}}\right)\cdot\sum\left(1 - \frac{1}{p}\right)\left(\sum\frac{1}{p^{2\nu+1}}\right) - \cdots\right\},$$

oder da

$$\left(1 - \frac{1}{p}\right)\left(\frac{1}{p^3} + \frac{1}{p^5} + \cdots\right) = \frac{1}{p^2(p+1)}$$

ist, so erhält man für $X(N)$ den folgenden Wert:

(4) $$X(N) = N\prod_p \left(1 - \frac{1}{p^2(p+1)}\right) + C. \qquad (-1 < \delta < +1)$$

Um eine obere Grenze für den Fehler C zu finden beachten wir, dafs wir bei jedem einzelnen Gliede $\left[\dfrac{N}{p^\nu p'^{\nu'}\cdots}\right]\dfrac{1}{p^{\nu+1}p'^{\nu'+1}}$ einen nicht negativen echten Bruch vernachlässigt haben; wir vergröfsern also diesen Fehler, wenn wir alle jene echten Brüche positiv und gleich Eins wählen; also ist sicher:

$$|C| < \sum_{p,\nu}\frac{2}{p^{\nu+1}} + \sum\frac{4}{p^{\nu+1}p'^{\nu'+1}} + \sum\frac{8}{p^{\nu+1}p'^{\nu'+1}p''^{\nu''+1}} + \cdots,$$

d. h. es ist, da

$$\frac{1}{p^2} + \frac{1}{p^3} + \cdots = \frac{1}{p^2 - p},$$

ist, a fortiori:

$$|C| < \prod_p \left(1 + \frac{2}{p^2 - p}\right).$$

Das rechts stehende Produkt ist endlich und liegt unter einer leicht angebbaren Gröfse. In der That, man kann stets eine positive Zahl γ so bestimmen, dafs für alle Primzahlen p mit Ausnahme einer endlichen Anzahl:

$$1 + \frac{2}{p^2 - p} < \frac{1}{1 - \dfrac{1}{p^{1+\gamma}}} = 1 + \frac{1}{p^{1+\gamma}} + \frac{1}{p^{2(1+\gamma)}} + \cdots$$

ist; dieser Ungleichung wird nämlich sicher genügt, wenn:

$$p^{1+\gamma} < \frac{p^2 - p}{2},$$

also:

$$p - 2p^\gamma - 1 > 0$$

angenommen wird. Für alle Primzahlen ≥ 5 kann also $\gamma = \frac{1}{2}$ gewählt werden, weil dann in der That

$$p - 2\sqrt{p} - 1 = (p - \sqrt{p})^2 - 2$$

positiv ist. Also ist

$$\prod_{p > 3} \left(1 + \frac{2}{p^2 - p}\right) < \prod \frac{1}{1 - \frac{1}{p^{\frac{3}{2}}}} < \sum \frac{1}{n^{\frac{3}{2}}},$$

also sicher eine endliche Größe; dasselbe gilt also auch von der Konstante C in der Gleichung (4).

Auch der Koefficient von N in dieser Gleichung ist eine endliche positive Konstante ϱ, deren Wert etwas kleiner als $^5/_6$ ist. Zum Beweise dieser Thatsache zeige ich, daß man eine positive Zahl β so bestimmen kann, daß für alle Primzahlen p

$$1 - \frac{1}{p^3} < 1 - \frac{1}{p^2(p+1)} < 1 - \frac{1}{p^{3+\beta}}$$

ist. Die linke Seite dieser Ungleichung ist offenbar für jede Primzahl erfüllt. Damit auch die rechte bestehe, muß β so gewählt werden, daß

$$p^{3+\beta} > p^2(p+1),$$

also:

$$\beta > \frac{l\left(1 + \frac{1}{p}\right)}{lp}$$

ist, und dieser Bedingung wird wegen $l\left(1 + \frac{1}{p}\right) < \frac{1}{p}$ sicher genügt, wenn $\beta > \frac{1}{p\,lp}$ für jedes p, d. h. wenn $\beta \geq \frac{1}{2\,l2}$ gewählt wird. Thut man aber dies, und multipliziert dann in der obigen Ungleichung über alle Primzahlen p, so erkennt man, daß das Produkt

(5)
$$\varrho = \prod \left(1 - \frac{1}{p^2(p+1)}\right)$$

zwischen

$$\prod_p \left(1 - \frac{1}{p^3}\right) = \frac{1}{\sum_n \frac{1}{n^3}} \quad \text{und} \quad \prod_p \left(1 - \frac{1}{p^{3+\beta}}\right) = \frac{1}{\sum_n \frac{1}{n^{3+\beta}}}$$

liegt; es ist also wirklich endlich, und etwas kleiner als $^5/_6$.

Aus der so sich ergebenden Gleichung

$$X(N) = N\varrho + C$$

ergiebt sich aber der gesuchte Mittelwert $\mathfrak{M}(\chi(n))$ in dem Intervalle $(n - k, \cdots n + k)$ offenbar gleich:

$$\mathfrak{M}(\chi(n)) = \frac{X(n+k) - X(n-k-1)}{2k+1} = \varrho + \frac{C_1 - C_2}{2k+1} = \varrho + \left\{\frac{1}{k}\right\},$$

wenn ϱ die in (5) definierte Konstante ist, und C_1 und C_2 die beiden zu $(n + k)$ und $(n - k - 1)$ gehörigen Fehler bedeuten; damit ist die aufgestellte Behauptung vollständig bewiesen.

Dieselbe Methode kann man, wie zum Schlusse noch bemerkt werden mag, benutzen, um auf einem anderen Wege den schon vorher bestimmten Mittelwert von

$$\overline{\varphi}(n) = \frac{\varphi(n)}{n} = \prod_{p/n} \left(1 - \frac{1}{p}\right)$$

zu finden. In der That ergiebt sich hier ganz ebenso für die summatorische Funktion:

$$\overline{\Phi}(N) = \sum_1^N \frac{\varphi(n)}{n} = \sum_1^N \prod_{p/n} \left(1 - \frac{1}{p}\right)$$

$$= \sum_{n=1}^N \left(1 - \sum_{p/n} \frac{1}{p} + \sum_{p, p'/n} \frac{1}{p\,p'} - \cdots\right)$$

$$= N - \sum_p \left[\frac{N}{p}\right] \cdot \frac{1}{p} + \sum_{p, p'} \left[\frac{N}{p\,p'}\right] \cdot \frac{1}{p\,p'} - \cdots,$$

und bei Fortlassung der Gaussischen eckigen Klammern ergiebt sich als angenäherter Wert von $\overline{\Phi}(N)$

$$N\left(1 - \sum \frac{1}{p^2} + \sum \frac{1}{p^2 p'^2} - \cdots\right) = N \sum \frac{\varepsilon_m}{m^2} = \frac{N}{\sum \frac{1}{n^2}} = \frac{6}{\pi^2} N;$$

es ist also:

$$\overline{\Phi}(N) = \frac{6}{\pi^2} N + \overline{C},$$

wo aber die Bestimmung des Korrektionsgliedes $\overline{C}$ hier erheblich schwieriger ist, als vorher; wir brauchen hierauf nicht weiter einzugehen.

§ 5.

Als eine weitere Anwendung unserer allgemeinen Theorie untersuchen wir den Mittelwert für die Summe der reciproken Teiler; hierzu müssen wir setzen:

$$f(k) = \frac{1}{k},$$

dann werden:

$$h_1(n) = \sum_{d_1/n} \frac{1}{d_1}, \quad h_2(n) = \sum_{d_2/n} \frac{1}{d_2}$$

und $\frac{H_1(N)}{N}$ und $\frac{H_2(N)}{N}$ werden gleich den gesuchten Mittelwerten für die kleineren und für die gröfseren Teiler von N.

Setzen wir zur Bestimmung von $H_1(N)$ in der Formel (1) a. S. 339 $f(k) = \frac{1}{k}$ und aufserdem wieder:

$$\left[\frac{N}{k}\right] + \frac{1}{2} = \frac{N}{k} - \delta_k + \frac{1}{2} = \frac{N}{k} + \frac{\varepsilon_k}{2}, \qquad (-1 < \varepsilon_k \leq 1)$$

so ergiebt sich:

$$H_1(N) = \sum_1^\nu \left(\frac{N}{k} - k + \frac{\varepsilon_k}{2}\right)\frac{1}{k}$$

$$= N \sum_1^\nu \frac{1}{k^2} - \nu + \frac{1}{2}\sum_1^\nu \frac{\varepsilon_k}{k},$$

und da nach (4°) a. S. 352:

$$N \sum_1^\nu \frac{1}{k^2} = N \cdot \frac{\pi^2}{6} - \sqrt{N} + \{1\}$$

ist, während $\nu = \sqrt{N} - \delta$ und

$$\frac{1}{2}\sum_1^\nu \frac{\varepsilon_k}{k} = \frac{\varepsilon}{2}\sum_1^\nu \frac{1}{k} = \frac{\varepsilon}{2}\left(l[\sqrt{N}] + \cdots\right) = \{\lg N\}$$

ist, so ergiebt sich für $H_1(N)$ der Ausdruck:

$$(1) \qquad H_1(N) = N \cdot \frac{\pi^2}{6} - 2\sqrt{N} + \{\lg N\}.$$

Für die gröfseren Divisoren war nach Nr. (3) a. S. 341

$$H_2(N) = \sum_1^\nu \left(F\left(\frac{N}{k}\right) - F(k)\right) + \frac{1}{2}F(\nu).$$

Setzt man hier für die summatorische Funktion $F(k)$ ihren Wert:

$$F(k) = \sum_{1}^{k} \frac{1}{r} = \lg k + C + \frac{\delta_k}{k} \qquad (-1 < \delta_k < 1)$$

und beachtet, daſs sich dann in der Summe rechts jedesmal die Euler-sche Konstante forthebt, so erhält man nach einfachen Umformungen:

$$H_2(N) = \sum_{1}^{\nu} \left(\lg\left[\frac{N}{k}\right] - \lg k \right) + \varepsilon \sum_{1}^{\nu} \frac{1}{\left[\frac{N}{k}\right]}$$
$$(-1 < \varepsilon, \varepsilon' < 1)$$
$$- \varepsilon' \sum_{1}^{\nu} \frac{1}{k} + \frac{1}{2} \lg \nu + \frac{C}{2} - \frac{\delta_\nu}{2\nu}.$$

Wir berechnen den Wert von $H_2(N)$ ebenfalls nur bis auf Glieder von der Ordnung $\lg N$, dann können wir $\lg\left[\frac{N}{k}\right]$ durch $\lg \frac{N}{k} = \lg N - \lg k$ ersetzen und alle übrigen Glieder fortlassen, denn von den beiden Summen:

$$\sum_{1}^{\nu} \frac{1}{k} = \lg \nu + \cdots$$

$$\sum_{1}^{\nu} \frac{1}{\left[\frac{N}{k}\right]} < \nu \cdot \frac{1}{\left[\frac{N}{\nu}\right]}$$

hat die erste offenbar die Ordnung $\lg N$, während die zweite wegen der Ungleichung:

$$\left[\frac{N}{\nu}\right] > \left[\frac{N}{\sqrt{N}}\right] > \nu$$

unterhalb Eins liegt. Thun wir dies, so ergiebt sich für $H_2(N)$ der einfache Wert:

$$H_2(N) = \nu \lg N - 2 \sum_{1}^{\nu} \lg k + \{\lg N\},$$

oder da wegen (1^{b}) a. S. 347:

$$\sum_{1}^{\nu} \lg k = \nu \lg \nu - \nu + \{\lg N\} = \tfrac{1}{2} \nu \lg N - \sqrt{N} + \{\lg N\}$$

ist, so ergiebt sich endlich:

(2) $$\qquad\qquad H_2(N) = 2\sqrt{N} + \{\lg N\}.$$

Durch Addition von (1) und (2) erhält man für die Summe *aller* reciproken Teiler

(3) $$\qquad\qquad H_0(N) = N \cdot \frac{\pi^2}{6} + \{\lg N\}.$$

Hierbei tragen, wie man sieht, die kleineren Divisoren weitaus den gröfsten Teil zur Gesamtsumme bei.

Um nun die Gaussischen Mittelwerte $\mathfrak{M}_1(n)$, $\mathfrak{M}_2(n)$ und $\mathfrak{M}_0(n)$ in der Umgebung $(n-k, \cdots n+k)$ von n zu finden, bilden wir wieder mit Hülfe von (1), (2) und (3) die Differenzen:

$$\frac{H_i(n+k) - H_i(n-k-1)}{2k+1} \qquad (i=0,1,2)$$

und formen sie durch Anwendung des Mittelwertsatzes um. Dann ergiebt sich aus (1):

$$\begin{aligned}
\mathfrak{M}_1(n) &= \frac{\pi^2}{6} - 2\,\frac{\sqrt{n+k} - \sqrt{n-(k+1)}}{2k+1} + \frac{\alpha_1 \lg(n+k) + \alpha_2 \lg(n-k-1)}{2k+1} \\
&= \frac{\pi^2}{6} - \frac{1}{\sqrt{n+\xi}} + \left\{\frac{\lg n}{k}\right\}, \qquad (-(k+1) < \xi < k)
\end{aligned}$$

denn das Restglied ist von der Ordnung $\left\{\dfrac{\lg n}{k}\right\}$, wie aus der Identität:

$$\begin{aligned}
&\frac{\alpha_1 \lg(n+k) + \alpha_2 \lg(n-(k+1))}{2k+1} \\
&= \frac{\lg n}{k} \cdot \frac{\alpha_1\left(1 + \dfrac{\lg\left(1 + \dfrac{k}{n}\right)}{\lg n}\right) + \alpha_2\left(1 + \dfrac{\lg\left(1 - \dfrac{k+1}{n}\right)}{\lg n}\right)}{2 + \dfrac{1}{k}}
\end{aligned}$$

unmittelbar folgt. Da nun

$$\frac{1}{\sqrt{n+\xi}} = \frac{1}{\sqrt{n}}\left(1 - \frac{1}{2}\,\frac{\xi}{n} + \cdots\right) = \frac{1}{\sqrt{n}} + \left\{\frac{k}{n^{\frac{3}{2}}}\right\}$$

ist, so erhält man die Gleichung:

$$(1^a) \qquad \mathfrak{M}_1(n) = \frac{\pi^2}{6} - \frac{1}{\sqrt{n}} + \left\{\frac{k}{n^{\frac{3}{2}}}\right\} + \left\{\frac{\lg n}{k}\right\}.$$

Führt man dieselbe Betrachtung bei der Gleichung (2) durch, so erhält man ohne jede weitere Rechnung:

$$(2^a) \qquad \mathfrak{M}_2(n) = \frac{1}{\sqrt{n}} + \left\{\frac{k}{n^{\frac{3}{2}}}\right\} + \left\{\frac{\lg n}{k}\right\}$$

und aus (3) ergiebt sich endlich:

$$(3^a) \qquad \mathfrak{M}_0(n) = \frac{\pi^2}{6} + \left\{\frac{\lg n}{k}\right\}.$$

Wählt man die Gröfse k des Intervalles in (1^a) und (2^a) von der Ordnung $n^{\frac{3}{4}}\sqrt{\lg n}$, so sind die vernachlässigten Glieder beide von der

Ordnung $\dfrac{\sqrt{\lg n}}{n^{\frac{3}{4}}}$. In (3^a) braucht man k nur so zu wählen, dafs:

$$\lim_{k=\infty,\; n=\infty} \frac{1}{k} \lg n = 0$$

wird. Dies wird z. B. bekanntlich für $k = n^\varrho$ erreicht, wenn ϱ einen noch so kleinen positiven Bruch bedeutet. Es ergeben sich also die Sätze:

Die mittleren Werte für die Summen der reciproken kleineren und gröfseren Divisoren sind bezw. gleich:

(4) $$\mathfrak{M}_1(n) = \frac{\pi^2}{6} - \frac{1}{\sqrt{n}} + \left\{ \frac{\lg n}{n^{\frac{3}{4}}} \right\}$$

(4^a) $$\mathfrak{M}_2(n) = \qquad \frac{1}{\sqrt{n}} + \left\{ \frac{\lg n}{n^{\frac{3}{4}}} \right\},$$

und der Fehler wird von dieser Ordnung, wenn die Intervall-gröfse k von der Ordnung $\dfrac{\sqrt{\lg n}}{n^{\frac{3}{4}}}$ genommen wird. Für alle Teiler ist der entsprechende Mittelwert:

(4^b) $$\mathfrak{M}_0(n) = \frac{\pi^2}{6} + \left\{ \frac{\lg n}{n^\varrho} \right\} \qquad (0 < \varrho < 1)$$

für die Intervallgröfse $k = n^\varrho$.

Vergleicht man die in (4), (4^a), (4^b) gefundenen Mittelwerte mit den in (7), (7^a) und (7^b) a. S. 355 bestimmten für die Summen der Divisoren selbst, so erkennt man, dafs die Gleichungen bestehen:

$$\mathfrak{M}(S_{d_1}(n)) = n \mathfrak{M}_2(n)$$
$$\mathfrak{M}(S_{d_2}(n)) = n \mathfrak{M}_1(n)$$
$$\mathfrak{M}(S_d(n)) = n \mathfrak{M}_0(n);$$

dafs diese Relationen erfüllt sein müssen, ist beinahe evident, denn für jede Zahl n bestehen ja die Gleichungen:

$$\sum_{d_1/n} d_1 = n \sum_{d_2/n} \frac{1}{d_2}$$
$$\sum_{d_2/n} d_2 = n \sum_{d_1/n} \frac{1}{d_1}$$
$$\sum_{d/n} d = n \sum_{d/n} \frac{1}{d},$$

jedoch sind die Genauigkeitsintervalle bei den beiden Resultaten nicht dieselben.

§ 6.

Wir berechnen jetzt den Mittelwert für die Summe der Logarithmen der kleineren bezw. der größeren Divisoren von n, oder, was dasselbe ist, wir suchen den mittleren Wert der Logarithmen von dem Produkte jener Teiler. Hierzu müssen wir setzen:

$$f(k) = \lg k,$$

so daß die zugehörige summatorische Funktion $F(k)$ nach (1^b) a. S. 347 den Wert erhält:

(1) $$F(k) = \sum_{1}^{k}{}' \lg h = k \lg k - k + 1 + \delta_k \lg k, \qquad {\scriptstyle (0 < \delta_k < 1)}$$

dann wird von selbst:

$$h_1(n) = \sum_{d_1/n}{}' \lg d_1, \qquad h_2(n) = \sum_{d_2/n}{}' \lg d_2,$$

d. h. $h_1(n)$ und $h_2(n)$ sind die Summen der Logarithmen der kleineren bezw. größeren Divisoren, und aus den beiden summatorischen Funktionen:

$$H_1(N) = \sum_{1}^{\nu} \left(\frac{N}{k} - k + \frac{\varepsilon_k}{2} \right) \lg k \qquad {\scriptstyle (-1 < \varepsilon_k < +1)}$$

(2) $$= N \sum_{1}^{\nu} \frac{\lg k}{k} - \sum_{1}^{\nu} k \lg k + \frac{\varepsilon}{2} \sum_{1}^{\nu} \lg k \qquad {\scriptstyle (-1 < \varepsilon < +1)}$$

$$H_2(N) = \sum_{1}^{\nu} \left(F\left(\frac{n}{k}\right) - F(k) \right) + \frac{1}{2} F(\nu)$$

erhält man unmittelbar die Mittelwerte der arithmetischen Funktionen $h_1(n)$ und $h_2(n)$ für das Intervall $(1, \cdots N)$.

Wir wollen jene beiden Mittelwerte nur genau bis auf Größen von der Ordnung N berechnen, obwohl wir die Rechnung ohne Schwierigkeit mit wesentlich größerer Annäherung durchführen könnten.

Zur Bestimmung von $H_1(N)$ haben wir nur die drei Summen:

$$\sum_{1}^{\nu}{}' \frac{\lg k}{k}, \qquad \sum_{1}^{\nu}{}' k \lg k, \qquad \sum_{1}^{\nu}{}' \lg k$$

auszuwerten. Nun ist nach der oft benutzten Formel (1) a. S. 258:

$$\frac{\lg 3}{3} + \int_{3}^{\nu} \frac{\lg x}{x} dx > \sum_{3}^{\nu}{}' \frac{\lg k}{k} > \frac{\lg \nu}{\nu} + \int_{3}^{\nu} \frac{\lg x}{x} dx,$$

weil die Funktion $\frac{\lg x}{x}$ ihren Maximalwert $\frac{\lg e}{e} = \frac{1}{e}$ für $x = e$ erreicht, und von da beständig abnimmt. Da nun:

$$\int_3^{\nu} \frac{\lg x}{x}\, dx = \left[\tfrac{1}{2}\,(\lg x)^2\right]_3^{\nu} = \tfrac{1}{2}\,(\lg\,(\sqrt{N} - \delta))^2 - \tfrac{1}{2}\,(\lg 3)^2$$

$$= \tfrac{1}{2}\,(\lg \sqrt{N})^2 + \left\{\frac{\lg N}{\sqrt{N}}\right\} + \{1\}$$

ist, weil $\lg(\sqrt{N} - \delta) = \lg\sqrt{N} + \lg\left(1 - \frac{\delta}{\sqrt{N}}\right)$ ist, und der zweite Logarithmus die Ordnung $\frac{1}{\sqrt{N}}$ hat, so ergiebt sich für die erste Summe mit einem Fehler, der höchstens eine endliche Konstante ist:

$$(3) \qquad \sum_1^{\nu} \frac{\lg k}{k} = \frac{1}{8}\,(\lg N)^2 + \{1\}.$$

Da zweitens die Funktion $x \lg x$ in dem ganzen Intervalle $(1, \cdots \sqrt{N})$ stetig ist und wächst, so ist:

$$\sum_1^{\nu} k \lg k = \int_1^{\nu} x \lg x + \varepsilon \nu \lg \nu = \int_1^{\sqrt{N}} x \lg x - \int_{\nu}^{\sqrt{N}} x \lg x + \varepsilon \nu \lg \nu$$

$$= \int_1^{\sqrt{N}} x \lg x - \delta \xi \lg \xi + \varepsilon \nu \lg \nu, \qquad (0 < \varepsilon < 1)$$

wenn $\nu = \sqrt{N} - \delta$ ist, und ξ einen Mittelwert zwischen $\sqrt{N} - \delta$ und $\sqrt{N}$ bedeutet. Also ist:

$$\sum_1^{\nu} k \lg k = \left[\tfrac{1}{2}\,x^2 \lg x - \tfrac{1}{4}\,x^2\right]_1^{\sqrt{N}} + \{\sqrt{N} \lg N\}$$

$$(4) \qquad\qquad = \tfrac{1}{4}\,N \lg N - \tfrac{1}{4}\,N + \{\sqrt{N} \lg N\}$$

$$= \tfrac{1}{4}\,N \lg N + \{N\}.$$

Da endlich die dritte Summe $\displaystyle\sum_1^{\nu} \lg k$ nach (1^{b}) S. 347 von der Größenordnung $\nu \lg \nu$ oder, was dasselbe ist, $\sqrt{N} \lg N$ ist, so kann sie einfach vernachlässigt werden, und man erhält aus (3) und (4)

$$(5) \qquad H_1(N) = \frac{1}{8}\,N(\lg N)^2 - \frac{1}{4}\,N \lg N + \{N\}.$$

Wir berechnen jetzt $H_2(N)$ mit der gleichen Annäherung $\{N\}$. Substituiert man in (2) den Wert (1) von $F(k)$, so ergiebt sich zunächst:

$$H_2(N) = \sum_1^\nu \left(\left[\frac{N}{k}\right] \lg \left[\frac{N}{k}\right] - \left[\frac{N}{k}\right] - k \lg k + k \right)$$

$$+ \sum_1^\nu \delta_k' \lg \left[\frac{N}{k}\right] - \sum_1^\nu \delta_k \lg k$$

$$+ \frac{1}{2} \nu \lg \nu - \nu + 1 + \delta \lg \nu.$$

In dieser Gleichung kann man zunächst alle Elemente mit Ausnahme von den in der ersten Summe stehenden einfach fortlassen, da sie von niedrigerer Ordnung als N sind; dies ist für die vier letzten Elemente wegen $\nu < \sqrt{N}$ selbstverständlich, für die beiden anderen Summen folgt dasselbe Resultat aus den Ungleichungen:

$$\sum_1^\nu \delta_k' \lg \left[\frac{N}{k}\right] = \delta \sum_1^\nu \lg \left[\frac{N}{k}\right] < \sum_1^\nu \lg \frac{N}{k} < \sqrt{N} \lg N - \sum_1^\nu \lg k$$

$$\sum \delta_k \lg k = \delta \sum_1^\nu \lg k$$

in Verbindung mit der Thatsache, daſs $\displaystyle\sum_1^\nu \lg k$ von der Ordnung $\sqrt{N} \lg N$ ist.

Ferner kann man in der ersten Summe die eckigen Klammern einfach fortlassen. In der That ist:

$$\sum \left[\frac{N}{k}\right] = \sum \frac{N}{k} - \sum \delta_k = \sum \frac{N}{k} + \{\nu\},$$

$$\sum_1^\nu \left[\frac{N}{k}\right] \lg \left[\frac{N}{k}\right] = \sum_1^\nu \left(\frac{N}{k} - \delta_k\right) \lg \left(\frac{N}{k} - \delta_k\right)$$

$$= \sum \frac{N}{k} \lg \frac{N}{k} - \sum \delta_k \lg \left[\frac{N}{k}\right] + \sum \frac{N}{k} \lg \left(1 - \frac{k\delta_k}{N}\right);$$

die zweite von diesen drei Summen ist, wie soeben gezeigt wurde, von der Ordnung $\sqrt{N} \lg N$, kann also fortgelassen werden; beachtet man weiter, daſs in der dritten Summe $\dfrac{k\delta_k}{N} < \dfrac{1}{\sqrt{N}}$, also für ein genügend groſses N

$$\left| \lg \left(1 - \frac{k\delta_k}{N}\right) \right| < \frac{k}{N}$$

ist, so findet man für diese:

$$\left| \sum \frac{N}{k} \lg \left(1 - \frac{k\delta_k}{N}\right) \right| < \sum_1^\nu 1 < \sqrt{N},$$

und damit ist die obige Behauptung vollständig bewiesen. Also ist:

$$H_2(N) = \sum_1^{\nu} \left(\frac{N}{k} \lg \left(\frac{N}{k} \right) - \frac{N}{k} - k \lg k + k \right) + \{ \sqrt{N} \lg N \}$$

$$= N(\lg N - 1) \sum_1^{\nu} \frac{1}{k} - N \sum_1^{\nu} \frac{\lg k}{k} - \sum_1^{\nu} k \lg k$$

$$+ \sum_1^{\nu} k + \{ \sqrt{N} \lg N \} .$$

Nun ist:

$$\sum_1^{\sqrt{N} - \delta} \frac{1}{k} = \lg (\sqrt{N} - \delta) + C + \frac{\delta'}{\sqrt{N} - \delta} = \frac{1}{2} \lg N + C + \left\{ \frac{1}{\sqrt{N}} \right\}$$

$$\sum_1^{\nu} \frac{\lg k}{k} = \frac{1}{8} (\lg N)^2 + \{ 1 \}$$

$$\sum_1^{\nu} k \lg k = \frac{1}{4} N \lg N + \{ N \}$$

$$\sum_1^{\nu} k = \frac{\nu(\nu + 1)}{2} = \{ N \} .$$

Substituiert man also diese Werte, so erhält man bis auf Gröfsen der Ordnung N den folgenden Wert für $H_2(N)$:

(6) $$H_2(N) = \frac{3}{8} N (\lg N)^2 + \left(C - \frac{3}{4} \right) N \lg N + \{ N \}.$$

Addiert man endlich die Gleichungen (5) und (6), so folgt:

$$H(N) = H_1(N) + H_2(N) = \frac{1}{2} N (\lg N)^2 + N \lg N (C - 1) + \{ N \},$$

also es ergiebt sich der Satz:

> Der Mittelwert für die Summe der Logarithmen aller Divisoren von n in dem Intervalle $(1, \cdots N)$ ist gleich:

(7) $$\frac{1}{2} (\lg N)^2 + (C - 1) \lg N + \{ 1 \}.$$

Wir bilden jetzt den Gaussischen Mittelwert derselben Funktion für das Intervall $(n - k, \cdots n + k)$, d. h. den Quotienten:

$$\mathfrak{M}(h(n)) = \frac{H(n + k) - H(n - k - 1)}{2k + 1} .$$

Wir können diesen Quotienten wieder mit Hülfe des Mittelwertsatzes einfach berechnen. Schreibt man nämlich $H(n)$ in der Form:

(7ª) $$H(n) = \overline{H}(n) + \alpha n,$$

wo also

$$\overline{H}(n) = \frac{1}{2} n (\lg n)^2 + n \lg n (C - 1)$$

zu setzen ist, und beachtet dann, daſs $\overline{H}(n)$ eine stetige Funktion von n ist, so ergiebt sich:

$$\mathfrak{M}(h(n)) = \overline{H}'(n+\varkappa) + \left\{\frac{n}{k}\right\},$$

wo $\varkappa$ einen in dem Intervalle $(-(k+1), \cdots +k)$ liegenden Mittelwert bedeutet; in der That ergiebt sich ja aus (7ª) für das Restglied:

$$\frac{\alpha_1(n+k) - \alpha_2(n-k-1)}{2k+1} = \frac{n}{k} \cdot \frac{\alpha_1\left(1+\frac{k}{n}\right) - \alpha_2\left(1-\frac{k+1}{n}\right)}{2+\frac{1}{k}};$$

dasselbe besitzt also die Ordnung $\left\{\frac{n}{k}\right\}$.

Also wird:

(8)
$$\mathfrak{M}(h(n)) = \frac{1}{2}(\lg(n+\varkappa))^2 + C\lg(n+\varkappa) + (C-1) + \left\{\frac{n}{k}\right\}$$
$$= \frac{1}{2}(\lg n)^2 + C\lg n + \left\{\frac{n}{k}\right\}.$$

Die Genauigkeit ist hier, wie gesagt, nicht groſs; wir hätten sie leicht erhöhen können.

§ 7.

Wir können das im letzten Abschnitt gefundene Resultat nachträglich in interessanter Weise verificieren. Zu diesem Zwecke betrachten wir die Dirichletsche Reihe:

(1)
$$\sum_{1}^{\infty} \frac{\sum_{d/n} \lg d}{n^z},$$

in welcher die Koefficienten die zu untersuchenden Funktionen $h(n)$ sind, und zeigen wieder, daſs sie der Reihe:

(1ª)
$$\sum_{1}^{\infty} \frac{\frac{1}{2}(\lg n)^2 + C\lg n}{n^z}$$

in der Weise äquivalent ist, daſs die Differenz beider Reihen für $z=1$ endlich bleibt. Weiſs man dann, daſs die Koefficienten $h(n)$ der ersten Reihe überhaupt einen Mittelwert besitzen, so folgt genau wie a. S. 347 flgde., daſs der Gaussische Mittelwert von $h(n)$ gleich $\frac{1}{2}(\lg n)^2 + C\lg n$ ist.

Nun ist für die erste Reihe offenbar:

(2)
$$\sum_{1}^{\infty} \frac{\sum_{d/n} \lg d}{n^z} = \sum_{m} \sum_{n} \frac{\lg m}{(mn)^z} = \sum_{1}^{\infty} \frac{1}{n^z} \cdot \sum_{1}^{\infty} \frac{\lg m}{m^z}.$$

Ferner ergiebt sich aus der a. S. 348 aufgestellten Gleichung (3ᵇ):

(3)
$$\sum_{1}^{\infty} \frac{1}{n^z} = \frac{1}{z-1} + C + C'(z-1) + \cdots$$

durch ein- bezw. zweimalige Differentiation nach z:

(3^a)
$$\sum_{1}^{\infty} \frac{\lg n}{n^z} = \frac{1}{(z-1)^2} - C' - \cdots$$

(3^b)
$$\sum_{1}^{\infty} \frac{\frac{1}{2}(\lg n)^2}{n^z} = \frac{1}{(z-1)^3} + \cdots.$$

Setzt man die so gefundenen Werte für die beiden Reihen (3) und (3^a) in (2) ein, so ergiebt sich:

$$\sum_{1}^{\infty} \frac{h(n)}{n^z} = \frac{1}{(z-1)^3} + \frac{C}{(z-1)^2} + \cdots,$$

wo die fortgelassenen Glieder für $z = 1$ endlich bleiben, da der mit $\frac{1}{z-1}$ multiplizierte Term den Koefficienten Null erhält.

Andererseits folgt aber aus (3^a) und (3^b), daſs auch für die zweite Reihe:

$$\sum \frac{\frac{1}{2}(\lg n)^2 + C \lg n}{n^z} = \frac{1}{(z-1)^3} + \frac{C}{(z-1)^2} + \cdots$$

ist, und damit ist unsere Behauptung vollständig erwiesen.

Wenn man die Reihen (3), (3^a), (3^b) noch weiter entwickelte, so könnte man durch dieses Verfahren den Mittelwert für die arithmetische Funktion $h(n)$ genauer bestimmen; doch soll hierauf nicht näher eingegangen werden.

In ähnlicher Weise können und wollen wir den mittleren Wert der arithmetischen Funktion:

$$f(k) = -\sum_{d/k} \varepsilon_d \lg d$$

bestimmen, unter der Voraussetzung, daſs wir bereits wissen, daſs diese Funktion einen Mittelwert hat. Nach dem a. S. 276 bewiesenen Satze wissen wir, daſs diese Funktion $f(k)$ dann und nur dann von Null verschieden, und zwar gleich $\lg p$ ist, wenn $k = p^h$ eine Primzahlpotenz ist; das hier sich ergebende Resultat wird uns also einen interessanten Einblick in die Verteilung der Primzahlen geben. Nun ist identisch:

$$-\frac{d}{ds}\lg\sum_{1}^{\infty}\frac{1}{n^{s}}=\frac{\sum\frac{\lg n}{n^{s}}}{\sum\frac{1}{n^{s}}}=\sum\frac{\lg n}{n^{s}}\cdot\sum\frac{\varepsilon_{m}}{m^{s}}=\sum\frac{\varepsilon_{m}\lg n}{(mn)^{s}}$$

$$=\sum_{1}^{\infty}\frac{\sum_{dd'=k}\varepsilon_{d}\lg d'}{k^{s}}=\sum_{1}^{\infty}\frac{\lg k\cdot\sum_{d/k}\varepsilon_{d}-\sum_{d/k}\varepsilon_{d}\lg d}{k^{s}}$$

$$=\sum_{1}^{\infty}\frac{-\sum\varepsilon_{d}\lg d}{k^{s}}=\sum\frac{f(k)}{k^{s}},$$

weil für $k>1\ \sum_{d/k}\varepsilon_{d}=0$ ist. Andererseits ist aber nach (3) und (3ᵃ)

$$-\frac{d}{dz}\lg\sum_{1}^{\infty}\frac{1}{n^{z}}=\frac{\sum\frac{\lg n}{n^{z}}}{\sum\frac{1}{n^{z}}}=\frac{\frac{1}{(z-1)^{2}}+\cdots}{\frac{1}{z-1}+\cdots}=\frac{1}{z-1}+\cdots;$$

da aber die Reihe $\sum\frac{1}{k^{s}}$ dasselbe Anfangsglied besitzt, so folgt, daſs die beiden Dirichletschen Reihen:

$$\sum\frac{1}{k^{s}}\quad\text{und}\quad\sum\frac{f(k)}{k^{s}}$$

für die Stelle $z=1$ in gleicher Weise unendlich werden. Besitzt also die Funktion $f(k)$ überhaupt einen Mittelwert für das Intervall $(1,\cdots n)$, so ist er notwendig gleich Eins, oder es ist:

$$\lim\frac{1}{n}\sum\lg p=1,$$

wenn in diese Summe jede Primzahl p genau h Male aufgenommen wird, sobald

$$p^{h}\leqq n<p^{h+1}$$

ist. Also ergiebt sich einfacher:

(4) $$\lim\frac{1}{n}\sum_{p^{h}\leqq n}\lg p^{h}=1.$$

Dieser Grenzwert bleibt aber ungeändert, wenn man alle Potenzen p^{h} durch p ersetzt, d. h. es ist:

$$\lim\frac{1}{n}\sum_{p^{h}\leqq n}h\lg p=\lim\frac{1}{n}\sum_{p\leqq n}\lg p,$$

oder was dasselbe ist:

(5) $$\lim\frac{1}{n}\sum_{p^{h}\leqq n}(h-1)\lg p=\lim\frac{1}{n}\sum_{p^{h}\leqq n}\lg p^{h-1}=0.$$

24*

In der That ist für alle Primzahlen, für welche der Exponent $h > 1$ ist, $p^2 \leq p^h \leq n$, also $p \leq \sqrt{n}$; alle jene Primzahlen sind daher in der Reihe $1, 2, \cdots [\sqrt{n}]$ enthalten. Ersetzt man aber in der Summe (5) alle Potenzen p^{h-1} durch n und summiert dann über *alle* Zahlen der Reihe $1, 2, \cdots [\sqrt{n}]$, so wird dieselbe sicher vergrößert, d. h. es ist:

$$\frac{1}{n} \sum_{1}^{[\sqrt{n}]} \lg p^{h-1} < \frac{1}{n} \sum_{1}^{[\sqrt{n}]} \lg n \leq \frac{\sqrt{n}\,\lg n}{n},$$

und da die rechte Seite mit wachsendem n gegen Null konvergiert, so ist unsere Behauptung erwiesen. Es ergiebt sich also die wichtige Gleichung:

$$\frac{1}{n} \sum_{p \leq n} \lg p = 1,$$

und aus ihr folgt der Satz:

> Der Mittelwert für die Logarithmen aller Primzahlen in dem, Intervalle $(1, \cdots n)$ ist gleich Eins.

Hieraus folgt ohne weiteres für den Gaussischen Mittelwert:

$$\lim \sum_{\mu+1}^{\mu+\nu} \lg p = \nu, \qquad\qquad \mu = \nu = \infty, \; \frac{\nu}{\mu} = 0$$

oder der Satz:

> Die Summe der Logarithmen aller Primzahlen in einem Intervalle $(\mu + 1, \cdots \mu + \nu)$ ist näherungsweise gleich der Größe jenes Intervalles.

§ 8.

Als eine letzte Anwendung unserer allgemeinen Formeln betrachten wir die Funktion:

$$f(k) = \frac{i^{1-k} - i^{1+k}}{2},$$

wo $i = \sqrt{-1}$ ist. Hier ist offenbar zunächst:

$$f(4h + \varepsilon) = f(\varepsilon), \quad f(-k) = -f(k) \qquad (\varepsilon = 0, 1, 2, 3),$$

und da $f(0) = f(2) = 0$, $f(1) = +1$ ist, so ergiebt sich allgemein für jedes gerade k

$$f(2h) = 0,$$

für jedes ungerade k

$$f(k) = (-1)^{\frac{k-1}{2}},$$

d. h. gleich ± 1, je nachdem k von der Form $4n+1$ oder $4n+3$ ist. Für die summatorische Funktion $F(k)$ folgt leicht:

$$F(k) = 1 - 1 + 1 - \cdots - 1 = 0 \qquad {\scriptstyle (k=4h, \quad 4h+3)}$$
$$F(k) = 1 - 1 + 1 - \cdots + 1 = 1 \qquad {\scriptstyle (k=4h+1, \quad 4h+2)}.$$

In diesem Falle geben also die Zahlen:

$$h_1(n) = \sum_{d_1/n} f(d_1), \qquad h_2(n) = \sum_{d_2/n} f(d_2)$$

den Überschufs der kleineren (gröfseren) Teiler von der Form $4n+1$ über die von der Form $4n+3$ an, und die Funktionen $\dfrac{H_1(N)}{N}$ und $\dfrac{H_2(N)}{N}$ den mittleren Überschufs jener Divisoren in dem Intervalle $(1, \cdots N)$.

Wir ersetzen nun in den beiden Gleichungen:

$$H_1(N) = N \sum_1^{\nu} \frac{F(k)}{k(k+1)} + \sum_1^{\nu} F(k) + \alpha F(\nu)$$

$$H_2(N) = \sum \left(F\left(\frac{n}{k}\right) - F(k) \right) + \frac{1}{2} F(\nu)$$

$F(k)$ durch seinen Wert 0 oder 1, und wollen $H_1(N)$ und $H_2(N)$ bis auf Gröfsen der Ordnung $\sqrt{N}$ berechnen und zwar so, dafs wir den Koefficienten von $\sqrt{N}$ abschätzen. Es wird nun:

$$H_1(N) = N \left(\frac{1}{1 \cdot 2} + \frac{1}{2 \cdot 3} + \frac{1}{5 \cdot 6} + \frac{1}{6 \cdot 7} + \cdots \right) + (1 + 1 + 0 + 0 + \cdots)$$
$$+ \alpha F(\nu)$$
$$= N \left(1 - \frac{1}{3} + \frac{1}{5} - \cdots \pm \frac{1}{u} \right) + \frac{\nu}{2} + \{1\},$$

wo u die letzte ungerade Zahl $\leq \nu$ bedeutet; die zweite Summe unterscheidet sich nämlich von $\frac{1}{2} \nu$ oder auch von $\frac{1}{2} \sqrt{N}$ nur um eine Konstante, welche absolut genommen kleiner als Eins ist. Da nun die erste Summe in der Form:

$$\sum \left(1 - \frac{1}{3} + \frac{1}{5} - \cdots \mp \frac{1}{u+2} \cdots \right) - \left(\mp \frac{1}{u+2} \pm \cdots \right)$$
$$= \frac{\pi}{4} \pm \left(\frac{1}{u+2} - \frac{1}{u+4} + \cdots \right)$$

geschrieben werden kann und da die zu $\frac{\pi}{4}$ hinzutretende alternierende Summe absolut genommen kleiner als ihr Anfangsglied $\frac{1}{u+2}$, also sicher kleiner als $\frac{1}{\sqrt{N}}$ ist, so ergiebt sich für $H_1(N)$ der Ausdruck:

$$H_1(N) = \frac{\pi}{4} N + \left(\delta_1 + \frac{1}{2}\right) \sqrt{N} \qquad (-1 < \delta_1 < +1)$$

$$= N\left(\frac{\pi}{4} + \frac{\varepsilon_1}{2}\frac{1}{\sqrt{N}}\right) \qquad (-1 < \varepsilon_1 < +3).$$

Ersetzt man auch in dem Ausdrucke für $H_2(N)$ die Funktionen $F\left(\frac{n}{k}\right)$ und $F(k)$ durch ihre Werte Null oder Eins, und beachtet dabei, dafs bei der hier gewünschten Genauigkeit $F(v)$ fortgelassen, $\sum F(k)$ aber durch $\frac{1}{2}\sqrt{N}$ ersetzt werden kann, und dafs:

$$\sum_1^v F\left(\frac{n}{k}\right) = \varrho_v$$

ist, wenn ϱ_v angiebt, wie viele von den v Zahlen $\left[\frac{n}{k}\right]$ von der Form $4h + 1$ oder $4h + 2$ sind, dafs also jene Summe gleich $\delta_2 \sqrt{N}$ gesetzt werden kann, wo δ_2 einen positiven echten Bruch bedeutet, so erhält man die Gleichung:

$$H_2(N) = \left(\delta_2 - \frac{1}{2}\right)\sqrt{N} = \frac{\varepsilon_2}{2}\sqrt{N} \qquad (-1 < \varepsilon_2 < +1).$$

Endlich ergiebt sich für *alle* Divisoren:

$$H(N) = H_1(N) + H_2(N) = N\left(\frac{\pi}{4} + \frac{\varepsilon_1 + \varepsilon_2}{2}\frac{1}{\sqrt{N}}\right)$$

$$= N\frac{\pi}{4} + \varepsilon \sqrt{N}. \qquad (-1 < \varepsilon < +2)$$

Bildet man in der oft angegebenen Weise den Gaussischen mittleren Wert der Funktionen $h_1(n)$, $h_2(n)$, $h(n)$ in dem Intervalle $(n - k, \cdots n + k)$ und wählt man von vorn herein k genügend klein gegen n, so erhält man nach einer leichten Rechnung:

$$\mathfrak{M}(h_1(n)) = \frac{\pi}{4} + \varrho_1 \frac{\sqrt{n}}{k}, \quad \mathfrak{M}(h_2(n)) = \frac{1}{2}\varrho_2\frac{\sqrt{n}}{k};$$

$$\mathfrak{M}(h(n)) = \frac{\pi}{4} + \frac{3}{2}\varrho\frac{\sqrt{n}}{k}. \qquad (-1 < \varrho, \varrho_1, \varrho_2 < +1)$$

Der Überschufs der Anzahl aller Teiler von der Form $4n + 1$ über die von der Form $4n - 1$ ist also im Mittel gleich $\frac{\pi}{4}$, d. h. etwa gleich $\frac{4}{5}$. Dasselbe ist auch für den entsprechenden Überschufs bei den kleineren Divisoren der Fall, während die gröfseren Divisoren beider Kategorien nahezu gleich verteilt sind.

Siebenundzwanzigste Vorlesung.

Theorie der Potenzreste für einen zusammengesetzten und für einen Primzahl-modul. — Einteilung der Einheiten modulo p nach dem Exponenten, zu welchem sie gehören. — Die primitiven Wurzeln. — Theorie der Indices für einen Prim-zahlmodul. — Jacobis „Canon arithmeticus". — Anwendungen: Die Auflösung linearer Kongruenzen. — Beweis des Wilsonschen Satzes. — Auflösung der reinen Kongruenzen für einen Primzahlmodul.

§ 1.

Ebenso, wie man bei der sog. Auflösung der Gleichungen eine gegebene Gleichung n^{ten} Grades auf eine Kette von lauter reinen Gleichungen zurückzuführen sucht, und daher zuvörderst diese reinen Gleichungen und ihre Wurzeln genau zu studieren hat, wollen wir uns in der Theorie der Kongruenzen zuerst mit den „reinen", d. h. mit den Kongruenzen von der Form:

(1) $$x^n \equiv a \pmod{m}$$

beschäftigen. Besitzt diese Kongruenz eine Wurzel, so ist a der n^{ten} Potenz einer ganzen Zahl modulo m kongruent; wir sagen daher, *die Zahl a ist ein n^{ter} Potenzrest für m.* Die Theorie der reinen Kongruenzen und die Theorie der Potenzreste sind also nicht von einander verschieden.

Wir können die hier zu lösende Aufgabe sofort als ein Problem aus der Theorie der Modulsysteme fassen, denn offenbar besteht der Satz:

Die Kongruenz (1) besitzt dann und nur dann eine Lösung, wenn die Gröfse x so bestimmt werden kann, dafs die Äquivalenz:

(1ᵃ) $$(x^n - a, m) \sim m$$

besteht.

Die allgemeinste hier sich darbietende Aufgabe wäre die, dafs in der reinen Kongruenz (1) a eine ganze Gröfse eines beliebigen Rationalitätsbereiches $[\xi, \eta, \cdots]$ ist, während m irgend ein Modulsystem desselben Bereiches bedeutet; z. B. könnten wir a und m als ganze ganzzahlige Funktion einer Variablen ξ annehmen, und fragen, ob man x als eine ganze Funktion von ξ so wählen kann, dafs die Kongruenz (1) erfüllt wird. Hier sind indessen bis jetzt erst sehr wenig Resultate gefunden worden.

Wir wollen uns daher im Folgenden immer auf den Bereich [1] der ganzen Zahlen beschränken.

Ist der Modul $m = p^g q^h \cdots r^k$ eine beliebige zusammengesetzte Zahl, so besteht, wie wir a. S. 194 gesehen haben, die Äquivalenz:

(2) $(x^n - a, m) \sim (x^n - a, p^g)(x^n - a, q^h) \cdots (x^n - a, r^k);$

also ist die Äquivalenz (1ª) oder, was dasselbe ist, die Kongruenz (1) dann und nur nur dann erfüllt, wenn die Äquivalenzen:

(2ª) $(x^n - a, p^g) \sim p^g, \quad (x^n - a, q^h) \sim q^h, \quad \cdots \quad (x^n - a, r^k) \sim r^k$

zugleich bestehen; es gilt also der Satz:

> Eine Zahl a ist dann und nur dann n^{ter} Potenzrest für eine zusammengesetzte Zahl m, wenn sie für jede in m enthaltene Primzahlpotenz n^{ter} Potenzrest ist.

Wir brauchen daher im Folgenden nur die Kongruenzen (1) für den Fall zu untersuchen, dafs $m = p^h$ eine Primzahlpotenz ist, während der Exponent h eine beliebige ganze Zahl bedeuten kann. Wir werden später *eingehend* die drei ersten Fälle untersuchen, welche den Werten $n = 2, 3, 4$ des Exponenten von x entsprechen, d. h. wir werden die vollständige Theorie der sog. quadratischen, der kubischen und der biquadratischen Reste entwickeln.

Zunächst wollen wir einige allgemeine Sätze aus der Theorie der n^{ten} Potenzreste für den Fall beweisen, dafs der Modul eine Primzahl p ist; aus ihnen lassen sich die entsprechenden Resultate für eine beliebige Primzahlpotenz p^h leicht ableiten.

Ebenso wie für die Untersuchung der allgemeinen reinen Gleichung $x^n - a = 0$ die Kenntnis der n^{ten} Wurzeln der Einheit, d. h. der Wurzeln der speziellen Gleichung $x^n - 1 = 0$ nötig ist, mufs der Betrachtung der Kongruenz (1) die Untersuchung der Kongruenz:

(3) $x^n - 1 \equiv 0 \pmod{m}$

vorangehen. Wir gehen also zunächst zur Lösung dieser Aufgabe über, indem wir den Modul m als eine beliebige Primzahl p voraussetzen.

·Wir hatten im § 1 der dreiundzwanzigsten Vorlesung die Funktion $x^n - 1$ folgendermafsen als ein Produkt ganzer ganzzahliger Faktoren dargestellt:

(3ª) $x^n - 1 = \prod_{d/n} F_d(x);$

hier war allgemein jeder „primitive Divisor" $F_m(x)$ das Produkt aller

Primteiler von $x^m - 1$, welche nicht zugleich in einer derjenigen Funktionen $x^\mu - 1$ enthalten sind, deren Exponent μ ein Teiler von m ist. Der primitive Divisor $F_m(x)$ ist vom Grade $\varphi(m)$ und kann folgendermaßen dargestellt werden:

$$F_m(x) = \prod_{\delta\delta' = m} (x^{\delta'} - 1)^{\varepsilon_\delta}$$

Es sei jetzt zunächst $n = p - 1$; die zu untersuchende Kongruenz:

(4) $$x^{p-1} \equiv 1 \pmod p$$

besitzt dann die $p - 1$ inkongruenten Wurzeln $x = 1, 2, \cdots p - 1$, d. h. so viele als ihr Grad angiebt. Hieraus und aus der Gleichung (3ª) ergeben sich also die beiden folgenden Zerlegungen modulo p von $x^{p-1} - 1$:

(4ª) $$x^{p-1} - 1 = \prod_{d/(p-1)} F_d(x) \equiv \prod_{k=1}^{p-1} (x - k) \pmod p.$$

Ersetzt man hier die Variable x durch irgend eine Einheit k modulo p, so erkennt man, daß jede der $(p - 1)$ Zahlen $k = 1, 2, \cdots p - 1$ einer und, wie man sieht, auch nur einer der $\varphi(d)$ Kongruenzen

$$F_d(x) \equiv 0 \pmod p$$

genügt, da ja, wenn auch nur zwei von jenen primitiven Funktionen $F_d(x)$ und $F_{d'}(x)$ modulo p betrachtet, denselben Linearfaktor $x - k$ besäßen, die Funktion $x^{p-1} - 1$ modulo p den Faktor $(x - k)^2$ enthalten müßte, was mit der Kongruenz (4ª) in Widerspruch stehen würde. Ebenso erkennt man, daß keine jener Funktionen $F_d(x)$ einen Linearfaktor modulo p mehr als einmal enthalten kann. Jede der $\varphi(p - 1)$ Kongruenzen $F_d(x) \equiv 0 \pmod p$ besitzt also ebenfalls genau so viele modulo p inkongruente Wurzeln, als ihr Grad $\varphi(d)$ angiebt.

Wir können und wollen hiernach die $p - 1$ inkongruenten Einheiten für den Modul p, d. h. die Zahlen $1, 2, \cdots p - 1$ in Gruppen (G_d) ordnen, indem wir in eine Gruppe alle diejenigen Einheiten:

$$k_d', \quad k_d'', \quad k_d''', \cdots$$

zusammenfassen, welche die Kongruenz:

$$F_d(x) \equiv 0 \pmod p$$

befriedigen. Die Anzahl der Einheiten der zu $F_d(x)$ gehörigen Gruppe G_d ist dann genau gleich $\varphi(d)$, und für ein variables x besteht die Kongruenz:

(5) $$F_d(x) \equiv \prod_{s=1}^{\varphi(d)} \left(x - k_d^{(s)}\right)$$

Zwei primitive Funktionen $F_d(x)$ und $F_\delta(x)$ sind auch modulo p betrachtet teilerfremd, da sie keine einzige Kongruenzwurzel gemeinsam haben, d. h. es besteht der Satz:

> Zwei primitive Funktionen $F_d(x)$ und $F_\delta(x)$, deren Indices d und δ Teiler von $p-1$ sind, haben dann und nur dann einen gemeinsamen Teiler modulo p, wenn sie identisch sind, wenn also $d = \delta$ ist.

Wir wollen nun die Eigenschaften untersuchen, welche den $\varphi(d)$ Einheiten $k_d^{(s)}$ einer und derselben Gruppe G_d gemeinsam sind. Da $F_d(x)$ ein Teiler von $(x^d - 1)$ ist, so genügt jede der $\varphi(d)$ Zahlen k_d auch der Kongruenz:

$$k_d^d \equiv 1 \quad (\mathrm{mod}\, p).$$

Wir zeigen aber jetzt weiter, dafs dies die niedrigste Potenz von k_d ist, welche durch p geteilt den Rest Eins läfst. Zu diesem Zwecke leite ich gleich den allgemeineren Satz ab, welcher den hier zu beweisenden offenbar als speziellen Fall enthält:

> Eine Zahl k_d genügt dann und nur dann der Kongruenz:

$$k_d^m \equiv 1 \quad (\mathrm{mod}\, p),$$

> wenn m ein Multiplum von d ist.

In der That, genügt k_d den beiden Kongruenzen:

$$k_d^d \equiv 1, \quad k_d^m \equiv 1 \quad (\mathrm{mod}\, p),$$

so genügt dieselbe Zahl der anderen:

$$k_d^{\alpha d + \beta m} \equiv 1 \quad (\mathrm{mod}\, p),$$

wo α und β beliebige positive oder auch negative ganze Zahlen bedeuten können. Wählt man nun α und β so, dafs:

$$\alpha d + \beta m = t = (d, m)$$

ist, so genügt k_d auch der Kongruenz:

$$x^t - 1 \equiv 0 \quad (\mathrm{mod}\, p).$$

Ersetzt man aber in der Identität:

$$x^t - 1 = \prod_{\delta / t} F_\delta(x)$$

x durch k_d, so erkennt man, dafs eine der $\varphi(t)$ Zahlen $F_\delta(k_d)$ durch p teilbar sein mufs, dafs also die beiden primitiven Funktionen $F_d(x)$ und $F_\delta(x)$ modulo p betrachtet einen gemeinsamen Teiler $x - k_d$ besitzen. Da aber δ ein Teiler von $t = (d, m)$, also in d enthalten ist, und da d ein Divisor von $p-1$ ist, so ist δ ebenfalls einer der Teiler von $p-1$. Es müssen also die beiden Funktionen $F_d(x)$ und $F_\delta(x)$ eine gemeinsame Wurzel modulo p haben, und dies ist, da d und δ beide Teiler von $(p-1)$ sind, nach dem soeben bewiesenen Satze nur dann möglich, wenn $\delta = d$, d. h. wenn $t = (d, m) = d$, wenn also m ein Multiplum von d ist, w. z. b. w.

Eine Zahl k, für welche $k^d \equiv 1$ ist, während keine niedrigere Potenz von k durch p geteilt den Rest Eins läfst, soll nach Gauss als *zum Exponenten d modulo p gehörig* bezeichnet werden. Jede Einheit modulo p gehört also zu einem und nur einem Exponenten modulo p. Dann lehren unsere bis jetzt gefundenen Sätze, dafs die $\varphi(d)$ Zahlen $(k_d' k_d'' k_d''' \cdots)$ sämtlich zum Exponenten d gehören, und da sich jede Einheit modulo p in einer einzigen Gruppe G_d befindet, so ergiebt sich jetzt der folgende wichtige Satz, der uns eine vollständige Einteilung der Einheiten modulo p nach ihrem Exponenten liefert:

Jede nicht durch p teilbare Zahl k gehört modulo p zu einem Exponenten d, welcher stets ein Teiler von $(p-1)$ ist. Zu jedem Divisor d von $p-1$ gehören genau $\varphi(d)$ modulo p inkongruente Einheiten $(k_d', k_d'', \cdots)$, und diese sind die sämtlichen Wurzeln der Kongruenz des $\varphi(d)^{\text{ten}}$ Grades:

$$F_d(x) \equiv \prod_{s=1}^{\varphi(d)} \left(x - k_d^{(s)}\right) \equiv 0 \quad (\text{mod } p),$$

wenn $F_d(x)$ der zum Divisor d von $p-1$ gehörige primitive Faktor ist.

Es sei z. B. $p = 7$, $p-1 = 6$, dann ist

$$x^6 - 1 = F_6(x)\, F_3(x)\, F_2(x)\, F_1(x);$$

nun war (vgl. S. 286):

$$\left.\begin{aligned}
F_6(x) &= x^2 - x + 1 \equiv (x - 3)(x - 5)\\
F_3(x) &= x^2 + x + 1 \equiv (x - 2)(x - 4)\\
F_2(x) &= \quad\ \ x + 1 \equiv (x - 6)\\
F_1(x) &= \quad\ \ x - 1 \equiv (x - 1)
\end{aligned}\right\} \quad (\text{mod } 7),$$

also gehören 3 und 5 zum Exponenten 6, 2 und 4 zum Exponenten 3, während 6 und 1 bezw. zu den Exponenten 2 und 1 gehören. In der That gehört z. B. 3 wirklich zum Exponenten 6, denn die Potenzen

$$3,\ 3^2,\ 3^3,\ 3^4,\ 3^5,\ 3^6$$

sind modulo 7 betrachtet bezw. kongruent:

$$3,\ 2,\ 6,\ 4,\ 5,\ 1,$$

d. h. 3^6 ist die niedrigste Potenz von 3, welche durch 7 geteilt den Rest Eins läfst.

Ist d irgend ein Teiler von $(p-1)$, so folgt aus der Gleichung:

$$(6) \qquad\qquad x^d - 1 = \prod_{\delta/d} F_\delta(x),$$

dafs die Kongruenz

$$x^d - 1 \equiv 0 \quad (\mathrm{mod}\ p)$$

so viele inkongruente Wurzeln besitzt, als die $\varphi(d)$ Kongruenzen:

$$F_\delta(x) \equiv 0 \quad (\mathrm{mod}\ p)$$

zusammengenommen. Da aber jede der letzteren $\varphi(\delta)$ Wurzeln besitzt, und keine zwei von ihnen eine gemeinsame Lösung haben, so hat die Kongruenz (6) $\sum\limits_{\delta/d}\varphi(\delta) = d$ Wurzeln. Wir haben also den Satz:

> Die Kongruenz $x^d - 1 \equiv 0$ (mod p) hat genau so viele inkongruente Wurzeln als ihr Grad angiebt, sobald d ein Teiler von $p-1$ ist.

Es sei jetzt k_d irgend eine zum Exponenten d gehörige Zahl; dann genügt sie der Kongruenz:

$$(7) \qquad\qquad x^d - 1 \equiv 0 \quad (\mathrm{mod}\ p).$$

Daraus folgt, dafs auch die d Zahlen

$$(8) \qquad\qquad 1,\ k_d,\ k_d^2,\ \cdots k_d^{d-1}$$

ebenfalls Wurzeln derselben Kongruenz sind, denn es ist ja:

$$\left(k_d^r\right)^d \equiv \left(k_d^d\right)^r \equiv 1 \quad (\mathrm{mod}\ p).$$

Ferner sind die d Zahlen dieser Reihe sämtlich modulo p verschieden, denn wäre z. B.:

$$k_d^r \equiv k_d^s \quad (\mathrm{mod}\ p), \qquad\qquad \left(r < s;\ 0 \leqq {}^r_s \leqq d-1\right),$$

so müfste ja:

$$k_d^{r-s} \equiv 1 \quad (\mathrm{mod}\ p)$$

sein, d. h. k_d gehörte entgegen unserer Annahme nicht zum Exponenten d, weil schon eine niedrigere als die d^{te}, nämlich die $(r-s)^{\mathrm{te}}$ Potenz dieser Einheit kongruent Eins wäre. Also sind die d Zahlen der Reihe (8) die sämtlichen Wurzeln der Kongruenz (7), d. h. es besteht für ein variables x die Zerlegung:

$$x^d - 1 \equiv \prod_{h=0}^{d-1} \left(x - k_d^h\right) \quad (\mathrm{mod}\ p),$$

wenn k_d irgend eine bestimmte unter den $\varphi(d)$ zum Exponenten d gehörigen Zahlen bedeutet.

Aus diesem Resultate ziehen wir gleich eine wichtige Folgerung: Aus den beiden Zerlegungen der Funktion $x^d - 1$ modulo p

$$x^d - 1 = \prod_{\delta/d} F_\delta(x) \equiv \prod_{h=0}^{d-1} \left(x - k_d^h\right) \pmod{p}$$

folgt, daß die $\varphi(\delta)$ Kongruenzwurzeln einer bestimmten primitiven Funktion $F_\delta(x)$, deren Index δ ein Teiler von d ist, gewisse unter den d Potenzen der Reihe (8) sein müssen.

Es sei nun k_d^h irgend eine dieser Potenzen; dann kann man leicht den Exponenten finden, zu welchem sie modulo p gehört. In der That sei δ_0 der größte gemeinsame Teiler von h und d, so daß:

$$h = \delta_0 h_0, \quad d = \delta_0 d_0, \quad (h_0, d_0) = 1$$

ist. Bildet man dann die Potenzen:

$$k_d^h, \quad \left(k_d^h\right)^2, \quad \cdots,$$

so ist eine Zahl $\left(k_d^h\right)^r$ dieser Reihe dann und nur dann kongruent Eins modulo p, wenn der Exponent $hr = h_0 \delta_0 r$ durch $d = \delta_0 d_0$, wenn also $h_0 r$ durch d_0 teilbar ist. Da aber $(h_0, d_0) = 1$ ist, so muß notwendig r ein Multiplum von d_0 sein, d. h. k_d^h gehört zum Exponenten

$$d_0 = \frac{d}{(h, d)}.$$

Speziell gehören die $\varphi(d)$ Potenzen

$$k_d^h \qquad (h, d) = 1,$$

deren Exponenten h zu d teilerfremd sind, zum Exponenten d selbst, d. h. es gilt der Satz:

Ist d irgend ein Teiler von $p-1$, k_d irgend eine zum Exponenten d gehörige ganze Zahl, so sind alle zu d gehörigen Zahlen $(k_d' k_d'' \cdots)$ als Potenzen von irgend einer unter ihnen darstellbar. Alle diese und nur sie sind nämlich in der Reihe

$$k_d^h \qquad (h, d) = 1$$

enthalten, wenn der Exponent h alle $\varphi(d)$ zu d teilerfremden Zahlen durchläuft; est ist also:

$$F_d(x) \equiv \prod_h \left(x - k_d^h\right) \pmod{p} \qquad (h, d) = 1.$$

§ 2.

Unter den Gruppen $G_d = (k_d{}', k_d{}'', \cdots)$ der zu demselben Exponenten gehörigen Einheiten modulo p ist diejenige besonders wichtig, für welche der Teiler d von $p - 1$ seinen gröfsten Wert hat, also gleich $(p - 1)$ selbst ist. Wenden wir die allgemeinen Resultate des letzten Abschnittes auf diesen Fall an, so ergeben sich die folgenden Sätze:

Unter den Einheiten modulo p giebt es genau $\varphi(p - 1)$, welche zu dem Exponenten $p - 1$ gehören, für welche also keine niedrigere als die $(p - 1)^{\text{te}}$ Potenz der Einheit kongruent ist. Diese Einheiten werden nach *Gauss primitive Wurzeln von p* genannt. Ist g eine dieser primitiven Wurzeln, so sind alle anderen in der Reihe der Potenzen

$$g^h \qquad\qquad (h,\, p-1)=1$$

enthalten.

Bilden wir die $p - 1$ ersten Potenzen von g

$$(1) \qquad\qquad 1,\ g,\ g^2,\ \cdots g^{p-2},$$

so sind diese sämtlich inkongruente Einheiten modulo p, während g^{p-1}, g^p, $\cdots$ wieder kongruent 1, g, $\cdots$ sind, so dafs allgemein

$$(2) \qquad\qquad g^{\lambda+(p-1)} \equiv g^\lambda \quad (\text{mod } p)$$

ist. Da es überhaupt nur $p - 1$ inkongruente durch p nicht teilbare Zahlen giebt, so folgt, dafs die Zahlen (1), abgesehen von ihrer Reihenfolge, den Zahlen 1, 2, $\cdots p - 1$ modulo p kongruent sind. Es ergiebt sich also der Satz:

Jede durch p nicht teilbare Zahl γ ist modulo p einer Potenz g^h der primitiven Wurzel kongruent. Dieser Exponent h von g wird nach Gauss *der Index von γ* genannt und durch Ind γ bezeichnet, so dafs also diese arithmetische Funktion durch die Kongruenz:

$$g^{\text{Ind}\,\gamma} \equiv \gamma \quad (\text{mod } p)$$

definiert ist.

Wegen der Kongruenz (2) ist der Index von γ nur modulo $p - 1$ bebestimmt, denn die Kongruenz:

$$(3) \qquad\qquad g^\alpha \equiv g^{\alpha'}$$

ist dann und nur dann erfüllt, wenn

$$(3^{\text{a}}) \qquad\qquad \alpha \equiv \alpha' \quad (\text{mod } p - 1)$$

ist.

Durch die Einführung dieser arithmetischen Funktionen erhalten wir nun das Mittel, alle durch p nicht teilbaren Zahlen modulo p betrachtet als Potenzen einer und derselben Grundzahl g darzustellen, genau ebenso, wie man mit Hülfe der Logarithmen jede beliebige Zahl als Potenz der Basis des betreffenden Logarithmensystemes darzustellen imstande ist. Natürlich gelten daher für das Rechnen mit den arithmetischen Funktionen Ind γ wörtlich dieselben Regeln, wie für die Logarithmen, nur daſs an die Stelle der Gleichheit die Kongruenz für den Modul $(p - 1)$ tritt.

Der Index eines Produktes ist der Summe der Indices seiner Faktoren modulo $p - 1$ kongruent, d. h. es ist:

(4) $$\operatorname{Ind}(\gamma_1 \gamma_2) \equiv \operatorname{Ind}\gamma_1 + \operatorname{Ind}\gamma_2 \quad (\operatorname{mod}\,(p - 1)).$$

Sind nämlich γ_1 und γ_2 zwei beliebige Einheiten modulo p und ist:

$$\gamma_1 \equiv g^{\operatorname{Ind}\gamma_1}, \quad \gamma_2 \equiv g^{\operatorname{Ind}\gamma_2},$$

so ergiebt sich durch Multiplikation:

$$\gamma_1 \gamma_2 \equiv g^{\operatorname{Ind}\gamma_1 + \operatorname{Ind}\gamma_2} \quad (\operatorname{mod}\,p),$$

und da andererseits nach der Definition der Index

$$\gamma_1 \gamma_2 \equiv g^{\operatorname{Ind}(\gamma_1 \gamma_2)} \quad (\operatorname{mod}\,p)$$

ist, so ergiebt sich:

$$g^{\operatorname{Ind}(\gamma_1 \gamma_2)} \equiv g^{\operatorname{Ind}\gamma_1 + \operatorname{Ind}\gamma_2}$$

und wegen (3) und (3ª) folgt hieraus die zu beweisende Kongruenz (4).

Ganz ebenso wie in der Theorie der Logarithmen ergeben sich aus diesem Satze die Folgerungen:

(4ª) $$\operatorname{Ind}\frac{\gamma_1}{\gamma_2} \equiv \operatorname{Ind}\gamma_1 - \operatorname{Ind}\gamma_2 \quad (\operatorname{mod}\,(p - 1))$$

(4ᵇ) $$\operatorname{Ind}(\gamma^n) \equiv n \operatorname{Ind}\gamma \quad (\operatorname{mod}\,(p - 1)).$$

Wählt man für jede Primzahl p eine primitive Wurzel g als Basis eines Indexsystemes und stellt dann alle Zahlen $1, 2, \cdots p - 1$ modulo p als Potenzen von g dar, so erhält man Tafeln, welche bei allen Untersuchungen modulo p die Rechnung in genau derselben Weise vereinfachen, wie die Logarithmentafeln die gewöhnlichen Rechnungen. Von diesem Gedanken ausgehend hat *Jacobi* derartige Tafeln für alle Primzahlen bis 1000 berechnen lassen, und sie in einem Werke vereinigt, dem er den Titel „Canon arithmeticus" gegeben hat. Welche unter den $\varphi(p - 1)$ primitiven Wurzeln modulo p man jedesmal als Grundzahl g des betreffenden Indexsystemes wählt, ist für die Rechnung offenbar ganz ebenso gleichgültig, wie es bei den Logarithmentafeln die Basis des Logarithmensystemes ist. Im Canon arithmeticus wurde jedesmal, wenn die Zahl 10 eine primitive Wurzel modulo p war, diese für g genommen, da sich hierdurch die Berechnung der betreffenden Tabelle wesentlich vereinfachte.

Um eine Übersicht über die Einrichtung dieser wichtigen Tabellen zu geben, schreiben wir für den Modul $p = 19$ und die primitive Wurzel $g = 10$ die Tafel auf:

Numeri											Indices										
Ind	0	1	2	3	4	5	6	7	8	9	**Num**	0	1	2	3	4	5	6	7	8	9
		10	5	12	6	3	11	15	17	18			18	17	5	16	2	4	12	15	10
1	9	14	7	13	16	8	4	2	1		1	1	6	3	13	11	7	14	8	9	

Die erste Tabelle liefert zu einem gegebenen Index α die zugehörige Zahl γ, d. h. den Numerus Indicis α, die zweite umgekehrt zu einer gegebenen Zahl γ ihren Index α. Die zehn Stellen in einer Zeile entsprechen den Einern der vorgelegten Zahl, die Horizontalreihen den Zehnern derselben. So ergiebt sich z. B. aus der zweiten Tabelle:

$$\text{Ind } 11 = 6 \quad \text{und es ist wirklich} \quad 10^{11} \equiv 6 \quad (\text{mod } 19)$$
$$\text{Ind } 18 = 9 \quad \text{ } \text{ } \text{ } \text{ } \text{ } \text{ } \text{ } \text{ } \text{ } \text{ } \text{ } \text{ } \quad 10^{9} \equiv 18 \quad (\text{mod } 19).$$

Ferner folgt z. B. aus der ersten Tabelle:

$$\text{Num. Ind } 7 = 15, \quad \text{Num. Ind } 9 = 18,$$

und es ist in der That:

$$10^{7} \equiv 15, \quad 10^{9} \equiv 18 \quad (\text{mod } 19).$$

Ich möchte noch hervorheben, dafs für jedes zu einer beliebigen ungeraden Primzahl p gehörige Indexsystem

$$(5) \qquad\qquad \text{Ind } (p - 1) = \frac{p-1}{2}$$

ist. Da nämlich für jede primitive Wurzel:

$$g^{p-1} - 1 \equiv \left(g^{\frac{p-1}{2}} - 1\right)\left(g^{\frac{p-1}{2}} + 1\right) \equiv 0 \quad (\text{mod } p)$$

ist, so mufs entweder der erste oder der zweite Faktor rechts p enthalten. Da aber g n. d. V. zum Exponenten $p - 1$ gehört, so kann nicht $g^{\frac{p-1}{2}} \equiv 1 \ (\text{mod } p)$ sein; also ist notwendig:

$$(5^{\text{a}}) \qquad\qquad g^{\frac{p-1}{2}} \equiv -1 \equiv p - 1 \quad (\text{mod } p),$$

und hieraus folgt die Richtigkeit der obigen Gleichung (5).

Mit Hülfe der Indextafeln kann man eine beliebige lineare Kongruenz:

$$ax \equiv b \quad (\text{mod } p)$$

für einen Primzahlmodul p leicht auflösen. Geht man nämlich auf beiden Seiten zu den Indices über, so folgt aus (4) die Kongruenz:

$$\operatorname{Ind} a + \operatorname{Ind} x \equiv \operatorname{Ind} b \quad (\bmod\ (p-1))$$
$$\operatorname{Ind} x \equiv \operatorname{Ind} b - \operatorname{Ind} a \quad (\bmod\ (p-1)),$$

und durch den Übergang zu den Numeris ergiebt sich der gesuchte Wert von x.

Ist z. B. die Kongruenz:

$$7x \equiv 17 \quad (\bmod\ 19)$$

gegeben, so folgt aus der zweiten Tabelle:

$$\operatorname{Ind} x \equiv \operatorname{Ind} 17 - \operatorname{Ind} 7$$
$$\equiv 8 - 12 \equiv 14 \quad (\bmod\ 18),$$

also ist $x = \operatorname{Num} \operatorname{Ind} 14 = 16$, und in der That ist:

$$7 \cdot 16 \equiv 17 \quad (\bmod\ 19).$$

Die Darstellung der Zahlen durch die Potenzen einer primitiven Wurzel wollen wir zu einem sehr einfachen Beweise des Wilsonschen Satzes benutzen. Es ist nämlich offenbar:

$$1 \cdot 2 \cdot 3 \cdots p - 1 \equiv g^{1+2+\cdots+p-2} \equiv g^{\frac{p(p-1)}{2}} \equiv \left(g^{\frac{p-1}{2}}\right)^{p} \quad (\bmod\ p),$$

oder da nach (5ª) $g^{\frac{p-1}{2}} \equiv -1$ und p eine ungerade Zahl ist, so ergiebt sich:

$$\prod_{1}^{p-1} k \equiv (-1)^{p} \equiv -1 \quad (\bmod\ p),$$

wie schon früher (S. 102) auf anderem Wege bewiesen wurde.

Die modulo p inkongruenten Einheiten, oder, was dasselbe ist, die $p-1$ Potenzen:

$$1,\ g,\ g^{2},\ \cdots g^{p-2}$$

hatten wir in Gruppen

$$G_{d_0} = (k_{d_0}',\ k_{d_0}'',\ \cdots)$$

eingeteilt nach dem Exponenten d_0, zu welchem sie modulo p gehören. Auf Grund des oben S. 381 abgeleiteten allgemeinen Resultates können wir jetzt leicht alle Einheiten $\gamma \equiv g^{h}$ finden, welche zu einem gegebenen Divisor d_0 von $p-1$ als Exponenten gehören. Ersetzen wir nämlich den dort beliebig gewählten Divisor d von $p-1$ durch $p-1$ selbst, so muſs:

$$d_0 = \frac{p-1}{(h, p-1)}$$

sein. Ist also $p - 1 = d_0 d_0'$, also d_0' der zu d_0 komplementäre Teiler von $p - 1$, so muß:

$$(h, p - 1) = d_0',$$

oder also $h = r d_0'$ sein, wobei $(r, d_0) = 1$ ist. So ergiebt sich also der allgemeine Satz:

> Von den $p - 1$ inkongruenten Einheiten γ gehören alle und nur die zu einem gegebenen Teiler d_0 von $p - 1$ als Exponenten, deren Index mit $p - 1$ den größten gemeinsamen Teiler $d_0' = \dfrac{p-1}{d_0}$ hat; sie sind also in der Form:
>
> $$g^{r \frac{p-1}{d_0}} \qquad (r, d = 1)$$
>
> enthalten; ihre Anzahl ist daher gleich $\varphi(d_0)$, und für die zugehörige primitive Funktion $F_{d_0}'(x)$ besteht für ein variables x die Zerlegung:
>
> $$F_{d_0}(x) \equiv \prod_{(p, d_0) = 1} \left(x - g^{r \frac{p-1}{d_0}} \right).$$

So folgt z. B. aus der zweiten Tabelle a. S. 384, daß die $6 = \varphi(9)$ folgenden Zahlen:

$$4, \quad 5, \quad 6, \quad 9, \quad 16, \quad 17$$

modulo 19 zum Exponenten 9 gehören, denn ihre Indices

$$16, \quad 2, \quad 4, \quad 10, \quad 14, \quad 8$$

sind die einzigen, welche mit 18 den größten gemeinsamen Teiler $2 = \dfrac{18}{9}$ haben.

Wir benutzen endlich die Theorie der primitiven Wurzeln zur Untersuchung der allgemeinen reinen Kongruenzen:

$$(6) \qquad\qquad x^n \equiv \gamma \pmod{p}$$

für einen beliebigen Primzahlmodul. Gehen wir in dieser Kongruenz zu den Indices über, so erhalten wir für $\xi = \operatorname{Ind} x$ die lineare Kongruenz:

$$(6^a) \qquad\qquad n \xi \equiv \operatorname{Ind} \gamma \pmod{(p - 1)}.$$

Nach dem a. S. 106 bewiesenen Hauptsatze besitzt aber eine lineare Kongruenz dann und nur dann eine ganzzahlige Lösung, wenn die rechte Seite, also $\operatorname{Ind} \gamma$, durch den größten gemeinsamen Teiler

$$d = (n, p - 1)$$

des Koefficienten von ξ und des Moduls teilbar ist. Ist das der Fall, und ist:

$$n = n_0 d, \quad p - 1 = d_0 d,$$

so geht die Kongruenz (6ᵃ) über in:

(6ᵇ) $$n_0 \xi \equiv \frac{\text{Ind } \gamma}{d} \quad (\text{mod } d_0),$$

aus welcher sich ξ, da $(n_0, d_0) \sim 1$ ist, modulo d_0 eindeutig bestimmt; ist dann ξ_0 der so sich ergebende Wert, so erhält man für ξ die d folgenden modulo $p - 1$ inkongruenten Werte:

$$\xi_0, \quad \xi_0 + d_0, \quad \xi_0 + 2d_0, \quad \cdots \xi_0 + (d - 1)d_0,$$

welche sämtlich der Kongruenz (6ᵃ), also auch der Bedingung (6) genügen, und da zu jedem dieser Werte von $\xi = \text{Ind } x$ ein einziger Wert von x gehört, so ergiebt sich der folgende Satz:

Eine Zahl γ ist dann und nur dann n^{ter} Potenzrest zu p, wenn ihr Index durch den gröfsten gemeinsamen Teiler d von n und $p - 1$ teibar ist. Ist dies Fall, so besitzt die Kongruenz:

$$x^n - \gamma \equiv 0 \quad (\text{mod } p)$$

genau $d = (n, p - 1)$ inkongruente Wurzeln.

Ist speziell $n = d$ selbst ein Divisor von $p - 1$, so ergiebt sich als Corollar:

Eine Zahl γ ist dann und nur dann d^{ter} Potenzrest zu p, wenn ihr Index ein Multiplum von d ist; ist das der Fall, so besitzt die Kongruenz:

$$x^d - \gamma \equiv 0 \quad (\text{mod } p)$$

genau so viele inkongruente Wurzeln als ihr Grad angiebt.

Wir können dieses letzte Kriterium auch in einer von der Theorie der Indices unabhängigen Form aussprechen. Ist nämlich:

$$\text{Ind } \gamma = d\varrho$$

durch d teilbar, also $\gamma \equiv g^{d\varrho}$, und ist d' der zu d komplementäre Teiler von $p - 1$, so ist:

$$\gamma^{d'} \equiv g^{d d' \varrho} \equiv (g^{p-1})^\varrho \equiv 1 \quad (\text{mod } p)$$

und ist umgekehrt:

$$\gamma^{d'} \equiv g^{(\text{Ind } \gamma) d'} \equiv 1 \quad (\text{mod } p),$$

so ist $\text{Ind } \gamma$ durch d teilbar, also γ d^{ter} Potenzrest zu p. Es gilt also der Satz:

Eine Zahl γ ist dann und nur dann d^{ter} Potenzrest zu p, wenn

$$\gamma^{\frac{p-1}{d}} \equiv 1 \quad (\text{mod } p)$$

ist.

25*

Auch die allgemeinere Frage, ob eine Zahl n^{ter} Potenzrest von p ist, ist natürlich ganz unabhängig davon, welche primitive Wurzel g von p bei dem Indexsystem zu Grunde gelegt wird; also muſs auch das vorher gefundene allgemeine Kriterium ebenfalls von der Wahl von g unabhängig sein. In der That, ersetzt man g durch die primitive Wurzel g_0, so wird $g \equiv g_0^r$, wo $(r, p-1) = 1$ ist, also wird:

$$\gamma \equiv g^{\text{Ind}\,\gamma} \equiv g_0^{r\,\text{Ind}\,\gamma},$$

d. h. der Index von γ für g_0 geht aus dem für g durch Multiplikation mit der zu $p-1$ teilerfremden Zahl r hervor, der gröſste gemeinsame Teiler von Ind γ und $p-1$ ist also unabhängig davon, welche primitive Wurzel von p als Basis des Indexsystemes zu Grunde gelegt wird. Man kann auch den folgenden allgemeineren Satz aussprechen, dessen einfacher Beweis dem Leser überlassen bleibe:

Eine Zahl γ ist dann und nur dann n^{ter} Potenzrest zu p, wenn sie der Bedingung:

$$\gamma^{\frac{p-1}{d}} \equiv 1$$

genügt, wo $d = (n, p-1)$ ist; ist dies der Fall, so besitzt die Korgruenz $x^n - \gamma \equiv 0 \pmod{p}$ genau d inkongruente Wurzeln.

Achtundzwanzigste Vorlesung.

Die höheren Kongruenzen für einen Primzahlmodul. — Die Bedingung für die Existenz einer Kongruenzwurzel. — Erste Herleitung der Bedingungen für die Existenz von s inkongruenten Wurzeln einer Kongruenz. — Die Systeme oder Matrizen. — Der Rang der Systeme. — Zweite Herleitung der Bedingungen für die Existenz von s inkongruenten Wurzeln einer Kongruenz. — Die recurrierenden Reihen. — Ihre Ordnung. — Die Ordnung von ganzzahligen recurrierenden Reihen für einen Primzahlmodul. — Der Grad des gröfsten gemeinsamen Teilers zweier ganzzahliger Funktionen für einen Primzahlmodul.

§ 1.

Ehe wir die in der vorigen Vorlesung gefundenen Resultate auf zusammengesetzte Moduln ausdehnen, wollen wir für Primzahlmoduln die allgemeine Frage lösen, unter welchen Bedingungen eine nicht reine Kongruenz:

$$(1) \qquad f(x) = c_0 + c_1 x + \cdots + c_n x^n \equiv 0 \quad (\mathrm{mod}\ p)$$

ganzzahlige Lösungen besitzt und wie grofs die Anzahl ihrer inkongruenten Wurzeln ist.

Wie bereits früher erwähnt wurde, kann diese Frage stets durch Probieren entschieden werden, da man ja nur die p Zahlen $f(0), f(1), \cdots f(p-1)$ auf ihre Teilbarkeit durch p zu untersuchen braucht. In neuerer Zeit hat aber Herr Rados*) unter Benutzung einfacher Determinantensätze eine sehr elegante Bestimmung jener Anzahl gegeben, welche wir an dieser Stelle auf einem anderen Wege beweisen und dann verallgemeinern wollen.

Zunächst können wir von der Wurzel $x \equiv 0$ (mod p) absehen, weil sie dann und nur dann auftritt, wenn c_0 durch p teilbar ist. Wir fragen also nur nach den Einheiten ξ modulo p, welche die Kongruenz (1) befriedigen. Da ferner für jede solche Einheit $\xi^{p-1} \equiv 1$ (mod p) ist, so können wir in (1) jeden Exponenten von x durch seinen kleinsten Rest modulo $p-1$ ersetzen und daher die Funktion $f(x)$ von vornherein höchstens vom $(p-2)^{\text{ten}}$ Grade voraussetzen; wir stellen uns also zunächst die Frage:

---

*) Journal für Mathematik Bd. 99 S. 258—260.

Unter welcher Bedingung besitzt die Kongruenz:

(1ª) $f(x) = c_0 + c_1 x + c_2 x^2 + \cdots + c_{p-2} x^{p-2} \equiv 0 \quad (\text{mod } p)$

eine ganzzahlige, durch p nicht teilbare Wurzel?

Zur Vereinfachung der nachfolgenden Untersuchungen wollen wir fest-setzen, dafs eine Zahl c_i, deren Index gröfser als $p-2$ oder negativ ist, gleich demjenigen unter den Koefficienten $c_0, c_1, \cdots c_{p-2}$ von $f(x)$ sein soll, dessen Index kongruent i modulo $p-1$ ist, so dafs also für die Koefficienten die allgemeine Gleichung:

(2) $c_{i+(p-1)} = c_i$

besteht, mag i positiv oder negativ sein.

Es sei nun ξ eine Wurzel der Kongruenz (1ª), d. h. es sei:

(3) $f(\xi) = \sum_{k=0}^{p-2} c_k \xi^k \equiv 0 \quad (\text{mod } p).$

Nach der Definitionsgleichung (2) und wegen der für jede Einheit ξ bestehenden analogen Kongruenz:

$$\xi^{i+(p-1)} \equiv \xi^i \quad (\text{mod } p)$$

Kann aber die Kongruenz (2) auch folgendermafsen geschrieben werden:

$$f(\xi) \equiv \sum_{k=0}^{p-1} c_{i+k} \xi^{i+k} \equiv \xi^i \sum_{k=0}^{p-2} c_{i+k} \xi^k \equiv 0 \quad (\text{mod } p),$$

und zwar für jeden ganzzahligen Wert von i; und da ξ^i p nicht enthält, so ergeben sich aus (3) die $p-1$ folgenden Kongruenzen:

(4) $\sum_{k=0}^{p-2} c_{i+k} \xi^k \equiv 0$ $(i=0,1,\cdots p-2)$

oder ausgeschrieben:

$$(4^a) \quad \left. \begin{array}{l} c_0 \ + c_1 \xi + c_2 \xi^2 + \cdots + c_{p-2} \xi^{p-2} \equiv 0 \\ c_1 \ + c_2 \xi + c_3 \xi^2 + \cdots + c_0 \ \ \xi^{p-2} \equiv 0 \\ \vdots \\ c_{p-2} + c_0 \xi + c_1 \xi^2 + \cdots + c_{p-3} \xi^{p-2} \equiv 0 \end{array} \right\} \quad (\text{mod } p);$$

eine Einheit ξ genügt also dann und nur dann der Kongruenz (3), wenn sie die $p-1$ Kongruenzen (4) befriedigt.

Wir betrachten nun neben den Kongruenzen (4) vom $(p-2)^{\text{ten}}$ Grade das folgende System von $p-1$ linearen homogenen Kongruenzen mit den $p-1$ neuen Unbekannten $\xi_0, \xi_1, \cdots \xi_{p-2}$:

(5) $\sum_{k=0}^{p-2} c_{i+k} \xi_k \equiv 0 \quad (\text{mod } p),$ $(i=0,1,\cdots p-2)$

welches aus (4) dadurch hervorgeht, dafs die Potenzen ξ^k durch die

Unbekannten ξ_k ersetzt werden. Dann besitzen die $(p-1)$ Kongruenzen $(p-2)^{\text{ten}}$ Grades (4) dann und nur dann eine Lösung, wenn die linearen Kongruenzen (5) eine *solche* Lösung haben, daſs:

$$(6) \qquad \xi_0 : \xi_1 : \xi_2 : \cdots : \xi_{p-2} \equiv 1 : \xi : \xi^2 : \cdots : \xi^{p-2} \pmod{p}$$

ist, daſs also allgemein:

$$(6^{\text{a}}) \qquad \xi_i \xi_k \equiv \xi_0 \xi_{i+k} \pmod{p}$$

ist. Nun folgt aber aus den Elementarsätzen der Determinantentheorie, daſs die linearen Kongruenzen (5) überhaupt nur dann eine Lösung auſser der selbstverständlichen ($\xi_0 \equiv \xi_1 \equiv \cdots \equiv \xi_{p-2} \equiv 0 \pmod{p}$)) besitzen, wenn ihre Determinante:

$$\left| c_{i+k} \right| = \begin{vmatrix} c_0, & c_1, & \cdots & c_{p-2} \\ c_1, & c_2, & \cdots & c_{p-1} \\ \vdots & & & \\ c_{p-2}, & c_{p-1}, & \cdots & c_{2(p-2)} \end{vmatrix} \qquad (i, k = 0, 1, \cdots p-2)$$

durch p teilbar ist. Wir erhalten somit zunächst das folgende Resultat:

Die Kongruenz $f(x) \equiv 0 \pmod{p}$ wird nur dann durch eine Einheit ξ modulo p befriedigt, wenn die aus ihren Koefficienten gebildete Determinante $|c_{i+k}|$ durch p teilbar ist.

Es ist nun interessant, daſs dieselbe Bedingung auch hinreichend ist, daſs also, wenn die linearen Kongruenzen (5) überhaupt eine Lösung besitzen, stets auch eine solche existiert, welche noch den weiteren Bedingungen (6) genügt. In der That, es sei $|c_{i+k}|$ durch p teilbar und es mögen $m_0, m_1, \cdots m_{p-2}$ $p-1$ nicht sämtlich durch p teilbare Zahlen sein, welche den Kongruenzen (5) genügen, so daſs also:

$$\sum_k c_{i+k} m_k \equiv 0 \pmod{p} \qquad (i = 0, 1, \cdots p-1)$$

ist. Ist dann ξ irgend eine der $p-1$ inkongruenten Einheiten modulo p, so ist auch:

$$\xi^i \sum_{k=0}^{p-2} c_{i+k} m_k \equiv 0 \pmod{p} \qquad (i = 0, 1, \cdots p-1),$$

und durch Addition dieser $p-1$ Kongruenzen folgt:

$$0 \equiv \sum_{i,k} c_{i+k} \xi^i m_k \equiv \sum_{i,k} c_{i+k} \xi^{i+k} \cdot m_k \xi^{-k}$$

$$\equiv \Big(\sum_{k=0}^{p-2} m_k \xi^{-k} \Big) \Big(\sum_{i+k=0}^{p-2} c_{i+k} \xi^{i+k} \Big) \equiv \Big(\sum m_k \xi^{-k} \Big) \Big(\sum c_i \xi^i \Big) \pmod{p},$$

d. h. es mufs für jeden Wert $\xi = 1, 2, \cdots p - 1$ das Produkt:

(7) $\qquad (m_0 + m_1\xi^{-1} + \cdots + m_{p-2}\xi^{-(p-2)})f(\xi)$

durch p teilbar sein. Der erste Faktor kann aber nicht für jede der $p - 1$ inkongruenten Zahlen durch p teilbar sein, da sonst die Kongruenz des $p - 2^{\text{ten}}$ Grades:

$$m_0 + m_1 x + \cdots + m_{p-2}x^{p-2} \equiv 0 \quad (\text{mod } p)$$

die $p - 1$ inkongruenten ganzzahligen Wurzeln

$$x \equiv \xi^{-1} \quad (\text{mod } p) \qquad \scriptstyle (\xi = 1, 2, \cdots p-1)$$

besäfse. Also mufs für mindestens einen Wert von ξ der zweite Faktor p enthalten, d. h. ξ ist dann in der That eine Wurzel der Kongruenz $f(\xi) \equiv 0$ (mod p), w. z. b. w.

§ 2.*)

Wir wollen nun weiter die Frage entscheiden, wie viele inkongruente Lösungen die Kongruenz:

(1) $\qquad f(x) = c_0 + c_1 x + \cdots + c_{p-2}x^{p-2} \equiv 0 \quad (\text{mod } p)$

besitzt. Wir werden zeigen, dafs auch diese Aufgabe vollständig auf die Betrachtung der Lösungen von den $(p - 1)$ linearen homogenen Kongruenzen

(2) $\qquad \displaystyle\sum_{k=0}^{p-2} c_{i+k}\xi_k \equiv 0 \quad (\text{mod } p) \qquad \scriptstyle (i=0, 1, \cdots p-2)$

zurückgeführt werden kann. Wir wollen daher zuerst einige Bemerkungen über solche lineare Kongruenzen und ihre Lösungen vorausschicken.

Besitzt ein solches System (2) mehr als eine Lösung und sind etwa:

$$m_0', \; m_1', \; \cdots m_{p-2}'$$
$$m_0'', \; m_1'', \; \cdots m_{p-2}''$$

zwei solche Lösungen, so dafs also:

$$\sum_{k=0}^{p-2} c_{i+k}m_k' \equiv 0, \qquad \sum_{k=0}^{p-2} c_{i+k}m_k'' \equiv 0 \quad (\text{mod } p) \qquad \scriptstyle (i=0, 1, \cdots p-2)$$

ist, und sind λ' und λ'' zwei beliebige ganze Zahlen, so ist auch:

---

*) Für das volle Verständnis der §§ 2 und 3 ist einige Bekanntschaft dafs mit den Elementen der Determinantentheorie erwünscht; wir bemerken jedoch, die Resultate dieser Abschnitte später nicht benutzt werden.

$$\sum_{k}' c_{i+k}(\lambda' m_k' + \lambda'' m_k'') \equiv 0 \pmod{p},$$

d. h. die $p-1$ Zahlen:

$$\lambda' m_0' + \lambda'' m_0'', \cdots \lambda' m_{p-2}' + \lambda'' m_{p-2}''$$

ergeben ebenfalls eine Lösung, und das entsprechende ist der Fall, wenn die Kongruenzen (2) drei oder mehr Lösungen haben.

So besitzt ein solches System linearer homogener Kongruenzen im allgemeinen sehr viele inkongruente Lösungen, welche man aber alle auf die soeben angedeutete Art aus einer kleinen Anzahl von ihnen zusammensetzen kann. Ein System von s solchen Lösungen:

(3)

$$\begin{aligned}
&m_0', \quad m_1', \quad \cdots\cdots m_{p-2}' \\
&m_0'', \quad m_2'', \quad \cdots\cdots m_{p-2}'' \\
&\quad\cdots\quad\cdots\quad\cdots\quad\cdots \\
&m_0^{(s)}, \quad m_1^{(s)}, \quad \cdots\cdots m_{p-2}^{(s)}
\end{aligned}$$

der Kongruenzen (2) heifst *linear unabhängig*, wenn keine unter ihnen durch die $s-1$ anderen in der eben angegebenen Weise linear und homogen dargestellt werden kann, oder, was offenbar dasselbe ist, wenn man nicht imstande ist, s nicht sämtlich durch p teilbare Zahlen μ', μ'', $\cdots$ $\mu^{(s)}$ so zu bestimmen, dafs die $p-1$ Kongruenzen

(4) $\mu' m_k' + \mu'' m_k'' + \cdots + \mu^{(s)} m_k^{(s)} \equiv 0 \pmod{p}$ $(k = 0, 1, \cdots p-2)$

sämtlich erfüllt sind. Kann man nämlich die Zahlen $\mu^{(i)}$ so wählen, und ist etwa $\mu^{(s)}$ durch p nicht teilbar, so ergiebt sich ja aus (4):

$$m_k^{(s)} \equiv -\left(\frac{\mu'}{\mu^{(s)}} m_k' + \frac{\mu''}{\mu^{(s)}} m_k'' + \cdots + \frac{\mu^{(s-1)}}{\mu^{(s)}} m_k^{(s-1)}\right) \pmod{p},$$

$(k = 0, 1, \cdots p-2)$

d. h. die s^{te} Lösung unserer Kongruenzen ist linear und homogen durch die $(s-1)$ ersten darstellbar.

Aus den Elementarsätzen der Determinantentheorie geht hervor, dafs die s Lösungen (3) dann und nur dann linear unabhängig sind, wenn nicht alle Determinanten s^{ter} Ordnung durch p teilbar sind, welche man aus dem System $\left(m_k^{(h)}\right)$ in (3) bilden kann. Ist nämlich auch nur eine unter diesen, etwa die erste:

$$\left| m_0^{(i)}, \; m_1^{(i)}, \; \cdots \; m_{s-1}^{(i)} \right|$$ $(i = 1, 2, \cdots s)$

nicht durch p teilbar, so können schon die s ersten Kongruenzen von (4) nur bestehen, wenn alle s Zahlen $\mu^{(h)}$ kongruent Null sind, d. h. jene s Lösungen sind sicher linear unabhängig; sind dagegen alle jene Determinanten s^{ter} Ordnung durch p teilbar, so kann man bekanntlich

μ', μ'', $\cdots$ $\mu^{(s)}$ stets den Kongruenzen (4) gemäfs bestimmen, da sie alle eine notwendige Folge von $(s-1)$ unter ihnen sind, welche ihrerseits durch die s Gröfsen $\mu^{(h)}$ offenbar stets befriedigt werden können.

Hieraus folgt schon, dafs jedes System linearer homogener Kongruenzen höchstens so viele linear unabhängige Lösungen besitzen kann, als die Anzahl ihrer Unbekannten beträgt, und ferner, dafs die Anzahl der linear unabhängigen Lösungen eines solchen Systemes ein für alle Male bestimmt und unabhängig davon ist, wie diese unabhängigen Lösungen ausgewählt werden.

Es sei nun s die Anzahl *aller* linear unabhängigen Lösungen der linearen Kongruenzen (2) und es sei (3) ein solches *vollständiges* System unabhängiger Lösungen, so dafs dann aus diesen jede andere Lösung $(\xi_0, \xi_1, \cdots \xi_{p-1})$ von (2) linear und homogen, d. h. in der Form:

$$\xi_k = \lambda' m_k' + \lambda'' m_k'' + \cdots + \lambda^{(s)} m_k^{(s)} \qquad (k=0,1,\cdots p-2)$$

dargestellt werden kann. Wir beweisen dann die Richtigkeit des folgenden allgemeinen Satzes:

Die Kongruenz:

(5) $f(x) \equiv 0 \pmod{p}$

besitzt genau s inkongruente durch p nicht teilbare Wurzeln, wenn das zugehörige lineare Kongruenzensystem:

(6) $\displaystyle\sum_{k=0}^{p-2} c_{i+k}\,\xi_k \equiv 0 \pmod{p} \qquad (i=0,1,\cdots p-2)$

genau s linear unabhängige Lösungen hat.

Wir beweisen diesen wichtigen Satz folgendermafsen: Es sei

$$\left(m_0^{(h)},\ m_1^{(h)},\ \cdots\ m_{p-2}^{(h)}\right)$$

irgend eine der s unabhängigen Lösungen (3) der Kongruenzen (2), so dafs also:

$$\sum_{k=0}^{p-2} c_{i+k}\, m_k^{(h)} \equiv 0 \pmod{p} \qquad (i=0,1,\cdots p-2)$$

ist, und ξ bedeute eine beliebige Einheit modulo p. Multipliziert man dann wieder allgemein die i^{te} dieser Kongruenzen mit ξ^i und addiert dann alle, so erhält man genau wie in (7) des vorigen Paragraphen

$$f(\xi)\left(m_0^{(h)} + m_1^{(h)}\xi^{-1} + \cdots + m_{p-2}^{(h)}\xi^{-(p-2)}\right) \equiv 0 \pmod{p};$$

für jede Einheit ξ mufs also entweder der eine oder der andere von diesen beiden Faktoren durch p teilbar sein. Es seien nun:

(6ª) $\xi_1,\ \xi_2,\ \cdots\ \xi_t$

diejenigen Einheiten modulo p, welche die Kongruenz (1) nicht befriedigen, dann müssen also für jede von ihnen die s Kongruenzen

$$(7) \qquad \sum_{k=0}^{p-2} m_k^{(h)} \xi^{-k} \equiv 0 \quad (\mathrm{mod}\ p)$$

für $h = 1, 2, \cdots s$ bestehen. Es seien nun μ', μ'', $\cdots \mu^{(s)}$ zunächst beliebige Zahlen; multipliziert man dann allgemein die h^{te} dieser Kongruenzen (7) mit $\mu^{(h)}$ und addiert alle, so ergiebt sich die eine Kongruenz:

$$(7^{\mathrm{a}}) \qquad \sum_{h=1}^{s} \sum_{k=0}^{p-2} \mu^{(h)} m_k^{(h)} \xi^{-k} = \lambda_0 + \lambda_{-1}\xi^{-1} + \cdots + \lambda_{-(p-2)}\xi^{-(p-2)} \equiv 0 \quad (\mathrm{mod}\ p),$$

wo zur Abkürzung;

$$(7^{\mathrm{b}}) \qquad \sum_{h=1}^{s} \mu^{(h)} m_k^{(h)} = \lambda_{-k}$$

gesetzt ist. Man kann die s ganzen Zahlen $\mu^{(h)}$ stets so bestimmen, daſs auf der linken Seite von (7^{a}) die $s-1$ letzten Koefficienten modulo p verschwinden, während die übrig bleibenden $p - s$ ersten Koefficienten λ_0, λ_{-1}, $\cdots \lambda_{-(p-s-1)}$ nicht alle durch p teilbar sind; in der That ergiebt die erste Bedingung nur $s - 1$ lineare homogene Kongruenzen für die s Unbekannten $\mu^{(h)}$, welchen stets durch nicht sämtlich verschwindende Werte μ', μ'', $\cdots \mu^{(s)}$ genügt werden kann; wären aber für diese auch die $p - s$ ersten Koefficienten λ_0, λ_{-1}, $\cdots$ sämtlich gleich Null, so wäre das System (3) der Lösungen $m^{(h)}$ entgegen der oben gemachten Voraussetzung nicht linear unabhängig.

Denken wir uns also die Gröſsen μ so bestimmt, und multiplizieren wir dann, um die negativen Potenzen von ξ fortzuschaffen, die Kongruenz (5) noch mit ξ^{p-1-s}, so folgt, daſs jede der t inkongruenten Einheiten ξ_1, $\cdots \xi_t$ in (6^{a}) notwendig der einen Kongruenz:

$$\lambda_0 \xi^{p-s-1} + \lambda_{-1}\xi^{p-s-2} + \cdots + \lambda_{-(p-s-1)} \equiv 0 \quad (\mathrm{mod}\ p)$$

genügen muſs, deren Grad gleich oder kleiner als $p - s - 1$ ist, und deren Koefficienten λ_i nicht sämtlich modulo p verschwinden. Also kann die Anzahl t dieser Einheiten höchstens gleich $p - 1 - s$ sein; demnach ist die Anzahl der übrigen Einheiten, d. h. die Anzahl aller Wurzeln der Kongruenz $f(\xi) \equiv 0$ $(\mathrm{mod}\ p)$, gleich oder gröſser als s.

Endlich beweist man aber leicht, daſs jene Anzahl sicher auch nicht gröſser als s sein kann. In der That, seien jetzt:

$$\bar{\xi}_1, \ \bar{\xi}_2, \ \cdots \bar{\xi}_\sigma$$

alle modulo p inkongruenten Einheiten, welche Wurzeln der vorgelegten

Kongruenz (1) sind, dann genügt, wie a. S. 390 (4^a) bewiesen wurde, jede von ihnen den $p-1$ Kongruenzen:

$$\sum_{k=0}^{p-2} c_{i+k}\,\bar{\xi}^k \equiv 0 \quad (\text{mod } p) \qquad (i=0,1,\cdots p-2),$$

d. h. es sind die Potenzen:

$$1,\ \bar{\xi}_1,\ \bar{\xi}_1^2,\ \cdots\ \bar{\xi}_1^{p-2}$$
$$1,\ \bar{\xi}_2,\ \bar{\xi}_2^2,\ \cdots\ \bar{\xi}_2^{p-2}$$
$$\vdots$$
$$1,\ \bar{\xi}_\sigma,\ \bar{\xi}_\sigma^2,\ \cdots\ \bar{\xi}_\sigma^{p-2}$$

σ spezielle Lösungen der $(p-1)$ linearen Kongruenzen:

$$(8) \qquad\qquad \sum_k c_{i+k}\,\xi_k \equiv 0 \quad (\text{mod } p);$$

dieselben sind aber auch sicher linear unabhängig, denn schon ihre erste Determinante σ^{ter} Ordnung:

$$\begin{vmatrix} 1, & \bar{\xi}_1, & \cdots & \bar{\xi}_1^{\sigma-1} \\ 1, & \bar{\xi}_2, & \cdots & \bar{\xi}_2^{\sigma-1} \\ \cdot & \cdot & \cdot & \cdot \\ 1, & \bar{\xi}_\sigma, & \cdots & \bar{\xi}_\sigma^{\sigma-1} \end{vmatrix}$$

ist durch p nicht teilbar, da sie, abgesehen vom Vorzeichen, dem Differenzenprodukt:

$$\prod_{g < h} (\bar{\xi}_g - \bar{\xi}_h) \qquad\qquad (g,h=1,2,\cdots \sigma)$$

der σ inkongruenten Zahlen $\bar{\xi}_1, \cdots \bar{\xi}_\sigma$ gleich ist. Da aber die Anzahl *aller* linear unabhängigen Lösungen der Kongruenzen (8) n. d. V. gleich s ist, so kann die Anzahl σ der Kongruenzwurzeln von (1) sicher nicht größer als s sein; sie ist daher genau gleich s, d. h. unser Theorem ist vollständig bewiesen.

§ 3.

Aus den Betrachtungen des vorigen Abschnittes hat sich ergeben, daß die Anzahl der ganzzahligen Lösungen einer Kongruenz modulo p identisch ist mit der Anzahl der linear unabhängigen Lösungen eines speziellen Systemes linearer homogener Kongruenzen. Wir werden so zu dem ganz allgemeinen und rein arithmetischen Probleme geführt, ein beliebiges System linearer homogener Kongruenzen aufzulösen, d. h. seine linear unabhängigen Lösungen vollständig anzugeben, denn aus ihnen kann ja jede andere Lösung auf einfache Weise zusammengesetzt werden. Wörtlich dieselbe Frage tritt bei der vollständigen Auflösung linearer homogener *Gleichungen* auf, und ihre allgemeine Lösung ist eine der schönsten Anwendungen der Theorie der Modulsysteme. Wir wollen die Untersuchung mit Hülfe dieser Theorie so führen, dafs ihre Resultate sowohl für Gleichungen als für Kongruenzen benutzt werden können.

Es seien:

$$(1) \quad \begin{aligned} y_1 &= a_{11}x_1 + a_{12}x_2 + \cdots + a_{1t}x_t \\ y_2 &= a_{21}x_1 + a_{22}x_2 + \cdots + a_{2t}x_t \\ &\vdots \\ y_s &= a_{s1}x_1 + a_{s2}x_2 + \cdots + a_{st}x_t \end{aligned}$$

s lineare homogene Funktionen der t Variablen $x_1, x_2, \cdots x_t$. Wir stellen uns zunächst die Aufgabe, alle Lösungen $(x_1, x_2, \cdots x_t)$ der s homogenen linearen Gleichungen:

$$(2) \qquad y_1 = 0, \quad y_2 = 0, \quad \cdots \quad y_s = 0$$

anzugeben.

Wir bilden zu diesem Zwecke aus den st Koefficienten a_{ik} das zugehörige rechteckige System oder die sog. *Matrix*:

$$(3) \qquad (a_{ik}) = \begin{pmatrix} a_{11}, & a_{12}, & \cdots & a_{1t} \\ a_{21}, & a_{22}, & \cdots & a_{2t} \\ \vdots & & & \\ a_{s1}, & a_{s2}, & \cdots & a_{st} \end{pmatrix} \qquad \begin{pmatrix} i=1,2,\cdots s \\ k=1,2,\cdots t \end{pmatrix},$$

und wir betrachten zuerst das System aller Determinanten erster Ordnung, dann das System aller Determinanten zweiter, dritter, . . . Ordnung, welche man aus der Matrix (a_{ik}) durch Weglassung gewisser Zeilen und Kolonnen bilden kann. Ist z. B. $t < s$, so sind die Determinanten der t^{ten} Ordnung die letzten, welche aus jener Matrix gebildet werden können, indem man in ihr jedesmal irgend welche $s - t$ Zeilen fortläfst und die übrigbleibenden t Zeilen zu einer Determinante t^{ter} Ordnung vereinigt.

Es seien nun die Determinanten r^{ter} Ordnung nicht sämtlich gleich Null, während alle Determinanten $(r + 1)^{\text{ter}}$ Ordnung verschwinden, welche man aus der Matrix (a_{ik}) bilden kann. Dann sagen wir, das System (a_{ik}) ist *vom Range r*. Man erkennt leicht auf induktivem Wege, dafs dann nicht blofs die Determinanten der $(r + 1)^{\text{ten}}$, sondern auch alle diejenigen von höherer Ordnung verschwinden. Sind nämlich etwa alle Determinanten der σ^{ten} Ordnung von (a_{ik}) Null und entwickelt man irgend eine Determinante der $(\sigma + 1)^{\text{ten}}$ Ordnung, etwa die erste:

$$
\begin{vmatrix}
a_{11}, & a_{12}, & \cdots & a_{1,\sigma+1} \\
a_{21}, & a_{22}, & \cdots & a_{2,\sigma+1} \\
\vdots & & & \\
a_{\sigma+1,1}, & a_{\sigma+1,2}, & \cdots & a_{\sigma+1,\sigma+1}
\end{vmatrix}
$$

nach den Elementen der ersten Zeile, so ergiebt sich ja:

$$ a_{11}\Delta_1 + a_{12}\Delta_2 + \cdots + a_{1\,\sigma+1}\Delta_{\sigma+1}, $$

wo $\Delta_1, \Delta_2, \cdots \Delta_{\sigma+1}$ Determinanten σ^{ter} Ordnung von (a_{ik}), also n. d. V. sämtlich gleich Null sind, und hierdurch ist unsere Behauptung vollständig bewiesen.

Ist ferner das System (a_{ik}) vom Range r und transformiert man dasselbe in ein anderes, (a'_{ik}), indem man entweder die Elemente einer Reihe (Zeile oder Kolonne) mit einer nicht verschwindenden Konstanten multipliziert, oder zu einer Reihe ein beliebiges Multiplum einer Parallelreihe hinzufügt, oder endlich mehrere von diesen Operationen nach einander ausführt, so ist das System (a'_{ik}) von gleichem Range. Der sehr einfache Beweis dieses wichtigen Determinantensatzes beruht einmal darauf, daſs durch die gleichen Transformationen offenbar auch umgekehrt das System (a'_{ik}) in (a_{ik}) übergeführt werden kann, zweitens auf der Thatsache, daſs jede Determinante D_s' einer beliebigen s^{ten} Ordnung von (a'_{ik}) als homogene lineare Funktion aller Determinanten derselben Ordnung von (a_{ik}) dargestellt werden kann, daſs daher also alle Determinanten D_s' verschwinden, sobald alle Determinanten D_s Null sind, und umgekehrt.

Es sei nun das System (a_{ik}) vom Range r; dann können und wollen wir uns einmal die Variablen $x_1, \cdots x_t$ und zweitens die linearen Funktionen $y_1, \cdots y_s$ von vorn herein so bezeichnet denken, daſs speziell die erste jener Determinanten r^{ter} Ordnung:

$$ (4) \qquad D^{(r)} = \begin{vmatrix} a_{11}, & \cdots & a_{1r} \\ \vdots & & \\ a_{r1}, & \cdots & a_{rr} \end{vmatrix} $$

eine von denen ist, welche nicht Null ist. Dann wollen wir nachweisen, daſs die $(s - r)$ letzten Gleichungen

$$ (5) \qquad\qquad (y_{r+1} = 0, \cdots y_s = 0) $$

eine notwendige Folge der r ersten

$$ (5^{\text{a}}) \qquad\qquad (y_1 = 0, \cdots y_r = 0) $$

sind, dafs also die vollständige Auflösung des ganzen Systemes (2) durch die Untersuchung seiner r ersten Gleichungen vollständig ersetzt wird.

Diese letzte Aufgabe kann aber leicht gelöst werden. In der That sei

$$(6) \qquad \begin{pmatrix} \alpha_{11}, & \cdots & \alpha_{1r} \\ \vdots & & \\ \alpha_{r1}, & \cdots & \alpha_{rr} \end{pmatrix}$$

das System der zu der Determinante (4) gehörigen Unterdeterminanten $(r-1)^{\text{ter}}$ Ordnung, so dafs allgemein:

$$(6^{\text{a}}) \qquad \sum_{i=1}^{r} \alpha_{hi} a_{ik} = \delta_{hk}\, D^{(r)} \qquad \begin{pmatrix} h, k = 1, 2, \cdots r \\ \delta_{hk} = 0,\, h \gtrless k \\ \delta_{kk} = 1 \end{pmatrix}$$

ist. Schreibt man nun jene r ersten Gleichungen ($y_h = 0$) in der Form:

$$\sum_{k=1}^{r} a_{ik} x_k = - \sum_{l=k+1}^{t} a_{il} x_l \qquad (i=1,2,\cdots r),$$

multipliziert dann allgemein die i^{te} derselben mit α_{hi} und addiert alle jene Gleichungen, so folgt:

$$\sum_{i,k} \alpha_{hi} a_{ik} x_k = - \sum_{i,l} \alpha_{hi} a_{il} x_l \qquad \begin{pmatrix} i, k = 1, 2, & \cdots r \\ l = r+1, & \cdots t \end{pmatrix}.$$

Beachtet man also die Gleichungen (6^{a}) und setzt aufserdem die Determinanten r^{ter} Ordnung:

$$(6^{\text{b}}) \qquad \sum_{i} \alpha_{hi} a_{il} = - A_{hl}, \qquad \begin{pmatrix} h = 1, 2, & \cdots r \\ l = k+1, & \cdots t \end{pmatrix}$$

so ergeben sich die r Gleichungen:

$$(7) \qquad D^{(r)} x_h = \sum_{l=r+1}^{t} A_{hl} x_l, \qquad (h=1,2,\cdots r)$$

welche die vollständige Auflösung des ganzen Gleichungssystemes (5) enthält; von den t Unbekannten $x_1, \cdots x_t$ bestimmen sich also r als homogene lineare Funktionen der $t-r$ übrigen ($x_{r+1}, \cdots x_t$), welche ihrerseits ganz beliebig angenommen werden können.

Wir wollen jetzt unter Benutzung der Theorie der Divisorensysteme direkt nachweisen, dafs das Gleichungssystem (7) dem ursprünglichen in Nr. (2) absolut äquivalent ist, falls die Determinante $D^{(r)} \gtrless 0$ ist, aber alle Determinanten $(r+1)^{\text{ter}}$ Ordnung verschwinden.

Zu diesem Zwecke entwickele ich irgend eine der s Determinanten $(r+1)^{\text{ter}}$ Ordnung:

$$(8) \qquad \Delta_i = \begin{vmatrix} y_1, & a_{11}, & a_{12}, & \cdots & a_{1r} \\ y_2, & a_{21}, & a_{22}, & \cdots & a_{2r} \\ \vdots \\ y_r, & a_{r1}, & a_{r2}, & \cdots & a_{rr} \\ y_i, & a_{i1}, & a_{i2}, & \cdots & a_{ir} \end{vmatrix} \qquad (i=1,2,\cdots s)$$

auf zwei verschiedene Arten: Schreibt man zunächst für die y_h die linearen Funktionen in x und entwickelt dann, so wird diese Determinante, da die x_k nur in der ersten Kolonne und zwar homogen und linear auftreten, selbst eine homogene lineare Funktion von $x_1, \cdots x_t$, d. h. es ist:

$$(8^a) \qquad \Delta_i = C_1^{(i)} x_1 + C_2^{(i)} x_2 + \cdots + C_t^{(i)} x_t,$$

deren Koefficienten $C_k^{(i)}$ offenbar gewisse Determinanten $(r+1)^{\text{ter}}$ Ordnung des Systemes (a_{ik}) sind, denn setzt man in jener Determinante (8) ein $x_k = 1$ und alle anderen $x_h = 0$, so ergiebt sich ja:

$$C_k^{(i)} = \begin{vmatrix} a_{1k}, & a_{11}, & \cdots & a_{1r} \\ \vdots \\ a_{rk}, & a_{r1}, & \cdots & a_{rr} \\ a_{ik}, & a_{i1}, & \cdots & a_{ir} \end{vmatrix}$$

Jede solche Determinante Δ_i verschwindet also wegen (8^a) sicher für ein Modulsystem $\left(D_1^{(r+1)}, D_2^{(r+1)}, \cdots\right)$, dessen Elemente *die sämtlichen* Determinanten $(r+1)^{\text{ter}}$ Ordnung des Systemes (a_{ik}) sind.

Entwickeln wir jene Determinante zweitens nach ihrer ersten Kolonne, so wird sie gleich:

$$(8^b) \qquad \Delta_i = y_1 D_{1i} + y_2 D_{2i} + \cdots + y_r D_{ri} \pm y_i D^{(r)},$$

wo die Koefficienten $D_{1i}, D_{2i}, \cdots D_{ri}$ gewisse Determinanten r^{ter} Ordnung der Matrix (a_{ik}) sind, und $D^{(r)}$ wieder jene erste Unterdeterminante derselben Ordnung in (4) bedeutet. Da aber diese lineare Funktion (8^b) das Modulsystem $\left(D_1^{(r+1)}, \cdots\right)$ enthält, so folgt, daß für ihr letztes Glied $D^{(r)} y_i$ die Kongruenz besteht:

$$(8^c) \qquad D^{(r)} y_i \equiv 0 \quad \text{modd} \left(y_1, y_2, \cdots y_r, (D^{(r+1)})\right) \qquad (i=1,2,\cdots s),$$

wo das eine Element $(D^{(r+1)})$ das System aller jener Unterdeterminanten $(r+1)^{\text{ter}}$ Ordnung vertreten soll.

Bedeutet wieder (α_{hi}) das System aller Unterdeterminanten $(r-1)^{\text{ter}}$ Ordnung von $D^{(r)}$, so folgt aus den Gleichungen (6^a):

$$(9) \qquad \sum_{k,g=1}^{r} a_{ik} \alpha_{kg} y_g = \sum_{y=1}^{r} \delta_{iy} D^{(r)} y_g = D^{(r)} y_i,$$

zweitens ist nach (6ᵃ):

$$(9^a) \qquad \sum_{g=1}^{r} \alpha_{kg} y_g = \sum_{g=1}^{r} \alpha_{kg} \left(\sum_{h=1}^{r} a_{gh} x_h + \sum_{l=r+1}^{s} a_{gl} x_l \right)$$

$$= D^{(r)} \sum_{h=1}^{r} \delta_{kh} x_h - \sum_{l=r+1}^{s} A_{kl} x_l = D^{(r)} x_k - \sum_{l=r+1}^{s} A_{kl} x_l,$$

wo die A_{kl} wieder die in (6ᵇ) angegebene Bedeutung haben. Substituiert man also die in (9ᵃ) gefundenen Werte der $\sum \alpha_{kg} y_g$ in (9), so ergiebt sich die zweite Fundamentalkongruenz:

$$(10) \qquad D^{(r)} y_i \equiv 0 \quad \mathrm{modd} \left\{ D^{(r)} x_k - \sum_{l=r+1}^{s} A_{kl} x_l \right\} \qquad (k=1, \cdots r)$$

und aus (9ᵃ) folgt direkt:

$$(10^a) \qquad D^{(r)} x_k - \sum_{l} A_{kl} x_l \equiv 0 \quad \mathrm{modd} \ (y_1, y_2, \cdots y_r).$$

Aus den Kongruenzen (8ᵇ), (10) und (10ᵃ) kann nun das gesuchte Resultat leicht abgeleitet werden. Zu diesem Zwecke multiplizieren wir erstens die Kongruenzen (8ᵇ) und ihren Modul mit $D^{(r)}$ und ersetzen dann den Modul

$$\left(D^{(r)} y_1, \cdots D^{(r)} y_r, \ D^{(r)} D_1^{(r+1)}, \cdots \right)$$

durch den anderen:

$$\left\{ D^{(r)} x_k - \sum_{l} A_{kl} x_l, \ D_1^{(r+1)}, \cdots \right\}, \qquad (k=1, \cdots r)$$

welcher wegen (10) ein Divisor des vorigen ist; zweitens fügen wir zu dem Modulsysteme in (10ᵃ) die Elemente $y_{r+1}, \cdots y_s, D_1^{(r+1)}, \cdots$ hinzu. Dann erhalten wir die beiden Kongruenzen:

$$(11) \qquad (D^{(r)})^2 y_i \equiv 0 \quad \mathrm{modd} \left\{ D^{(r)} x_k - \sum_{l} A_{kl} x_l, \ D_1^{(r+1)}, \cdots \right\}, \qquad (i=1, \cdots s)$$

$$(11^a) \qquad D^{(r)} x_k - \sum_{l} A_{kl} x_l \equiv 0 \quad \mathrm{modd} \left\{ y_1, y_2, \cdots y_s; D_1^{(r+1)}, \cdots \right\},$$

welche aussagen, dafs die Gröfsen auf der linken Seite der Kongruenzen identisch gleich homogenen linearen Funktionen der Elemente der Modulsysteme mit ganzen ganzzahligen Koefficienten darstellbar sind.

Ist nun das System (a_{ik}) vom Range r, sind also alle Determinanten $D^{(r+1)}$ gleich Null, und $D^{(r)} \gtrless 0$, so folgt aus den Kongruenzen (11), dafs die s Funktionen y_i verschwinden, wenn die x_k den Gleichungen

(12) $$D^{(r)} x_k = \sum_l A_{kl} x_l \qquad (k=1, 2, \cdots r)$$

genügen, aus den Kongruenzen (11ᵃ) dagegen ergiebt sich umgekehrt, daſs aus dem Bestehen der Gleichungen $y_\lambda = 0$ notwendig die r Gleichungen (12) folgen; jene beiden Gleichungssysteme sind also in der That äquivalent.

Schreibt man die Gleichungen (12) in der Form:

$$x_1 \quad = A'_{1, r+1} x_{r+1} + \cdots + A'_{1t} x_t$$
$$\vdots$$
$$x_r \quad = A'_{r, r+1} x_{r+1} + \cdots + A'_{rt} x_t$$
$$x_{r+1} = \qquad x_{r+1}$$
$$\vdots$$
$$x_t \quad = \qquad\qquad\qquad x_t$$

oder einfacher geschrieben:

(13)
$$x_i = \sum_{l=r+1}^{t} A'_{il} x_l \qquad (i=1, 2, \cdots r)$$

$$x_k = \sum_{l=r+1}^{t} \delta_{kl} x_l \qquad (k=r+1, \cdots t),$$

wo zur Abkürzung allgemein $\dfrac{A_{il}}{D^{(r)}} = A'_{il}$ gesetzt ist, so erkennt man leicht, daſs die Anzahl der linear unabhängigen Lösungen unseres Gleichungssystemes genau gleich $t - r$ ist. Setzt man nämlich auf der rechten Seite jener Gleichungen alle willkürlich anzunehmenden Gröſsen $x_{r+1}, x_{r+2}, \cdots x_t$ gleich Null, mit Ausnahme einer einzigen x_λ, welche gleich Eins angenommen wird, setzt man also allgemein:

$$x_l = \delta_{l\lambda}, \qquad (l=r+1, \cdots t)$$

so ergeben sich für $\lambda = r + 1, \cdots t$ $\quad t - r$ Lösungssysteme $\left(\xi_1^{(\lambda)}, \cdots \xi_t^{(\lambda)}\right)$:

(14)
$$\xi_i^{(\lambda)} = \sum_l A'_{il} \delta_{l\lambda} = A'_{i\lambda} \qquad (i=1, 2, \cdots r)$$

$$\xi_k^{(\lambda)} = \sum \delta_{kl} \delta_{l\lambda} = \delta_{k\lambda} \qquad (k=r+1, \cdots t),$$

welche offenbar linear unabhängig sind, denn die aus den $(t - r)^2$ Elementen $\xi_k^{(\lambda)}$ gebildete Determinante $\left| \xi_k^{(\lambda)} \right| = \left| \delta_{k\lambda} \right|$ hat den Wert Eins.

Jede andere Lösung (13) ist aber durch diese $t - r$ speziellen Lösungen homogen und linear darstellbar; denn sind:

$$x_\lambda = \mu^{(\lambda)} \qquad (\lambda=r+1, \cdots t)$$

diejenigen Werte der Gröfsen $(x_{r+1}, \cdots x_t)$, welche irgend einer Lösung entsprechen, so folgt ja aus (13) und (14) für diese Lösung die Darstellung:

$$x_i = \sum_{\lambda=r+1}^{t} A'_{i\lambda}\, \mu^{(\lambda)} = \sum_{\lambda=r+1}^{t} \xi_i^{(\lambda)}\, \mu^{(\lambda)} \qquad (i=1,\cdots r)$$

$$x_k = \sum_{\lambda=r+1}^{t} \delta_{k\lambda}\, \mu^{(\lambda)} = \sum_{\lambda=r+1}^{t} \xi_k^{(\lambda)}\, \mu^{(\lambda)} \qquad (k=r+1,\cdots t),$$

und hierdurch ist unsere Behauptung vollständig erwiesen. Es ergiebt sich so der folgende wichtige Satz:

Ist das Koefficientensystem (a_{gh}) eines Systems von linearen homogenen Gleichungen mit t Unbekannten vom Range r, so besitzt dasselbe genau $t - r$ linear unabhängige Lösungen.

Aus den Fundamentalkongruenzen (11) und (11ª) können wir aber ohne weiteres ein sehr viel allgemeineres Resultat herleiten. Es mögen die Elemente a_{ik} ganze Gröfsen eines beliebigen Rationalitätsbereiches sein, und es sei

$$P = (M,\ M',\ \cdots)$$

ein beliebiges Primmodulsystem desselben Bereiches von irgend einer Stufe. Dann bleiben die Kongruenzen (11) und (11ª) bestehen, wenn man den Elementen ihrer Moduln noch das Modulsystem P hinzufügt, da die so entstehenden Divisorensysteme Teiler der vorigen sind. Wir sagen nun, das System (a'_{ik}) ist modulo P vom Range r, wenn alle Determinanten $(r+1)^{\text{ter}}$ Ordnung $D_1^{(r+1)}, \cdots P$ enthalten, während mindestens eine Determinante r^{ter} Ordnung, etwa $D^{(r)}$ durch P nicht teilbar ist. Sieht man dann von Teilern höherer Stufen ab, so folgt aus jenen beiden Kongruenzsystemen, dafs die vollständige Lösung der Kongruenzen:

$$y_i \equiv 0 \pmod{P} \qquad (i=1,2,\cdots s)$$

durch die Kongruenzen:

$$D^{(r)} x_k \equiv \sum_l A_{kl} x_l \pmod{P} \qquad (k=1,2,\cdots r)$$

gegeben wird.

Sind die a_{ik} speziell ganze Zahlen und $P = p$ eine Primzahl, so kommen wir auf den oben behandelten Fall der ganzzahligen Kongruenzen für einen Primzahlmodul zurück.

Für ein solches System linearer Kongruenzen modulo p gelten also wörtlich die vorher für Gleichungen gefundenen Sätze. Verbinden wir nun den a. S. 394 abgeleiteten Satz mit dem oben gefundenen Theorem, so ergiebt sich das folgende wichtige Resultat, durch

26*

welches die Frage nach der Anzahl der Wurzeln einer gegebenen Kongruenz höheren Grades vollständig gelöst wird.

Eine Kongruenz:

$$f(x) = c_0 + c_1 x + \cdots + c_{p-2} x^{p-2} \equiv 0 \quad (\mathrm{mod}\ p)$$

besitzt genau s modulo p inkongruente durch p nicht teilbare Wurzeln, wenn die aus den Koefficienten gebildete Matrix der $(p-1)^{\text{ten}}$ Ordnung:

$$(c_{i+k}) = \begin{pmatrix} c_0, & c_1, c_2, & \cdots c_{p-2} \\ c_1, & c_2, c_3, & \cdots c_0 \\ c_2, & c_3, c_4, & \cdots c_1 \\ \vdots & & \\ c_{p-2}, & c_0, c_1, & \cdots c_{p-3} \end{pmatrix}$$

vom Range $p-1-s$ ist.

Ein spezieller Fall dieses Theorems ist der im § 1 bewiesene Satz, welcher sich für $s = 1$ ergiebt.

§ 4.

Man kann die Frage nach der Anzahl der Wurzeln einer Kongruenz

(1) $$f(x) \equiv 0 \quad (\mathrm{mod}\ p)$$

noch in einer anderen Weise behandeln: Sind nämlich wieder $\bar{\xi}_1, \bar{\xi}_2, \cdots \bar{\xi}_s$ die modulo p inkongruenten Einheiten, welche (1) genügen, und ist:

(2) $$\theta(x) = (x - \bar{\xi}_1)(x - \bar{\xi}_2) \cdots (x - \bar{\xi}_s)$$

das Produkt der zugehörigen Linearfaktoren, so ist $\theta(x)$ offenbar der größte gemeinsame Teiler, den die beiden Funktionen $f(x)$ und

(3) $$g(x) = x^{p-1} - 1 \equiv (x-1)(x-2) \cdots (x-(p-1)) \quad (\mathrm{mod}\ p)$$

modulo p mit einander haben, d. h. es ist:

$$(p, f(x), x^{p-1} - 1) \sim (p, \theta(x)).$$

Bringt man also nach der a. S. 195 flgde. angegebenen Methode das links stehende Modulsystem auf seine reduzierte Form $(p, \theta(x))$, so giebt der Grad dieser Funktion unmittelbar die gesuchte Anzahl s.

Man kann aber auch, und das ist hier das Wesentliche, diese Thatsache zu einer anderen Herleitung der Anzahl s benutzen. Zu diesem Zwecke betrachten wir eine beliebige „echt gebrochene" Funktion von x:

$$\text{(4)} \qquad C(x) = \frac{a_0 + a_1 x + \cdots + a_{n-1} x^{n-1}}{b_0 + b_1 x + \cdots\cdots + b_n x^n},$$

d. h. eine solche, bei der der Grad des Nenners gröfser ist, als der des Zählers. Eine solche Funktion kann bekanntlich in eine Reihe

$$\text{(4}^\text{a}\text{)} \qquad \frac{c_{-1}}{x} + \frac{c_{-2}}{x^2} + \cdots = \sum_{k=0}^{\infty} c_{-(k+1)} x^{-(k+1)}$$

entwickelt werden, welche in der Umgebung der Stelle $x = \infty$, d. h. für grofse Werte von x gleichmäfsig konvergiert. Die Werte der Entwickelungskoefficienten c_{-k} bestimmen sich leicht aus der Gleichung:

$$\text{(5)} \qquad \sum_{0}^{n-1} a_g x^g = \Big(\sum_{0}^{n} b_h x^h\Big)\Big(\sum_{0}^{\infty} c_{-k-1} x^{-k-1}\Big)$$

$$= \sum_{h=0}^{n} \sum_{k=1}^{\infty} b_h c_{-k-1} x^{h-k-1},$$

welche sich aus (4) und (4$^\text{a}$) durch Gleichsetzen ergiebt. Setzt man hier:

$$h - k - 1 = - m,$$

so durchläuft m alle Werte von $-(n-1)$ bis $+\infty$; setzt man ferner für ein festes m:

$$\sum b_h c_{-(h+m)} = C_{-m},$$

so geht die Gleichung (5) über in:

$$\text{(5}^\text{a}\text{)} \qquad \sum_{1}^{n-1} a_g x^g = \sum_{-(n-1)}^{+\infty} C_{-m} x^{-m},$$

und durch Koefficientenvergleichung ergiebt sich, dafs für die n ersten negativen Werte von m:

$$C_g = a_g, \qquad\qquad (g = 0, 1, \cdots n-1)$$

für alle folgenden positiven Werte von m $C_{-m} = 0$ sein mufs. Man erhält daher zur Bestimmung der n Anfangsglieder $c_{-1}, \cdots c_{-n}$ die Gleichungen:

$$\text{(6)} \quad
\begin{aligned}
C_{n-1} &= b_n c_{-1} & &= a_{n-1}\\
C_{n-2} &= b_n c_{-2} + b_{n-1} c_{-1} & &= a_{n-2}\\
&\vdots\\
C_1 &= b_n c_{-(n-1)} + b_{n-1} c_{-(n-2)} + \cdots + b_2 c_{-1} & &= a_1\\
C_0 &= b_n c_{-n} + b_{n-1} c_{-(n-1)} + \cdots + b_2 c_{-2} + b_1 c_{-1} = a_0,
\end{aligned}$$

während von den folgenden Gleichungen:

$$(6^a) \quad C_{-m} = b_n c_{-(n+m)} + b_{n-1} c_{-(n-1+m)} + \cdots + b_0 c_{-m} = 0$$

jede einen Koefficienten $c_{-(n+m)}$ durch die n vorhergehenden auszudrücken gestattet. Die successive Auflösung dieser Gleichungen ergiebt der Reihe nach:

$$c_{-1} = \frac{a_{n-1}}{b_n}, \quad c_{-2} = \frac{a_{n-2} b_n - a_{n-1} b_{n-1}}{b_n^2}, \cdots,$$

und man erkennt leicht, daß jeder der Entwickelungskoefficienten c_{-i} gleich einer ganzen ganzzahligen Funktion der a_g, b_h, dividiert durch eine Potenz von b_n, ist; ebenso leicht folgt auf induktivem Wege, daß jeder der Zähler eine homogene *lineare* Funktion der Koefficienten $a_0, a_1, \cdots a_{n-1}$ des Zählers ist. Man erkennt so, daß von den Gliedern der unendlichen Reihe (4^a), welche den rationalen echten Bruch (4) darstellt, immer je $(n+1)$ auf einander folgende Koefficienten durch eine und dieselbe homogene lineare Relation (6^a) verbunden sind. Eine solche Potenzreihe nennt man daher eine „rekurrierende Reihe".

Schon *Euler*, der sich wohl zuerst mit ihnen beschäftigt hat, bewies, in seiner „Introductio in analysin infinitorum", daß jeder rationale echte Bruch in eine solche rekurrierende Reihe entwickelt werden kann, aber er zeigte auch umgekehrt, daß jede rekurrierende Reihe einen rationalen echten Bruch darstellt, daß also diese Eigenschaft charakteristisch für die rationalen Brüche ist. In der That, ist die Reihe

$$C(x) = \sum_{i=1}^{\infty} c_{-i} x^{-i}$$

eine rekurrierende, ist ferner für jedes m:

$$(7) \qquad \sum_{h=0}^{n} b_h c_{-(m+h)} = 0$$

eine rekurrierende Gleichung, welche zwischen je $n+1$ aufeinander folgenden Entwickelungskoefficienten $c_{-1}, c_{-2}, \cdots$ besteht, und multipliziert man jene Reihe mit der ganzen Funktion:

$$b_0 + b_1 x + \cdots + b_n x^n,$$

so folgt eben aus den Gleichungen (7), daß jenes Produkt gar keine negativen Potenzen mehr enthält, also eine ganze Funktion

$$a_0 + a_1 x + \cdots + a_{n-1} x^{n-1}$$

ist, und hiermit ist unsere Behauptung vollständig bewiesen. Man erkennt aber weiter, daß von jenen Koefficienten dann und nur dann immer je $(n + 1)$ und keine kleinere Anzahl durch eine und dieselbe Gleichung mit einander verbunden sind, wenn diese Reihe einen *reduzierten* echten Bruch darstellt, dessen Nenner vom n^{ten} Grade ist, d. h. einen solchen Bruch, dessen Zähler und Nenner keinen gemeinsamen Teiler mehr besitzen; denn anderenfalls wäre ja jener Bruch identisch gleich einem reduzierten echten Bruche mit einem Nenner von einem niedrigeren Grade v, d. h. es müfste schon zwischen je $(v + 1)$ Entwickelungskoefficienten eine und dieselbe Relation bestehen entgegen der oben gemachten Voraussetzung. Wir wollen sagen, *eine rekurrierende Reihe besitzt die Ordnung n*, wenn zwischen je $(n + 1)$ auf einander folgenden Koefficienten dieselbe lineare homogene Relation besteht und $(n + 1)$ die kleinste Anzahl ist, für welche dies der Fall ist.

Aus dieser letzten Thatsache ziehen wir jetzt eine wichtige Folgerung: Es seien $f(x)$ und $g(x)$ zwei ganze Funktionen, und

$$(f(x), g(x)) \sim \theta(x)$$

ihr gröfster gemeinsamer Teiler; wir können und wollen im Folgenden beide Funktionen von verschiedenem Grade voraussetzen und zwar wollen wir annehmen, dafs $g(x)$ von höherem Grade ist als $f(x)$. Besäfsen nämlich beide Funktionen denselben Grad, so können wir ja von vorn herein $f(x)$ durch $f(x) - \lambda g(x)$ ersetzen und die Konstante λ so wählen, dafs diese Differenz von niedrigerem Grade als $g(x)$ wird.

Es sei nun:

$$f(x) = f_0(x) \theta(x), \qquad g(x) = g_0(x) \theta(x),$$

also $(f_0(x), g_0(x)) \sim 1$, und es seien n und s die Grade von $f(x)$ und $\theta(x)$. Ist dann:

$$\frac{f(x)}{g(x)} = \frac{f_0(x)}{g_0(x)} = \sum c_{-i} x^{-i}$$

die Entwickelung des Quotienten $\dfrac{f(x)}{g(x)}$ nach fallenden Potenzen, so mufs nach dem soeben bewiesenen Satze die rekurrente Reihe auf der rechten Seite von der Ordnung $n - s$ sein; es gilt also der Satz:

Zwei Funktionen $f(x)$ und $g(x)$ besitzen einen gröfsten gemeinsamen Teiler vom Grade s, wenn die rekurrierende Reihe, in welche sich der echte Bruch $\dfrac{f(x)}{g(x)}$ entwickeln läfst, von der Ordnung $n - s$ ist, während n den Grad des Nenners $g(x)$ bedeutet.

§ 5.

Wörtlich dieselben Sätze können wir nun auch für den gröfsten gemeinsamen Teiler aussprechen, welchen zwei ganze ganzzahlige Funktionen von x für einen Primzahlmodul haben. Es seien wieder

$$f(x) = a_0 + a_1 x + \cdots + a_{n-1} x^{n-1}, \quad g(x) = b_0 + b_1 x + \cdots + b_n x^n$$

zwei solche Funktionen, und es werde angenommen, dafs der Koefficient b_n der höchsten Potenz von x in $g(x)$ nicht durch p teilbar ist.
Ist dann

$$\frac{f(x)}{g(x)} = \sum_1^\infty c_{-i} x^{-i}$$

die Entwickelung des echten Bruches $\frac{f(x)}{g(x)}$ nach fallenden Potenzen von x, so folgt aus den Bemerkungen a. S. 406, dafs die Koefficienten c_{-i} rationale Brüche sind, deren Nenner p nicht enthalten, da dieselben nur Potenzen von b_n sind. Alle jene Entwickelungskoefficienten sind also modulo p betrachtet ganzen Zahlen kongruent. Da ferner die Zähler der Koefficienten c_{-i} homogene lineare Funktionen der Koefficienten des Zählers $f(x)$ sind, so folgt, dafs alle Entwickelungskoefficienten durch p teilbar sind, wenn $f(x) = pf'(x)$ ein Multiplum von p ist. Umgekehrt ergiebt sich aus den Gleichungen (6) des § 4, dafs alle Koefficienten a_i von $f(x)$ durch p teilbar sind, wenn dasselbe für alle Entwickelungskoefficienten c_{-i} vorausgesetzt wird.

Es sei nun $\theta(x)$ der gröfste gemeinsame Teiler, den $f(x)$ und $g(x)$ modulo p besitzen, es sei also:

$$
(1) \qquad
\begin{aligned}
(f(x),\ g(x),\ p) &\sim (\theta(x),\ p) \\
f(x) &= f_0(x)\,\theta(x) + p F(x) \\
g(x) &= g_0(x)\,\theta(x) + p G(x) \\
(f_0(x),\ g_0(x),\ p) &\sim 1.
\end{aligned}
$$

Sind dann:

$$\frac{f(x)}{g(x)} = \sum_1^\infty c_{-i} x^{-i}; \quad \frac{f_0(x)}{g_0(x)} = \sum c_{-i}^{(0)} x^{-i}$$

die Entwickelungen der beiden Quotienten $\frac{f(x)}{g(x)}$ und $\frac{f_0(x)}{g_0(x)}$ in rekurrente Reihen, so sind die Entwickelungskoefficienten c_{-i} und $c_{-i}^{(0)}$ modulo p ganzen Zahlen kongruent, und aus der Gleichung:

$$\sum \left(c_{-i} - c_{-i}^{(0)} \right) x^{-i} = \frac{f(x)}{g(x)} - \frac{f_0(x)}{g_0(x)} = \frac{f_0 \theta + p F}{g_0 \theta + p G} - \frac{f_0}{g_0} = \frac{p(F g_0 - G f_0)}{g_0^2 \theta + p g_0 G}$$

folgt, daſs alle Differenzen $\left(c_{-i} - c^{(0)}_{-i}\right)$ notwendig durch p teilbar sein müssen. In der That ist ja in dem Bruche:

$$\frac{p(Fg_0 - Gf_0)}{g_0^2\,\theta + pg_0\,G}$$

auf der rechten Seite der Zähler durch p teilbar, während der Koefficient der höchsten Potenz von x im Nenner p sicher nicht enthält, da ja sonst entweder der Koefficient der höchsten Potenz von $g_0(x)$ oder der von $\theta(x)$ ein Multiplum von p sein müſste; dies ist aber wegen der dritten Gleichung von (1) unmöglich.

Sind also $\sum c_{-i}\,x^{-i}$ und $\sum c^{(0)}_{-i}\,x^{-i}$ die Entwickelungen eines Bruches $\frac{f(x)}{g(x)}$ und desjenigen Bruches $\frac{f_0(x)}{g_0(x)}$, welcher als die modulo p reduzierte Form des ersten anzusehen ist, so besteht die Kongruenz:

$$\sum_1^\infty c_{-i}\,x^{-i} \equiv \sum_1^\infty c^{(0)}_{-i}\,x^{-i} \quad (\text{mod } p)$$

in dem Sinne, daſs je zwei entsprechende Koefficienten c_{-i} und $c^{(0)}_{-i}$ kongruent sind.

Es sei nun der Grad des gemeinsamen Teilers $\theta(x)$ wieder gleich s, so daſs also $g_0(x)$ vom Grade $n - s$ ist; dann ist die rekurrente Reihe $\sum c^{(0)}_{-i}\,x^{-i}$ von der Ordnung $n - s$, d. h. zwischen je $(n - s + 1)$ aufeinander folgenden Entwickelungskoefficienten besteht eine und dieselbe Gleichung:

$$\sum_{h=0}^{n-s} b^{(0)}_h\, c^{(0)}_{-(h+m)} = 0. \qquad (m = 1, 2, \cdots)$$

Betrachtet man aber diese Gleichungen als Kongruenzen modulo p, so kann man die Koefficienten $c^{(0)}_{-(h+m)}$ durch die ihnen kongruenten $c_{-(h+m)}$ ersetzen, d. h. von den Entwickelungskoefficienten des Bruches $\frac{f(x)}{g(x)}$ sind immer je $n - s + 1$ aufeinander folgende durch eine und dieselbe lineare homogene Kongruenz:

$$\sum_1^{n-s} b^{(0)}_h\, c_{-(h+m)} \equiv 0 \quad (\text{mod } p)$$

verbunden.

Ist aber der Bruch $\frac{f_0(x)}{g_0(x)}$ wirklich modulo p reduziert, d. h. ist $(f_0(x),\, g_0(x),\, p) \sim 1$, so können zwischen den Entwickelungskoefficienten c_{-i} oder $c^{(0)}_{-i}$ auch keine Kongruenzen niedrigerer Ordnung bestehen; denn wäre dies der Fall, wären

$$\sum_{0}^{n-\sigma} \bar{b}_{h}\, c_{-(h+m)} \equiv 0 \quad (\mathrm{mod}\ p) \qquad (\sigma \gg s)$$

jene Kongruenzen, und definiert man dann die Zahlen $\bar{c}_{-1}$, $\bar{c}_{-2}$, $\cdots$ durch die entsprechenden *Gleichungen*:

$$\sum_{0}^{n-\sigma} \bar{b}_{h}\, \bar{c}_{-(h+m)} = 0,$$

so stellt die Reihe $\sum \bar{c}_{-i}\, x^{-i}$ einen echten Bruch $\dfrac{\bar{f}(x)}{\bar{g}(x)}$ dar, dessen Nenner $\bar{g}(x)$ vom Grade $n-\sigma$ ist, während sein höchster Koefficient p nicht enthält, und aus den Kongruenzen:

$$\bar{c}_{-i} \equiv c^{(0)}_{-i} \quad (\mathrm{mod}\ p)$$

folgt nach dem oben bewiesenen Satze, dafs in der Differenz:

$$\frac{f_{0}(x)}{g_{0}(x)} - \frac{\bar{f}(x)}{\bar{g}(x)} = \frac{f_{0}(x)\,\bar{g}(x) - \bar{f}(x)\,g_{0}(x)}{\bar{g}(x)\,g_{0}(x)}$$

der Zähler des rechts stehenden Bruches durch p teilbar sein mufs, da der Koefficient der höchsten Potenz von x im Nenner p nicht enthält. Aus der Kongruenz:

$$f_{0}(x)\,\bar{g}(x) \equiv \bar{f}(x)\,g_{0}(x) \quad (\mathrm{mod}\ p)$$

folgt aber weiter, da $f_{0}(x)$ und $g_{0}(x)$ modulo p teilerfremd sind, dafs $\bar{g}(x)$ modulo p betrachtet durch $g_{0}(x)$ teilbar sein mufs, was unmöglich ist, da der Grad von $\bar{g}(x)$ niedriger ist als der von $g_{0}(x)$.

Wir wollen auch hier sagen, *die rekurrente Reihe* $\sum c_{-i}\, x^{-i}$ *ist modulo p von der Ordnung $n-s$*, wenn stets $(n-s+1)$ aber keine niedrigere Anzahl aufeinander folgender Entwickelungskoefficienten durch eine und dieselbe lineare homogene Kongruenz modulo p mit einander verbunden sind. Dann können wir jetzt den folgenden Satz aussprechen, welcher dem am Schlusse des vorigen Paragraphen gefundenen ganz analog ist:

Zwei ganzzahlige Funktionen $f(x)$ und $g(x)$ besitzen modulo p betrachtet einen gröfsten gemeinsamen Teiler vom Grade s, wenn die rekurrierende Reihe, in welche sich der echte Bruch $\dfrac{f(x)}{g(x)}$ entwickeln läfst, modulo p von der Ordnung $n-s$ ist, während n den Grad des Nenners $g(x)$ modulo p bedeutet.

§ 6.

Es sei jetzt wie am Anfang des § 4:

$$f(x) = c_0 + c_1 x + \cdots + c_{p-2} x^{p-2}, \quad g(x) = x^{p-1} - 1,$$

wo wir nur des Folgenden wegen die Koefficienten von $f(x)$ durch $c_0, c_1, \cdots$ statt durch $a_0, a_1, \cdots$ bezeichnen, so daſs also der Grad s des gemeinsamen Teilers jener beiden Funktionen modulo p die Anzahl der inkongruenten Einheiten angiebt, welche die Kongruenz $f(x) \equiv 0 \pmod{p}$ als Wurzeln besitzt. Entwickeln wir den Quotienten:

$$\frac{f(x)}{g(x)} = \frac{\sum c_k x^k}{x^{p-1} - 1}$$

nach fallenden Potenzen von x und setzen wiederum allgemein $c_{k + \lambda(p-1)} = c_k$, so ergiebt sich durch Division von Zähler und Nenner mit x^{p-1} und Entwickelung des Nenners:

$$\frac{f(x)}{g(x)} = \frac{\sum\limits_{k=0}^{p-2} c_k x^{-(p-1-k)}}{1 - x^{-(p-1)}} = \sum\limits_{h=1}^{p-1} c_{-h} x^{-h} \cdot \left(\sum\limits_{\lambda=0}^{\infty} x^{-\lambda(p-1)} \right)$$

$$= \sum\limits_{h=1}^{p-1} \sum\limits_{\lambda=0}^{\infty} c_{-h} x^{-(h + \lambda(p-1))} = \sum\limits_{h=1}^{\infty} c_{-k} x^{-k}$$

In diesem Falle sind also die Entwickelungskoefficienten einfach die Koefficienten $c_{-1}, c_{-2}, \cdots c_{-(p-1)}$, oder was dasselbe ist, $c_{p-2}, c_{p-3}, \cdots c_0$ der zu untersuchenden Funktion, in dieser Reihenfolge geschrieben, welche sich periodisch wiederholen. Kehrt man noch die Reihenfolge der Entwickelungskoefficienten um, was für das folgende Resultat unwesentlich ist, so ergiebt sich durch Anwendung des am Schlusse des vorigen Abschnittes bewiesenen Satzes das Theorem:

Die Kongruenz

$$f(x) = c_0 + c_1 x + \cdots + c_{p-2} x^{p-2} \equiv 0 \pmod{p}$$

besitzt genau s modulo p inkongruente Einheiten als Wurzeln, wenn zwischen je $p - s$ aufeinander folgenden Zahlen der periodischen Reihe:

$$c_0, \; c_1, \; c_2, \; \cdots c_{p-2}, \; c_0, \; c_1, \; \cdots$$

eine und dieselbe lineare homogene Kongruenz besteht, und dies die kleinste Anzahl ist, für welche eine solche Beziehung stattfindet.

Wir ziehen aus diesem Satze eine interessante Folgerung, welche wir auch an das allgemeine Theorem am Schlusse des vorigen Abschnittes hätten anknüpfen können.

Es sei:

$$r = p - s - 1$$

und

$$(1) \qquad b_0 c_i + b_1 c_{i+1} + \cdots + b_{r-1} c_{i+r-1} + c_{i+r} \equiv 0 \quad (\mathrm{mod}\ p)$$

jene lineare Relation zwischen je $r + 1$ aufeinander folgenden Koefficienten, in welcher wir, was offenbar stets erreicht werden kann, b_r gleich Eins angenommen haben.

Multipliziert man nun in den schon oben behandelten Systemen:

$$(c_{i+k}) = \begin{pmatrix} c_0, & c_1, & \cdots & c_{p-r+1}, & \cdots & c_{p-3}, & c_{p-2} \\ c_1, & c_2, & \cdots & c_{p-r+2}, & \cdots & c_{p-2}, & c_{p-1} \\ \vdots & & & & & & \end{pmatrix}$$

die vorletzte Kolonne mit b_{r-1}, die vorvorletzte mit b_{r-2}, u. s. w. und addiert sie dann alle zur letzten Kolonne, so werden alle Elemente dieser letzten Kolonne wegen der bestehenden Rekursionsformel (1) kongruent Null modulo p. Addiert man nun in derselben Weise zur vorletzten Kolonne die bezw. mit b_{r-1}, b_{r-2}, $\cdots$ b_0 multiplizierten nächst vorhergehenden Kolonnen, so treten auch an Stelle dieser Elemente lauter Nullen. Fährt man in derselben Weise fort, so erhält man ein transformiertes System, dessen r erste Kolonnen ungeändert sind, während alle folgenden nur Nullen enthalten. Formt man endlich auch die Horizontalreihen dieses Systemes in gleicher Weise um, so geht unser System zuletzt über in das folgende:

$$(c'_{ik}) = \begin{pmatrix} c_0, & c_1, & \cdots & c_{r-1}, & 0, \cdots 0 \\ c_1, & c_2, & \cdots & c_r, & 0, \cdots 0 \\ \vdots & & & & \\ c_{r-1}, & c_r, & \cdots & c_{2(r-2)}, & 0, \cdots 0 \\ 0, & 0, & \cdots 0, & 0, \cdots 0 \\ \vdots & & & & \\ 0, & 0, & \cdots 0, & 0, \cdots 0 \end{pmatrix}$$

Dasselbe ist modulo p betrachtet evident höchstens vom Range r, da alle Determinanten $(r + 1)^{\text{ter}}$ Ordnung offenbar durch p teilbar sind; dieses transformierte System ist dann und nur dann von niedrigerem als dem r^{ten} Range, wenn die einzige in ihm vorhandene Determinante r^{ter} Ordnung:

$$C^{(r)} = \left| c_{g+h} \right| \qquad {\scriptstyle (g,\, h \,=\, 0.\, 1,\, \cdots \, r-1)}$$

ebenfalls noch durch p teilbar wäre.

Nach der a. S. 398 gemachten Bemerkung, welche ebenso auch für die Kongruenz für einen Primzahlmodul gilt, besitzen aber die beiden Systeme (c_{i+k}) und (c'_{ik}) denselben Rang, da das zweite aus dem ersten nur durch mehrfache Anwendung der beiden dort erwähnten Elementartransformationen hervorgeht. Also ist auch das System (c_{i+k}) höchstens vom Range r und dann und nur dann wirklich von diesem Range, wenn seine erste Hauptsubdeterminante $C^{(r)} = \left| c_{g+h} \right|$ nicht durch p teilbar ist. Nun hatten wir aber a. S. 404 direkt bewiesen, daß das System (c_{i+k}) genau vom Range r und nicht von niedrigerem Range ist, wenn die Kongruenz $f(x) \equiv 0 \pmod{p}$ genau s inkongruente Wurzeln besitzen soll. Also ist jene Hauptunterdeterminante $C^{(r)}$ sicher nicht durch s teilbar, und es ergiebt sich der weitere Satz:

Die Kongruenz $f(x) \equiv 0 \pmod{p}$ besitzt genau $p - 1 - r$ inkongruente Lösungen, wenn die Hauptunterdeterminante r^{ter} Ordnung:

$$\begin{vmatrix} c_0, & c_1, & \cdots & c_{r-1} \\ c_1, & c_2, & \cdots & c_r \\ \vdots & & & \\ c_{r-1}, & c_r, & \cdots & c_{2r-2} \end{vmatrix}$$

des zugeordneten Systems (c_{i+k}) durch p nicht teilbar ist, während alle Determinanten $(r+1)^{\text{ter}}$ Ordnung modulo p verschwinden.

Die Anzahl der Determinanten $(r+1)^{\text{ter}}$ Ordnung, welche hier auf ihr Verschwinden modulo p zu untersuchen sind, ist ganz außerordentlich groß. Wir wollen jetzt noch zum Abschlusse dieser Betrachtungen zeigen, daß man, falls die Hauptunterdeterminante r^{ter} Ordnung p nicht enthält, nur $p - (r+1)$ Determinanten $(r+1)^{\text{ter}}$ Ordnung auf ihre Teilbarkeit durch p zu untersuchen braucht, nämlich die Determinanten:

$$(2) \quad D_\tau^{(r+1)} = \begin{vmatrix} c_0, & c_1, & \cdots & c_{r-1}, & c_{r+\tau} \\ c_1, & c_2, & \cdots & c_r, & c_{r+\tau+1} \\ \cdot & \cdot & \cdots & \cdot & \cdot \\ c_{r-1}, & c_r, & \cdots & c_{2r-2}, & c_{2r+\tau-1} \\ c_r, & c_{r+1}, & \cdots & c_{2r-1}, & c_{2r+\tau} \end{vmatrix} \quad {\scriptstyle (\tau \,=\, 0,\, 1,\, \cdots \, p-2-r),}$$

welche aus der Hauptunterdeterminante $\left| c_{g+h} \right|$ durch Ränderung mit der nächstfolgenden Zeile und jeder der $p - (r + 1)$ letzten Kolonnen hervorgeht.

In der That zeigt man auf dem folgenden Wege leicht, daß, falls alle jene Determinanten $D_\tau^{(r+1)}$ p enthalten, zwischen je $(r + 1)$ aufeinander folgenden Koeffizienten eine lineare Relation besteht, daß also die Kongruenz $f(x) \equiv 0 \pmod{p}$ wirklich $p - 1 - r$ Wurzeln besitzt. Da nämlich die Hauptunterdeterminante r^{ter} Ordnung $|c_{g+h}|$ p nicht enthält, so kann man stets r Zahlen $b_0, b_1, \cdots b_r$ so bestimmen, daß die r Kongruenzen:

$$(3) \quad \left.\begin{aligned} b_0 c_0 \ \ + \cdots + b_{r-1} c_{r-1} \ + c_r \ \ \ &\equiv 0 \\ b_0 c_1 \ \ + \cdots + b_{r-1} c_r \ \ \ + c_{r+1} &\equiv 0 \\ &\vdots \\ b_0 c_{r-1} + \cdots + b_{r-1} c_{2r-2} + c_{2r-1} &\equiv 0 \end{aligned}\right\} \pmod{p}$$

sämtlich erfüllt sind. Ich behaupte, daß dann auch für jedes $\tau = 0, 1, \cdots p - 2 - r$ ebenfalls:

$$B_{r+\tau} = b_0 c_{r+\tau} + b_1 c_{r+\tau+1} + \cdots + b_{r-1} c_{2r+\tau-1} + c_{2r+\tau} \equiv 0 \pmod{p}$$

ist. Addiert man nämlich in der Determinante $D_\tau^{(r+1)}$ in (2) die erste, zweite, ... Horizontalreihe zur letzten, nachdem man sie bezw. mit $b_0, b_1, \cdots b_{r-1}$ multipliziert hat, so verschwinden wegen (3) die r ersten Elemente jener Zeile modulo p, während das letzte Element gleich $B_{r+\tau}$ in (3) wird. Entwickelt man nun die nach der gemachten Annahme durch p teilbare Determinante $D_\tau^{(r+1)}$ nach ihrer letzten Kolonne, so reduziert sie sich auf das eine Glied:

$$D_\tau^{(r+1)} \equiv \pm B_{r+\tau} \cdot |c_{g+h}|,$$

d. h. es muß notwendig $B_{r+\tau}$ p enthalten, oder die Koefficienten hängen wirklich durch die lineare Rekursionsformel:

$$b_0 c_k + b_1 c_{k+1} + \cdots + b_{r-1} c_{k+r-1} + c_{k+r} \equiv 0 \pmod{p} \quad {\scriptstyle(k=0,1,\cdots p-2)}$$

zusammen; das System (c_{i+k}) ist demnach wirklich vom Range r, w. z. b. w.

Als Beispiel betrachten wir die Kongruenz:

$$(4) \qquad\qquad 2x^2 + 3 \equiv 0 \pmod{5},$$

zu welcher das System:

$$(c_{i+k}) = \begin{pmatrix} 2 & 0 & 3 & 0 \\ 0 & 3 & 0 & 2 \\ 3 & 0 & 2 & 0 \\ 0 & 2 & 0 & 3 \end{pmatrix}$$

gehört. Von den Hauptunterdeterminanten dieses Systemes ist die Determinante zweiter Ordnung

$$\begin{vmatrix} 2 & 0 \\ 0 & 3 \end{vmatrix} = 6$$

nicht durch 5 teilbar, während die beiden Determinanten dritter Ordnung:

$$\begin{vmatrix} 2 & 0 & 3 \\ 0 & 3 & 0 \\ 3 & 0 & 2 \end{vmatrix} = -15, \qquad \begin{vmatrix} 2 & 0 & 0 \\ 0 & 3 & 2 \\ 3 & 0 & 0 \end{vmatrix} = 0,$$

welche aus ihr durch Ränderung entstehen, den Divisor 5 enthalten. Also besitzt die Kongruenz (4) zwei modulo 5 inkongruente Wurzeln, und in der That ist ja:

$$2x^2 + 3 \equiv 2(x - 1)(x + 1) \quad (\text{mod } 5).$$

Neunundzwanzigste Vorlesung.

Einteilung der Einheiten für einen zusammengesetzten Modul nach dem Exponenten, zu welchem sie gehören. — Existenzbeweis für die primitiven Wurzeln in Bezug auf eine Primzahlpotenz und das Doppelte einer solchen. — Die Einheiten modulo 2^{ν}. — Die Indexsysteme der Einheiten für zusammengesetzte Moduln. — Anwendungen: Die Darstellung aller nicht äquivalenten reduzierten Brüche mit gegebenem Nenner. Die Entwickelung rationaler Brüche nach fallenden Potenzen einer Grundzahl. Die Anzahl der periodischen und nichtperiodischen Glieder dieser Entwickelung. — Anwendung auf die Theorie der Dezimalbrüche.

§ 1.

Im vorigen Abschnitte haben wir die reinen Kongruenzen für einen Primzahlmodul p vollständig untersucht und zwar mit Hülfe der primitiven Wurzeln modulo p. Wir wollen jetzt den Begriff der primitiven Wurzeln auf den Fall eines zusammengesetzten Moduls ausdehnen.

Ist m eine beliebige ganze Zahl, a eine Einheit modulo m, so genügt a nach dem allgemeinen Fermatschen Satze der Kongruenz:

(1) $$a^{\varphi(m)} \equiv 1 \pmod{m}.$$

Indessen braucht die $\varphi(m)^{\text{te}}$ Potenz von a nicht die niedrigste zu sein, welche kongruent Eins ist. Es sei a^t die kleinste Potenz von a, welche diese Eigenschaft hat; dann möge wieder t der Exponent genannt werden, zu welchem a modulo m gehört. Ist dann s irgend eine Zahl, für welche ebenfalls $a^s \equiv 1 \pmod{m}$ ist, so muß s notwendig ein Vielfaches von t sein. Wäre nämlich:

$$s = \tau t + t_1 \qquad (t_1 < t)$$

und wäre t_1 nicht Null, so wäre ja:

$$a^s = a^{t\tau} a^{t_1} \equiv a^{t_1} \equiv 1 \pmod{m},$$

d. h. es wäre entgegen unserer Annahme t nicht der Exponent, zu dem a modulo m gehört.

Da nun für jede Einheit a die Kongruenz (1) besteht, so muſs $\varphi(m)$ ein Multiplum von t sein, d. h. es besteht der Satz:

> Jede Einheit modulo m gehört zu einem Exponenten, welcher einer der Teiler von $\varphi(m)$ ist, also höchstens gleich $\varphi(m)$ selbst sein kann.

Giebt es nun unter den Einheiten modulo m auch eine solche g, welche zu dem gröſsten möglichen Exponenten, nämlich zu $\varphi(m)$ selbst gehört, so würden wir sie wieder eine primitive Wurzel modulo m nennen, und wir könnten dann auf diese Thatsache eine vollständige Theorie und Einteilung der Einheiten auch für einen zusammengesetzten Modul m gründen. Wir werden zeigen, daſs solche primitiven Wurzeln immer existieren, wenn $m = p^k$ eine beliebig hohe Potenz irgend einer ungeraden Primzahl ist, oder wenn $m = 2p^k$, oder endlich wenn $m = 4$ ist, daſs dies dagegen sonst nicht mehr der Fall ist, daſs wir aber in jedem anderen Falle jene Theorie leicht auf die speziellen Moduln $m = p^k$ reduzieren können.

Ehe wir auf jenen Existenzbeweis der primitiven Wurzeln modulo p^k eingehen, kommen wir noch einmal kurz auf den Fall eines Primzahlmoduls zurück. Ist g eine primitive Wurzel modulo p, so ist $(g^{p-1} - 1)$ durch p teilbar. Ich behaupte nun, daſs man die primitive Wurzel g stets so annehmen kann, daſs jene Differenz zwar durch p, aber sicher nicht durch p^2 teilbar ist. Wäre nämlich:

$$(1^\mathrm{a}) \qquad g^{p-1} \equiv 1 \quad (\bmod\ p^2),$$

und ersetzt man g durch die kongruente Zahl $\bar g = g + pe$, wo e eine beliebige Einheit modulo p ist, so ist $\bar g$ offenbar ebenfalls primitive Wurzel modulo p und es ist:

$$\bar g^{p-1} = (g + ep)^{p-1} \equiv g^{p-1} + (p-1)g^{p-2}pe \quad (\bmod\ p^2),$$

weil alle folgenden Glieder mindestens durch p^2 teilbar sind. Also ist wegen (1^a):

$$\bar g^{p-1} - 1 \equiv -g^{p-2}pe \gtrless 0 \quad (\bmod\ p^2),$$

q. e. d. Genügt also g der Kongruenz (1), so ist man sicher, daſs z. B. für $\bar g = g + p$, $\bar g^{p-1} - 1$ nicht durch p^2 teilbar ist.

Wir zeigen nun auf induktivem Wege, daſs für jede Potenz einer ungeraden Primzahl eine primitive Wurzel existiert, indem wir als bewiesen annehmen, daſs für eine Potenz p^k eine solche Wurzel g vorhanden ist, und dann ein Mittel angeben, um aus g eine primitive Wurzel modulo p^{k+1} herzuleiten. Da wir oben für den Modul p selbst primitive Wurzeln gefunden haben, so ist ja damit der Beweis vollständig erbracht.

Es möge also g eine primitive Wurzel modulo p^k sein, so dafs:

$$g^{\varphi(p^k)} = g^{p^{k-1}(p-1)} \equiv 1 \quad (\mathrm{mod}\ p^k)$$

die niedrigste Potenz von g ist, welche durch p^k geteilt den Rest Eins läfst. Es sei ferner t der Exponent, zu dem g für die nächst höhere Potenz p^{k+1} von p gehört, so dafs:

(2) $g^t \equiv 1 \quad (\mathrm{mod}\ p^{k+1})$

ist. Dann ist, wie oben bewiesen, t ein Teiler von $\varphi(p^{k+1}) = p^k(p-1)$, aber andererseits ein Multiplum von $\varphi(p^k) = p^{k-1}(p-1)$, denn die letzte Kongruenz (2) bleibt ja auch modulo p^k bestehen, also mufs t ein Vielfaches von dem Exponenten sein, zu dem g modulo p^k gehört. Da sich aber die beiden Zahlen $\varphi(p^k)$ und $\varphi(p^{k+1})$ nur um den Faktor p unterscheiden, so sind nur die beiden Fälle möglich, dass $t = \varphi(p^{k+1})$, d. h. dafs g auch bereits primitive Wurzel für p^{k+1} ist, oder dafs $t = \varphi(p^k)$ ist. Wir zeigen jetzt, dass bei geeigneter Wahl von g die zweite Möglichkeit nicht eintreten kann, dafs dann also notwendig $t = \varphi(p^{k+1})$, d. h. dafs diese primitive Wurzel modulo p^k von selbst eine solche modulo p^{k+1} ist.

Hierzu bedienen wir uns des folgenden einfachen Hülfssatzes:

Sind x und y zwei beliebige ganze Zahlen, so besteht für jede Primzahlpotenz die Kongruenz:

(3) $(x + py)^{p^{k-1}} \equiv x^{p^{k-1}} + p^k x^{p^{k-1}-1} y \quad (\mathrm{mod}\ p^{k+1})$,

d. h. modulo p^{k+1} kann die Potenz links durch die beiden Anfangsglieder ihrer Entwickelung nach dem binomischen Satze ersetzt werden. Da dieser Satz offenbar für $k = 1$ richtig ist, so brauchen wir nur zu zeigen, dafs er auch für p^{k+2} erfüllt ist, falls er für den Modul p^{k+1} als richtig angenommen wird. Nehmen wir aber die Kongruenz (3) modulo p^{k+1} als bewiesen an, schreiben wir sie in der Form:

$$(x + py)^{p^{k-1}} = x^{p^{k-1}} + p^k x^{p^{k-1}-1} y + p^{k+1} f(x, y),$$

wo $f(x, y)$ eine ganze ganzzahlige Funktion von x und y bedeutet, und erheben dann beide Seiten zur p^{ten} Potenz, so folgt, wenn wir ihre rechte Seite modulo p^{k+2} betrachten:

$$(x + py)^{p^k} = (x^{p^{k-1}} + p^k x^{p^{k-1}-1} y + p^{k+1} f(x, y))^p$$
$$\equiv x^{p^k} + p^{k+1} x^{p^k-1} y \quad (\mathrm{mod}\ p^{k+2}),$$

weil alle folgenden Glieder mindestens durch p^{k+2} teilbar sind; damit ist aber unser Hülfssatz vollständig bewiesen.

Nun sei g eine primitive Wurzel modulo p^k, welche für die nächst höhere Potenz p^{k+1} keine primitive Wurzel ist, also für sie nur zum Exponenten $p^{k-1}(p-1)$ gehört. Dann folgt aus unserem Hülfssatze zunächst, daſs g auch modulo p selbst eine primitive Wurzel sein muſs; gehörte nämlich g modulo p zu einem Divisor d von $p-1$, wäre also:

$$g^d = 1 + hp,$$

so ergäbe sich aus unserem Lemma für $x = 1$, $y = h$:

$$g^{p^{k-1}d} = (1 + hp)^{p^{k-1}} \equiv 1 + p^k h \pmod{p^{k+1}}$$
$$\equiv 1 \pmod{p^k},$$

d. h. g wäre entgegen unserer Voraussetzung keine primitive Wurzel modulo p^k.

Ist nun

$$g^{p-1} = 1 + fp,$$

so ergiebt sich durch nochmalige Anwendung unseres Hülfssatzes:

$$g^{\varphi(p^k)} = g^{p^{k-1}(p-1)} = (1 + fp)^{p^{k-1}} \equiv 1 + p^k f \pmod{p^{k+1}},$$

und die rechte Seite ist also dann und nur dann kongruent Eins modulo p^{k+1}, wenn f ein Vielfaches von p, d. h. wenn $(g^{p-1} - 1)$ durch p^2 teilbar ist; ist also die primitive Wurzel modulo p^k speziell so beschaffen, daſs zugleich $(g^{p-1} - 1)$ nur durch p, aber nicht durch p^2 teilbar ist, so ist g von selbst primitive Wurzel für p^{k+1}, also nach demselben Beweise auch für $p^{k+2}, \cdots$, d. h. für jede höhere Potenz von p.

Denken wir uns also, was nach dem im Anfange dieses Paragraphen bewiesenen Satze stets möglich ist, g als primitive Wurzel für p so gewählt, daſs $(g^{p-1} - 1)$ nicht durch p^2 teilbar ist, so ist nach dem soeben geführten Beweise dieselbe Zahl g primitive Wurzel modulo p^2, p^3, $\cdots$, d. h. für jede Potenz von p als Modul, und damit ist der allgemeine Satz vollständig bewiesen.

So ist z. B. die Zahl 2 primitive Wurzel modulo 5, da sie zum Exponenten 4 modulo 5 gehört, und da $2^4 - 1 = 15$ nicht durch 5^2 teilbar ist, so ist 2 auch primitive Wurzel für jede Potenz von 5. In der That gehört z. B. 2 modulo 25 zum Exponenten $\varphi(25) = 20$, wie eine leichte Rechnung zeigt.

Ist der Modul $m = 2p^k$, so existieren für ihn ebenfalls primitive Wurzeln, welche zum Exponenten $\varphi(2p^k) = \varphi(2)\varphi(p^k) = \varphi(p^k)$ gehören; ist nämlich g eine solche für den Modul p^k und ist g ungerade, so ist g auch eine Einheit modulo $2p^k$, welche zum Exponenten $\varphi(2p^k)$ gehört, also auch für $2p^k$ eine primitive Wurzel. Ist dagegen g gerade, also modulo $2p^k$ keine Einheit, so brauchen wir nur g durch $\bar{g} = g + p^k$ zu ersetzen, denn dann ist $\bar{g}$ ungerade und offenbar ebenfalls primitive Wurzel für p^k und somit auch für $2p^k$.

§ 2.

Unser Beweis, dafs für jede Primzahlpotenz p^k primitive Wurzeln existieren, galt nur in dem Falle, dafs p ungerade ist; und in der That existieren für eine Potenz 2^ν von 2 niemals primitive Wurzeln, sobald der Exponent $\nu \geq 3$ ist. Für einen Modul 2^ν sind nämlich alle und nur die ungeraden Zahlen u Einheiten; und da $\varphi(2^\nu) = 2^{\nu-1}$ ist, so müfste, falls auch in diesem Falle primitive Wurzeln vorhanden sein sollten, eine ungerade Zahl existieren, welche modulo 2^ν zum Exponenten $2^{\nu-1}$ gehört. Man zeigt aber leicht, dafs für jede ungerade Zahl u die Kongruenz besteht:

$$(1) \qquad u^{2^{\nu-2}} \equiv 1 \quad (\bmod\ 2^\nu),$$

sobald $\nu \geq 3$ ist. Für $\nu = 3$, also $2^\nu = 8$, folgt dies, da u stets in der Form $4\nu \pm 1$ geschrieben werden kann, einfach aus der Kongruenz:

$$(1^a) \qquad u^2 = (4\nu \pm 1)^2 = 16\nu^2 \pm 8\nu + 1 \equiv 1 \quad (\bmod\ 8).$$

Dasselbe kann man aber auf induktivem Wege für jede höhere Potenz 2^ν beweisen. Nehmen wir nämlich an, dafs für eine solche Potenz 2^ν von 2 und irgend eine Zahl u

$$u^{2^{\nu-2}} \equiv 1 \quad (\bmod\ 2^\nu),$$

d. h. dafs die Differenz $u^{2^{\nu-2}} - 1$ durch 2^ν teilbar ist, so folgt aus der Identität:

$$(2) \qquad u^{2^{\nu-1}} - 1 = (u^{2^{\nu-2}} - 1)(u^{2^{\nu-2}} + 1),$$

dafs auch

$$u^{2^{\nu-1}} \equiv 1 \quad (\bmod\ 2^{\nu+1})$$

ist, denn in dem rechts stehenden Produkte in (2) ist der erste Faktor n. d. V. durch 2^ν, der zweite aber mindestens durch 2 teilbar, da er offenbar gerade ist, und damit ist die obige Behauptung vollständig bewiesen.

Dagegen kann man aber für jeden solchen Modul 2^ν stets eine Zahl finden, welche wirklich genau zu diesem höchsten überhaupt möglichen Exponenten $2^{\nu-2}$ gehört. Für den Modul $2^3 = 8$ besitzt die Zahl 5 offenbar diese Eigenschaft, aber man kann wieder leicht induktiv zeigen, dafs dieselbe Zahl auch für jede höhere Potenz 2^v zum Exponenten 2^{v-2} gehört.

Angenommen nämlich die Zahl 5 gehörte modulo 2^v nicht zum Exponenten 2^{v-2}, so müfste sie zu einem Teiler von dieser Zahl, d. h. zu einer Potenz 2^k gehören, deren Exponent $k \leq v-3$ ist, d. h. es müfste

$$5^{2^k} \equiv 1 \quad (\mathrm{mod}\ 2^v)$$

sein. Erhebt man aber diese Kongruenz zur $2^{v-3-k\text{ten}}$ Potenz, so ergäbe sich aus ihr:

(3) $$5^{2^{v-3}} \equiv 1 \quad (\mathrm{mod}\ 2^v).$$

Kann man also umgekehrt nachweisen, dafs die Zahl 5 dieser letzten Kongruenz nicht genügt, so ist damit bewiesen, dafs 5 modulo 2^v zum Exponenten 2^{v-2} gehört.

Es möge nun 5 für eine Potenz 2^v von 2 zum Exponenten $v-2$ gehören, d. h. es sei die Differenz $(5^{2^{v-3}} - 1)$ durch 2^v nicht teilbar. Dann ist auch die Differenz:

$$5^{2^{v-2}} - 1 = (5^{2^{v-3}} - 1)(5^{2^{v-3}} + 1)$$

sicher nicht durch 2^{v+1} teilbar, denn der erste Faktor rechts enthält n. d. V. höchstens die Potenz 2^{v-1}, während der zweite, da er offenbar von der Form $4n + 2$ ist, genau durch 2 teilbar ist. Ist also die Kongruenz (3) nicht erfüllt, gehört also 5 für 2^v zum Exponenten 2^{v-2}, so besteht auch die Kongruenz:

$$5^{2^{v-2}} \equiv 1 \quad (\mathrm{mod}\ 2^{v+1})$$

ebenfalls nicht, d. h. 5 gehört auch modulo 2^{v+1} zum Exponenten 2^{v-1}; und da 5 modulo 2^3 wirklich zum Exponenten 2^1 gehört, so ist unsere Behauptung bewiesen.

Die beiden bisher ausgeschlossenen Fälle $m = 2$ und $m = 2^2$ erledigen sich einfach durch die Bemerkung, dafs für den Modul 2 die Zahl 1, für den Modul 4 offenbar die Zahl 3 oder, was dasselbe ist, (-1) eine primitive Wurzel ist. Für den Modul 2^v giebt es dagegen, falls $v > 2$ ist, keine primitive Wurzel, aber man erkennt leicht, dafs alle 2^{v-1} modulo 2^v inkongruenten Einheiten und nur sie in der allgemeineren Form

$$\pm 1, \pm 5, \pm 5^2, \cdots \pm 5^{2^{v-2}-1}$$

dargestellt sind; denn wären zwei solche Potenzen $\pm 5^\lambda$ und $\pm 5^\mu$ kongruent, so müfste ja eine Potenz

$$5^\varrho = 5^{\lambda-\mu} \equiv \pm 1 \quad (\text{mod } 2^\nu)$$

sein, deren Exponent $\varrho < 2^{\nu-2}$ wäre. Aber eine solche Potenz kann nicht kongruent $+1$ sein, weil 5 zum Exponenten $2^{\nu-2}$ gehört; ebensowenig kann sie kongruent -1 sein, weil 5, also auch jede Potenz von 5, schon modulo 2^2 kongruent $+1$ ist. Man sieht sofort, dafs die Einheiten $+5^{\varrho_0}$ alle und nur diejenigen inkongruenten Zahlen von der Form $4n+1$, diejenigen -5^{ϱ_0} alle die von der Form $4n-1$ sind. Wir können jene $2^{\nu-1}$ modulo 2^ν inkongruenten Einheiten e offenbar folgendermaßen vollständig darstellen:

$$e \equiv (-1)^\varrho 5^{\varrho_0} \quad (\text{mod } 2^\nu) \qquad \left(\begin{smallmatrix} \varrho = 0, 1 \\ \varrho_0 = 0, 1, \ldots 2^{\nu-2}-1 \end{smallmatrix}\right);$$

in diesem Falle ist also eine solche Einheit modulo 2^ν nicht durch einen Index, sondern durch ein Indexsystem (ϱ, ϱ_0) von zwei Zahlen vollständig charakterisiert, welche unabhängig von einander vollständige Restsysteme bezw. modulo 2 und modulo $2^{\nu-2}$ durchlaufen; auch hier können wir jenes Exponentensystem $(\varrho, \varrho_0) = \text{Indd } (e)$ setzen, und als die Indices von e bezeichnen; man erkennt auch sofort, dafs, wenn:

$$e \equiv (-1)^\varrho 5^{\varrho_0}, \quad e' \equiv (-1)^{\varrho'} 5^{\varrho_0'} \quad (\text{mod } 2^\nu)$$

zwei beliebige Einheiten modulo 2^ν sind,

$$ee' \equiv (-1)^{\varrho+\varrho'} 5^{\varrho_0+\varrho_0} \quad (\text{mod } 2^\nu)$$

ist, dafs also auch hier die Beziehung besteht:

$$\text{Indd } (ee') = \text{Indd } e + \text{Indd } e'$$

mit der Maßgabe, dafs jedesmal die Summe $\varrho + \varrho'$ modulo 2, die Summe $\varrho_0 + \varrho_0'$ modulo $2^{\nu-2}$ auf ihren kleinsten Rest reduziert anzunehmen ist. Die Indexsysteme ersetzen hier also die Indices für einen Primzahlmodul vollständig.

Wir hatten bis jetzt bewiesen, dafs für die Moduln:

(4) $$2, \ 4, \ p^k, \ 2p^k$$

primitive Wurzeln existieren. Wir zeigen nunmehr, dafs dies überhaupt die einzigen Fälle sind, für welche primitive Wurzeln vorhanden sind. In der That sei:

$$m = p_1^{h_1} p_2^{h_2} \cdots$$

irgend eine zusammengesetzte Zahl; ist dann e irgend eine Einheit modulo m, so genügt sie für jede in m enthaltene Primzahlpotenz der Kongruenz:

(5) $$e^{\varphi\left(p_i^{h_i}\right)} \equiv 1 \quad \left(\text{mod } p_i^{h_i}\right);$$

ist daher t das kleinste gemeinsame Multiplum der Zahlen

$$(\varphi(p_1^{h_1}), \quad \varphi(p_2^{h_2}), \cdots),$$

so genügt jede Einheit modulo m der Kongruenz:

(6) $$e^t \equiv 1 \pmod{m},$$

weil dieselbe Kongruenz wegen (5) für jede in m enthaltene Primzahlpotenz $p_i^{h_i}$ erfüllt ist. Ist also diese Zahl t kleiner als:

$$\varphi(m) = \varphi(p_1^{h_1})\,\varphi(p_2^{h_2})\cdots,$$

ist also das kleinste Multiplum von $(\varphi(p_1^{h_1}), \varphi(p_2^{h_2}), \cdots)$ kleiner als das Produkt derselben Zahlen, so giebt es keine primitive Wurzel modulo m, da alle Einheiten modulo m der Kongruenz (6) genügen, deren Exponent $t < \varphi(m)$ ist. Nun ist aber das kleinste gemeinsame Vielfache beliebig vieler Zahlen nach dem a. S. 77 bewiesenen Satze dann und nur dann gleich ihrem Produkte, wenn je zwei von ihnen zu einander teilerfremd sind. Also existiert sicher keine primitive Wurzel für den Modul $m = p_1^{h_1} p_2^{h_2} \cdots$, wenn von den Zahlen:

$$\varphi(p_1^{h_1}), \quad \varphi(p_2^{h_2}), \cdots$$

auch nur zwei einen gemeinsamen Teiler haben. Also kann m zunächst nicht mehr als eine ungerade Primzahlpotenz enthalten, da anderenfalls

$$\varphi(p_1^{h_1}) = p_1^{h_1-1}(p_1 - 1), \quad \varphi(p_2^{h_2}) = p_2^{h_2-1}(p_2 - 1)$$

die beiden Faktoren $(p_1 - 1)$ und $(p_2 - 1)$ den gemeinsamen Faktor 2 enthalten würden; also muß

$$m = 2^h p^k$$

sein. Ist aber $k > 0$, so kann der Exponent h von 2 nur gleich Null oder Eins sein, da anderenfalls $\varphi(2^h)$ und $\varphi(p^k)$ wieder den Teiler 2 hätten. Es bleiben also nur die Moduln 2^h, p^k und $2p^k$ übrig, für welche primitive Wurzeln existieren können, d. h. diejenigen, welche oben bereits genau untersucht wurden. So ergiebt sich, daß wirklich nur in den vier oben hervorgehobenen Fällen (4) primitive Wurzeln existieren.

§ 3.

Mit Hülfe der primitiven Wurzeln konnten wir alle Einheiten modulo p auf überraschend einfache Weise als Potenzen einer Grundzahl g darstellen, und sie vollständig in Klassen einteilen. Für zusammengesetzte Moduln ist eine solche Darstellung im allgemeinen nicht möglich, es scheint also, daß das wichtige Hülfsmittel der In-

dices in diesem Falle verloren geht, aber gerade hier ist es für eine
Anzahl wichtiger Anwendungen, besonders für die Dirichletsche Untersuchung der arithmetischen Reihe, unbedingt nötig, eine ähnliche vollständige Darstellung der Einheiten modulo m zu besitzen, wie es die
der Einheiten modulo p durch die zugehörigen Indices war. Die vor-
angegangenen Betrachtungen geben uns nun in der That die Möglichkeit, jede Einheit r modulo m zwar nicht durch *einen* Index ϱ, wohl
aber ganz ebenso wie vorher für den Modul 2^ν durch ein Indexsystem
$(\varrho, \varrho_0, \varrho_1, \cdots)$ vollständig zu charakterisieren, welches genau dieselben
wesentlichen Eigenschaften besitzt, wie die Indices für einen Primzahl-
modul. Hierzu führen die folgenden Betrachtungen.

Es sei

$$(1) \qquad m = 4 \cdot 2^{h_0} q_1^{h_1} q_2^{h_2} \cdots$$

der zu untersuchende Modul, $q_1, q_2, \cdots$ seien die in m auftretenden
ungeraden Primzahlen, und $4 \cdot 2^{h_0} = 2^{h_0+2}$ die in jenem Modul enthaltene Potenz von 2, wir nehmen auch $h_0 \geq 1$ an, setzen also voraus,
dafs m mindestens durch $2^3 = 8$ teilbar ist. Hierin liegt keine Beschränkung; wäre nämlich z. B. m durch 2 garnicht teilbar, so können
wir ja $\overline{m} = 8m$ an Stelle von m als Modul wählen, denn jede Kongruenz modulo $8m$ gilt dann ja sicher auch modulo m.

Für jede Primzahlpotenz $q_i^{h_i}$ denken wir uns nun eine primitive
Wurzel g_i aufgesucht; dieselbe behält diese Eigenschaft, wenn wir zu
ihr ein beliebiges Multiplum $a_i q_i^{h_i}$ des Moduls addieren. Wir wollen
dies thun, und jenen Koefficienten a_i so bestimmen, dafs die neue
primitive Wurzel:

$$(2) \qquad \gamma_i = g_i + a_i q_i^{h_i} \equiv 1 \quad \left(\text{mod } \frac{m}{q_i^{h_i}}\right)$$

wird. Dieser Bedingung kann man stets genügen, da der Koefficient
von a_i und der Modul, d. h. die beiden Zahlen $q_i^{h_i}$ und $\dfrac{m}{q_i^{h_i}}$ teilerfremd
sind. Die so sich ergebenden Zahlen $(\gamma_1, \gamma_2, \cdots)$ sind dann so bestimmt, dafs allgemein γ_i eine primitive Wurzel modulo $q_i^{h_i}$ ist, während
sie für jede andere in m enthaltene Primzahlpotenz kongruent Eins ist.

In derselben Weise setzen wir:

$$\gamma_0 = 5 + 4 \cdot 2^{h_0} \alpha$$

und bestimmen α so, dafs:

$$(2^\text{a}) \qquad \gamma_0 = 5 + 4 \cdot 2^{h_0} \alpha \equiv 1 \quad \left(\text{mod } \frac{m}{4 \cdot 2^{h_0}}\right),$$

d. h. dafs $4 \cdot 2^{h_0} \alpha \equiv -4$, oder also:

$$2^{h_0}\alpha \equiv -1 \quad \left(\bmod \ \frac{m}{4\cdot 2^{h_0}}\right)$$

ist, was ebenfalls stets möglich ist; endlich setzen wir:

$$\gamma \equiv -1 + 4\cdot 2^{h_0}\beta$$

und verfügen über β in der Weise, daſs:

(2ᵇ) $$\gamma = -1 + 4\cdot 2^{h_0}\beta \equiv 1 \quad \left(\bmod \ \frac{m}{4\cdot 2^{h_0}}\right)$$

oder, was dasselbe ist, daſs:

$$\beta\cdot 2^{h_0+1} \equiv 1 \quad \left(\bmod \ \frac{m}{4\cdot 2^{h_0}}\right)$$

ist. Die so bestimmten beiden Zahlen γ und γ_0 sind dann modulo $4\cdot 2^{h_0}$ bezw. kongruent (-1) und 5, während sie für jede andere in m enthaltene Primzahlpotenz ebenfalls kongruent Eins sind.

Ich zeige nun, daſs und wie man jede Einheit r modulo m auf eine einzige Weise in der Form:

(3) $$r \equiv \gamma^{\varrho}\,\gamma_0^{\varrho_0}\,\gamma_1^{\varrho_1}\,\gamma_2^{\varrho_2}\cdots \ (\bmod\ m) \quad \left(\begin{array}{l}\varrho = 0, 1 \\ \varrho_0 = 0, 1, \cdots 2^{h_0}-1 \\ \varrho_1 = 0, 1, \cdots \varphi(q_1^{h_1})-1 \\ \varrho_2 = 0, 1, \cdots \varphi(q_2^{h_2})-1 \\ \cdots\cdots\cdots\end{array}\right)$$

darstellen kann. Betrachten wir nämlich jene Kongruenz (3) zuerst modulo $4\cdot 2^{h_0}$ und beachten wir dabei, daſs $\gamma_1, \gamma_2, \cdots$ für diesen Modul alle kongruent Eins sind, während γ und γ_0 bezw. kongruent -1 und 5 werden, so ergiebt sich aus ihr die Kongruenz:

$$r \equiv (-1)^{\varrho}\,5^{\varrho_0} \quad (\bmod\ 4\cdot 2^{h_0}),$$

aus der sich ϱ und ϱ_0 eindeutig als Zahlen der beiden Reihen $(0, 1)$ bezw. $(0, 1, \cdots 2^{h_0}-1)$ bestimmen. Betrachten wir zweitens dieselbe Kongruenz modulo $q_i^{h_i}$, so sind alle Zahlen γ auſser γ_i kongruent Eins, γ_i aber kongruent g_i und man erhält für ϱ_i die Kongruenz:

$$r \equiv g_i^{\varrho_i} \quad \left(\bmod\ q_i^{h_i}\right),$$

welche ϱ_i eindeutig innerhalb der Reihe $0, 2, \cdots \varphi\!\left(q_i^{h_i}\right)-1$ bestimmt.

Sind auf diese Weise alle Exponenten $\varrho, \varrho_0, \varrho_1, \cdots$ bestimmt, so ist in der That:

$$r \equiv \gamma^{\varrho}\,\gamma_0^{\varrho_0}\,\gamma_1^{\varrho_1}\cdots \ (\bmod\ m),$$

da diese Kongruenz für die sämtlichen in m enthaltenen Primzahlpotenzen

$$4\cdot 2^{h_0},\ q_1^{h_1},\ q_2^{h_2},\ \cdots$$

erfüllt ist. Umgekehrt sind auch die auf diese Weise sich ergebenden

$$2 \cdot 2^{h_0 - 1} \cdot \varphi\left(q_1^{h_1}\right) \varphi_2\left(q_2^{h_2}\right) \cdots = \varphi\left(4 \cdot 2^{h_0} q_1^{h_1} q_2^{h_2} \cdots\right) = \varphi(m)$$

Zahlen $\left(\gamma^{\varrho} \gamma_0^{\varrho_0} \cdots\right)$ offenbar Einheiten modulo m, welche sämtlich modulo m inkongruent sind, da zwei solche Einheiten:

$$r \equiv \gamma^{\varrho} \gamma_0^{\varrho_0} \gamma_1^{\varrho_1} \cdots, \quad r' \equiv \gamma^{\varrho'} \gamma_0^{\varrho_0'} \gamma_1^{\varrho_1'} \cdots \quad (\text{mod } m),$$

für welche auch nur zwei entsprechende Exponenten ϱ_i und ϱ_i' verschieden sind, ja schon für die entsprechende Primzahlpotenz $q_i^{h_i}$, also a fortiori modulo m inkongruent sein müssen.

Da somit, abgesehen von den ein für alle Male fest gewählten Grundzahlen γ, γ_0, γ_1, $\cdots$ jede Einheit r modulo m durch das Exponentensystem $(\varrho, \varrho_0, \varrho_1, \cdots)$ eindeutig bestimmt ist, so können und wollen wir dieses ähnlich wie das am Ende des § 2 für den Modul 2^{ν} betrachtete Exponentensystem (ϱ, ϱ_0) als *das zu r gehörige Indexsystem* bezeichnen, und diese Zugehörigkeit durch die Gleichung:

$$(\varrho, \varrho_0, \varrho_1, \cdots) = (\varrho_i) = \text{Indd}(r)$$

charakterisieren. Auch hier könnten wir die einzelnen Exponenten $\varrho_i \geqq \varphi\left(q_i^{h_i}\right)$ annehmen, haben aber dann jene Exponenten ϱ_i nur modulo $\varphi\left(q_i^{h_i}\right)$ zu betrachten; wir wollen daher jene Exponenten ϱ_i immer bereits auf ihren kleinsten Rest reduziert voraussetzen. Zwei Zahlen r und r' sind dann und nur dann kongruent modulo m, wenn ihre Indexsysteme $(\varrho, \varrho_0, \varrho_1, \cdots)$ und $(\varrho', \varrho_0', \varrho_1', \cdots)$ identisch sind. Aus der Darstellung zweier Einheiten r und r' durch die Produkte $\left(\gamma^{\varrho} \gamma_0^{\varrho_0} \cdots\right)$ und $\left(\gamma^{\varrho'} \gamma_0^{\varrho_0'} \cdots\right)$ geht endlich ohne weiteres hervor, daß auch in diesem allgemeinsten Falle die Fundamentalgleichung:

$$\text{Indd}(rr') = \text{Indd}(r) + \text{Indd}(r')$$

erfüllt ist.

§ 4.

Wir wenden die hier entwickelte Theorie der Indices auf die Zerlegung der Brüche in Partialbrüche an, indem wir zunächst die a. S. 125 gegebenen Ausführungen verallgemeinern. Es sei

$$m = q_1^{k_1} q_2^{k_2} \cdots q_g^{k_g}$$

die Zerlegung einer beliebigen ganzen Zahl in ihre Primzahlpotenzen. Definieren wir dann die Zahlen Q_1, Q_2, $\cdots$ durch die Gleichungen:

(1) $$m = q_1^{k_1} Q_1 = q_2^{k_2} Q_2 = \cdots,$$

so ist das Divisorensystem $(Q_1, Q_2, \cdots Q_g)$ offenbar äquivalent Eins; ist also n eine beliebige ganze Zahl, so kann man stets solche Multiplikatoren $n_1, n_2, \cdots$ finden, daſs

(2) $$n = n_1 Q_1 + n_2 Q_2 + \cdots + n_g Q_g$$

ist, oder wenn man mit m dividiert, so folgt:

(2ª) $$\frac{n}{m} = \frac{n_1}{q_1^{k_1}} + \frac{n_2}{q_2^{k_2}} + \cdots + \frac{n_g}{q_g^{k_g}},$$

d. h. jeder rationale Bruch kann in Partialbrüche zerlegt werden, deren Nenner die einzelnen in dem Nenner enthaltenen Primzahlpotenzen sind.

Da allgemein Q_i durch jede Primzahlpotenz $q_h^{k_h}$ auſser $q_i^{k_i}$ teilbar, aber zu dieser letzteren teilerfremd ist, so folgt, daſs n dann und nur dann durch m teilbar ist, wenn alle Koefficienten n_i die entsprechende Primzahlpotenz $q_i^{k_i}$ enthalten, denn aus (2) folgt:

(3) $$n \equiv n_i Q_i \pmod{q_i^{k_i}},$$

d. h. n ist nur dann durch $q_i^{k_i}$ teilbar, wenn dasselbe für n_i der Fall ist. Zwei Zahlen:

$$n = \sum n_i Q_i, \qquad n' = \sum n_i' Q_i$$

sind also stets und nur dann kongruent modulo m, wenn allgemein:

$$n_i \equiv n_i' \pmod{q_i^{k_i}} \qquad (i = 1, 2, \cdots g)$$

ist. Endlich folgt aus den Kongruenzen (3) ohne weiteres, daſs n dann und nur dann zu m teilerfremd ist, wenn allgemein n_i nicht durch q_i teilbar ist.

Wir betrachten nun alle Brüche $\frac{n}{m}$ mit dem Nenner m und denken sie uns nach (2ª) in Partialbrüche zerlegt. Ein solcher Bruch ist nach der soeben gemachten Bemerkung dann und nur dann reduziert, d. h. Zähler und Nenner sind teilerfremd, wenn dasselbe für die einzelnen Partialbrüche der Fall ist. Nennen wir wieder wie im § 1 der elften Vorlesung zwei reduzierte Brüche $\frac{n}{m}$ und $\frac{n'}{m}$ äquivalent, wenn sie sich nur um eine ganze Zahl unterscheiden, wenn also ihre Zähler modulo m kongruent sind, so folgt aus den oben gemachten Bemerkungen, daſs jene beiden Brüche:

$$\frac{n}{m} = \sum \frac{n_i}{q_i^{k_i}} \quad \text{und} \quad \frac{n'}{m} = \sum \frac{n_i'}{q_i^{k_i}}$$

dann und nur dann äquivalent sind, wenn je zwei entsprechende Partialbrüche äquivalent sind. Man erhält also ein vollständiges System nicht äquivalenter reduzierter Brüche mit dem Nenner m, wenn man in der Darstellung (2ᵃ) die Zähler n_i unabhängig von einander ein vollständiges System inkongruenter Einheiten für den entsprechenden Nenner $q_i^{k_i}$ durchlaufen läfst.

Es sei nun speziell:

$$m = 2^\nu p_1^{k_1} p_2^{k_2} \cdots,$$

wobei $\nu \geq 3$ angenommen werde und $p_1, p_2, \cdots$ jetzt ungerade Primzahlen bedeuten. Sind dann $g_1, g_2, \cdots$ primitive Wurzeln für die Primzahlpotenzen $p_1^{k_1}, p_2^{k_2}, \cdots$, so kann man also die $\varphi(m)$ nicht äquivalenten reduzierten Brüche folgendermafsen darstellen:

$$\frac{n}{m} \sim \pm \frac{5^{h_0}}{2^\nu} + \frac{g_1^{h_1}}{p_1^{k_1}} + \frac{g_2^{h_2}}{p_2^{k_2}} + \cdots \qquad \binom{h_0 = 0, 1, \cdots 2^{\nu-2}-1}{h_i = 0, 1, \cdots \varphi\left(p_i^{k_i}\right)-1}$$

Diese Darstellung der rationalen Brüche ist für alle arithmetischen Untersuchungen derselben sehr wichtig. Die kleinsten Reste aller reduzierten Brüche mit dem Nenner m sind, bei festen Grundzahlen $g_1, g_2, \cdots$ durch die Exponenten $(h_0, h_1, h_2, \cdots)$ und das zugehörige Vorzeichen des ersten Partialbruches eindeutig bestimmt. Ist speziell $\nu = 1$ oder 2, so tritt an die Stelle des ersten Partialbruches offenbar $\frac{1}{2}$ oder $\pm \frac{1}{2}$. Wir werden diese Darstellung gleich bei der elementaren Frage nach den Perioden der Dezimalbrüche anwenden.

§ 5.

Wir wollen die Theorie der Potenzreste zweitens auf die Entwickelung der rationalen Brüche nach fallenden Potenzen einer beliebigen Grundzahl anwenden.

Wir hatten a. S. 405 gesehen, dafs man jeden rationalen Bruch $\frac{\varphi(x)}{\psi(x)}$ des Rationalitätsbereiches (x) in eine nach fallenden Potenzen von x fortschreitende konvergente Reihe entwickeln kann, und wir hatten umgekehrt eine gemeinsame charakteristische Eigenschaft aller derjenigen Reihen dieser Art gefunden, welche rationale Brüche darstellen. Genau dasselbe gilt nun auch für die rationalen Brüche $\frac{m}{n}$ im Bereiche [1] der rationalen Zahlen.

Ist zunächst γ irgend eine rationale oder irrationale reelle Zahl, und g eine beliebige positive ganze Zahl, welche gröfser als Eins ist, so kann γ stets folgendermafsen nach fallenden Potenzen von g entwickelt werden:

$$(1) \qquad \gamma = \frac{c_r}{g^r} + \frac{c_{r+1}}{g^{r+1}} + \cdots,$$

wo die Koefficienten c_r, c_{r+1}, $\cdots$ Zahlen der Reihe $0, 1, \cdots g-1$ bedeuten. Ist nämlich $\dfrac{1}{g^r}$ diejenige Potenz von g, für welche:

$$\frac{1}{g^r} \leqq \gamma < \frac{1}{g^{r-1}}, \quad \text{oder} \quad 1 \leqq \gamma g^r < g$$

ist, so ist identisch:

$$(2) \qquad \gamma = \frac{\gamma g^r}{g^r} = \frac{c_r + \delta_r}{g^r} = \frac{c_r}{g^r} + \frac{\delta_r g}{g^{r+1}} = \frac{c_r}{g^r} + \frac{\gamma_{r+1}}{g^{r+1}},$$

wo c_r eine der Zahlen $1, 2, \cdots g-1$ und δ_r ein nicht negativer echter Bruch ist, so dafs also

$$0 \leqq \gamma_{r+1} < g$$

ist. Man kann also in (2) wieder $\gamma_{r+1} = c_{r+1} + \delta_{r+1}$ setzen, wo $c_{r+1} = [\gamma_{r+1}]$ der Reihe $0, 1, \cdots g-1$ angehört und δ_{r+1} ein echter Bruch ist, und durch Fortsetzung dieses Verfahrens ergeben sich in der That so viele auf einander folgende Glieder der Reihe (1), als man nur immer will. Eine jede solche Reihe konvergiert unbedingt, da sie lauter nicht negative Glieder enthält und:

$$\sum_{i=r}^{\infty} \frac{c_i}{g^i} \leqq \sum_{r}^{\infty} \frac{g-1}{g^i} = \sum_{i=r}^{\infty} \left(\frac{1}{g^{i-1}} - \frac{1}{g^i} \right) = \frac{1}{g^{r-1}}$$

ist; sie stellt auch die Zahl γ mit jeder vorgegebenen Genauigkeit dar, da ja die Differenz

$$\gamma - \left(\frac{c_r}{g^r} + \frac{c_{r+1}}{g^{r+1}} + \cdots + \frac{c_\varrho}{g^\varrho} \right) = \frac{\gamma_{\varrho+1}}{g^{\varrho+1}} < \frac{1}{g^\varrho}$$

ist, also mit wachsendem ϱ beliebig klein gemacht werden kann.

Diese Darstellung der Zahlen γ ist aber auch stets eindeutig, es sei denn, dafs von einem Gliede $\dfrac{c_s}{g^s}$ an alle folgenden Koefficienten c_{s+1}, c_{s+2}, $\cdots$ ihren gröfsten Wert $g-1$ erhalten. Alsdann ist nämlich:

$$(3) \qquad \gamma = \frac{c_r}{g^r} + \cdots + \frac{c_s}{g^s} + \frac{g-1}{g^{s+1}} + \frac{g-1}{g^{s+2}} + \cdots$$

und da die Summe aller Glieder:

$$\frac{g-1}{g^{s+1}} + \cdots = \frac{g-1}{g^{s+1}} \left(1 + \frac{1}{g} + \cdots \right) = \frac{1}{g^s}$$

ist, so ist in diesem Falle γ in der That auch in der geschlossenen Form:

$$(3^a) \qquad \gamma = \frac{c_r}{g^r} + \frac{c_{r+1}}{g^{r+1}} + \cdots + \frac{c_s+1}{g^s}$$

darstellbar, welche man erhält, wenn man alle jene Glieder $\dfrac{g-1}{g^{r+h}}$ fortläfst, und dafür den nächst vorhergehenden Koefficienten um eine Einheit vergröfsert. Dieser Ausnahmefall kann also nur bei gewissen rationalen Brüchen vorkommen, und wir wollen übereinkommen, in einem
solchen Falle statt der unendlichen Reihe (3) stets die endliche Darstellung (3ᵃ) für γ zu wählen. Bei dieser Festsetzung kann man aber
niemals zwei verschiedene Darstellungen für eine und dieselbe Zahl γ
haben. Wären nämlich:

$$\gamma = \frac{c_r}{g^r} + \cdots + \frac{c_s}{g^s} + \frac{c_{s+1}}{g^{s+1}} + \frac{c_{s+2}}{g^{s+2}} + \cdots$$

$$= \frac{c_r}{\gamma^r} + \cdots + \frac{c_s}{g^s} + \frac{c'_{s+1}}{g^{s+1}} + \frac{c'_{s+2}}{g^{s+2}} + \cdots$$

zwei verschiedene Darstellungen derselben Zahl γ, so wollen wir die
allgemeinste Annahme machen, dafs die ersten Koefficienten $c_r, c_{r+1}, \cdots c_s$
in beiden Reihen gleich sind, dagegen $c'_{r+1} > c_{r+1}$ ist, während wir
über die relative Gröfse der folgenden Koefficienten nichts voraussetzen
wollen. Dann müfste aber:

(4) $$0 = \frac{c'_{s+1} - c_{s+1}}{g^{s+1}} + \frac{c'_{s+2} - c_{s+2}}{g^{s+2}} + \cdots$$

sein, und dies ist unmöglich, da das erste Glied sicher positiv und
mindestens gleich $\dfrac{1}{g^{s+1}}$ ist, während die Summe aller folgenden sicher
gröfser als die Reihe:

$$-\left(\frac{g-1}{g^{s+2}} + \frac{g-1}{g^{s+3}} + \cdots \right) = -\frac{1}{g^{s+1}}$$

ist, denn diesen Wert würde man dann und nur dann erhalten, wenn
man in den Differenzen $(c'_{r+h} - c_{r+h})$ *alle* $c'_{r+h} = 0$ und *alle*
$c_{r+h} = g - 1$ annähme, eine Voraussetzung, die durch die soeben ge-
troffene Festsetzung verboten ist. Also kann die Differenz (4) niemals
gleich Null sein, die Darstellung aller Zahlen γ ist somit eindeutig.
Wir können das soeben gefundene Resultat auch in der folgenden
positiven Form aussprechen:

Von zwei Reihen $\sum \dfrac{c_i}{g^i}$ und $\sum \dfrac{c'_i}{g^i}$ ist die zweite gröfser als

die erste, wenn in der Differenz $\sum \dfrac{c'_i - c_i}{g^i}$ der erste nicht verschwindende Koefficient positiv ist.

Wählt man speziell $g = 10$, so erhält man die bekannten Theoreme über die Darstellung der Zahlen γ durch Dezimalbrüche, speziell

den Satz, dafs eine Zahl γ durch den zugehörigen Dezimalbruch eindeutig dargestellt wird, wenn man festsetzt, dafs eine Neunerperiode,
falls sie auftreten sollte, durch denjenigen Bruch ersetzt wird, in
welchem die letzte vor der Periode stehende Ziffer um Eins vergröfsert wird.

Wir wollen der kürzeren Schreibweise wegen auch für eine be-
liebige Grundzahl g eine Reihe $c_0 + \frac{c_1}{q} + \frac{c_2}{g^2} + \cdots$ abgekürzt in der
Form:

$$c_0, c_1 \; c_2 \; c_3 \; \cdots$$

schreiben. Dann bestehen für das Rechnen mit den Brüchen mit der
Grundzahl g wörtlich dieselben Regeln wie für die Dezimalbrüche,
speziell gilt der Satz, dafs jeder solche Bruch stets kleiner ist als eine
Einheit der nächsten links befindlichen Stelle.

Es sei nun $\frac{n}{m}$ ein beliebiger echter Bruch in seiner reduzierten
Form und

(5) $$\frac{n}{m} = 0, c_1 \; c_2 \; c_3 \cdots = \frac{c_1}{g} + \frac{c_2}{g^2} + \cdots$$

seine Entwickelung nach fallenden Potenzen der ein für alle Male gegebenen Grundzahl g. Multiplizieren wir dann die Gleichung (5) mit
einer beliebigen Potenz g^h, so haben wir rechts offenbar nur das Komma
um h Stellen nach links zu rücken, und wir erhalten so die Gleichungen:

$$g^h \cdot \frac{n}{m} = c_1 \; c_2 \cdots c_h, c_{h+1} \; c_{h+2} \cdots \qquad (h = 0, 1, 2, \cdots),$$

ferner ergiebt sich für die gröfste in diesem Bruche enthaltene ganze
Zahl:

$$\left[g^h \cdot \frac{n}{m} \right] = c_1 \; c_2 \cdots c_h, 0 \, 0 \cdots,$$

weil der fortgelassene Bruch $0, c_{h+1}, \cdots$ offenbar < 1 ist. Also folgt
durch Subtraktion:

$$g^h \cdot \frac{n}{m} - \left[g^h \cdot \frac{n}{m} \right] = 0, c_{h+1} \; c_{h+2} \cdots.$$

Auch dieser echte Bruch ist offenbar ein solcher mit dem Nenner m,
da er sich von $g^h \cdot \frac{n}{m}$ nur um eine ganze Zahl unterscheidet; jedoch
braucht er nicht reduziert zu sein. Wir wollen ihn gleich $\frac{n_h}{m}$ setzen.
Auf diese Weise erhält man unendlich viele reduzierte echte Brüche
mit dem Nenner m:

$$\frac{n_h}{m} = 0, c_{h+1} \; c_{h+2} \cdots; \qquad (h = 0, 1, 2, \cdots)$$

da aber im ganzen nur m solcher Brüche existieren, so müssen sie
sich notwendig wiederholen. Es seien nun:

(6) $\dfrac{n_\varrho}{m}$ und $\dfrac{n_{\varrho+r}}{m}$

die beiden ersten echten Brüche dieser Reihe, welche identisch sind,
so daſs also:

$$0,\ c_{\varrho+1}\ c_{\varrho+2}\ \cdots\ =\ 0,\ c_{\varrho+r+1}\ c_{\varrho+r+2}\ \cdots$$

ist. Wegen der Eindeutigkeit der Darstellung durch solche Reihen
kann aber diese Gleichung nur dann stattfinden, wenn die Koefficienten Glied für Glied identisch sind, wenn also:

$$c_{\varrho+1} = c_{r+\varrho+1}, \quad c_{\varrho+2} = c_{r+\varrho+2}, \cdots;$$

wenn also von dem Koefficienten $c_{\varrho+1}$ an allgemein ist:

$$c_k = c_{r+k}; \qquad\qquad (k=\varrho+1,\,\varrho+2,\,\cdots)$$

zugleich sind offenbar ϱ und r die kleinsten derartigen Zahlen, für
welche diese Gleichungen erfüllt sind, denn beständen entsprechende
Relationen auch schon für $\varrho_0 < \varrho$, $r_0 < r$, so wäre offenbar schon
$\dfrac{n_{\varrho_0}}{m} = \dfrac{n_{\varrho_0+r_0}}{m}$, also die Brüche (6) nicht die ersten, welche in der
Reihe $\dfrac{n_i}{m}$ einander gleich sind.

Dasselbe ist natürlich auch für einen unechten rationalen Bruch
der Fall, da hier ja nur noch eine endliche Anzahl von Stellen links
vom Komma hinzutreten, wir brauchen daher im folgenden nur die
echten Brüche zu berücksichtigen.

Jeder rationale echte Bruch $\dfrac{n}{m}$ ist also bei einer Entwickelung
nach fallenden Potenzen von g gleich einem gemischt periodischen Bruche:

$$\frac{n}{m} = 0,\ c_1\ \cdots\ c_\varrho\ \ \overline{c_{\varrho+1}\ \ c_{\varrho+2}\ \cdots\ c_{\varrho+r}}\ \ \overline{c_{\varrho+1}\ \ c_{\varrho+2}\ \cdots\ c_{\varrho+r}}\ \cdots.$$

Umgekehrt stellt jede solche periodische Reihe einen rationalen echten
Bruch dar. In der That, sei etwa:

$$\gamma = 0,\ c_1\ \cdots\ c_\varrho\ \ \overline{c_{\varrho+1}\ \cdots\ c_{\varrho+r}}\ \ \overline{c_{\varrho+1}\ \cdots\ c_{\varrho+r}}\ \cdots;$$

multiplizieren wir diese Gleichung einmal mit g^ϱ, das andere Mal mit
$g^{\varrho+r}$, so werden die hinter dem Komma stehenden Bestandteile beide
Male identisch, nämlich $0,\ \overline{c_{\varrho+1}\ \cdots\ c_{\varrho+r}}\ \overline{c_{\varrho+1}\ \cdots\ c_{\varrho+r}}\ \cdots$. Die
beiden Produkte $g^\varrho\gamma$ und $g^{\varrho+r}\gamma$ unterscheiden sich demnach nur um
eine ganze Zahl, oder ihre Differenz:

$$g^{\varrho+r}\gamma - g^\varrho\gamma = g^\varrho(g^r - 1)\gamma = n$$

ist sicher eine ganze Zahl. Also ist in der That:

$$\gamma = \frac{n}{g^{\varrho}(g^r - 1)}$$

und hiermit ist unsere Behauptung vollständig erwiesen. Aufserdem zeigt sich aber, dafs der Nenner m des so dargestellten Bruches notwendig ein Divisor des Produktes $g^{\varrho}(g^r - 1)$ sein mufs, wenn ϱ die Anzahl der nicht periodischen Glieder, r die Gröfse der Periode bedeutet.

Ist aber umgekehrt der reduzierte echte Bruch $\dfrac{n}{m}$ gegeben, so kann man die Anzahl ϱ der unperiodischen Elemente und die Gröfse r seiner Periode bei der Entwickelung nach Potenzen von g allein aus seinem Nenner und der Grundzahl g bestimmen. Ist nämlich wieder:

$$\frac{n}{m} = 0, c_1 \cdots c_{\varrho} \ \overline{c_{\varrho+1} \cdots c_{\varrho+r}} \cdots,$$

so sind die beiden Produkte

$$g^{\varrho}\,\frac{n}{m} \quad \text{und} \quad g^{\varrho+r}\,\frac{n}{m}$$

die ersten in der Reihe $g^{h}\,\dfrac{n}{m}$, welche äquivalent sind, für welche also die Differenz:

$$g^{\varrho}\,(g^r - 1)\,\frac{n}{m}$$

eine ganze Zahl ist. Da nun n relativ prim zu m ist, so folgt, dafs ϱ und r die kleinsten Zahlen sind, für welche

(7) $$g^{\varrho}(g^r - 1) \equiv 0 \pmod{m}$$

ist, und durch diese eine Bedingung sind ϱ und r eindeutig bestimmt.

Ist erstens der Nenner m zur Grundzahl g teilerfremd, so besteht die Kongruenz (7) dann und nur dann, wenn der zweite Faktor $g^r - 1$ für sich durch m teilbar ist; in diesem Falle ist also $\varrho = Q$ und r ist der kleinste Exponent, für den $g^r - 1$ durch m teilbar ist, d. h. der Exponent, zu dem g modulo m gehört.

Alle Brüche $\dfrac{n}{m}$, deren Nenner zur Grundzahl g teilerfremd sind, ergeben also bei ihrer Entwickelung nach fallenden Potenzen von g *rein* periodische Reihen, und die Länge der Periode ist gleich dem Exponenten, zu dem g modulo m gehört.

Besitzt zweitens m genau dieselben Primfaktoren, wie die Grundzahl g, so ist für jedes $r \geq 1$ $(g^r - 1)$ zu m teilerfremd; also ist hier $r = 1$ zu nehmen, und ϱ ist der niedrigste Exponent, für welchen

(7^a) $$g^\varrho \equiv 0 \quad (\text{mod } m)$$

ist. In diesem Falle ist also:

$$\frac{n}{m} = 0, c_1 \cdots c_\varrho \, c_{\varrho+1} \, c_{\varrho+1} \, c_{\varrho+1} \cdots$$

Multipliziert man aber diese Gleichung mit g^ϱ und beachtet dabei, dafs dann

$$\frac{n}{m} g^\varrho = c_1 c_2 \cdots c_\varrho, c_{\varrho+1} c_{\varrho+1} \cdots$$

wegen (7^a) eine ganze Zahl ist, so folgt, dafs $c_{\varrho+1} = 0$ sein mufs; in diesem Falle bricht also der Bruch $0, c_1 \cdots$ nach ϱ Gliedern ab, und die Anzahl seiner Glieder ist durch die Kongruenz (7^a) bestimmt. Ist

$$m = p_1^{k_1} \cdots p_r^{k_r}, \quad g = p_1^{h_1} \cdots p_r^{h_r},$$

wo alle h mindestens gleich Eins sind, so ist ϱ die kleinste ganze Zahl, für welche $p_1^{\varrho h_1} \cdots p_r^{\varrho h_r}$ durch $p_1^{k_1} \cdots p_r^{k_r}$ teilbar ist, welche also gleich oder gröfser ist als die r Brüche:

$$\frac{k_1}{h_1}, \ \frac{k_2}{h_2}, \ \cdots \ \frac{k_r}{h_r}.$$

Wir wollen diese Zahl kurz durch

$$\varrho = \left\{ \frac{k_i}{h_i} \right\}$$

bezeichnen. Besitzt die Grundzahl g nur einfache Primfaktoren, sind also alle $h_i = 1$, so ist einfach $\varrho = \{k_1, \cdots k_r\}$ der gröfste unter den Exponenten k_i von m. Es ergiebt sich also als zweiter Satz:

Besteht der Nenner des Bruches $\frac{n}{m}$ nur aus Primfaktoren der Grundzahl g, so bricht die Entwickelung nach fallenden Potenzen von g nach ϱ Gliedern ab, wenn g^ϱ die kleinste Potenz der Grundzahl ist, welche durch m teilbar ist.

Sind endlich m und g ganz beliebig gegeben, so kann man m stets in zwei Faktoren γm_1 so zerlegen, dafs γ alle Primfaktoren von m enthält, welche auch in g vorkommen, dafs also m_1 zu g teilerfremd ist. Dann folgt aus der Kongruenz (7), dafs jetzt ϱ und r die kleinsten Zahlen sind, für welche die beiden Kongruenzen:

(7^b) $$g^\varrho \equiv 0 \quad (\text{mod } \gamma), \qquad g^r \equiv 1 \quad (\text{mod } m_1)$$

erfüllt sind. In diesem Falle ist also der Bruch stets gemischt periodisch, und die Anzahl von nichtperiodischen und periodischen Gliedern wird durch die beiden Kongruenzen (7^b) bestimmt.

Wenden wir diese Resultate auf die Entwickelung rationaler Brüche in Dezimalbrüche, also auf den Fall $g = 2 \cdot 5$ an, so ergeben sich die Sätze:

1) Jeder reduzierte rationale Bruch, dessen Nenner von der Form $m = 2^{\alpha} \cdot 5^{\beta}$ ist, ergiebt einen endlichen Dezimalbruch, und die Anzahl seiner Ziffern rechts vom Komma ist dem gröfseren der beiden Exponenten α und β gleich. So ist z. B.:

$$\frac{7}{40} = \frac{7}{2^3 \cdot 3} = 0{,}291 \,.$$

2) Ein reduzierter Bruch ist dann und nur dann rein periodisch, wenn sein Nenner weder durch 2 noch durch 5 teilbar ist, und die Länge der Periode ist gleich dem Exponenten, zu welchem 10 für den Nenner als Modul gehört. So haben z. B. alle Brüche mit den Nennern 3 und 9 eine eingliedrige Periode, alle Brüche mit dem Nenner 11 eine zweigliedrige, alle Brüche mit dem Nenner 37 eine dreigliedrige Periode, weil 10 modulo 37 zum Exponenten 3 gehört; ebenso haben alle Brüche mit dem Nenner 7 eine sechsgliedrige Periode, weil $10 \equiv 3 \pmod{7}$ eine primitive Wurzel modulo 7 ist. Z. B. ist:

$$\frac{1}{37} = 0{,}\overline{027}\,\overline{027} \cdots, \quad \frac{4}{7} = 0{,}\overline{571\,428} \cdots.$$

3) Jeder Bruch $\dfrac{n}{2^{\alpha} 5^{\beta} m_1}$ ist einem gemischt periodischen Dezimalbruche gleich, welcher soviel unperiodische Ziffern enthält, als der gröfsere der beiden Exponenten (α, β) angiebt, und dessen Periode gleich dem Exponenten ist, zu dem 10 modulo m_1 gehört.

So besitzt z. B. $\dfrac{5}{56} = \dfrac{5}{2^3 \cdot 7}$ drei unperiodische und sechs periodische Ziffern, ebenso besitzt der Bruch:

$$\frac{247}{92400} = \frac{247}{2^4 \cdot 5^2 \cdot 3 \cdot 7 \cdot 11}$$

vier unperiodische und sechs periodische Ziffern, weil 10 für die Primzahlen 3, 7, 11 bezw. zu den Exponenten 1, 6, 2, für ihr Produkt also zum Exponenten 6 gehört, und. in der That ist:

$$\frac{247}{92400} = 0{,}089\,\overline{285\,714} \cdots.$$

Es sei jetzt $(g, m) \sim 1$ und g gehöre zum Exponenten r modulo m. Dann ergiebt jeder der $\varphi(m)$ nicht äquivalenten reduzierten echten Brüche mit dem Nenner m bei seiner Entwickelung nach fallenden Potenzen von g eine rein periodische Reihe von r Gliedern. Es sei nun:

$$\frac{n_0}{m} = 0, \overline{c_1 c_2 \cdots c_{r-1} c_r} \ \overline{c_1 c_2} \cdots$$

eine dieser Reihen, dann gehören zu ihr noch genau r andere Reihen:

$$\frac{n_1}{m} = 0, \overline{c_2 c_3 \cdots c_r c_1} \ \overline{c_2 c_3} \cdots$$

$$\vdots$$

$$\frac{n_{r-1}}{m} = 0, \overline{c_r c_1 \cdots c_{r-2} c_{r-1}} \ \overline{c_r c_1} \cdots,$$

von denen jede aus der vorhergehenden dadurch entsteht, dafs man die Glieder seiner Periode um eine Stelle cyklisch verschiebt. Alle diese Reihen stellen offenbar rationale echte Brüche dar, aber auch solche mit dem Nenner m, denn es sind diejenigen positiven echten Brüche, denen die r Produkte:

$$\frac{n_0}{m}, \ g \frac{n_0}{m}, \ g^2 \frac{n_0}{m}, \ \cdots \ g^{r-1} \frac{n_0}{m}$$

äquivalent sind, und diese besitzen in ihrer reduzierten Form wirklich alle den Nenner m. Das nächstfolgende Produkt $g^r \cdot \frac{n_0}{m}$ ist wieder äquivalent $\frac{n_0}{m}$, weil $g^r \equiv 1 \pmod{m}$ ist. Greift man nun aus den $\varphi(m) - r$ übrigen reduzierten echten Brüchen $\frac{n}{m}$ einen $\frac{n_0{}'}{m}$ heraus, welcher in der Reihe $\frac{n_i}{m}$ noch nicht enthalten ist, so gehört zu ihm wieder ein neuer Cyklus $\left(\frac{n_0{}'}{m}, \ \frac{n_1{}'}{m}, \ \cdots \ \frac{n_{r-1}{}'}{m} \right)$ von r verschiedenen reduzierten echten Brüchen $\frac{n}{m}$, welche aus $\frac{n_0{}'}{m}$ durch cyklische Vertauschung der Elemente seiner Periode hervorgehen; von ihnen ist offenbar wieder keiner in der ersten Reihe enthalten, da ja entgegengesetzten Falles die ganzen Cyklen identisch sein müfsten. Geht man in derselben Weise fort, so erkennt man, dafs sich die $\varphi(m)$ reduzierten echten Brüche in $\frac{\varphi(m)}{r}$ Klassen von je r reduzierten Brüchen sondern, welche immer aus einem von ihnen durch cyklische Vertauschung der Elemente seiner Periode hervorgehen.

Betrachtet man z. B. die Entwickelung der 12 reduzierten echten Brüche $\frac{n}{13}$ für $(n = 1, 2, \cdots 12)$, so zerfallen diese, da 10 modulo 13 zum Exponenten 6 gehört, in zwei Klassen von je sechs Brüchen, welche man leicht hinschreiben kann. Greifen wir irgend einen dieser Brüche, etwa: $\frac{5}{13} = 0,\overline{384\,615} \cdots$ heraus, multiplizieren beide Seiten mit 10, und reduzieren sie dann auf den kleinsten äquivalenten echten Bruch, und fahren in derselben Weise fort, so ergiebt sich ein erster Cyklus:

$$\frac{5}{13} = 0,\overline{384\,615}\cdots, \qquad \frac{8}{13} = 0,\overline{615\,384}\cdots,$$

$$\frac{11}{13} = 0,\overline{846\,153}\cdots, \qquad \frac{2}{13} = 0,\overline{153\,846}\cdots,$$

$$\frac{6}{13} = 0,\overline{461\,538}\cdots, \qquad \frac{7}{13} = 0,\overline{538\,461}\cdots,$$

dessen Zähler offenbar die Divisionsreste sind, welche sich bei der Verwandlung von $\frac{5}{13}$ in einen Dezimalbruch ergeben. Wählen wir dann als Anfangsglied des zweiten Cyklus etwa

$$\frac{1}{13} = 0,\overline{076\,923}\cdots,$$

so ergiebt sich dieser genau ebenso, und zwar entspricht er den Entwickelungen der echten Brüche:

$$\frac{1}{13}, \ \frac{10}{13}, \ \frac{9}{13}, \ \frac{12}{13}, \ \frac{3}{13}, \ \frac{4}{13}.$$

Ist speziell g primitive Wurzel zu m, so gehören alle reduzierten echten Brüche $\frac{n}{m}$ zu einer einzigen Klasse, gehen also aus einem von ihnen durch cyklische Vertauschung der Periodenglieder hervor. Nach den Resultaten des § 2 dieser Vorlesung kann dieser Fall überhaupt nur für reduzierte Brüche $\frac{n}{p^k}$ eintreten, deren Nenner eine Primzahlpotenz ist. Innerhalb des ersten Hunderts ist die Zahl 10 primitive Wurzel zu den folgenden neun Primzahlen:

$$7, \ 17, \ 19, \ 23, \ 29, \ 47, \ 59, \ 61, \ 97;$$

nur die Brüche mit diesen Primzahlnennern geben also bei Verwandlung in Dezimalbrüche einen einzigen Cyklus, so ist z. B. für $p = 7$:

$$\frac{1}{7} = 0,\overline{142\,857}\cdots, \qquad \frac{4}{7} = 0,\overline{571\,428}\cdots,$$

$$\frac{2}{7} = 0,\overline{285\,714}\cdots, \qquad \frac{5}{7} = 0,\overline{714\,285}\cdots,$$

$$\frac{3}{7} = 0,\overline{428\,571}\cdots, \qquad \frac{6}{7} = 0,\overline{857\,142}\cdots.$$

Ebenso gehört 10 modulo 49 nach dem a. S. 419 bewiesenen Satze zum Exponenten $\varphi(49) = 42$, weil $10^6 - 1 \equiv (100)^3 - 1 \equiv 7 \pmod{7^2}$ ist. Alle 42 reduzierten Brüche $\frac{n}{49}$ besitzen also dieselbe Periode von 42 Stellen.

Dreifsigste Vorlesung.

Es giebt unendlich viele Primzahlen von der Form $mh + r$, sobald $(m, r) = 1$ ist. — Beweis dieses Satzes für einige spezielle Fälle. — Schärfere Formulierung der Aufgabe. — Die Charaktere einer Zahl r modulo m. — Grundeigenschaften der Charaktere. — Der Hauptcharakter, die reciproken und die ambigen Charaktere.

§ 1.

Zum Abschlufs der ersten Hälfte dieser Vorlesungen wenden wir uns einem Probleme zu, dessen Lösung fast alle Resultate voraussetzt, die wir bisher abgeleitet haben, nämlich zum Beweise des folgenden Satzes:

> Jede unbegrenzte arithmetische Reihe, deren erstes Glied und Differenz ganze Zahlen ohne gemeinschaftlichen Faktor sind, enthält unendlich viele Primzahlen.

Während der allgemeine Beweis dieses Satzes mit den Mitteln der elementaren Arithmetik nicht geführt werden konnte, gelingt derselbe für einige spezielle arithmetische Reihen leicht mit Hülfe der Methode, welche *Euklid* für den Beweis der unendlichen Anzahl *aller* Primzahlen benutzt hat. Wir geben zunächst einige von diesen speziellen Sätzen an:

I. Es giebt unendlich viele Primzahlen von der Form $6n - 1$.

Zum Beweise dieses Satzes bemerke ich zuerst, dafs jede Zahl m von der Form $6n - 1$ notwendig mindestens einen Primfaktor derselben Form haben mufs. Da nämlich jede oberhalb 3 liegende Primzahl eine der beiden Formen $6n + 1$ oder $6n - 1$ hat, so liegt die Richtigkeit dieser Behauptung auf der Hand, denn besäfsen alle Primfaktoren von m die Form $6n + 1$, so würde ja dasselbe von ihrem Produkte m gelten.

Angenommen nun, es gäbe nur eine endliche Anzahl Primzahlen von der Form $6n - 1$, und p sei die gröfste unter ihnen; setzen wir dann:

$$m = (2 \cdot 3 \cdot 5 \cdot 7 \cdot 11 \cdots p) - 1,$$

so besitzt m die Form $6n - 1$ und ist offenbar durch keine von den Primzahlen 5, 11, 17, $\cdots p$ derselben Form teilbar. Also muſs unter den Primfaktoren von m mindestens einer vorhanden sein, welcher die Form $6n - 1$ hat, und gröſser ist als p, und damit ist die obige Behauptung bewiesen.

II. Es giebt unendlich viele Primzahlen von der Form $4n - 1$.

Jede Zahl m von der Form $4n - 1$ besitzt notwendig mindestens einen Primfaktor derselben Form, denn das Produkt beliebig vieler Primfaktoren $4n + 1$ besitzt offenbar wieder dieselbe Form. Wäre also wieder p die letzte Primzahl der Form $4n - 1$, so ist die Zahl:

$$m = 4 \cdot (3 \cdot 5 \cdots p) - 1$$

wieder eine Zahl von der Form $4n - 1$, welche also notwendig mindestens einen Primfaktor derselben Form haben muſs, welcher gröſser als p ist, weil m durch keinen der Primfaktoren teilbar ist, die $\leqq p$ sind.

III. Es giebt unendlich viele Primzahlen von der Form $4n + 1$.

Wir werden später den Satz beweisen, daſs eine Zahl $m = a^2 + b^2$, in welcher a und b teilerfremd sind, nur ungerade Primteiler von der Form $4n + 1$ besitzt; wir nehmen diesen Hülfssatz schon hier als bewiesen an. Angenommen nun, die Anzahl aller Primzahlen der Form $4n + 1$ sei endlich, und p sei die letzte unter ihnen, dann folgt genau wie vorher, daſs die Zahl:

$$m = 4 \cdot 3^2 \cdot 5^2 \cdots p^2 + 1$$

notwendig entgegen unserer Annahme mindestens einen oberhalb p liegenden Primfaktor von der Form $4n + 1$ haben muſs.

IV. Es giebt unendlich viele Primzahlen von der Form $8n + 5$.

Angenommen, dieser Satz sei nicht richtig und p sei die gröſste von allen Primzahlen dieser Form: dann besitzt nach dem soeben erwähnten Hülfssatz die Zahl:

$$m = 3^2 \cdot 5^2 \cdots p^2 + 2^2$$

nur Primfaktoren von der Form $4n + 1$, oder was dasselbe ist, von der Form $8n + 1$, oder $8n + 5$, welche sämtlich gröſser sind als p. Aber m selbst ist von der Form $8n + 5$, weil jede der Quadratzahlen 3^2, 5^2, $\cdots p^2$ kongruent Eins modulo 8 ist. Also muſs m mindestens einen Primteiler derselben Form haben, da das Produkt beliebig vieler Primfaktoren der Form $8n + 1$ wieder dieselbe Form hätte.

Endlich beweisen wir noch mit elementaren Hülfsmitteln den folgenden schon sehr allgemeinen Fall unseres Hauptsatzes:

V. Es giebt unendlich viele Primzahlen von der Form $mh + 1$, wenn m eine beliebige ganze Zahl bedeutet.

Es sei m beliebig gegeben und

(1) $$F_m(x) = \prod_{\delta\delta' = m} (x^{\delta'} - 1)^{\epsilon\delta}$$

der zu m gehörige primitive Divisor. Dann gilt für eine beliebige Primzahl p der folgende Satz:

Die Kongruenz:

(2) $$F_m(x) \equiv 0 \quad (\text{mod } p)$$

besitzt, falls p kein Teiler von m ist, dann und nur dann eine Lösung, wenn m ein Teiler von $p - 1$, wenn also p von der Form $mh + 1$ ist; ist dies der Fall, so hat sie (nach S. 377) genau $\varphi(m)$ inkongruente Wurzeln.

Ist nämlich k eine Wurzel von (2), so folgt aus der Identität:

(3) $$x^m - 1 = \prod_{d/m} F_d(x)$$

für $x = k$, daſs auch die Differenz $(k^m - 1)$ durch p teilbar ist, und zweitens sieht man, daſs p nicht in k enthalten sein kann. Ferner wollen und können wir von vorn herein k so gewählt annehmen, daſs $(k^m - 1)$ zwar durch p, aber nicht durch p^2 teilbar ist. Wäre dies nämlich der Fall, und setzt man in der offenbar richtigen Kongruenz:

$$(x + p)^m - 1 \equiv (x^m - 1) + mx^{m-1}p \quad (\text{mod } p^2),$$

$x = k$, so folgt aus der dann sich ergebenden Kongruenz:

$$(k + p)^m - 1 \equiv mk^{m-1}p \quad (\text{mod } p^2),$$

d. h. $(x^m - 1)$ ist entweder für $x = k$ oder für $x = k + p$ sicher nicht durch p^2 teilbar. Setzt man also in (3) $x = k$, so enthält nach der soeben gemachten Voraussetzung die linke, also auch die rechte Seite nur die erste Potenz von p, und hieraus folgt, daſs $x = k$ eine Wurzel von (2) ist, aber keine einzige der Kongruenzen:

$$F_\delta(x) \equiv 0 \quad (\text{mod } p),$$

befriedigt, deren Index δ ein eigentlicher Teiler von m ist. Hieraus folgt weiter, daſs $x = k$ auch keiner Kongruenz:

$$x^d - 1 \equiv 0 \quad (\text{mod } p)$$

genügt, deren Exponent ein eigentlicher Divisor von m ist, da sonst wegen der Identität:

$$x^d - 1 = \prod_{\delta/d} F_\delta(x)$$

mindestens eine der Zahlen $F_\delta(k)$ p enthalten müfste, deren Index δ ein eigentlicher Teiler von m ist.

Da aber k die beiden Kongruenzen:

$$k^m \equiv 1, \quad k^{p-1} \equiv 1 \quad (\text{mod } p)$$

befriedigt, so zeigt man genau wie a. S. 378, dafs auch:

$$k^d \equiv 1 \quad (\text{mod } p)$$

sein mufs, wenn $d = (m, p-1)$ den gröfsten gemeinsamen Teiler von m und $p - 1$ bedeutet, und da dies nach dem soeben bewiesenen Satze nur möglich ist, wenn $d = m$ ist, so folgt in der That, dafs die Kongruenz (2) nur dann eine Lösung hat, wenn m ein Teiler von $p - 1$ ist.

Legt man also in $F_m(x)$ x irgend einen ganzzahligen Wert k bei, so enthält die Zahl $F_m(k)$ nur solche Primteiler, welche von der Form $mh + 1$, oder solche, welche Teiler von m sind. Denkt man sich das Produkt (1) ausmultipliziert, so besitzt es die Form:

$$(4) \qquad F_m(x) = x^{\varphi(m)} + A_1 x^{\varphi(m)-1} + \cdots + A_{\varphi(m)-1} x + 1,$$

denn das konstante Glied ist 1, wie sich aus (1) für $x = 0$ ergiebt.

Angenommen nun, es gebe nur eine endliche Anzahl Primzahlen von der Form $hm + 1$ und p sei die letzte unter ihnen. Setzt man dann in (4)

$$x = P = m \cdot (1 \cdot 2 \cdots p),$$

so ist $F_m(P)$ eine ganze Zahl, welche keinen Divisor von m und keinen Primteiler von der Form $mh + 1$ enthält, welcher $\leq p$ ist, denn offenbar läfst ja $F_m(P)$ durch jeden von diesen Faktoren geteilt den Rest Eins. Da aber $F_m(P)$ nur Teiler von der Form $mh + 1$ besitzt, so müssen diese alle gröfser als p sein; es giebt also wirklich unendlich viele Primzahlen von dieser Form, und in dem endlichen Intervalle $(p, \cdots F_m(P))$ mufs mindestens eine neue Primzahl von der Form $(hm + 1)$ liegen.

Sind wir imstande, wie in den hier betrachteten Fällen eine Zahlform zu finden, welche stets mindestens einen Primteiler der vorgelegten arithmetischen Reihe enthält, so können wir die Euklidische Beweismethode immer anwenden. Dann löst diese Methode aber die

Aufgabe in der strengeren Fassung, dafs wir für jede vorgelegte Zahl
μ eine gröfsere Zahl ν so angeben können, dafs in dem endlichen
Intervalle $(\mu \cdots \nu)$ mindestens eine Primzahl der betrachteten Form
enthalten ist.

Leider können wir aber solche Zahlformen nur in seltenen Fällen
finden, und so war *Dirichlet* genötigt, für die Untersuchung der
allgemeinen arithmetischen Reihe andere Methoden zu benutzen, mit
deren Hülfe er der Zahlentheorie ganz neue Wege eröffnete*). Es
ist aber Dirichlet nicht gelungen, die allgemeinere Aufgabe in dem
eben angegebenen strengeren Sinne zu lösen. Im Folgenden wollen
wir den Dirichletschen Beweisgang so vervollständigen, dafs er auch
dieser letzten und höchsten Anforderung genügt. Wir stellen uns
daher gleich die folgende allgemeine Aufgabe, in welcher der Dirichletsche Satz offenbar enthalten ist:

Ist μ eine beliebig gegebene Zahl, so soll eine andere endliche
Gröfse $\nu > \mu$ so bestimmt werden, dafs in dem Intervalle $(\mu \cdots \nu)$
mindestens eine Primzahl von der Form $hm + r$ enthalten ist,
wenn m und r zwei beliebige teilerfremde Zahlen bedeuten.

Die hier darzulegende Theorie habe ich bereits in einer im
Wintersemester 1875/76 gehaltenen Vorlesung über die Anwendung
der Analysis auf Probleme der Zahlentheorie für den Fall vorgetragen,
dafs die Differenz m eine Primzahl ist. Für einen zusammengesetzten
Modul wurde diese Untersuchung vollständig in der im Wintersemester
1886—1887 gehaltenen Vorlesung gegeben.

§ 2.

Es sei
$$r + mh \qquad\qquad (h = 0, 1, 2, \cdots)$$

die gegebene arithmetische Reihe, und $(r, m) \sim 1$, so handelt es sich
also um die Anzahl aller Primzahlen q, welche der Bedingung:
$$q \equiv r \pmod{m}$$
genügen. Wir nehmen m vollständig beliebig an, nur können und
wollen wir, ohne die Allgemeinheit der Untersuchung zu beeinträch-
tigen, voraussetzen, dafs m mindestens durch die dritte Potenz von 2
teilbar ist; es sei also:

---

*) Bericht über die Verhandlungen der Kgl. Preufs. Akademie der Wissen-
schaften, Jahrgang 1837, S. 108—110. Gesammelte Werke Bd. I S. 307—312. —
Abhandlungen der Kgl. Preufs. Akademie der Wissenschaften v. J. 1837, S. 45—81.
Gesammelte Werke Bd. I S. 313—342.

(1) $$m = 4 \cdot 2^{h_0} q_1^{h_1} q_2^{h_2} \cdots q_g^{h_g}$$

die Zerlegung von m in seine Primfaktoren. Offenbar liegt in dieser Voraussetzung keine Beschränkung, denn ist für irgend ein m bewiesen, daſs die Anzahl aller Primzahlen von der Form $mh + r$ unendlich groſs ist, wenn $(r, m) = 1$ ist, so zeigt man leicht, daſs dasselbe auch von der Anzahl aller Primzahlen der Form $m_0 h_0 + r_0$ gilt, wenn m_0 irgend einen Teiler von m bedeutet und $(r_0, m_0) = 1$ ist.

Ist nämlich zunächst m_0 ein Teiler von m, welcher nur *eine* Primzahl p weniger oft enthält als m, ist also $m = m_0 p$; ist ferner $(r_0, m_0) = 1$, so ist sicher entweder

(1ª) $$(r_0, m) = 1, \quad \text{oder} \quad (r_0 + m_0, m) = 1.$$

Ist nämlich r_0 durch p nicht teilbar, so ist es auch zu pm_0 teilerfremd, also $(r_0, m) \sim 1$. Enthält dagegen r_0 die Primzahl p, so ist sicher m_0 durch p nicht teilbar, weil n. d. V. $(r_0, m_0) \sim 1$ ist. Dann ist also $(r_0 + m_0, pm_0) \sim 1$, weil $r_0 + m_0$ p nicht enthält, und zu m_0 relativ prim ist.

Beachtet man aber, daſs von der arithmetischen Reihe $(r_0 + m_0 h_0)$ mit der Differenz m_0 die beiden Reihen mit der Differenz m

und
$$r_0, \quad r_0 + m, \quad r_0 + 2m, \quad \cdots$$

$$r_0 + m_0, \quad r_0 + m_0 + m, \quad r_0 + m_0 + 2m, \quad \cdots$$

Partialreihen sind, und daſs n. d. V. und wegen der Äquivalenz (1ª) mindestens eine von ihnen unendlich viele Primzahlen enthält, so gilt dasselbe von der Reihe $(r_0 + m_0 h)$; so ergiebt sich durch successives Weiterschlieſsen die Richtigkeit der obigen Behauptung für den Fall, daſs m_0 ein beliebiger Teiler von m ist.

Es sei m in der Form (1) gegeben, und es mögen wie im § 3 der vorigen Vorlesung:

(2) $$\gamma, \gamma_0, \gamma_1, \cdots \gamma_g$$

primitive Wurzeln für die Moduln:

(2ª) $$4, 2^{h_0}, q_1^{h_1}, \cdots q_g^{h_g}$$

sein, so daſs also:

(2ᵇ)
$$\gamma^2 \equiv 1 \pmod 4$$
$$\gamma_0^{2^{h_0}} \equiv 1 \pmod{2^{h_0+2}}$$
$$\gamma_i^{\varphi\left(q_i^{h_i}\right)} \equiv 1 \pmod{q_i^{h_i}} \qquad (i = 1, 2, \cdots g)$$

ist und keine niedrigeren Potenzen jener Zahlen kongruent Eins sind; dann ist jede Einheit r in Bezug auf m durch die Kongruenz

(3) $r \equiv \gamma^{\varrho}\, \gamma_0^{\varrho_0}\, \gamma_1^{\varrho_1} \cdots \gamma_g^{\varrho_g} \quad (\mathrm{mod}\ m)$

für m eindeutig bestimmt; halten wir, was im Folgenden immer geschehen soll, die primitiven Wurzeln γ_i ein für alle Male fest, so ist
r durch das zugehörige Indexsystem:

(3ᵃ) $(\varrho,\ \varrho_0,\ \varrho_1, \cdots \varrho_g) = \mathrm{Indd}\ r$

ebenfalls bestimmt, und man erhält ein vollständiges Indexsystem für
alle $\varphi(m)$ inkongruenten Einheiten modulo m, wenn man die Exponenten ϱ unabhängig von einander die Zahlen:

(3ᵇ) $\varrho = 0,\ 1;\ \ \varrho_0 = 0,\ 1, \cdots 2^{h_0} - 1;\ \ \varrho_i = 0,\ 1, \cdots \varphi\!\left(q_i^{h_i}\right) - 1$

durchlaufen läfst.

Wir ordnen nun den ganzen Zahlen γ der Reihe nach die folgenden primitiven Einheitswurzeln

(4) $\omega,\ \omega_0,\ \omega_1,\ \omega_2, \cdots \omega_g$

zu, und zwar sei:

$$\omega = -1 = e^{\frac{2\pi i}{2}},\ \text{ so dafs }\ \omega^2 = 1$$

(4ᵃ) $$\omega_0 = e^{\frac{2\pi i}{2^{h_0}}}, \qquad\qquad n\quad n\quad \omega_0^{2^{h_0}} = 1$$

$$\omega_i = e^{\frac{2\pi i}{\varphi\left(q_i^{h_i}\right)}}, \qquad n\quad n\quad \omega_i^{\varphi\left(q_i^{h_i}\right)} = 1 \qquad {\scriptstyle (i=1,2,\cdots g)}$$

die niedrigsten Potenzen jener Zahlen sind, welche *gleich* Eins werden.

Es sei nun r eine Einheit modulo m, und $\mathrm{Indd}\,r = (\varrho, \varrho_0, \varrho_1, \cdots \varrho_g)$;
ordnen wir r jetzt die Einheitswurzel:.

(5) $\Omega(r) = (-1)^{\varrho}\, \omega_0^{\varrho_0}\, \omega_1^{\varrho_1} \cdots \omega_g^{\varrho_g}$

zu, so gehört zu jeder Einheit r eine und nur eine Einheitswurzel
$\Omega(r)$, welche wir einen *Charakter* von r nennen wollen, denn durch r
ist ja das Indexsystem $(\varrho, \varrho_0, \cdots)$, also $\Omega(r)$ eindeutig bestimmt.

Wir wollen aber den Begriff des Charakters von r gleich in der
Weise verallgemeinern, dafs wir an Stelle der speziellen in (4ᵃ) zu
Grunde gelegten Einheitswurzeln $\omega, \omega_0, \cdots \omega_g$ jedesmal irgend eine von
jenen Wurzeln betrachten. Ist aber z. B. ω_i die vorher eingeführte
spezielle primitive Wurzel der Gleichung:

$$\omega^{\varphi\left(q_i^{h_i}\right)} = 1,$$

so sind alle und nur die übrigen $\varphi\!\left(q_i^{h_i}\right)$ von einander verschiedenen
Wurzeln derselben Gleichung in der Reihe

$$\omega_i^{k_i}$$

enthalten, wenn k_i die Zahlen 0, 1, 2, $\cdots \varphi\left(q_i^{h_i}\right)$ durchläuft. Legen wir also statt der Zahlen ω, ω_0, $\cdots \omega_g$ in (4ª) die Zahlen

(6) $$\omega^k, \; \omega_0^{k_0}, \; \omega_1^{k_1}, \; \cdots \omega_g^{k_g}$$

zu Grunde, so gehört zu der Einheit r modulo m die Einheitswurzel:

(6ª)
$$\Omega^{(k,\,k_0,\,k_1,\,\cdots)}(r) = (-1)^{k\varrho} \, \omega_0^{k_0\varrho_0} \, \omega_1^{k_1\varrho_1} \cdots \omega_g^{k_g\varrho_g}$$
$$= e^{\,2\pi i\left\{\frac{k\varrho}{2} + \frac{k_0\varrho_1}{2^{h_0}} + \frac{k_1\varrho_1}{\varphi\left(q_1^{h_1}\right)} + \cdots\right\}},$$

welche für diese Wahl der Einheitswurzeln (6ª) der *Charakter* von r heißen soll. Wenn kein Mißverständnis zu befürchten ist, wollen wir im folgenden das zu Grunde gelegte Exponentensystem $(k, k_0, k_1, \cdots)$ kurz durch (k) und den zugehörigen Charakter einfacher durch

$$\Omega^{(k)}(r)$$

bezeichnen. Auch hier entspricht für ein festes Wertsystem $(k, k_0, \cdots)$ jeder Einheit r offenbar ein Charakter $\Omega^{(k)}(r)$.

Halten wir das Exponentensystem (k) fest, so gehört also zu jeder positiven oder negativen ganzen Zahl r ein vollständig bestimmter Charakter $\Omega^{(k)}(r)$, sobald nur r zu m teilerfremd ist. Wir wollen aber $\Omega^{(k)}(r)$ auch für den Fall definieren, daß r und m einen gemeinsamen Teiler besitzen; wir setzen fest, daß in diesem Falle stets:

$$\Omega^{(k)}(r) = 0$$

sein soll.

Die so für *alle* ganzen Zahlen definierten Charaktere $\Omega^{(k)}(r)$ haben dann die beiden Fundamentaleigenschaften, daß erstens

(7) $$\Omega^{(k)}(r) = \Omega^{(k)}(r')$$

ist, sobald

$$r \equiv r' \pmod{m}$$

ist. Sind nämlich die kongruenten Zahlen r und r' beide Einheiten, so gehört ja zu ihnen dasselbe Indexsystem $(\varrho, \varrho_0, \cdots)$; also auch derselbe Charakter $\Omega^{(k)}(r)$; hat dagegen r einen gemeinsamen Teiler mit m, so gilt dasselbe von r', ihre Charaktere sind also beide gleich Null. Zweitens besitzen aber die Charaktere stets die Multiplikationseigenschaft, d. h. für zwei beliebige Zahlen r und r' ist:

(7ª) $$\Omega^{(k)}(r)\,\Omega^{(k)}(r') = \Omega^{(k)}(rr').$$

Dies ist klar, sobald auch nur einer der beiden Faktoren r und r' mit m einen gemeinsamen Teiler hat, denn dann gilt ja dasselbe für ihr Produkt; beide Seiten unserer Gleichung sind dann also Null. Sind dagegen r und r' beide Einheiten modulo m und ist:

$$\text{Indd } r = (\varrho, \varrho_0, \varrho_1, \cdots), \quad \text{Indd } r' = (\varrho', \varrho_0', \varrho_1', \cdots),$$

also

$$\text{Indd } (rr') = (\varrho + \varrho', \varrho_0 + \varrho_0', \cdots),$$

so ist ja in der That:

$$\Omega^{(k)}(r)\, \Omega^{(k)}(r') = (-1)^{k(\varrho + \varrho')}\, \omega_0^{k_0(\varrho_0 + \varrho_0')}\, \omega_1^{k_1(\varrho_1 + \varrho_1')} \cdots = \Omega^{(k)}(rr').$$

Sind dagegen

$$\omega^k,\ \omega_0^{k_0},\ \omega_1^{k_1},\ \cdots;\quad \omega^{k'},\ \omega_0^{k_0'},\ \omega_1^{k_1'},\ \cdots$$

irgend zwei Systeme von Einheitswurzeln und sind $\Omega^{(k, k_0, \cdots)}(r)$ und $\Omega^{(k', k_0', \cdots)}(r)$ zwei zu einer und derselben Zahl r gehörigen Charaktere, so folgt offenbar aus der Darstellung (6ª) die für jedes r gültige Gleichung:

$$\Omega^{(k, k_0, \cdots)}(r) \cdot \Omega^{(k', k_0', \cdots)}(r) = \Omega^{(k+k', k_0+k_0', \cdots)}(r)$$

mit der Maßgabe, daß hier wie im Folgenden die Indices $k, k_0, k_1, \cdots$ nur bezw. modulo 2, 2^{h_0}, $\varphi(q_1^{h_1})$, $\cdots$ betrachtet werden; zwei verschiedene Charaktere $\Omega^{(k)}(r)$ und $\Omega^{(k')}(r)$ für eine Zahl r setzen sich also stets zu dem eindeutig bestimmten Charakter $\Omega^{(k+k')}(r)$ für dieselbe Zahl zusammen; speziell ergiebt sich so, daß für jeden positiven oder negativen ganzzahligen Exponenten:

$$(\Omega^{(k)}(r))^t = \Omega^{(tk)}(r)$$

ist. Die Charaktere $(\Omega^{(k)}(r), \Omega^{(k')}(r), \cdots)$ für ein und dasselbe r bilden also in der Weise eine Gruppe, daß das Produkt und der Quotient von beliebig vielen unter ihnen wiederum in dem Systeme enthalten ist.

Endlich geht aus der Darstellung (6ª) hervor, daß alle Charaktere $\Omega^{(k)}(r)$ für beliebige Einheiten reelle oder komplexe Zahlen sind, deren absoluter Betrag gleich Eins ist.

Wir wollen den Charakter:

$$\Omega^{(0, 0, 0, \cdots)}(r) = \Omega^{(0)}(r),$$

der den Exponenten $k_i = 0$, also den Einheitswurzeln $\omega_i^{k_i} = 1$ entspricht, *den Hauptcharakter* nennen; für jede Einheit r ist in diesem Falle $\Omega^{(0)}(r) = +1$.

Zwei Charaktere:

$$\Omega^{(k, k_0, \cdots)}(r) \quad \text{und} \quad \Omega^{(-k, -k_0, \cdots)}(r),$$

welche sich durch Multiplikation zum Hauptcharakter $\Omega^{(0, 0, \cdots)}(r)$ zusammensetzen, sollen *konjugierte oder reciproke Charaktere* heißen. In diesem Falle sind einfach:

$$\Omega^{(k)}(r) = \alpha + \beta i, \quad \Omega^{(-k)}(r) = \alpha - \beta i$$

Ein Charakter $\Omega^{(k)}(r)$ heifst *ambig*, wenn er sich selbst reciprok, wenn also für jedes r

$$\Omega^{(k)}(r) = \Omega^{(-k)}(r),$$

oder für jedes Indexsystem $(\varrho, \varrho_0, \cdots)$

$$(\Omega^{(k)}(r))^2 = \Omega^{(2k)}(r) = \omega^{2k\varrho}\,\omega_0^{2k_0\varrho_0}\cdots = 1$$

ist. Wählt man in diesen Gleichungen immer einen Exponenten $\varrho = 1$, alle anderen gleich Null, so ergiebt sich, dafs ein Charakter $\Omega^{(k)}$ dann und nur dann ambig ist, wenn seine Exponenten $(k, k_0, \cdots)$ den Bedingungen:

$$\omega^{2k} = 1, \quad \omega_0^{2k_0} = 1, \quad \omega_1^{2k_1} = 1, \cdots$$

genügen, d. h. wenn:

$$\omega^{k} = \pm 1, \quad \omega_0^{k_0} = \pm 1, \quad \omega_1^{k_1} = \pm 1, \cdots \omega_g^{k_g} = \pm 1$$

ist. Da die sämtlichen Gleichungen (4^a) für $\omega, \omega_0, \cdots$ von geradem Grade sind, so hat jede von ihnen die beiden Wurzeln ± 1; also ist die Anzahl aller ambigen Charaktere, einschliefslich des Hauptcharakters gleich 2^{g+2}. Für diese und nur für sie ist der Charakter $\Omega^{(k)}(r)$ jeder beliebigen Einheit r reell und besitzt den Wert ± 1.

Für alle übrigen Charaktere dagegen ist also mindestens eine der Einheitswurzeln $\omega^{k}, \omega_0^{k_0}, \omega_1^{k_1}, \cdots$ imaginär, und daher sollen auch diese Charaktere $\Omega^{(k)}(r)$ *imaginäre Charaktere* genannt werden. Für mindestens eine Einheit r ist dann $\Omega^{(k)}(r)$ ebenfalls imaginär.

Wir beweisen endlich noch drei wichtige Sätze über die Charaktere, welche im folgenden gebraucht werden.

Durchläuft r ein vollständiges Restsystem modulo m, so ist für den Hauptcharakter:

$$\sum_{(r)} \Omega^{(0)}(r) = \varphi(m),$$

für jeden anderen Charakter aber:

$$\sum_{(r)} \Omega^{(k)}(r) = 0.$$

In der That kann für einen beliebig gegebenen Charakter $\Omega^{(k)}$ jene Summe folgendermafsen als Produkt dargestellt werden:

$$(8) \quad \sum_{r} \Omega^{(k)}(r) = \sum_{\varrho,\varrho_0,\cdots} \omega^{k\varrho}\,\omega_0^{k_0\varrho_0}\,\omega_1^{k_1\varrho_1}\cdots = \left(\sum_{\varrho}\omega^{k\varrho}\right)\left(\sum_{\varrho_0}\omega_0^{k_0\varrho_0}\right)\cdots.$$

Ist nun auch nur eine der Zahlen $k, k_0, \cdots$ etwa k_i von Null verschieden, so ist der ·bezügliche Faktor:

$$(8^a) \quad \sum_{\varrho_i} \omega_i^{k_i \varrho_i} = 1 + \omega_i^{k_i} + \omega_i^{2k_i} + \cdots + \omega_i^{k_i\left(\varphi\left(q_i^{k_i}\right)-1\right)} = \frac{\omega_i^{k_i \varphi\left(q_i^{k_i}\right)} - 1}{\omega_i^{k_i} - 1} = 0;$$

dasselbe gilt also auch für das ganze Produkt; sind dagegen alle $k_i = 0$, so ist jene Summe wirklich gleich $\varphi(m)$, da dann alle $\varphi(m)$ Einheitscharaktere $\Omega^{(0)}(r) = 1$, alle anderen aber gleich Null sind.

Ist ferner r_0 eine Zahl, deren Indices $(\varrho, \varrho_0, \varrho_1, \cdots)$ sämtlich gleich Null sind, welche also selbst kongruent Eins modulo m ist, so ist die auf alle Charaktere $\Omega^{(k)}(r_0)$, $\Omega^{(k')}(r_0)$, $\cdots$ von r_0 bezogene Summe:

$$\sum_{(k)} \Omega^{(k)}(r_0) = \varphi(m),$$

für jede andere Zahl r ist dagegen:

$$\sum_{(k)} \Omega^{(k)}(r) = 0.$$

Dieser Satz folgt unmittelbar aus den Gleichungen (8) und (8^a), wenn man in ihnen allgemein k_i und ϱ_i vertauscht.

Es sei endlich r eine beliebige Einheit modulo m, dann bilden ihre $\omega(m)$ verschiedenen Charaktere:

$$\Omega^{(k)}(r) = e^{2\pi i \left\{ \frac{k\varrho}{2} + \frac{k_0 \varrho_0}{2^{h_0}} + \frac{k_1 \varrho_1}{\varphi\left(q_1^{h_1}\right)} + \cdots \right\}}$$

eine Gruppe von lauter Wurzeln der Einheit $e^{2\pi i \cdot \frac{t_k}{d_k}}$, deren Nenner d_k in ihrer reduzierten Form jedesmal Teiler von $\varphi(m)$ sind. Es sei speziell

$$(9) \qquad\qquad \Omega^{(k_0)} = e^{2\pi i \cdot \frac{t_0}{d_0}}$$

einer der Charaktere, für welchen der reduzierte Bruch $\frac{t_0}{d_0}$ möglichst klein aber nicht Null ist. Dann ist notwendig $t_0 = 1$, denn sonst könnte man t_0' so bestimmen, dafs $t_0 t_0' \equiv 1 \pmod{d_0}$ ist, und man erhielte aus der Gleichung (9):

$$\left(\Omega^{(k_0)}(r)\right)^{t_0'} = \Omega^{(t_0' k_0)}(r) = e^{2\pi i \frac{1}{d_0}},$$

also entgegen der vorher über $\Omega^{(k_0)}(r)$ gemachten Voraussetzung den kleineren Bruch $\frac{1}{d_0}$. Ist dann also:

$$\Omega^{(k_0)}(r) = e^{\frac{2\pi i}{d_0}} = \bar{\omega}$$

dieser Charakter, für welchen $\frac{1}{d_0}$ möglichst klein, also d_0 möglichst grofs ist, so sind die d_0 Potenzen:

$$(\Omega^{(k^0)}(r))^h = \Omega^{(hk^0)}(r) = \overline{\omega}^h$$

ebenfalls d_0^{te} Wurzel der Einheit, und man zeigt leicht, dafs in diesem Falle alle $\varphi(m)$ Charaktere $\Omega^{(k)}(r)$ d_0^{te} Einheitswurzeln sind. In der That, ist für irgend einen Charakter:

$$\Omega^{(k)}(r) = e^{2\pi i \cdot \mu},$$

wo μ ein rationaler echter Bruch ist, und ist s so gewählt, dafs:

$$\frac{s}{d_0} \leq \mu < \frac{s+1}{d_0},$$

dann ist der Quotient:

$$\frac{\Omega^{(k)}(r)}{\Omega^{(sk^0)}(r)} = \Omega^{(k-sk^0)}(r) = e^{2\pi i\left(\mu - \frac{s}{d_0}\right)};$$

wäre also $\mu > \frac{s}{d_0}$, so entspräche dem Charakter $\Omega^{(k-sk^0)}$ wieder entgegen unserer Voraussetzung der unterhalb $\frac{1}{d_0}$ liegende echte Bruch $\left(\mu - \frac{s}{d_0}\right)$, also mufs jener Bruch notwendig Null, also $\mu = \frac{s}{d_0}$ sein, w. z. b. w.

Man zeigt nun endlich leicht, dafs jede der d_0 Potenzen $(1, \overline{\omega}, \overline{\omega}^2, \cdots \overline{\omega}^{d_0-1})$ genau gleich oft durch diese $\varphi(m)$ Charaktere dargestellt wird. In der That, bezeichnen wir durch:

$$(10) \qquad\qquad \Omega^{(1)}, \Omega^{(2)}, \cdots \Omega^{(\varrho)}$$

alle diejenigen unter den $\varphi(m)$ Charakteren $\Omega^{(k)}(r)$, welche gleich Eins sind und durch Ω einen von denen, welche den Wert $\overline{\omega}$ haben, so sind

$$(10^a) \qquad\qquad \Omega\Omega^{(1)}, \Omega\Omega^{(2)}, \cdots \Omega\Omega^{(\varrho)}$$

ϱ von einander verschiedene Charaktere, welche alle gleich $\overline{\omega}$ sind. Ferner giebt es auch keinen anderen unter den $\varphi(m)$ Charakteren, welcher den gleichen Wert hat; denn ist

$$\overline{\Omega} = \overline{\omega},$$

so ist der Quotient $\frac{\overline{\Omega}}{\Omega}$ ein Charakter, welcher gleich Eins ist, also der Reihe (10) angehört. In genau derselben Weise zeigt man, dafs in der Reihe

$$\Omega^\lambda\Omega^{(1)}, \Omega^\lambda\Omega^{(2)}, \cdots \Omega^\lambda\Omega^{(\varrho)}$$

alle und nur die Charaktere enthalten sind, welche gleich $\overline{\omega}^\lambda$ sind. Also sind in dem Systeme von ϱd_0 Elementen:

$$\Omega^\lambda \Omega^{(1)}, \; \cdots \; \Omega^\lambda \Omega^{(\varrho)} \qquad\qquad (\lambda = 1, 2, \cdots d_0 - 1)$$

alle und nur die $\varphi(m)$ Charaktere $\Omega^{(k)}(r)$ enthalten; es ist also $\varrho d_0 = \varphi(m)$, d. h. es ist:

$$\varrho = \frac{\varphi(m)}{d_0};$$

jede der d_0 Einheitswurzeln $\bar{\omega}^\lambda$ wird also durch jene Charaktere gleich oft, nämlich $\dfrac{\varphi(m)}{d_0}$ Male dargestellt.

Die Zahl d_0, welche nur von der zu Grunde gelegten Einheit r abhängt, hat für diese eine einfache Bedeutung; es ist d_0 offenbar der niedrigste Exponent, für welchen für *jeden* der $\varphi(m)$ Charaktere:

$$\left(\Omega^{(k)}(r)\right)^{d_0} = \Omega^{(d_0 k)}(r) = \omega^{d_0 k \varrho} \, \omega_0^{d_0 k_0 \varrho_0} \, \omega_1^{d_0 k_1 \varrho_1} \cdots = 1$$

ist, wie auch die Exponenten $k, k_0, k_1, \cdots$ angenommen werden. Wählt man aber speziell alle $k_i = 0$ mit Ausnahme von je einem derselben, welches gleich Eins angenommen wird, so ergiebt sich d_0 als die kleinste Zahl, für welche die Gleichungen:

$$\omega^{d_0 \varrho} = 1, \quad \omega_0^{d_0 \varrho_0} = 1, \quad \omega_1^{d_0 \varrho_1} = 1, \cdots$$

sämtlich erfüllt sind, oder d_0 ist die kleinste Zahl, welche die Kongruenzen:

$$d_0 \varrho \equiv 0 \quad (\mathrm{mod}\; 2)$$
$$d_0 \varrho_0 \equiv 0 \quad (\mathrm{mod}\; 2^{h_0})$$
$$d_0 \varrho_i \equiv 0 \quad \left(\mathrm{mod}\; \varphi\!\left(q_i^{h_i}\right)\right) \qquad (i = 1, 2, \cdots g)$$

befriedigt. Nun ist aber:

$$(d_0 \varrho, \, d_0 \varrho_0, \, d_0 \varrho_1, \cdots) = \mathrm{Indd}\; r^{d_0},$$

also ist r^{d_0} die kleinste Potenz von r, deren Indexsystem gleich $(0, 0, \cdots)$, welche selbst also kongruent Eins modulo m ist, oder d_0 ist der Exponent, zu dem r modulo m gehört. Also folgt der Satz:

> Ist r eine Einheit modulo m und d_0 der Exponent, zu dem r gehört, so sind die $\varphi(m)$ Charaktere $\Omega^{(k)}(r)$ sämtlich d_0^{te} Wurzeln der Einheit, und jede von ihnen wird gleich oft, nämlich $\dfrac{\varphi(m)}{d_0}$ Male dargestellt.

§ 3.

Da die Charaktere $\Omega^{(k)}(r)$ die Multiplikationseigenschaft:

$$\Omega^{(k)}(r)\, \Omega^{(k)}(r') = \Omega^{(k)}(rr')$$

haben, so gilt nach (1) für die mit ihnen als Entwickelungskoefficienten gebildeten Dirichletschen Reihen die folgende Gleichung:

$$(1) \qquad L^{(k)}(z) = \sum_{n=1}^{\infty} \frac{\Omega^{(k)}(n)}{n^z} = \prod_p \frac{1}{1 - \dfrac{\Omega^{(k)}(p)}{p^z}}.$$

Auf der linken Seite fehlen alle und nur die Zahlen n, welche mit m einen gemeinsamen Teiler haben, auf der rechten alle Primzahlen $2, q_1, q_2, \cdots q_g$, die in m enthalten sind. Die Gleichung (1) gilt für jeden Wert von z, vorausgesetzt nur, dafs sowohl die Summe links als auch das Produkt rechts unbedingt konvergiert. Da die Charaktere $\Omega^{(k)}(n)$ Einheitswurzeln sind, deren absoluter Betrag also gleich Eins ist, so ist diese Bedingung sicher für $z > 1$ erfüllt. Für gewisse unter den Reihen $L^{(k)}(z)$ konvergiert jene Reihe aber auch, wie wir später zeigen werden, für $z \leq 1$; wir werden von dieser Thatsache noch Gebrauch zu machen haben.

Unter Benutzung des letzten Satzes im § 2 beweisen wir gleich eine Fundamentalgleichung für diese Reihen. Multiplizieren wir alle $\varphi(m)$ Gleichungen (1), welche den verschiedenen Charakteren $\Omega^{(k, k_0, \cdots)}$ entsprechen, so ergiebt sich:

$$\prod_{(k, k_0, \cdots)} \sum_n \frac{\Omega^{(k)}(n)}{n^z} = \prod_{(k, k_0, \cdots)} \prod_p \frac{1}{1 - \dfrac{\Omega^{(k)}(p)}{p^z}}.$$

Ist aber p irgend eine der rechts stehenden Primzahlen und d der Exponent, zu dem sie modulo m gehört und ist $\omega = e^{\frac{2\pi i}{d}}$, so ist nach dem soeben erwähnten Satze:

$$\prod_{(k)} \left(1 - \frac{\Omega^{(k)}(p)}{p^z}\right) = \left(\left(1 - \frac{1}{p^z}\right)\left(1 - \frac{\omega}{p^z}\right) \cdots \left(1 - \frac{\omega^{d-1}}{p^z}\right)\right)^{\frac{\varphi(m)}{d}}$$

$$= \left(1 - \frac{1}{p^{dz}}\right)^{\frac{\varphi(m)}{d}}.$$

Also ergiebt sich die folgende wichtige Gleichung:

$$(2) \qquad \prod_{(k)} \sum \frac{\Omega^{(k)}(n)}{n^z} = \prod_p \frac{1}{\left(1 - \dfrac{1}{p^{dz}}\right)^{\frac{\varphi(m)}{d}}},$$

wo das Produkt rechts auf alle Primzahlen aufser $2, q_1, \cdots q_g$ zu erstrecken ist; da alle jene $\varphi(m)$ Reihen für $z > 1$ unbedingt konvergent sind, so gilt dasselbe auch für das Produkt rechts, da aber ferner alle seine Faktoren unechte Brüche sind, so ist der Wert der rechten Seite sicher gröfser als Eins. Wir werden diese Formel, welche sich bei *Dirichlet* noch nicht findet, am Ende unserer Betrachtungen wesentlich benutzen.

Einunddreifsigste Vorlesung.

Beispiel: Der Fall $m = 4$. Die Anzahl der Primzahlen von der Form $4n + 1$ und $4n - 1$ ist unendlich grofs. — Aufstellung der Grundgleichung. — Abschätzung ihrer einzelnen Bestandteile. — Spezialisierung der Grundgleichung für die beiden möglichen Fälle und Beweis des Satzes.

§ 1.

Wir wollen den Gang unserer Untersuchung zuerst an dem Falle

$$m = 4$$

erläutern, d. h. wir wollen als Beispiel für die allgemeine Betrachtung den Satz beweisen:

Die Anzahl der Primzahlen von der Form $4n + 1$ und die Anzahl derjenigen von der Form $4n + 3$ ist unendlich grofs.

Nur als Beispiel ist der hier zu führende Beweis anzusehen, da wir gerade diese beiden Sätze am Anfang der vorigen Vorlesung auf sehr viel einfachere Art bewiesen haben.

Da (-1) eine primitive Wurzel modulo 4 ist, so haben wir in diesem Falle für eine beliebige ungerade Zahl n

$$\varrho = \operatorname{Ind} n = \tfrac{1}{2}(n - 1);$$

in der That ist ja für ein ungerades n stets:

$$(-1)^{\frac{1}{2}(n-1)} \equiv n \pmod{4},$$

wie man leicht in den beiden Fällen $n = 4\nu \pm 1$ verificiert. Hier ist also:

$$
\begin{aligned}
\Omega^{(k)}(n) &= (-1)^{\frac{k(n-1)}{2}} & n &= 4\mu \pm 1 \\
\Omega^{(k)}(n) &= 0 & n &= 2\nu
\end{aligned}
\qquad (k = 0, 1),
$$

und unsere Grundgleichung wird daher:

$$(1) \qquad \sum_{n=1,3,\cdots}^{\infty} \frac{(-1)^{\frac{1}{2}k(n-1)}}{n^z} = \prod_p \frac{1}{1 - \dfrac{(-1)^{\frac{1}{2}k(p-1)}}{p^z}},$$

wo die Summation links über alle ungeraden Zahlen, das Produkt rechts über alle ungeraden Primzahlen zu erstrecken ist.

In dieser Gleichung werden wir nicht, wie es *Dirichlet* that, von der linken, sondern von der rechten Seite ausgehen, diese aber zuerst durch ein endliches Produkt ersetzen; so werden wir imstande sein, für ein beliebiges μ ein Intervall $(\mu, \cdots \bar{\mu})$ anzugeben, innerhalb dessen sich sicher eine Primzahl von der Form $4n + 1$ und eine von der Form $4n - 1$ befindet. Es seien ν und λ beliebige ganze Zahlen und

$$p_1, p_2, \cdots p_\nu$$

die ν ersten ungeraden Primzahlen 3, 5, $\cdots$. Dann betrachten wir das endliche Produkt:

$$(2) \qquad \Pi(\nu, \lambda) = \prod_{p=3}^{p_\nu} \frac{1 - \dfrac{(-1)^{\frac{1}{2}k\lambda(p-1)}}{p^{\lambda z}}}{1 - \dfrac{(-1)^{\frac{1}{2}k(p-1)}}{p^z}},$$

welches offenbar für $\lambda = \nu = \infty$ in die rechte Seite von (1) übergeht.

Nun ist jeder einzelne von diesen ν Faktoren entwickelt gleich der Summe:

$$(3) \qquad 1 + \frac{(-1)^{\frac{1}{2}k(p-1)}}{p^z} + \frac{(-1)^{\frac{1}{2}2k(p-1)}}{p^{2z}} + \frac{(-1)^{\frac{1}{2}3k(p-1)}}{p^{3z}} + \cdots$$
$$+ \frac{(-1)^{\frac{1}{2}(\lambda-1)k(p-1)}}{p^{(\lambda-1)z}}.$$

Multiplizieren wir diese ν endlichen geometrischen Reihen für $p = p_1, p_2, \cdots p_\nu$ mit einander, so ergiebt sich eine endliche Summe, welche, wie wir sofort beweisen werden, folgendermaßen geschrieben werden kann:

$$(4) \qquad \sum_{n=1}^{P} \frac{(-1)^{\frac{1}{2}k(n-1)} c_n}{n^z},$$

wo P eine gleich anzugebende Zahl ist, n die Reihe aller ungeraden Zahlen durchläuft und c_n entweder Null oder Eins bedeutet.

In dem Produkte der ν Faktoren (3) tritt nämlich ein bestimmter Nenner n^s nur dann und zwar ein einziges Mal auf, wenn n nur die ν ersten ungeraden Primzahlen, und keine öfter als $(\lambda - 1)$ Male enthält, wenn also:

(5)
$$n = p_1^{a_1} p_2^{a_2} \cdots p_\nu^{a_\nu}$$
$(0 \leqq a_i < \lambda)$

ist; alsdann besitzt $\dfrac{1}{n^s}$ den Koefficienten:

(5ᵃ)
$$(-1)^{\frac{k}{2}(a_1(p_1-1)+a_2(p_2-1)+\cdots+a_\nu(p_\nu-1))}$$

Aber diese Potenz von (-1) kann durch $(-1)^{\frac{1}{2}k(n-1)}$ ersetzt werden, denn eine sehr einfache Betrachtung lehrt, dafs für eine jede ungerade Zahl n

(5ᵇ) $$n - 1 \equiv a_1(p_1 - 1) + \cdots + a_\nu(p_\nu - 1) \quad (\bmod\ 4)$$

ist, wenn die Gleichung (5) ihre Zerlegung in Primfaktoren angiebt. Ist nämlich $n = PQ$ irgend eine Zerlegung der ungeraden Zahl n in zwei ebenfalls ungerade Faktoren, so ist:

$$n - 1 \equiv (P - 1) + (Q - 1) \quad (\bmod\ 4),$$

weil aus dieser Kongruenz für $n = PQ$ die offenbar richtige Kongruenz:

$$(P - 1)(Q - 1) \equiv 0 \quad (\bmod\ 4)$$

folgt. Zerlegt man aber P und Q wiederum und fährt so fort, so ergiebt sich endlich die Richtigkeit der Kongruenz (5ᵇ).

Die Grenze P, bis zu der die Summation zu erstrecken ist, ist einfach:

(5ᶜ) $$P = (p_1 p_2 \cdots p_\nu)^{\lambda - 1},$$

denn dann ist P die gröfste unter den Zahlen (5).

Wir teilen jetzt das Summationsintervall $(1, \cdots P)$ von (4) in zwei Teile so ein, dafs in der ersten Teilsumme *alle* $c_n = 1$ sind, oder alle ungeraden Zahlen $\dfrac{1}{n^s}$ vorkommen, in der zweiten dagegen nicht mehr alle ungeraden Zahlen auftreten. Aus der Darstellung (5) aller in (4) vorkommenden Zahlen n folgt nämlich, dafs für eine solche Zahl sicher $c_n = 1$ ist, wenn n den beiden Bedingungen:

(5ᵈ) $$n < 3^\lambda \quad \text{und} \quad n < p_{\nu+1}$$

zugleich genügt, denn dann kann n ja sicher überhaupt keinen Primteiler $p_{\nu+1}, p_{\nu+2}, \cdots$ und auch keinen der früheren öfter als $(\lambda - 1)$ Male enthalten. Für alle diesen beiden Bedingungen genügenden Zahlen ist also immer $c_n = 1$. Wir ziehen dieselben dadurch in eine Bedingung zusammen, dafs wir die bisher noch ganz willkürlich anzunehmende letzte Primzahl p_v jetzt so bestimmen, dafs sie die letzte unterhalb 3^λ liegende Primzahl, dafs also:

$$p_v < 3^\lambda < p_{v+1}$$

ist; dann ist nämlich für alle Zahlen n unterhalb 3^λ a fortiori $n < p_{v+1}$. Alsdann ist durch die willkürlich anzunehmende Potenz 3^λ die Primzahl p_v eindeutig bestimmt und man erhält jetzt die Gleichung:

$$\Pi(v, \lambda) = \sum_1^{3^\lambda - 2} \frac{(-1)^{\frac{1}{2}k(n-1)}}{n^z} + \sum_{3^\lambda}^{P} \frac{(-1)^{\frac{1}{2}k(n-1)}}{n^z} \cdot c_n,$$

wobei

anzunehmen ist.

$$P = (p_1 p_2 \cdots p_v)^{\lambda - 1}$$

§ 2.

Die am Schlusse des § 1 gefundene Grundgleichung:

$$(1) \quad \prod_3^{p_v} \frac{1 - \dfrac{(-1)^{\frac{1}{2}k\lambda(p-1)}}{p^{\lambda z}}}{1 - \dfrac{(-1)^{\frac{1}{2}k(p-1)}}{p^z}} = \sum_1^{3^\lambda - 2} \frac{(-1)^{\frac{1}{2}k(n-1)}}{n^z} + \sum_{3^\lambda}^{P} \frac{(-1)^{\frac{1}{2}k(n-1)}}{n^z} \cdot c_n$$

formen wir jetzt dadurch um, dafs wir auf beiden Seiten die Logarithmen nehmen, und dann nach z differenzieren. Kehren wir noch auf beiden Seiten die Vorzeichen um, so ergiebt sich nach einer einfachen Rechnung die Gleichung:

$$(2) \quad \sum_3^{p_v} \frac{(-1)^{\frac{1}{2}k(p-1)} \lg p}{p^z - (-1)^{\frac{1}{2}k(p-1)}} - \sum_3^{p_v} \frac{(-1)^{\frac{1}{2}k\lambda(p-1)} \lg p^\lambda}{p^{\lambda z} - (-1)^{\frac{1}{2}k\lambda(p-1)}}$$

$$= \frac{\displaystyle\sum_1^{3^\lambda - 2} \frac{(-1)^{\frac{1}{2}k(n-1)} \lg n}{n^z} + \sum_{3^\lambda}^{P} \frac{(-1)^{\frac{1}{2}k(n-1)} \lg n}{n^z} \cdot c_n}{\displaystyle\sum_1^{3^\lambda - 2} \frac{(-1)^{\frac{1}{2}k(n-1)}}{n^z} + \sum_{3^\lambda}^{P} \frac{(-1)^{\frac{1}{2}k(n-1)}}{n^z} \cdot c_n}$$

Wir betrachten zunächst die rechte Seite dieser Hauptgleichung und zeigen, dafs wir die von 3^λ bis P zu erstreckenden Summen im Zähler und Nenner durch Vergröfserung von λ beliebig klein machen können, und zwar kann dies stets erreicht werden, wenn nur $z > 1$ ist, wie nahe auch z an Eins liegen mag.

In der That ist erstens:

$$\left| \sum_{3^\lambda}^{P} \frac{(-1)^{\frac{1}{2}k(n-1)}}{n^z} \lg n \, c_n \right| < \sum_{3^\lambda}^{P} \frac{\lg n}{n^z},$$

wo in der Summe rechts über die ungeraden und geraden n summiert wird, wodurch ja die Ungleichung nur verstärkt wird. Da aber die Funktion $\frac{\lg x}{x^z}$ für $z > 1$ mit zunehmendem x beständig abnimmt, so ist weiter:

$$\sum_{3^\lambda}^{P} \frac{\lg n}{n^z} = \int_{3^\lambda}^{P} \frac{\lg x}{x^z} dx + \frac{\lg \xi}{\xi^z} \qquad (3^\lambda < \xi < P)$$

$$= \left[-\frac{\lg x}{(z-1)x^{z-1}} - \frac{1}{(z-1)^2 x^{z-1}} \right]_{3^\lambda}^{P} + \frac{\lg \xi}{\xi^z};$$

also ist, wenn wir das zweite Glied durch den gröfseren Wert $\frac{\lg 3^\lambda}{3^\lambda}$ ersetzen:

(3) $$\left| \sum_{3^\lambda}^{P} \frac{(-1)^{\frac{1}{2}k(n-1)}}{n^z} \lg n \, c_n \right| < \frac{\lg 3^\lambda}{(z-1)3^{\lambda(z-1)}} + \frac{1}{(z-1)^2 3^{\lambda(z-1)}} + \frac{\lg 3^\lambda}{3^\lambda},$$

wo rechts bereits der auf die obere Grenze P bezügliche negative Teil jenes bestimmten Integrales fortgelassen worden ist.

Ganz ebenso erhält man für die zweite Summe im Nenner auf des rechten Seite von (2):

$$\left| \sum_{3^\lambda}^{P} \frac{(-1)^{\frac{1}{2}k(n-1)}}{n^z} \, c_n \right| < \sum_{3^\lambda}^{P} \frac{1}{n^z} \qquad (3^\lambda < \xi < P)$$

$$= \int_{3^\lambda}^{P} \frac{dx}{x^z} + \frac{1}{\xi^z} = \frac{1}{(z-1)3^{\lambda(z-1)}} - \frac{1}{(z-1)P^{z-1}} + \frac{1}{\xi^z},$$

also ergiebt sich, wenn man das zweite Glied fortläfst und das dritte wieder vergröfsert:

(3ª) $$\left| \sum_{3^\lambda}^{P} \frac{(-1)^{\frac{1}{2}k(n-1)}}{n^z} \, c_n \right| < \frac{1}{(z-1)3^{\lambda(z-1)}} + \frac{1}{3^\lambda}.$$

Mit Hülfe dieser beiden Gleichungen zeigen wir jetzt, dafs man, wie klein auch die positive Gröfse $z - 1$ sei, durch Vergröfserung von λ

jene beiden Summen so klein machen kann, als man nur immer will. Dazu braucht man nur für ein gegebenes $z - 1$ λ so grofs zu wählen, dafs jede der fünf Zahlen:

$$(4) \qquad \frac{\lg 3^\lambda}{(z-1)\,3^{\lambda(z-1)}}, \quad \frac{1}{(z-1)^2\,3^{\lambda(z-1)}}, \quad \frac{1}{(z-1)\,3^{\lambda(z-1)}}, \quad \frac{\lg 3^\lambda}{3^\lambda}, \quad \frac{1}{3^\lambda}$$

beliebig klein ausfällt. Allen diesen Bedingungen wird nun zugleich genügt, wenn man λ so grofs wählt, dafs:

$$(5) \qquad \frac{\lg 3^\lambda}{(z-1)^2 \cdot 3^{\lambda(z-1)}} < \tau$$

wird, wenn τ eine beliebige kleine Gröfse bedeutet. Diese Bedingung kann man stets befriedigen, da bekanntlich $\dfrac{\lg x}{x^{z-1}}$ mit wachsendem x unendlich klein wird, wie klein auch der positive Bruch $(z - 1)$ gegeben sei. Ist aber λ nach (5) bestimmt, so liegen jene fünf Brüche (4) a fortiori unterhalb τ, denn sie gehen aus dem Quotienten (5) bezw. durch Multiplikation mit den *echten* Brüchen:

$$z - 1, \quad \frac{1}{\lg 3^\lambda}, \quad \frac{z-1}{\lg 3^\lambda}, \quad \frac{(z-1)^2}{3^{\lambda(2-z)}}, \quad \frac{(z-1)^2}{\lg 3^\lambda \cdot 3^{(2-z)\lambda}}$$

hervor. Dann liegen also die beiden Summen in (3) und (3ª) absolut genommen bezw. unterhalb

$$3\tau \quad \text{und} \quad 2\tau,$$

können also für ein genügend grofses λ wirklich kleiner als jede noch so kleine Gröfse gemacht werden.

Endlich weisen wir noch nach, dafs die zweite links stehende Summe in (2) für ein genügend grofses λ ihrem absoluten Werte nach kleiner als $\frac{1}{10}$ gemacht werden kann. Es ist nämlich:

$$(6) \qquad \left| \sum_3^{p_\nu} \frac{(-1)^{\frac{1}{2}k\lambda(p-1)}\,\lg p^\lambda}{p^{\lambda z} - (-1)^{\frac{1}{2}k\lambda(p-1)}} \right| < \sum_3^{p_\nu} \frac{\lambda \lg p}{p^{\lambda z} - 1} < \sum_3^{p_\nu} \frac{\lambda \lg p}{p^\lambda - 1}$$

$$= \sum \frac{\lambda}{p^{\lambda - 1}} \cdot \frac{\lg p}{p - \dfrac{1}{p^{\lambda-1}}}$$

und da, falls nur $\lambda \geq 2$ angenommen wird, für jedes p:

$$(6^a) \qquad \frac{\lg p}{p - \dfrac{1}{p^{\lambda-1}}} \leq \frac{\lg p}{p - \dfrac{1}{p}} = \frac{\lg p}{p} \cdot \frac{1}{1 - \dfrac{1}{p^2}} < \frac{4}{3}\frac{\lg p}{p} < 1$$

ist, so wird der absolute Wert unserer Summe kleiner als:

$$\sum_3^{p_\nu} \frac{\lambda}{p^{\lambda-1}} < \lambda \sum_3^\infty \frac{1}{n^{\lambda-1}} < \lambda \int_2^\infty \frac{dx}{x^{\lambda-1}} = \frac{\lambda}{(\lambda-2)\cdot 2^{\lambda-2}},$$

und da dieser Bruch für $\lambda \geqq 6$ unterhalb $\frac{1}{10}$ liegt, so gilt dasselbe a fortiori von unserer Summe; diese kann also gleich $\frac{\sigma}{10}$ gesetzt werden, wo σ ein positiver oder negativer echter Bruch ist.

Setzen wir also für die drei soeben untersuchten Summen ihre abgeschätzten Werte in (2) ein, so ergiebt sich die folgende Gleichung:

$$(7) \qquad \sum_3^{p_\nu} \frac{(-1)^{\frac{1}{2}k(p-1)} \lg p}{p^s - (-1)^{\frac{1}{2}k(p-1)}} = \frac{\sum_1^{3^\lambda - 2} \dfrac{(-1)^{\frac{1}{2}k(n-1)} \lg n}{n^s} + 3\sigma'\tau}{\sum_1^{3^\lambda - 2} \dfrac{(-1)^{\frac{1}{2}k(n-1)}}{n^s} + 2\sigma''\tau} + \frac{\sigma}{10},$$

wo σ, σ', σ'' positive oder negative echte Brüche und τ eine Zahl bedeutet, welche a priori beliebig klein gewählt werden kann.

§ 3.

Die am Schlusse des vorigen Abschnittes gefundene Hauptgleichung repräsentiert zwei verschiedene Gleichungen, die den beiden möglichen Werten $k = 0$ und $k = 1$ von k entsprechen. Wir betrachten diese jetzt gesondert und leiten aus ihrer Verbindung den gesuchten Beweis des Satzes über die Anzahl der Primzahlen von der Form $4n + 1$ und $4n + 3$ ab.

Setzen wir zuerst $k = 1$, so geht unsere Gleichung (7) über in:

$$(1) \qquad \sum_3^{p_\nu} \frac{(-1)^{\frac{1}{2}(p-1)} \lg p}{p^s - (-1)^{\frac{1}{2}(p-1)}} = \frac{\sum_1^{3^\lambda - 2} \dfrac{(-1)^{\frac{1}{2}(n-1)} \lg n}{n^s} + 3\sigma'\tau}{\sum_1^{3^\lambda - 2} \dfrac{(-1)^{\frac{1}{2}(n-1)}}{n^s} + 2\sigma''\tau} + \frac{\sigma}{10}.$$

Von den beiden rechts im Zähler und Nenner stehenden alternierenden Summen:

$$(2) \begin{cases} \displaystyle\sum_1^{3^\lambda-2} \frac{(-1)^{\frac{1}{2}(n-1)}}{n^s}\lg n = -\frac{\lg 3}{3^s} + \frac{\lg 5}{5^s} - \frac{\lg 7}{7^s} + \cdots \pm \frac{\lg(3^\lambda-2)}{(3^\lambda-2)^s} \\[3mm] \displaystyle\sum_1^{3^\lambda-2} \frac{(-1)^{\frac{1}{2}(n-1)}}{n^s} = 1 - \frac{1}{3^s} + \frac{1}{5^s} - \frac{1}{7^s} + \cdots \pm \frac{1}{(3^\lambda-2)^s} \end{cases}$$

zeigt man nun leicht, daſs die erste zwischen Null und $-\frac{1}{2}$, die zweite zwischen $\frac{2}{3}$ und 1 liegt. Da nämlich die beiden Funktionen $\frac{\lg x}{x^s}$ und $\frac{1}{x^s}$ mit wachsendem x abnehmen, weil ihre Ableitungen:

$$\frac{1 - s\lg x}{x^{s+1}} \quad \text{und} \quad -\frac{s}{x^{s+1}}$$

beide für $x \geq 3$ negativ sind, so ist in beiden Reihen jedes folgende Glied, abgesehen vom Zeichen, kleiner als das vorhergehende; daher ist die erste Reihe sicher absolut genommen kleiner als ihr Anfangs-glied $\frac{\lg 3}{3^s}$ und da:

$$\frac{\lg 3}{3^s} < \frac{\lg 3}{3} = \frac{1,098 \cdots}{3} < \frac{1}{2}$$

ist, so kann diese in der Form $-\frac{\delta}{2}$ geschrieben werden, wo δ einen *positiven* echten Bruch bedeutet. Ebenso leicht erkennt man, daſs die zweite Reihe zwischen 1 und $\left(1 - \frac{1}{3^s}\right)$, also a fortiori zwischen 1 und $\left(1 - \frac{1}{3}\right)$ liegt, d. h. man kann sie gleich $\frac{2}{3} + \frac{\delta'}{3}$ setzen, wo δ' die gleiche Bedeutung wie δ hat. Also ergiebt sich für die rechte Seite in (1) der Ausdruck:

$$\frac{-\dfrac{\delta}{2} + 3\sigma'\tau}{\dfrac{2}{3} + \dfrac{\delta'}{3} + 2\sigma''\tau} + \frac{\sigma}{10}, \qquad \left(\begin{array}{c} -1 < \sigma^{(i)} < +1 \\ 0 \leqq \delta,\delta' < 1 \end{array}\right)$$

wo τ eine Gröſse bedeutet, welche wir durch Vergröſserung von λ a priori beliebig klein machen können, und zwar ganz unabhängig von dem Werte von s. Wählt man also $(\delta, \delta', \sigma, \sigma', \sigma'')$ so, daſs der Wert dieses Bruches, abgesehen von Vorzeichen, möglichst groſs aus-fällt, so ergiebt sich für den absoluten Wert der linken Seite von (1) die Ungleichung:

$$(3) \qquad \left| \sum_1^{3^\lambda-2} \frac{(-1)^{\frac{1}{2}(p-1)}}{p^s - (-1)^{\frac{1}{2}(p-1)}}\lg p \right| < \frac{\dfrac{1}{2} + 3\tau}{\dfrac{2}{3} - 2\tau} + \frac{1}{10}.$$

Wählen wir jetzt λ so grofs, dafs:

$$\tau = \frac{1}{57},$$

ist, so wird die rechte Seite von (3) kleiner als Eins, und es ergiebt sich der erste Satz:

Ist $z > 1$ beliebig gegeben, so kann man λ stets so grofs wählen, dafs

(3ᵃ)
$$\left| \sum_{1}^{3^\lambda - 2} \frac{(-1)^{\frac{1}{2}(p-1)} \lg p}{p^z - (-1)^{\frac{1}{2}(p-1)}} \right| = \left| \sum_{1}^{3^\lambda - 2} \frac{\lg p_1}{p_1{}^z - 1} - \sum_{1}^{3^\lambda - 2} \frac{\lg p_2}{p_2{}^z + 1} \right| < 1$$

wird, wenn p_1 alle Primzahlen von der Form $4n + 1$, p_2 alle diejenigen von der Form $4n + 3$ in dem Intervalle $(1, \cdots 3^\lambda - 2)$ durchläuft; jene Reihe bleibt also zwischen endlichen Grenzen, wie weit auch die Summation fortgesetzt wird.

Wir setzen jetzt zweitens in der Grundformel (7) des § 2 $k = 0$. Dann haben alle Potenzen von (-1) den Exponenten Null, alle bisher betrachteten Reihen (3), (3ᵃ) und (6) des § 2 erhalten also lauter positive Glieder. Daher ergiebt sich in diesem Falle die Grundgleichung:

(4)
$$\sum_{3}^{p_\nu} \frac{\lg p}{p^z - 1} = \frac{\displaystyle\sum_{1}^{3^\lambda - 2} \frac{\lg n}{n^z} + 3\delta'\tau}{\displaystyle\sum_{1}^{3^\lambda - 2} \frac{1}{n^z} + 2\delta''\tau} + \frac{\delta}{10}, \qquad (0 \leqq \delta,\, \delta',\, \delta'' < 1)$$

wo die positiven oder negativen echten Brüche σ, σ', σ'' durch die *positiven* echten Brüche δ, δ', δ'' ersetzt worden sind, weil die zugehörigen Reihen nur positive Glieder enthalten.

Wir wollen nur eine untere Grenze für den Wert der links stehenden Reihe finden. Zu diesem Zwecke verkleinern wir die rechte Seite, indem wir $3\delta'\tau$ im Zähler und $\frac{\delta}{10}$ fortlassen, und wir vergröfsern den Nenner, indem wir dort die Summation bis ins Unendliche erstrecken, wofür wir dann das Glied $2\delta''\tau$ ebenfalls fortlassen können, weil dieses ja die Summe $\displaystyle\sum_{3^\lambda}^{P} \frac{c_n}{n^z}$ vertritt, also sicher kleiner ist als der hinzugefügte Teil unserer Summe. Beachten wir noch, dafs im Zähler nach (4) a. S. 457:

$$\sum_{1}^{3^\lambda - 2} \frac{\lg n}{n^z} = \sum_{1}^{3^\lambda} \frac{\lg n}{n^z} - \frac{\lg 3^\lambda}{3^{\lambda z}} > \sum_{1}^{3^\lambda} \frac{\lg n}{n^z} - \tau$$

ist, so ergiebt sich die folgende einfachere Gleichung:

$$(5) \qquad \sum_{3}^{p_\nu} \frac{\lg p}{p^s - 1} > \frac{\sum\limits_{3}^{3^\lambda} \frac{\lg n}{n^s} - \tau}{\sum\limits_{1}^{\infty} \frac{1}{n^s}},$$

wo die Summationen rechts beide Male nur über die ungeraden Zahlen auszudehnen sind. Nun ist einmal ähnlich wie a. S. 456:

$$\sum_{3}^{3^\lambda} \frac{\lg n}{n^s} = \sum_{1}^{\frac{3^\lambda - 1}{2}} \frac{\lg(2\mu + 1)}{(2\mu + 1)^s} > \int_{1}^{\frac{3^\lambda - 1}{2}} \frac{\lg(2x + 1)}{(2x + 1)^s} \, dx$$

$$= -\frac{1}{2} \left[\frac{\lg(2x+1)}{(s-1)(2x+1)^{s-1}} + \frac{1}{(s-1)^2 (2x+1)^{s-1}} \right]_{1}^{\frac{3^\lambda - 1}{2}}$$

$$> \frac{\lg 3}{2(s-1) 3^{s-1}} + \frac{1}{2(s-1)^2 3^{s-1}} - \tau,$$

weil die beiden Summanden, welche der oberen Grenze entsprechen, nach (4) a. S. 457 unterhalb $\frac{1}{2}\tau$ liegen.

Zweitens ist:

$$\sum_{1}^{\infty} \frac{1}{n^s} = \sum_{1}^{\infty} \frac{1}{(2\mu + 1)^s} < 1 + \int_{0}^{\infty} \frac{dx}{(2x+1)^s} = 1 + \frac{1}{2(s-1)} = \frac{2s-1}{2(s-1)}.$$

Substituiert man also diese Werte in (5), so ergiebt sich nach einfachen Reduktionen:

$$\sum_{3}^{p_\nu} \frac{\lg p}{p^s - 1} > \frac{\frac{\lg 3}{3^{s-1}} - 4\tau(s-1)}{2s-1} + \frac{1}{(s-1)(2s-1)3^{s-1}}.$$

Nun ist für jedes $s < \frac{5}{4}$ und $\tau < \frac{1}{57}$

$$\frac{\lg 3}{3^{s-1}} - 4\tau(s-1) > \frac{2s-1}{2},$$

also ergiebt sich:

$$(6) \qquad \sum_{3}^{p_\nu} \frac{\lg p}{p^s - 1} > \frac{1}{2} + \frac{1}{(2s-1)(s-1)3^{s-1}}.$$

§ 4.

Diese beiden Formeln (3ª) und (6) benutzen wir jetzt zu dem Nachweise des Satzes:

Ist p_μ eine beliebige Primzahl, so kann man stets ein mit p_μ beginnendes endliches Intervall finden, innerhalb dessen mindestens eine Primzahl von der Form $4n+1$ und eine von der Form $4n+3$ sich befindet.

Zu diesem Zwecke wählen wir die noch nicht determinierte Zahl $z < \frac{5}{4}$ so nahe an Eins, dafs

$$\frac{1}{(2z-1)(z-1)\,3^{z-1}} \geq 1 + 2 \sum_{p=3}^{p=p_\mu} \frac{\lg p}{p-1}$$

ist, wenn p_μ die beliebig gegebene Primzahl bedeutet; dann ergiebt sich aus (6):

$$\sum_{3}^{p_\nu} \frac{\lg p}{p^z-1} > \frac{3}{2} + 2 \sum_{5}^{p_\mu} \frac{\lg p}{p-1}.$$

Addieren wir nun zu dieser Ungleichung die linke Seite von (3ᵃ), oder subtrahieren wir sie, und beachten wir dabei, dafs ihr Wert sicher ein positiver oder negativer *echter* Bruch ist, so besteht in beiden Fällen die folgende Ungleichung:

$$\sum_{3}^{p_\nu} \frac{\lg p}{p^z-1} + \varepsilon \sum_{3}^{p_\nu} \frac{(-1)^{\frac{1}{2}(p-1)}\lg p}{p^z-(-1)^{\frac{1}{2}(p-1)}} > \frac{1}{2} + 2 \sum_{3}^{p_\mu} \frac{\lg p}{p-1}. \qquad (\varepsilon=\pm 1)$$

Wir bezeichnen jetzt wieder durch p_1 und p_2 die Primzahlen von der Form $4n+1$ und $4n+3$. Dann geht unsere Ungleichung über in:

$$(2) \qquad \sum_{5}^{p_\nu} \frac{\lg p_1}{p_1^z-1} + \sum_{3}^{p_\nu} \frac{\lg p_2}{p_2^z-1} + \varepsilon\Big(\sum_{5}^{p_\nu} \frac{\lg p_1}{p_1^z-1} - \sum_{3}^{p_\nu} \frac{\lg p_2}{p_2^z+1}\Big)$$

$$- 2\Big(\sum_{5}^{p_\mu} \frac{\lg p_1}{p_1-1} + \sum_{3}^{p_\mu} \frac{\lg p_2}{p_2-1}\Big) > \frac{1}{2}.$$

Es sei zuerst

$$\varepsilon = +1.$$

Vereinigen wir die entsprechenden Summen und heben dann mit 2, so ergiebt sich:

$$\sum_{5}^{p_\nu} \frac{\lg p_1}{p_1^z-1} + \sum_{3}^{p_\nu} \frac{\lg p_2}{p_2^{2z}-1} - \sum_{5}^{p_\mu} \frac{\lg p_1}{p_1-1} - \sum_{3}^{p_\mu} \frac{\lg p_2}{p_2-1} > \frac{1}{4}.$$

Diese Ungleichung wird verstärkt, wenn man in der ersten Summe überall z durch 1 ersetzt, und in der zweiten die Exponenten $2z$ in dem

Intervalle zwischen $(1, \cdots p_\mu)$ ebenfalls durch die niedrigeren Exponenten Eins ersetzt; dann heben sich aber die negativen Glieder fort. Bringt man also den Rest der zweiten Summe auf die rechte Seite, so ergiebt sich:

$$(3) \qquad \sum_{\substack{p_1 > p_\mu}}^{p_\nu} \frac{\lg p_1}{p_1 - 1} > \frac{1}{4} - \sum_{\substack{p_2 > p_\mu}}^{p_\nu} \frac{\lg p_2}{p_2^{2z} - 1};$$

da aber offenbar:

$$\frac{\lg p}{p^{2z} - 1} < \frac{\lg p}{p^2 - 1} < \frac{\lg p}{(p-1)^2} < \frac{\lg (p-1)^2}{(p-1)^2} = 2 \frac{\lg (p-1)}{(p-1)^2},$$

ist, so ergiebt sich für die rechts stehende Summe:

$$\sum_{\substack{p_2 > p_\mu}}^{p_\nu} \frac{\lg p_2}{p_2^{2z} - 1} < 2 \sum_{\substack{p_2 > p_\mu}}^{p_\nu} \frac{\lg (p_2 - 1)}{(p_2 - 1)^2} < 2 \sum_{p_\mu + 1}^{\infty} \frac{\lg n}{n^2} < 2 \int_{p_\mu}^{\infty} \frac{l\,x}{x^2}\,dx,$$

$$= 2 \cdot \frac{1 + \lg p_\mu}{p_\mu};$$

der rechts stehende Ausdruck ist aber schon für $p_\mu = 41$ kleiner als $\frac{1}{4}$ und dies bleibt bestehen, wenn p_μ gröfser als 41 angenommen wird.

Also ergiebt sich in der That aus (3), wenn noch die obere Grenze p_ν durch 3^λ ersetzt wird:

$$\sum_{\substack{p_1 < p_\mu}}^{p_1 < 3^\lambda} \frac{\lg p_1}{p_1 - 1} > 0,$$

d. h. in dem Intervalle $(p_\mu, \cdots 3^\lambda)$ mufs mindestens eine neue Primzahl p_1 von der Form $4n + 1$ liegen, da ja sonst jene Summe Null wäre.

Es sei zweitens

$$\varepsilon = -1,$$

dann geht die Ungleichung (2) über in:

$$\sum_{3}^{p_\nu} \frac{\lg p}{p_2^z - p_2^{-z}} - \left(\sum_{5}^{p_\mu} \frac{\lg p_1}{p_1 - 1} + \sum_{3}^{p_\mu} \frac{\lg p_2}{p_2 - 1} \right) > \frac{1}{4},$$

und diese Ungleichung wird noch verstärkt, wenn die zweite von jenen drei Summen fortgelassen wird; da aufserdem

$$\frac{1}{p_2^z - p_2^{-z}} < \frac{1}{p_2^z - 1} < \frac{1}{p_2 - 1}$$

ist, so gilt diese Ungleichung a fortiori, wenn $p_2^z - p_2^{-z}$ durch $p_2 - 1$

ersetzt wird. Da sich aber dann $\displaystyle\sum_{3}^{p_\mu} \frac{\lg p_2}{p_2 - 1}$ forthebt, so ergiebt sich schliefslich:

$$\sum_{\substack{p_2 > p_\mu}}^{p_2 < 3^\lambda} \frac{\lg p_2}{p_2 - 1} > \frac{1}{4},$$

d. h. in dem vorher bestimmten Intervalle $(p_\mu, \cdots 3^\lambda)$ befindet sich auch sicher eine Primzahl p_2 von der Form $4n + 3$.

Wir fassen das Resultat unserer Untersuchungen in der folgenden Kette von Gleichungen zusammen:

Sei $p_\mu \geq 41$ eine beliebige Primzahl. Bestimmen wir dann erstens z durch die Ungleichung

$$(z - 1)(2z - 1)3^{z-1} \leq \frac{1}{1 + 2\displaystyle\sum_{3}^{p_\mu} \frac{\lg p}{p - 1}},$$

wählen wir zweitens ω so, dafs:

$$\frac{\omega}{\lg \omega} > \frac{57}{(z-1)^3} = \frac{1}{(z-1)^3 \tau}, \quad \tau = \frac{1}{57},$$

und definieren wir endlich λ durch die Gleichung:

$$\lambda = \frac{\lg \omega}{(z - 1)\lg 3} \quad \text{oder} \quad 3^{\lambda(z-1)} = \omega,$$

so ist in dem Intervalle

$$(p_\mu, \cdots 3^\lambda)$$

mindestens je eine Primzahl von der Form $4n + 1$ und von der Form $4n + 3$ enthalten.

Es gilt dann nämlich die Ungleichung:

$$\frac{\lg 3^\lambda}{(z-1)^3 \cdot 3^{\lambda(z-1)}} = \frac{\lambda \lg 3}{(z-1)^3 \cdot \omega} = \frac{\lg \omega}{\omega} \cdot \frac{1}{(z-1)^3} < \tau,$$

welche nach (5) a. S. 457 hinreichend dafür war, dafs zwischen p_μ und 3^λ eine derartige Primzahl auftritt. Wir bemerken endlich noch, dafs bei dieser Bestimmung auch $\lambda > 6$ ausfällt, was wir oben voraussetzten, wenn nur von vorn herein p_μ so grofs angenommen wird, dafs $\displaystyle\sum_{3}^{p_\mu} \frac{\lg p}{p - 1} > \frac{1}{2}$ wird. Wir wollen diese einfache Rechnung nicht besonders ausführen.

Zweiunddreifsigste Vorlesung.

Der allgemeine Satz über die Primzahlen in einer arithmetischen Reihe. — Vereinfachung der Aufgabe. — Aufstellung der Grundgleichung. — Abschätzung ihrer Glieder. — Spezialisierung der Grundgleichung: Die dem Hauptcharakter entsprechende Gleichung. — Die den übrigen Charakteren entsprechende Gleichung. — Beweis des Dirichletschen Satzes. — Folgerung: Die Primzahlen verteilen sich nahezu gleichmäfsig auf die $\varphi(m)$ Reihen $mx + r$.

§ 1.

Wir gehen jetzt zum Beweise des allgemeinen Satzes über, dafs in einer beliebig gegebenen arithmetischen Reihe

$$m_0 h + r \qquad (h = 0, 1, 2, \cdots)$$

unendlich viele Primzahlen enthalten sind. Wir vereinfachen aber die nachfolgenden Überlegungen gleich dadurch, dafs wir an Stelle der Differenz m_0 ein geeignet gewähltes Multiplum derselben einführen, wodurch ja, wie bereits oben S. 443 bemerkt wurde, die Allgemeingültigkeit des Beweises nicht beeinträchtigt wird. Es sei nämlich p_μ eine beliebige Primzahl, welche nur gröfser sein soll als alle Primteiler von m_0; dann wählen wir als Differenz der zu untersuchenden arithmetischen Reihe statt m_0 die Zahl:

$$(1) \qquad m = (2 \cdot 3 \cdot 5 \cdot 7 \cdots p_\mu)^h,$$

wo $h \geq 3$ und aufserdem so grofs sein soll, dafs m ein Multiplum von m_0 ist. Bei dieser Wahl von m sind die auf p_μ folgenden Primzahlen

$$(2) \qquad p_{\mu+1}, \; p_{\mu+2}, \cdots, \; p_\nu, \; p_{\nu+1}, \cdots$$

alle und nur diejenigen, welche nicht in m enthalten sind.

Es sei nun λ ein vorläufig ganz beliebig gegebener ganzzahliger Exponent, und es bedeute p_ν die eindeutig bestimmte Primzahl der Reihe (2), für welche

$$(2^{\mathrm{a}}) \qquad p_\nu < p_{\mu+1}^\lambda < p_{\nu+1}$$

ist. Wir wollen uns dann die Aufgabe stellen, zu untersuchen, wie grofs λ gewählt werden mufs, damit unter den Primzahlen:

des Intervalles $(p_{\mu+1}, \cdots p_{\mu+1}^\lambda)$ sicher eine Primzahl einer bestimmten Form $hm + r_i$ enthalten ist, wenn r_i eine beliebige Einheit modulo m bedeutet. Ist diese Aufgabe gelöst, so ist auch der allgemeine Satz über die arithmetische Reihe in seiner präzisesten Fassung bewiesen. Denn ist irgend eine Reihe $(m_0 h + r)$ gegeben und es soll von einer beliebig grofsen Primzahl $p_{\mu+1}$ ab ein Intervall abgegrenzt werden, innerhalb dessen sicher eine neue Primzahl dieser Reihe enthalten ist, so bilden wir mit Hülfe der vorhergehenden Primzahl p_μ und m_0 die neue Differenz m in (1), grenzen für sie das Intervall $(p_{\mu+1}, \cdots p_{\mu+1}^\lambda)$ ab, und sind dann sicher, dafs in eben diesem Bereiche auch eine neue Primzahl der Form $(m_0 h + r)$ enthalten ist.

§ 2.

Wir betrachten nun die $\nu - \mu$ Primzahlen:

$$(1) \qquad p_{\mu+1}, \; p_{\mu+2}, \cdots, \; p_\nu$$

unseres Intervalles $(p_{\mu+1}, \cdots p_{\mu+1}^\lambda)$, bilden aus ihnen die Zahlen:

$$(1^a) \qquad p_{\mu+1}^{h_{\mu+1}} \, p_{\mu+2}^{h_{\mu+2}} \cdots p_\nu^{h_\nu} \qquad (h_i = 0, 1, \cdots \lambda - 1),$$

welche nur die Primteiler jenes Intervalles und jeden in niedrigerer als der λ^{ten} Potenz enthalten, und beweisen dann wörtlich ebenso wie in dem speziellen Falle $m = 4$ die Richtigkeit der folgenden Gleichung:

$$(2) \qquad \sum_{i=0}^{\lambda-1} \frac{\Omega\left(p_{\mu+1}^{h_{\mu+1}} \cdots p_\nu^{h_\nu}\right)}{\left(p_{\mu+1}^{h_{\mu+1}} \cdots p_\nu^{h_\nu}\right)^z} = \sum_1^{p_{\mu+1}^\lambda - 1} \frac{\Omega(n)}{n^z} + \sum_{p_{\mu+1}^\lambda}^{(p_{\mu+1} \cdots p_\nu)^{\lambda-1}} c_n \frac{\Omega(n)}{n^z};$$

in ihr bedeutet Ω wieder einen der $\varphi(m)$ Charaktere $\Omega^{(k, k_0, \cdots)}$, und c_n ist gleich Null oder Eins zu setzen, je nachdem n unter den Zahlen (1^a) enthalten ist, oder nicht. In der That zerfällt ja auch hier die Reihe rechts in einen Hauptteil für $n < p_{\mu+1}^\lambda$, in welchem alle $\frac{\Omega(n)}{n^z}$ wirklich auftreten, und in einen zweiten für $p_{\mu+1}^\lambda < n < (p_{\mu+1} \cdots p_\nu)^{\lambda-1}$, in welchem jene Glieder nur sporadisch vorkommen, während jenseits der letzten Grenze kein einziges Glied mehr vorhanden ist.

Andererseits kann aber die linke Seite von (2) wegen der Multiplikationseigenschaft von $\Omega(n)$ folgendermafsen summiert und als ein Produkt von $(\nu - \mu)$ endlichen Summen dargestellt werden:

$$\prod_{p_\mu+1}^{p_\nu} \sum_{h=0}^{\lambda-1} \frac{\Omega(p)^h}{p^{hz}} = \prod_{p_\mu+1}^{p_\nu} \frac{1 - \dfrac{\Omega(p^\lambda)}{p^{\lambda z}}}{1 - \dfrac{\Omega(p)}{p^z}}.$$

So ergiebt sich die Fundamentalformel:

(3) $$\prod_{p_\mu+1}^{p_\nu} \frac{1 - \dfrac{\Omega(p^\lambda)}{p^{\lambda z}}}{1 - \dfrac{\Omega(p)}{p^z}} = \sum_1^N \frac{\Omega(n)}{n^z} + \sum_{N+1}^T c_n \frac{\Omega(n)}{n^z},$$

wenn rechts zur Abkürzung:

(3ª) $$N = p_{\mu+1}^\lambda - 1, \quad T = (p_{\mu+1} p_{\mu+2} \cdots p_\nu)^{\lambda-1}$$

gesetzt wird.

Wir differenzieren jetzt die so gewonnene Gleichung logarithmisch nach z, und erhalten:

$$\sum_{p_\mu+1}^{p_\nu} \frac{\Omega(p)\lg p}{p^z - \Omega(p)} - \sum_{p_\mu+1}^{p_\nu} \frac{\Omega(p^\lambda)\lg p^\lambda}{p^{\lambda z} - \Omega(p^\lambda)} = \frac{\displaystyle\sum_1^N \frac{\Omega(n)\lg n}{n^z} + \sum_{N+1}^T c_n \frac{\Omega(n)\lg n}{n^z}}{\displaystyle\sum_1^N \frac{\Omega(n)}{n^z} + \sum_{N+1}^T c_n \frac{\Omega(n)}{n^z}},$$

oder, da identisch:

$$\frac{\Omega(p)\lg p}{p^z - \Omega(p)} = \frac{\Omega(p)\lg p}{p^z} + \frac{\Omega(p)^2 \lg p}{p^z(p^z - \Omega(p))}$$

ist, so ergiebt sich schließlich die wichtige Gleichung:

(4)
$$\sum_{p_\mu+1}^{p_\nu} \frac{\Omega(p)\lg p}{p^z} = \sum_{p_\mu+1}^{p_\nu} \frac{\Omega(p^\lambda)\lg p^\lambda}{p^{\lambda z} - \Omega(p^\lambda)} - \sum_{p_\mu+1}^{p_\nu} \frac{\Omega(p^2)\lg p}{p^z(p^z - \Omega(p))}$$
$$+ \frac{\displaystyle\sum_1^N \frac{\Omega(n)\lg n}{n^z} + \sum_{N+1}^T c_n \frac{\Omega(n)\lg n}{n^z}}{\displaystyle\sum_1^N \frac{\Omega(n)}{n^z} + \sum_{N+1}^T c_n \frac{\Omega(n)}{n^z}},$$

welche das Fundament für alle unsere weiteren Untersuchungen bildet.

§ 3.

Von den sechs Summen, welche auf der rechten Seite der Fundamentalgleichung (4) des letzten Abschnittes stehen, brauchen wir nur die beiden:

(1) $$\sum_1^N \frac{\Omega(n)}{n^z} \quad \text{und} \quad \sum_1^N \frac{\Omega(n)\lg n}{n^z},$$

von denen die zweite die logarithmische Ableitung der ersteren ist, eingehender zu betrachten; die vier anderen Reihen:

(1ᵃ)
$$\sum_{N+1}^{T} c_n \frac{\Omega(n)\lg n}{n^z} \quad \text{und} \quad \sum_{N+1}^{T} c_n \frac{\Omega(n)}{n^z}.$$

und

(1ᵇ)
$$\sum_{p_\mu+1}^{p_\nu} \frac{\Omega(p^\lambda)\lg(p^\lambda)}{p^{\lambda z}-\Omega(p^\lambda)} \quad \text{und} \quad \sum_{p_\mu+1}^{p_\nu} \frac{\Omega(p^z)\lg p}{p^z(p^z-\Omega(p))}$$

brauchen wir nur in Grenzen einzuschliefsen. Wir beweisen jetzt ganz ähnlich, wie in dem speziellen Falle $m = 4$, dafs die beiden ersten Reihen (1ᵃ) durch Vergröfserung des Exponenten λ ihrem absoluten Betrage nach kleiner als $\frac{1}{10}$, die beiden in (1ᵇ) aber beliebig klein gemacht werden können. Und zwar gilt dies, welcher der $\varphi(m)$ Charaktere $\Omega^{(k)}$ auch unter Ω verstanden wird, und unabhängig davon, wie klein der Wert von $z - 1$ angenommen wird, falls nur überhaupt $z > 1$ ist.

Da nämlich der absolute Betrag der komplexen Zahlen $\Omega(n)$ stets gleich Eins oder Null ist, so sind die Beträge der beiden Reihen (1ᵃ) bezw. kleiner als:

$$\sum_{N+1}^{T} \frac{\lg n}{n^z} \quad \text{und} \quad \sum_{N+1}^{T} \frac{1}{n^z},$$

wo die Summation wieder auf alle und nicht blofs auf die zu m teilerfremden Zahlen zu erstrecken ist; und man beweist wörtlich ebenso wie a. S. 456 und 457, dafs diese beiden Reihen bezw. kleiner sind als:

$$3\tau \quad \text{und} \quad 2\tau,$$

wenn nur das Intervall $(p_{\mu+1}, \cdots p_{\mu+1}^\lambda - 1)$ genügend vergröfsert wird, wenn nämlich $N = p_{\mu+1}^\lambda - 1$ so grofs angenommen wird, dafs:

(2)
$$\frac{\lg N}{(z-1)^2 N^{z-1}} < \tau$$

ist. Ist nämlich λ dieser Bedingung entsprechend gewählt, so liegen auch hier die fünf Quotienten:

(2ᵃ)
$$\frac{\lg n}{(z-1)\, n^{z-1}}, \quad \frac{1}{(z-1)^2 n^{z-1}}, \quad \frac{1}{(z-1)\, n^{z-1}}, \quad \frac{\lg n}{n}, \quad \frac{1}{n}$$

sämtlich unterhalb τ, sobald nur $n \geqq p_{\mu+1}^\lambda > N$ ist, und hieraus kann der Beweis unserer Behauptung genau ebenso, wie a. a. O. erschlossen werden.

Ebenso ist der absolute Betrag der beiden anderen Reihen (1ᵇ) bezw. kleiner oder gleich:

$$\sum_{p_\mu+1}^{p_\nu} \frac{\lg(p^\lambda)}{p^{\lambda z}-1} \quad \text{und} \quad \sum_{p_\mu+1}^{p_\nu} \frac{\lg p}{p^z(p^z-1)}.$$

Aber von der ersten dieser beiden positiven Reihen wurde schon a. S. 457 bewiesen, daß sie kleiner ist als $\dfrac{\lambda}{(\lambda-2)2^{\lambda-2}}$; sie liegt also sicher unterhalb $\dfrac{1}{10}$, sobald nur $\lambda \geq 6$ angenommen wird. Um dasselbe auch für die zweite Reihe nachzuweisen, brauchen wir nur zu beachten, daß, ähnlich wie a. S. 463:

$$\frac{\lg p}{p^z(p^z-1)} < \frac{\lg p}{p(p-1)} < \frac{\lg p}{(p-1)^2} < \frac{\lg(p-1)^2}{(p-1)^2}$$

ist, weil hier jedesmal der Zähler vergrößert oder der Nenner verkleinert wird. Also ist:

$$\sum_{p_\mu+1}^{p_\nu} \frac{\lg p}{p^z(p^z-1)} < 2\sum_{p_\mu+1}^{p_\nu} \frac{\lg(p-1)}{(p-1)^2} < 2\int_{p_{\mu+1}-2}^{\infty} \frac{\lg x}{x^2}\,dx = 2\frac{1+\lg(p_{\mu+1}-2)}{(p_{\mu+1}-2)^2}$$

Ist aber $p_{\mu+1}$, d. h. der Anfang des zu untersuchenden Intervalles $(p_{\mu+1}, \cdots p_{\mu+1}^\lambda)$ auch nur gleich 11, so ist jene Reihe bereits kleiner als $\dfrac{2}{81}(1+2\lg 3) < \dfrac{1}{10}$ und diese obere Grenze wird um so kleiner, je größer $p_{\mu+1}$ ist.

Wir bezeichnen jetzt und im Folgenden stets durch σ eine Zahl von der Form

$$\sigma = \delta e^{\varrho i},$$

wo δ einen positiven echten Bruch und $e^{\varrho i}$ irgend eine komplexe Zahl bedeutet, deren absoluter Betrag gleich Eins ist; eine solche Zahl σ können und wollen wir einen komplexen echten Bruch nennen. Dann folgt aus den Resultaten dieses Paragraphen, daß wir die Fundamentalformel (4) des § 2 folgendermaßen schreiben können:

$$(3) \qquad \sum_{p_\mu+1}^{p_\nu} \frac{\Omega(p)\lg p}{p^z} = \frac{\sigma_0}{10} - \frac{\sigma_1}{10} + \frac{\sum_1^N \frac{\Omega(n)\lg n}{n^z} + 3\sigma\tau}{\sum_1^N \frac{\Omega(n)}{n^z} + 2\sigma'\tau},$$

und zwar gilt diese Gleichung für jeden der $\varphi(m)$ Charaktere Ω. Aus den so sich ergebenden $\varphi(m)$ Gleichungen werden wir jetzt das gesuchte Resultat über die arithmetische Reihe ableiten.

§ 4.

Wir untersuchen die Gleichung (3) zuerst für den Fall, dafs $\Omega = \Omega^{(0)}$ der Hauptcharakter ist; dann sind alle $\Omega^{(0)}(n)$ gleich Null oder Eins, und alle vier im vorigen Abschnitte betrachteten Reihen haben lauter reelle positive Koefficienten, sind also selbst positiv; also reduzieren sich alle komplexen echten Brüche $\sigma = \delta e^{\varrho i}$ auf $\sigma = \delta$, d. h. in diesem Falle geht die Gleichung (3) über in die einfachere:

$$(1) \qquad \sum_{p\mu+1}^{p_\nu} \frac{\lg p}{p^z} = \frac{1}{10}(\delta_0 - \delta_1) + \frac{\displaystyle\sum_1^N {}' \frac{\lg n}{n^z} + 3\delta\tau}{\displaystyle\sum_1^N {}' \frac{1}{n^z} + 2\delta'\tau},$$

wo die Gröfsen δ unbekannte positive echte Brüche sind, und wo durh den Accent an den beiden Summenzeichen angedeutet ist, dafs nur über diejenigen Zahlen n zu summieren ist, welche zu m relativ prim sind, welche also keine einzige unter den μ ersten Primzahlen enthalten.

Um die angenäherte Berechnung der rechten Seite einfacher durchführen zu können, summieren wir im Zähler und Nenner bis $(N + m)$, so dafs wir $\varphi(m)$ Summanden $\frac{\lg n}{n^z}$ bezw. $\frac{1}{n^z}$ zugefügt haben, für welche $n > N$ ist, so dafs die Summe jener $\varphi(m)$ Summanden unterhalb $\varphi(m)\tau$ liegt. Suchen wir nun den gröfsten und den kleinsten Wert auf, welchen die rechte Seite von (1) erhalten kann, so erkennen wir, dafs die linke Seite notwendig zwischen den beiden folgenden Grenzen liegt:

$$(2) \qquad + \frac{1}{10} + \frac{\displaystyle\sum_1^{N+m} {}' \frac{\lg n}{n^z} + 3\tau}{\displaystyle\sum_1^{N+m} {}' \frac{1}{n^z} - \varphi(m)\imath} \quad \text{und} \quad - \frac{1}{10} + \frac{\displaystyle\sum_1^{N+m} {}' \frac{\lg n}{n^z} - \varphi(m)\tau}{\displaystyle\sum_1^{N+m} {}' \frac{1}{n^z} + 2\tau} \cdot$$

Um nun jene Summen zu berechnen beachten wir, dafs die in ihnen auftretenden Zahlen n in die $\varphi(m)$ arithmetischen Reihen

$$m h_i + r_i \qquad \binom{i = 1, 2, \cdots \varphi(m)}{h_i = 0, 1, \cdots H_i}$$

angeordnet werden können, in welchen r_i die modulo m inkongruenten zu m relativen Primzahlen durchläuft, welche kleiner als m sind, und h_i von Null bis zu der ersten Zahl H_i geht, für welche $m H_i + r_i > N$ ist. Bei dieser Anordnung ergiebt sich leicht nach S. 461:

$$\sum_{1}^{N+m}{}'\frac{\lg n}{n^z} = \sum_{r_i}\sum_{h_i=0}^{H_i}\frac{\lg(mh_i+r_i)}{(mh_i+r_i)^z} = \sum_{r_i}\left(\int_{0}^{H_i}\frac{\lg(mx+r_i)}{(mx+r_i)^z}\,dx + \frac{\lg\xi_i}{\xi_i^z}\right),$$

wo ξ_i einen Mittelwert zwischen r_i und mH_i+r_i bedeutet; und da:

$$\int_{0}^{H_i}\frac{\lg(mx+r_i)}{(mx+r_i)^z}\,dx = -\left[\frac{\lg(mx+r_i)}{m(z-1)(mx+r_i)^{z-1}} + \frac{1}{m(z-1)^2(mx+r_i)^{z-1}}\right]_{0}^{H_i}$$

ist, und der Wert des Integrales für die obere Grenze H_i wegen (2^a) a. S. 468 unterhalb 2τ bleibt, so ergiebt sich für jene Summe der angenäherte Wert:

$$
\begin{aligned}
(3)\qquad \sum_{1}^{N+m}{}'\frac{\lg n}{n^z} &= \sum_{r_i}\left(\frac{1}{m(z-1)^2}\cdot\frac{1}{r_i^{z-1}} + \frac{1}{m(z-1)}\cdot\frac{\lg r_i}{r_i^{z-1}} + \delta_i\frac{\lg r_i}{r_i} - 2\,\varepsilon_i\,\tau\right) \\
&\qquad\qquad\qquad\qquad\qquad\qquad\qquad\qquad\quad (0<\delta_i,\,\varepsilon_i<1)\\
&= \frac{1}{m(z-1)^2}\sum_{r_i}\frac{1}{r_i^{z-1}} + \frac{1}{m(z-1)}\sum_{r_i}\frac{\lg r_i}{r_i^{z-1}} + \delta\sum_{r_i}\frac{\lg r_i}{r_i} - 2\varepsilon\tau\varphi(m),\\
&\qquad\qquad\qquad\qquad\qquad\qquad\qquad\qquad\quad (0<\delta,\,\varepsilon<1)
\end{aligned}
$$

da $\dfrac{\lg\xi_i}{\xi_i^z} < \dfrac{\lg r_i}{r_i^z} < \dfrac{\lg r_i}{r_i}$ ist.

Genau ebenso findet man für die im Nenner stehende Summe:

$$
\begin{aligned}
(3^a)\qquad \sum_{1}^{N+m}{}'\frac{1}{n^z} &= \sum_{r_i}\sum_{h_i=0}^{H_i}\frac{1}{(mh_i+r_i)^z} = \sum_{r_i}\left(\int_{0}^{H_i}\frac{dx}{(mx+r_i)^z} + \frac{1}{\xi_i^z}\right)\\
&= \sum_{r_i}\left(\frac{1}{m(z-1)r_i^{z-1}} + \delta_i'\cdot\frac{1}{r_i} - \varepsilon_i'\tau\right)\\
&= \frac{1}{m(z-1)}\sum_{r_i}\frac{1}{r_i^{z-1}} + \delta'\sum_{r_i}\frac{1}{r_i} - \varepsilon'\tau\varphi(m).\quad (0<\delta',\,\varepsilon'<1)
\end{aligned}
$$

Setzt man also die Werte jener beiden Reihen (3) und (3^a) in (2) ein, so ergiebt sich für die linke Seite von (1) die folgende Darstellung:

$$\sum_{p_\mu+1}^{p_\nu}\frac{\lg p}{p^z} = \frac{\dfrac{1}{m(z-1)^2}\sum_{r_i}\dfrac{1}{r_i^{z-1}} + \dfrac{1}{m(z-1)}\sum_{r_i}\dfrac{\lg r_i}{r_i^{z-1}} + \bar{\delta}C}{\dfrac{1}{m(z-1)}\sum_{r_i}\dfrac{1}{r_i^{z-1}} + \bar{\delta}_1 C_1} + \frac{\bar{\varepsilon}}{10}\quad(-1<\bar{\varepsilon}<+1),$$

wo C und C_1 von z unabhängige Konstanten bedeuten, welche aus (3) und (3^a) leicht berechnet werden können. Also erhält man durch Division die Schlußgleichung:

$$(4)\qquad\qquad \sum_{p_\mu+1}^{p_\nu}\frac{\lg p}{p^z} = \frac{1}{z-1} + \delta^{(0)}\alpha_0,$$

wo $\delta^{(0)}$ ein von z abhängiger positiver echter Bruch und α_0 eine endliche von z unabhängige Konstante bedeutet, auf deren Berechnung es nicht ankommt. Hat man also das Intervall $(p_{\mu+1}, \cdots p^{\lambda}_{\mu+1})$ genügend grofs angenommen, so kann der Wert der Reihe (4) dadurch beliebig grofs gemacht werden, dafs man z nahe genug an Eins wählt.

§ 5.

Wir betrachten die Hauptgleichung (3) des § 3 jetzt zweitens für den Fall, dafs Ω nicht der Hauptcharakter ist, und weisen nach, dafs dann die beiden rechts stehenden Reihen:

$$(1) \qquad \sum_1^N \frac{\Omega(n) \lg n}{n^z} \quad \text{und} \quad \sum_1^N \frac{\Omega(n)}{n^z}$$

für $z = 1$ endlich bleiben, wie grofs auch das Intervall $(p_{\mu+1}, \cdots p^{\lambda}_{\mu+1})$ angenommen werde.

Wir zeigen dies gleich für die allgemeinere Reihe:

$$(1^a) \qquad \sum_1^N \Omega(n)\, \psi(n),$$

wenn $\psi(x)$ irgend eine positive Funktion von x ist, welche mit wachsendem Argumente abnimmt und für $x = \infty$ verschwindet.

Wenden wir auf diese Reihe die Abelsche Umformung an, indem wir in der Formel (3) a. S. 320

$$A_k = \psi(k), \qquad B_k = \Omega(k)$$

setzen, so geht sie über in:

$$(2) \qquad \sum_1^N (\psi(n) - \psi(n+1)) \sum_1^n \Omega(s) + \psi(N+1) \sum_1^N \Omega(s).$$

Nun war aber nach dem a. S. 447 unten bewiesenen Theoreme die Summe $\sum_s \Omega(s)$ erstreckt über irgend ein vollständiges Restsystem modulo m stets gleich Null, wenn Ω, wie dies ja hier angenommen wurde, nicht der Hauptcharakter ist. Teilen wir also ein beliebiges Intervall $(1, \cdots n)$ in die Teile

$$\left(1, \cdots m; \; m+1, \cdots 2m; \; \cdots; \; m\left[\frac{n}{m}\right] + 1, \cdots n\right),$$

von denen jeder, mit Ausnahme des letzten, ein vollständiges Restsystem modulo m bildet, so ist nach diesem Satze:

$$\sum_{1}^{n} \Omega(n) = \sum_{m\left[\frac{n}{m}\right]+1}^{n} \Omega(n).$$

Also kann unsere Summe (2) folgendermaßen geschrieben werden:

$$(\psi(1) - \psi(2)) \,\Omega(1) + (\psi(2) - \psi(3)) \,(\Omega(1) + \Omega(2))$$
$$+ (\psi(3) - \psi(4)) \,(\Omega(1) + \Omega(2) + \Omega(3)) + \cdots$$
$$+ (\psi(m + 1) - \psi(m)) \,\Omega(m + 1)$$
$$+ (\psi(m + 2) - \psi(m + 1)) \,(\Omega(m + 1) + \Omega(m + 2)) + \cdots$$
$$+ \;\cdot\;\cdot\;\cdot\;\cdot\;\cdot\;\cdot\;\cdot\;\cdot\;\cdot\;\cdot\;\cdot\;\cdot$$
$$+ \,\psi(N + 1) \sum_{N_0}^{N} \Omega(s),$$

wenn $m\left[\dfrac{N}{m}\right]+1 = N_0$ gesetzt wird; wenn man also die mit $\Omega(1), \Omega(2), \cdots$ multiplizierten Glieder zusammenfaßt, die sich aufhebenden Terme fortläßt, und endlich beachtet, daß allgemein:

$$\Omega(i) = \Omega(m + i) = \Omega(2m + i) = \cdots$$

ist, so wird unsere Reihe gleich:

$$\sum_{s=1}^{m} \Omega(s) \left(\psi(s) - \psi(m + 1) + \psi(m + s) - \psi(2m + 1) + \cdots \right)$$
$$+ \,\psi(N + 1) \sum_{N_0}^{N} \Omega(s)$$

(3)
$$= \sum_{s=1}^{m} \Omega(s) \sum_{h} (\psi(mh + s) - \psi(mh + m + 1))$$
$$+ \,\psi(N + 1) \sum_{N_0}^{N} \Omega(s),$$

wo in der inneren Summe die Summation auf alle Zahlen h zu erstrecken ist, für welche $mh + m + 1 \leq N$ ist, und wo für s nur in Bezug auf die $\varphi(m)$ zu m teilerfremden Zahlen unterhalb m summiert zu werden braucht.

Für unsere beiden Reihen (1) ergiebt sich so:

(4)
$$\sum_{1}^{N} \frac{\Omega(n)}{n^z} = \sum_{s} \Omega(s) \, R_z(s) + \frac{1}{(N+1)^z} \sum_{N_0}^{N} \Omega(s)$$

$$\sum_{1}^{N} \frac{\Omega(n)\, \lg n}{n^z} = \sum_{s} \Omega(s) \, B_z{}'(s) + \frac{\lg(N+1)}{(N+1)^z} \sum_{N_0}^{N} \Omega(s),$$

wo zur Abkürzung für jedes s:

$$(5) \qquad R_z(s) = \frac{1}{s^z} - \frac{1}{(m+1)^z} + \frac{1}{(m+s)^z} - \frac{1}{(2m+1)^z} + \cdots$$

gesetzt ist, und

$$(5^a) \qquad R_z'(s) = -\frac{\lg s}{s^z} + \frac{\lg(m+1)}{(m+1)^z} - \frac{\lg(m+s)}{(m+s)^z} + \cdots$$

die Ableitung der ersten alternierenden Reihe nach z bedeutet. Beide Male sind die Summationen so weit auszudehnen, als die Zahlen im Nenner kleiner als N sind.

Hieraus ergiebt sich leicht, dafs der absolute Betrag beider Reihen endlich ist. In der That folgt aus (4):

$$(6) \qquad \begin{aligned} \left| \sum_1^N \frac{\Omega(n)}{n^z} \right| &< \sum_s |R_z(s)| + \frac{\varphi(m)}{(N+1)^z} \\ \left| \sum_s^N \frac{\Omega(n)\lg n}{n^z} \right| &< \sum_s |R_z'(s)| + \varphi(m) \frac{\lg(N+1)}{(N+1)^z}. \end{aligned}$$

Ferner ist in den alternierenden Reihen $R_z(s)$ und $R_z'(s)$ jedes folgende Glied kleiner als das vorhergehende, also ist der absolute Betrag einer jeden solchen Reihe kleiner als der ihres Anfangsgliedes, d. h. es ist:

$$(7) \qquad \sum_s |R_z(s)| < \sum_s \frac{1}{s^z} < \sum_s \frac{1}{s} = 1 + \sum_{\substack{s \leqq m-1 \\ s \geqq p_\mu+1}} \frac{1}{s} < 1 + \sum_{p_\mu+1}^{m-1} \frac{1}{n},$$

denn in dem Intervalle zwischen 2 und $p_\mu+1$ existiert keine einzige Zahl s, welche zu $m = (2 \cdot 3 \cdots p_\mu)^k$ teilerfremd wäre, und offenbar wird also die Ungleichung verstärkt, wenn man rechts über *alle* Zahlen zwischen $p_\mu+1$ und $m-1$ statt nur über die Einheiten modulo m summiert. Ferner ist:

$$\sum_{p_\mu+1}^{m-1} \frac{1}{n} = \int_{p_\mu+1}^{m-1} \frac{dx}{x} + \frac{1}{\xi} < \lg(m-1) - \lg p_\mu+1 + \frac{1}{p_\mu+1},$$

also erhält man, wenn nur λ grofs genug angenommen wird:

$$(7^a) \qquad \begin{aligned} \left| \sum_1^N \frac{\Omega^{(k)}(n)}{n^z} \right| &< \lg(m-1) + \left(1 - \lg p_\mu+1 + \frac{1}{p_\mu+1}\right) + \frac{\varphi(m)}{p_\mu^\lambda+1} \\ &< \lg(m-1) + \frac{\varphi(m)}{p_\mu^\lambda+1}, \end{aligned}$$

sobald nur $p_\mu+1 \geqq 5$ ist, denn man erkennt leicht, dafs dann der zweite Teil $\left(1 - \lg p_\mu+1 + \frac{1}{p_\mu+1}\right)$ bereits negativ ist. Ganz ebenso zeigt man, dafs:

$$(7^{\mathrm{b}}) \qquad \sum_s \mid R_z'(s) \mid < \sum_{p_\mu+1} \frac{\lg s}{s} < \sum_{p_\mu+1}^{m-1} \frac{\lg n}{n} < \int_{p_\mu+1}^{m-1} \frac{\lg x}{x}\, dx + \frac{\lg p_\mu+1}{p_\mu+1}$$

$$< \frac{1}{2}\,(\lg(m-1))^2 + \frac{\lg p_\mu+1}{p_\mu+1} < (\lg m)^2,$$

weil hier das Anfangsglied wegen $\lg 1 = 0$ fortfällt. Die Richtigkeit der letzten Ungleichung erkennt man leicht, wenn man sie verstärkt, indem man links $\frac{1}{2}\,(\lg(m-1))^2$ durch $\frac{1}{2}\,(\lg m)^2$ und $\frac{\lg p_\mu+1}{p_\mu+1}$ durch 1 ersetzt, denn dann ergiebt sich $1 < \frac{1}{2}\,(\lg m)^2$. Beachtet man endlich noch, dafs die Zusatzglieder in (6) nach (2^{a}) a. S. 468 unterhalb $\varphi(m)\tau$ liegen, also mit wachsendem λ unendlich klein werden, so folgt in der That, dafs jene beiden Reihen unter einer bestimmten endlichen Grenze bleiben, wie weit sie auch verlängert werden mögen, und auch dann, wenn $z = 1$ wird. Beide Reihen sind also für $z = 1$ endlich bei beliebig wachsendem N. Da dieselben ferner in dem Intervalle $(1, \cdots z)$ differenzierbare Funktionen von z sind, so besteht für sie die Darstellung:

$$(8) \qquad \sum_1^N \frac{\Omega(n)}{n^z} = \beta_0 + (z-1)\,\beta_1(z)$$

$$\sum_1^N \frac{\Omega(n)\,\lg n}{n^z} = \bar{\beta}_0 + (z-1)\,\bar{\beta}_1(z),$$

wo die Konstanten

$$(8^{\mathrm{a}}) \qquad \beta_0 = \sum_1^N \frac{\Omega(n)}{n} \quad \text{und} \quad \bar{\beta}_0 = \sum_1^N \frac{\Omega(n)\,\lg n}{n},$$

die Werte jener Reihen für $z = 1$, beide endlich sind, und wo auch $\beta_1(z)$, $\bar{\beta}_1(z)$ in dem ganzen Intervalle $(1, \cdots z)$ ebenfalls endlich bleiben. Setzen wir also diese Werte in (3) des § 3 ein, und nehmen wir an, dafs die im Nenner stehende Zahl β_0 einen von Null verschiedenen Wert hat, so folgt für jeden vom Hauptcharakter verschiedenen Charakter $\Omega^{(k)}$:

$$(9) \qquad \sum_{p_\mu+1}^{p_\nu} \frac{\Omega^{(k)}(p)\,\lg p}{p^z} = \frac{1}{10}\,(\sigma_0 - \sigma_1) + \frac{(\bar{\beta}_0 + 3\,\sigma\tau) + (z-1)\,\bar{\beta}_1(z)}{(\beta_0 + 2\,\sigma'\tau) + (z-1)\,\beta_1(z)} = \sigma^{(k)}\alpha_k,$$

wo α_k eine positive Zahl und $\sigma^{(k)} = \delta^{(k)} e^{\varrho_k i}$ einen von z unabhängigen komplexen echten Bruch bedeutet. Es sei α eine positive Konstante, welche gröfser ist als alle diese $\varphi(m) - 1$ Zahlen α_k und die in (4) des § 4 auftretende Konstante α_0. Dann können und wollen wir in allen diesen $\varphi(m)$ Gleichungen die $\varphi(m)$ Zahlen α_i durch α ersetzen.

Die Gleichung (9) gilt nur dann, wenn die Konstante $\beta_0 = \sum_1^N \frac{\Omega(n)}{n}$ im Nenner mit wachsendem N gegen einen von Null verschiedenen Grenzwert konvergiert. Würde nämlich β_0 mit wachsendem N unendlich klein, so konvergierte der Nenner in (9) gegen $(z-1)\beta_1(z)$, die linke Seite hätte also den Wert:

$$(9^a) \qquad \sum_{p_\mu+1}^{p_\nu} \frac{\Omega^{(k)}(p) \lg p}{p^z} = \frac{a^{(k)}}{z-1} + \bar{a}^{(k)},$$

d. h. auch diese Reihe könnte, ebenso wie die dem Hauptcharakter entsprechende, für $z = 1$ unendlich grofs werden. Wir werden nachweisen, und dies ist ein Hauptpunkt unserer ganzen Untersuchung, dafs dieser zweite Fall niemals eintreten kann, d. h. dafs für jeden von $\Omega^{(0)}$ verschiedenen Charakter $\Omega^{(k)}$ wirklich die Gleichung (9) besteht. Vorläufig setzen wir diese Thatsache als bewiesen voraus, um den Gang der Untersuchung nicht aufzuhalten, und wir wollen jetzt aus ihr den Beweis des Satzes über die arithmetische Reihe herleiten.

§ 6.

Unter Benutzung der $\varphi(m)$ aus § 4 Nr. (4) und aus § 5 Nr. (9) sich ergebenden Fundamentalgleichungen:

$$(1) \qquad \begin{aligned} & \sum_{p_\mu+1}^{p_\nu} \frac{\Omega^{(0)}(p) \lg p}{p^z} = \frac{1}{z-1} + \delta^{(0)}\alpha \\ & \sum_{p_\mu+1}^{p_\nu} \frac{\Omega^{(k)}(p) \lg p}{p^z} = \sigma^{(k)}\alpha \qquad (k=1, 2, \cdots \varphi(m)-1) \end{aligned}$$

beweisen wir jetzt, dafs die Anzahl aller Primzahlen von der Form

$$mh + r$$

unendlich grofs ist, wenn r irgend eine der $\varphi(m)$ inkongruenten Einheiten modulo m ist. Zu diesem Zwecke multiplizieren wir jede der $\varphi(m)$ Gleichungen (1) mit dem zugehörigen Charakter $\Omega^{(k)}\left(\frac{1}{r}\right)$ der zu r modulo m reciproken Einheit $\frac{1}{r}$ und addieren hierauf alle diese Gleichungen. Dann ergiebt sich:

$$(2) \quad \sum_{p_\mu+1}^{p_\nu} \frac{\lg p}{p^z} \cdot \left(\sum_{h=0}^{\varphi(m)-1} \Omega^{(h)}\left(\frac{p}{r}\right) \right) = \frac{1}{z-1} + \alpha \sum_{h=0}^{\varphi(m)-1} \sigma^{(h)} \Omega^{(h)}\left(\frac{1}{r}\right), \quad (\sigma^{(0)}=\delta^{(0)})$$

da ja $\Omega^{(0)}\left(\dfrac{1}{r}\right) = 1$ ist. Oder da die Summe

$$\sum_h \Omega^{(h)}\left(\frac{p}{r}\right)$$

nach dem Satze a. S. 448 nur dann von Null verschieden und zwar gleich $\varphi(m)$ ist, wenn $\dfrac{p}{r} \equiv 1 \pmod{m}$, also $p \equiv r$ ist, so ergiebt sich aus (2) die einfachere Gleichung:

$$(3) \quad \varphi(m) \sum_{p_r > p_\mu}^{p_r < N} \frac{\lg p_r}{p_r^z} = \frac{1}{z-1} + \sigma_r\, \varphi(m)\, \alpha,$$

wenn p_r auf der linken Seite die Reihe der Primzahlen von der Form $(mh + r)$ in dem Intervalle $(p_{\mu+1}, \cdots p_{\mu+1}^1)$ durchläuft und wenn σ_r wieder einen komplexen echten Bruch $\delta_r e^{\varrho_r i}$ bedeutet.

Die Gleichung (3) gilt für jeden noch so nahe an Eins liegenden Wert von z, und α und ist unabhängig von z. Wählt man also $z - 1$ so klein, daß

$$(4) \quad \frac{1}{z-1} > \alpha \varphi(m)$$

ist, und bestimmt dann die obere Grenze N des Intervalles $(p_{\mu+1}, \cdots N)$ aus der Bedingung:

$$(4^a) \quad \frac{\lg N}{(z-1)^2 N^{z-1}} < \tau,$$

wenn τ einen genügend kleinen Bruch bedeutet, so ist sicher

$$\sum_{p_r > p_\mu}^{p_r < N} \frac{\lg p_r}{p_r} > \sum_{p_r > p_\mu}^{p_r < N} \frac{\lg p_r}{p_r^z} > 0,$$

d. h. in dem so bestimmten Intervalle $(p_\mu, \cdots N)$ befindet sich mindestens *eine* neue Primzahl der Form $mh + r$. Damit ist der Beweis des Dirichletschen Fundamentalsatzes in voller arithmetischer Strenge erbracht, falls man als erwiesen annimmt, daß für keine einzige der $\varphi(m) - 1$ Summen β_0:

$$\lim_{N=\infty} \sum_1^N \frac{\Omega^{(k)}(n)}{n} = 0 \qquad (k=1,2,\cdots\varphi(m)-1)$$

ist. Wäre dies nämlich auch nur für eine einzige von jenen Summen der Fall, so würde für den zugehörigen Charakter $\Omega^{(k_0)}$ die betreffende Gleichung (1) die in (9ª) des § 5 angegebene Form haben:

$$\sum \frac{\Omega^{(k_0)}(p)\lg p}{p^z} = \frac{a^{(k_0)}}{z-1} + \overline{a}^{(k_0)},$$

und es könnten sich bei der nachfolgenden Summation die mit $\frac{1}{z-1}$ multiplizierten Glieder einfach fortheben, wodurch unsere Beweismethode unanwendbar würde.

Ehe wir aber zu diesem fundamentalen Beweis schreiten, ziehen wir aus der Gleichung (3), welche wir jetzt in der Form:

$$(3^a) \qquad (z-1)\sum_{p_\mu}^{N} \frac{\lg p_r}{p_r^z} = \frac{1}{\varphi(m)} + (z-1)\sigma_r\alpha$$

schreiben, eine höchst interessante Folgerung. Dieselbe gilt nämlich für jedes noch so grofse N und für einen beliebig nahe an Eins liegenden Wert von z. Gehen wir also zuerst zur Grenze $N=\infty$ und dann zur Grenze $z=1$ über, und nehmen, was auf das Resultat offenbar keinen Einfluſs hat, als Anfang des Intervalles die erste Primzahl 2, d. h. betrachten wir alle überhaupt existierenden Primzahlen p_r von der Form $mh+r$, so geht die Gleichung (3ª) über in:

$$(3^b) \qquad \lim_{z=1}(z-1)\sum_1^\infty \frac{\lg p_r}{p_r} = \frac{1}{\varphi(m)}.$$

Mit Hülfe dieser Gleichung kann man nun wenigstens fast vollständig den sehr viel tiefer liegenden Satz beweisen, daſs nicht nur jede der $\varphi(m)$ arithmetischen Reihen mit der Differenz m:

$$mh+r_i \qquad \binom{h=0,1,2,\cdots}{i=1,2,\cdots\varphi(m)},$$

welche überhaupt Primzahlen enthalten kann, deren unendlich viele besitzt, sondern daſs sich alle unendlich vielen Primzahlen auf jene $\varphi(m)$ arithmetischen Reihen nahezu gleichmäſsig verteilen.

Betrachten wir nämlich die Dirichletsche Reihe:

$$(5) \qquad F(z) = \sum_1^\infty \frac{f(k)}{k^z},$$

in welcher $f(k)$ dann und nur dann von Null verschieden und zwar gleich $\lg p_r$ ist, wenn k gleich einer Primzahl p_r von der Form $mh+r$ ist, so geht $F(z)$ in die soeben betrachtete Reihe $\sum_1^\infty \frac{\lg p_r}{p_r^z}$ über. Nun hatten wir aber im § 6 der vierundzwanzigten Vorlesung den Satz bewiesen, falls die arithmetische Funktion $f(k)$ in (4) überhaupt einen Mittelwert hat, so konvergiert die zugehörige Dirichletsche Reihe für $z > 1$, der Grenzwert $\lim\limits_{z=1} (z - 1) \sum\limits_{1}^{\infty} \dfrac{f(k)}{k^z}$ existiert und ist jenem Mittelwerte gleich. Hier wissen wir umgekehrt aus (3^b), daſs jener Grenzwert für unsere Dirichletsche Reihe existiert, und gleich $\dfrac{1}{\varphi(m)}$ ist. Könnten wir also nachweisen, daſs die Logarithmen der Primzahlen p_r einen Mittelwert haben, so wäre damit auch sein Wert bestimmt, denn es wäre der Nachweis geführt, daſs:

$$\lim \frac{f(1) + f(2) + \cdots + f(n)}{n} = \frac{1}{\varphi(m)} \qquad \begin{pmatrix} f(p_r) = \lg p_r \\ f(k) = 0 \ \ (k \gtrless p_r) \end{pmatrix}$$

ist. Diese Existenz eines Mittelwertes hat man bisher noch nicht zu beweisen vermocht, durch weitgehende Prüfungen hat sich aber unser Satz als richtig bewährt. Nehmen wir also die Existenz eines Mittelwertes als feststehend an, und beachten wir, daſs das, was hier von der Differenz $m = (2 \cdot 3 \cdots p_\mu)^h$ bewiesen ist, auch offenbar für jeden Teiler von m, also für jede beliebige Differenz gilt, so erhalten wir den Satz:

Die Dichtigkeit der Primzahllogarithmen in jeder der arithmetischen Reihen $mh + r_i$ ist gleich und zwar ist sie gleich $\dfrac{1}{\varphi(m)}$. Wählt man speziell $m = 1$, also für p_r alle Primzahlen p, so wird hier der Mittelwert einfach gleich Eins; wir erhalten so einen neuen Beweis des schon a. S. 372 bewiesenen Satzes, daſs für groſse Werte von n näherungsweise

$$\frac{1}{n} \sum_{1}^{n} \lg p = 1$$

ist.

Dreiunddreifsigste Vorlesung.

Beweis, dafs die $(\varphi(m) - 1)$ Reihen $\sum' \dfrac{\Omega^{(k)}(n)}{n}$ von Null verschieden sind. — Die den ambigen Charakteren entsprechenden Reihen. — Angabe einer unteren Grenze für ihren Zahlwert. — Die den komplexen Charakteren entsprechenden Reihen. — Bestimmung einer unteren Grenze für den absoluten Betrag derselben. — Über die Anwendung der Dirichletschen Methoden auf höhere Probleme der Arithmetik. — Die linearen, die quadratischen und die allgemeinen zerlegbaren Formen. — Die Theorie der Einheiten.

§ 1.

Ich wende mich jetzt zum Beweise des Satzes, dafs alle $\varphi(m) - 1$ endlichen Reihen:

$$(1) \qquad \sum_{1}^{N}{}' \frac{\Omega^{(k)}(n)}{n} = \beta_0^{(k)}$$

für ein unbegrenzt wachsendes N gegen einen von Null verschiedenen Grenzwert konvergieren. Dieser Nachweis hat Dirichlet die allergröfsten Schwierigkeiten bereitet, ihm aber gerade die Gelegenheit gegeben, seine analytischen Methoden so auszubilden, dafs sie zugleich eine grofse Anzahl der tiefstliegenden Probleme der Arithmetik zu lösen geeignet waren.

Die Untersuchung ist eine ganz verschiedene, je nachdem $\Omega^{(k)}$ ein ambiger oder ein komplexer Charakter ist. Im ersten Falle sind alle Zahlen $\Omega^{(k)}(n)$ gleich Null oder ± 1, jene Reihen sind also sämtlich reell. Ist Ind $n = (\varrho, \varrho_0, \varrho_1, \cdots)$, so handelt es sich hier um den Grenzwert der Reihen:

$$\lim_{z = 1} \sum_{1}^{\infty} \frac{(\pm 1)^{\varrho} (\pm 1)^{\varrho_0} (\pm 1)^{\varrho_1} \cdots}{n^z},$$

wo gewisse unter den Basiszahlen gleich $+ 1$, gewisse andere gleich $- 1$ sind, je nach dem zu Grunde gelegten Charakter $\Omega^{(k)}$.

Gerade die Untersuchung der ambigen Reihen bot Dirichlet zuerst besondere Schwierigkeiten, die zu überwinden ihm nur „durch indirekte und ziemlich komplicierte Betrachtungen gelang". Erst später überzeugte sich Dirichlet davon, dafs man denselben Zweck auf einem anderen Wege weit kürzer erreicht. In der That lassen sich die analytischen Methoden Dirichlets auf andere Probleme anwenden, zwischen denen und der hier behandelten Aufgabe man zunächst keinen Zusammenhang vermuten sollte. Es zeigt sich nun, dafs bei einem von jenen Problemen gerade diese Reihen ebenfalls auftreten, und zwar ergeben sie sich da direkt als gleich einem Produkte:

$$\mathfrak{D} \cdot C,$$

dessen erster Faktor eine explicite durch einen Logarithmus und eine Quadratwurzel darstellbare Zahl und dessen zweiter Faktor eine bestimmte *Anzahl* ist, welche ihrer Bedeutung nach notwendig eine *positive* ganze Zahl sein mufs. Wir werden später in der Theorie der quadratischen Formen diesen Nachweis ausführlich geben; für jetzt verweisen wir auf denselben und nehmen jenes Resultat hier als bewiesen an. Aus ihm ergiebt sich ohne weiteres nicht nur, dafs alle jene ambigen Reihen einen von Null verschiedenen Wert besitzen, sondern auch der weitere, dafs dieser Wert oberhalb der a priori bestimmbaren Zahl $\mathfrak{D}$ liegt, weil ja jene Anzahl C mindestens gleich Eins sein mufs.

Will man aber den Beweis für die Existenz unendlich vieler Primzahlen von der Form $mh + r$ in der strengen Weise führen, dafs man für jede Stelle $p_{\mu+1}$ ein Intervall abzugrenzen imstande ist, innerhalb dessen sich mindestens eine neue Primzahl dieser Art befindet, so braucht man mit Notwendigkeit eine solche untere Grenze für jene Reihen, denn von der Gröfse von β_0 hängt ja in (1) a. S. 476 die Gröfse von α in der Weise ab, dafs sie mit abnehmendem β_0 unbegrenzt wächst. Da aber, wie aus (4) und (4ª) a. S. 477 folgt, mit wachsendem α auch das Intervall $(p_{\mu+1}, \cdots N)$ gröfser und gröfser wird, so erkennt man, dafs jener Beweis dann und nur dann erbracht ist, wenn man für den absoluten Betrag von β_0 eine untere Grenze anzugeben vermag. Für die ambigen Charaktere erfüllt der Beweis von Dirichlet auch diese Forderung, dagegen reichen seine Methoden nicht aus, um dasselbe auch für die Reihen zu leisten, welche den komplexen Charakteren entsprechen.

Überhaupt ist das hier in einem speziellen Falle sich darbietende Problem, für eine von Null verschiedene wohldefinierte Zahlgröfse eine Grenze zu finden, *über* der sie notwendig liegen mufs, nicht so einfach, als es auf den ersten Blick erscheint, vielmehr kann diese Aufgabe unter Umständen eine der heikelsten Fragen sein, die die Wissenschaft kennt. Von der Art ist z. B. die folgende sich häufig darbietende Aufgabe: Es sei eine Determinante mit irrationalen Elementen a_{ik} gegeben; wir wissen, dafs sie einen von Null verschiedenen Wert besitzt. Es soll eine *untere* Grenze für ihren Wert bestimmt werden. So einfach die Lösung jener Aufgabe für die *obere* Grenze ist, so schwierig gestaltet sie sich für die *untere*, weil man nicht weifs, wie genau man jene irrationalen Gröfsen berechnen mufs, um sicher zu sein, dafs die vernachlässigten Teile das Produkt nicht mehr störend beeinflussen können.

Ich bemerke dabei, dafs schon Dirichlet selbst, welcher in der schon öfter erwähnten Abhandlung vom 27. Juli 1837 die Grundlage für alle Anwendungen der Analysis auf die Arithmetik geschaffen hat, diese Schwierigkeit klar hervorhebt. „Es fehlt," sagt er dort, „noch an gehörigen Prinzipien zur Feststellung der Bedingungen, unter denen transcendente Verbindungen, welche unbestimmte ganze Zahlen enthalten, verschwinden können." Damit spricht aber Dirichlet nur mit anderen Worten aus, dafs die Art, Gröfsen allein durch unendliche Reihen zu definieren, unzulänglich ist, da sie eben im allgemeinen nicht ausreicht, um von einer Gröfse zu unterscheiden, ob sie gröfser als eine gegebene Zahl ist oder nicht. Sind aber z. B. q und q' zwei Primzahlen, und bildet man die beiden speziellen ambigen Reihen:

$$\sum_{(n,\,q)=1} \frac{(-1)^\nu}{n} \quad \text{und} \quad \sum_{(n',\,q')=1}' \frac{(-1)^{\nu'}}{n'},$$

wenn jedesmal $\nu = \operatorname{Ind} n$ modulo q, $\nu' = \operatorname{Ind} n'$ modulo q' ist, so läfst sich eine Untersuchung, welche von diesen beiden Reihen gröfser ist als die andere, garnicht anstellen, ehe man die Frage nach einer unteren Grenze für jede von ihnen vorher beantwortet hat.

§ 2.

Um nun den angekündigten Beweis auch für komplexe Charaktere zu führen, gehe ich auf die Fundamentalgleichung (3) a. S. 467 zurück und betrachte hier die Funktion:

$$(1) \qquad P_\nu^{(k)}(z) = \frac{1}{\prod\limits_{p_\mu+1}^{p_\nu}\left(1 - \frac{\Omega^{(k)}(p)}{p^s}\right)} = {\sum}' \frac{\Omega^{(k)}(n)}{n^s},$$

welche dort den einen Faktor der linken Seite bildet. Bei der Summe rechts ist durch den Accent angedeutet, dafs in ihr alle und nur die Zahlen n auftreten, welche keine anderen Primfaktoren enthalten als diejenigen des Intervalles $(p_{\mu+1}, \cdots p_\nu)$. Läfst man die obere Grenze des Intervalles gröfser und gröfser werden, und dann z sich der Grenze 1 nähern, so ergiebt sich schliefslich:

$$\lim_{z=1} P_\infty^{(k)}(z) = \sum_1^\infty \frac{\Omega^{(k)}(n)}{n} = \beta_0^{(k)};$$

wir brauchen daher nur nachzuweisen, dafs diese Funktionen für $z=1$ gegen eine von Null verschiedene Grenze konvergieren.

Aus der soeben erwähnten Gleichung a. S. 467 ergiebt sich für $P_\nu^{(k)}(z)$ die Gleichung:

$$(2) \qquad P_\nu^{(k)}(z) = \left(\sum_1^N \frac{\Omega^{(k)}(n)}{n^z} + \sum_{N+1}^T c_n \frac{\Omega^{(k)}(n)}{n^z} \right) \cdot \prod_{p_{\mu+1}}^{p_\nu} \frac{1}{1 - \dfrac{\Omega^{(k)}(p^\lambda)}{p^{\lambda z}}},$$

und mit ihrer Hülfe werden wir zunächst sehr einfach zeigen, dafs alle jene $\varphi(m)$ Funktionen $P_\nu^{(k)}(z)$ ihrem absoluten Betrage nach *unterhalb* einer angebbaren Grenze liegen. Es gilt nämlich der Satz:

> Für einen genügend grofsen Wert von ν, d. h. von N ist für *jedes* $z > 1$
>
> $$(3) \qquad \left| P_\nu^{(k)}(z) \right| < 2 \lg m \left(1 + \frac{1}{\varphi(m)^2} \right),$$
>
> wenn $\Omega^{(k)}$ nicht der Hauptcharakter ist; für diesen ist dagegen:
>
> $$(3^a) \qquad \left| P_\nu^{(0)}(z) \right| < \frac{2\varphi(m)}{m} \cdot \frac{1}{z-1}.$$

Beide Beweise folgen leicht aus den Betrachtungen des § 4 der vorigen Vorlesung. Gehen wir nämlich in (2) zunächst zu den absoluten Beträgen über, so ergiebt sich leicht:

$$(4) \qquad \left| P_\nu^{(k)}(z) \right| \leq \left\{ \left| \sum_1^N \frac{\Omega^{(k)}(n)}{n^z} \right| + \left| \sum_{N+1}^T c_n \frac{\Omega^{(k)}(n)}{n^z} \right| \right\} \cdot \prod_{p_{\mu+1}}^{p_\nu} \frac{1}{1 - \dfrac{1}{p^{\lambda z}}}.$$

Ich beweise nun die Richtigkeit der Ungleichung (3), wenn $\Omega^{(k)}$ nicht der Hauptcharakter ist, und zeige zuerst, dafs man den Wert des letzten Produktes auf der rechten Seite von (4) durch Vergröfserung des Intervalles kleiner als $1 + \dfrac{1}{\varphi(m)^2}$ machen kann. Entwickeln wir aber jenes Produkt in eine Reihe, so wird:

$$(5) \qquad \prod_{p_{\mu+1}}^{p_\nu} \frac{1}{1 - \dfrac{1}{p^{\lambda z}}} = \sum' \frac{1}{n^{\lambda z}},$$

die Summe erstreckt auf alle Zahlen n, deren Primfaktoren nur dem

Intervalle $(p_{\mu+1}, \cdots N)$ angehören, und da in dem Intervalle $(1, \cdots p_{\mu+1} - 1)$ keine einzige solche Zahl mit Ausnahme von Eins vorkommt, so ist jenes Produkt sicher kleiner als:

$$1 + \sum_{p_{\mu+1}}^{\infty} \frac{1}{n^{\lambda z}},$$

wenn die Summation jetzt auf *alle* Zahlen n von $p_{\mu+1}$ an ausgedehnt ist; ferner ist aber:

$$
(5) \qquad 1 + \sum_{p_{\mu+1}}^{\infty} \frac{1}{n^{\lambda z}} = 1 + \int_{p_{\mu+1}}^{\infty} \frac{dx}{x^{\lambda z}} + \frac{1}{\xi^{\lambda z}} \qquad (p_{\mu+1} < \xi < \infty)
$$

$$
< 1 + \frac{1}{(\lambda z - 1) p_{\mu+1}^{\lambda z - 1}} + \frac{1}{p_{\mu+1}^{\lambda z}} < 1 + \frac{1}{\lambda - 1} \cdot \frac{1}{p_{\mu+1}^{\lambda - 1}} + \frac{1}{p_{\mu+1}^{\lambda}}.
$$

Da aber der letzte Ausdruck in (5) mit wachsendem λ unendlich klein wird, so können und wollen wir zunächst λ so grofs annehmen, dafs:

$$
(6) \qquad 1 + \frac{1}{(\lambda - 1) p_{\mu+1}^{\lambda - 1}} + \frac{1}{p_{\mu+1}^{\lambda}} < 1 + \frac{1}{\varphi(m)^2}
$$

ist; dann ist a fortiori:

$$
(7) \qquad \left| \prod_{p_{\mu+1}}^{p_\nu} \frac{1}{1 - \dfrac{\Omega^{(k)}(p^{\lambda})}{p^{\lambda z}}} \right| < 1 + \frac{1}{\varphi(m)^2},
$$

w. z. b. w.

Ich beweise zweitens, dafs man bei genügender Vergröfserung des Intervalles $(p_{\mu+1}, \cdots p_{\mu+1}^{\lambda})$ den ersten Faktor auf der rechten Seite von (4) kleiner machen kann als $2 \lg m$. In der That war nach (7^a) a. S. 474:

$$
\left| \sum_{1}^{N} \frac{\Omega^{(k)}(n)}{n^z} \right| < \lg(m-1) + \frac{\varphi(m)}{p_{\mu+1}^{\lambda}} \cdot
$$

Wählt man also λ zweitens so grofs, dafs:

$$
(6^a) \qquad \frac{1}{p_{\mu+1}^{\lambda}} < \frac{1}{\varphi(m)} \lg \frac{m}{m-1}, \quad \text{also} \quad \frac{\varphi(m)}{p_{\mu+1}^{\lambda}} < \lg m - \lg(m-1)
$$

ist, so ergiebt sich:

$$
(7^a) \qquad \left| \sum_{1}^{N} \frac{\Omega^{(k)}(n)}{n^z} \right| < \lg m.
$$

Ähnlich ergiebt sich für den zweiten Teil:

$$\left| \sum_{p_\mu^\lambda+1}^T c_n \frac{\Omega(n)}{n^z} \right| < \sum_{p_\mu^\lambda+1}^T \frac{1}{n^z}$$

(7^{b})
$$< \int_{p_\mu^\lambda+1}^\infty \frac{d\,x}{x^z} + \frac{1}{p_{\mu+1}^{\lambda z}} = \frac{1}{(z-1)\,p_{\mu+1}^{\lambda(z-1)}} + \frac{1}{p_{\mu+1}^{\lambda z}} < \lg m,$$

wenn man drittens λ so groſs wählt, daſs:

(6^{b})
$$\frac{1}{(z-1)\,p_{\mu+1}^{\lambda(z-1)}} + \frac{1}{p_{\mu+1}^{\lambda z}} < \lg m$$

wird, was für jeden noch so kleinen Wert von $z-1$ offenbar zu erreichen ist. Also ergiebt sich aus (7), (7^{a}), (7^{b}) und (4), wie behauptet wurde:

$$\left| P_\nu^{(k)}(z) \right| < 2 \lg m \left(1 + \frac{1}{\varphi(m)^z} \right).$$

Um nun das entsprechende Resultat für den Fall des Haupt-charakters abzuleiten, ersetze ich in (1) $\Omega^{(k)}$ durch $\Omega^{(0)}$. Dann folgt:

$$P_\nu^{(0)}(z) = \sum' \frac{1}{n^z} < \sum_{(n,\,m)=1} \frac{1}{n^z},$$

wenn die Summation in der zweiten Summe auf alle zu m teilerfremden Zahlen n erstreckt wird. Nun ist aber genau wie in (3^{a}) a. S. 471:

$$\sum_{(n,m)=1} \frac{1}{n^z} = \sum_{r_i} \sum_{h_i=0}^\infty \frac{1}{(m\,h_i + r_i)^z}$$

$$= \sum_{r_i} \left(\int_0^\infty \frac{d\,x}{(m\,x + r_i)^z} + \frac{1}{(m\,\xi_i + r_i)^z} \right) < \sum_{r_i} \left(\frac{1}{m\,(z-1)\,r_i^{z-1}} + \frac{1}{r_i^z} \right)$$

$$< \sum_{r_i} \frac{1}{r_i^z} + \frac{1}{m\,(z-1)} \sum_{r_i} \frac{1}{r_i^{z-1}}.$$

Beachten wir nun, daſs die letzte Ungleichung noch verstärkt wird. wenn wir die Exponenten z und $z-1$ bezw. durch 1 und 0 ersetzen, und daſs dann $\sum \frac{1}{r_i^{z-1}}$ in $\varphi(m)$ übergeht, während:

$$\sum_{r_i} \frac{1}{r_i} < 1 + \sum_{p_\mu+1}^{m-1} \frac{1}{s} < 1 + \int_{p_\mu+1}^{m-1} \frac{d\,x}{x} + \frac{1}{p_\mu+1}$$

$$= \lg(m-1) + \left(1 + \frac{1}{p_\mu+1} - \lg p_\mu+1 \right) < \lg m$$

ist, wie man ebenso wie in (7ª) a. S. 474 nachweist, so ergiebt sich:

$$P_\nu^{(0)}(z) < \lg m + \frac{1}{z-1}\,\frac{\varphi(m)}{m}.$$

Wir haben bis jetzt noch z ganz beliebig, nur gröfser als Eins angenommen, wir wollen nun die Differenz:

(6°)
$$z - 1 < \frac{\varphi(m)}{m \lg m}$$

wählen, so dafs:

$$\lg m < \frac{1}{z-1} \cdot \frac{\varphi(m)}{m}$$

wird; dann ergiebt sich aus der letzten Gleichung in der That:

$$P_\nu^{(0)}(z) < \frac{2\,\varphi(m)}{m} \cdot \frac{1}{z-1}.$$

§ 3.

Ich zeige jetzt, wie man mit Hülfe der im vorigen Paragraphen bestimmten oberen Grenzen für die Produkte $|P_\nu^{(0)}(z)|$ und $|P_\nu^{(k)}(z)|$ verhältnismäfsig leicht eine untere Grenze für alle Reihen:

$$\sum_1^\infty \frac{\Omega^{(k)}(n)}{n}$$

finden kann, vorausgesetzt, dafs $\Omega^{(k)}$ ein komplexer Charakter ist, also nicht zu den ambigen gehört.

Zu diesem Zwecke bilde ich das Produkt aller $\varphi(m)$ Funktionen $P_\nu^{(k)}(z)$, welche den verschiedenen Charakteren $\Omega^{(k)}$ entsprechen. Dann ist nach dem a. S. 451 bewiesenen Satze:

$$\prod_k P_\nu^{(k)}(z) = \prod_{p_\mu+1}^{p_\nu} \frac{1}{\prod_k \left(1 - \frac{\Omega^{(k)}(p)}{p^z}\right)} = \prod_{p_\mu+1}^{p_\nu} \frac{1}{\left(1 - \frac{1}{p^{dz}}\right)^{\frac{\varphi(m)}{d}}},$$

und dieses endliche Produkt ist, wie bereits erwähnt wurde, sicher gröfser als Eins. Geht man also links zu den absoluten Beträgen über, so ergiebt sich zunächst:

(1)
$$\prod_k |P_\nu^{(k)}(z)| > 1.$$

Es sei nun $\Omega^{(k)}$ der zu untersuchende komplexe Charakter; dann ist $\Omega^{(-k)}$ der konjugierte Charakter, und die beiden zugehörigen konjugierten Funktionen $P_\nu^{(k)}(z)$ und $P_\nu^{(-k)}(z)$ besitzen denselben absoluten Betrag, also ergiebt sich aus (2) des § 2:

$$\left| P_\nu^{(\bar{k})}(z) \right| \left| P_\nu^{(-\bar{k})}(z) \right| = \left| P_\nu^{(\bar{k})}(z) \right|^2$$

$$(2) \qquad = \left| \sum_1^N \frac{\Omega^{(\bar{k})}(n)}{n^z} + \sum_{N+1}^T c_n \frac{\Omega^{(\bar{k})}(n)}{n^z} \right|^2 \left(\prod_{p_\mu+1}^{p_\nu} \frac{1}{1 - \frac{1}{p^{\lambda z}}} \right)^2$$

$$< \left| \sum_1^N \frac{\Omega^{(\bar{k})}(n)}{n^z} + \sum c_n \frac{\Omega^{(\bar{k})}(n)}{n^z} \right|^2 \left(1 + \frac{1}{\varphi(m)^z} \right)^2 ,$$

wenn man die Ungleichung (7) des § 2 berücksichtigt. Ebenso ist für den Hauptcharakter nach (3ᵃ) des vorigen Paragraphen

$$(2^a) \qquad \left| P_\nu^{(0)}(z) \right| < \frac{1}{z-1} \cdot \frac{2\,\varphi(m)}{m} , \,$$

und für die $(\varphi(m) - 3)$ noch übrigen Charaktere wegen (3) desselben Abschnittes

$$(2^b) \qquad \left| P_\nu^{(k)}(z) \right| < 2 \lg m \left(1 + \frac{1}{\varphi(m)^z} \right).$$

Setzt man also die oberen Grenzen (2), (2ᵃ) und (2ᵇ) für die Faktoren $\left| P_\nu^{(k)}(z) \right|$ in (1) ein, so wird diese Ungleichung noch verstärkt, und es folgt:

$$1 < \left| \sum_1^N \frac{\Omega^{(\bar{k})}(n)}{n^z} + \sum_{N+1}^T c_n \frac{\Omega^{(\bar{k})}(n)}{n^z} \right|^2$$
$$\cdot \frac{2\,\varphi(m)}{m(z-1)} \cdot (2 \lg m)^{\varphi(m)-3} \left(1 + \frac{1}{\varphi(m)^z} \right)^{\varphi(m)-1} ,$$

oder da $\dfrac{\varphi(m)}{m} < 1$, und

$$\left(1 + \frac{1}{\varphi^2} \right)^{\varphi-1} = 1 + \frac{\varphi-1}{\varphi^2} + \frac{(\varphi-1)(\varphi-2)}{2\,\varphi^4} + \cdots < 1 + \frac{1}{\varphi} \cdot \frac{1}{1 - \frac{1}{\varphi}} < 2$$

ist, so ergiebt sich endlich, wenn man $\dfrac{\varphi(m)}{m}$ durch Eins, $\left(1 + \frac{1}{\varphi^2} \right)^{\varphi-1}$ durch 2 ersetzt, eine Ungleichung, welche folgendermafsen geschrieben werden kann:

$$(3) \qquad \frac{1}{(z-1)(\lg m)^2} \cdot \left| \sum_1^N \frac{\Omega^{(\bar{k})}(n)}{n^z} + \sum_{N+1}^T c_n \frac{\Omega^{(\bar{k})}(n)}{n^z} \right|^2 > \frac{1}{(2 \lg m)^{\varphi(m)-1}} .$$

Nun war nach (6) a. S. 474

$$(3^a) \qquad \left| \sum_1^N \frac{\Omega^{(\bar{k})}(n)}{n^z} \right| < \sum_s R_z(s) + \frac{\varphi(m)}{p_\mu^\lambda+1} ,$$

und durch Anwendung des Mittelwertsatzes auf die rechte Seite ergiebt sich weiter für ein genügend grofses λ:

$$(3^b) \qquad \sum_s R_z(s) = \sum_s R_1(s) + (z-1) \sum_s R_{z_s}'(s) < \lg m + (z-1)(\lg m)^2$$

bei Beachtung der Gleichungen (7^a) a. S. 485, sowie von (7^a) und (7^b) a. S. 474 und 475. Ebenso folgt aus (7^b) a. S. 485:

$$(3^c) \qquad \left| \sum_{N+1}^{T} c_n \frac{\Omega^{(\bar{k})}(n)}{n^z} \right| < \frac{1}{z-1} \cdot \frac{1}{p_{\mu+1}^{\lambda(z-1)}} + \frac{1}{p_{\mu+1}^{\lambda}}.$$

Setzt man nun zur Abkürznng:

$$(3^d) \qquad \frac{1}{z-1} \cdot \frac{1}{p_{\mu+1}^{\lambda(z-1)}} + \frac{\varphi(m)+1}{p_{\mu+1}^{\lambda}} = (z-1)\vartheta(\lg m)^2,$$

so ist ϑ eine von z abhängige positive Gröfse, welche für ein gegebenes $z > 1$ mit wachsendem λ abnimmt, und durch Vergröfserung von λ beliebig klein gemacht werden kann. Also kann man jetzt die in (3) stehende Summe folgendermafsen darstellen:

$$(4) \qquad \sum_1^N \frac{\Omega^{(k)}(n)}{n^z} + \sum_{N+1}^T c_n \frac{\Omega^{(k)}(n)}{n^z} = \delta \lg m \, e^{\varrho i} + (z-1)(\lg m)^2 (\delta' e^{\varrho' i} + \vartheta e^{v i}),$$

wo δ und δ' unbekannte positive echte Brüche bedeuten, von denen δ von z und von N nicht abhängt und ϑ eine positive Gröfse ist, die durch Vergröfserung des Intervalles beliebig klein gemacht werden kann. Läfst man in dieser Gleichung zuerst N unendlich grofs werden und dann z näher und näher an Eins heranrücken, so ergiebt sich zuletzt:

$$\sum_1^\infty \frac{\Omega^{(\bar{k})}(n)}{n} = \beta_0^{(\bar{k})} = \delta \lg m \, e^{\varrho i},$$

d. h. die Gröfse $\beta_0^{(\bar{k})}$ besitzt dann und nur dann einen von Null verschiedenen Wert, wenn dasselbe für δ der Fall ist. Wir wollen also jetzt unter Benutzung der Ungleichung (3) für δ eine untere Grenze suchen.

Aus (4) folgt durch den Übergang zu den absoluten Beträgen:

$$(4^a) \qquad \left| \sum_1^N \frac{\Omega^{(k)}(n)}{n^z} + \sum_{N+1}^T c_n \frac{\Omega^{(k)}(n)}{n^z} \right| \leqq \delta \lg m + (z-1)(\delta' + \vartheta)(\lg m)^2.$$

Substituieren wir diesen Wert in (3), ziehen die Wurzel auf beiden Seiten aus, und dividieren dann mit $\sqrt{z-1}\,\lg m$ durch, so ergiebt sich für δ die Ungleichung:

$$(5) \qquad \frac{\delta}{\sqrt{z-1}} > (2\lg m)^{\frac{1}{2}(1-\varphi)} - \sqrt{z-1}\,(\delta' + \vartheta)\lg m.$$

Wählen wir also das Intervall $(p_{\mu+1} \cdots p_{\mu'+1}^\lambda)$ nur so grofs, dafs auch ϑ ebenso wie δ' unter Eins liegt, so ist sicher:

$$\frac{\delta}{\sqrt{z-1}} > (\lg m)^{\frac{1}{2}(1-\varphi)} \left(2^{\frac{1}{2}(1-\varphi)} - 2(\lg m)^{\frac{1}{2}(1+q)}\sqrt{z-1} \right).$$

Das zweite Glied rechts können wir jetzt durch Verkleinerung von z beliebig klein machen; wählen wir z so nahe an Eins, dafs:

$$z - 1 < (2 \lg m)^{-(\varphi+1)}$$

ist, so wird dasselbe kleiner als das erste Glied $2^{\frac{1}{2}(1-\varphi)}$, also liegt dann $\frac{\delta}{\sqrt{z-1}}$, mithin auch δ selbst oberhalb einer endlichen positiven Zahl, d. h. die Reihe

$$\sum_1^\infty \frac{\Omega^{(\bar k)}(n)}{n}$$

liegt, falls $\Omega^{(\bar k)}$ ein beliebiger komplexer Charakter ist, absolut genommen stets oberhalb einer angebbaren positiven Grenze, w. z. b. w.

Ich bemerke, dafs diese Beweismethode nicht auf den Fall anwendbar ist, dafs $\Omega^{(k)}$ ein ambiger Charakter ist, denn in diesem Falle existiert zu $P^{(\bar k)}(z)$ keine konjugierte Reihe, und an die Stelle der Ungleichung (3) tritt eine andere von genau derselben Art, in welcher aber links nicht das Quadrat, sondern nur die erste Potenz von

$$\left| \sum \frac{\Omega^{(k)}(n)}{n^z} + \sum c_n \frac{\Omega^{(k)}(n)}{n^z} \right|$$

steht. Ersetzt man aber diesen Betrag durch seine in (4ᵃ) bestimmte obere Grenze, so ergiebt sich:

$$\frac{\delta}{z-1} + (\delta' + \vartheta)\lg m > \varepsilon;$$

wo ε wieder eine sehr kleine aber positive Gröfse bedeutet. Bei Vergröfserung des Intervalles und beim Übergange zu $z = 1$ wird aber nur ϑ unendlich klein, während dies für δ' keinesweges der Fall zu sein braucht; es könnte somit sehr gut $\delta = 0$ sein, wenn nur δ' gegen einen von Null verschiedenen Wert konvergiert.

§ 4.

Zum Abschlufs dieser Untersuchungen wollen wir wirklich eine untere Grenze für den absoluten Betrag aller jener Reihen angeben. Wir beweisen nämlich den Satz:

Der absolute Betrag aller Reihen:

$$\sum \frac{\Omega^{(k)}(n)}{n},$$

welche irgend einem komplexen Charakter entsprechen, ist sicher gröfser als:

$$\frac{1}{(2\,m)^m}.$$

Zum Beweise dieses Satzes zeigen wir zunächst, dafs die sämtlichen Bedingungen (6), (6^a), (6^b), (6^c) des § 2, denen z und die Gröfse des Intervalles $(p_{\mu+1} \cdots p^{\lambda}_{\mu+1})$ genügen mufsten, erfüllt sind, wenn wir

(1) $$z - 1 = \left(\frac{\varphi(m)}{m}\right)^2 \cdot \frac{1}{(2\,\lg m)^{1+\varphi}}$$

annehmen, und dann λ der Bedingung

(1^a) $$\frac{1}{(z-1)p^{(\lambda-1)(z-1)}_{\mu+1}} + \frac{m}{p^{\lambda}_{\mu+1}} < (z-1)\,(\lg m)^2$$

gemäfs annehmen. Da aber offenbar

$$\frac{1}{(z-1)p^{(\lambda-1)(z-1)}_{\mu+1}} + \frac{m}{p^{\lambda}_{\mu+1}} > \frac{1}{(z-1)p^{(\lambda-1)(z-1)}_{\mu+1}}$$

ist, so folgt áus der Bedingung (1^a) die einfachere:

(1^b) $$p^{(\lambda-1)(z-1)}_{\mu+1} > \frac{1}{((z-1)\,\lg m)^2}.$$

Nun waren die oben erwähnten vier Bedingungen für z und λ die folgenden:

(2) $$\frac{1}{(\lambda-1)p^{\lambda-1}_{\mu+1}} + \frac{1}{p^{\lambda}_{\mu+1}} < \frac{1}{\varphi(m)^2},$$

(2^a) $$\frac{1}{p^{\lambda}_{\mu+1}} < \frac{1}{\varphi(m)} \cdot \lg \frac{m}{m-1},$$

(2^b) $$\frac{1}{(z-1)\,p^{\lambda(z-1)}_{\mu+1}} + \frac{1}{p^{\lambda}_{\mu+1}} < \lg m,$$

(2^c) $$z - 1 < \frac{\varphi(m)}{m\,\lg m}.$$

Von ihnen ist die Bedingung (2^c) offenbar durch (1) erfüllt, denn aus beiden folgt die Ungleichung:

$$\frac{\varphi(m)}{m} < 2^{1+\varphi}\,(\lg m)^{\varphi},$$

welche richtig ist, da die linke Seite ein echter, die rechte ein unechter Bruch ist. Ferner ist in (2)

(3) $$\frac{1}{(\lambda-1)\,p_{\mu+1}^{\lambda-1}} + \frac{1}{p_{\mu+1}} < \frac{1}{p_{\mu+1}^{\lambda-1}}\left(\frac{1}{\lambda-1} + \frac{1}{p_{\mu+1}}\right) < \frac{1}{p_{\mu+1}^{\lambda-1}},$$

weil $\lambda \geqq 3$, $p_{\mu+1} > 2$ ist. Nun folgt aus (1^{b}) und aus (1):

(3^{a}) $$\frac{1}{p_{\mu+1}^{\lambda-1}} < ((z-1)\lg m)^{\frac{2}{z-1}} = \left(\left(\frac{\varphi(m)}{m}\right)^2 \frac{1}{2^{1+\varphi}\,(\lg m)^\varphi}\right)^{\frac{2}{z-1}}$$

$$< \left(\frac{1}{2^{1+\varphi}\,(\lg m)^\varphi}\right)^{\frac{2}{z-1}}.$$

Nun folgt weiter aus (1):

$$z-1 = \left(\frac{\varphi}{m\lg m}\right)\left(\frac{\varphi}{m} \cdot \frac{1}{2^{1+\varphi}\,(\lg m)^\varphi}\right) < \frac{\varphi}{m\lg m},$$

also ist der Exponent $\dfrac{2}{z-1} > \dfrac{2\,m\lg m}{\varphi}$. Verkleinert man also den Exponenten $\dfrac{2}{z-1}$ des echten Bruches in (3^{a}), indem man ihn durch $\dfrac{2\,m\lg m}{\varphi}$ ersetzt, so wird die rechte Seite vergröfsert, also ist a fortiori:

$$\frac{1}{p_{\mu+1}^{\lambda-1}} < \frac{1}{2^{\frac{1+\varphi}{\varphi}\cdot 2m\lg m}\,(\lg m)^{2m\lg m}} < \frac{1}{(2\lg m)^{2m\lg m}},$$

und da endlich $2\lg m = \lg m^2 > e$ ist, so ergiebt sich:

(3^{b}) $$\frac{1}{p_{\mu+1}^{\lambda-1}} < \frac{1}{e^{2m\lg m}} = \frac{1}{m^{2m}} < \frac{1}{(\varphi(m))^{2m}} < \frac{1}{\varphi(m)^2},$$

und in Verbindung mit (3) ergiebt sich das Bestehen der Ungleichung (2).

Sehr einfach beweisen wir die Richtigkeit der Formel (2^{b}). Die beiden Summanden links sind nämlich echte Brüche $< \frac{1}{2}$; dies ist für den zweiten selbstverständlich, für den ersten folgt es mit Hülfe von (1^{b}) aus der Ungleichung:

$$\frac{1}{(z-1)\,p_{\mu+1}^{\lambda(z-1)}} < \frac{1}{(z-1)p_{\mu+1}^{(\lambda-1)(z-1)}} < (z-1)\,(\lg m)^2 < \frac{1}{2^{1+\varphi}\,(\lg m)^{\varphi-1}} < \frac{1}{2}.$$

Da aber die rechte Seite der Ungleichung (2^{b}) sicher gröfser als Eins ist, so ist ihre Richtigkeit vollständig bewiesen.

Endlich folgt das Bestehen der Ungleichung (2^{a}) fast direkt aus (3^{b}), denn es ist einmal für ihre linke Seite:

$$\frac{1}{p_{\mu+1}^{\lambda}} < \frac{1}{p_{\mu+1}^{\lambda-1}} < \frac{1}{m^{2m}},$$

andererseits ist aber für die rechte Seite:

$$\frac{1}{\varphi(m)}\lg\frac{m}{m-1} > \frac{1}{m}\lg\frac{m+1}{m} > \frac{1}{m}\left(\frac{1}{m} - \frac{1}{2\,m^2}\right)$$

und da offenbar:

$$\frac{1}{m^2}\left(1 - \frac{1}{2m}\right) > \frac{1}{m^2 m},$$

ist, so folgt hieraus die Richtigkeit von (2ᵃ).

Wir können also die aus (1) und (1ᵃ) sich ergebenden Werte von z und λ in die Formel (5) des vorigen Paragraphen substituieren. In dieser Relation:

$$\delta + (z-1)(\delta' + \vartheta)\lg m > \frac{1}{(2\lg m)^{\frac{\varphi-1}{2}}}\sqrt{z-1}$$

war $\delta' < 1$ und die Gröfse ϑ war durch die Gleichung (3ᵈ) a. S. 488

$$\frac{1}{z-1}\cdot\frac{1}{p_{\mu+1}^{\lambda(z-1)}} + \frac{\varphi(m)+1}{p_{\mu+1}^{\lambda}} = (z-1)(\lg m)^2 \cdot \vartheta$$

definiert. Substituiert man aber hier die Werte von $z-1$ und λ, so erkennt man leicht, dafs auch $\vartheta < 1$ wird. In der That folgt ja aus der Ungleichung (1ᵃ):

$$\frac{1}{(z-1)\,p_{\mu+1}^{\lambda(z-1)}} + \frac{\varphi(m)+1}{p_{\mu+1}^{\lambda}} < \frac{1}{(z-1)p_{\mu+1}^{(\lambda-1)(z-1)}} + \frac{m}{p_{\mu+1}^{\lambda}} < (z-1)(\lg m)^2.$$

Ersetzt man also oben $\delta' + \vartheta$ durch 2, und $(z-1)$ durch

$$\left(\frac{\varphi(m)}{m}\right)^2 \frac{1}{(2\lg m)^{\varphi+1}},$$

so ergiebt sich für δ

$$\delta + 2\cdot\left(\frac{\varphi(m)}{m}\right)^2\cdot(2\lg m)^{-(\varphi+1)}\lg m > \frac{\varphi(m)}{m}(2\lg m)^{-\varphi},$$

also

$$\delta > \frac{\varphi(m)}{m}\left(1 - \frac{\varphi(m)}{m}\right)\frac{1}{(2\lg m)^{\varphi}},$$

und da für das hier gewählte $m = (2\cdot 3 \cdots p_{\mu})$ offenbar die Ungleichungen

$$\frac{\varphi(m)}{m} > \frac{1}{m}, \quad 1 - \frac{\varphi(m)}{m} > \frac{1}{2}, \quad \varphi(m) \leqq m-1, \quad \lg m < m$$

bestehen, so ergiebt sich endlich:

$$\delta > \frac{1}{m}\cdot\frac{1}{2}\cdot\frac{1}{(2m)^{m-1}} = \frac{1}{(2m)^m},$$

w. z. b. w.

§ 5.

Wir haben so die Aufgabe völlig gelöst, für jede arithmetische Reihe $(m_0 x + r)$ und für jede noch so grofse Zahl μ ein endliches Intervall $(\mu, \cdots \nu)$ so abzugrenzen, dafs in demselben sicher eine dieser Reihe angehörige Primzahl enthalten ist.

Die fundamentale Dirichletsche Arbeit, welche die Grundlage für unsere Untersuchungen bildete, führt aber in Wahrheit sehr viel weiter in die tiefsten Probleme der Arithmetik, als dies zunächst den Anschein hat. Dies hat Dirichlet selbst schon klar erkannt und in der Vorrede zu seiner Abhandlung: „Sur l'usage des séries infinies dans la théorie des nombres" *) hervorgehoben.

Betrachten wir zunächst irgend eine homogene primitive ganzzahlige Linearform:

$$m_1 x_1 + m_2 x_2 + \cdots + m_\mu x_\mu,$$

in welcher also das aus den Koefficienten gebildete Modulsystem $(m_1, m_2, \cdots m_\mu) \sim 1$ ist, und legen wir dann $x_1, x_2, \cdots x_\mu$ alle möglichen ganzzahligen Werte bei, so stellt sie alle ganzen Zahlen der Reihe 1, 2, 3, $\cdots$, also wegen des Euklidischen Fundamentalsatzes unendlich viele Primzahlen dar. Von diesem Gesichtspunkte aus kann jener Satz von der Existenz unendlich vieler Primzahlen in der folgenden Form ausgesprochen werden:

> Jede homogene primitive Form mit ganzzahligen Koefficienten stellt unendlich viele Primzahlen dar.

Betrachten wir nun eine beliebige nicht homogene primitive Form:

(1) $\qquad m_1 x_1 + m_2 x_2 + \cdots + m_\mu x_\mu + r,$ $\qquad$ $((m_1, m_2, \cdots m_\mu, r) \sim 1)$

so ist dieselbe nach den a. S. 240 und 241 bewiesenen Sätzen äquivalent der primitiven Form:

(1ᵃ) $\qquad\qquad mx + r,$ $\qquad\qquad$ $((m, r) \sim 1)$

wenn $m \sim (m_1, m_2, \cdots m_\mu)$, der größte gemeinsame Teiler der Koefficienten m_i ist, d. h. die eine kann in die andere durch eine ganzzahlige lineare Transformation übergeführt werden; die Gesamtheit der durch beide Formen darstellbaren Zahlen ist also identisch, und der soeben für die arithmetische Reihe bewiesene Satz kann somit auch folgendermaßen allgemeiner ausgesprochen werden:

> Jede nicht homogene primitive ganzzahlige Form stellt unendlich viele Primzahlen dar.

Der so ausgesprochene Satz giebt uns die tiefste Einsicht in die Theorie der linearen Formen.

Es liegt nun nahe, die hier gefundenen allgemeinen Resultate auch auf Formen höheren Grades auszudehnen. Wir werden im Folgenden

---

*) Crelle, Journal für die reine und angewandte Mathematik Bd. 18 S. 259 bis 274. Gesammelte Werke Bd. 1 S. 357—374.

speziell die einfachste Theorie der homogenen quadratischen Formen mit zwei Variablen eingehend betrachten, und werden mit ganz denselben Mitteln zeigen, dafs jede primitive Form

$$\varphi(x, y) = ax^2 + bxy + cy^2 \qquad ((a, b, c) - 1)$$

ebenfalls unendlich viele Primzahlen darstellt, wenn man x und y alle möglichen ganzzahligen Werte beilegt. Ja man kann weiter gehen und zeigen, dafs man die Dirichletschen Methoden benutzen kann, um fast die ganze Theorie dieser Formen mit einem Schlage zu entwickeln. Von diesen Anwendungen handelt Dirichlet ausführlich in seiner berühmten Abhandlung: „Recherches sur diverses applications de l'analyse infinitésimale à la théorie des nombres" [*]).

Jedoch bilden die binären quadratischen Formen nur einen ersten Schritt für eine grofse und wichtige Verallgemeinerung des Dirichletschen Satzes.

Es sei nämlich:

$$F(\omega) = \omega^n + p_1 \omega^{n-1} + p_2 \omega^{n-2} + \cdots + p_n = 0$$

eine Gleichung von beliebigem Grade mit ganzzahligen Koeffizienten $p_1, p_2, \cdots p_n$, die keinen rationalen Faktor hat, und deren n reelle oder komplexe Wurzeln mit $\alpha, \beta, \cdots \varrho$ bezeichnet werden sollen. Bildet man nun mit den n unbestimmten Gröfsen $x, y, z, \cdots u$ die n „konjugierten linearen homogenen Formen":

$$\varphi(\alpha) = \dot{x} + \alpha y + \alpha^2 z + \cdots + \alpha^{n-1} u$$
$$\varphi(\beta) = x + \beta y + \beta^2 z + \cdots + \beta^{n-1} u$$
$$\vdots$$
$$\varphi(\varrho) = x + \varrho y + \varrho^2 z + \cdots + \varrho^{n-1} u,$$

so wird das Produkt

$$(2) \qquad \Phi(x, y, z, \cdots u) = \varphi(\alpha)\, \varphi(\beta) \cdots \varphi(\varrho)$$

eine homogene Funktion n^{ten} Grades von $x, y, z, \cdots u$, deren Koeffizienten als symmetrische Funktionen der n Wurzeln $(\alpha, \beta, \cdots \varrho)$ bekanntlich reelle ganze Zahlen sind, welche offenbar keinen gemeinsamen Teiler haben, da der Koeffizient von x^n gleich Eins ist. Man zeigt ferner leicht, dafs $\Phi(x, y, \cdots u)$ ebenfalls nicht in ganzzahlige Faktoren niederen Grades zerfallen kann.

Giebt man nun den Unbestimmten $(x, y, \cdots u)$ alle möglichen ganzzahligen Werte, so erhält man wieder einen Bereich von unendlich

---

[*]) Crelle, Journal für die reine und angewandte Mathematik, Bd. 19 S. 324 bis 369, Bd. 21 S. 1—12 und S. 134—155. Gesammelte Werke Bd. 1 S. 411—496.

vielen durch Φ darstellbaren ganzen Zahlen, und unter Anwendung
derselben Dirichletschen Methoden kann man jetzt den Fundamentalsatz beweisen, daſs durch jede solche homogene Form ebenfalls unendlich viele Primzahlen dargestellt werden. Es hat zuerst sogar den Anschein, als ob man für diese tiefste Frage gar keine gröſsere Mühe
aufzuwenden hätte, als für den speziellen Fall der quadratischen Formen;
doch bedarf dieser Beweis in der That viel gröſserer Vorbereitungen,
so daſs wir uns später auf die quadratischen Formen beschränken
werden. Jedoch giebt gerade dieses allgemeine Problem eben wegen
seiner Schwierigkeit zu höchst interessanten Fragen Veranlassung.
Namentlich bei der auch hier notwendigen Bestimmung der unteren
Grenze für die in diesem Falle auftretenden Reihen spielen immer die
Einheitswurzeln eine wichtige Rolle.

Die vorher betrachteten quadratischen Formen können als ganz
spezieller Fall dieser allgemeinen sog. *zerlegbaren Formen* $\Phi(x, y, \cdots u)$
aufgefaſst werden, denn aus der Identität:

$$4a(ax^2 + bxy + cy^2) = \left(2ax + (b + \sqrt{D})y\right)\left(2ax + (b - \sqrt{D})y\right),$$

wo

$$D = b^2 - 4ac$$

gesetzt ist, folgt ja, daſs jene Form, abgesehen von einem Zahlenfaktor,
in ein Produkt von zwei Linearfaktoren

$$2ax + (b + \sqrt{D})y \quad \text{und} \quad 2ax + (b - \sqrt{D})y$$

zerfällt, deren entsprechende Koefficienten konjugierte algebraische
Zahlen sind, und für solche Formen gilt der allgemeine Satz von
Dirichlet ebenfalls.

Aber jene Prinzipien reichen noch sehr viel weiter, und geben zu
einer Fülle von naturgemäſsen Problemen Veranlassung. Wir sahen,
daſs sich alle Primzahlen auf die $\varphi(m)$ arithmetischen Reihen

$$mx + r_1, \quad mx + r_2, \quad \cdots \quad mx + r_{\varphi(m)}$$

verteilen, und zwar so, daſs diese gleiche mittlere Dichtigkeit besitzen;
wir können uns nun die allgemeineren Probleme stellen:

1) Es sollen alle Zahlen so in Klassen geordnet werden, daſs jede
Klasse unendlich viele Primzahlen enthält.

2) Es soll diese Einteilung so gemacht werden,·daſs die mittlere
Dichtigkeit der Primzahlen in allen Klassen dieselbe ist.

Endlich erwähnen wir noch die weitere Fundamentalfrage, welche
uns in der Folge wenigstens für den Fall der quadratischen Formen
noch eingehend beschäftigen wird: Ist $\Phi(x, y, \cdots z)$ wieder eine
zerlegbare Form, so besitzt die Gleichung:

(3) $$\Phi(x, y, \cdots z) = 1$$

im allgemeinen unendlich viele Lösungen $(x, y, \cdots z)$, und man beweist, dafs sich aus zwei solchen Lösungen immer eine dritte durch ein leicht angebbares Verfahren herleiten läfst. Für den Fall der quadratischen Formen wird jene Gleichung speziell:

$$1 = \frac{1}{4}(x^2 - Dy^2) = \frac{1}{2}(x + \sqrt{D} \cdot y)\frac{1}{2}(x - \sqrt{D} \cdot y),$$

wenn D irgend eine nicht quadratische ganze Zahl von der Form $4n$ oder $4n + 1$ bedeutet. Unter Benutzung der Dirichletschen Methoden kann man zeigen, dafs diese Gleichung für ein positives D notwendig unendlich viele Lösungen hat, welche sich aus einer einzigen Fundamentallösung leicht ableiten lassen, während sie für ein negatives D offenbar nur eine endliche Anzahl von Lösungen besitzen kann. Dieses Resultat läfst sich für die Lösungen der allgemeinen Gleichung (3) verallgemeinern und bildet dann die Grundlage für die Theorie der sog. *algebraischen Einheiten.*

Zum Schlusse mag noch folgende historische Bemerkung hier Platz finden. Als *Dirichlet* seine Beweismethoden *Gauss* mitteilte, war dieser bereits selbst im Besitze der Dirichletschen Resultate; nur eine einzige Schwierigkeit vermochte er nicht zu überwinden. Daher ist die betreffende Abhandlung bei seinen Lebzeiten nicht veröffentlicht worden, obwohl *Gauss*, wie aus seinem Nachlasse hervorgeht, zwei Male angefangen hat, dieselbe druckfertig zu machen; beide Male bricht aber das Manuskript im Wesentlichen an derselben Stelle ab. Diese Schwierigkeit kann man verhältnismäfsig einfach überwinden, wenn man die Dirichletsche Arbeit kennt; sie rührt nur daher, dafs *Gauss* nicht wie *Dirichlet* die Untersuchung der arithmetischen Reihe an die Spitze seiner Betrachtungen gestellt hat.

Anmerkungen zum ersten Bande.

Einleitung.

Erste Vorlesung.

§ 2. S. 4, Z. 5 v. u.

Für die Herleitung dieser Formel vgl. z. B. M. A. Stern, Lehrbuch der algebraischen Analysis (Leipzig 1860). Note 14, S. 461 flgde., speziell S. 480, Nr. 28.

§ 3. S. 10, Z. 9 flgde. v. o.

Ein Intervall von nahe gleicher Größenordnung liefert der folgende Beweis von E. E. Kummer (Berliner Berichte 1878, S. 771): Angenommen, die Anzahl aller Primzahlen wäre endlich und p die letzte unter ihnen. Ist dann

$$m = 2 \cdot 3 \cdot 5 \cdots p$$

das Produkt aller Primzahlen, so besitzt jede Zahl außer Eins mit m notwendig einen gemeinsamen Teiler, also müßte die Anzahl

$$\varphi(m) = (2 - 1)(3 - 1) \cdots (p - 1)$$

aller inkongruenten Einheiten modulo m gleich Eins sein, was offenbar nicht der Fall ist; also muß oberhalb p und zwar zwischen p und m notwendig noch eine weitere Primzahl liegen. Dieser Beweis rührt eigentlich schon von Euler her. Vgl. Comment. arithmeticae collectae T. II p. 518, Nr. 135 flgde.

§ 3. S. 11, Z. 1 v. o.

A. Piltz hat im Anhange seiner Habilitationsschrift: Über die Häufigkeit der Primzahlen in arithmetischen Progressionen und verwandte Gesetze, Jena 1884, bewiesen, daß der Induktionssatz, auf den Legendre seinen Beweis stützt, falsch ist. Schon vor ihm ist diese Thatsache von C. Moreau festgestellt worden.

Zweite Vorlesung.

§ 2. S. 17, Z. 15 v. u. flgde.

Die Vermutung, daß Fermat zur Begründung seiner bisher nicht vollständig bewiesenen Sätze ganz andere auf der *additiven* Zusammensetzung der Zahlen beruhende Methoden angewandt habe, hat Kronecker in einem Gespräche mit mir, aber wohl nicht in seinen Vorlesungen ausgesprochen.

§ 2. S. 19, Z. 18 v. o.

Der Beweis des Satzes über die Polygonalzahlen, welchen Cauchy am 13. November 1815 der Pariser Akademie vorlegte, ist vollständig einwandsfrei. Cauchy spricht ihn in der folgenden präziseren Fassung aus:

498 Anmerkungen zum ersten Bande.

Jede positive ganze Zahl kann als Summe von $m + 2$ $(m + 2)$-Eckszahlen dargestellt werden, von welchen aber mindestens $m - 2$ gleich Null oder Eins angenommen werden können.

Da aber jede $(m + 2)$-Eckszahl in der Form

$$m \cdot \frac{r^2 - r}{2} + r \qquad\qquad (r = 0, 1, 2, \cdots)$$

darstellbar ist, so behauptet der Cauchysche Satz, daß jede Zahl n in der Form:

$$(1) \quad n = \frac{m}{2}\left((r_1^2 + r_2^2 + r_3^2 + r_4^2) - (r_1 + r_2 + r_3 + r_4)\right) + (r_1 + r_2 + r_3 + r_4) + \varrho$$

darstellbar ist, wo r_1, r_2, r_3, r_4 nicht negative ganze Zahlen bedeuten, und ϱ eine der Zahlen $0, 1, \cdots m - 2$ ist. Setzt man also:

$$(1^a) \qquad \begin{aligned} \varkappa &= r_1^2 + r_2^2 + r_3^2 + r_4^2 \\ \sigma &= r_1 + r_2 + r_3 + r_4, \end{aligned}$$

so lautet der präziser gefaßte Fermatsche Satz folgendermaßen:

Jede Zahl n kann stets in der Form:

$$n = \frac{m}{2}(\varkappa - \sigma) + \sigma + \varrho \qquad\qquad (\varrho < m - 1)$$

dargestellt werden, wenn $\varkappa$ und σ nicht negative Zahlen bedeuten, die ihrerseits simultan in den Formen (1^a) darstellbar sind.

Dieser Satz kann verhältnismäßig einfach bewiesen werden, wenn man den Fermatschen Satz für die Dreieckszahlen als bewiesen annimmt. Für die Durchführung dieses Beweises vgl. die ausgezeichnete Darstellung desselben von P. Bachmann, „Die Arithmetik der quadratischen Formen", Teil I S. 154—162.

Aus diesem Satze hat Legendre (Théorie des nombres 3. éd. sixième partie) noch eine Anzahl von Folgerungen gezogen, durch welche der allgemeine Fermatsche Satz in noch einfacherer Form erscheint, so besteht z. B. der Satz:

Jede oberhalb $28\,m^3$ liegende Zahl kann stets durch nur vier Polygonalzahlen der $(m + 2)^{\text{ten}}$ Ordnung dargestellt werden, falls m eine beliebige ungerade Zahl ist.

Ist m eine gerade Zahl, so folgt aus den Legendreschen Sätzen, daß jede oberhalb $7\,m^3$ liegende Zahl höchstens durch fünf Polygonalzahlen $(m + 2)^{\text{ter}}$ Ordnung darstellbar ist, von denen mindestens eine gleich Null oder Eins angenommen werden kann.

§ 7. S. 34, Z. 1—9 v. o. und Z. 2 v. u. — S. 35, Z. 7 v. o.

Die Anwendung der Kroneckerschen Betrachtungen auf die Bestimmung der Pythagoreischen Zahlen ist ein Zusatz des Herausgebers.

Dritte Vorlesung.

§ 1. S. 41, Z. 18 v. u. — S. 42, Z. 4 v. o. und Z. 11 bis Z. 1 v. u.

Die Bemerkungen über die Frage der Teilung des Kreises mit Zirkel und Lineal sind Zusatz des Herausgebers. Vgl. außerdem C. F. Gauss, Disquisitiones arithmeticae §§ 365, 366. Gauss führt a. a. O. nur den Beweis, daß die Teilung des Kreises in p gleiche Teile mit Zirkel und Lineal für die Primzahlen

$p = 2^m + 1$ möglich ist, fügt aber ausdrücklich hinzu, daſs er auch in aller Strenge nachweisen könne, daſs jene Primzahlen die einzigen sind, für welche eine solche Teilung ausgeführt werden kann.

Der Beweis dieser weiteren Thatsache beruht auf dem folgenden Theorem über diejenigen auflösbaren Gleichungen, deren Wurzeln nur Quadratwurzeln enthalten, also mit Zirkel und Lineal konstruiert werden können:

> Der Grad einer irreduktiblen Gleichung, welche durch successive Ausziehung von Quadratwurzeln aufgelöst werden kann, muſs notwendig eine Potenz von zwei sein.

Dasselbe folgt aus der Galoischen Theorie als spezieller Fall, und ist wohl zuerst von Petersen hervorgehoben worden. (Vgl. z. B. Petersen, Theorie der algebraischen Gleichungen, Kopenhagen 1878, S. 159 flgde.) Obwohl diese Bedingung natürlich nur eine notwendige ist, entscheidet sie die vorliegende Frage vollständig. Damit nämlich der Kreis in m gleiche Teile mit Zirkel und Lineal geteilt werden kann, muſs der Grad $\varphi(m)$ der irreduktiblen Gleichung

$$F_m(x) = 0$$

eine Potenz von 2 sein, wenn $F_m(x)$ den zu $x^m - 1$ gehörigen primitiven Divisor bedeutet. Da dies aber dann und nur dann der Fall ist, wenn:

$$m = 2^\mu \cdot p_1 p_2 \cdots p_\nu$$

ist, wo jede Primzahl p_i von der Form $2^{2^{n_i}} + 1$ ist, und da für diese Zahlen nach den Gaussischen Sätzen jene Teilung wirklich ausführbar ist, so ist unser Satz vollständig bewiesen.

Genau ebenso zeigt man, daſs z. B. die Trisection des Winkels und die Verdoppelung des Würfels mit Zirkel und Lineal nicht möglich ist, da beide Fragen auf irreduktible Gleichungen dritten Grades führen.

§ 3. S. 45—48.

Auf die folgende Art beweist man rein arithmetisch, daſs jeder Binominalkoefficient:

(1) $$\frac{n!}{k_1! \, k_2! \cdots k_\nu!} \qquad (k_1 + k_2 + \cdots + k_\nu = n)$$

stets eine ganze Zahl ist.

Ist m eine beliebige Zahl, p irgend eine Primzahl, so ist der Exponent μ der höchsten in

(2) $$m! = 1 \cdot 2 \cdots m$$

enthaltenen Potenz von p gleich:

(2ᵃ) $$\mu = \left[\frac{m}{p}\right] + \left[\frac{m}{p^2}\right] + \cdots,$$

wo die Reihe von selbst abbricht, sobald $p^i > m$ ist.

Unter den m Faktoren von (2) sind nämlich nur die $\left[\dfrac{m}{p}\right]$ Zahlen $p, 2p, \cdots \left[\dfrac{m}{p}\right]p$ überhaupt durch p teilbar, also ist μ auch der Exponent der in dem Produkte:

$$p \cdot (2p) \cdot (3p) \cdots \left(\left[\frac{m}{p}\right]p\right) = p^{\left[\frac{m}{p}\right]} \cdot \left(\left[\frac{m}{p}\right]!\right)$$

32*

enthaltenen Potenz von p, d. h. es ist:

$$\mu = \left[\frac{m}{p}\right] + \mu_1,$$

wenn p^{μ_1} die in $\left(\left[\frac{m}{p}\right]!\right)$ enthaltene Potenz von p bedeutet. Ersetzt man aber in (2) m durch $\left[\frac{m}{p}\right]$, so findet sich ganz ebenso unter Benutzung der Anmerkung zu § 7 S. 278, a. S. 506:

$$\mu_1 = \left[\frac{1}{p}\left[\frac{m}{p}\right]\right] + \mu_2 = \left[\frac{m}{p^2}\right] + \mu_2,$$

wenn μ_2 den Exponenten der in $\left[\frac{m}{p^2}\right]!$ enthaltenen Potenz von p bezeichnet. Schließt man analog weiter, so ergiebt sich die Gleichung (2^a).

Denkt man sich m im p-adischen Zahlensysteme geschrieben:

(3) $$m = a_0 + a_1 p + a_2 p^2 + \cdots + a_\nu p^\nu,$$

so ist allgemein:

$$\left[\frac{m}{p^i}\right] = a_i + a_{i+1} p + \cdots + a_\nu p^{\nu-i},$$

also ergiebt eine leichte Rechnung für μ den Wert

(4) $$\mu = \frac{m - \sigma_m}{p - 1},$$

wenn σ_m die Ziffersumme der im p-adischen Zahlensysteme geschriebenen Zahl m bedeutet.

L. Stickelberger (Über eine Verallgemeinerung der Kreisteilung, Math. Ann. Bd. 37, S. 321—367, § 4) bestimmt mit Hülfe der Darstellung (3) von m noch den Rest modulo p von $\frac{m!}{p^\mu}$. Es ist:

$$\frac{m!}{(-p)^\mu} \equiv a_0!\, a_1!\, a_2! \cdots \pmod{p},$$

wenn $a_0, a_1, \cdots$ die Ziffern von m im p-adischen Zahlensysteme sind.

Nun ergiebt sich mit Hülfe von (2^a), daß eine beliebige Primzahl p in dem Polynomialkoeffizienten (1) genau:

$$\sum_{i=1}^{\infty} \left(\left[\frac{n}{p^i}\right] - \left[\frac{k_1}{p^i}\right] - \left[\frac{k_2}{p^i}\right] - \cdots - \left[\frac{k_\nu}{p^i}\right] \right)$$

Male enthalten ist. Diese Zahl kann aber niemals negativ sein, denn aus der Gleichung:

$$n = k_1 + k_2 + \cdots + k_\nu$$

folgt durch Division mit p^i und Übergang zu den größsten Ganzen leicht:

$$\left[\frac{n}{p^i}\right] \geq \left[\frac{k_1}{p^i}\right] + \left[\frac{k_2}{p^i}\right] + \cdots + \left[\frac{k_\nu}{p^i}\right],$$

und damit ist der obige Satz vollständig bewiesen.

Eine Verallgemeinerung dieser Frage bildet der folgende von E. Landau be-

bewiesene Satz (Nouv. Ann. III. sér. t. 19: Sur les conditions de divisibilité d'un produit de factorielles par un autre):

Es seien

$$u_1, \cdots u_m, \qquad v_1, \cdots v_n$$

$m + n$ homogene lineare Funktionen der Variablen $x_1, x_2, \cdots x_r$ mit positiven ganzzahligen Koefficienten, so daſs:

$$u_\sigma = \sum_{i=1}^{r} \alpha_i^{(\sigma)} x_i, \qquad v_\tau = \sum_{k=1}^{r} \beta_k^{(\tau)} x_k \qquad \left(\begin{matrix} \sigma=1, \cdots m \\ \tau=1, \cdots n \end{matrix}\right)$$

ist. Dann ist der Faktoriellenquotient:

$$\frac{u_1! \, u_2! \cdots u_m!}{v_1! \, v_2! \cdots v_n!}$$

für alle ganzzahligen nicht negativen Wertsysteme $(x_1, x_2, \cdots x_r)$ dann und nur dann eine ganze Zahl, wenn die Ungleichung:

$$[u_1] + \cdots + [u_m] \geqq [v_1] + \cdots + [v_n]$$

für alle Systeme $(0 \leqq x_i \leqq 1)$ erfüllt ist.

Aus diesem Satze folgt z. B. leicht, daſs die Quotienten:

$$\frac{(2x_1)! \, (2x_2)!}{x_1! \, x_2! \, (x_1 + x_2)!}, \qquad \frac{(4x_1)! \, (4x_2)!}{x_1! \, x_2! \, (2x_1 + x_2)! \, (x_1 + 2x_2)!},$$

$$\frac{(rx_1)! \cdots (rx_r)!}{x_1! \, x_2! \cdots x_r! \, (x_1 + x_2 + \cdots + x_r)!}$$

für alle $x_i \geqq 0$ ganzzahlige Werte haben, weil in dem Intervalle $(0 \cdots 1)$

$$[2x_1] + [2x_2] \geqq [x_1] + [x_2] + [x_1 + x_2]$$

$$[4x_1] + [4x_2] \geqq [x_1] + [x_2] + [2x_1 + x_2] + [x_1 + 2x_2]$$

$$\sum_{i=1}^{r} [rx_i] \geqq \sum_{1}^{r} [x_i] + \left[\sum_{1}^{r} x_i\right]$$

ist.

Unter Benutzung des Tschebyscheffschen Satzes (Anm. zu S. 67, a. S. 502) beweist man leicht, daſs $n!$ niemals die Potenz einer ganzen Zahl sein kann, denn nach jenem Satze existiert ja in dem Intervalle $\left(\frac{n}{2} + 1 \cdots n\right)$ stets eine Primzahl p, und diese ist in $n!$ nur einmal enthalten, weil schon $2p > n$ ist.

§ 6. S. 56 Ende.

In neuerer Zeit ist Herr K. Th. Vahlen diesen Fragen in der Abhandlung: „Beiträge zu einer additiven Zahlentheorie", Crelles Journal Bd. 112 S. 1—36 näher getreten.

Erster Teil.

Vierte Vorlesung.

Für diese Vorlesung wurde die Abhandlung Kroneckers „Über den Zahlbegriff", Crelles Journal Bd. 101 S. 337—353. — Gesammelte Werke Bd. 3¹ S. 249 bis 274 vielfach benutzt.

Fünfte Vorlesung.

§ 2. S. 67 und S. 68 bis Z. 4 v. u.

Die einleitenden Bemerkungen über die Primzahlen sind Zusatz des Herausgebers. — In einer im Jahre 1850 der Petersburger Akademie vorgelegten Abhandlung hat Tschebyscheff den schönen Satz bewiesen:

Ist a eine beliebige Zahl $> \dfrac{7}{2}$, so befindet sich in dem Intervalle $(a \cdots 2a - 2)$ mindestens eine Primzahl.

Sechste Vorlesung.

§ 1.

Läfst man in der Gleichung

$$n = \pi_1^{n_1} \pi_2^{n_2} \pi_3^{n_3} \cdots$$

a. S. 73 die Exponenten n_i unabhängig von einander die *ganze* Reihe der positiven und negativen Zahlen durchlaufen, so erhält man in der Gleichung

$$n = (n_1, n_2, n_3, \cdots)$$

eine eindeutige Darstellung aller rationalen (ganzen und gebrochenen) Zahlen. Da alle in dieser Vorlesung gegebenen Definitionen und Sätze von der Annahme $\left(n_i \geqq 0\right)$ unabhängig sind, so erhält man bei dieser Erweiterung eine einheitliche Darstellung der elementaren arithmetischen Eigenschaften aller rationalen Zahlen.

§ 2.

Die Bezeichnungen $m(h, k, \cdots l)$ und $M(h, k, \cdots l)$ sind vom Herausgeber zugefügt worden, ebenso der a. S. 75 und 76 angegebene Satz 4 und sein Beweis.

Siebente Vorlesung.

§ 3. S. 93, Z. 12 v. u. — S. 94, Z. 20 v. u.

Die hier behandelten Beispiele (Neuner- und Elferprobe) sind Zusatz des Herausgebers.

Achte Vorlesung.

§ 1. S. 97 bis S. 98, Z. 14 v. o. Zusatz des Herausgebers.

§ 3. S. 102. Zum Wilsonschen Satze.

Mit Hülfe der im § 5 der achtundzwanzigsten Vorlesung gefundenen Resultate kann man leicht eine auch historisch interessante Verallgemeinerung des Wilsonschen Satzes beweisen. Es sei p eine beliebige Primzahl und

$$a_1, a_2, \cdots a_\mu$$

irgend welche μ inkongruente Einheiten modulo p. Dann gilt für grofse Werte von x die Gleichung:

(1)
$$\frac{x^{\mu}}{\varphi(x)} = \prod_{i=1}^{\mu} \frac{x}{x-a_i} = \prod_{1}^{\mu}\left(1 + \frac{a_i}{x} + \frac{a_i^2}{x^2} + \cdots\right)$$
$$= 1 + \frac{A_1}{x} + \frac{A_2}{x^2} + \cdots,$$

wo allgemein:
$$A_i(a_1, a_2, \cdots a_{\mu})$$

die Summe der Kombinationen mit Wiederholung zu' je i von den Einheiten $a_1, \cdots a_{\mu}$ bedeutet.

Es seien ferner:
$$b_1, b_2, \cdots b_{\nu}$$

die $\nu = p - 1 - \mu$ übrigen modulo p inkongruenten Einheiten und

(2)
$$\psi(x) = (x - b_1)(x - b_2) \cdots (x - b_{\nu})$$
$$= x^{\nu} - B_1 x^{\nu-1} + \cdots \pm B_{\nu}$$

die zu $\varphi(x)$ komplementäre Funktion, so daß:
$$\varphi(x)\,\psi(x) \equiv x^{p-1} - 1 \quad (\text{mod } p)$$

ist. Multipliziert man nun die Gleichung (1) mit $x^{p-1} - 1$ und betrachtet dann alle Koefficienten nur modulo p, so folgt:

$$x^{\mu}\,\psi(x) \equiv x^{p-1} + A_1 x^{p-2} + \cdots + A_{\nu}x^{\mu} + A_{\nu+1}x^{\mu-1} + \cdots + (A_{p-1} - 1)$$
$$+ \frac{A_p - A_1}{x} + \frac{A_{p+1} - A_2}{x^2} + \cdots \quad (\text{mod } p).$$

Ersetzt man also $\psi(x)$ durch seinen Wert in (2), so ergeben sich durch Koefficientenvergleichung erstens die folgenden Kongruenzen:

(3)
$$A_{i+(p-1)} \equiv A_i \quad (\text{mod } p), \qquad (i = 0, 1, 2, \cdots \quad A_0 = 1)$$

d. h. die Summen $A_0, A_1, \cdots A_{p-1}, \cdots$ reproduzieren sich modulo p betrachtet periodisch. Zweitens folgt:

(3ª)
$$A_{\nu+1} \equiv A_{\nu+2} \equiv \cdots \equiv A_{p-2} \equiv 0 \quad (\text{mod } p),$$

d. h. es besteht der Satz:

Sind $a_1, a_2, \cdots a_{\mu}$ irgend welche μ inkongruente Einheiten modulo p, so sind die Summen ihrer Kombinationen A_h mit Wiederholungen durch p teilbar, deren Index modulo $p - 1$ einer der Zahlen $(\nu + 1)$, $(\nu + 2)$, $\cdots (p - 2)$ kongruent ist.

Endlich ergeben sich aber die Kongruenzen:

$$A_1(a_1, a_2, \cdots a_{\mu}) \equiv - B_1(b_1, \cdots b_{\nu})$$
$$A_2(a_1, a_2, \cdots a_{\mu}) \equiv + B_2(b_1, \cdots b_{\nu})$$
$$\vdots$$
$$A_{\nu}(a_1, a_2, \cdots a_{\mu}) \equiv (-1)^{\nu} B_{\nu}(b_1, \cdots b_{\nu}),$$

wenn $B_k(b_1, \cdots b_{\nu})$ die elementaren symmetrischen Funktionen der $b_1, \cdots b_{\nu}$, d. h. die Summen aller Kombinationen derselben zu je k ohne Wiederholung bedeutet. Beachtet man, daſs für $k > \nu$ jene Summen von selbst Null sind, so kann man das Resultat unserer Untersuchung in die eine Kongruenz zusammenziehen:

$$(4) \qquad A_k(a_1, a_2, \cdots a_\mu) \equiv (-1)^{k_0} B_{k_0}(b_1, \cdots b_\nu) \pmod{p},$$

wenn k_0 den kleinsten Rest von k modulo $(p-1)$ bedeutet. Oder es gilt der Satz:

(5)   Die Summe aller Kombinationen der inkongruenten Einheiten $a_1, \cdots a_\mu$ zu je k mit Wiederholung ist der Summe der Kombinationen der übrigen Einheiten $b_1, \cdots b_\nu$ zu je k_0 ohne Wiederholung mit alternierenden Vorzeichen kongruent, wenn k_0 den kleinsten Rest von k modulo $p-1$ bezeichnet.

Das Bestehen der Kongruenzen (3^a) ist zuerst von Steiner (Crelles Journal Bd. 13 p. 356; — Werke Bd. 2 p. 7) und später von Jacobi (Crelles Journal Bd. 14 p. 64; — Werke Bd. 6 p. 252) bewiesen worden; der allgemeine Satz (5) ist bisher noch nicht ausgesprochen worden.

Setzt man in der allgemeinen Formel (4) $k = p - 2$ und wählt für $b_1, b_2, \cdots b_\nu$ die Zahlen $2, 3, \cdots p - 1$, so daſs $a_1 = 1$ wird, so erhält man den Wilsonschen Satz.

§ 3. S. 103. Zum Fermatschen Satze.

In Beantwortung einer in Crelles Journal gestellten Aufgabe gab Jacobi (Crelles Journal Bd. 3 S. 301—302; — Werke Bd. 6 S. 238—239) Fälle an, in welchen $a^{p-1} - 1$ für $a < p$ nicht bloſs durch p, sondern auch durch p^2 teilbar ist. Der einfachste von diesen Fällen ist in der folgenden Gleichung enthalten:

$$3^{10} - 1 = (3^5)^2 - 1 = 243^2 - 1 = (2 \cdot 11^2 + 1)^2 - 1 \equiv 0 \pmod{11^2}.$$

Der Rest des Quotienten $\dfrac{a^p - 1}{p}$ modulo p wurde von Eisenstein (Ber. der Berl. Akad. 1850, S. 41); Sylvester (Comptes rendus t. 52 p. 161); Stern (Crelles Journal Bd. 100) und Mirimanoff (Crelles Journal Bd. 115 S. 295) untersucht.

§ 3. S. 103, Z. 8—20 v. o. Zusatz des Herausgebers.

§ 3. S. 104, Z. 14 v. u. bis S. 105 Ende.

Der Satz über die homogenen symmetrischen Funktionen der Einheiten modulo p ist ein Zusatz des Herausgebers.

Neunte Vorlesung.
§ 2. S. 112, Z. 11 v. o. bis S. 113, Z. 7 v. o. Zusatz des Herausgebers.

§ 4. S. 118, Z. 11 v. u.

Die Richtigkeit der Behauptung Kroneckers, daſs derjenige Kettenbruch der kürzeste ist, bei welchem immer nach dem kleinsten Reste dividiert wird, hat Herr *Vahlen* (Crelles Journal Bd. 115 S. 221 flgde.) nachgewiesen. Ebenso ergiebt die Division nach dem gröſsten Reste die (beiden) längsten Kettenbrüche. Läſst man bei den successiven Divisionen nach Belieben positive oder negative Reste zu, so erhält man verschiedene Kettenbruchentwickelungen für einen und denselben

echten Bruch $\frac{m}{n}$ und ihre Anzahl ist stets dem Nenner n jenes Bruches gleich
(a. a. O. S. 227).

Elfte Vorlesung.
§ 2. S. 138, Z. 14 v. u. bis S. 139, Z. 2 v. o. und S. 139, Z. 9 v. u. bis S. 140, Z. 16 v. u.
sind Zusätze des Herausgebers.

Zweiter Teil.
Für die Darstellung dieses Teiles wurden neben den Vorlesungsmanuskripten
und Nachschriften auch die folgenden Abhandlungen Kroneckers wesentlich mit-
benutzt:

1) „Grundzüge einer arithmetischen Theorie der algebraischen Größsen",
   Crelles Journal Bd. 92 S. 1—122; Gesammelte Werke Bd. 2 S. 237—388.

2) „Die Zerlegung der ganzen Größsen eines natürlichen Rationalitätsbereiches in ihre irreduktiblen Faktoren", Crelles Journal Bd. 94 S. 344
   bis 348; Werke Bd. 2 S. 409—416

3) „Über einige Anwendungen der Modulsysteme auf elementare algebraische Fragen", Crelles Journal Bd. 99 S. 329—371; Werke Bd. 3¹ S. 145—209.

Dreizehnte Vorlesung.
§ 1.
Die Darstellung dieses Abschnittes ist ein Zusatz des Herausgebers unter
Benutzung der obigen Abh. Nr. 1.

§ 5. S. 163, Z. 15 v. u. bis Z. 2 v. u. Zusatz des Herausgebers.

Fünfzehnte Vorlesung.
§ 2. S. 182, Z. 10 v. u. bis S. 183, Z. 7 v. o. Zusatz des Herausgebers. S. 184, Z. 3 v. o.
bis Ende der Vorlesung Zusatz des Herausgebers.

Sechzehnte Vorlesung.
§ 3. S. 192, Z. 12 v. u. bis S. 193 Ende Zusatz des Herausgebers.

Siebzehnte Vorlesung.
§ 1. S. 194 bis S. 196, Z. 16 v. u. Die allgemeinen Sätze über die Dekomposition
der Modulsysteme zweiter Stufe sind ein Zusatz des Herausgebers.

§ 3. Ende.
Bis zu diesem Punkte etwa hatte Kronecker die Frage der Dekomposition
der Modulsysteme in seiner letzten Vorlesung, Wintersemester 1890/91, geführt,
war dann aber zu den Anwendungen der Analysis auf die Arithmetik über-
gegangen.

Achtzehnte Vorlesung.
Diese ganze Vorlesung ist vom Herausgeber hinzugefügt worden. Vgl. hierzu
die Abhandlungen von K. Hensel, „Über die Zurückführung der Divisorensysteme

auf eine reduzierte Form", Crelles Journal Bd. 118 S. 234—250, Bd. 119 S. 114 bis 130 und „Über die elementaren arithmetischen Eigenschaften der reinen Modulsysteme zweiter Stufe", Crelles Journal Bd. 119 S. 175—185.

Neunzehnte Vorlesung.

§ 1—3.

Diese Vorlesung ist unter Benutzung kurzer Bemerkungen Kroneckers vom Herausgeber hinzugefügt worden.

§ 6.

Die Zerlegung der Divisorensysteme in einfache Systeme ist ein Zusatz des Herausgebers.

Zwanzigste Vorlesung.

Diese ganze Vorlesung mit Ausnahme des § 4 ist vom Herausgeber unter Benutzung kurzer Bemerkungen in den Vorlesungen 1889 und 1890 und der oben erwähnten Abhandlungen Kroneckers hinzugefügt worden.

Dritter Teil.

In diesen Teil wurden gewisse Abschnitte aus der im Wintersemester 1875/76 von Kronecker gehaltenen Vorlesung „Anwendung der Analysis auf Probleme der Zahlentheorie" aufgenommen. Dieselbe soll im Folgenden mit „A. d. A." zitiert werden.

Einundzwanzigste Vorlesung.

§ 1. S. 244, Z. 13 v. u. bis S 245, Z. 5 v. o. und S. 245, Z. 14 v. u. bis S. 246 Ende des Abschnittes. Die neue Begründung der Fundamentaleigenschaften der Funktion $\varphi(n)$ ist ein Zusatz des Herausgebers.

Zweiundzwanzigste Vorlesung.

§ 2. S. 257, Z. 9 v. u. bis S. 259, Z. 7 v. u. ist aus der Vorlesung A. d. A. aufgenommen worden.

§ 4. S. 267, Z. 7 v. o. bis zum Ende des § 4 gehörte der Vorlesung A. d. A. an.

§ 5. Dieser ganze Abschnitt ist ebenfalls aus jener Vorlesung entnommen.

§ 7. S. 278, Z. 11 v. u. flgde.

Sind m, a, b beliebige ganze Zahlen, so gilt stets die Gleichung:

$$\left[\frac{1}{b}\left[\frac{m}{a}\right]\right] = \left[\frac{m}{ab}\right]$$

Ist nämlich $m = am' + a'$, $m' = bm'' + b'$, wo $a' \leq a-1$, $b' \leq b-1$, so folgt $m = abm'' + (ab' + a')$, wo $ab' + a' \leq a(b-1) + a - 1 = ab - 1$. Also ist in der That:

$$m'' = \left[\frac{m}{ab}\right] = \left[\frac{m'}{b}\right] = \left[\frac{1}{b}\left[\frac{m}{a}\right]\right] \quad \text{w. z. b. w.}$$

Dreiundzwanzigste Vorlesung.

§ 4. S. 290, Z. 13 v. u. bis S. 293, Z. 5 v. o.

Die kurze Darstellung der Elementarsätze über die Wurzeln der Kreisteilungsgleichungen ist ein Zusatz des Herausgebers.

Vierundzwanzigste Vorlesung.

§ 1. Zu S. 305 flgde.

Um vermittelst der Formel (1) die für ein äufseres Rechteck gefundene Resultate ohne störende Nebenbetrachtungen auf innere Rechtecke anwenden zu können, wurde vom Herausgeber dem Systeme $((i, k))$ die nullte Horizontal- und Vertikalreihe hinzugefügt, und die Kroneckerschen Bezeichnungen entsprechend geändert.

§ 4. S. 313—316.

Die Betrachtungen dieses Abschnittes sind vom Herausgeber hinzugefügt worden. Für den letzten Teil desselben (S. 316) wurde die Vorlesung A. d. A. benutzt.

§ 5. S. 316, Z. 3 v. u. bis S. 317, Z. 4 v. u.

Zusatz des Herausgebers. Der übrige Teil dieses Abschnittes wurde aus A. d. A. entnommen.

§ 6. S. 319, Z. 14 v. u. bis S. 325 Ende.

Dieser ganze Abschnitt wurde der Vorlesung A. d. A. entnommen.

Fünfundzwanzigste Vorlesung.

§ 1. S. 326, Z. 1 v. o. bis S. 327, Z. 6 v. u. Zusatz des Herausgebers. S. 331, Z. 7 v. u. bis S. 332, Z. 2 v. o. Zusatz des Herausgebers.

§ 5. S. 340, Z. 5 bis Z. 16 v. o.

Diese Grenzbestimmung für den Fehler α ist ein Zusatz des Herausgebers.

Sechsundzwanzigste Vorlesung.

§ 3. S. 353, Z. 12 v. o. bis S. 354, Z. 10 v. o.

Die hier durchgeführte Grenzbestimmung mit Hülfe des Mittelwertsatzes ist ein Zusatz des Herausgebers.

§ 4. S. 358, Z. 5 v. u. bis S. 359, Z. 11 v. o.

Die hier gegebene Grenzbestimmung ist ein Zusatz des Herausgebers.

§ 5. S. 363, Z. 3 v. o. bis Z. 3 v. u.

Diese Bestimmungen des Gaussischen Mittelwertes sind ein Zusatz des Herausgebers.

§ 6. S. 368, Z. 8 v. u. bis S. 369, Z. 7 v. o.

Diese Mittelwertsbestimmung ist ein Zusatz des Herausgebers.

§ 7. S. 371, Z. 5 v. u. bis S. 372, Z. 6 v. o. ist ein Zusatz des Herausgebers.

Vierter Teil.

Siebenundzwanzigste Vorlesung.

§ 1. S. 375, Z. 13 v. u. bis S. 376, Z. 15 v. o.

Die Anwendung der Theorie der Modulsysteme auf die Potenzreste ist Zusatz des Herausgebers.

Achtundzwanzigste Vorlesung.

§ 2. S. 392, Z. 6 v. u. bis S. 394, Z. 9 v. o.

Die Ausführungen über die unabhängigen Lösungen linearer Kongruenzen sind Zusatz des Herausgebers.

§ 3. S. 397, Z. 2 v. u. bis S. 399, Z. 6 v. u. Zusatz des Herausgebers. S. 402, Z. 6 v. o. bis S. 403, Z. 10 v. o. Zusatz des Herausgebers.

§ 5. S. 408, Z. 13 bis Z. 19 v. o. Zusatz des Herausgebers.

Neunundzwanzigste Vorlesung.

§ 4. S. 426, Z. 6 v. u. bis S. 427, Z. 13 v. u. Zusatz des Herausgebers.

Dreifsigste Vorlesung.

Die in den letzten Vorlesungen dargestellte Untersuchung der arithmetischen Reihe hat Kronecker nur einmal im Jahre 1886 durchgeführt, in den späteren Vorlesungen wegen Zeitmangel nur auf sie hingewiesen. Die Darstellung mufste hier sehr wesentlich geändert werden, da es Kronecker im Verlaufe der Vorlesungen gelang, die Untersuchungen bedeutend zu vereinfachen; dadurch aber mufsten bereits behandelte Teile verändert werden, ohne dafs der Vortragende selbst dies ausführlich angegeben hat. Ich hoffe, dafs es mir nach längerer Beschäftigung mit dem Gegenstande gelungen sein möchte, diese schöne Untersuchung etwa so darzustellen, wie es Kronecker bei einem zweiten Vortrage gethan hätte.

§ 1. S. 438 und 439 sind ein Zusatz des Herausgebers.

S. 440 und 441.

Der Beweis des Dirichletschen Satzes für die arithmetische Reihe $mh + 1$ ist eine einfache Verallgemeinerung eines von Kronecker in der Vorlesung A. d. A. für den Fall gegebenen, dafs m eine Primzahl ist. Einen anderen Beweis für diesen Fall gab Herr Wendt im Jahre 1895 in Crelles Journal Bd. 115. Vgl. auch die Arbeiten von Lebesgue (Liouvilles Journal Sér. I Bd. 8) und Serret (a. a. O. Bd. 17).

§ 1. Ende S. 442 Anmerkung.

Dirichlet hat denselben Satz auch für die arithmetischen Reihen $r + mx$ bewiesen, in denen r und m gegebene teilerfremde *komplexe* Zahlen sind, und x die Reihe aller *komplexen* ganzen Zahlen durchläuft (Berichte der Berl. Akad. v. J. 1841, S. 141—161; Werke Bd. 2 S. 509—532). — Auch Herr Mertens hat im Jahre 1895 Grenzen angegeben, innerhalb deren notwendig eine neue Primzahl der Form $r + mh$ liegen mufs, und das Nichtverschwinden der in der letzten Vorlesung betrachteten Reihen durch elementare Sätze über die Multiplikation von Reihen nachgewiesen. — Vgl. die Aufsätze „Über Dirichletsche Reihen", „Über das Nichtverschwinden Dirichletscher Reihen mit reellen Gliedern". — Wiener Berichte Bd. 104 (1895) und „Über Multiplikation und Nichtverschwinden Dirichletscher Reihen". — Crelles Journal Bd. 117 (1897).

§ 2. S. 343, Z. 2—25 v. o. Zusatz des Herausgebers.

§ 2. S. 444, Z. 15 v. u. bis S. 450, Z. 5 v. u.

Die ganze hier auseinandergesetzte Theorie der Charaktere wurde vom Herausgeber hinzugefügt.

§ 3. S. 451, Z. 19 v. u. bis Ende des Abschnittes.

Der Beweis dieser Fundamentalgleichung auf Grund der Theorie der Charaktere wurde vom Herausgeber hinzugefügt. Kronecker gab diesen Beweis durch ein successives Verfahren, aus welchem das Endresultat nicht einfach erkannt werden konnte.

Einunddreifsigste Vorlesung.

§ 1. S. 454, Z. 8—20 v. o. Zusatz des Herausgebers.

Druckfehler.

S. 157, Z. 19 v. o. statt „es" lies „sie".

S. 188, Z. 4 v. o. „ p_1^{h1} „ $p_1^{h_1}$.

S. 258, Z. 2 v. u. ist zuzufügen:
Selbstverständlich gilt die Gleichung (1ª) auch dann, wenn die Funktion $f(x)$ in dem Intervalle J mit wachsendem Argumente zunimmt.

S. 327, Z. 6 v. u. statt , lies .

S. 377, Z. 15 v. o. ist $\varphi(d)$ fortzulassen.

S. 377, Z. 12 v. u. „ $\varphi(p-1)$ „

S. 378, Z. 4 v. u. „ $\varphi(t)$ „

S. 380, Z. 8 v. u. „ $\varphi(d)$ „

Made in United States
Orlando, FL
22 March 2026

79555411R00293